建筑工程工程量清单
分部分项计价与预算定额计价对照
实 例 详 解

（第二版）

混凝土及钢筋混凝土工程
厂库房大门、特种门、木结构工程
金属结构制作与安装工程
屋面及防水工程
防腐、保温、隔热工程

工程造价员网　张国栋　主编

中国建筑工业出版社

图书在版编目（CIP）数据

建筑工程工程量清单分部分项计价与预算定额计价对照实例详解　2　混凝土及钢筋混凝土工程，厂库房大门、特种门、木结构工程，金属结构制作与安装工程，屋面及防水工程，防腐、保温、隔热工程/张国栋主编．—2版．—北京：中国建筑工业出版社，2013.3

ISBN 978-7-112-15090-8

Ⅰ.①建…　Ⅱ.①张…　Ⅲ.①建筑工程-工程造价②建筑工程-建筑预算定额　Ⅳ.①TU723.3

中国版本图书馆 CIP 数据核字（2013）第 035425 号

本书按照《全国统一建筑工程基础定额》的章节，结合《建设工程工程量清单计价规范》GB 50500—2008 中，“建筑工程工程量清单项目及计算规则”，以一例一图一解的方式，对建筑工程各分项的工程量计算方法作了较详细的解释说明。本书最大的特点是实际操作性强，便于读者解决实际工作中经常遇到的难点。

*　　*　　*

责任编辑：刘　江　周世明
责任设计：李志立
责任校对：党　蕾　刘　钰

建筑工程工程量清单
分部分项计价与预算定额计价对照
实例详解

（第二版）

混凝土及钢筋混凝土工程
厂库房大门、特种门、木结构工程
金属结构制作与安装工程
屋面及防水工程
防腐、保温、隔热工程
工程造价员网　张国栋　主编

*

中国建筑工业出版社出版、发行（北京西郊百万庄）
各地新华书店、建筑书店经销
北京红光制版公司制版
廊坊市海涛印刷有限公司印刷

*

开本：787×1092 毫米　1/16　印张：30¼　字数：753 千字
2013 年 4 月第二版　2013 年 4 月第六次印刷
定价：**66.00** 元
ISBN 978-7-112-15090-8
（23165）

编　委　会

主　编　工程造价员网　张国栋

参　编　郭芳芳　赵小云　黄　江　荆玲敏

郭小段　李　锦　冯雪光　李　存

杨进军　王文芳　马　波　段伟绍

冯　倩　王春花　董明明　洪　岩

王萌玉　李　雪　郑丹红　娄金瑞

第二版前言

根据《全国统一建筑工程基础定额》、《建设工程工程量清单计价规范》GB 50500—2008 编写的《建筑工程工程量清单分部分项计价与预算定额计价对照实例详解》一书，被众多从事工程造价人员选作为学习和工作的参考用书。

在第一版销售的过程中，有不少热心的读者来信或电话向作者提供了很多宝贵的意见和看法，在此向广大读者表示衷心的感谢。

为了进一步满足广大读者的需求，同时也为了进一步推广和完善工程量清单计价模式，推动《建设工程工程量清单计价规范》GB 50500—2008 的实施，帮助造价工作者提高实际操作水平，让更多的读者受益，我们对《建筑工程工程量清单分部分项计价与预算定额计价对照实例详解》一书进行了修订。

该书第二版是在第一版的基础上进行了修订，第二版保留了第一版的优点，并对书中有缺陷的地方进行了补充，最重要的是第二版将书中计算实例在计算过程中涉及的每一个数据的来源以及该数据代表的是什么意思以及计算公式均作了详细的注释说明，让读者在学习时能轻而易举地进入该题的思路中，大大节省时间，提高了效率。

本书与同类书相比，其显著特点是：

(1) 内容全面，针对性强，且项目划分明细，以便读者有目标性的学习。

(2) 实际操作性强，书中主要以实例说明实际操作中的有关问题及解决方法，便于提高读者的实际操作水平。

(3) 每题进行工程量计算之后均有注释解释计算数据的来源及依据，让读者学习起来快捷、方便。

(4) 结构层次清晰，一目了然。

本书在编写过程中得到了许多同行的支持与帮助，借此表示感谢。由于编者水平有限和时间的限制，书中难免有错误和不妥之处，望广大读者批评指正。如有疑问，请登录 www.gczjy.com(工程造价员网)或 www.ysypx.com(预算员网)或 www.debzw.com(定额编制网)或 www.gclqd.com(工程量清单计价网)，或发邮件至 zz6219@163.com 或 dlwhgs@tom.com 与编者联系。

目　　录

第一章　混凝土及钢筋混凝土工程(A.4)

项目编码：010401001　　项目名称：带形基础

【例 1-1】 某工程采用带形基础，截面如图 1-1，图 1-2 所示。图 1-1 所示基础截面长 35m，图 1-2 所示基础截面长 50m，试用定额及清单方法分别计算其工程量。

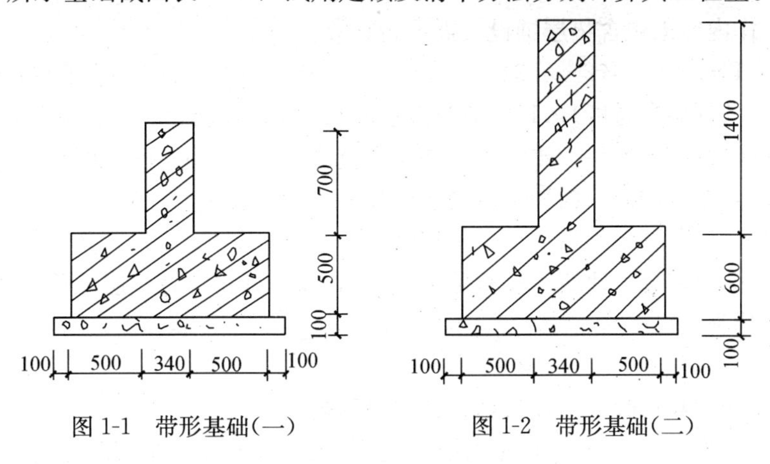

图 1-1　带形基础(一)　　　　图 1-2　带形基础(二)

【解】 (1) 清单工程量

工程内容：1. 铺设垫层；2. 混凝土制作、运输、浇筑、振捣、养护；3. 地脚螺栓二次灌浆。

根据《建设工程工程量清单计价规范》GB 50500—2008A.4.18 中规定，有肋带形基础、无肋带形基础应分别编码(第五级编码)列项，故本题清单计算可列项如下：

010401001001　有肋带形基础[(0.5×2+0.34)×0.5+0.34×0.7]×35=31.78m^3

010401001002　无肋带形基础[(0.5×2+0.34)×0.6+0.34×1.4]×50=64.0m^3

【注释】 0.34×0.7 和 0.34×1.4 分别为墙身宽度×高度，(0.5×2+0.34)(基础的宽度)×0.5(有肋带形基础的高度)、(0.5×2+0.34)×0.6(无肋带形基础的高度)为基础截面积，[(0.5×2+0.34)×0.5+0.34×0.7]×35 和[(0.5×2+0.34)×0.6+0.34×1.4]×50 为基础的截面面积×基础截面长度。工程量按设计图示尺寸以体积计算。

清单工程量计算见下表：

清单工程量计算表

序号	项目编码	项目名称	项目特征描述	计量单位	工程量
1	010401001001	带形基础	有肋带形基础，肋高 0.7m	m^3	31.78
2	010401001002	带形基础	无肋带形基础，肋高 1.4m	m^3	64.0

(2) 定额工程量

工作内容：1. 混凝土水平运输；2. 混凝土搅拌、捣固、养护。

图 1-1 中，肋高：肋宽＝700：340＜4：1，按有肋带形基础计算。

$$[(0.5\times2+0.34)\times0.5+0.34\times0.7]\times35=31.78m^3$$

《全国统一建筑工程基础定额》中，带形基础有 5-393、5-394 两个定额编号，本题套用基础定额 5-394。

图 1-2 中，肋高：肋宽＝1400：340＞4：1，其基础底按板式基础计算，以上部分按墙计算。

板式基础：$(0.5\times2+0.34)\times0.6\times50=40.2m^3$，套用板式基础定额。

墙：$0.34\times1.4\times50=23.8m^3$，套用基础定额 5-412。

因定额工作内容未包含垫层铺设，需另行计算。

垫层：$(0.1\times2+0.5\times2+0.34)\times0.1\times(50+35)=13.09m^3$，套用基础定额8-16。

【注释】 0.34(墙身宽度)×1.4(墙身高度)×50(基础截面长度)是墙身的截面积乘以基础的长度，(0.1×2+0.5×2+0.34)(垫层的宽度)×0.1(垫层的厚度)×(50+35)(垫层铺设的总长度)是垫层的截面面积乘以垫层铺设的长度工程量。

说明：在《建设工程工程量清单计价规范》中，无垫层分项工程，其计价统一在混凝土分项工程中；在《全国统一建筑工程基础定额》中，需另外再计算垫层工程量，并且按照不同的垫层材质分类。

项目编码：010401002　　项目名称：独立基础

【例 1-2】 如图 1-3 所示，求现浇钢筋混凝土独立基础工程量，混凝土强度等级为 C25(用复合木模板、木支撑)。

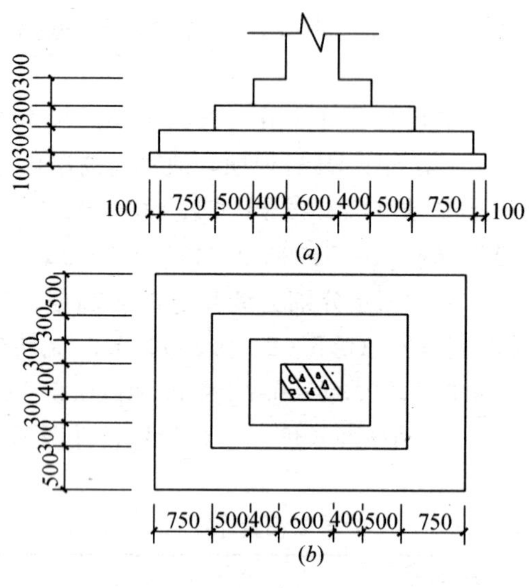

图 1-3　现浇钢筋混凝土独立基础

(a) 基础立面图；(b) 基础平面图

【解】 (1) 清单工程量

现浇钢筋混凝土独立基础工程量，应按图示尺寸计算其实体积。

$$V=[(0.75\times2+0.5\times2+0.4\times2+0.6)\times(0.5\times2+0.3\times4+0.4)+(0.5\times2+0.4\times2+0.6)\times(0.3\times4+0.4)+(0.4\times2+0.6)\times(0.3\times2+0.4)]\times0.3$$

$=4.61\text{m}^3$

【注释】 (0.75×2+0.5×2+0.4×2+0.6)(基础底层的长度)×(0.5×2+0.3×4+0.4)(基础底层的宽度)为基础底层水平投影面积，(0.5×2+0.4×2+0.6)×(0.3×4+0.4)是阶梯式基础第二阶梯底长度×宽度，为第二阶梯基础截面积，(0.4×2+0.6)×(0.3×2+0.4)是阶梯式基础第三阶梯底长度×宽度，0.3 为每层的高度，其中数据参考现浇混凝土独立基础的示意图。工程量按设计图示尺寸以体积计算。

清单工程量计算见下表：

清单工程量计算表

项目编码	项目名称	项目特征描述	计量单位	工程量
010401002001	独立基础	混凝土强度等级为 C25	m^3	4.61

(2)定额工程量

现浇钢筋混凝土独立基础定额工程量计算与清单工程量计算相同，但还需另外计算垫层的工程量并套定额。

套用基础定额 5-396。

垫层工程量计算：

$$V=(0.75\times2+0.5\times2+0.4\times2+0.6+0.1\times2)\times(0.5\times2+0.3\times4+0.4+0.1\times2)\times0.1$$

$$=1.15\text{m}^3$$

【注释】 0.75×2+0.5×2+0.4×2+0.6+0.1×2 为现浇钢筋混凝土独立基础垫层长度，0.5×2+0.3×4+0.4+0.1×2 为垫层宽度，0.1 为垫层厚度。工程量按设计图示尺寸以体积计算。

项目编码：010401005　　项目名称：桩承台基础

【例 1-3】 如图 1-4 所示，求独立承台工程量，混凝土强度等级为 C25。

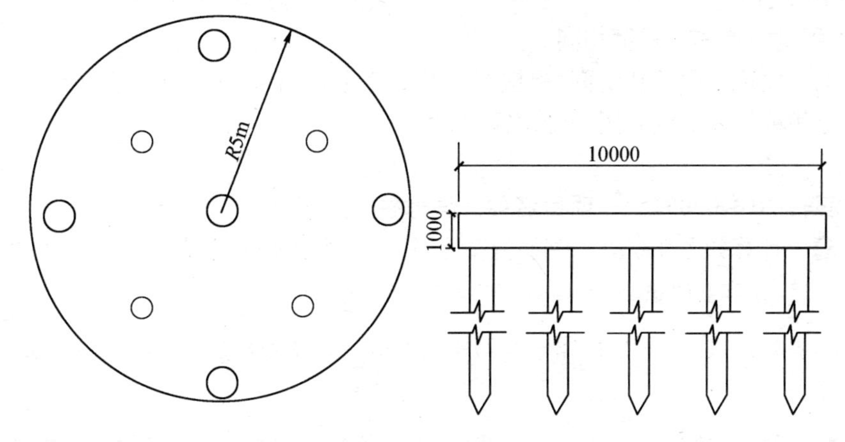

图 1-4　独立承台

【解】 (1) 清单工程量

$V=3.1416\times5^2\times1=78.54\text{m}^3$

【注释】 3.1416×5^2×1 为独立承台的截面积乘以独立承台的高度，5 为独立承台的半径，1 为圆独立承台的高度。工程量按设计图示尺寸以体积计算。

清单工程量计算见下表：

清单工程量计算表

项目编码	项目名称	项目特征描述	计量单位	工程量
010401005001	桩承台基础	混凝土强度等级为 C25	m^3	78.54

（2）定额工程量

定额工程量与清单计算方法相同。套用基础定额 5-400。

项目编码：010402001　　项目名称：构造柱

【例 1-4】 试计算如图 1-5 所示混凝土构造柱体积。已知柱高 3.3m，断面尺寸为 360mm×360mm，与砖墙咬接 60mm。

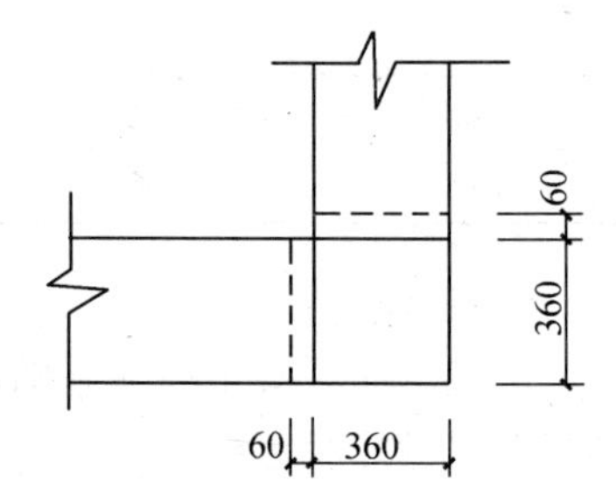

图 1-5 混凝土构造柱平面图

【解】（1）清单工程量

根据《建设工程工程量清单计价规范》A.4.18 中规定，构造柱应按矩形柱项目编码列项。

(0.36×0.36+0.06×0.36)×3.3=0.50m^3

【注释】 0.36×0.36+0.06×0.36 是柱的截面积和砖墙咬接面积，其中，0.06×0.36 为砖墙咬接的长度乘以柱的截面尺寸，3.3 是柱的高度。

清单工程量计算见下表：

清单工程量计算表

项目编码	项目名称	项目特征描述	计量单位	工程量
010402001001	构造柱	柱高 3.3m，断面尺寸为 360mm×360mm，与砖墙咬接 60mm	m^3	0.50

（2）定额工程量

定额工程量与清单工程量相同。

《全国统一建筑工程基础定额》中柱有 5-401(矩形)、5-402(圆形、多边形)、5-403(构造柱)三个定额编号，本题套用基础定额 5-403。

项目编码：010402002　　项目名称：异形柱

【例 1-5】 计算如图 1-6 所示钢筋混凝土柱工程量(采用复合木模板、钢支撑)。

【解】（1）清单工程量

$$0.5\times0.4\times(7.5+0.4\times2+2.7)+0.4\times0.4\times0.4+\frac{1}{2}\times0.4\times0.4\times0.4$$
$$=2.30m^3$$

【注释】 0.5(柱的截面长度)×0.4(柱的截面宽度)×(7.5+0.4×2+2.7)为柱的截面积乘以柱的高度，0.4×0.4×0.4 是牛腿上部方形的截面积乘以其高度，$\frac{1}{2}$×0.4×0.4(牛腿下部三角形的侧面积)×0.4(柱的截面宽度)是 45°角处工程量。

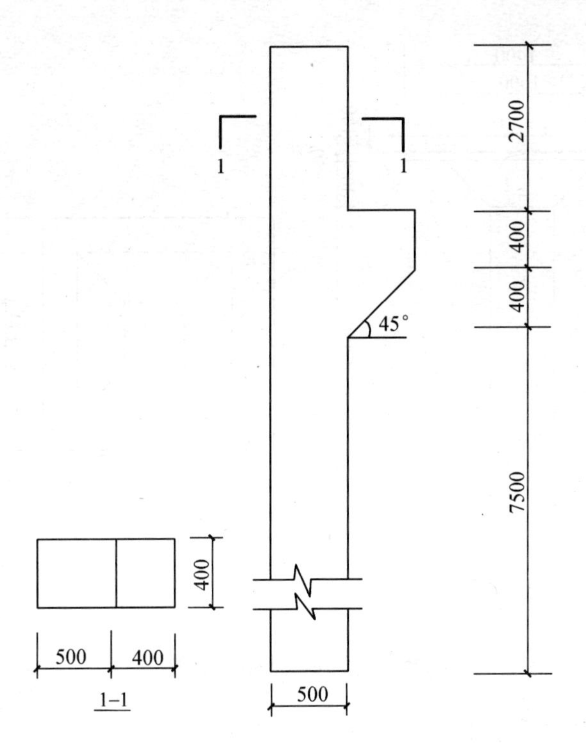

图 1-6　钢筋混凝土柱

清单工程量计算见下表：

清单工程量计算表

项目编码	项目名称	项目特征描述	计量单位	工程量
010402002001	异形柱	柱的尺寸如图 1-6 所示	m^3	2.30

(2)定额工程量

定额工程量与清单工程量相同。

套用基础定额 5-402、5-64。

项目编码：010402001　　项目名称：矩形柱

【例 1-6】 如图 1-7 所示，某升板建筑中柱与柱帽示意图(采用组合钢模板、钢支撑)，求柱与柱帽工程量。

【解】 (1) 清单工程量

根据《建设工程工程量清单计价规范》GB 50500—2008 中规定，工程量计算时升板的柱帽并入柱体积计算。

工程量：$V=0.05\times1.4\times1.4+\frac{0.3}{6}\times[1.0\times1.0+0.4\times0.4+(1.0+0.4)\times(1.0+0.4)]+0.4\times0.4\times4.2$

$=0.93m^3$

【注释】 0.05(顶板的厚度)×1.4×1.4(顶板的截面尺寸)为柱帽顶板的顶面积乘以顶板的厚度；由$\frac{h}{6}[A\times B+a\times b+(A+a)\times(B+b)]$计算棱台公式，$A=B=1.0$，$a=b=$

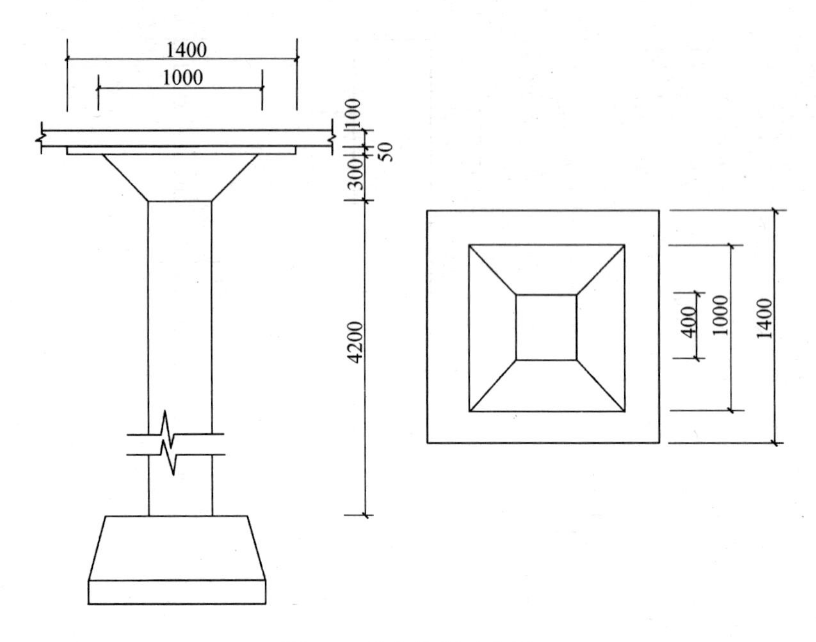

图 1-7　柱与柱帽示意图

0.4，h=0.3，套入得$\frac{0.3}{6}$×[1.0×1.0+0.4×0.4+(1.0+0.4)×(1.0+0.4)]，为柱帽下梯形体的工程量，其中 0.3 为柱帽的厚度；0.4×0.4(柱身的截面尺寸)×4.2(柱身的高度)为柱身的工程量。

清单工程量计算见下表：

清单工程量计算表

项目编码	项目名称	项目特征描述	计量单位	工程量
010402001001	矩形柱	柱的尺寸如图 1-7 所示	m^3	0.93

(2)定额工程量

在《全国统一建筑工程基础定额》中，柱与升板柱帽分别列项计算。

柱工程量：V_1=0.4×0.4×4.2=0.67m^3

套用基础定额 5-401、5-58。

升板柱帽工程量：V_2 =0.05×1.4×1.4+$\frac{0.3}{6}$×[1.0×1.0+0.4×0.4+(1.0+0.4)×(1.0+0.4)]

=0.25m^3

套用基础定额 5-404。

【注释】 0.05×1.4×1.4 为柱帽上顶端的工程量；由$\frac{h}{6}[A\times B+a\times b+(A+a)\times(B+b)]$，得$\frac{0.3}{6}$×[1.0×1.0+0.4×0.4+(1.0+0.4)×(1.0+0.4)]，为柱帽下梯形体的工程量；0.4×0.4×4.2(柱的长×宽×高)为柱的工程量。

项目编码：010403003　　项目名称：异形梁

【例 1-7】 如图 1-8 所示，求花篮形梁工程量。

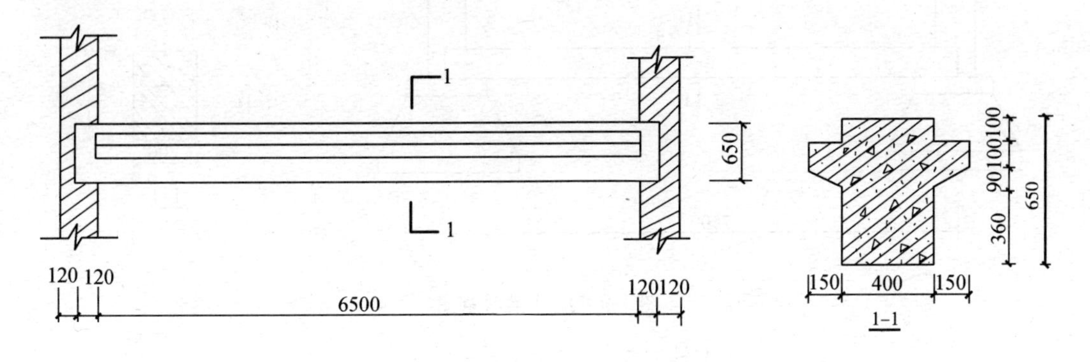

图 1-8　花篮形梁示意图

【解】 (1) 清单工程量

根据《建设工程工程量清单计价规范》GB 50500—2008 工程量计算规则，伸入墙内的梁头、梁垫并入梁体积内。

花篮形梁工程量：

$$V=(6.5+0.12\times2)\times0.4\times(0.36+0.09+0.1\times2)+0.1\times0.15\times6.5\times2+0.15\times0.09\times\frac{1}{2}\times6.5\times2$$

$$=1.7524+0.195+0.8775=2.83\text{m}^3$$

【注释】 (6.5+0.12×2)(花篮梁的长度，其中 0.12 为伸入墙体的长度)×0.4(花篮梁中间部分的截面宽度)×(0.36+0.09+0.1×2)(花篮梁的截面长度)为花篮梁的截面积乘以花篮梁的长度，0.1×0.15×2(两边花篮边的上部矩形截面积)×6.5 为花篮边矩形工程量，$0.15\times0.09\times\frac{1}{2}\times2$(两边花篮边的截面积)×6.5 为花篮边下部三角形工程量，然后工程量累加。

清单工程量计算见下表：

清单工程量计算表

项目编码	项目名称	项目特征描述	计量单位	工程量
010403003001	异形梁	花篮形梁如图 1-8 所示	m^3	2.83

(2)定额工程量

定额工程量计算规则与清单工程量计算规则相同，所求工程量也与清单工程量一致。套用基础定额 5-407、5-81(木模板)。

项目编码：010403001　项目名称：基础梁

【例 1-8】 求如图 1-9 所示地基梁工程量(采用组合钢模板、钢支撑)。

【解】 (1) 清单工程量

地基梁工程量：

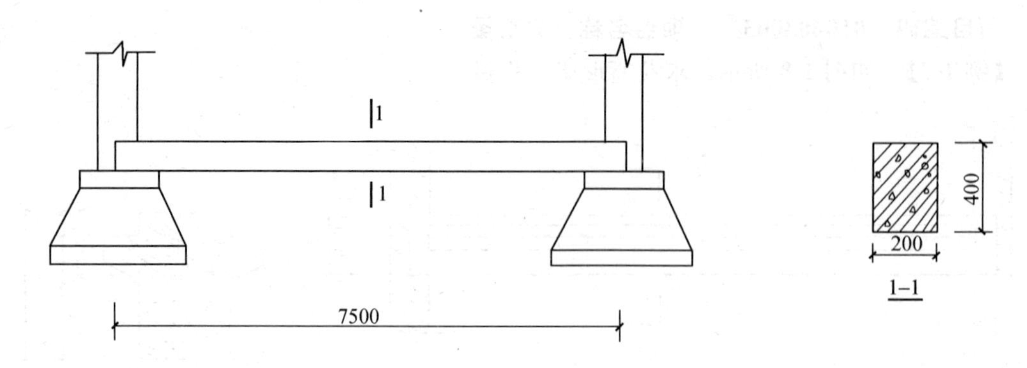

图 1-9　地基梁示意图

$$V=7.5\times0.2\times0.4=0.6\text{m}^3$$

【注释】 7.5×0.2×0.4 为地基梁的长度(7.5)×梁的截面尺寸(0.2×0.4)，是地基梁的体积。工程量按设计图示尺寸以体积计算。

清单工程量计算见下表：

清单工程量计算表

项目编码	项目名称	项目特征描述	计量单位	工程量
010403001001	基础梁	地基梁断面为 200mm×400mm	m^3	0.6

(2)定额工程量

定额工程量计算规则与清单工程量计算规则相同，所求工程量也与清单工程量一致。

套用基础定额 5-405、5-69。

说明：题目中地基梁虽是矩形，但不可套用清单中的 010403002 矩形梁项目或定额中的 5-406 单梁连续梁项目。

项目编码：010403004　　项目名称：圈梁

【例 1-9】 如图 1-10 所示，某独立洗手间平面布置图，采用砖砌墙体，圈梁在所有墙体上布置，采用组合钢模板，300mm×240mm，求圈梁混凝土工程量。

【解】 (1) 清单工程量

圈梁工程量：$V=(7.5-0.24+7-0.24)\times2\times0.3\times0.24+(3-0.24+1.5-0.24+3-0.24+4-0.24)\times0.3\times0.24$

$=2.0189+0.7588$

$=2.78\text{m}^3$

【注释】 [7.5(洗手间外墙的长度)－0.24(墙的厚度)＋7(洗手间外墙的宽度)－0.24]×2×0.3×0.24(模板的截面尺寸)是房间的外圈梁在所有墙体上组合钢模板工程量，(3－0.24＋1.5－0.24＋3－0.24＋4－0.24)(内墙的总长度，长度按净长线计算)×0.3×0.24 为内墙圈梁的工程量。工程量按设计图示尺寸以体积计算。

清单工程量计算见下表：

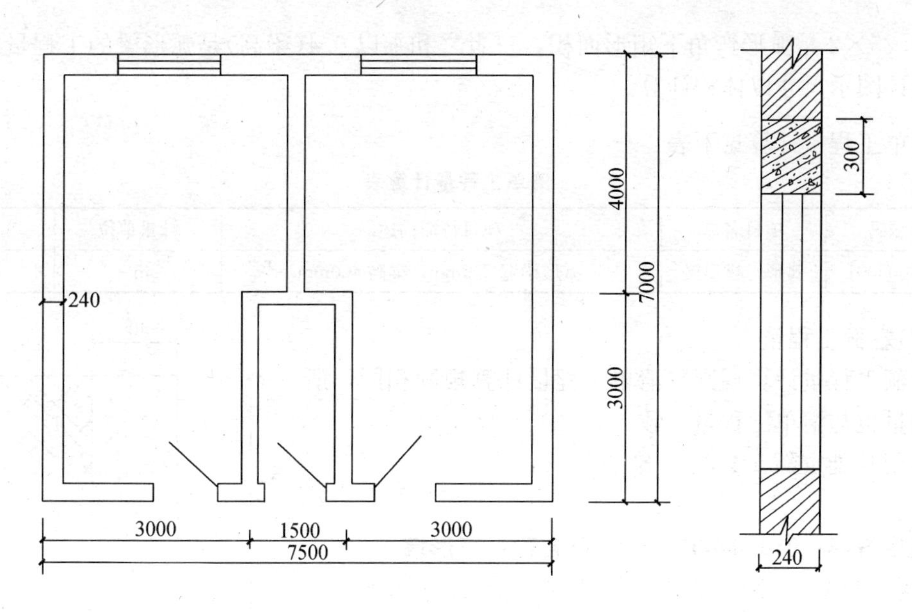

图 1-10　独立洗手间平面布置图

清单工程量计算表

项目编码	项目名称	项目特征描述	计量单位	工程量
010403004001	圈梁	圈梁断面为 300mm×240mm	m^3	2.78

(2)定额工程量

定额工程量计算规则与清单工程量计算规则相同，所求工程量也与清单工程量一致。套用基础定额 5-408、5-82。

项目编码：010403006　　项目名称：弧形、拱形梁

【例 1-10】　某歌剧院一弧形梁，如图 1-11 所示，梁高 400mm，计算其工程量。

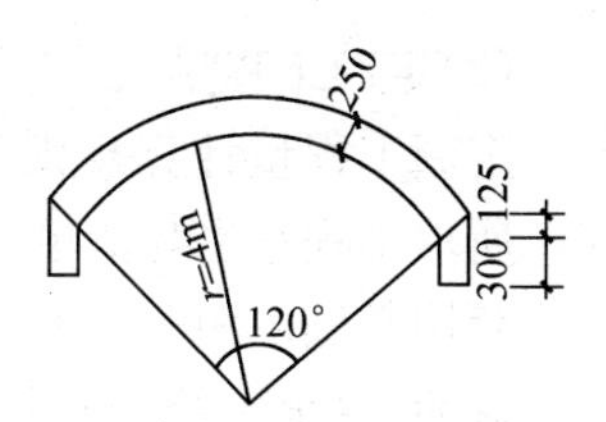

图 1-11　弧形梁示意图

【解】　(1) 清单工程量

弧形梁工程量

$$V=[\frac{120°}{360°}\times 2\times 3.1416\times\left(4+\frac{0.25}{2}\right)\times 0.25$$

$$+\frac{1}{2}\times 0.25\times\frac{\sqrt{3}}{2}\times 0.25$$

$$+0.3\times 0.25\times 2]\times 0.4$$

$$=(2.1599+0.2041)\times 0.4$$

$$=0.95m^3$$

【注释】　$\left[\frac{120°}{360°}\times 2\times 3.1416\times\left(4+\frac{0.25}{2}\right)\right.$(扇形的半径)为扇形梁的弧度长，0.25 是梁的厚度，两者相乘应为扇形架的面积，$\frac{1}{2}\times 0.25\times\frac{\sqrt{3}}{2}\times 0.25$ 为拐弯处三角形的面积，

0.3×0.25×2 是弧形弯角下矩形面积，三者之和乘以 0.4(梁高)是弧形梁的工程量。工程量按设计图示尺寸以体积计算。

清单工程量计算见下表：

清单工程量计算表

项目编码	项目名称	项目特征描述	计量单位	工程量
010403006001	弧形、拱形梁	弧形梁宽 250mm，梁高 400mm	m^3	0.95

(2)定额工程量

定额工程量计算规则与清单工程量计算规则相同，所求工程量也与清单工程量一致。

套用基础定额 5-410、5-80。

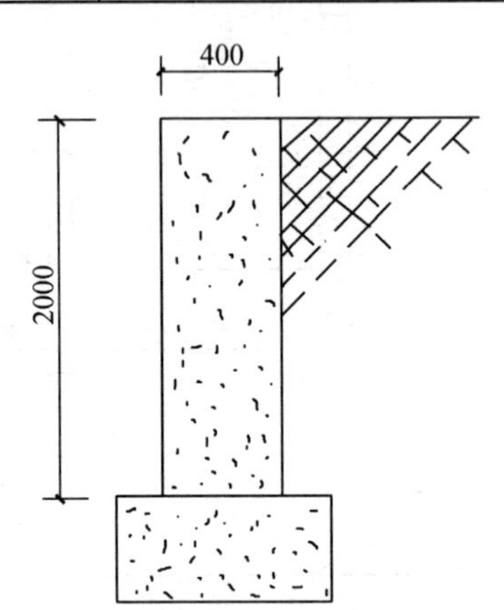

图 1-12 挡土墙示意图

项目编码：010404001　　项目名称：直形墙

【例 1-11】 如图 1-12 所示，组合钢模板、钢支撑挡土墙，长 15m，求其工程量。

【解】 (1) 清单工程量

挡土墙工程量：15×0.4×2=12.00m^3

【注释】 0.4 为挡土墙宽度，2 为挡土墙高度，15 为长度，三者之积是挡土墙工程量。

清单工程量计算见下表：

清单工程量计算表

项目编码	项目名称	项目特征描述	计量单位	工程量
010404001001	直形墙	挡土墙墙厚 400mm	m^3	12.00

(2)定额工程量

定额工程量计算规则与清单工程量计算规则相同，所求工程量也与清单工程量一致。

套用基础定额 5-413、5-87。

说明：《全国统一建筑工程基础定额》中的直形墙包括挡土墙和地下连续墙。

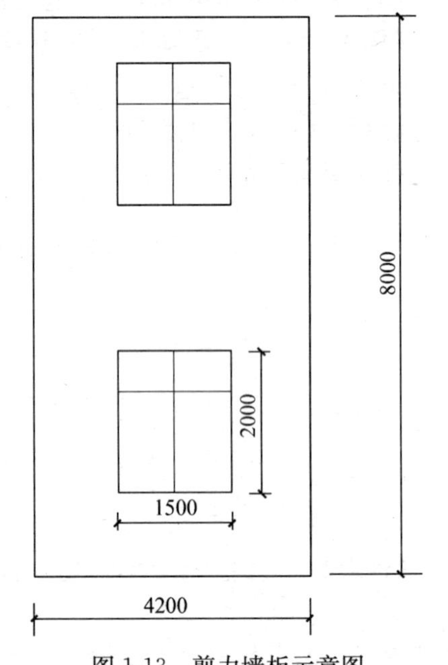

图 1-13 剪力墙板示意图

项目编码：010404001　　项目名称：直形墙

【例 1-12】 如图 1-13 所示，某框剪结构一段剪力墙板，墙厚 240mm，组合钢模板、钢支撑，求该现浇混凝土墙工程量。

【解】 (1)清单工程量

墙工程量：(4.2×8−1.5×2×2)×0.24

=6.62m^3

【注释】 4.2(剪力墙板的宽度)×8(剪力墙板的

高度)为剪力墙板的面积，1.5×2×2为两个窗洞的面积，二者之差乘以0.24(墙厚)为墙的工程量。

清单工程量计算见下表：

清单工程量计算表

项目编码	项目名称	项目特征描述	计量单位	工程量
010404001001	直形墙	剪力墙墙厚240mm	m^3	6.62

(2)定额工程量

定额工程量计算规则与清单工程量计算规则相同，所求工程量也与清单工程量一致，但不套用基础定额5-413，而套用基础定额5-412、5-87。

说明：《全国统一建筑工程基础定额》中现浇墙分为5-411毛石混凝土墙、5-412混凝土墙、5-413电梯井壁直形墙、5-414弧形混凝土墙、5-415大钢模板墙、5-416建筑物滑模工程6个分项，而在《建设工程工程量清单计价规范》中只有010404001直形墙、010404002弧形墙两个项目。

【例1-13】 如图1-14所示，求现浇钢筋混凝土有梁式带形基础(复合木模板、钢支撑)模板工程量。

【解】 板的模板工程量

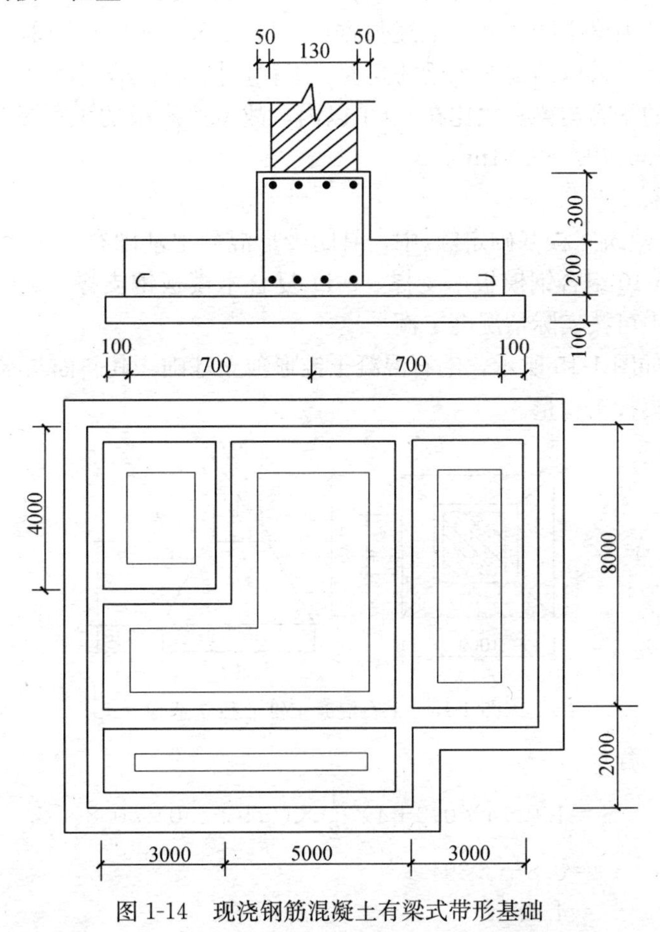

图1-14　现浇钢筋混凝土有梁式带形基础

S_1 =[(3.0+5.0+3.0+2.0+8.0)×2+(2.0−0.7×2)×2+(8.0−0.7×2)×3 +(8.0−0.7×2)×3+(3.0−0.7×2)×2+(4.0−0.7×2)×2+(3.0−0.7 ×2)×2+(4.0−0.7×2)+(3.0+4.0)+(5.0−0.7×2)]×0.2

=(42+1.2+19.8+19.8+3.2+5.2+3.2+2.6+7+3.6)×0.2

=21.52m²

梁的模板工程量

S_2 =[(10+11)×2+(2.0−0.23×2)×2+(8.0−0.23×2)×3+(8.0−0.23×2) ×3+(3.0−0.23×2)×2+(4−0.23×2)×2+(3.0−0.23×2)×2+(4−0.23 ×2)+(3.0+4.0)+(5.0−0.23×2)]×0.3

=(42+3.08+22.62+22.62+5.08+7.08+5.08+3.54+7+4.54)×0.3

=36.79m²

【注释】 板的工程量中，(3.0+5.0+3.0+2.0+8.0)×2 为板外边的周长；(2.0−0.7×2)×2 中，0.7×2 为基底长度，2.0 为墙的长度，2 为两个面；(8.0−0.7×2)×3 中，8.0 为墙长度、0.7×2 为基底长度，3 为三个面；(3.0−0.7×2)×2 为右上角处，3.0 为墙长度，2 为两面板；4.0−0.7×2 中，4.0 为板长度；3.0+0.4 为中间内板左侧边长；(5.0−0.7×2)为中间内板顶面边长；几者相加之后乘以 0.2(板高)得板的工程量。梁的工程量中，10 是 8+2，为板宽；11 是 3+3+5，为梁长；(2.0−0.23×2)×2 中，2.0 为梁长，0.23 为梁中墙尺寸；上述数据中，3.0、5.0 和 4.0 分别为梁长度，0.23 为梁中墙的尺寸，最后乘以的 0.3 为梁的高度。工程量按设计图示尺寸以面积计算。

由于此基础的梁高与梁宽之比在 4∶1 以内，故将梁和板的工程量合并计算为有肋带形基础：21.52+36.79=58.31m²。

套用基础定额 5-394、5-11。

在《全国统一建筑工程基础定额》中，有肋带形混凝土基础有 4 个项目编号：5-9 组合钢模板钢支撑、5-10 组合钢模板木支撑、5-11 复合木模板钢支撑、5-12 复合木模板木支撑。在实际工作中可按实际情况套定额。

【例 1-14】 如图 1-15 所示，毛石混凝土锥形独立基础，其斜面与水平面呈 45°角，组合钢模板，求其模板工程量。

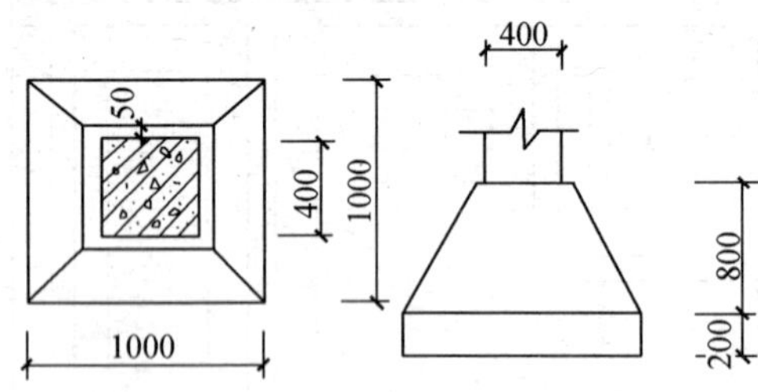

图 1-15 毛石混凝土锥形独立基础

【解】 模板工程量

$$S=1.0\times4\times0.2+4\times\frac{1}{2}\times(0.5+1.0)\times0.8\times\sqrt{2}$$

$$=0.8+3.394$$

$$=4.19\text{m}^2$$

【注释】 1.0×4×0.2 中，1.0 为基础底部长度，0.2 为基底高度，4 为底部小矩形数量；4(4 个侧面)×$\frac{1}{2}$×(0.5+1.0)×0.8×$\sqrt{2}$为梯形的侧面面积，其中 0.5 是梯形上底长度，1.0 是下底长度，0.8×$\sqrt{2}$是梯形斜高度。工程量按设计图示尺寸以面积计算。

套用基础定额 5-15。

在《全国统一建筑工程基础定额》中，毛石混凝土独立基础有 5-15 组合钢模板、5-16 复合木模板 2 个项目编号，在施工中可按实际情况套定额。

说明：独立基础模板面积指基础各台阶四周的侧面面积，而锥形独立基础模板面积还要增加台阶顶面的斜面积。

【例 1-15】 求如图 1-16 所示杯形基础模板工程量，组合钢模板、钢支撑。

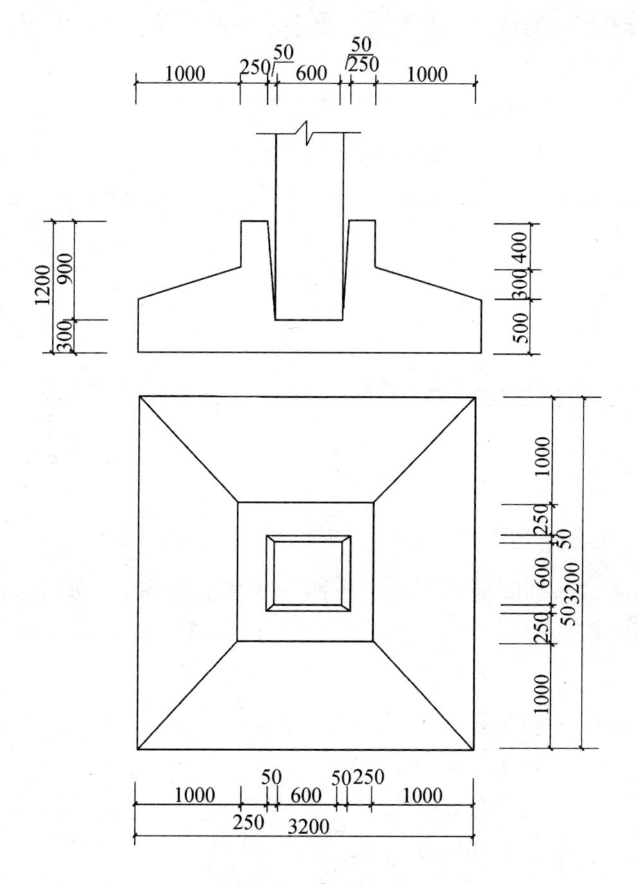

图 1-16　杯形基础

【解】 模板工程量

$$S=(3.2+3.2)\times2\times0.5+(0.6+0.05\times2+0.25\times2)\times4\times0.4+\frac{1}{2}\times(0.6+0.6+0.05\times2)\times\sqrt{0.05^2+0.9^2}\times4$$

$$=6.4+1.92+2.34$$

$$=10.66\text{m}^2$$

【注释】 (3.2+3.2)×2×0.5 中，3.2 为基底边长，2 为每个边两个面，0.5 为基底板高；(0.6+0.05×2+0.25×2)×4×0.4 中，0.6+0.05×2+0.25×2 为上口处边长，其中 4 是 4 个侧面、0.4 是基口处高度；$\frac{1}{2}$×(0.6+0.6+0.05×2)(杯口梯形的上底加下底)×$\sqrt{0.05^2+0.9^2}$(梯形的斜高长)×4 是基础部分 4 个杯口空洞截面梯形部分的截面面积。

因杯口高度 900>(600+50×2)=700

故应套用基础定额 5-23。

在《全国统一建筑工程基础定额》中，高杯基础模板工程有 5-23 组合钢模板钢支撑、5-24 组合钢模板木支撑、5-25 复合木模板钢支撑、5-26 复合木模板木支撑 4 个项目，在实际工作中可按实际情况套定额。

说明：杯形基础有斜坡的台阶，由于坡度较小，在施工现场不支模板，故也不计算其模板面积。

【例 1-16】 如图 1-17 所示，现浇钢筋混凝土有梁式满堂基础，采用组合钢模板、木支撑，垫层采用木模板，求基础与垫层的模板工程量。

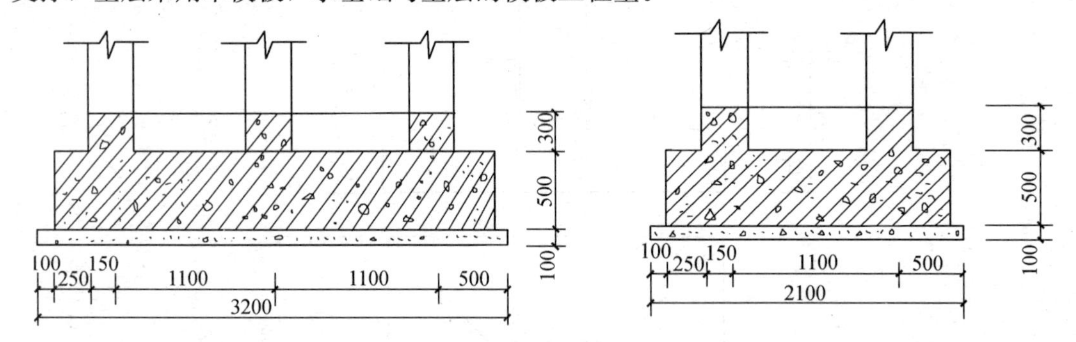

图 1-17 现浇钢筋混凝土有梁式满堂基础

【解】 有梁式满堂基础模板面积是底板四周的侧面面积加上梁的侧面面积。

底板四周侧面面积：S_1 =(3.2−0.1×2+2.1−0.1×2)×2×0.5

=4.9m²

梁的侧面面积：$S_外$ =[(3.2−0.1−0.25−0.1−0.25)×2+(2.1−0.1−0.25−0.1−0.25)×2]×0.3

=(5+2.8)×0.3

=2.34m²

$S_内$ =(1.1−0.3)×4×0.3+(1.1−0.3)×4×0.3

=1.92m²

S_2 = $S_外$ + $S_内$

=2.34+1.92

=4.26m²

故满堂基础模板工程量：S_1+S_2 =4.9+4.26=9.16m²

套用基础定额 5-30。

垫层工程量：S=(2.1+3.2)×2×0.1=1.06m²

【注释】 S_1＝(3.2－0.1×2＋2.1－0.1×2)×2(有梁式满堂基础的周长)×0.5(垫层上部方形基础的高度)＝4.9m² 中，3.2－0.1×2 是基底长度，2.1－0.1×2 是基底宽度，2 是基底长宽分别有两个面，0.5 是下面矩形高度；$S_{外}$＝[(3.2－0.1－0.25－0.1－0.25)×2＋(2.1－0.1－0.25－0.1－0.25)×2]×0.3 中，3.2－0.1－0.25－0.1－0.25 是基底矩形上部模板长度，2.1－0.1－0.25－0.1－0.25 是基底矩形上部模板宽度，0.3 是模板高度；$S_{内}$＝(1.1－0.3)×4×0.3＋(1.1－0.3)×4×0.3 中，1.1－0.3 是中间模板长度，4 是 4 个侧面，0.3 是其模板高度。

套用基础定额 5-33。

【例 1-17】 如图 1-18 所示，现浇独立桩承台平面布置图，承台高度为 1050mm，采用复合木模板、钢支撑施工，试求承台模板工程量。

【解】 模板工程量

$$S=4\times1.05\times6=25.2\text{m}^2$$

【注释】 4 为基底长度，6 为 6 个侧面，1.05 为承台高度。

在《全国统一建筑工程基础定额》中，独立式桩承台有 4 个定额编号：5-35 组合钢模板钢支撑、5-36 组合钢模板木支撑、5-37 复合木模板钢支撑、5-38 复合木模板、木支撑。根据题意，本题套用基础定额 5-37。

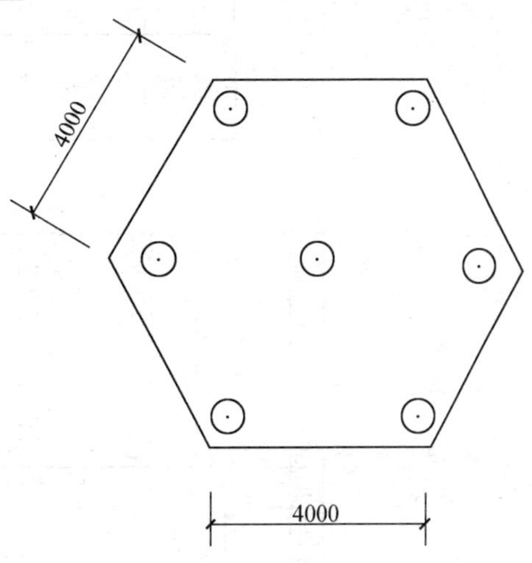

图 1-18　现浇独立桩承台平面布置图

【例 1-18】 如图 1-19 所示，现浇无筋混凝土设备基础，图中孔为螺栓套孔，采用复合木模板、木支撑施工，求模板工程量。

【解】 设备基础模板工程量

$$\begin{aligned}S&=2.7\times2\times2+2.7\times(1.1+0.2+0.4+0.3\times\sqrt{2}+1.1+0.3+0.2\times\sqrt{2}+0.4)+0.3\\&\quad\times(0.4\times2+0.3)+0.2\times(0.4\times2+0.2)\\&=10.8+11.359+0.33+0.2\\&=22.69\text{m}^2\end{aligned}$$

【注释】 2.7×2×2 中，2.7 是模板长度，2 为外模板高度，第二个 2 为侧面数；2.7×(1.1＋0.2＋0.4＋0.3×$\sqrt{2}$＋1.1＋0.3＋0.2×$\sqrt{2}$＋0.4)中，2.7 是模板长度，1.1＋0.2＋0.4＋0.3×$\sqrt{2}$为左边模板高度，1.1＋0.3＋0.2×$\sqrt{2}$＋0.4 为右边模板高度；0.3×(0.4×2＋0.3)＋0.2×(0.4×2＋0.2)为设备基础两个边的小梯形的面积，其中 0.3 为右边一小部分的模板长度，0.2 为左边一小部分的模板长度，0.4 是其模板高度，2 为两个侧面。工程量按设计图示尺寸以面积计算。

由于设备体积小于 3.2×2×2.7＝17.28m³，大于 2.1×2×2.7＝11.34m³，故套定额时应在“块体在 20m³ 以内”找，根据题意，本题套用基础定额 5-46。

螺栓套模板工程量：2×4＝8 个

由于螺栓套长度为 1.1m，超过 1m，故套用基础定额 5-57。

说明：本题中由于混凝土设备基础的斜面倾角为 45°，已超过了混凝土的自由坍落

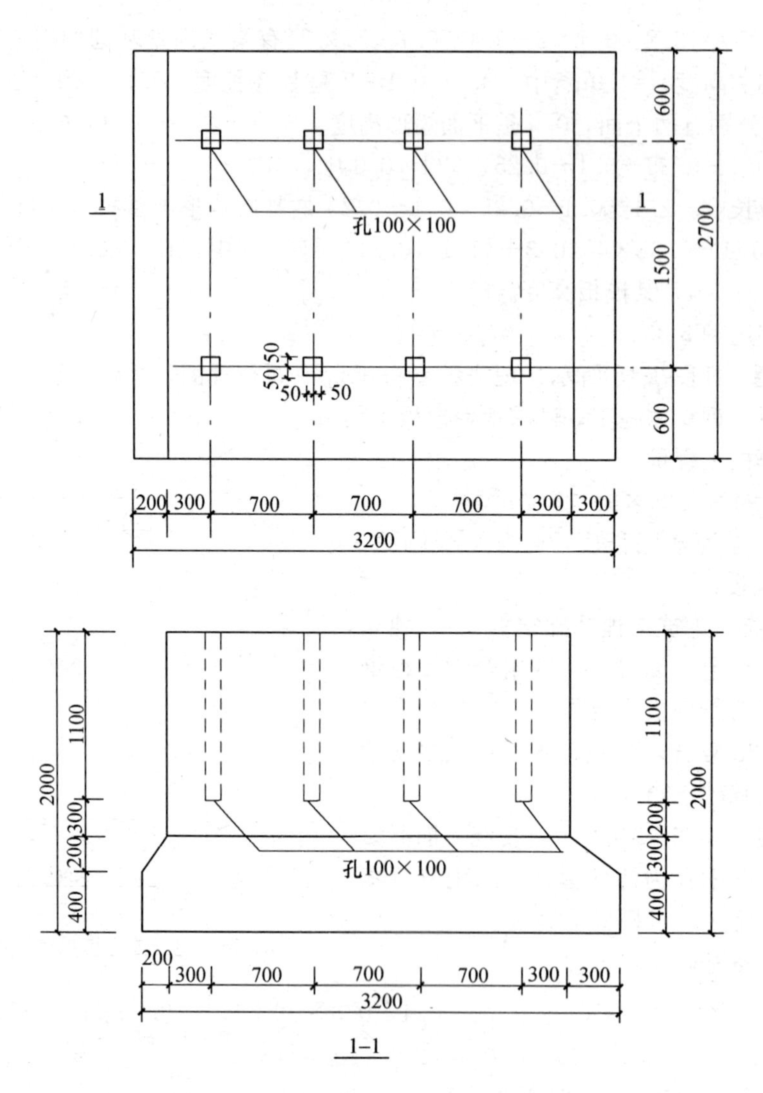

图 1-19 现浇无筋混凝土设备基础示意图

角，故基础的模板工程量应是基础侧面面积加上基础斜面面积之和。

在《全国统一建筑工程基础定额》中，设备基础的模板工程量项目分为块体在 $5m^3$ 以内、块体在 $20m^3$ 以内、块体在 $100m^3$ 以内、块体在 $100m^3$ 以外 4 个项目，而每个项目下又有组合钢模板支撑、组合钢模板木支撑、复合木模板钢支撑、复合木模板木支撑 4 个小项目，设备基础螺栓套模板工程量以“个”为计量单位，又根据长度(m)0.5 以内、1 以内、1 以外分为 3 个小项目。

【例 1-19】 如图 1-20 所示，钢筋混凝土构造柱，柱高 3.9m，采用组合钢模板、钢支撑，试计算其模板工程量。

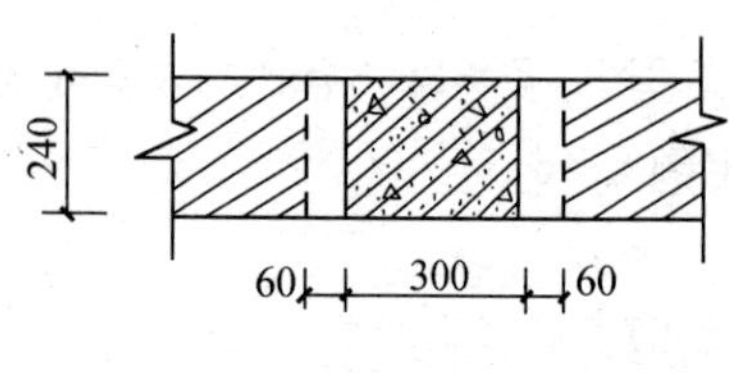

图 1-20 钢筋混凝土构造柱

【解】 模板工程量

$$S=(0.30+\frac{0.06}{2}\times 2)\times 2\times 3.9$$

$$=2.81m^2$$

【注释】 $0.30+\frac{0.06}{2}\times2$ 为基础模板长度，2 为两个模板，柱高为 3.9m。

套用基础定额 5-62。

说明：构造柱外露面均应按图示外露部分计算模板面积，与墙接触面不计算模板面积。

构造柱模板面积也不计算超高支撑工程量，故本题构造柱高虽大于 3.6m，但不用计算超高支撑工程量。

【例 1-20】 如图 1-21 所示，现浇钢筋混凝土牛腿柱，采用复合木模板、木支撑，计算其模板工程量。

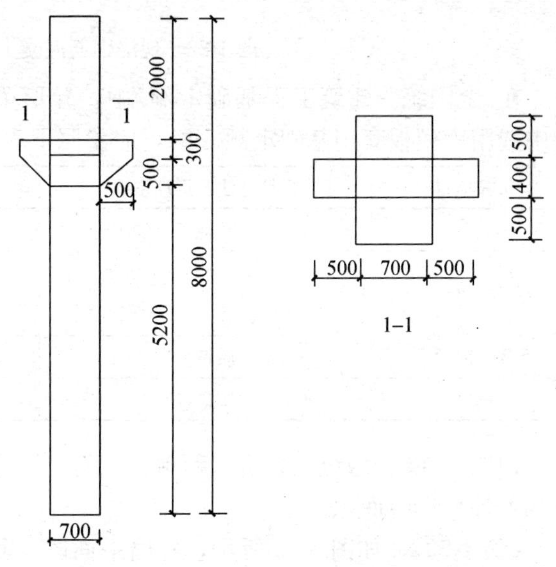

图 1-21　现浇钢筋混凝土牛腿柱示意图

【解】 牛腿柱工程量：

$$S=(5.2+2)\times(0.7+1.4)\times2+0.3\times(0.7+0.4)\times2+0.5\times\sqrt{2}\times(0.7+0.4)\times2+0.3\times0.5\times8+\frac{1}{2}\times0.5\times0.5\times4+\frac{1}{2}\times0.5\times0.5\times4$$

$$=30.24+0.66+1.556+0.66+0.5+0.5$$

$$=34.12\text{m}^2$$

【注释】 5.2+2 为柱高度，(0.7+1.4)×2 为矩形柱的底截面周长，0.3 为凸出处柱的高度，$0.5\times\sqrt{2}\times(0.7+0.4)\times2$ 为牛腿处中间方形柱的面积，0.3(牛腿处凸出部分一侧的宽度)×0.5(牛腿处凸出部分一侧的长度)×8 为凸出 8 个小矩形面积，$\frac{1}{2}\times0.5\times0.5$(小三角形的面积)×4 为牛腿凸出下部一半小三角面积。

套用基础定额 5-65。

因超过 3.6m，还应计算超高工程量

$$8.0-3.6=4.4\text{m}$$

超出 4.4m，因每超过 1m 计算 1 个量，故需计算 5 倍超高工程量。

套用基础定额 5-68。

【例 1-21】 如图 1-22 所示，现浇钢筋混凝土十字形梁，采用钢模板施工，求其模板工程量。

【解】 模板工程量

$$S=(0.5+0.2+0.1)\times5.0\times2+(0.15\times2+0.3)\times5.0\times2$$

$$=8+6$$

$$=14\text{m}^2$$

【注释】 0.5+0.2+0.1 为十字形梁的截面高度，0.15×2+0.3 为十字形梁的截面宽度，5.0 为梁的长度，2 为两侧。工程量按设计图示尺寸以面积计算。

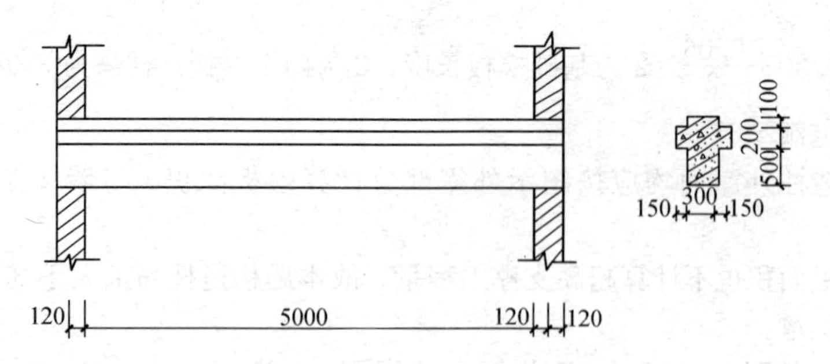

图 1-22 现浇钢筋混凝土十字形梁示意图

在《全国统一建筑工程基础定额》中，异形梁规定使用木模板套用基础定额 5-81，本题中选用钢模板套用基础定额 5-81，应参照下表进行换算：

折算项目	折算办法及折算系数	折算项目	折算办法及折算系数
人工	(木工＋其他工)×0.79	其他费	(回库维修费＋其他材料费)×0.06
模板材	(钢横＋钢支撑＋钢模配件＋卡具)×7.84＋定额模板材	4t 载重汽车	汽车台班量×0.53
		圆锯机	圆锯机台班量×4.72
B 号钢丝	钢丝质量×1.00	卷扬机	卷扬机台班量×0.59
钢钉	钢钉质量×4.28	起重机	起重机台班量×1.43

说明：在《全国统一建筑工程预算工程量计算规则》中规定，伸入墙内的梁头、板头部分均不计算模板面积。

【例 1-22】 如图 1-23 所示，砖墙平面图，其圈梁采用组合钢模板，并兼作门窗处的过梁，试求圈梁模板工程量。

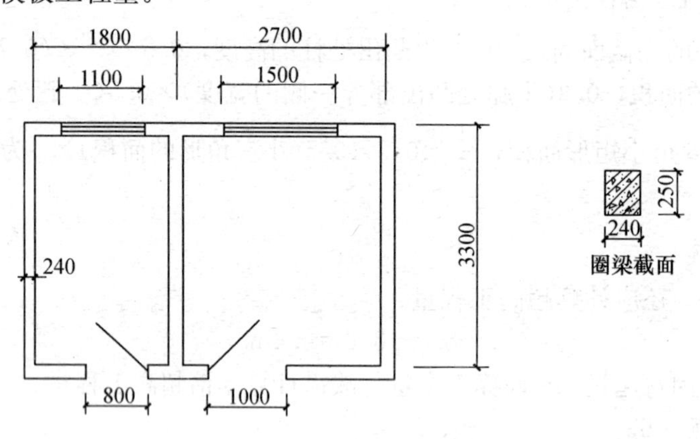

图 1-23 砖墙平面图

【解】 圈梁模板工程量：

$$S_1 = (3.3+0.24+4.5+0.24)\times2\times0.25+0.25\times(3.3-0.24)\times4$$
$$+(4.5-0.24\times2)\times2\times0.25$$
$$=4.14+3.06+2.01$$
$$=9.21\text{m}^2$$

$$S_2=(0.8+1.0+1.1+1.5)\times0.24$$
$$=1.06\text{m}^2$$

$S=S_1+S_2=(9.33+1.06)=10.27\text{m}^2$

【注释】 0.25 为圈梁截面尺寸，[3.3(外墙的宽度)+0.24(墙的厚度)+4.5(外墙的长度)+0.24]×2 为砖墙平面图中外墙周长，3.3−0.24 为内墙长度，4 为四个内侧模板，4.5−0.24×2 为外墙内侧长度，2 为需两个模板；[0.8+1.0(两个门的宽度)+1.1+1.5(两个窗户的宽度)]×0.24 为门窗处圈梁的侧面积。

套用基础定额 5-82。

说明：当圈梁兼作过梁时，模板工程量应加上过梁在洞口部分的底面积，即本题中的 S_2。

【例 1-23】 如图 1-24 所示，某现浇混凝土电梯墙，厚 300mm，层高 4200mm，电梯门为 1500mm×2000mm，采用组合钢模板、木支撑，求电梯墙模板工程量。

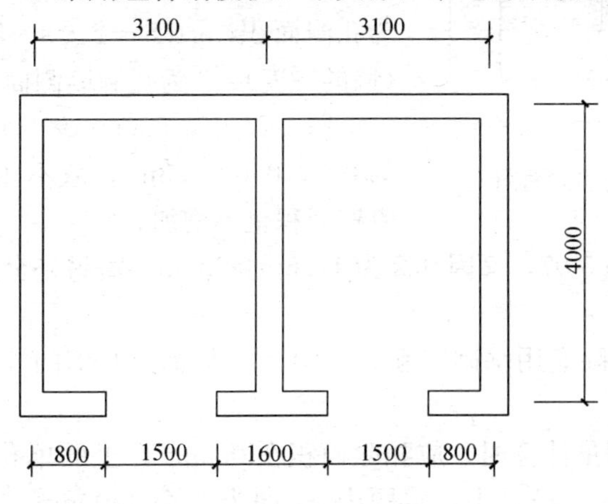

图 1-24 现浇混凝土电梯墙平面图

【解】 电梯井模板工程量：

$$S=[(3.1+3.1+0.3+4+0.3)\times2+(4-0.3)\times4+(3.1-0.3)\times4]\times4.2-1.5\times2\times4+0.3\times2\times4+0.3\times1.5\times2$$

$$=199.92-12+2.4+0.9$$

$$=191.22\text{m}^2$$

【注释】 (3.1+3.1+0.3+4+0.3)×2 为电梯墙外侧周长，其中，3.1+3.1 为电梯墙外侧的长度，4 为电梯墙外侧的宽度；(4−0.3)×4+(3.1−0.3)×4 为外墙内侧面总长度，4.2 为层高；1.5(门的宽度)×2×4 为两个门两侧面的面积；0.3(墙的厚度)×2×4 门口墙侧面所需模板量；0.3×1.5×2 为门顶需模板量。工程量按设计图示尺寸以面积计算。

套用基础定额 5-92。

因层高为 4.2m，超过 3.6m，需另外套用基础定额 5-99 计算超高工程量。

4.2−3.6=0.6m，除套用基础定额 5-92 外，再另加上 1 倍的 5-99 的人工、材料和机械量。

说明：电梯井壁模板面积，是井壁内外侧壁面积之和，扣除门洞面积，增加门洞侧壁面积。

【例 1-24】 如图 1-25 所示，大钢模板墙，厚 200mm，采用大钢模板、木支撑，试求

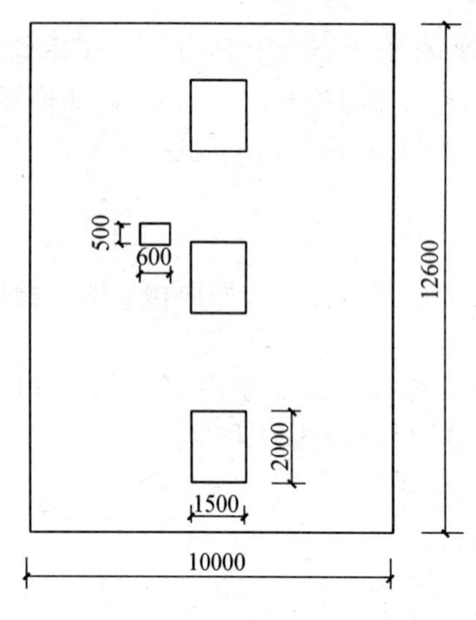

图 1-25 大钢模板墙立面图

其模板工程量。

【解】 大钢模板墙模板工程量计算如下：

S_1 =10×12.6×2−1.5×2×3×2
=252−18
=234m^2

S_2=(1.5+2.0)×2×0.2×3=4.2m^2

$S=S_1+S_2$=234+4.2=238.2m^2

【注释】 10(墙的宽度)×12.6(墙的长度)×2为大钢模板墙两侧面积；1.5(孔洞宽度)×2(孔洞的长度)×3(孔洞的数量)×2(每个孔洞两个侧面)为孔洞面积；(1.5+2.0)×2(孔洞的周长)×0.2(墙的厚度)×3为孔洞墙侧面所需模板面积。

图 1-25 中，500mm×600mm 小孔，因其面积为 0.5×0.6=0.3m^2，故不扣除其孔洞面积，孔洞侧壁面积也不增加。

本题套用基础定额 5-97，又因其高为 12.6m>3.6m，需另外套用基础定额 5-99 计算支撑超高工程量。

12.6−3.6=9m，除套用基础定额 5-97 外，再另加上 9 倍的 5-99 的人工、材料和机械量。

说明：在模板工程量计算时，应扣除面积在 0.3m^2 以上的单孔面积，同时应把孔洞侧壁面积并入墙壁模板工程量中，本题中 S_2 即为 3 个 1500mm×2000mm 洞口的侧壁面积。

【例 1-25】 如图 1-26 所示，某井字形楼盖，层高 3.3m，采用复合木模板、钢支撑，求其模板工程量。

【解】 井字形楼盖模板工程量：

S =(8.0−0.24)×(6.0−0.24)+(2.0−0.24)×0.2×4×4×3
+(8.0+0.24+6+0.24)×2×0.1
=44.698+16.896+2.896
=64.49m^2

【注释】 (8.0−0.24)(盖顶的长度，其中 0.24 为墙的厚度)×(6.0−0.24)(盖顶的宽度)为盖顶所需模板面积，2.0−0.24 为内侧长度，0.2 是内侧盖高，4×4×3 为井字盖下所需模板数量，(8.0+0.24+6+0.24)×2(楼盖面的周长)×0.1(盖顶的厚度)为盖最顶部侧面所需模板面积。

因采用复合木模板、钢支撑，故套用基础定额 5-102。

说明：有梁板模板面积是指板底面积、梁底面积及梁侧面积之和。其中梁侧面高度应从梁底算至板底。

伸入墙内的板头部分，不计算模板面积。

板的支模高度超过 3.6m 时，应计算超高支撑工程量。本题中层高为 3.3m，故不用计算超高支撑工程量。

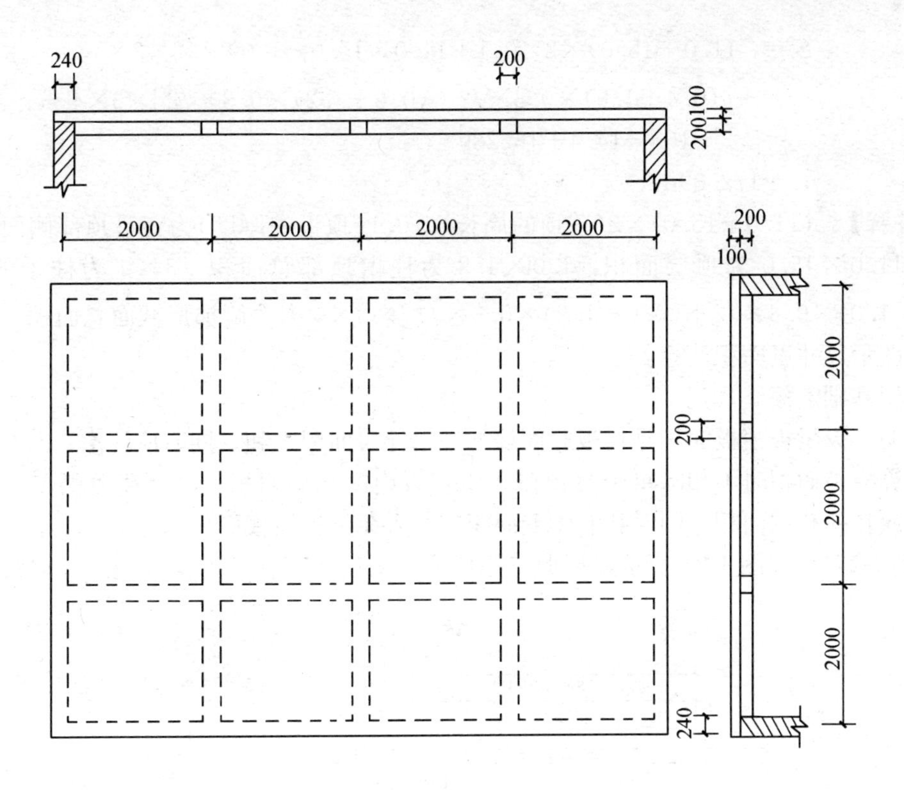

图 1-26　井字形楼盖平面图

【例 1-26】 如图 1-27 所示，无梁楼盖，周边支承形式为悬臂伸出边柱之外 1.5m，求该楼盖模板工程量(采用复合木模板、木支撑)。

【解】 无梁楼盖模板工程量：

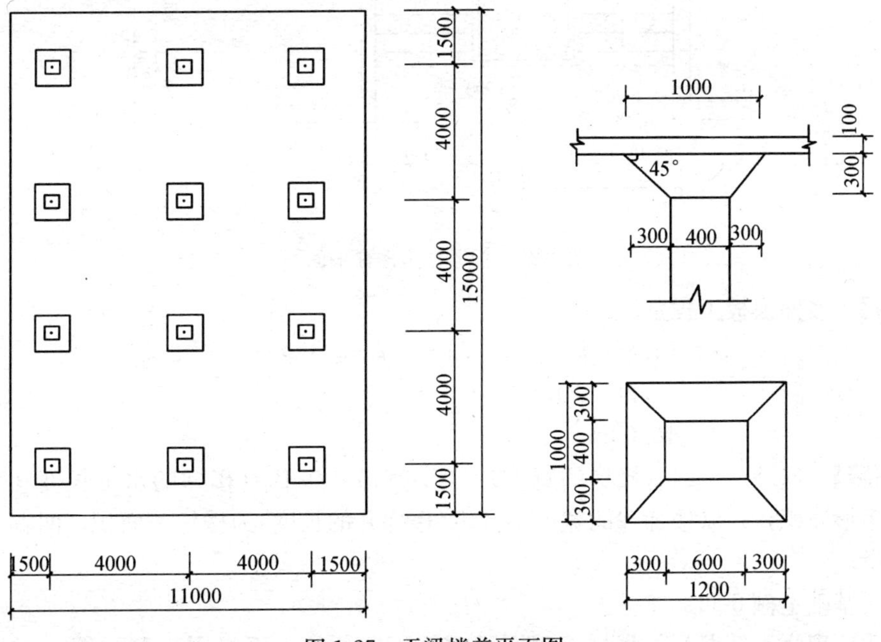

图 1-27　无梁楼盖平面图

$$S=(11.0+15.0)\times2\times0.1+11.0\times15.0-1.0\times1.2\times3\times4+[(0.4+1.0)\times0.3\times\sqrt{2}+(0.6+1.2)\times0.3\times\sqrt{2}]\times3\times4$$
$$=5.2+165-14.4+16.289$$
$$=172.09\text{m}^2$$

【注释】 $(11.0+15.0)\times2$（盖顶的周长）$\times0.1$（顶板的厚度）为盖最顶部侧面所需模板量，11.0×15.0 为顶层面积，1.0×1.2 为柱帽顶部总面积，3×4 为柱子的数量，$[(0.4+1.0)\times0.3\times\sqrt{2}+(0.6+1.2)\times0.3\times\sqrt{2}]\times3\times4$ 为柱侧梯形截面总面积。工程量按设计图示尺寸以面积计算。

套用基础定额 5-107。

说明：无梁板模板面积是指板底面积与柱帽外表面积之和。同时应注意，同有梁板一样，计算模板面积时不扣除单个面积在 0.3m^2 以内的孔洞面积。当单孔面积在 0.3m^2 以上时，应扣除孔洞面积，同时孔洞侧壁面积应并入无梁板模板面积内。

【例 1-27】 如图 1-28 所示，折形三跑楼梯，采用木模板、木支撑施工，求其模板工程量。

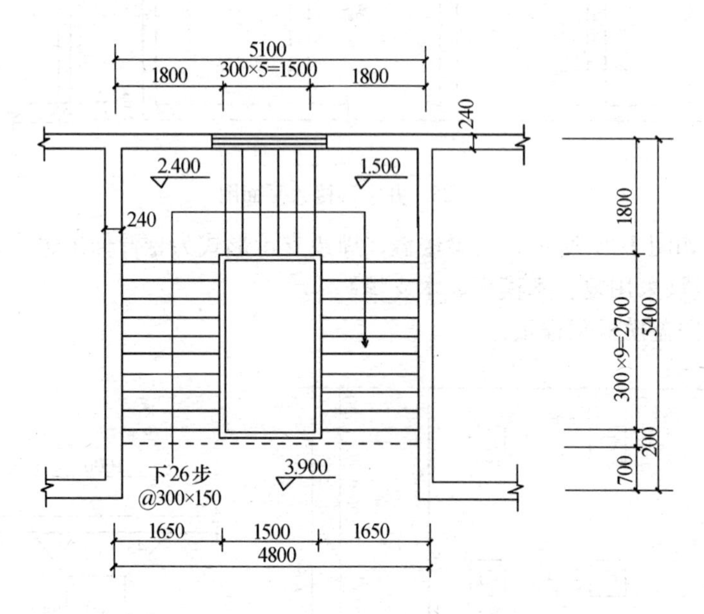

图 1-28 折形三跑楼梯平面图

【解】 楼梯模板工程量：

$$S=(4.8-0.24)\times(5.4-0.7-0.12)-1.5\times2.7$$
$$=20.885-4.86$$
$$=16.03\text{m}^2$$

【注释】 $(4.8-0.24)$（楼梯的宽度）$\times(5.4-0.7-0.12)$（楼梯的水平长度 ）为楼梯所占平面矩形面积，1.5（楼梯井的宽度）$\times2.7$（楼梯井的长度）为楼梯井面积，两者之差为模板工程量。

套用基础定额 5-119。

说明：现浇钢筋混凝土楼梯，以图示露明面尺寸的水平投影面积计算，不扣除小于

500mm楼梯井所占面积。楼梯的踏步、踏步板、平台梁等侧面模板，均不另计算。

楼梯入墙部分不计算模板面积。不同的楼梯平面形式应分别计算其工程量。

本题中楼梯井宽1500mm，故应扣除楼梯井所占面积。

【例1-28】 如图1-29所示，平行双合楼梯，采用木模板、木支撑，试求其模板工程量。

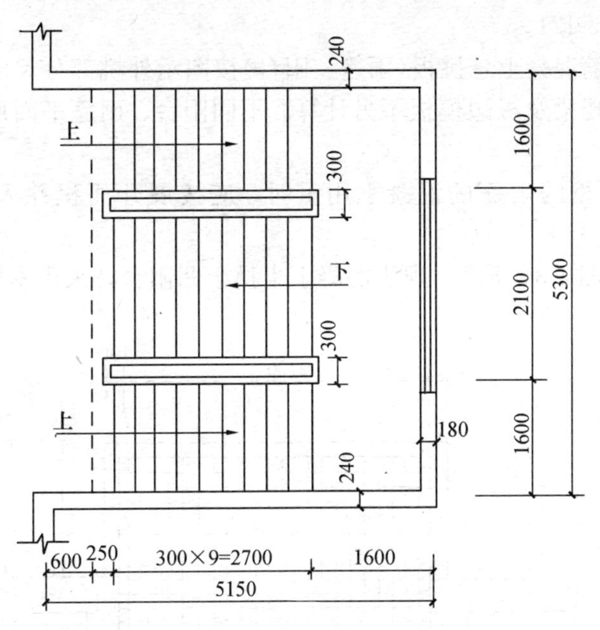

图1-29　平行双合楼梯平面图

【解】 楼梯模板工程量

$$S=(5.15-0.6)\times(5.3-0.24)$$
$$=23.02\text{m}^2$$

【注释】 5.3－0.24为所需模板长度，其中0.24为两侧墙的厚度；5.15－0.6为所需模板宽度，其中0.6为楼梯底部边缘距墙中心线的间距。工程量按设计图示尺寸以面积计算。

套用基础定额5-119。

说明：本题楼梯井宽300mm，小于500mm，故不扣除其所占面积。

【例1-29】 如图1-30所示，带反挑檐的雨篷，采用木模板木、支撑施工，求其模板工程量。

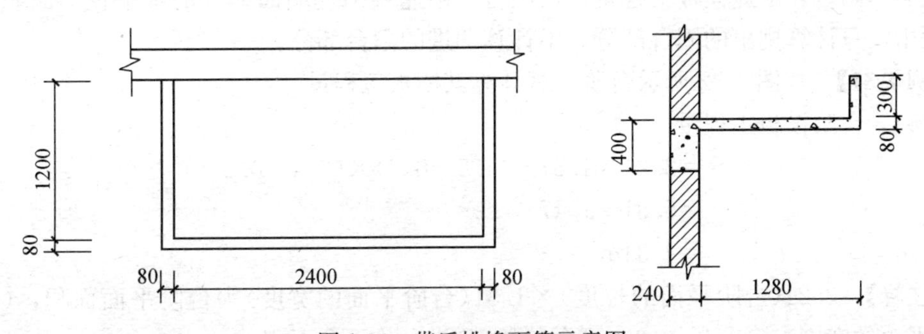

图1-30　带反挑檐雨篷示意图

【解】 雨篷模板工程量

$$S=(2.4+0.08\times2)\times(1.2+0.08)=3.28m^2$$

【注释】 2.4＋0.08×2 为雨篷长度，1.2＋0.08 为雨篷宽度，其中 0.08 为挑檐板的厚度。

套用基础定额 5-121。

说明：现浇钢筋混凝土悬挑板（雨篷、阳台）按图示外挑部分尺寸的水平投影面积计算，挑出墙外的牛腿梁及板边模板不另计算。不同阳台、雨篷平面形状应分别计算其工程量。

在计算带反挑檐的雨篷的混凝土用量时，应按展开面积并入雨篷内计算，注意区分。

【例 1-30】 如图 1-31 所示，现浇混凝土半挑半凹阳台，采用木模板、木支撑，试计算其模板工程量。

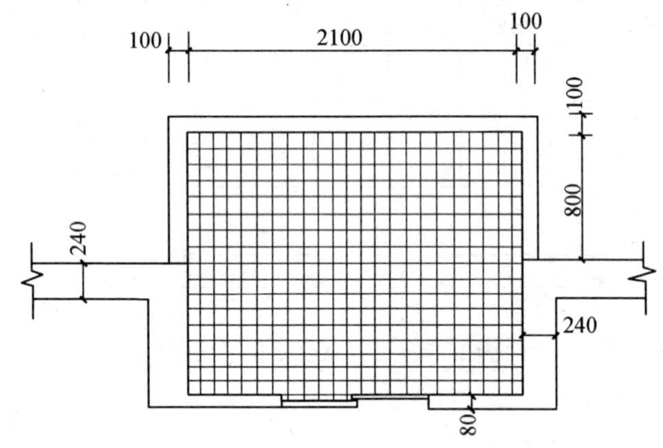

图 1-31 现浇混凝土半挑半凹阳台平面示意图

【解】 阳台模板工程量

$$S=(0.8+0.1)\times(2.1+0.1\times2)=2.07m^2$$

【注释】 (0.8＋0.1)(阳台的宽度)×(2.1＋0.1×2)(阳台的长度)为阳台宽乘以长，得出模板工程量。

套用基础定额 5-121。

说明：阳台、雨篷模板工程量，按阳台、雨篷挑出外墙面部分的水平投影面积计算。在本题中，只计算挑出的阳台部分，不计算凹进的阳台部分。

【例 1-31】 如图 1-32 所示台阶，试计算其模板工程量。

【解】 台阶模板工程量

$$S=3.21\times1.81-(1.0-0.3)\times(2.4-0.3)=5.81-1.47=4.34m^2$$

【注释】 3.21(台阶平面的长度)×1.81(台阶平面的宽度)为台阶平面面积，(1.0－0.3)(平台的宽度)×(2.4－0.3)(平台的长度)为台阶平台面积。

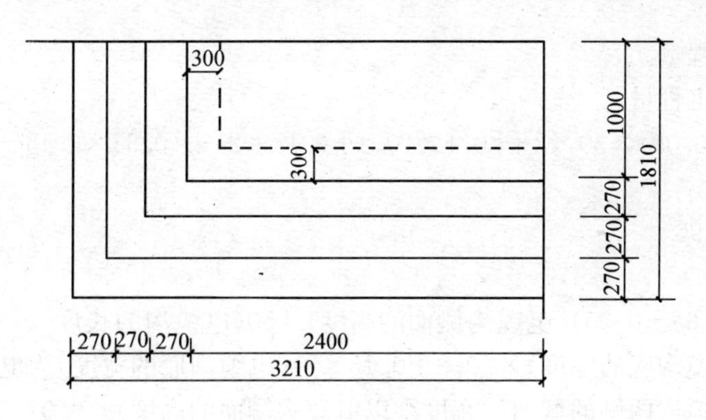

图 1-32　台阶平面图

套用基础定额 5-123。

说明：混凝土台阶不包括梯带，按图示台阶尺寸的水平投影面积计算，台阶端头两侧不另计算模板面积。

当台阶与平台连接时，其分界线为最上层踏步外沿加 30cm，例如本题。

【例 1-32】　如图 1-33 所示，某观光瞭望塔，栏板采用现浇混凝土，采用木模板、木支撑，求模板工程量。

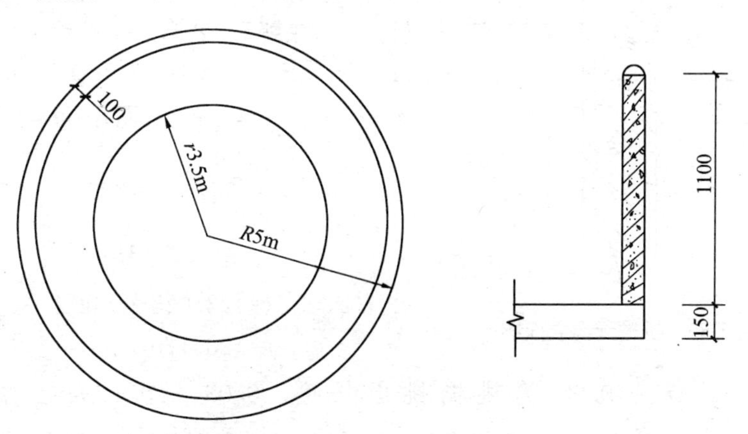

图 1-33　观光瞭望塔示意图

【解】　栏板模板工程量

$S=[2\pi R+2\pi(R-0.1)]\times1.1$

$=2\times3.1416\times(5+5-0.1)\times1.1$

$=68.42\text{m}^2$

【注释】　$2\pi R$ 为最外侧圆长，$2\pi(R-0.1)$ 为最外边内侧圆长，1.1 为所支模板高度。

套用基础定额 5-124。

说明：栏板模板工程量，按栏板两侧面的面积计算。

【例 1-33】　如图 1-34 所示，电缆沟盖板采用预制混凝土板，沟壁和底板采用现浇混凝土板，求其

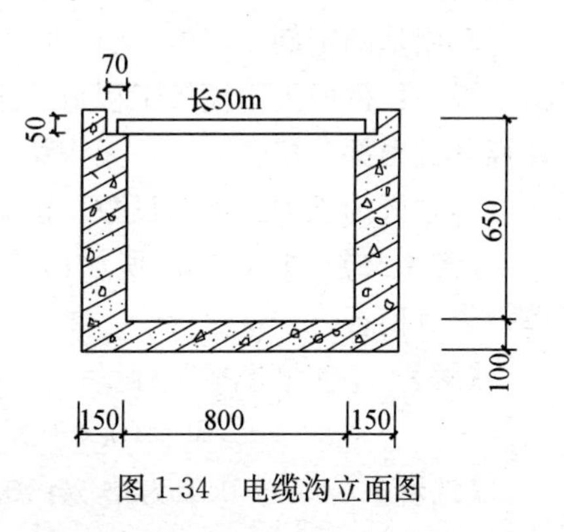

图 1-34　电缆沟立面图

现浇部分模板工程量。

【解】 模板工程量：

$$S=(0.65-0.05)\times50\times2+[0.1\times(0.8+0.15\times2)+(0.65\times0.15-0.07\times0.05)\times2]\times2$$
$$=60+0.596$$
$$=60.60\text{m}^2$$

【注释】 (0.65－0.05)(电缆沟侧面的高度)×50(电缆沟的长度)×2 为电缆沟两边侧面面积，0.1(电缆沟底的厚度)×(0.8＋0.15×2)(电缆沟底的宽度)为电缆沟底截面面积，[0.65×0.15(电缆沟两侧的截面的宽度乘以电缆沟侧面的高度)－0.07×0.05(电缆沟上部缺口处的截面尺寸)]×2 为两竖墙面积，最后面的 2 为两侧模板。

套用基础定额 5-128。

说明：暖气沟、电缆沟模板工程量，按沟壁的侧面面积计算，因其埋在地下，沟壁外侧面不用支模，故不计算其模板工程量。

【例 1-34】 如图 1-35 所示，现浇钢筋混凝土挑檐天沟，采用木模板、木支撑，求其模板工程量。

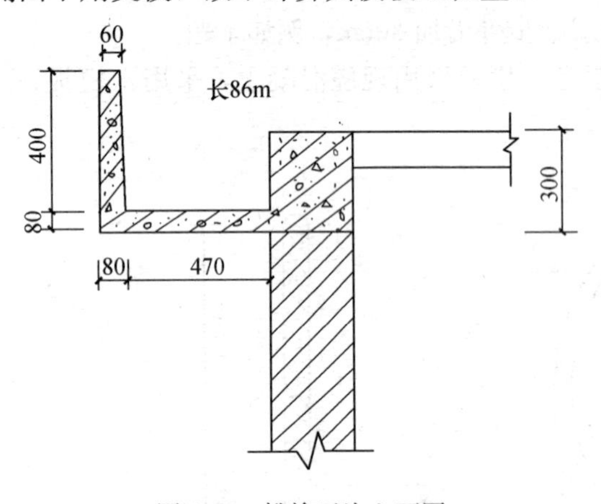

图 1-35 挑檐天沟立面图

【解】 挑檐天沟模板工程量：

$$S=\left[(0.47+0.08)+(0.08+0.4)+\sqrt{0.4^2+(0.08-0.06)^2}\right]\times86+\left[\frac{1}{2}\times(0.06+0.08)\times0.4+0.08\times(0.47+0.08)\right]\times2$$
$$=123.023+0.144$$
$$=123.17\text{m}^2$$

【注释】 0.47＋0.08 为挑檐挑出长度，0.08＋0.4 为挑檐挑出高度，$\sqrt{0.4^2+(0.08-0.06)^2}$为挑檐内侧斜高度，其中 0.06 为挑檐顶部的厚度，0.08 为挑檐底部的厚度，86 为长度；$\frac{1}{2}\times(0.06+0.08)\times0.4$ 为挑出的截面面积，0.08×(0.47＋0.08)为挑出沟底截面面积，2 为两侧面。

套用基础定额 5-129。

说明：挑檐天沟模板工程量，按天沟底面积及挑檐立板的侧面面积之和计算，并且仅计算其挑出部分接触面积，天沟梁另按圈(过)梁计算。

本题天沟长度虽为假设数，但仍考虑计算了天沟长的模板面积。

【例 1-35】 如图 1-36 所示，长 10m 的现浇混凝土小便槽剖面图，采用木模板、木支撑，求其模板工程量。

【解】 小便槽模板工程量：

$$V=(0.4+0.1)\times(0.06+0.12)\times10=0.9\text{m}^3$$

【注释】 0.4＋0.1 为槽宽；0.06＋0.12 为槽高，其中 0.12 为半墙的厚度，10 为

长度。

套用基础定额 5-132。

说明：小型池槽模板工程量，按池槽外形体积计算，不是以接触面面积计算。

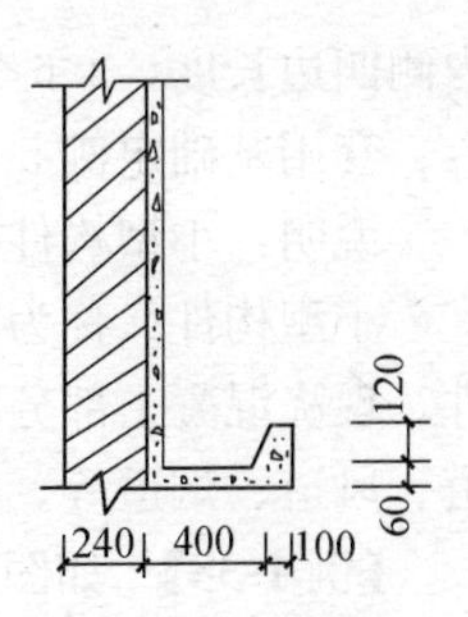

图 1-36 现浇混凝土小便槽剖面图

【例 1-36】 如图 1-37 所示，现浇混凝土栏板、扶手，采用木模板、木支撑，求栏板和扶手模板工程量。

【解】 栏板模板工程量：

$$S = [\pi R + \pi(R-0.1) + 1.4\times4]\times1.2$$
$$= [3.1416\times2.5 + 3.1416\times(2.5-0.1) + 5.6]\times1.2$$
$$= 25.19\text{m}^2$$

扶手模板工程量

$$L = \pi(R-\frac{0.1}{2}) + 1.4\times2$$
$$= 7.697 + 2.8$$
$$= 10.50\text{m}$$

【注释】 πR 为弧外侧长度，$\pi(R-0.1)$为内侧弧长，1.4 为长度，4 为四个模板数，1.2 为栏板高度。扶手模板工程量中，$\pi(R-\frac{0.1}{2})$为扶手弧长，1.4 为两侧扶手长，2 为两侧。

分别套用基础定额 5-124、5-131。

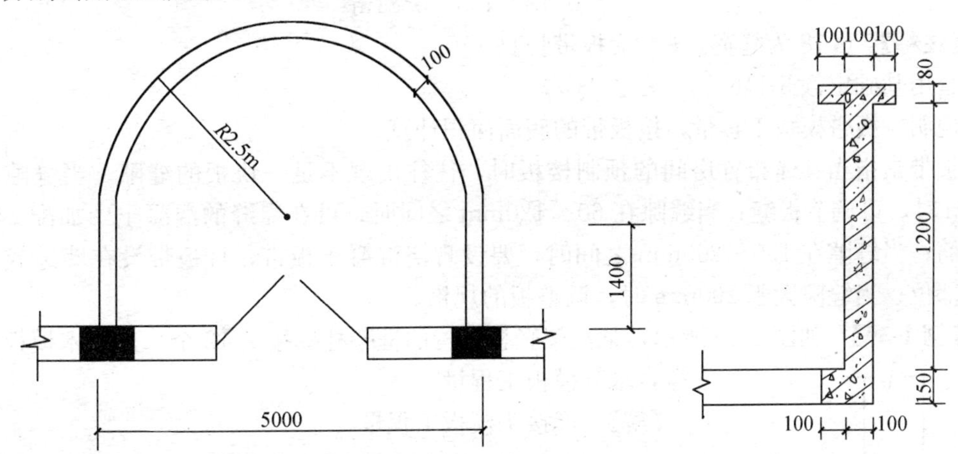

图 1-37 现浇混凝土栏板、扶手示意图

说明：扶手模板工程量，是按照扶手长度计算的；栏板模板工程量，是按栏板两侧面的面积计算的。

【例 1-37】 如图 1-38 所示，现浇钢筋混凝土垃圾道，高为 3.6m，采用木模板、木支撑，求其模板工程量。

【解】 垃圾道模板工程量

$$S = [(0.5+0.08\times2)\times2 + 0.5\times4]\times3.6$$
$$= 11.95\text{m}^2$$

【注释】 0.5+0.08×2 为外侧两边长度，其中 0.08 为现浇混凝土的厚度，0.5×4 为内侧四边长度，3.6 为垃圾道高度。

套用基础定额 5-130。

说明：小型构件模板工程量，按构件混凝土与模板接触面积计算。

小型构件又称为零星构件，均指单位体积在 0.05m^3 以内且未列入定额其他项目的构件。现浇混凝土部分的小型构件包括遮阳板、凸出厨房的灶台、小立柱、厕所隔断、通风道、风道、烟道等。

【例 1-38】 如图 1-39 所示，预制板缝采用浇筑混凝土处理，板带长 4.5m，采用木模板、木支撑，求其模板工程量。

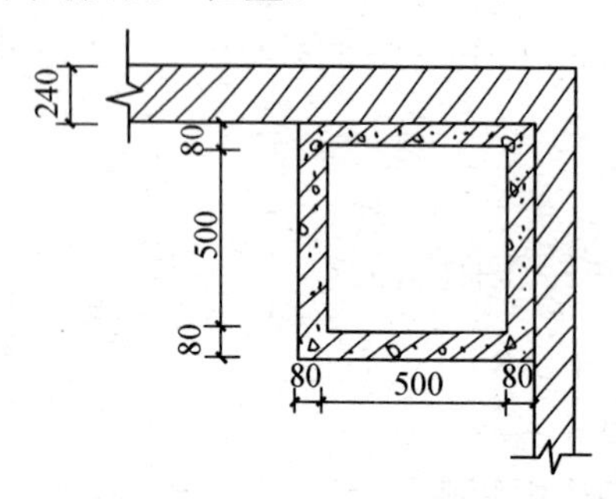

图 1-38 现浇钢筋混凝土垃圾道平面图

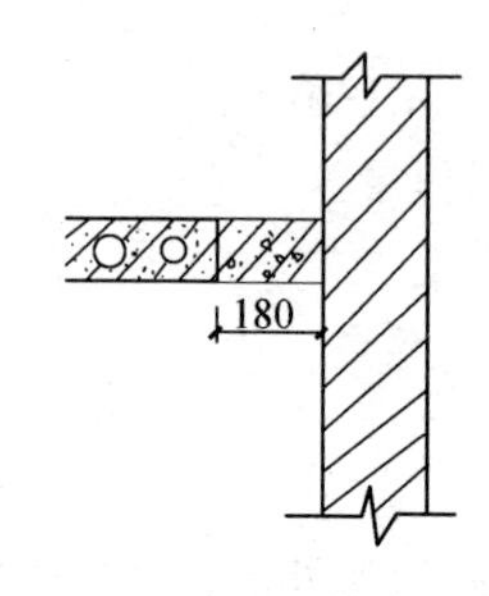

图 1-39 预制板缝示意图

【解】 板带模板工程量

$$S=0.18\times4.5=0.81\text{m}^2$$

【注释】 0.18 为缝宽，4.5 为板带长。

套用基础定额 5-116。

说明：板带模板工程量，按板带的底面面积计算。

板带是指当具体布置房间的预制楼板时，往往出现不足一块板的缝隙。当缝隙小于 60mm 时，可调节板缝；当缝隙在 60～120mm 之间时，可在灌缝的混凝土中加配 2ϕ4 通长钢筋；当缝隙在 120～200mm 之间时，要设现浇混凝土板带，且板带设在墙边或有穿管的部位；当缝隙大于 200mm 时，调整板的规格。

【例 1-39】 如图 1-40 所示，某框架轻板结构的框架柱榫接头 12 个，采用木模板、木支撑，求其模板工程量。

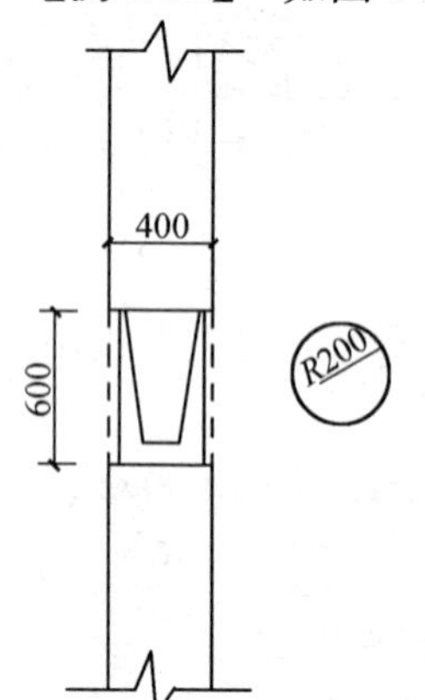

图 1-40 框架轻板结构的框架柱榫接头示意图

【解】 榫接头模板工程量

$$S=2\times3.1416\times0.2\times0.6\times12$$
$$=9.05\text{m}^2$$

【注释】 2×3.1416×0.2 为柱底的周长，其中 0.2 为柱底的半径，0.6 为接头处圆柱高度，12 为接头个数。

套用基础定额 5-117。

说明：框架轻板工程中的柱接柱模板工程量，按接头处灌筑混凝土部分的外表面积计算。

柱与柱的连接可采用焊接、榫接、浆锚等方法。榫接接头，是在柱的下端做一榫头，安装时将榫头坐落在下柱顶面焊牢，并将上、下柱伸出的钢筋相互焊牢，再绑扎箍筋后浇灌混凝土，使其连接成整体。

【例 1-40】 如图 1-41 所示，人工挖孔桩混凝土护壁，采用木模板、木支撑，求其模板工程量。

【解】 护壁模板工程量：

$$S = 2\pi \times \frac{1.6}{2} \times 7.5$$
$$= 37.68\text{m}^2$$

【注释】 $2\pi \times \frac{1.6}{2}$为井内侧圆周长，其中 1.6 为孔桩的直径，7.5 为井壁高度。

套用基础定额 5-34。

说明：人工挖孔桩井壁模板面积是指井壁内圆的侧面面积，即井壁内圆周长乘以井壁高度。

采用混凝土护壁，进行挖孔桩施工时，是分段开挖、分段浇筑护壁混凝土至设计标高，再将桩的钢筋骨架放入护壁井筒内，然后浇筑井筒桩基混凝土。

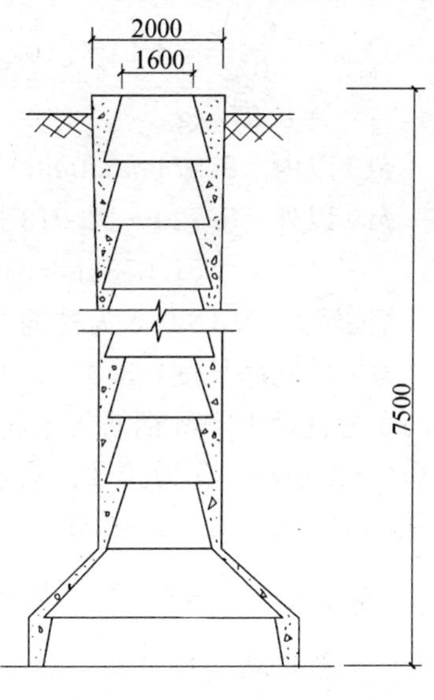

图 1-41　人工挖孔桩示意图

项目编码：010402001　　项目名称：矩形柱

【例 1-41】 如图 1-42 所示，矩形柱示意图，采用复合木模板、木支撑施工，在 1－1 剖面中，从左上角开始纵向钢筋依次编为①、②、③、④、⑤、⑥(顺时针方向)，③、④号钢筋在地面附近搭接。试分别用清单和定额方法计算其工程量。

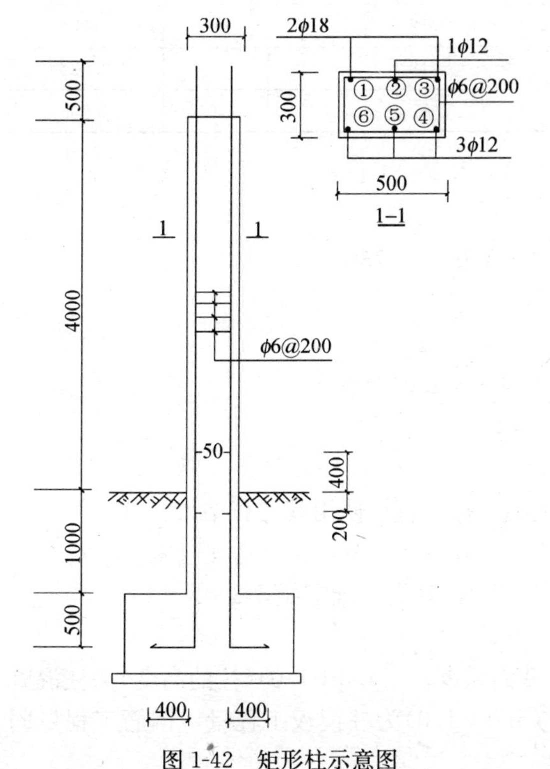

图 1-42　矩形柱示意图

【解】 (1) 清单工程量

1) 混凝土工程量

$$V = 0.3 \times 0.5 \times (4.0 + 1.0)$$
$$= 0.75\text{m}^3$$

2) 钢筋工程量

①号[(0.5＋4.0＋1.0＋0.5＋0.4)＋3.5×0.018]×1.998＝12.913kg

②号[(0.5＋4.0＋1.0＋0.5＋0.4)＋3.5×0.012]×0.888＝5.720kg

③号[(0.5＋4.0＋0.2＋0.05)＋3.5×0.018]×1.998＝9.616kg

④号[(0.5＋4.0＋0.2＋0.05)＋3.5×0.012]×0.888＝4.255kg

⑤号⑥号[(0.5＋4.0＋1.0＋0.5＋0.4)＋3.5×0.012]×2×0.888＝11.441kg

③号接[(0.05＋0.4＋1.0＋0.5＋0.4)＋3.5×0.018×2]×1.998＝4.947kg

④号接[(0.05+0.4+1.0+0.5+0.4)+3.5×0.012×2]×0.888=2.161kg

箍筋$(\frac{4.0+1.0}{0.2}+1)$×[(0.5+0.3)×2−8×0.025+2×12.89×0.006]×0.222

=8.974kg

ϕ10 以内　8.974≈0.009t

ϕ10 以外　5.720+12.913+9.616+4.255+11.441+4.947+2.161

=51.053kg≈0.051t

【注释】 0.3×0.5 为柱的截面面积，4.0+1.0 为柱的高度。0.5+4.0+1.0+0.5+0.4 为构件间净长度，3.5×0.018 和 3.5×0.012 为弯起钢筋增加长度 3.5 乘以钢筋直径，1.998 为直径 18mm 钢筋每米钢筋质量，0.888 为直径 12mm 钢筋每米钢筋的质量；0.5+0.2+4.0+0.05 为③号、④号钢筋净长度；③号、④号钢筋连接中地面以下钢筋净长度为 0.05+0.4+1.0+0.5+0.4，两弯钩增加长度分别为 3.5×0.018×2 和 3.5×0.012×2；箍筋中$\frac{4.0+1.0}{0.2}$+1 为所需箍筋的根数，8×0.025 为保护层厚度，2×12.89×0.006 为箍筋弯钩增加量，(0.5+0.3)×2−8×0.025+2×12.89×0.006 为箍筋长度，0.222 为每米钢筋的质量。

清单工程量计算见下表：

清单工程量计算表

序号	项目编码	项目名称	项目特征描述	计量单位	工程量
1	010402001001	矩形柱	柱高 5m，截面尺寸为 300mm×500mm	m^3	0.75
2	010416001001	现浇混凝土钢筋	ϕ12	t	0.024
3	010416001002	现浇混凝土钢筋	ϕ18	t	0.027
4	010416001003	现浇混凝土钢筋	ϕ6	t	0.009

(2) 定额工程量

1) 混凝土工程量

$$V=0.3\times0.5\times(4.0+1.0)=0.75\text{m}^3$$

套用基础定额 5-401。

2) 模板工程量：

$$S=(0.3+0.5)\times2\times(4.0+1.0)=8\text{m}^2$$

套用基础定额 5-61。

3)钢筋工程量

定额工程量计算规则同清单工程量计算规则一样，直接使用其计算结果。

ϕ12　5.720+4.255+11.441+2.161=23.577kg≈0.024t，套用基础定额 5-297。

ϕ18　12.913+9.616+4.947=27.476≈0.027t，套用基础定额 5-300。

箍筋 ϕ6　0.009t，套用基础定额 5-355。

【注释】 0.3(柱的截面宽度)×0.5(柱的截面长度)×(4.0+1.0)(柱的高度)为柱混凝土工程量，(0.3+0.5)×2(柱的截面周长)×(4.0+1.0)为柱模板工程量，钢筋工程量同清单工程量一样。

项目编码：010402001　　项目名称：矩形柱

【例 1-42】 如图 1-43 所示，偏心受压柱示意图，采用组合钢模板、钢支撑，试用清单和定额方法计算其工程量(保护层厚 30mm)。

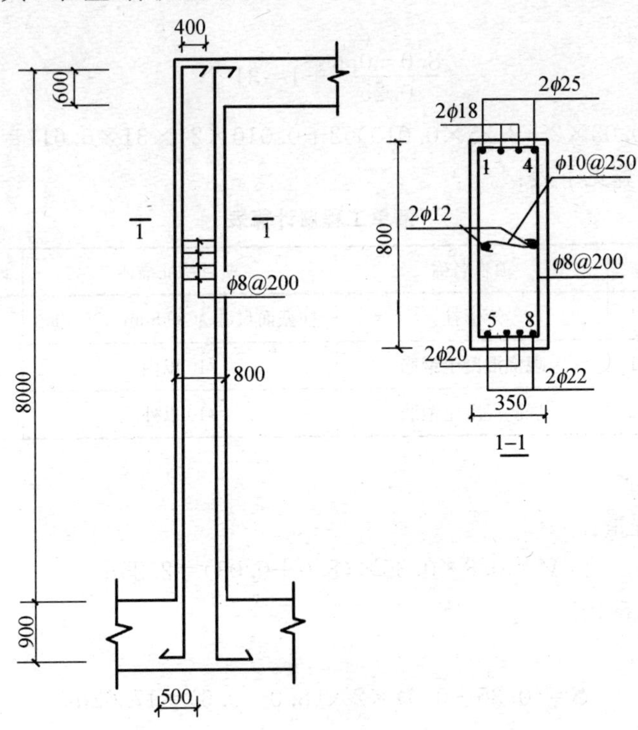

图 1-43　偏心受压柱示意图

【解】 (1) 清单工程量

1) 混凝土工程量：

$$V = 0.8\times0.35\times(8.0+0.03)$$
$$=2.25\text{m}^3$$

2) 钢筋工程量：

φ25　[(8.0+0.9+0.5+0.4)+7.89×0.025×2]×3.850

=39.708kg

φ22　[(8.0+0.9+0.5+0.4)+7.89×0.022×2]×2.984

=30.279kg

φ20　[(8.0+0.9+0.5+0.4)+7.89×0.020×2]×2.466

=24.945kg

φ18　[(8.0+0.9+0.5+0.4)+7.89×0.018×2]×1.998

=20.148kg

φ12　[(8.0+0.9+0.5+0.4)+7.89×0.012×2]×0.888

=8.871kg

箍筋$\frac{8.0-0.6}{0.2}+1=38$个

[(0.35+0.8)×2−8×0.030+2×12.89×0.008]×38×0.395=34.016kg

S形单肢箍

$$\frac{8.0-0.6}{0.25}+1=31\text{个}$$

(0.35−0.03×2+8.25×0.010×2+0.010×2)×31×0.617=9.468kg

清单工程量计算见下表：

清单工程量计算表

序号	项目编码	项目名称	项目特征描述	计量单位	工程量
1	010402001001	矩形柱	柱截面尺寸为 800mm×350mm	m^3	2.25
2	010416001001	现浇混凝土钢筋	ϕ10 以内	t	0.043
3	010416001002	现浇混凝土钢筋	ϕ10 以外	t	0.123

(2)定额工程量

1) 混凝土工程量：

$$V=0.8\times0.35\times(8.0+0.03)=2.25m^3$$

套用基础定额 5-401。

2)模板工程量：

$$S=(0.35+0.8)\times2\times(8.0-0.6)=17.02m^2$$

套用基础定额 5-58。

因为柱支撑高度超过 3.6m，需再套用基础定额 5-67 计算超高工程量。

8.0−0.6−3.6=3.8m，即需增 4 倍的 5-67 工程量

3) 钢筋工程量：

ϕ12　8.871kg≈0.009t，套用基础定额 5-297。

ϕ18　20.148kg≈0.020t，套用基础定额 5-300。

ϕ20　24.945kg≈0.025t，套用基础定额 5-301。

ϕ22　30.279kg≈0.030t，套用基础定额 5-302。

ϕ25　39.708kg≈0.040t，套用基础定额 5-303。

箍筋　34.016kg≈0.034t，套用基础定额 5-356。

S形单肢箍　9.468kg≈0.009t，套用基础定额 5-357。

【注释】 0.8×0.35×(8.0+0.03)是柱的截面面积乘以高度(0.03 为保护层)。8.0+0.9+0.5+0.4 为纵向钢筋净长度，7.89×0.025×2 和 7.89×0.022×2 等为弯钩增加长度，3.850、2.984、2.466、1.988 和 0.888 为不同直径钢筋每米的质量；8.0−0.6 为所排布箍筋的长度，0.2 为箍筋的间距，加 1 是计算规则，(0.35+0.8)×2−8×0.030+2×12.89×0.008 为箍筋的长度；0.35−0.03×2+8.25×0.010×2+0.010×2 为S形单肢箍的长度，$\frac{8.0-0.6}{0.25}+1$ 为S形单肢箍的根数，0.617 为 ϕ10 钢筋每米的质量。(0.35+0.8)×2 为柱的截面周长，8.0−0.6 为所需支模板高度。钢筋工程量按设计图示尺寸以质

量计算；模板工程量按设计图示尺寸以面积计算。

项目编码：010402002　　项目名称：异形柱

【例 1-43】 如图 1-44 所示，圆形柱钢筋示意图，采用木模板、木支撑施工，箍筋采用螺旋箍筋，混凝土保护层厚度为 30mm，试用清单和定额方法计算其工程量。

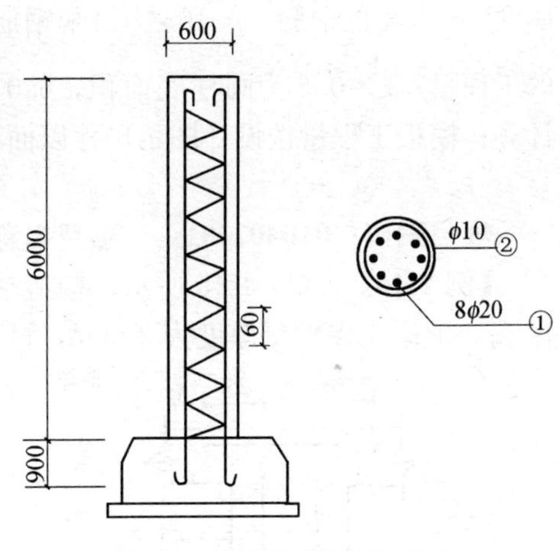

图 1-44　圆形柱钢筋示意图

【解】（1）清单工程量

1）混凝土工程量：

$$V=\pi\times(\frac{0.6}{2})^2\times6.0=1.70\text{m}^3$$

2）钢筋工程量：

①号 $(6.0+0.9+2\times6.25\times0.02-0.03)\times8\times2.466$

$=140.463\text{kg}\approx0.140\text{t}$

②号 $\frac{H}{h}\times\sqrt{h^2+(D-2b-d)^2\times\pi^2}$

$=\frac{6.0-0.03}{0.06}\times\sqrt{0.06^2+(0.6-2\times0.03-0.01)^2\times\pi^2}$

$=102.24\text{kg}$

$\approx0.102\text{t}$

清单工程量计算见下表：

清单工程量计算表

序号	项目编码	项目名称	项目特征描述	计量单位	工程量
1	010402002001	异形柱	柱高为 6m，圆形柱，直径为 600mm	m^3	1.70
2	010416001001	现浇混凝土钢筋	ϕ20	t	0.140
3	010416001002	现浇混凝土钢筋	ϕ10	t	0.102

（2）定额工程量

1）混凝土工程量：

$$V=\pi\times(\frac{0.6}{2})^2\times6.0=1.70\text{m}^3$$

套用基础定额 5-402。

2）模板工程量：

$$S=\pi\times0.6\times6.0=11.31\text{m}^2$$

套用基础定额 5-66。

3）钢筋工程量：

ϕ20　　0.140t，套用基础定额 5-301。

箍筋 ϕ10　　0.102t，套用基础定额 5-357。

【注释】 $\pi\times(\frac{0.6}{2})^2$ 为圆柱的截面面积，6.0 为柱高。$6.0+0.9+2\times6.25\times0.02-$

0.03 为①号钢筋的长度，其中 2×6.25×0.02 为两个弯钩增加的长度，0.03 为保护层的厚度，8 为 8 根钢筋，2.466 为每米钢筋的质量；$\frac{H}{h}\times\sqrt{h^2+(D-2b-d)^2\times\pi^2}$ 为螺旋箍筋的工程量；π×0.6 为圆柱底面积，6.0 为圆柱高度。钢筋工程量按设计图示尺寸以质量计算；模板工程量按设计图示尺寸以面积计算。

项目编码：010402001　　项目名称：矩形柱

【例 1-44】 如图 1-45 所示，构造柱示意图，采用组合钢模板、钢支撑施工，箍筋采用 ϕ5，混凝土保护层厚度为 30mm，试分别用清单和定额方法计算其工程量。

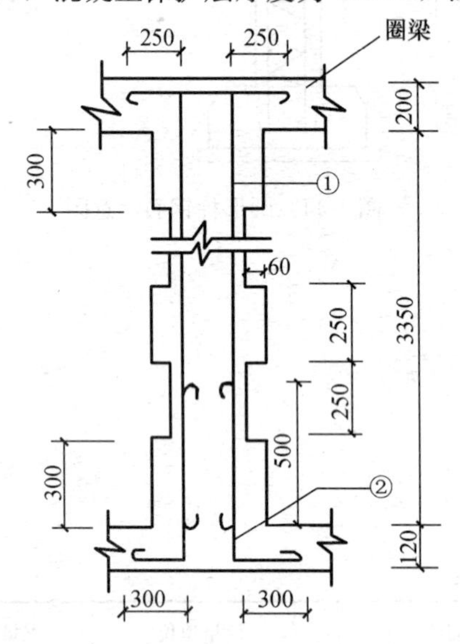

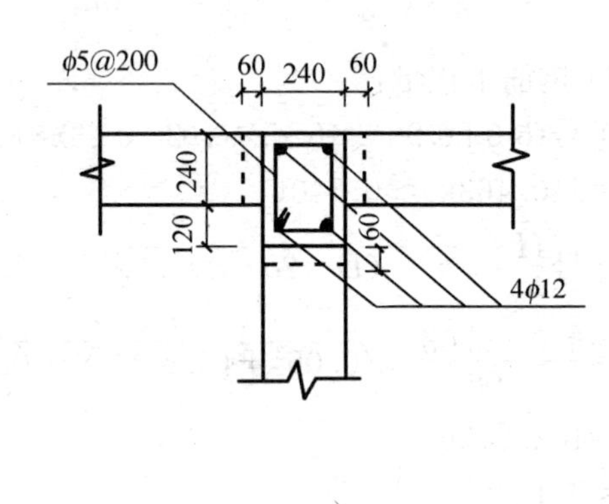

图 1-45　构造柱示意图

【解】 (1) 清单工程量

1) 混凝土工程量：

$$V=3.35\times(0.24\times0.36+\frac{0.06}{2}\times3\times0.24)$$

$$=0.36m^3$$

2) 钢筋工程量：

①号　(3.35+0.2−0.03+0.25+2×6.25×0.012)×4×0.888

=13.924kg

≈0.014t

②号　(0.5+0.12−0.03+0.3+2×6.25×0.012)×4×0.888

=3.694kg

≈0.004t

箍筋　$\frac{3.35}{0.2}+1=18$ 个

$[(0.24+0.36)\times2-8\times0.03+2\times12.89\times0.005]\times18\times0.154$
$=3.018\text{kg}$
$\approx0.003\text{t}$

【注释】 3.35 为柱高，0.24×0.36 为柱中间矩形的截面面积，$\frac{0.06}{2}\times3\times0.24$ 为凸凹槽的面积，其中 0.24 为墙的厚度，3 为三个马牙槎侧面，0.06 为马牙槎的宽度。3.35＋0.2－0.03(保护层的厚度)＋0.25＋2×6.25×0.012(两个弯钩的增加长度)为①号钢筋的长度，4 是四根，0.888 是每米钢筋的质量；0.5＋0.12－0.03＋0.3＋2×6.25×0.012 为②号钢筋的长度；$\frac{3.35}{0.2}+1$(分布长度除以箍筋间距加 1)为箍筋根数，(0.24＋0.36)×2－8×0.03(8 个保护层的厚度)＋2×12.89×0.005(该箍筋两个弯钩的增加长度)为箍筋长度。

清单工程量计算见下表：

清单工程量计算表

序号	项目编码	项目名称	项目特征描述	计量单位	工程量
1	010402001001	矩形柱	构造柱截面为 360mm×240mm	m^3	0.36
2	010416001001	现浇混凝土钢筋	$\phi12$	t	0.018
3	010416001002	现浇混凝土钢筋	$\phi5$	t	0.003

(2) 定额工程量

1) 混凝土工程量：

$$V=3.35\times(0.24\times0.36+\frac{0.06}{2}\times3\times0.24)$$
$$=0.36\text{m}^2$$

套用基础定额 5-403。

2) 模板工程量：

$$S=(0.24+0.06+0.12\times2+\frac{0.06\times2}{2})\times3.35$$
$$=2.01\text{m}^2$$

套用基础定额 5-62。

3) 钢筋工程量：

$\phi12$　0.014＋0.004＝0.018t，套用基础定额 5-297。

箍筋 $\phi5$　0.003t，套用基础定额 5-354。

【注释】 $0.24+0.06+0.12\times2+\frac{0.06\times2}{2}$ 为柱所支模板的综合长度，3.35 为柱高。钢筋工程量计算规则和清单工程量计算规则一样。

项目编码：010403001　　项目名称：基础梁

【例 1-45】 如图 1-46 所示，某柱间基础梁，采用复合木模板、钢支撑施工，箍筋 $\phi8$@200，混凝土保护层厚度为 30mm，试分别用清单和定额方法计算其工程量。

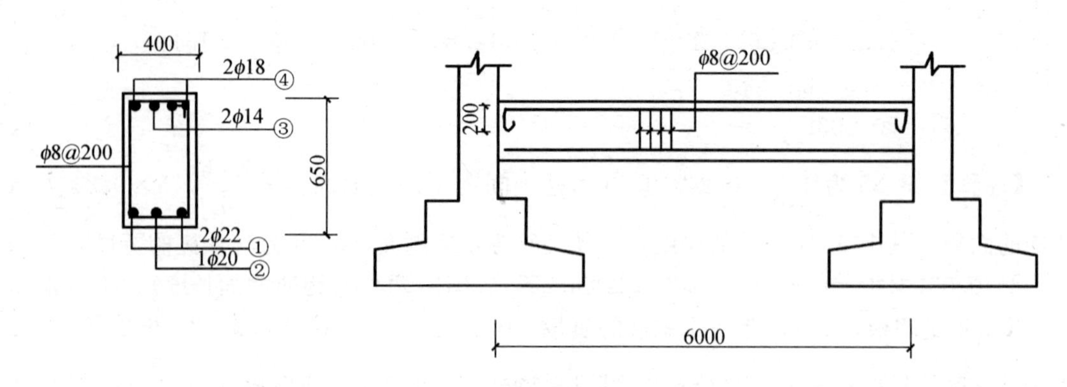

图 1-46 柱间基础梁示意图

【解】 (1) 清单工程量

1) 混凝土工程量：

$$V=6.0\times0.65\times0.4=1.56\text{m}^3$$

2)钢筋工程量：

①号 (6.0－0.03×2)×2.984×2

=35.450kg≈0.035t

②号 (6.0－0.03×2)×2.466

=14.648kg≈0.015t

③号 (6.0－0.03×2+0.2×2+2×6.25×0.014)×2×1.208

=15.740kg≈0.016t

④号 (6.0－0.03×2+0.2×2+2×6.25×0.018)×2×1.998

=26.234kg≈0.026t

箍筋 $\frac{6.0-0.03\times2}{0.2}+1=31$ 个

[(0.65+0.4)×2－8×0.030+2×6.25×0.08]×31×0.395

=35.021kg≈0.035t

【注释】 6.0 为梁长，0.65×0.4 为梁的截面面积。6.0－0.03×2 为梁长减去两边保护层厚度，2.984、2.466、1.208、1.988 和 0.359 分别为不同直径钢筋每米钢筋的质量，2 为两根钢筋，6.0－0.03×2+0.2×2+2×6.25×0.014 中，0.2×2 为钢筋弯起长度，2×6.25×0.014 为弯钩增加长度；$\frac{6.0-0.03\times2}{0.2}+1$ 为箍筋根数，0.2 为箍筋间距，(0.65+0.4)×2－8×0.030+2×6.25×0.08 为箍筋长度。混凝土工程量按设计图示尺寸以体积计算；钢筋的工程量按设计图示尺寸以质量计算。

清单工程量计算见下表：

清单工程量计算表

序号	项目编码	项目名称	项目特征描述	计量单位	工程量
1	010403001001	基础梁	梁截面为 650mm×400mm，梁长 6.0m	m^3	1.56
2	010416001001	现浇混凝土钢筋	φ10 以内	t	0.035
3	010416001002	现浇混凝土钢筋	φ10 以外	t	0.092

(2)定额工程量

1) 混凝土工程量：

$$V=6.0\times0.65\times0.4=1.56m^3$$

套用基础定额 5-405。

2) 模板工程量：

$$S=(0.65+0.65+0.4)\times6.0=10.2m^2$$

套用基础定额 5-71。

3) 钢筋工程量：

定额工程量计算规则同清单工程量计算规则，直接使用上面求出的钢筋量。

ϕ22　　0.035t，套用基础定额 5-302。

ϕ20　　0.015t，套用基础定额 5-301。

ϕ18　　0.026t，套用基础定额 5-300。

ϕ14　　0.016t，套用基础定额 5-298。

箍筋　0.035t，套用基础定额 5-356。

【注释】 0.65+0.65+0.4 为无盖模板有三个侧面尺寸，6.0 为梁长。额定钢筋工程量计算规则同清单工程量计算规则一样。

项目编码：010403002　项目名称：矩形梁

【例 1-46】 如图 1-47 所示，某梁配筋示意图，混凝土保护层厚 25mm，采用组合钢模板、木支撑，箍筋在左右 1.5m 内加密，试分别用清单和定额方法计算其工程量。

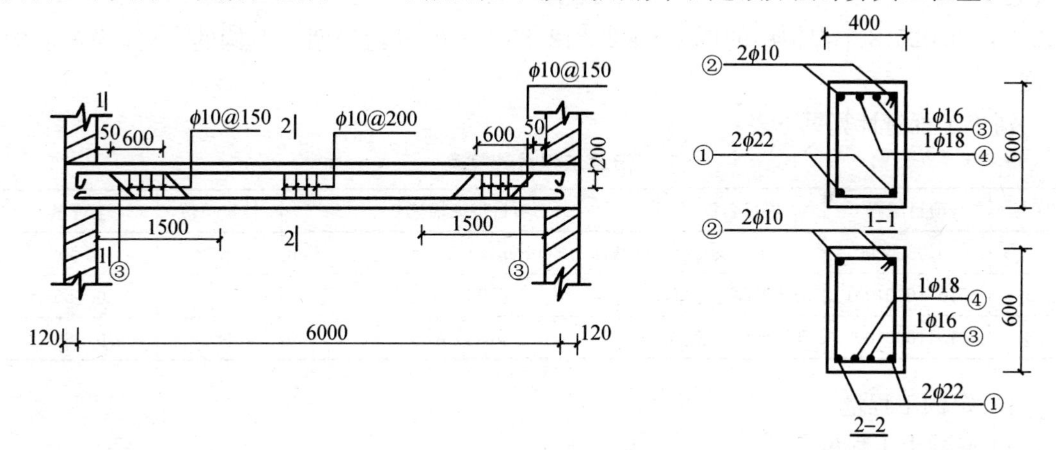

图 1-47　梁配筋示意图

【解】 (1) 清单工程量

1) 混凝土工程量：

$$V=(0.12\times2+6.0)\times0.6\times0.4$$
$$=1.50m^3$$

2) 钢筋工程量：

①号　$(6.0+0.12\times2-0.025\times2+2\times6.25\times0.022)\times2\times2.984$

$=38.583kg\approx0.039t$

②号 $(6.0+0.12\times2-0.025\times2+0.2\times2+2\times6.25\times0.010)\times2\times0.617$
$=8.286\text{kg}\approx0.008\text{t}$

③号 $[(6.0+0.12\times2-0.025\times2+0.2\times2+2\times6.25\times0.016)+2\times0.414\times(0.6-0.025\times2)]\times1.578$
$=11.433\text{kg}\approx0.011\text{t}$

④号 $[(6.0+0.12\times2-0.025\times2+0.2\times2+2\times6.25\times0.018)+2\times0.414\times(0.6-0.025\times2)]\times1.998$
$=14.526\text{kg}\approx0.015\text{t}$

箍筋 $\left(\frac{1.5}{0.15}+1\right)\times2=22$ 个

$\frac{6.0-3.0-0.12}{0.2}+1=16$ 个

$[(0.6+0.4)\times2-8\times0.025+2\times12.89\times0.010]\times(22+16)\times0.617$
$=48.247\text{kg}\approx0.048\text{t}$

【注释】 0.12×2+6.0 为梁的长度，0.6×0.4 为梁的截面面积。6.0+0.12×2－0.025×2+2×6.25×0.022 为①号钢筋的长度，0.025 为保护层厚度，2×6.25×0.022 为弯钩增加长度；6.0+0.12×2(墙的厚度)－0.025×2(两个保护层的厚度)+0.2×2+2×6.25×0.010(两个弯钩的增加长度)为②号钢筋的长度；2.984、0.617、1.578 和 1.998 分别为不同直径钢筋每米的质量；2×0.414×(0.6－0.025×2)为弯起钢筋增加长度；$\left(\frac{1.5}{0.15}+1\right)\times2$ 为加密区箍筋根数 $\frac{6.0-3.0-0.12}{0.2}+1$ 为非加密区箍筋根数，(0.6+0.4)×2－8×0.025(8 个保护层的厚度)+2×12.89×0.010(箍筋两个弯钩的长度)为箍筋的长度。

清单工程量计算见下表：

清单工程量计算表

序号	项目编码	项目名称	项目特征描述	计量单位	工程量
1	010403002001	矩形梁	梁截面为 600mm×400mm，梁长 6.24m	m^3	1.50
2	010416001001	现浇混凝土钢筋	ϕ10 以内	t	0.056
3	010416001002	现浇混凝土钢筋	ϕ10 以外	t	0.065

(2)定额工程量

1) 混凝土工程量：

$$V=(0.12\times2+6.0)\times0.6\times0.4=1.50\text{m}^3$$

套用基础定额 5-406。

2) 模板工程量：

$$S=(0.6+0.4+0.6)\times(6.0-0.12\times2)=9.22\text{m}^2$$

套用基础定额 5-74。

3) 钢筋工程量：

额定工程量计算规则同清单工程量计算规则，直接使用上面求出的钢筋量。

ϕ22　0.039t，套用基础定额 5-302。

ϕ10　0.008t，套用基础定额 5-296。

ϕ16　0.011t，套用基础定额 5-299。

ϕ18　0.015t，套用基础定额 5-300。

箍筋 ϕ10　0.048t，套用基础定额 5-357。

【注释】 0.6+0.4+0.6 为无盖式模板三个侧面长度，0.6 为矩形梁的截面长度，0.4 为梁的截面宽度；6.0−0.12×2 为所需模板的梁长度。定额钢筋工程量计算规则和清单工程量计算规则一样。

项目编码：010403002　　项目名称：矩形梁

【例 1-47】 如图 1-48 所示，某单跨外伸梁配筋图，采用组合钢模板、钢支撑，保护层厚度为 25mm，试分别用清单和定额方法计算其工程量。

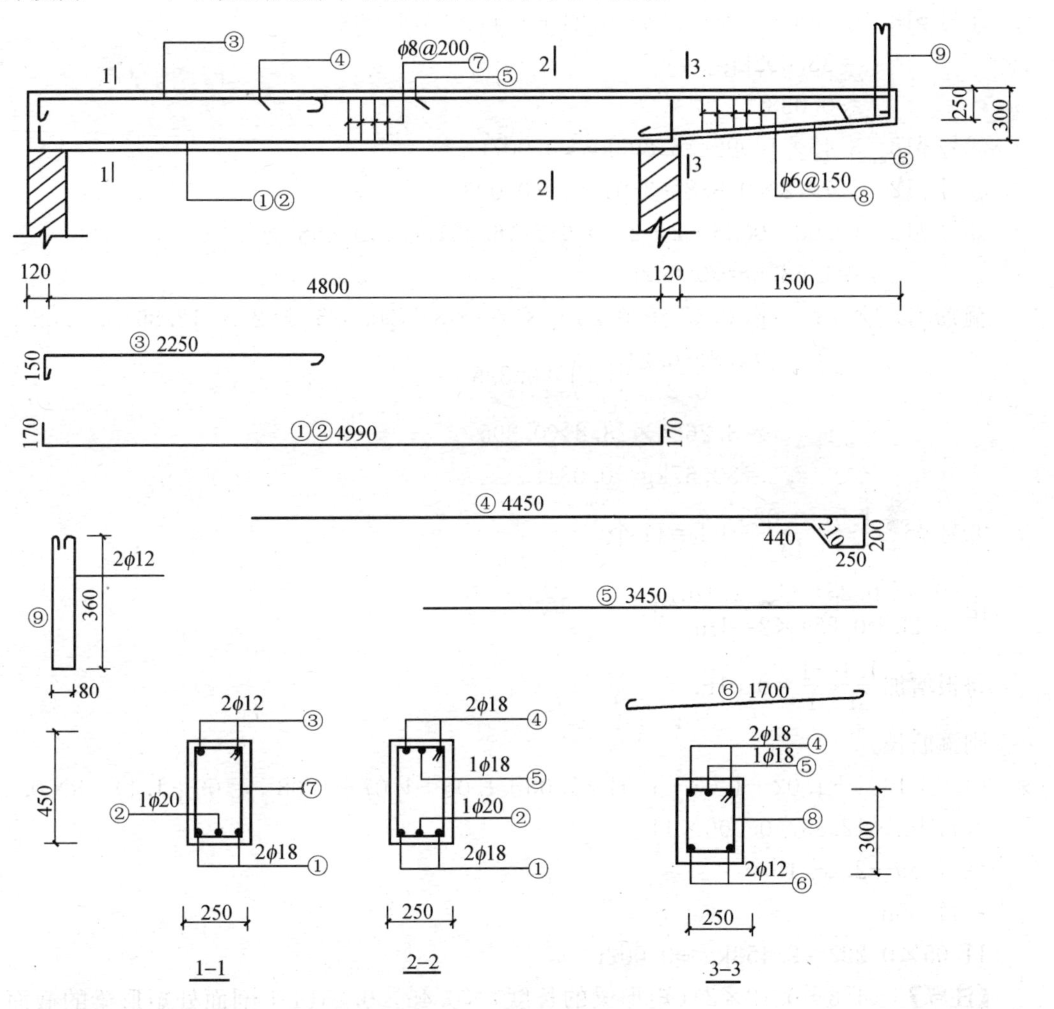

图 1-48　单跨外伸梁配筋图

【解】 (1) 清单工程量

1) 混凝土工程量：

$$V=(4.8+0.12\times2)\times0.45\times0.25+\frac{1}{2}\times(0.25+0.30)\times1.5\times0.25$$
$$=0.567+0.103$$
$$=0.67\text{m}^3$$

2) 钢筋工程量：

①号 $\phi18$ $(0.17+4.99+0.17)\times2\times1.998$
$=21.299\text{kg}\approx0.021\text{t}$

②号 $\phi20$ $(0.17+4.99+0.17)\times2.466$
$=13.144\text{kg}\approx0.013\text{t}$

③号 $\phi12$ $(0.15+2.25+2\times0.012\times6.25)\times2\times0.888$
$=4.529\text{kg}\approx0.005\text{t}$

④号 $\phi18$ $(4.45+0.2+0.25+0.21+4.4)\times2\times1.998$
$=38.002\text{kg}$
$\approx0.038\text{t}$

⑤号 $\phi18$ $3.45\times1.998=6.893\text{kg}\approx0.007\text{t}$

⑥号 $\phi12$ $1.7\times2\times0.888=3.019\text{kg}\approx0.003\text{t}$

⑨号 $\phi12$ $(0.08+0.36\times2+2\times0.012\times6.25)\times2\times0.888$
$=1.687\text{kg}\approx0.002\text{t}$

箍筋⑦号 $\phi8$ $[(0.45+0.25)\times2-8\times0.025+2\times12.89\times0.08]\times\left(\frac{4.8-0.24}{0.2}+1\right)\times0.395$
$=3.2624\times23.8\times0.395$
$=30.67\text{kg}\approx0.031\text{t}$

⑧号 $\phi6$ $\frac{1.5-0.025}{0.15}+1=11$ 个

由 $\begin{matrix}(0.3+0.25)\times2=1.1\text{m}\\(0.25+0.25)\times2=1\text{m}\end{matrix}$ 知，

每根增加 $\frac{1.1-1}{11-1}=0.01\text{m}$

则箍筋长：

$(1.0+1.01+1.02+1.03+1.04+1.05+1.06+1.07+1.08+1.09+1.1)-8\times0.025\times11+2\times12.89\times0.006\times11$
$=11.55-2.2+1.70$
$=11.05\text{m}$

$11.05\times0.222=2.453\text{kg}\approx0.002\text{t}$

【注释】 $(4.8+0.12\times2)$(矩形梁的长度)$\times0.45\times0.25$(1-1 剖面处矩形梁的截面尺寸)为一部分矩形工程量，$\frac{1}{2}\times(0.25+0.30)$(配筋图中左侧梯形部分的上底加下底)$\times1.5$

(梯形部分梁的长度)×0.25(梯形部分梁的截面厚度)为另一部分梯形工程量。(0.17+4.99+0.17)为①号、②号钢筋的长度；(0.15+2.25+2×0.012×6.25)×2为③号钢筋的长度，其中2×0.012×6.25为弯钩增加长度；4.45+0.2+0.25+0.21+4.4为④号钢筋的长度；3.45×1.998为⑤号钢筋的长度乘以每米钢筋的质量；1.7为⑥号钢筋长度；0.08+0.36×2+2×0.012×6.25为⑨号钢筋的长度；(0.45+0.25)×2−8×0.025(8个保护层的厚度)+2×12.89×0.08(箍筋弯钩的增加长度，其中0.08为箍筋的直径)为每根⑦号钢筋的长度，$\frac{4.8-0.24}{0.2}+1$是⑦号箍筋根数，其中0.2为箍筋的间距，0.24为墙的厚度；$\frac{1.5-0.025}{0.15}+1$是⑧号箍筋的根数，其中0.15为该箍筋的间距，1.0+1.01+1.02+1.03+1.04+1.05+1.06+1.07+1.08+1.09+1.1为⑧号箍筋的总长度，11是箍筋根数；0.888、1.998、0.222分别是每米钢筋的质量。钢筋工程量按设计图示尺寸以质量计算。

清单工程量计算见下表：

清单工程量计算表

序号	项目编码	项目名称	项目特征描述	计量单位	工程量
1	010403002001	矩形梁	单跨外伸梁	m^3	0.67
2	010416001001	现浇混凝土钢筋	ϕ10以外	t	0.089
3	010416001002	现浇混凝土钢筋	ϕ10以内	t	0.033

(2) 定额工程量

1) 混凝土工程量：

定额工程量计算规则同清单工程量计算规则，工程量也与清单工程量相同，为0.67m^3。

套用基础定额5-406。

2) 模板工程量：

$$S=(0.45\times2+0.25)\times(4.8-0.24)+(0.25+0.3)\times1.5+0.25\times\sqrt{1.5^2+0.05^2}+0.25\times0.25$$
$$=5.244+0.825+0.375+0.0625$$
$$=6.50m^2$$

套用基础定额5-73。

3) 钢筋工程量：

定额工程量计算规则同清单工程量计算规则，直接使用上面求出的钢筋量。

ϕ18　21.299+38.002+6.893=66.194kg≈0.066t，套用基础定额5-300。

ϕ20　13.144kg≈0.013t，套用基础定额5-301。

ϕ12　4.529+3.019+1.687=9.235kg≈0.009t，套用基础定额5-297。

箍筋ϕ8　0.031t，套用基础定额5-356。

箍筋ϕ6　0.002t，套用基础定额5-355。

【注释】　(0.45×2+0.25)(矩形梁三个侧面的截面长度)×(4.8−0.24)(梁的长度，

其中 0.24 为墙的厚度)为矩形梁处三侧面的侧面积，(0.25+0.3)(两侧面梯形的上底加下底)×1.5(梯形部分梁的长度)+0.25(梯形部分的截面宽度)×$\sqrt{1.5^2+0.05^2}$(梯形部分的斜长)+0.25×0.25(配筋图中最左侧头部的截面积)为另一部分所需模板的梯形面积。其他工程量计算规则同清单工程量计算规则一样。

项目编码：010403003　　项目名称：异形梁

【例 1-48】 如图 1-49 所示，某 T 形梁配筋示意图，混凝土保护层厚度为 30mm，采用木模板、木支撑施工，箍筋采用如图形式 ϕ6@200，试分别用清单和定额方法计算其工程量。

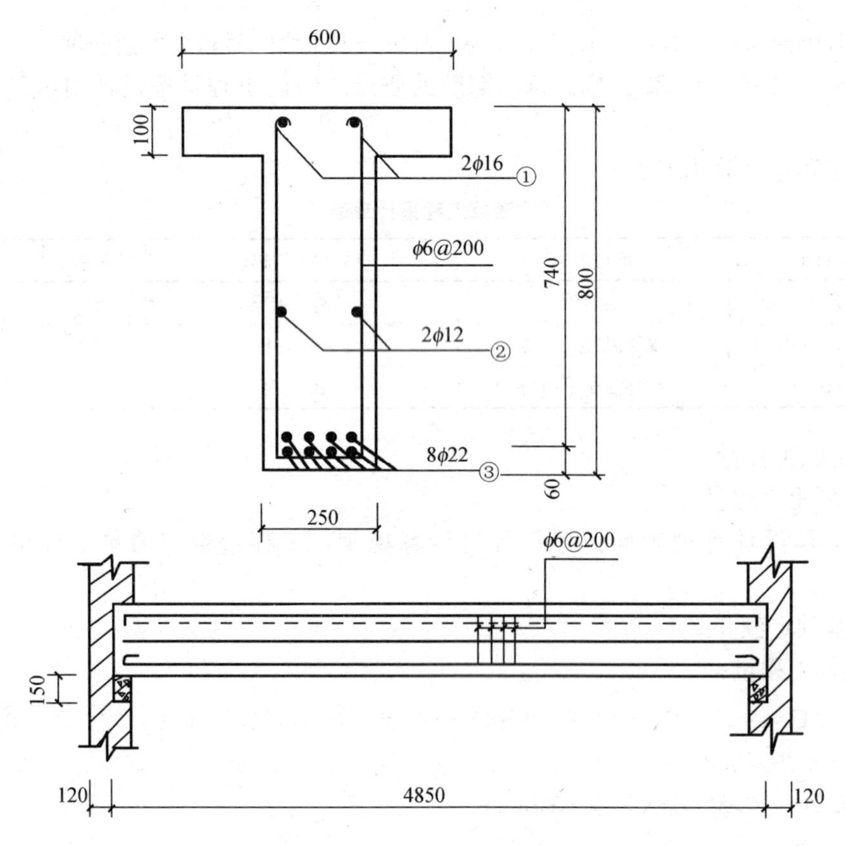

图 1-49　T 形梁配筋示意图

【解】 (1) 清单工程量

1) 混凝土工程量：

V =(4.85−0.12×2)×(0.8×0.6−0.35×0.7)+2×0.12×0.25×0.8+0.15×0.12×0.25×2

=1.083+0.048+0.009

=1.14m^3

2) 钢筋工程量：

①号 ϕ16　(4.85−0.03×2+2×3.5×0.016)×2×1.578

=15.471kg≈0.015t

②号 ϕ12　(4.85−0.03×2)×2×0.888

=8.507kg≈0.009t

③号 ϕ22　(4.85−0.03×2+2×6.25×0.022)×8×2.984

=120.912kg≈0.121t

箍筋 ϕ6　$\frac{4.85-0.24}{0.2}+1=24$ 个

[(0.8+0.25)×2−6×0.030+2×12.89×0.06]×24×0.222

=18.471kg≈0.018t

【注释】 4.85−0.12×2 为柱长度，其中 0.12×2 为墙的厚度；0.8×0.6−0.35×0.7 为柱的截面面积，其中 0.35 为 T 形梁翼缘部分的宽度，0.7 为腹板的高度；2×0.12(两边伸入墙的长度)×0.25×0.8(腹板的截面积)+0.15(配筋示意图中梁下部混凝土块的截面尺寸)×0.12×0.25×2 为伸入墙内混凝土的工程量。4.85−0.03×2(两个保护层的厚度)+2×3.5×0.016(两个弯钩的增加长度，其中 0.016 为钢筋的直径)是①号钢筋的长度；(4.85−0.03×2)×2 是②号钢筋的长度；4.85−0.03×2+2×6.25×0.022 是③号钢筋的长度，0.03 为保护层厚度，2×6.25×0.022 为弯钩增加长度；0.2 为箍筋的间距，(0.8+0.25)×2−6×0.03+2×12.89×0.06(箍筋的两个弯钩的增加长度，其中 0.06 为箍筋的直径，12.89 为系数)为箍筋的长度；0.888、1.578、2.984 为不同直径钢筋每米的质量。混凝土工程量按设计图示尺寸以体积计算；钢筋工程量按设计图示尺寸以质量计算。

清单工程量计算见下表：

清单工程量计算表

序号	项目编码	项目名称	项目特征描述	计量单位	工程量
1	010403003001	异形梁	T 形截面梁	m^3	1.14
2	010416001001	现浇混凝土钢筋	ϕ10 以内	t	0.018
3	010416001002	现浇混凝土钢筋	ϕ10 以外	t	0.145

(2)定额工程量

1) 混凝土工程量：

定额工程量计算规则与清单工程量计算规则相同，工程量也与清单方法计算的工程量相同，取 1.14m^3。

套用基础定额 5-407。

2) 模板工程量：

$$S=(0.7+0.7+0.1+0.1+0.6)\times(4.85-0.24)$$
$$=10.14m^2$$

套用基础定额 5-81。

3) 钢筋工程量：

定额工程量计算规则与清单工程量计算规则相同，直接使用上面求出的钢筋量。

ϕ12　0.009t，套用基础定额 5-297。

$\phi16$　0.015t，套用基础定额 5-299。

$\phi22$　0.121t，套用基础定额 5-302。

箍筋 $\phi6$　0.018t，套用基础定额 5-355。

【注释】 模板工程量中，0.7＋0.7＋0.1＋0.1＋0.6 为梯形的周长，4.85-0.24 为梁的长度。其余同清单计算规则一样。

项目编码：010403003　　项目名称：异形梁

【例 1-49】 如图 1-50 所示，花篮式梁截面及配筋示意图，混凝土保护层厚度为 25mm，采用木模板、木支撑施工，采用如图箍筋形式 $\phi8$@180，试分别用清单和定额方法求其工程量。

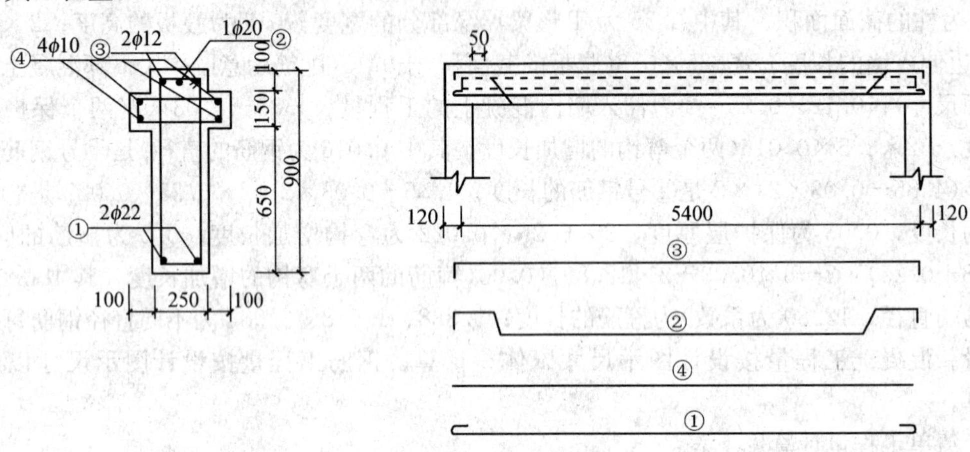

图 1-50　花篮式梁截面及配筋示意图

【解】 (1) 清单工程量

1) 混凝土工程量：

$$V = (5.4-0.24)\times(0.25\times0.9+2\times0.1\times0.15)+2\times0.25\times0.9\times0.24$$
$$=1.3158+0.108$$
$$=1.42\text{m}^3$$

2) 钢筋工程量：

①号 $\phi22$　$(5.4+0.12\times2-0.025\times2+2\times6.25\times0.022)\times2\times2.984$
$=35.002\text{kg}$
$\approx0.035\text{t}$

②号 $\phi20$　$[5.4+0.12\times2-0.025\times2+2\times0.414\times(0.9-0.025\times2)+2\times3.5\times0.020]\times2.466$
$=15.866\text{kg}$
$\approx0.016\text{t}$

③号 $\phi12$　$(5.4+0.12\times2-0.025\times2+2\times3.5\times0.012)\times2\times0.888$
$=(5.4+0.24-0.05+0.084)\times2\times0.888$
$=10.105\text{kg}$
$\approx0.010\text{t}$

④号 $\phi10$　(5.4+0.12×2−0.025×2)×4×0.617
=13.796kg
≈0.014t

说明：③号中 3.5×0.012=0.042m，但考虑到加工的最小长度需要，不足 50mm 者，按 50mm 计算，故本计算取为 0.050m。

箍筋 $\frac{5.4-0.24}{0.18}+1=30$ 个

[(0.25+0.9)×2−8×0.025+2×12.89×0.008+(0.15+0.45)×2
−8×0.025+2×12.89×0.008]×30×0.395
=(3.5−0.4+0.412)×30×0.395
=41.623kg
≈0.042t

【注释】 5.4−0.24 为梁长，0.25×0.9(花篮式梁的腹板的截面长度乘以截面宽度)+2×0.1×0.15(花篮式梁的两侧翼缘部分的截面宽度乘以截面长度)为梁的截面面积，2×0.25(花篮式梁的截面宽度)×0.9(花篮式梁的截面长度)×0.24(墙体的厚度)为伸入墙内混凝土的工程量；5.4+0.12×2−0.025×2(两个保护层的厚度)+2×6.25×0.022(钢筋两个弯钩的增加长度，其中 0.022 为钢筋的直径)为①号钢筋的长度；5.4+0.12×2−0.025×2+2×0.414×(0.9−0.025×2)+2×3.5×0.020(钢筋的两个弯钩的增加长度)为②号钢筋的长度，其中 2×0.414×(0.9−0.025×2)为 45°弯起钢筋斜长增加值，0.414 为弯起系数值；5.4+0.12×2−0.025×2+2×3.5×0.012 为③号钢筋长度；5.4+0.12×2−0.025×2 为④号钢筋长度；0.18 为箍筋的间距，(0.25+0.9)×2−8×0.025(8 个保护层的厚度)+2×12.89×0.008(箍筋两个弯钩的增加长度)+(0.15+0.45)×2−8×0.025+2×12.89×0.008 为横竖两箍筋长度之和；0.888、2.984、2.466、0.617 和 0.395 分别为每米钢筋质量。

清单工程量计算见下表：

清单工程量计算表

序号	项目编码	项目名称	项目特征描述	计量单位	工程量
1	010403003001	异形梁	花篮式梁尺寸如图 1-50 所示	m^3	1.42
2	010416001001	现浇混凝土钢筋	$\phi10$ 以内	t	0.056
3	010416001002	现浇混凝土钢筋	$\phi10$ 以外	t	0.062

(2) 定额工程量

1) 混凝土工程量：

定额工程量计算规则与清单工程量计算规则相同，工程量也与清单方法计算的工程量相同，取 1.42m^3。

套用基础定额 5-407。

2) 模板工程量：

$S=(0.9+0.9+0.25+0.1+0.1)\times(5.4-0.24)$
$=11.61m^2$

套用基础定额 5-81。

3）钢筋工程量：

额定工程量计算规则与清单工程量计算规则相同，直接使用上面求出的钢筋工程量。

ϕ22　0.035t，套用基础定额 5-302。

ϕ20　0.016t，套用基础定额 5-301。

ϕ12　0.010t，套用基础定额 5-297。

ϕ10　0.014t，套用基础定额 5-296。

箍筋 ϕ8　0.042t，套用基础定额 5-356。

【注释】 0.9＋0.9＋0.25＋0.1＋0.1 为梁三个侧面的支模板长度，5.4－0.24 为梁净长度。其余同清单工程量计算规则一样。

项目编码：010403004　项目名称：圈梁

【例 1-50】 如图 1-51 所示，圈梁配筋示意图，支模采用组合钢模板、木支撑，混凝土保护层厚 25mm，在拐角处距钢筋转弯 1m 处搭接，端部 180°弯钩，箍筋 ϕ8@210，试分别用清单和定额方法计算其工程量。

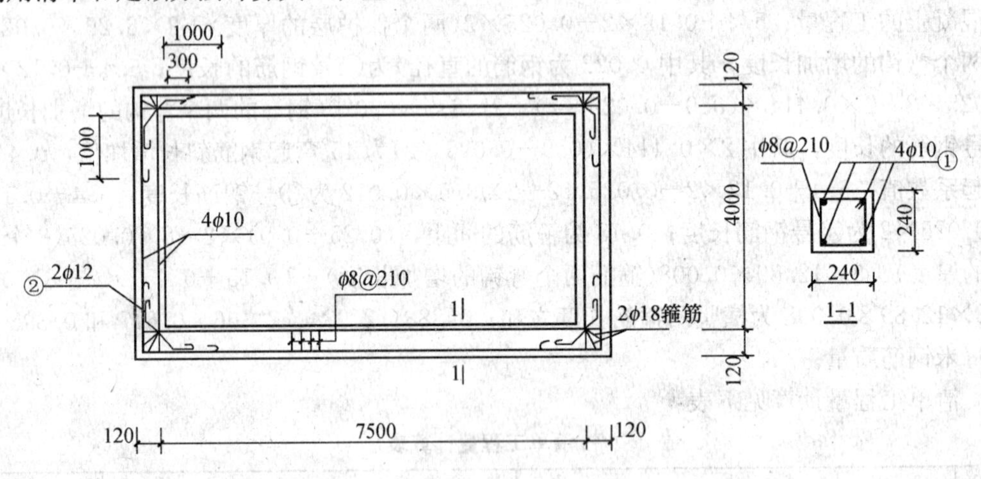

图 1-51　圈梁配筋示意图

【解】（1）清单工程量

1）混凝土工程量：

$$V=0.24\times0.24\times(4.0+7.5)\times2$$
$$=1.32m^3$$

2)钢筋工程量

①号 ϕ10　[(7.5＋0.24－0.025×2＋1.0×2＋2×6.25×0.010)＋(7.5－0.24＋0.025×2＋1.0×2＋2×6.25×0.010)＋(4.0＋0.24－0.025×2＋1.0×2＋2×6.25×0.010)＋(4.0－0.24＋0.025×2＋1.0×2＋2×6.25×0.010)]×4×0.617

＝(9.815＋9.435＋6.315＋5.935)×4×0.617

＝77.742kg

≈0.078t

②号 $\phi12$　$[(0.24-0.025\times2)\times2\sqrt{2}+0.3\times2+2\times6.25\times0.012]\times2\times4\times0.888$
=9.145kg
≈0.009t

箍筋　$\frac{(7.5+4.0)\times2-0.24\times4}{0.21}+1=106$ 个

$[(0.24+0.24)\times2-8\times0.025+2\times12.89\times0.008]\times(106+2\times4)\times0.395$
=43.510kg
≈0.044t

【注释】 0.24×0.24 为梁的截面面积，[4.0(梁的宽度)+7.5(梁的长度)]×2 为梁周长。7.5+0.24−0.025×2(两个保护层的厚度)+1.0×2+2×6.25×0.010(钢筋两个弯钩的增加长度，其中 0.010 为钢筋的直径)为梁外侧①号钢筋长度，7.5−0.24+0.025×2+1.0×2+2×6.25×0.010 为梁内侧①号钢筋长度；$(0.24-0.025\times2)\times2\sqrt{2}+0.3\times2+2\times6.25\times0.012$(两个弯钩的增加长度)为②号钢筋的长度；0.21 为箍筋的间距，(0.24+0.24)×2(梁的截面周长)−8×0.025(8 个保护层的厚度)+2×12.89×0.008(箍筋两个弯钩的增加的长度)为箍筋长度，106+2×4 为 106 根钢筋每个方向 2 个共 4 个方向。混凝土工程量按设计图示尺寸以体积计算；钢筋工程量按设计图示尺寸以质量计算。

清单工程量计算见下表：

清单工程量计算表

序号	项目编码	项目名称	项目特征描述	计量单位	工程量
1	010403004001	圈梁	圈梁截面为 240mm×240mm	m^3	1.32
2	010416001001	现浇混凝土钢筋	$\phi10$ 以内	t	0.122
3	010416001002	现浇混凝土钢筋	$\phi10$ 以外	t	0.009

说明：在转角处的箍筋与圈梁中间段箍筋的长度是不相同的，但为了简便计算本处认为相同，对结果影响不大。

(2) 定额工程量

1) 混凝土工程量：

定额工程量计算规则与清单工程量计算规则相同，工程量也与清单方法计算的工程量相同，取 1.32m^3。

套用基础定额 5-408。

2) 模板工程量：

$$S=0.24\times(7.5+0.24+7.5-0.24+4.0+0.24+4.0-0.24)\times2$$
$$=11.04m^2$$

套用基础定额 5-82。

3) 钢筋工程量：

$\phi10$　0.078t，套用基础定额 5-296。

$\phi12$　0.009t，套用基础定额 5-297。

箍筋 $\phi8$　0.044，套用基础定额 5-356。

【注释】 (7.5+0.24+7.5−0.24+4.0+0.24+4.0−0.24)×2 为圈梁内外侧的周长，0.24 为梁的尺寸。其余同清单工程量计算规则一样。

项目编码：010403005　　项目名称：过梁

【例 1-51】 如图 1-52 所示，某矩形过梁钢筋示意图，采用组合钢模板、木支撑，混凝土保护层厚度 25mm，试分别用清单和定额方法求其工程量。

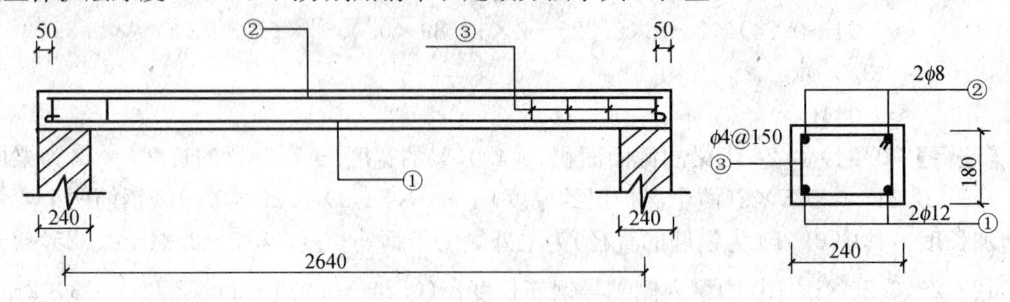

图 1-52　矩形过梁钢筋示意图

【解】 (1) 清单工程量

1) 混凝土工程量：

$$V = 0.24 \times 0.18 \times (2.64 + 0.24) = 0.12\text{m}^3$$

2) 钢筋工程量：

①号 φ12　(2.64+0.24−0.025×2+2×6.25×0.012)×2×0.888
　　=5.292kg≈0.005t

②号 φ8　(2.64+0.24−0.025×2)×2×0.395
　　=2.236kg≈0.002t

箍筋③号 φ4　$\dfrac{2.64+0.24-0.05\times 2}{0.15}+1=20$ 个

[(0.24+0.18)×2−8×0.025+2×12.89×0.04]×20×0.099
　　=3.309kg≈0.003t

【注释】 0.24×0.18 为梁的截面面积，2.64+0.24 为梁的长度，其中 0.24 为墙的厚度。0.025×2 为两个保护层厚度，2×6.25×0.012 为两个弯钩增加长度，其中 0.012 为钢筋的直径；2.64+0.24−0.025×2 为②号钢筋长度；0.15 为箍筋间距，(0.24+0.18)×2(梁的截面周长)−8×0.025(8 个保护层的厚度)+2×12.89×0.04(箍筋的两个弯钩的增加长度)为箍筋长度；0.099、0.888 和 0.395 为不同直径钢筋每米的质量。

清单工程量计算见下表：

清单工程量计算表

序号	项目编码	项目名称	项目特征描述	计量单位	工程量
1	010403005001	过梁	过梁截面为 240mm×180mm	m³	0.12
2	010416001001	现浇混凝土钢筋	φ10 以内	t	0.005
3	010416001002	现浇混凝土钢筋	φ10 以外	t	0.005

(2) 定额工程量

1) 混凝土工程量：

定额工程量计算规则与清单工程量计算规则相同，工程量也与清单方法计算的工程量相同，取 0.12m^3。

套用基础定额 5-409。

2) 模板工程量：

$$S=(2.64-0.24)\times(0.18\times2+0.24)$$
$$=1.44m^2$$

套用基础定额 5-77。

3) 钢筋工程量：

ϕ12　0.005t，套用基础定额 5-297。

ϕ8　0.002t，套用基础定额 5-295。

箍筋 ϕ4　0.003t，套用基础定额 5-354。

【注释】 2.64－0.24 为模板长度，0.18×2＋0.24 为三个侧面长度之和。其余同清单工程量计算规则一样。

项目编码：010403005　　项目名称：过梁

【例 1-52】 如图 1-53 所示，L 形过梁配筋图，采用复合木模板、木支撑，翼缘挑长 300mm，箍筋采用 ϕ6@100，试分别用清单和定额方法计算其工程量。

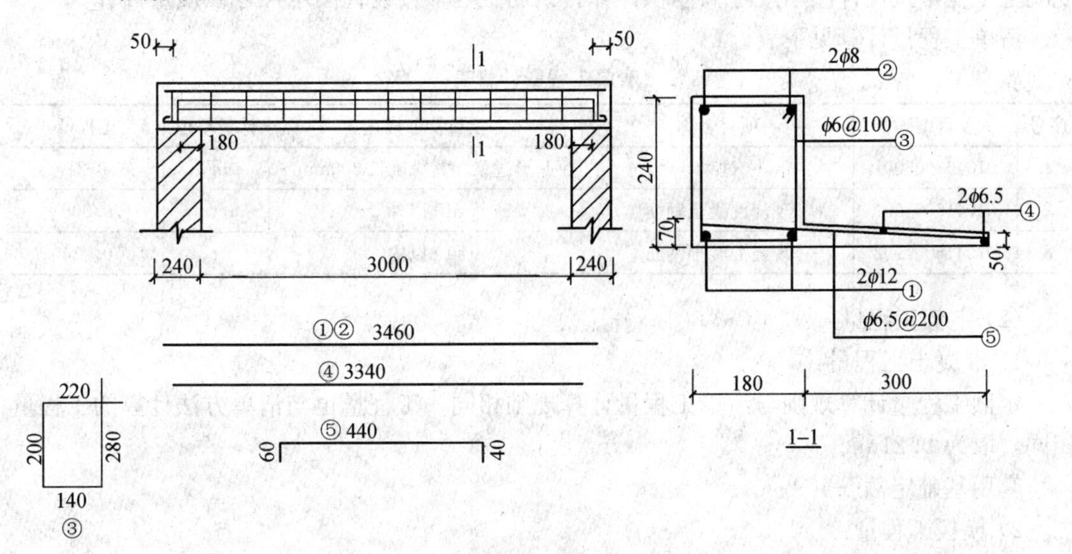

图 1-53　L 形过梁配筋图

【解】 (1) 清单工程量

1) 混凝土工程量：

$$V=[0.18\times0.24+\frac{1}{2}\times(0.05+0.07)\times0.3]\times(3.0+0.18\times2)+(0.24-0.18)$$
$$\times2\times0.18\times0.24$$
$$=0.206+0.005$$

$=0.21m^3$

2）钢筋工程量：

①号 $\phi12$　$3.46\times2\times0.888=6.145kg\approx0.006t$

②号 $\phi8$　$3.46\times2\times0.395=2.733kg\approx0.003t$

④号 $\phi6.5$　$3.34\times2\times0.260=1.737kg\approx0.002t$

⑤号 $\phi6.5$　$\frac{3.0+0.24\times2-0.05\times2}{0.2}+1=18$ 个

$(0.44+0.06+0.04)\times18\times0.260=2.527kg\approx0.003t$

箍筋③号 $\phi6$　$\frac{3.0+0.24\times2-0.05\times2}{0.1}+1=35$ 个

$(0.2+0.28+0.22+0.14)\times35\times0.888$

$=26.107kg\approx0.026t$

【注释】 0.18×0.24 为矩形部分截面面积；$\frac{1}{2}\times(0.05+0.07)$（小梯形的上底宽度加下底宽度）$\times0.3$（该梯形的高度）为小梯形的截面面积；$3.0+0.18\times2$ 为异形梁的长度，其中 0.18 为伸入墙体的厚度；$(0.24-0.18)\times2\times0.18\times0.24$ 为墙边处混凝土的工程量。$3.46\times2\times0.888$ 为钢筋长度乘以每米钢筋的质量；0.05×2 是从 0.05m 处开始排布负筋，0.2 为负筋的间距，$0.44+0.06+0.04$ 为⑤号钢筋的长度；0.1 为箍筋的间距，$0.2+0.28+0.22+0.14$ 为箍筋的长度；0.888、0.395 和 0.260 为不同直径钢筋每米的质量。混凝土工程量按设计图示尺寸以体积计算；钢筋工程量按设计图示尺寸以质量计算。

清单工程量计算见下表：

清单工程量计算表

序号	项目编码	项目名称	项目特征描述	计量单位	工程量
1	010403005001	过梁	L形过梁，翼缘挑长 300mm	m^3	0.21
2	010416001001	现浇混凝土钢筋	$\phi10$ 以外	t	0.006
3	010416001002	现浇混凝土钢筋	$\phi10$ 以内	t	0.034

（2）定额工程量

1）混凝土工程量：

定额工程量计算规则与清单工程量计算规则相同，工程量也与清单方法计算的工程量相同，取为 $0.21m^3$。

套用基础定额 5-409。

2）模板工程量：

$$S=(0.18+0.3+0.24+0.24)\times3.0$$
$$=2.88m^2$$

套用基础定额 5-78。

3）钢筋工程量：

定额工程量计算规则与清单工程量计算规则相同，直接使用上面求出的钢筋工程量。

$\phi12$　0.006t，套用基础定额 5-297。

$\phi8$　0.003t，套用基础定额 5-295。

$\phi6.5$　0.005t，套用基础定额 5-294。

箍筋 $\phi6$　0.026t，套用基础定额 5-355。

【注释】 0.18＋0.3＋0.24＋0.24 为三个侧面长度之和，3.0 为模板长度。其余同清单工程量计算规则一样。

项目编码：010403006　　项目名称：弧形、拱形梁

【例 1-53】 如图 1-54 所示，某拱形梁，外弧半径 R＝6m，箍筋配筋为每 5°配 1 根 $\phi8$，采用木模板、木支撑，试分别用清单和定额方法计算其工程量（保护层厚度为 25mm）。

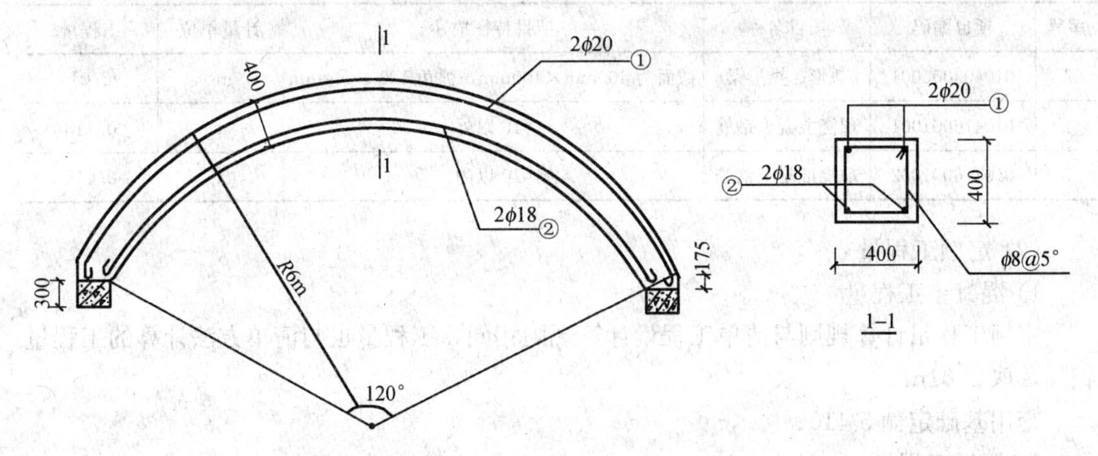

图 1-54　拱形梁平面示意图

【解】 (1) 清单工程量

1) 混凝土工程量：

$$V=2\times3.14\times\left(6.0-\frac{0.4}{2}\right)\times\frac{120^\circ}{360^\circ}\times0.4\times0.4+\frac{1}{2}\times0.2\times0.4\times\frac{\sqrt{3}}{2}\times2$$

$$=2.01\text{m}^3$$

2) 钢筋工程量：

①号 $\phi20$　$[2\times3.14\times(6.0-0.025)\times\frac{1}{3}+0.175\times2+2\times6.25\times0.02]\times2\times2.466$

$=(12.51+0.35+0.25)\times2\times2.466$

$=64.659\text{kg}$

$\approx0.065\text{t}$

②号 $\phi18$　$[(6.0-0.4+0.025)\times2\times3.14\times\frac{120^\circ}{360^\circ}+2\times6.25\times0.018]\times2\times1.998$

$=47.952\text{kg}\approx0.048\text{t}$

箍筋 $\phi8$　$\frac{120^\circ}{5^\circ}+1=25$ 个

$[(0.4+0.4)\times2+2\times12.89\times0.008-8\times0.025]\times25\times0.395$

$=15.862\text{kg}\approx0.016\text{t}$

【注释】 $2\times3.14\times\left(6.0-\frac{0.4}{2}\right)\times\frac{120°}{360°}$为弧长，0.4×0.4 为梁的截面面积，$\frac{1}{2}\times0.2\times0.4\times\frac{\sqrt{3}}{2}$为小三角形面积。0.175×2 为两个弯起处长度，2×6.25×0.02 为两个弯钩增加长度，2.466、1.998 和 0.395 是不同直径钢筋每米的质量，(0.4+0.4)×2(梁的截面周长)+2×12.89×0.008(箍筋两个弯钩的增加长度)−8×0.025(8 个保护层的厚度)为箍筋长度。钢筋工程量按设计图示尺寸以质量计算。

清单工程量计算见下表：

清单工程量计算表

序号	项目编码	项目名称	项目特征描述	计量单位	工程量
1	010403006001	弧形、拱形梁	截面为 400mm×400mm，弧角 120°，R=6m	m^3	2.01
2	010416001001	现浇混凝土钢筋	ϕ10 以外	t	0.113
3	010416001002	现浇混凝土钢筋	ϕ10 以内	t	0.016

(2) 定额工程量

1) 混凝土工程量：

定额工程量计算规则与清单工程量计算规则相同，工程量也与清单方法计算的工程量相同，取 2.01m^3。

套用基础定额 5-410。

2) 模板工程量：

$$S=\left[2\times3.14\times6.0\times\frac{1}{3}+2\times3.14\times\frac{1}{3}\times(6.0-0.4)+\frac{1}{2}\times0.4\times2\right]\times0.4+2\times3.14\times(6.0-0.2)\times\frac{1}{3}\times0.4+0.4\times\frac{1}{2}\times0.4\times\frac{\sqrt{3}}{2}$$

$=9.71+3.349+0.069$

$=10.10m^2$

套用基础定额 5-79。

3) F 钢筋工程量：

ϕ20　0.065t，套用基础定额 5-301。

ϕ18　0.048t，套用基础定额 5-300。

箍筋 ϕ8　0.016t，套用基础定额 5-356。

【注释】 $2\times3.14\times6.0\times\frac{1}{3}$为 外侧弧长(其中 6.0 为外侧半径)，$2\times3.14\times\frac{1}{3}\times(6.0-0.4)$(内侧半径，其中 0.4 为梁的截面尺寸)为内侧弧长，$\frac{1}{2}\times0.4\times2$ 为外侧最头处的长度，0.4 为截面尺寸，$2\times3.14\times(6.0-0.2)\times\frac{1}{3}\times0.4+0.4\times\frac{1}{2}\times0.4\times\frac{\sqrt{3}}{2}$为侧面模板长。模板工程量按设计图示尺寸以面积计算。

项目编码：010403006　　项目名称：弧形、拱形梁

【例 1-54】 如图 1-55 所示，某粮食筒仓上环形梁，箍筋采用每 10°设 1 根 $\phi10$ 的箍筋，施工采用木模板、木支撑，钢筋连接采用电渣压力焊接，箍筋端部弯折 135°。试分别用清单和定额方法计算其工程量(混凝土保护层厚度为 25mm)。

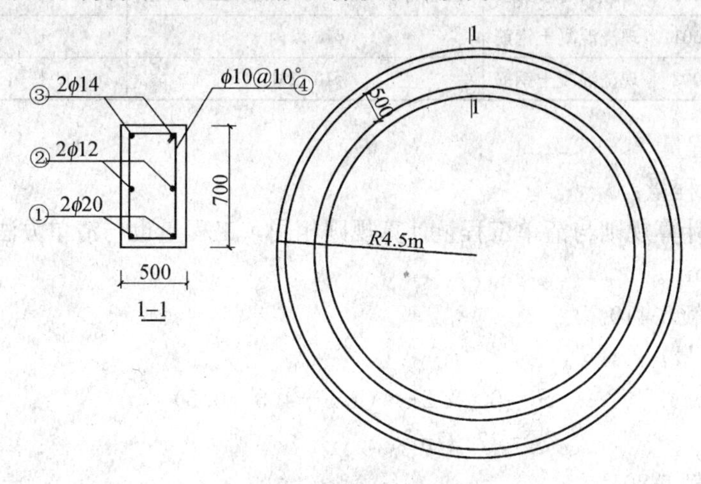

图 1-55　环形梁及配筋示意图

【解】 (1) 清单工程量

1) 混凝土工程量：

$$V=2\pi\times(4.5-\frac{0.5}{2})\times0.5\times0.7$$
$$=9.35\text{m}^3$$

2) 钢筋工程量：

①号 $\phi20$　$2\pi\times[(4.5-0.025)+(4.5-0.5+0.025)]\times2.466$
$=131.702\text{kg}\approx0.132\text{t}$

②号 $\phi12$　$2\pi\times[(4.5-0.025)+(4.5-0.5+0.025)]\times0.888$
$=47.425\text{kg}\approx0.047\text{t}$

③号 $\phi14$　$2\pi\times[(4.5-0.025)+(4.5-0.5+0.025)]\times1.208$
$=64.516\text{kg}\approx0.065\text{t}$

箍筋④号 $\phi10$　$[(0.7+0.5)\times2-8\times0.025+2\times12.89\times0.010]$
$\times\left(\frac{360°}{10°}+1\right)\times0.617$
$=56.109\text{kg}\approx0.056\text{t}$

【注释】 $2\pi\times\left(4.5-\frac{0.5}{2}\right)$(环形梁的中心半径)为周长(中心线)，0.5×0.7 为梁的截面尺寸，4.5−0.025(保护层厚度)+(4.5−0.5+0.025)为①号钢筋的外侧半径加内侧半径，2π×[(4.5−0.025)+(4.5−0.5+0.025)]为钢筋长度；(0.7+0.5)×2(梁的截面周长)−8×0.025(8 个保护层的厚度)+2×12.89×0.010(箍筋的两个弯钩的增加长度)为箍筋的长度，$\frac{360°}{10°}+1$ 为箍筋的根数。

清单工程量计算见下表：

清单工程量计算表

序号	项目编码	项目名称	项目特征描述	计量单位	工程量
1	010403006001	弧形、拱形梁	截面为 700mm×500mm，R=4.5m	m^3	9.35
2	010416001001	现浇混凝土钢筋	ϕ10 以内	t	0.056
3	010416001002	现浇混凝土钢筋	ϕ10 以外	t	0.244

（2）定额工程量

1）混凝土工程量：

定额工程量计算规则与清单工程量计算规则相同，工程量也与清单方法计算的工程量相同，取为 9.35m^3。

套用基础定额 5-410。

2）模板工程量：

$$S=0.7\times2\pi\times(4.5+4.5-0.5)$$
$$=37.37m^2$$

套用基础定额 5-80。

说明：本题目中未计算梁底模板面积，是因为实际粮仓建设中，环形梁是建在筒壁上的，故不产生模板面积。

3）钢筋工程量：

定额工程量计算规则与清单工程量计算规则相同，直接使用上面求出的钢筋工程量。

ϕ12　0.047t，套用基础定额 5-297。

ϕ14　0.065t，套用基础定额 5-298。

ϕ20　0.132t，套用基础定额 5-301。

箍筋 ϕ10　0.056t，套用基础定额 5-357。

4)焊接工程量：

$$2\times3\times1=6\text{ 个}$$

套用基础定额 5-383。

【注释】 $2\pi\times(4.5+4.5-0.5)$为内外侧周长和，0.7 为梁尺寸，焊接工程量为 6 根钢筋 6 个接头。模板工程量按设计图示尺寸以面积计算。其余同清单工程量计算规则一样。

项目编码：010416005　　项目名称：先张法预应力钢筋

【例 1-55】 如图 1-56 所示，某构件厂采用先张法生产预应力板，构件长 120m，钢筋总长 500m，采用载重汽车从 2000m 处运来，人装人卸。张拉使用油压千斤顶，镦头锚具，楔形夹具，采用 4ϕ16 钢筋。试分别用清单和定额方法计算其工程量。

【解】 （1）清单工程量

1）混凝土工程量：

$$V=0.12\times1.0\times120=14.4m^3$$

2）钢筋工程量：

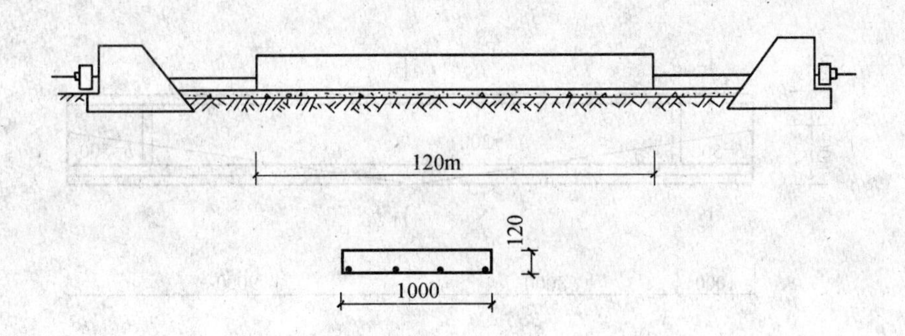

图 1-56　先张法生产预应力板示意图

φ16　120×4×1.578=757.44kg≈0.757t

【注释】 0.12×1.0(构件的截面积)×120(构件的长度)为截面面积乘以构件长。120×4 为钢筋的总长度，1.578 为每米钢筋的质量。

清单工程量计算见下表：

清单工程量计算表

序号	项目编码	项目名称	项目特征描述	计量单位	工程量
1	010412001001	平板	截面为 1000mm×120mm	m^3	14.4
2	010416005001	先张法预应力钢筋	4φ16，镦头锚具	t	0.757

(2)定额工程量

1) 混凝土工程量：

定额工程量计算规则与清单工程量计算规则相同，工程量也与清单方法计算的工程量相同，取为 $14.4m^3$。

套用基础定额 5-452。

2) 钢筋工程量：

定额工程量计算规则与清单工程量计算规则相同，直接使用上面求出的工程量。

φ16　0.757t，套用基础定额 5-362。

3) 运输工程量：

$$500\times1.578=789\text{kg}=0.789\text{t}$$

套用基础定额 5-385。

【注释】 500 为钢筋总长度。其余同清单工程量计算规则一样。

说明：本题定额方法计算中未列项计算模板工程量。

项目编码：010416006　　项目名称：后张法预应力钢筋

【例 1-56】 如图 1-57 所示，某现场浇制后张法预应力混凝土简支梁，梁计算跨度 L=18m，预应力钢筋采用 2φ28 的钢筋，受拉区和受压区非预应力钢筋按构造配，受压区 8φ12，受拉区 6φ12，预应力钢筋采用二次抛物线布筋。试分别用清单和定额方法计算其工程量(钢筋两端采用螺杆锚具，模板为木模板、木支撑)。

【解】 (1) 清单工程量

1) 混凝土工程量：

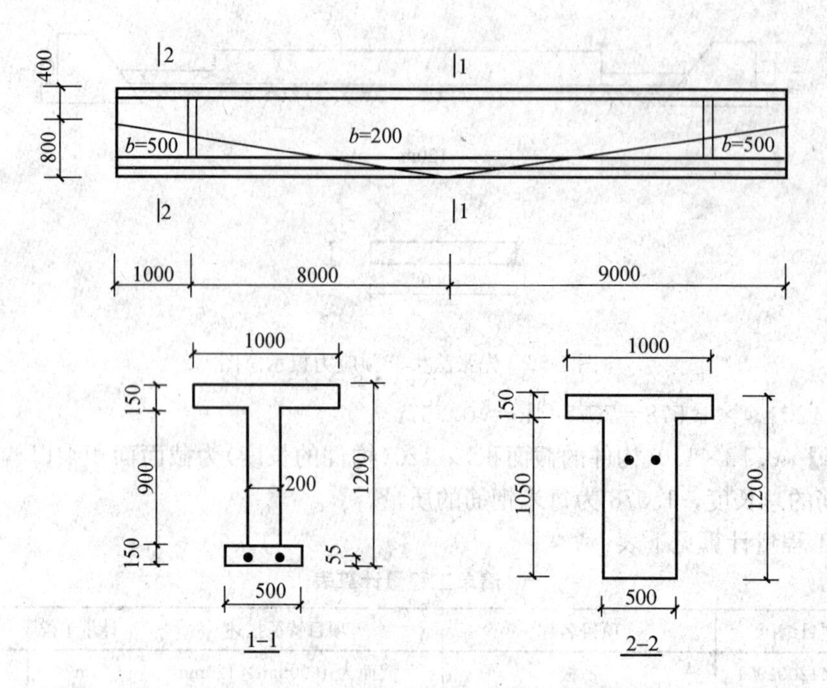

图 1-57　后张法预应力混凝土简支梁示意图

$V=(1.0\times0.15+0.9\times0.2+0.5\times0.15)\times8\times2+(0.15\times1+0.5\times1.05)\times2\times1.0$

$=7.83\text{m}^3$

2）后张法预应力钢筋工程量：

假设以跨中为圆点，曲线点高 800－55＝745mm，长度为$\frac{18}{2}=9\text{m}$

$$y=\frac{0.745}{9^2}x^2$$

抛物线长为 $L=2\int_0^9\sqrt{1+y'^2}\,\mathrm{d}x$

$$=2\int_0^9\sqrt{1+\left(2x\,\frac{0.745}{9^2}\right)^2}\,\mathrm{d}x$$

$=19.88\text{m}$

说明：本数据为假定，不为所算出数。

根据计算规则，低合金钢筋两端均采用螺杆锚具时，钢筋长度按孔道长度减 0.35m 计算。

$$(19.88-0.35)\times2\times4.830=188.660\text{kg}\approx0.189\text{t}$$

3）现浇混凝土钢筋工程量：

$$\phi12\quad 18\times14\times0.888=223.776\text{kg}\approx0.224\text{t}$$

【注释】［1.0×0.15(1-1 剖面梁上部的截面长度乘以截面宽度)＋0.9×0.2(1-1 剖面梁中间部分的截面积)＋0.5×0.15(1-1 剖面梁中下部的截面积)］×8×2(1-1 剖面梁的长度)为 1-1 剖面中梁的截面积乘以梁的长度，［0.15×1(2-2 剖面梁中的上部的截面积)＋0.5(2-2 剖面梁下部的截面宽度)×1.05(2-2 剖面梁下部的截面长度)］×2×1.0(2-2 剖面梁的长度)为 2-2 剖面梁的工程量。19.88 为假设出来的数据，19.88－0.35 为后张法预应力钢筋长度，4.830 为直径 28mm 的钢筋每米的质量。18×14×0.888 中，18 为钢筋长度，14 为钢筋根数，0.888 为每米钢筋的质量。混凝土工程量按设计图示尺寸以体积计算；钢筋工程量按设计图示尺寸以质量计算。

清单工程量计算见下表：

清单工程量计算表

序号	项目编码	项目名称	项目特征描述	计量单位	工程量
1	010403003001	异形梁	I 字形和 T 字形	m^3	7.83
2	010416006001	后张法预应力钢筋	2ϕ28	t	0.189
3	010416001001	现浇混凝土钢筋	14ϕ12	t	0.224

(2) 定额工程量

1) 混凝土工程量：

定额工程量计算规则与清单工程量计算规则相同，工程量也与清单方法计算的工程量相同，取为 7.83m^3。

套用基础定额 5-407。

2) 模板工程量：

$$S=16\times(1.2\times2+0.5+1.0-0.2)+2\times(1.2\times2+1.0)+(0.5-0.2)\times0.9\times2$$
$$+(1.0\times0.15+1.05\times0.5)\times2$$
$$=67.89m^2$$

套用基础定额 5-81。

3) 钢筋工程量：

定额工程量计算规则与清单工程量计算规则相同，直接使用上面求出的工程量。

预应力钢筋　0.189t，套用基础定额 5-369。

现浇混凝土钢筋　0.224t，套用基础定额 5-297。

【注释】 16×(1.2×2+0.5+1.0−0.2)为 1-1 剖面的模板工程量，其中 16 为 1-1 剖面里模板长度，1.2×2+0.5+1.0−0.2 是梁三面的长度，2×(1.2×2+1.0)为 2-2 剖面的模板长度乘以梁三面周长，(0.5−0.2)×0.9×2 为两个梁交接处模板的工程量，(1.0×0.15+1.05×0.5)×2 为 2-2 剖面梁端部的模板工程量。

项目编码：010416006　　项目名称：后张法预应力钢筋

【例 1-57】 如图 1-58 所示，某预应力混凝土安全壳截面，采用后张法混凝土自锚，预应力钢筋呈如图曲线形，需要如图所示钢筋截面配筋 28 套。试分别用清单和定额方法计算其工程量。

【解】 (1) 清单工程量

$$(21.90+36.21\times2+0.35)\times2\times28\times3.850$$
$$=20410.852kg\approx20.411t$$

说明：低合金钢筋采用后张法混凝土自锚时，钢筋长度按孔道长度增加 0.35m 计算。

【注释】 21.90+36.21×2+0.35 为钢筋的长度，2 为一个安全壳里 2 根钢筋，28 为共配筋 28 套，3.850 为每米钢筋的质量。

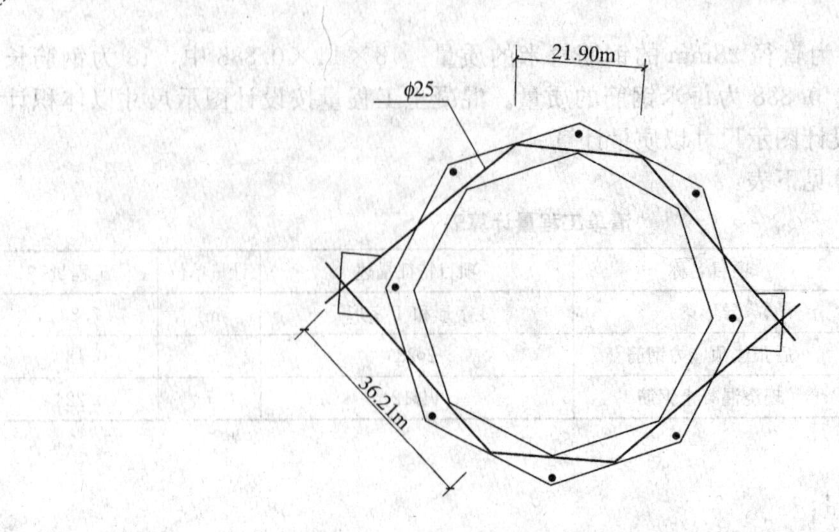

图 1-58　预应力混凝土安全壳截面示意图

清单工程量计算见下表：

清单工程量计算表

项目编码	项目名称	项目特征描述	计量单位	工程量
010416006001	后张法预应力钢筋	φ25，混凝土自锚	t	20.411

(2) 定额工程量

定额钢筋工程量计算规则与清单工程量计算规则相同，直接使用上面求出的工程量。

φ25　20.411t，套用基础定额 5-368。

项目编码：010416006　　项目名称：后张法预应力钢筋

【例 1-58】 如图 1-59 所示，某客站的钢桁架采用了预应力钢筋，①下弦直线预应力钢筋、②折线预应力钢筋和③上弦端部预应力钢筋，采用后张法施工。试分别用清单和定额方法计算预应力钢筋工程量。

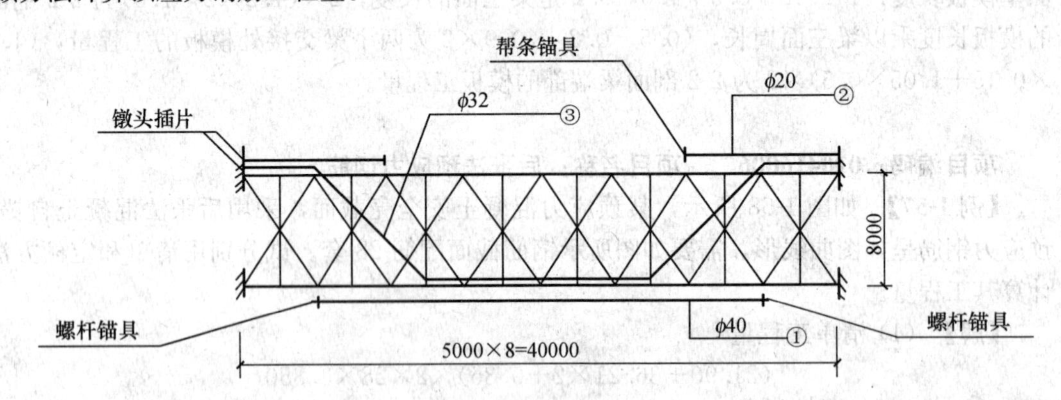

图 1-59　钢桁架预应力钢筋配制示意图

【解】 (1) 清单工程量

①号　(5×6－0.35)×9.865＝292.497kg≈0.292t

②号 $2\times(5\times2+0.15)\times2.466=50.059\text{kg}\approx0.050\text{t}$

③号 $(40+2\times0.414\times8)\times6.310=294.197\text{kg}\approx0.294\text{t}$

【注释】 5×6－0.35 为①号钢筋的长度，2×(5×2＋0.15)为两个②号钢筋的长度，2×0.414×8 为弯起钢筋的斜长增加值，9.865、2.466 和 6.310 为不同直径的钢筋每米的质量。

清单工程量计算见下表：

清单工程量计算表

序号	项目编码	项目名称	项目特征描述	计量单位	工程量
1	010416006001	后张法预应力钢筋	ϕ40	t	0.292
2	010416006002	后张法预应力钢筋	ϕ20	t	0.050
3	010416006003	后张法预应力钢筋	ϕ32	t	0.294

(2) 定额工程量

定额钢筋工程量计算规则同清单工程量计算规则，直接使用上面求出的工程量。

ϕ40 0.292t，套用基础定额 5-372。

ϕ32 0.294t，套用基础定额 5-370。

ϕ20 0.050t，套用基础定额 5-367。

项目编码：010417002 项目名称：预埋铁件

【例 1-59】 如图 1-60 所示，楼梯栏杆预埋件为 60mm×60mm×8mm 方钢板，共 1000 个。试分别用清单和定额方法求其工程量。

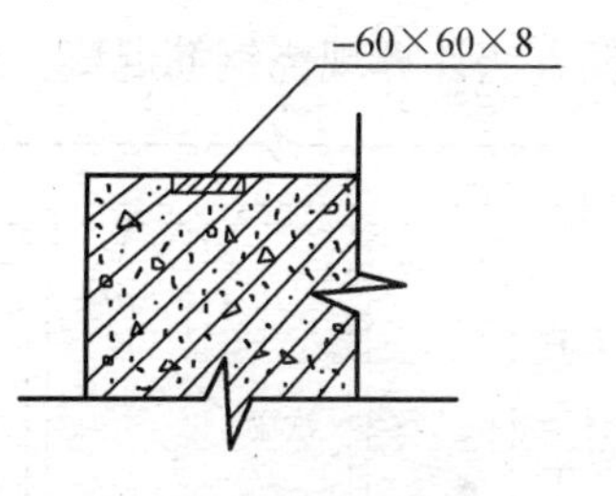

图 1-60 楼梯栏杆预埋件示意图

【解】 (1) 清单工程量

$(0.060\times0.060\times0.008)\times7.8\times10^3\times1000$

$=224.64\text{kg}$

$\approx0.225\text{t}$

【注释】 0.060×0.060×0.008 为方钢板的体积，7.8×10^3 为钢的密度，1000 为 1000 个方钢板。

清单工程量计算见下表：

清单工程量计算表

项目编码	项目名称	项目特征描述	计量单位	工程量
010417002001	预埋铁件	60mm×60mm×8mm 方钢板	t	0.225

(2)定额工程量

定额工程量计算规则与清单工程量计算规则相同，同为 0.225t。

套用基础定额 5-382。

说明：定额中所谓的铁件是指钢板、角钢、钢管等型材及其附属的铁脚、螺栓等组成的构件。包括混合屋架中的金属拉杆、支撑用的铁架等。

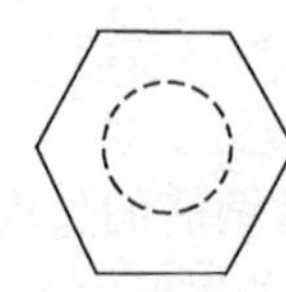

图 1-61　螺栓示意图

项目编码：010417001　　项目名称：螺栓

【例 1-60】 如图 1-61 所示，螺栓 2500 个，每个 0.33kg。试分别用清单和定额方法计算其工程量。

【解】（1）清单工程量

$$0.33 \times 2500 = 825\text{kg} = 0.825\text{t}$$

【注释】 螺栓 2500 个，每个 0.33kg。

清单工程量计算见下表：

清单工程量计算表

项目编码	项目名称	项目特征描述	计量单位	工程量
010417001001	螺栓	每个 0.33kg	t	0.825

（2）定额工程量

定额工程量计算方法与清单工程量计算方法，同为 0.825t。

套用基础定额 5-382。

项目编码：010405001　　项目名称：有梁板

【例 1-61】 如图 1-62、图 1-63 所示，楼面板为钢筋混凝土现浇板，板底标高为 +3.800m，板厚为 100mm，次梁断面尺寸为 300mm×500mm，主梁断面尺寸为 300mm×650mm，混凝土强度等级为 C30 砾 20mm，柱尺寸为 600mm×600mm。试用清单和定额方法计算现浇钢筋混凝土有梁板的工程量。

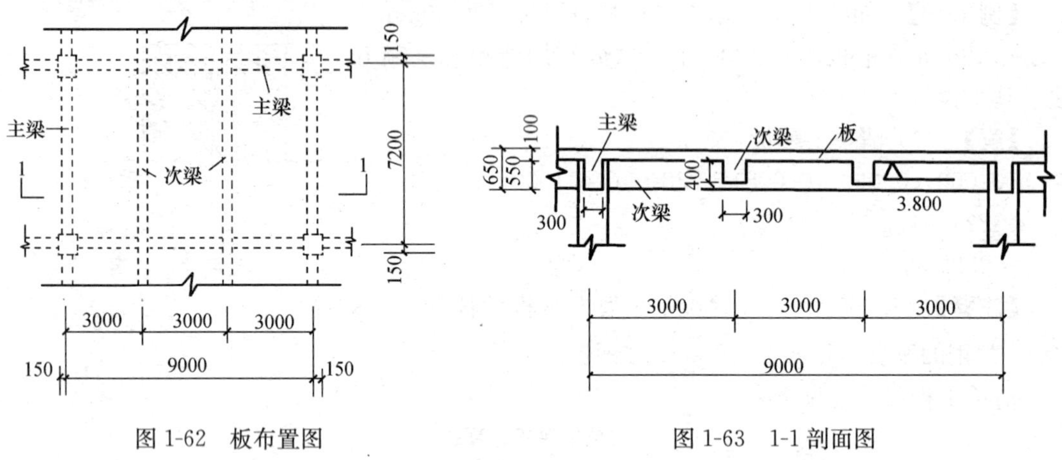

图 1-62　板布置图　　　　图 1-63　1-1 剖面图

【解】（1）清单工程量

现浇混凝土有梁板按工程量清单项目设置及计算规则进行计算，对应项目编码为 010405001。

工程内容包括：混凝土制作、运输、浇筑、振捣、养护。其工程量如下：

$$\begin{aligned}工程量 &= 0.1 \times (3.0-0.3) \times 3 \times (7.2-0.3) + [(7.2-0.6) \times 2 + (9.0-0.6) \times 2] \\ &\quad \times 0.3 \times 0.65 + (7.2-0.3) \times 2 \times 0.3 \times 0.5 - 0.15 \times 0.15 \times 0.1 \times 4 \\ &= 13.5\text{m}^3\end{aligned}$$

【注释】 0.1 为板厚，(3.0－0.3)×3 为板长，7.2－0.3 为板宽；(7.2－0.6)×2＋

(9.0－0.6)×2 为主梁的长度，其中 0.6 为柱的截面尺寸；0.3×0.65 为主梁的截面面积；(7.2－0.3)×2 为次梁的长度，0.3×0.5 为次梁截面面积；0.15×0.15(4 个角的截面积)×0.1×4 为四角多算的板工程量，4 为 4 个角部。工程量按设计图示尺寸以体积计算。

清单工程量计算见下表：

清单工程量计算表

项目编码	项目名称	项目特征描述	计量单位	工程量
010405001001	有梁板	板底标高 ＋3.800m，板厚为 100mm，混凝土强度等级为 C30 砾 20mm	m^3	13.5

(2) 定额工程量

按照《全国统一建筑工程预算工程量计算规则》，其工程量与清单方法所计算的工程量相同。

工作内容为：混凝土水平运输、混凝土搅拌、捣固、养护。

套用基础定额 5-417。

说明：定额计算现浇混凝土板的模板工程量时，板上单孔面积在 0.3m^2 以内的孔洞，不予扣除，单孔面积在 0.3m^2 以外时，应予扣除，洞侧壁模板面积并入板模板工程量之内计算。

项目编码：010405002　　项目名称：无梁板

【例 1-62】 某项工程的二层楼板示意图，如图 1-64、图 1-65 所示，板直接由柱支承，板厚度为 180mm，楼板四周支承在墙上，柱子的断面尺寸为 400mm×400mm，墙厚 200mm，柱帽及其他尺寸如图所示。试用清单和定额方法计算现浇混凝土无梁板的工程量(混凝土 C30 砾 20mm，板底标高为＋3.480m)。

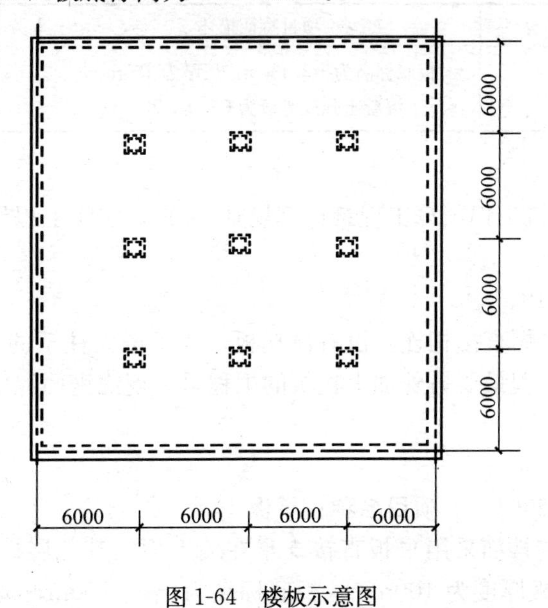

图 1-64　楼板示意图

【解】 (1) 清单工程量

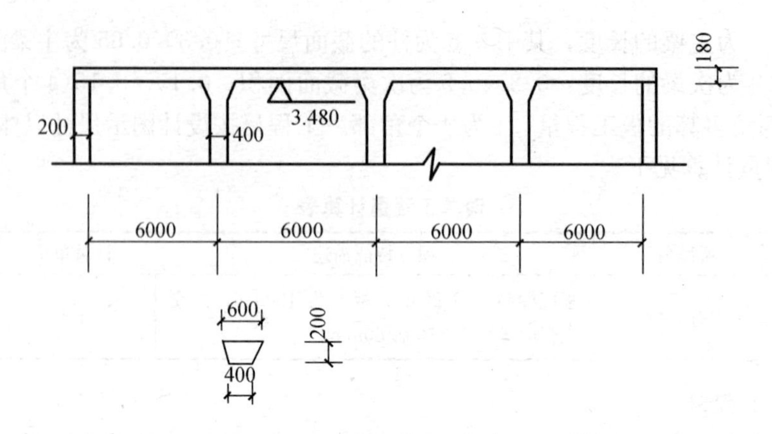

图 1-65 柱帽尺寸示意图

根据工程量清单项目设置及工程量计算规则，对应项目编码为 010405002。

工程内容包括：混凝土制作、运输、浇筑、振捣、养护。其工程量计算如下：

$$工程量=(6\times4+0.2)\times(6\times4+0.2)\times0.18+(\frac{1}{3}\times0.6^2\times0.6-\frac{1}{3}\times0.4^2\times0.4)\times9$$

$$=105.87m^3$$

【注释】 (6×4+0.2)(板的长度，其中 0.2 为两边搭接柱上的长度)×(6×4+0.2)(板的宽度)为板的面积，0.18 为板厚；$\frac{1}{3}\times0.6^2\times0.6-\frac{1}{3}\times0.4^2\times0.4$ 为柱帽的工程量，其中 0.6 为柱帽的顶面宽度，0.4 为柱帽的底边宽度；9 为 9 个柱子。工程量按设计图示尺寸以体积计算。

清单工程量计算见下表：

清单工程量计算表

项目编码	项目名称	项目特征描述	计量单位	工程量
010405002001	无梁板	板底标高为+3.480m，板厚为 180mm，混凝土强度等级为 C30 砾 20mm	m^3	105.87

(2) 定额工程量

根据《全国统一建筑工程预算工程量计算规则》可知，定额工程量在本题中与清单方法计算的相同。

套用基础定额 5-418。

说明：图中板与柱帽直接相连，没有设托板，为了增大柱子的支承面积和减小跨度，可设托板，此时计算工程量要另外加上托板的工程量。现浇钢筋混凝土无梁楼板最小厚度为 150mm。

项目编码：010405003　　项目名称：平板

【例 1-63】 某住宅楼面采用平板直接支承在墙上面，其三层楼面部分示意图如图 1-66、图 1-67 所示，楼板厚度为 100mm，板底标高为+10.700m，混凝土为现浇，强度等级为 C30 砾 20mm。试用清单和定额方法分别计算该工程三层楼面现浇混凝土平板的工程量(内外墙厚 240mm)。

【解】(1) 清单工程量

根据工程量清单项目设置及工程量计算规则，该项目对应项目编码为010405003。

工程内容为：混凝土制作、运输、浇筑、振捣、养护。其工程量计算如下：

工程量=[(3.6×3.6+3.6×4.8+1.8×4.8×2+5.4×4.2+9.0×3.9)×2+9.0×3.0]×0.1

=23.76m^3

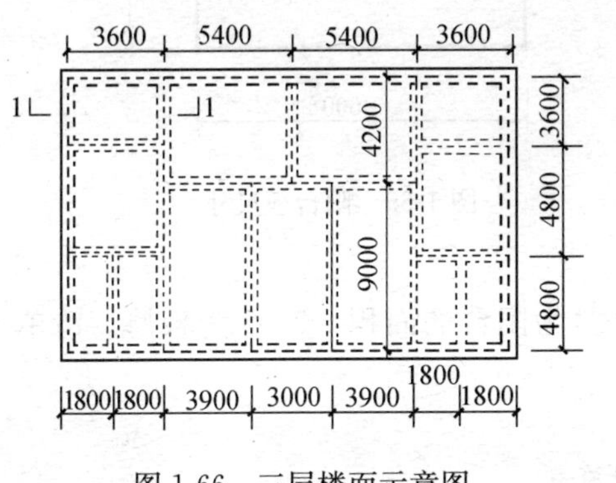

图1-66 三层楼面示意图

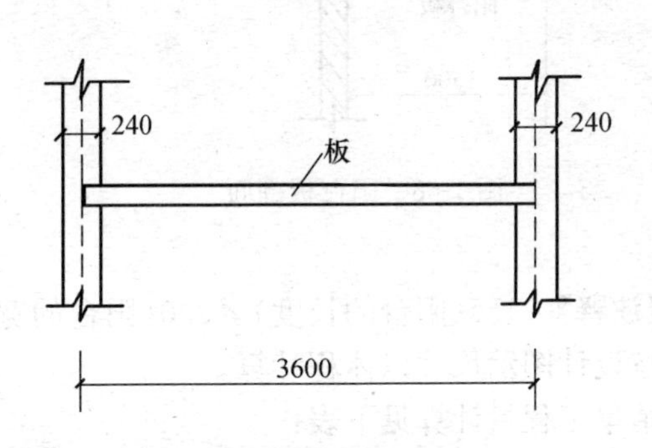

图1-67 1-1剖面

（板伸入墙的长度到墙的轴线）

【注释】3.6(右上角房间的长度)×3.6(右上角房间的宽度)为三层示意图右上角房间的面积；3.6×4.8为三层示意图中最右侧中间的长度乘以宽度；1.8×4.8×2为示意图中右下角两间的面积；5.4×4.2为示意图中最上部的第二间的长度乘以宽度；9.0×3.9为示意图中右下角第三间长度乘以宽度；此示意图两边对称；9.0×3.0为示意图中最中间的板的长度乘以宽度；0.1为板厚。工程量按设计图示尺寸以体积计算。

清单工程量计算见下表：

清单工程量计算表

项目编码	项目名称	项目特征描述	计量单位	工程量
010405003001	平板	板底标高为+10.700m，楼板厚度为100mm，混凝土强度等级为C30砾20mm	m^3	23.76

(2)定额工程量

根据《全国统一建筑工程预算工程量计算规则》，定额工程量计算与清单工程量计算相同。

套用基础定额5-419。

项目编码：010405008　　项目名称：雨篷、阳台板

【例1-64】试用清单和定额方法计算如图1-68、图1-69所示的混凝土工程量。

【解】(1) 清单工程量

根据工程量清单项目设置及工程量计算规则，对应项目编码为010405008。

工程内容为：混凝土制作、运输、浇筑、振捣、养护。其工程量计算如下：

工程量=1.5×3.0×0.09=0.41m^3

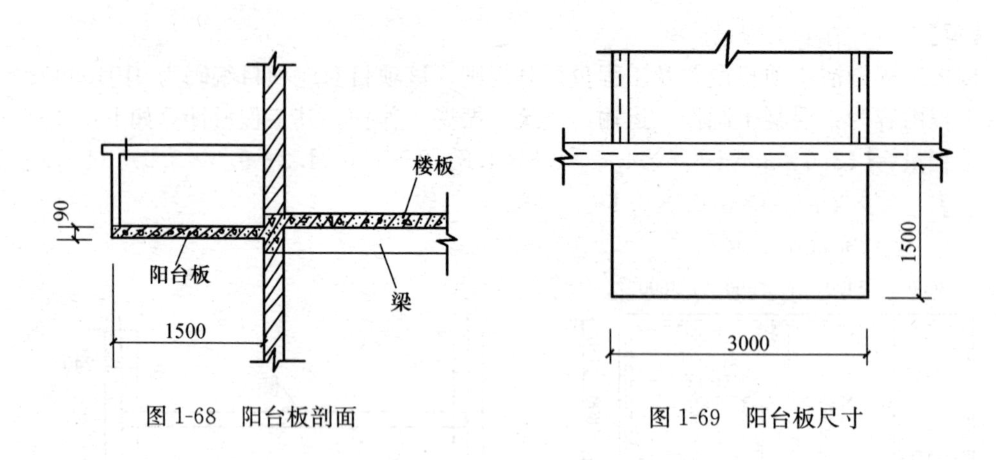

图 1-68 阳台板剖面　　图 1-69 阳台板尺寸

【注释】 1.5(阳台的长度)×3.0(阳台的宽度)为阳台的面积，0.09 为板厚。清单工程量按设计图示尺寸以体积计算。

清单工程量计算见下表：

清单工程量计算表

项目编码	项目名称	项目特征描述	计量单位	工程量
010405008001	雨篷、阳台板	阳台板	m^3	0.41

(2)定额工程量

根据《全国统一建筑工程预算工程量计算规则》可得：

$$工程量=1.5\times3.0=4.5m^2$$

【注释】 1.5 为阳台宽，3.0 为阳台长。定额工程量按设计图示尺寸以面积计算。

套用基础定额 5-423(悬挑板)。

项目编码：010405007　　项目名称：天沟、挑檐板

【例 1-65】 试用清单和定额方法计算如图 1-70、图 1-71 所示现浇挑檐天沟的混凝土工程量，混凝土强度等级为 C20。

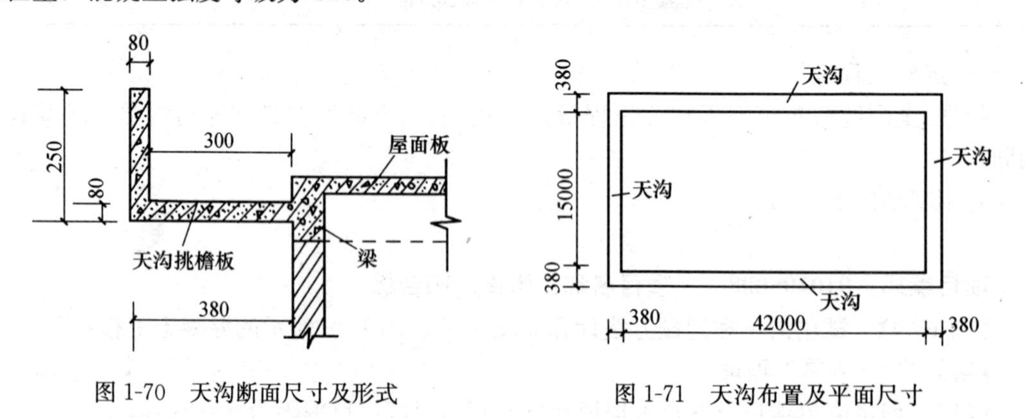

图 1-70 天沟断面尺寸及形式　　图 1-71 天沟布置及平面尺寸

【解】 (1) 清单工程量

根据工程量清单项目设置及工程量计算规则，对应项目编码为 010405007。工程量计算如下：

$$工程量=(0.25\times0.08+0.3\times0.08)\times(42+42+15+15+0.38\times4)$$
$$=5.08m^3$$

【注释】 0.25×0.08 为挑檐板挑出的高度(0.25)乘以板的厚度(0.08)；0.3(横板的宽度)×0.08(横板的厚度)为挑檐板的横板截面积；42+42+15+15+0.38×4 为天沟的总长度，其中 0.38 为天沟的宽度。工程量按设计图示尺寸以体积计算。

清单工程量计算见下表：

清单工程量计算表

项目编码	项目名称	项目特征描述	计量单位	工程量
010405007001	天沟、挑檐板	C20 混凝土	m^3	5.08

(2) 定额工程量

根据《全国统一建筑工程预算工程量计算规则》可知，定额工程量和清单工程量相同。

套用基础定额 5-430。

说明：本题中现浇挑檐天沟与板(屋面板)连接，以外墙为分界线，外墙外边线以外或梁外边线以外为挑檐天沟。

项目编码：010405008　　项目名称：雨篷、阳台板

【例 1-66】 某项工程的主出入口处雨篷形式如图 1-72 所示，其剖面形式如图 1-73 所示，所有构件的尺寸如下：雨篷板厚 100mm，主梁尺寸 300mm×600mm，次梁尺寸 300mm×500mm，其他尺寸如图上所示，混凝土强度等级为 C30 砾 20mm。试用清单和定额方法分别计算该雨篷混凝土工程量。

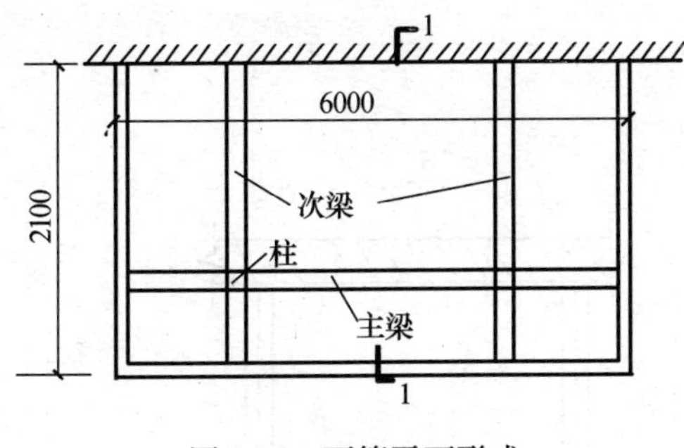

图 1-72　雨篷平面形式

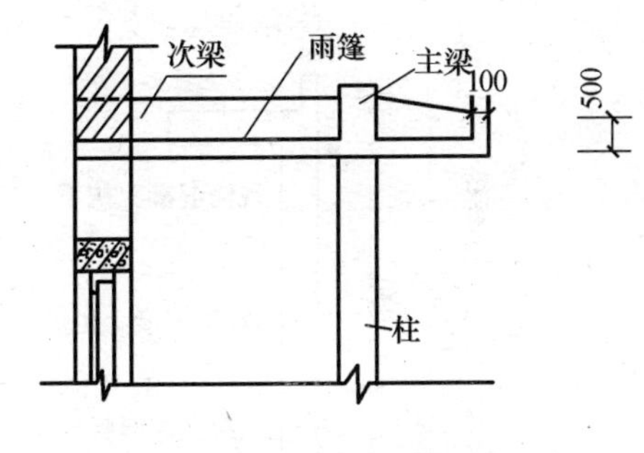

图 1-73　1—1 剖面图

【解】 (1) 清单工程量

根据工程量清单项目设置及工程量计算规则，该项目对应的项目编码为 010405008。工程量计算如下：

$$工程量=2.1\times6.0\times0.1+2.1\times(0.5-0.1)\times0.1\times2+(6.0-0.1\times2)\times(0.5-0.1)$$
$$\times0.1+(6.0-0.2)\times0.3\times0.6+0.3\times0.5\times2\times(2.1-0.1)$$
$$=3.30m^3$$

【注释】 2.1(雨篷的宽度)×6.0(雨篷的长度)为雨篷的面积，0.1 为板厚，2.1×(0.5−0.1)(雨篷挑出的高度)×0.1(雨篷的厚度)×2 为四周挑高部分工程量，(6.0−0.1

×2)(雨篷挑出的长度)×(0.5−0.1)×0.1 为最长边挑高部分的工程量，(6.0−0.2)(主梁的长度)×0.3(主梁的截面宽度)×0.6(主梁的截面长度)为主梁的体积，其中 0.2 为两边板的厚度；0.3(次梁的截面宽度)×0.5(次梁的截面长度)×2×(2.1−0.1)(两个次梁的长度)为两个次梁工程量。工程量按设计图示尺寸以体积计算。

清单工程量计算见下表：

清单工程量计算表

项目编码	项目名称	项目特征描述	计量单位	工程量
010405008001	雨篷、阳台板	雨篷混凝土强度等级为 C30 砾 20mm	m^3	3.30

说明：由于清单规则中没有特别说明该题有梁、柱雨篷的计算规则，故按有梁板以“m^3”来计算混凝土工程量。

(2) 定额工程量

根据《全国统一建筑工程预算工程量计算规则》，有梁、柱雨篷应按有梁板以“m^3”来计算，故其工程量与清单方法计算的相同。

套用基础定额 5-417。

说明：本工程雨篷比较特殊，定额中规定有梁、柱雨篷按有梁板计算并选套有梁板相应定额项目。柱另外计算，按相应定额以“m^3”计算。

项目编码：010405006　　项目名称：栏板

【例 1-67】 某住宅工程的阳台栏板为现浇钢筋混凝土，其形式如图 1-74、图 1-75 所示，栏板厚度为 100mm，其他尺寸如图上所示。试用清单和定额方法分别计算其混凝土工程量。

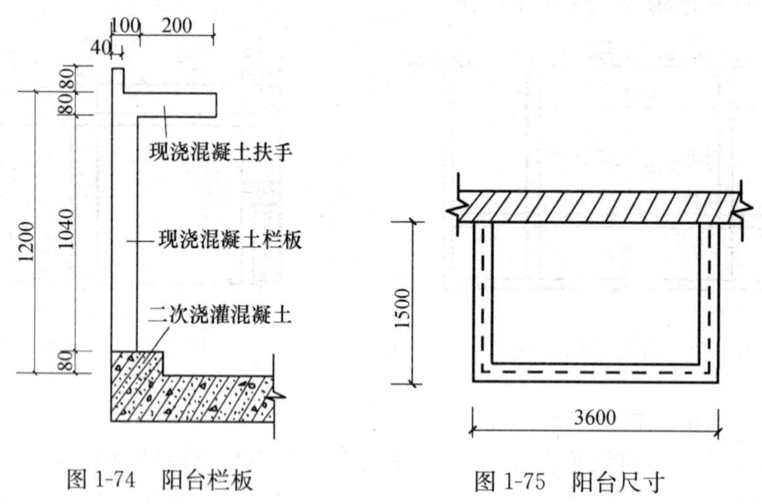

图 1-74　阳台栏板　　　　图 1-75　阳台尺寸

【解】 (1) 清单工程量

根据工程量清单项目设置及工程量计算规则，该项目对应的项目编码为 010405006。

工程量=(1.04+0.08)×0.1×(1.5×2+3.6−0.1×2)+0.04×0.08×(1.5×2+3.6−0.1×2)

=0.74m^3

【注释】 1.04＋0.08 为栏板高度(其中 0.08 为现浇混凝土扶手的厚度)，0.1 为板的厚度，1.5×2(两边阳台板的长度)＋3.6(阳台板的长度)－0.1×2 为阳台板周长，0.04(扶手上部板的厚度)×0.08(扶手上部板的高度)为扶手上部板面积。工程量按设计图示尺寸以体积计算。

清单工程量计算见下表：

清单工程量计算表

项目编码	项目名称	项目特征描述	计量单位	工程量
010405006001	栏板	栏板厚度为 100mm	m^3	0.74

(2)定额工程量

根据《全国统一建筑工程预算工程量计算规则》可知，该项目定额方法计算的工程量与清单方法计算的相同。

套用基础定额 5-425。

说明：该工程项目中栏板与扶手是现浇在一起的，计算工程量应分开，扶手有另外对应的定额编号。栏板不伸入墙内，故不必计算伸入墙内的板头部分。

$$扶手工程量=0.2\times0.08\times(1.5\times2+3.6-0.3\times2)$$
$$=0.10m^3$$

【注释】 0.2 为扶手的宽度，0.08 为扶手的高度，1.5×2＋3.6－0.3×2 为阳台三侧面扶手的总长度，0.3 为板宽与扶手宽之和为重叠部分应减去的长度。工程量按设计图示尺寸以体积计算。

套用基础定额 5-426。

项目编码：010405004　　项目名称：拱板

【例 1-68】 某特殊建筑的屋顶采用拱形形式，其上铺设屋面板为拱板，其形式如图 1-76 所示，板的厚度 120mm，现浇钢筋混凝土结构，房屋的长度为 6m。试用清单和定额方法计算拱板的混凝土工程量。

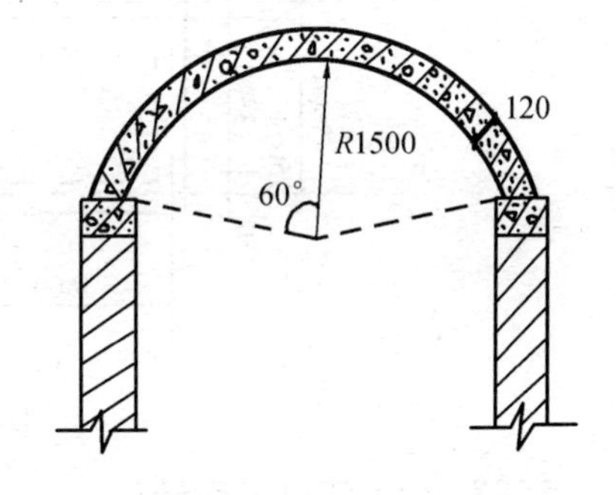

图 1-76　拱板示意图

【解】 (1) 清单工程量

根据清单工程量计算规则和工程量清单项目设置，对应的项目编码为 010405004(拱板)。

$$工程量=\left[1.5\times\frac{2}{3}\pi+(1.5+0.12)\times\frac{2}{3}\pi\right]\times0.12\times\frac{1}{2}\times6$$
$$=2.35m^3$$

【注释】 $1.5\times\frac{2}{3}\pi$ 为内侧弧长，1.5 为内半径，1.5＋0.12 为外侧半径，$(1.5+0.12)\times\frac{2}{3}\pi$ 为外侧弧长，内侧弧长加外侧弧长的平均值为拱板的中心线长度；0.12 为板厚，6 为房屋长度。工程量按设计图示尺寸以体积计算。

清单工程量计算见下表：

清单工程量计算表

项目编码	项目名称	项目特征描述	计量单位	工程量
010405004001	拱板	板厚为 120mm，R=1.5m，房屋长度为 6m	m^3	2.35

(2) 定额工程量

根据《全国统一建筑工程预算工程量计算规则》可知，定额方法计算结果与清单方法计算结果相同。

套用基础定额 5-420。

说明：由于拱板形式的建筑比较少见，本题只是粗略计算。

项目编码：010405001　　项目名称：有梁板

【例 1-69】 如图 1-77、图 1-78 所示，某阶梯教室楼板采用井式楼板。试用清单和定额方法计算其井式梁板混凝土工程量。

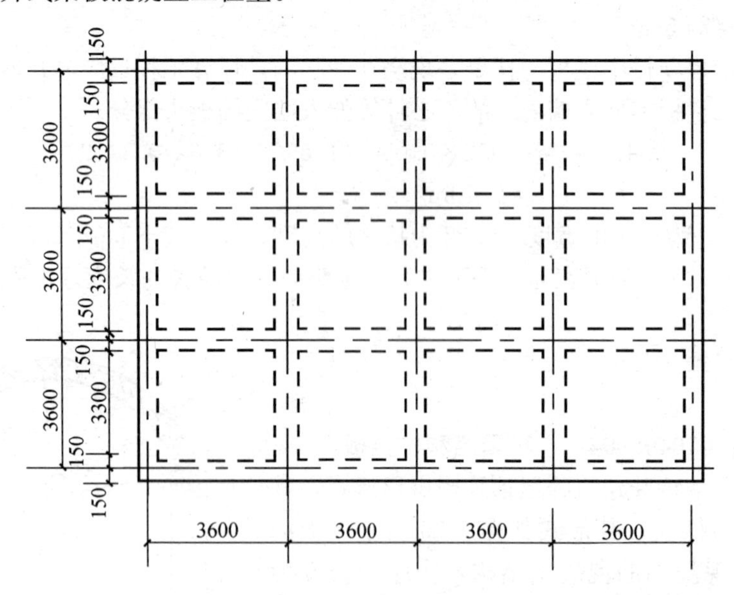

图 1-77　井式梁板示意图

【解】 (1) 清单工程量

根据工程量清单项目设置及工程量计算规则，对应项目编码为 010405001。

$$工程量=板工程量+梁工程量$$

板工程量$=(14.4+0.15\times2)\times(10.8+0.15\times2)\times0.1$

$=16.317m^3$

梁工程量$=0.3\times0.5\times(10.8+0.15\times2)\times5+0.3\times0.5\times(3.6-0.15\times2)\times16$

$=16.245m^3$

井式有梁板工程量$=16.317+16.245$

$=32.56m^3$

【注释】 板工程量之中，14.4+0.15×2 为板长，10.8+0.15×2 为板宽，其中 0.15×2 为板两边搭接在梁上的长度；0.1 为板厚。梁工程量中，0.3(梁的截面宽度)×0.5(梁

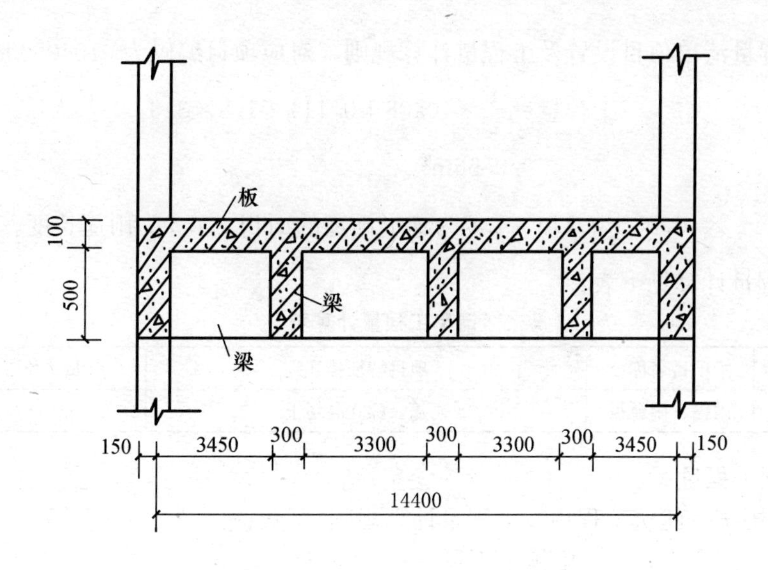

图 1-78 剖面示意图

的截面长度)为梁的截面面积，10.8+0.15×2 为梁的长度，5 是有 5 行梁，3.6−0.15×2 为井段梁的长度，16 是有 16 段。工程量按设计图示尺寸以体积计算。

清单工程量计算见下表：

清单工程量计算表

项目编码	项目名称	项目特征描述	计量单位	工程量
010405001001	有梁板	井式楼板，板厚为 100mm	m^3	32.56

(2) 定额工程量

根据《全国统一建筑工程预算工程量计算规则》可知，定额方法计算工程量与清单方法所计算的结果相同。

套用基础定额 5-417。

项目编码：010405008　　项目名称：雨篷、阳台板

【例 1-70】 如图 1-79 所示，某建筑物的雨篷，混凝土强度等级为 C20。试用清单和定额方法分别计算出其混凝土的工程量。

【解】 (1) 清单工程量

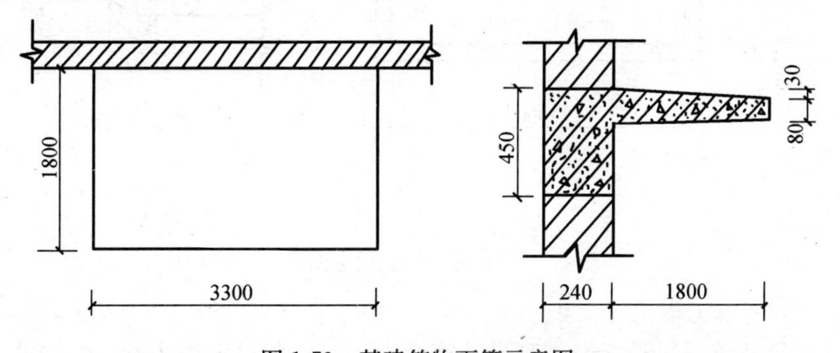

图 1-79 某建筑物雨篷示意图

根据工程量清单项目设置及工程量计算规则，对应项目编码为 010405008。

$$工程量=\frac{1}{2}\times(0.08+0.11)\times1.8\times3.3$$
$$=0.56m^3$$

【注释】 $\frac{1}{2}\times(0.08+0.11)\times1.8$ 为梯形雨篷的面积，3.3 为雨篷长度。

清单工程量计算见下表：

清单工程量计算表

项目编码	项目名称	项目特征描述	计量单位	工程量
010405008001	雨篷、阳台板	雨篷，C20 混凝土	m^3	0.56

(2) 定额工程量

根据《全国统一建筑工程预算工程量计算规则》可知：

$$雨篷工程量=1.8\times3.3=5.94m^2$$

套用基础定额 5-423。

$$雨篷过梁工程量=0.45\times0.24\times(3.3+0.5)=0.41m^3$$

套用基础定额 5-409。

【注释】 1.8 为雨篷宽度，3.3 为雨篷长度；0.45×0.24 为过梁的截面面积，3.3+0.5m 雨篷过梁的长度，洞口处加 0.5m。定额工程量中，雨篷按设计图示尺寸以面积计算；雨篷过梁工程量按设计图示尺寸以体积计算。

项目编码：010405006　　项目名称：栏板

【例 1-71】 如图 1-80 所示，是某住宅阳台的栏板示意图。试用清单和定额方法求出栏板的混凝土工程量。

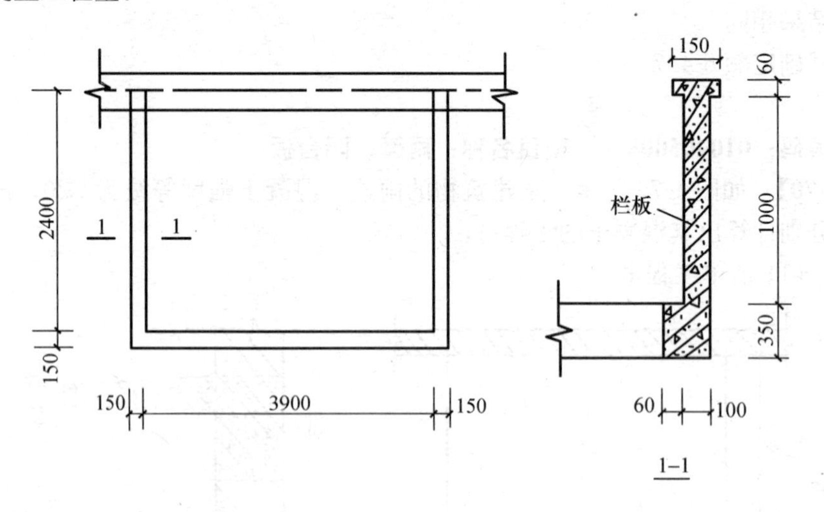

图 1-80　栏板示意图

【解】 (1) 清单工程量

根据工程量清单项目设置及工程量计算规则，对应项目编码为 010405006。

栏板工程量＝0.1×1×[3.9＋(2.4＋0.15)×2]＝0.9m^3

清单工程量计算见下表：

清单工程量计算表

项目编码	项目名称	项目特征描述	计量单位	工程量
010405006001	栏板	栏板尺寸如图 1-80 所示	m^3	0.9

(2) 定额工程量

根据《全国统一建筑工程预算工程量计算规则》可知，由定额方法计算的工程量与清单方法计算的工程量相同。套用基础定额 5-425。

此外，扶手另外计算。

$$栏板扶手工程量=0.06\times0.15\times[3.9+(2.4+0.15)\times2]=0.08m^3$$

套用基础定额 5-426。

【注释】 清单工程量中，0.1 为板厚，1 为板高，3.9 为阳台长度。定额工程量中，0.06 为扶手高度，0.15 为扶手宽度，3.9 为阳台长度，(2.4＋0.15)×2 为阳台两侧长度。

项目编码：010405005　　项目名称：薄壳板

【例 1-72】 如图 1-81 所示，为某建筑物的屋顶，屋面板为半圆球形面薄壳板。试用清单和定额方法求出薄壳板的混凝土工程量。

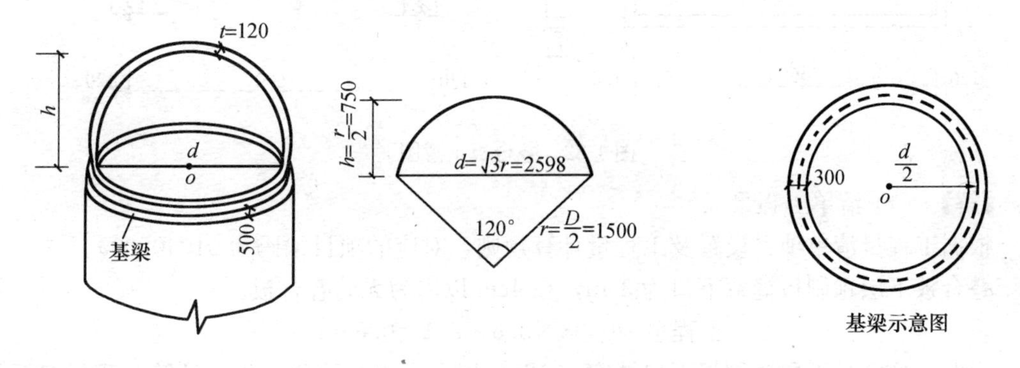

图 1-81　薄壳板示意图

【解】 (1) 清单工程量

根据工程量清单项目设置及工程量计算规则，对应项目编码为 010405005。

$$薄壳板工程量=\pi\times(\frac{d^2}{4}+h^2)\times t=\pi\times[\frac{1}{4}\times(2.598)^2+(0.75)^2]\times0.12=0.848m^3$$

$$基梁工程量=\pi\times[(\frac{2.598}{2}+0.3)^2-(\frac{2.598}{2}-0.3)^2]\times0.5=2.449m^3$$

现浇薄壳板的混凝土工程量＝0.848＋2.449＝3.297m^3≈3.30m^3

【注释】 $\pi\times[\frac{1}{4}\times(2.598)^2+(0.75)^2]$为薄壳的半圆表面积，0.12 为板厚；$\frac{2.598}{2}+0.3$ 为外侧圆半径，$\frac{2.598}{2}-0.3$ 为内侧圆半径，其中 0.3 为基梁的截面尺寸，0.5 为基梁

高度。工程量按设计图示尺寸以体积计算。

清单工程量计算见下表：

清单工程量计算表

项目编码	项目名称	项目特征描述	计量单位	工程量
010405005001	薄壳板	薄壳板尺寸如图 1-81 所示	m^3	3.30

(2) 定额工程量

根据定额工程量计算规则可知，定额方法计算的工程量与清单方法计算的工程量相同。

套用基础定额 5-420。

项目编码：010405009　　项目名称：其他板

【例 1-73】 如图 1-82 所示，某住宅采用预制板，然后在预制板上现浇一定厚度的现浇层，形成叠合板。试用清单和定额方法计算其混凝土工程量。

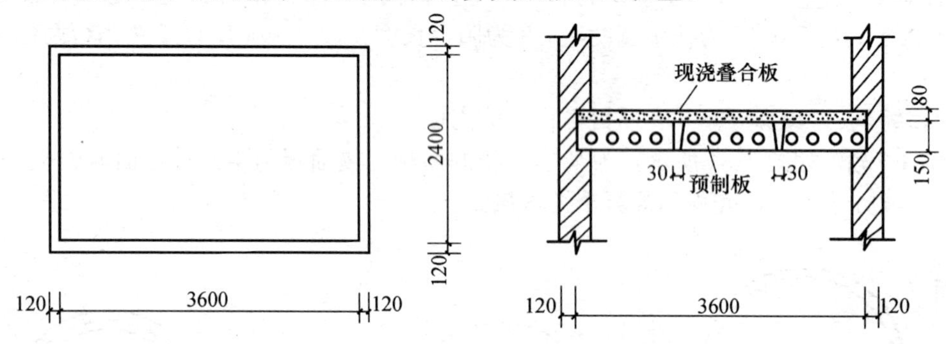

图 1-82　叠合板示意图

【解】 (1) 清单工程量

根据工程量清单项目设置及工程量计算规则，对应的项目编码为 010405009。

叠合板下层预制板缝宽下口为 3cm，在 4cm 以内为无肋叠合板。

$$工程量=0.08\times3.6\times2.4=0.69m^3$$

说明：叠合板下层预制板下口缝宽在 15cm 以上者为有肋叠合板，计算工程量时要另外加上肋的体积。

【注释】 0.08 为现浇混凝土的厚度，3.6(板的长度)×2.4(板的宽度)为其板面积。工程量按设计图示尺寸以体积计算。

清单工程量计算见下表：

清单工程量计算表

项目编码	项目名称	项目特征描述	计量单位	工程量
010405009001	其他板	叠合板尺寸如图 1-82 所示	m^3	0.69

(2) 定额工程量

根据定额工程量计算规则可知，定额工程量与清单工程量相同。

套用基础定额 5-419。

项目编码：010405001　　项目名称：有梁板

【例 1-74】 现浇钢筋混凝土有梁板如图 1-83 所示。求现浇钢筋混凝土有梁板的工程量(C20，HPB235)。

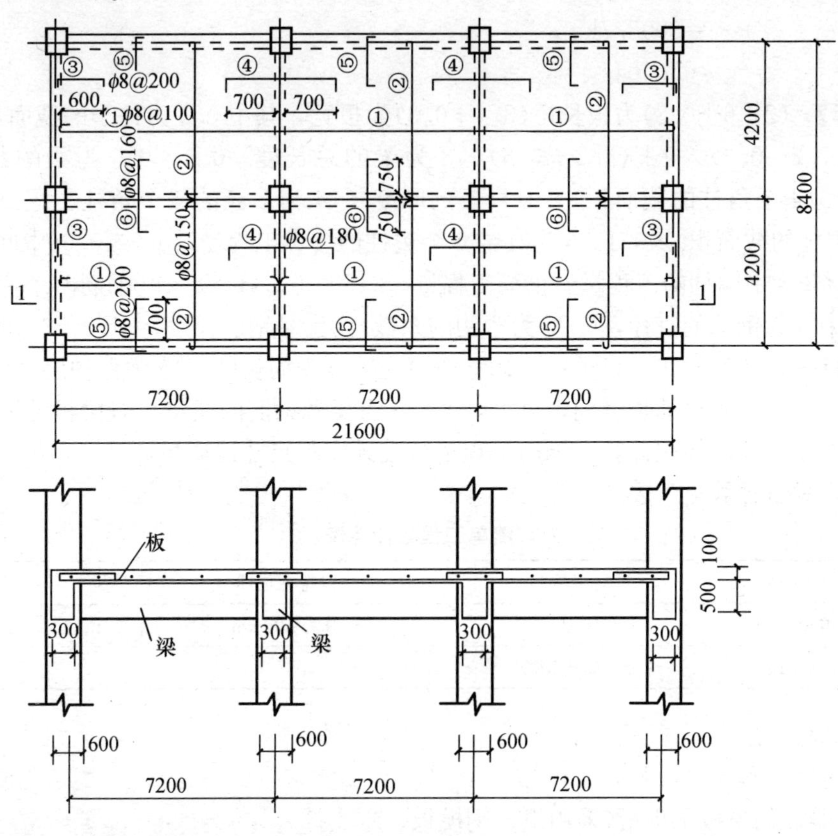

图 1-83　有梁板布置及配筋示意图

【解】 (1) 清单工程量

根据工程量清单项目设置及工程量计算规则，可知：

1) 有梁板的混凝土工程量：

$V=(21.6+0.3)\times(8.4+0.3)\times0.1+[(7.2-0.6)\times9+(4.2-0.6)\times8]\times0.3\times0.5$
$\quad-0.45\times0.45\times0.1\times4-0.45\times0.6\times0.1\times6-0.6\times0.6\times0.1\times2$
$\quad=15.93\text{m}^3$

2)该有梁板所用的钢筋为现浇混凝土钢筋，对应项目编码为 010416001。其工程量计算如下：

①号钢筋长度计算　$21600+2\times6.25d=21600+2\times6.25\times8=21700\text{mm}=21.7\text{m}$

②号钢筋长度计算　$8400+2\times6.25\times8=8500\text{mm}=8.5\text{m}$

③号钢筋长度计算　$600+300-15+2\times(100-30)=1025\text{mm}=1.025\text{m}$

④号钢筋长度计算　$700\times2+300+2\times(100-30)=1840\text{mm}=1.84\text{m}$

⑤号钢筋长度计算　$700+300-15+2\times(100-30)=1125\text{mm}=1.125\text{m}$

⑥号钢筋长度计算　$750\times2+300+2\times(100-30)=1940\text{mm}=1.94\text{m}$

钢筋根数　①号 228 根，②号 270 根，③号 74 根，④号 83 根，⑤号 201 根，⑥号

126 根。

则钢筋总工程量＝(21.7×228＋8.5×270＋1.025×74＋1.84×83＋1.125×201＋1.94×126)×0.395
＝3003.7kg
≈3.004t

【注释】 (21.6＋0.3)为板长，(8.4＋0.3)为板宽，其中 0.3 为柱子的截面尺寸，0.1 为板厚；(7.2－0.6)×9＋(4.2－0.6)×8 为梁的总长度，0.3×0.5 为梁的截面面积；0.45×0.45(4 个角柱的截面积)×0.1(板的厚度)×4 为多算的 4 个角柱工程量，0.45×0.6(6 个边柱的截面积)×0.1×6 为其余 6 个边柱的多算工程量，0.6×0.6(中间柱的截面积)×0.1×2 为中间柱的工程量。钢筋工程量，21600＋2×6.25×8(钢筋两个弯钩的增加长度，其中 8 为钢筋的直径，6.25 为弯钩的系数)为①号钢筋长度，8400＋2×6.25×8 为②号钢筋长度，600＋300－15＋2×(100－30)为③号钢筋长度，15 为保护层厚度，100 为板厚，④、⑤、⑥号钢筋长度同理可得，0.395 为每米钢筋的质量。有梁板的混凝土工程量按设计图示尺寸以体积计算；钢筋工程量按设计图示尺寸以质量计算。

清单工程量计算见下表：

清单工程量计算表

序号	项目编码	项目名称	项目特征描述	计量单位	工程量
1	010405001001	有梁板	板厚为 100mm	m^3	15.93
2	010416001001	现浇混凝土钢筋	$\phi 8$	t	3.004

(2) 定额工程量

根据定额工程量计算规则，可知

1) 有梁板的模板工程量(采用组合钢模板、木支撑)：

S＝(7.2－0.6)×(4.2－0.6)×6＋0.15×(4.2－0.6)×12＋0.15×(7.2－0.6)×12＋0.5×(4.2－0.6)×16＋0.5×(7.2－0.6)×18＋0.1×(7.2－0.6)×6＋0.1×(4.2－0.6)×4
＝254.52m^2

套用基础定额 5-101。

2)有梁板的钢筋工程量与清单工程量相同，为 3.004t。

套用基础定额 5-295。

3)有梁板的混凝土工程量与清单工程量相同，为 15.93m^3。

套用基础定额 5-417。

【注释】 (7.2－0.6)(小模板的长度)×(4.2－0.6)(小模板的宽度)×6 为 6 个小模板的面积，0.5 为梁高减去板厚，0.15 为半墙厚，(7.2－0.6)×6 和(4.2－0.6)×4 为板边模板长度，其中 0.6 为柱的截面宽度，0.1 为板厚。

项目编码：010405002　项目名称：无梁板

【例 1-75】 如图 1-84 所示，现浇钢筋混凝土无梁楼板，楼板四周搭在墙上，中间有一个柱子支撑，柱断面尺寸为 500mm×500mm，板厚为 150mm，组合钢模板、木支撑。

试求该钢筋混凝土无梁板的工程量。

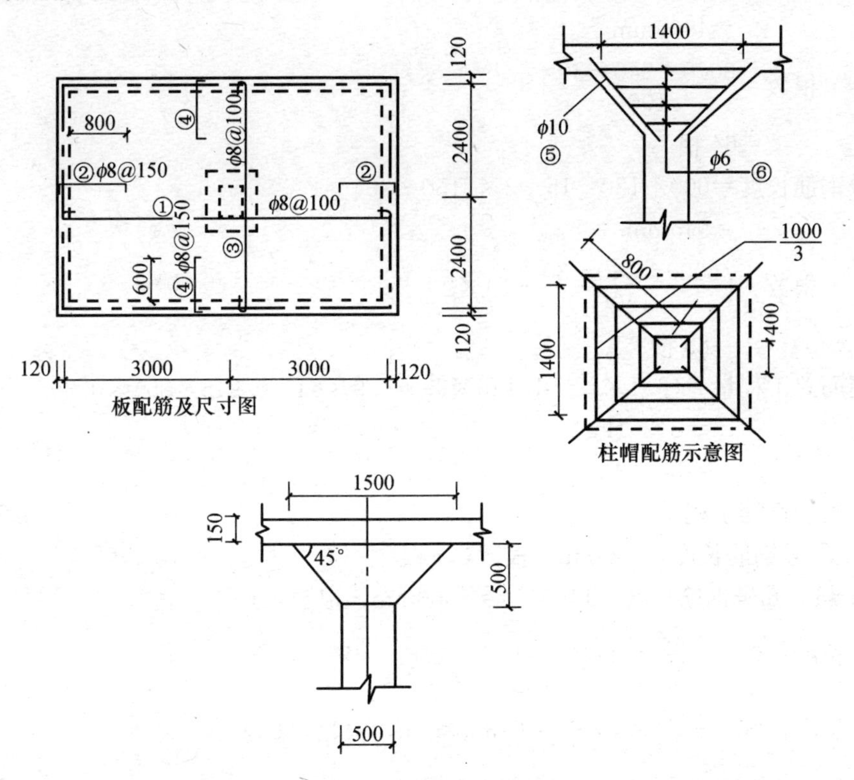

图 1-84 无梁板及柱帽示意图

【解】 (1) 清单工程量:

根据工程量清单项目设置及工程量计算规则,可知

1) 无梁板的混凝土工程量

$$V=6\times4.8\times0.15+0.5\times0.5\times0.5+\frac{1}{3}\times1.0\times1.0\times0.5$$

$$=4.61\text{m}^3$$

2)无梁板的钢筋工程量为板的钢筋工程量加上柱帽的钢筋工程量,所用钢筋为现浇混凝土钢筋,对应项目编码为 010416001。其工程量计算如下:

①板的钢筋工程量。

①号钢筋长度$=3000\times2+2\times6.25\times8$

$=6100\text{mm}$

根数$=\dfrac{4800+240-30}{100}+1$

$=52$ 根

②号钢筋长度$=800+120-15+2\times(150-30)$

$=1145\text{mm}$

根数$=\left(\dfrac{4800+240-30}{150}+1\right)\times2$

$=69$ 根

③号钢筋长度$=2400\times2+2\times6.25\times8$

$=4900\text{mm}$

根数$=\dfrac{6000+240-30}{100}+1$

$=64$ 根

④号钢筋长度$=600+120-15+2\times(150-30)$

$=945\text{mm}$

根数$=\left(\dfrac{6000+240-30}{150}+1\right)\times2$

$=85$ 根

板钢筋总工程量$=(6.1\times52+1.145\times69+4.9\times64+0.945\times85)\times0.395$

$=312.1\text{kg}$

$=0.3121\text{t}$

②柱帽的钢筋工程量。

$\phi10$　⑤号钢筋长度=800mm，根数：4 根

箍筋 $\phi6$　⑥号钢筋长度$=1400\times4=5600\text{mm}$，根数：1 根

长度$\left(400+\dfrac{1000}{3}\times2\right)\times4=4266.7\text{mm}$，根数：1 根

长度$\left(400+\dfrac{1000}{3}\times4\right)\times4=6933.3\text{mm}$，根数：1 根

长度 $400\times4=1600\text{mm}$，根数：1 根

柱帽钢筋工程量：

$0.8\times4\times0.617+(5.6\times1+4.2667\times1+6.9333\times1+1.6\times1)\times0.222$

$=6.0592\text{kg}$

$=0.0060592\text{t}$

则无梁板的钢筋总工程量$=0.3121+0.0060592\approx0.318\text{t}$

【注释】 6 为板长，4.8 为板宽，0.15 为板厚，0.5×0.5(柱帽中间方块的截面尺寸)$\times0.5$(柱帽的厚度)为柱帽中小方块的体积，$\dfrac{1}{3}\times1.0\times1.0\times0.5$ 为柱帽边缘体积。$3000\times2+2\times6.25\times8$ 为①号钢筋的长度，$2\times6.25\times8$ 为两个弯钩增加长度，其中 6.25 为弯钩的系数，8 为钢筋的直径；120 为墙厚，15 为保护层厚度，$\dfrac{4800+240-30}{100}+1$ 为钢筋的根数，其中 100 为钢筋的间距，0.395 为每米钢筋的质量；0.8 为⑤号钢筋的长度；0.617 和 0.222 分别为不同直径的钢筋每米的质量；$(5.6\times1+4.2667\times1+6.9333\times1+1.6\times1)$为直径 6mm 的钢筋的总长度。无梁板混凝土工程量按设计图示尺寸以体积计算。

清单工程量计算见下表：

清单工程量计算表

序号	项目编码	项目名称	项目特征描述	计量单位	工程量
1	010405002001	无梁板	板厚为 150mm	m^3	4.61
2	010416001001	现浇混凝土钢筋	$\phi8$	t	0.318

(2) 定额工程量

根据定额工程量计算规则及全国基础定额，可知

1) 无梁板的模板工程量：

$$S=(6.0-0.24)\times(4.8-0.24)-1.5\times1.5+0.15\times(6.0-0.24+4.8-0.24)\times2+\frac{1}{2}\times(1.5+0.5)\times0.5\times\sqrt{2}\times4=29.94\text{m}^2$$

套用基础定额 5-105。

2) 无梁板的定额钢筋工程量与清单工程量的相同，为 0.318t。

$\phi8$ 套用基础定额　5-295。

$\phi10$ 套用基础定额　5-296。

$\phi6$ 套用基础定额　5-355。

3) 无梁板的定额混凝土工程量与清单工程量相同，为 4.61m^3。

套用基础定额 5-418。

【注释】　(6.0－0.24)(板的长度，其中 0.24 为墙的厚度) ×(4.8－0.24)(板的宽度) 为板的面积，1.5×1.5 为柱帽顶面积，0.15 为板厚，(6.0－0.24＋4.8－0.24) ×2 为板边周长，$\frac{1}{2}\times$［1.5（柱帽的上底宽度）＋0.5（柱帽的下底宽度）］$\times0.5\times\sqrt{2}$（柱帽的斜边长度）×4 为柱帽表面积。模板工程量按设计图示尺寸以面积计算。

项目编码：010405003　　项目名称：平板

【例 1-76】　如图 1-85 所示，为一住宅楼板的示意图，采用现浇钢筋混凝土结构，板厚 120mm，四周支承在墙上。求该楼板的工程量（C20，HPB235）。

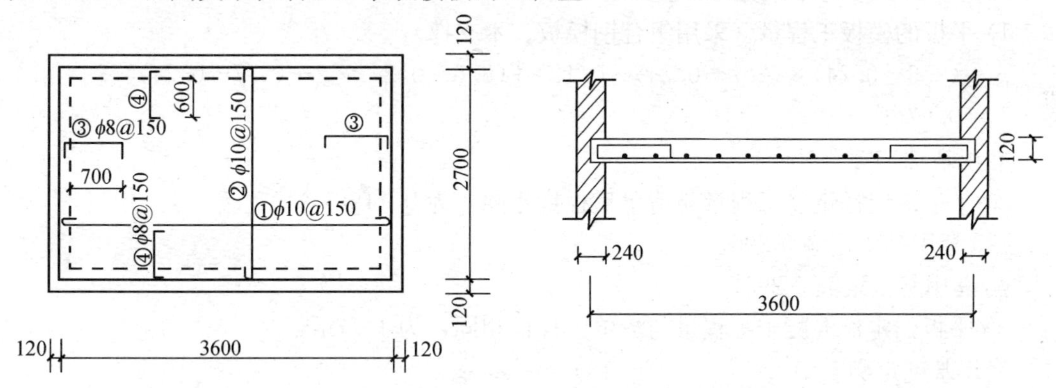

图 1-85　现浇钢筋混凝土平板示意图

【解】　(1) 清单工程量

根据工程量清单项目设置及工程量计算规则，可知

1) 平板的混凝土工程量：

$$V=3.6\times2.7\times0.12=1.17\text{m}^3$$

2) 平板的钢筋工程量：

所用钢筋均为现浇混凝土钢筋，对应项目编码为 010416001，其工程量计算如下：

ϕ10①号钢筋　长度＝3600－2×15＋2×6.25×10＝3695mm

　　　　　　　　根数：23 根

ϕ10②号钢筋　长度＝2700－2×15＋2×6.25×10＝2795mm

　　　　　　　　根数：21 根

ϕ8③号钢筋　长度＝700＋120－15＋2×（120－30）＝985mm

　　　　　　　根数：30 根

ϕ8④号钢筋　长度＝600＋120－15＋2×（120－30）＝885mm

　　　　　　　根数：42 根

则钢筋总工程量＝(3.695×23＋2.795×21）×0.617＋（0.985×30＋0.885×42）×0.395

＝115.005kg≈0.115t

【注释】 3.6 为长，2.7 为宽，0.12 为板厚。2×15 为两个保护层厚度，2×6.25×10 为两弯钩的增加长度，其中 6.25 为弯钩的系数值，10 为钢筋的直径；120 为墙厚，700＋120－15＋2×（120－30）为负弯筋长度；0.617 和 0.395 为不同直径的钢筋每米的质量。平板混凝土工程量按设计图示尺寸以体积计算。

清单工程量计算见下表：

清单工程量计算表

序号	项目编码	项目名称	项目特征描述	计量单位	工程量
1	010405003001	平板	板厚为 120mm，混凝土强度等级为 C20	m^3	1.17
2	010416001001	现浇混凝土钢筋	ϕ8、ϕ10	t	0.115

(2) 定额工程量

根据定额工程量计算规则及全国基础定额，可知

1) 平板的模板工程量（采用组合钢模板、木支撑）：

$S=(3.6-0.24)\times(2.7-0.24)+0.12\times[(3.6-0.24)\times2+(2.7-0.24)\times2]$

$=9.67m^2$

套用基础定额 5-109。

2) 平板的定额钢筋工程量与清单工程量相同，为 0.115t。

ϕ10 套用基础定额 5-296。

ϕ8 套用基础定额 5-295。

3) 平板的定额混凝土工程量与清单工程量相同，为 $1.17m^3$。

套用基础定额 5-419。

【注释】 (3.6－0.24)(平板模板的长度)×(2.7－0.24)(平板模板的宽度)为模板面积，0.12 为板厚，(3.6－0.24)×2＋(2.7－0.24)×2 为板边模板周长。平板模板工程量按设计图示尺寸以面积计算。

项目编码：010405003　　项目名称：平板

【例 1-77】 如图 1-86 所示，为某一建筑物的盖板，直径为 3m，钢筋两端保护层厚度共为 50mm，钢筋沿圆直径等间距布置，盖板厚度为 100mm。求该圆形盖板的工程量(所

用钢筋均为 $\phi8$，HPB235)。

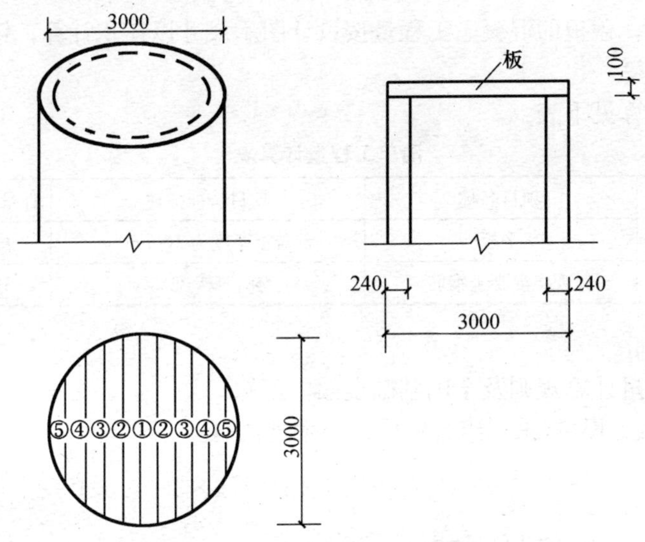

图 1-86　圆形盖板尺寸及配筋图

【解】(1)清单工程量

根据工程量清单项目设置及工程量计算规则，可知

1) 圆形盖板的混凝土工程量：

$$V=\pi\times\frac{1}{4}\times3.0^2\times0.1=7.07\text{m}^3$$

2) 圆形盖板的钢筋工程量：

该圆形盖板所采用的钢筋对应项目编码为 010416001。其工程量计算如下：

①号钢筋　长度 $l_1=3000-50=2950\text{mm}$

根数：1 根

②号钢筋　长度 $l_2=2\times\sqrt{1500^2-300^2}-50=2889\text{mm}$

根数：2 根

③号钢筋　长度 $l_3=2\times\sqrt{1500^2-600^2}-50=2700\text{mm}$

根数：2 根

④号钢筋　长度 $l_4=2\times\sqrt{1500^2-900^2}-50=2350\text{mm}$

根数：2 根

⑤号钢筋　长度 $l_5=2\times\sqrt{1500^2-1200^2}-50=1750\text{mm}$

根数：2 根

则该盖板的钢筋总工程量 $=(2.889\times2+2.950\times1+2.7\times2+2.35\times2+1.75\times2)\times0.395$

$=8.82\text{kg}$

$\approx0.009\text{t}$

【注释】$\pi\times\frac{1}{4}\times3.0^2$ 为圆形盖板的面积，其中 3.0 为盖板的直径；0.1 为板厚。3000－50 为①号钢筋长度，50 为保护层厚度，300 为①号钢筋与②号钢筋的间距，600 为

①号钢筋与③号钢筋的间距，900 和 1200 依此类推为钢筋的间距，0.395 为直径为 8mm 的钢筋每米的质量。盖板的混凝土工程量按设计图示尺寸以体积计算；钢筋工程量按设计图示尺寸以质量计算。

清单工程量计算见下表：

清单工程量计算表

序号	项目编码	项目名称	项目特征描述	计量单位	工程量
1	010405003001	平板	盖板厚度为 100mm	m^3	7.07
2	010416001001	现浇混凝土钢筋	ϕ8，HPB235	t	0.009

(2) 定额工程量

根据定额工程量计算规则及全国基础定额，可知

1) 平板的模板工程量(采用组合钢模板、木支撑)：

$$S=\frac{1}{4}\pi\times(3.0-0.24\times2)^2+\pi\times3.0\times0.1$$
$$=14.41m^2$$

【注释】 $\frac{1}{4}\pi\times(3.0-0.24\times2)^2$ 为圆内侧面积，$\pi\times3.0\times0.1$ 中，3.0 为圆直径，0.1 为板厚。平板的模板工程量按设计图示尺寸以面积计算。

套用基础定额 5-109。

2) 平板的定额钢筋工程量与清单工程量相同，为 8.82kg。

ϕ8 套用基础定额 5-295。

3) 平板的定额混凝土工程量与清单工程量相同，为 $7.07m^3$。

套用基础定额 5-419。

项目编码：010405004　　项目名称：拱板

【例 1-78】 如图 1-87 所示，某厂房的屋面为拱形，采用现浇钢筋混凝土拱板形式，板厚 120mm。求其工程量(混凝土 C20，钢筋 HPB235，混凝土保护层厚度为 15mm)。

【解】 (1)清单工程量

根据工程量清单设置及工程量计算规则，可知

1) 该拱板的混凝土工程量：

$$V=\frac{120^\circ}{180^\circ}\times\pi\times0.866\times6.0\times0.12$$
$$=1.31m^3$$

2) 拱板的钢筋工程量：

拱板所采用的钢筋为现浇混凝土钢筋，对应的项目编码为 010416001。其钢筋工程量计算如下：

ϕ10①号钢筋　长度 $=6000-2\times15=5970$mm

根数：$\frac{120^\circ}{180^\circ}\times\pi\times866/120-1=14$ 根

ϕ8②号钢筋　长度 $=\frac{120^\circ}{180^\circ}\times\pi\times866+300\times2-15\times2=2384$mm

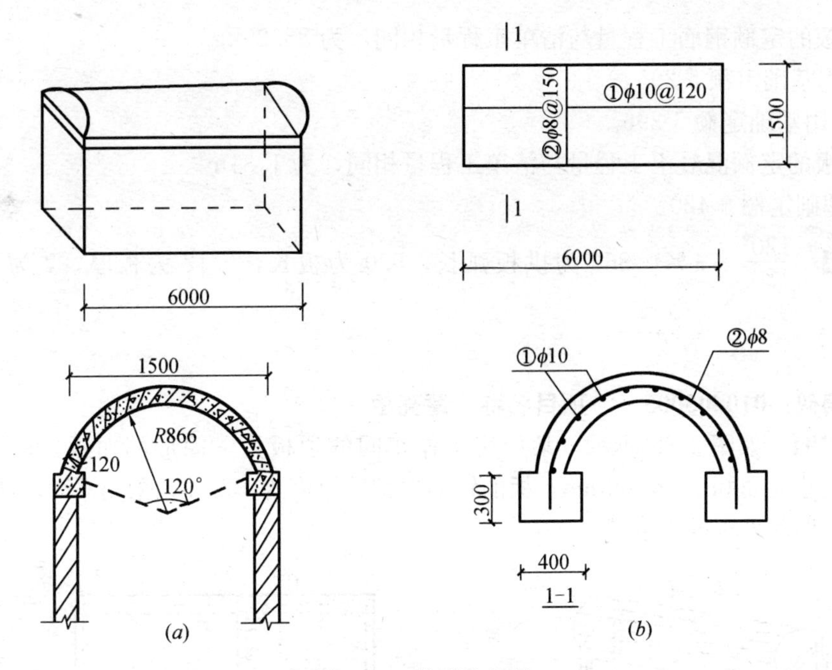

图 1-87　拱板示意图

(a)拱板尺寸图；(b)拱板配筋图

根数：$\frac{6000}{150}-1=39$ 根

则该拱板的钢筋总工程量$=5.97\times14\times0.617+2.384\times39\times0.395$

$=88.29\text{kg}$

$\approx0.088\text{t}$

【注释】 $\frac{120^\circ}{180^\circ}\times\pi\times0.866$ 为拱板的弧长，其中 0.866 为拱板内侧面半径，6.0 为拱板长，0.12 为板厚。2×15 为两个保护层厚度，120 为①号钢筋间距，150 为②号钢筋间距，0395 为直径 8mm 钢筋每米的质量。

清单工程量计算见下表：

清单工程量计算表

序号	项目编码	项目名称	项目特征描述	计量单位	工程量
1	010405004001	拱板	板厚为 120mm，C20 混凝土	m^3	1.31
2	010416001001	现浇混凝土钢筋	ϕ8，ϕ10，HPB235	t	0.088

(2) 定额工程量

根据定额工程量计算规则和全国基础定额，可知

1) 拱板的模板工程量(采用木模板、木支撑)：

$$S=\frac{120^\circ}{180^\circ}\times\pi\times0.866\times6.0+0.12\times\frac{120^\circ}{180^\circ}\times\pi\times0.866\times2$$

$$=11.32\text{m}^2$$

套用基础定额 5-112。

2）拱板的定额钢筋工程量与清单工程量相同，为 88.29kg。

ϕ8 套用基础定额 5-295。

ϕ10 套用基础定额 5-296。

3）拱板的定额混凝土工程量与清单工程量相同，为 1.31m³。

套用基础定额 5-420。

【注释】 $\frac{120°}{180°}\times\pi\times0.866$ 为拱板弧长，6.0 为板长，0.12 为板厚，2 为板的两个侧面。

项目编码：010405005　　项目名称：薄壳板

【例 1-79】 如图 1-88 所示，某厂房工作车间的顶板为一筒形的面板，板厚 80mm，边梁断面尺寸为 300mm×400mm，板的钢筋保护层厚度为 15mm，采用 C20，HPB235 钢筋。求该筒形薄壳板的工程量。

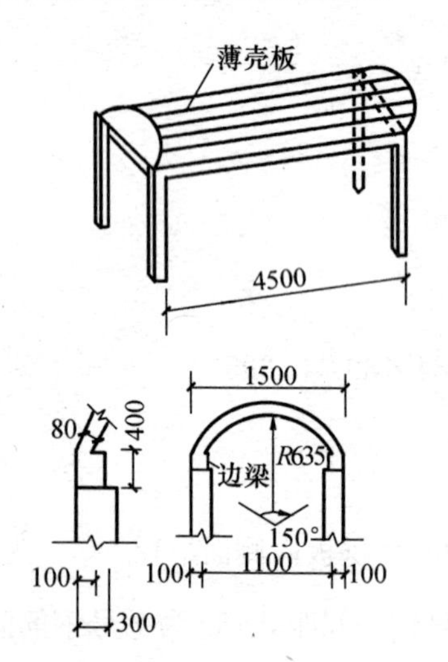

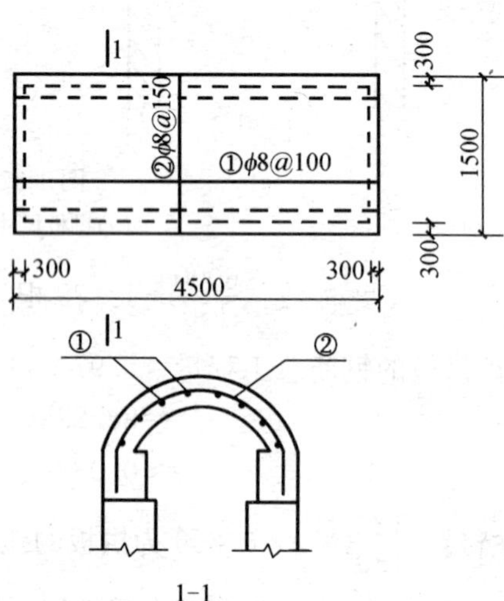

图 1-88　筒形薄壳板示意图

【解】 (1)清单工程量

根据工程量清单项目设置及工程量计算规则，可知

1)薄壳板的混凝土工程量：

$$V=\frac{150°}{180°}\times\pi\times0.635\times4.5\times0.08+0.3\times0.4\times(4.5+4.5+1.5-0.6+1.5-0.6)$$

$$=1.89\text{m}^3$$

2）薄壳板的钢筋工程量：

所用钢筋为现浇混凝土钢筋，对应的项目编码为 010416001。其工程量计算如下：

①号钢筋　长度=4500−15×2=4470mm

根数：$\frac{150°}{180°}\times\pi\times635/100-1=15$ 根

②号钢筋　长度$=\frac{150°}{180°}\times\pi\times635+400\times2-15\times2=2432$mm

根数：$\frac{4500-300\times2}{150}-1=25$ 根

则钢筋总工程量=(4.47×15+2.432×25)×0.395=50.5kg≈0.051t

【注释】 $\frac{150°}{180°}\times\pi\times0.635$ 为薄壳板的弧长，其中 0.635 为拱板的半径，4.5 为板长，0.08 为板厚，0.3×0.4 为梁的截面面积，4.5+4.5+1.5−0.6+1.5−0.6 为梁的总长度。4500−15×2 为①号钢筋的长度，15 为保护层厚度，100 为①号钢筋的间距，$\frac{150°}{180°}\times\pi\times635+400\times2-15\times2$(两个保护层的厚度)为②号钢筋的长度，150 为②号钢筋的间距；0.395 为直径 8mm 钢筋每米的质量。拱板的混凝土工程量按设计图示尺寸以体积计算；钢筋工程量按设计图示尺寸以质量计算。

清单工程量计算见下表：

清单工程量计算表

序号	项目编码	项目名称	项目特征描述	计量单位	工程量
1	010405005001	薄壳板	板厚 80mm，C20 混凝土	m^3	1.89
2	010416001001	现浇混凝土钢筋	ϕ8，HPB235	t	0.051

(2) 定额工程量

根据定额工程量计算规则和全国基础定额，可知

1) 板的模板工程量(采用木模板、木支撑)：

$$S=\frac{150°}{180°}\times\pi\times635\times10^{-3}\times4.5+0.4\times(4.5-0.6)\times2+0.4\times(1.5-0.6)\times2$$
$$=11.32m^2$$

套用基础定额 5-112。

2) 板的定额钢筋工程量与清单工程量相同，为 50.5kg。

套用基础定额 5-295。

3) 板的定额混凝土工程量与清单工程量相同，为 1.89m^3

套用基础定额 5-420

【注释】 635 为半径长，4.5 为板长，0.4 为梁的尺寸，4.5−0.6 和 1.5−0.6 为梁上模板长，2 为两个边。模板工程量按设计图示尺寸以面积计算。

项目编码：010405006　　项目名称：栏板

【例 1-80】 如图 1-89 所示，为某建筑物阳台栏板的示意图，栏板的厚度为 80mm。求现浇钢筋混凝土栏板的工程量(混凝土 C20，钢筋 HPB235)。

【解】 (1)清单工程量

根据工程量清单项目设置及工程量计算规则，可知

1) 现浇栏板的混凝土工程量：

$$V=0.08\times(1.1-0.08\times2)\times[5.4+(3+0.12+0.2)\times2]+0.04\times0.06\times[5.4+(3+0.12+0.2)\times2]+(0.2-0.08)\times0.08\times[5.4+(3+0.12+0.2)\times2]$$
$$=1.05m^3$$

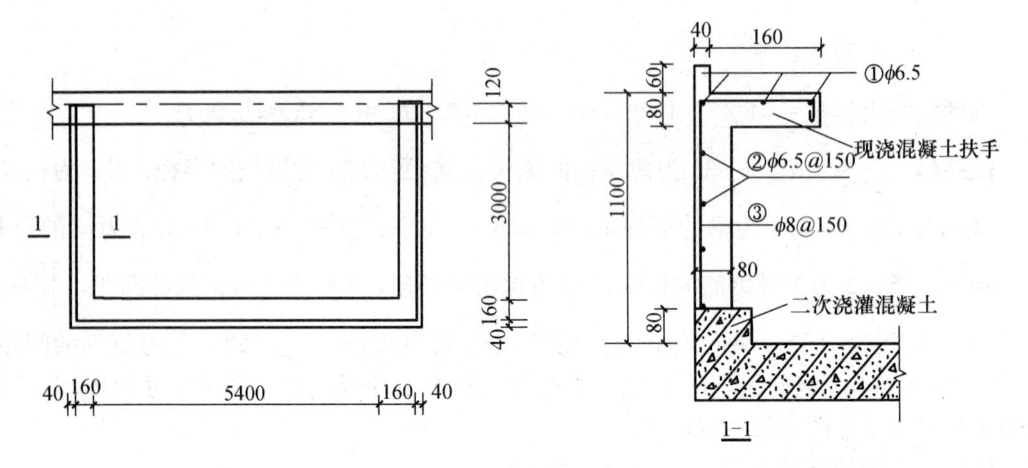

图 1-89　阳台栏板示意图

2）现浇栏板的钢筋工程量：

所用钢筋为现浇混凝土钢筋，对应项目编码为 010416001。其工程量计算如下：

ϕ6.5①号钢筋　长度＝(3000＋120＋200)×2＋5400－2×15＋6.25×6.5×2

＝12091mm

根数：4 根

ϕ6.5②号钢筋　长度＝(3000＋120＋200)×2＋5400－2×15＋6.25×6.5×2

＝12091mm

根数：$\dfrac{1100-80\times2}{150}-1=5$ 根

ϕ8③号钢筋　长度＝1100＋40＋160＋80－2×15＋6.25×8×2＝1450mm

根数：(3000＋3000＋5400＋200×2)/150－1＝77 根

则钢筋总工程量＝(12.091×4＋12.091×5)×0.261＋1.45×77×0.395＝72.5kg

≈0.073t

【注释】 0.08 为板厚，1.1－0.08×2 为栏板高度，5.4＋(3＋0.12＋0.2)×2 为栏板的外围护长度，0.04×0.06 为扶手上部板的截面面积，0.2－0.08 为扶手宽度。(3000＋120＋200)×2＋5400－2×15(两个保护层的厚度)＋6.25×6.5×2 为①号、②号钢筋的长度，6.25×6.5×2 为两个弯钩增加长度，其中 6.25 为弯钩的系数值，6.5 为钢筋的直径；1.1 为栏板高度，150 为③号钢筋的间距，0.395 为每米钢筋的质量。钢筋工程量按设计图示尺寸以质量计算。

清单工程量计算见下表：

清单工程量计算表

序号	项目编码	项目名称	项目特征描述	计量单位	工程量
1	010405006001	栏板	栏板厚 80mm，C20 混凝土	m^3	1.05
2	010416001001	现浇混凝土钢筋	HPB235	t	0.073

(2) 定额工程量

根据定额工程量计算规则和全国基础定额，可知栏板与扶手的混凝土工程量分开计算。

1）现浇栏板的模板工程量：

$S=(1.1+0.06-0.08)\times(3.0\times2+5.4+0.2\times4)+0.06\times(3.0\times2+0.2\times4+5.4)$
$+0.08\times(3.0\times2+5.4)+(0.2-0.08)\times(3.0\times2+0.2\times2+5.4)+(1.1-0.08$
$-0.08)\times(3.0\times2+0.2\times2+5.4)$
$=26.94m^2$

套用基础定额 5-124。

2)现浇栏板的定额钢筋工程量与清单计算的相同，为 72.5kg。

$\phi6.5$ 套用基础定额 5-294。

$\phi8$ 套用基础定额 5-295。

3）现浇栏板的混凝土工程量：

$V=(1.1-0.08)\times0.08\times[5.4+(3.0+0.12+0.2)\times2]$
$=0.98m^3$

套用基础定额 5-425。

现浇扶手的混凝土工程量：

$V=0.08\times0.2\times[5.4+(3.0+0.12+0.2)\times2]+0.04\times0.06$
$\times[5.4+(3.0+0.12+0.2)\times2]$
$=0.22m^3$

套用基础定额 5-426。

【注释】 1.1＋0.06－0.08 为栏板所使用的模板高度，3.0×2＋5.4＋0.2×4 为阳台各边长之和，0.06 为扶手上部高度，0.08 为板厚，0.2－0.08 为扶手宽度，0.08×0.2 为扶手的截面面积，0.04×0.06 为扶手上部板的截面面积。模板工程量按设计图示尺寸以面积计算。

项目编码：010405007　　项目名称：天沟、挑檐板

【例 1-81】 如图 1-90 所示，为现浇钢筋混凝土挑檐天沟的示意图，天沟板钢筋均采用 HPB235，混凝土采用 C20。求天沟的工程量(天沟的长度为 60m)。

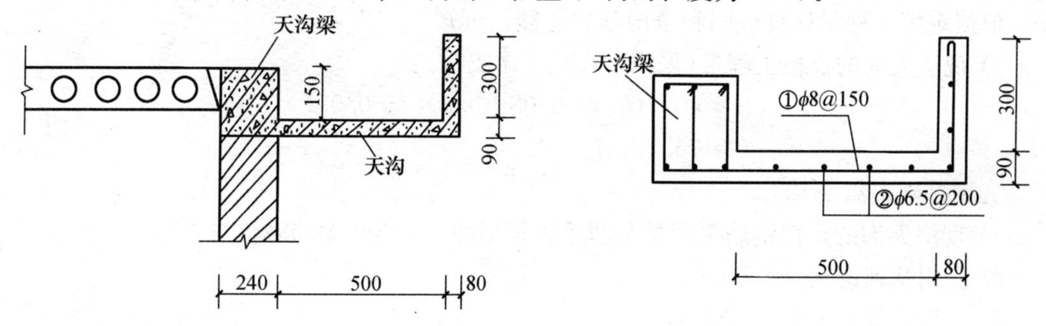

图 1-90　现浇钢筋混凝土挑檐天沟示意图

【解】 (1)清单工程量

根据工程量清单项目设置及工程量计算规则，现浇挑檐天沟与圈梁连接时(天沟梁按圈梁或过梁计算)，以梁外边线为分界线，梁外边线以外为挑檐天沟。

1）天沟的混凝土工程量：

$V=[0.5\times0.09+(0.3+0.09)\times0.08]\times60$
$=4.57m^3$

2）天沟的钢筋工程量：

所采用钢筋均为现浇混凝土钢筋，对应项目编码为 010416001。其工程量计算如下：

ϕ8①号钢筋　长度＝500＋80＋300＋90＋20×8＋6.25×8×2－15
＝1215mm

根数：$\frac{60000-2\times15}{150}-1=398$ 根

钢筋用量＝1.215×398×0.395＝191.0kg

ϕ6.5②号钢筋　长度＝60000＋6.25×2×6.5－2×15＝60051mm

根数：$\frac{500+80+300+90-2\times15}{200}-1=4$ 根

钢筋用量＝0.261×60.051×4＝62.69kg

则钢筋总工程量＝191.0＋62.69＝253.69kg≈0.254t

【注释】 0.5(天沟的宽度)×0.09(天沟的长度)为沟底板的截面面积，[0.3(挑檐的高度)＋0.09]×0.08 为挑檐部分的面积，60 为天沟长度。500＋80＋300＋90＋20×8＋6.25×8×2－15 为①号钢筋的长度，6.25×8×2 为两个弯钩的增加长度，其中 6.25 为弯钩的系数值，8 为钢筋的直径；2×15 为两保护层厚度，150 为①号钢筋的间距，200 为②号钢筋的间距。

清单工程量计算见下表：

清单工程量计算表

序号	项目编码	项目名称	项目特征描述	计量单位	工程量
1	010405007001	天沟、挑檐板	天沟采用 C20 混凝土	m^3	4.57
2	010416001001	现浇混凝土钢筋	采用 HPB235 钢筋	t	0.254

（2）定额工程量

根据定额工程量计算规则和全国基础定额，可知

1）现浇天沟的模板工程量(采用木模板、木支撑)：

$S=60\times(0.5+0.08+0.3\times2+0.09)$
$=76.2m^2$

套用基础定额 5-129。

2）现浇天沟的定额钢筋工程量与清单工程量相同，为 253.69kg。

ϕ8 套用基础定额　5-295。

ϕ6.5 套用基础定额　5-294。

3）现浇天沟的混凝土工程量与清单工程量相同，为 $4.57m^3$。

套用基础定额 5-430。

【注释】 60 为天沟长度，0.5＋0.08＋0.3×2＋0.09 为模板长度。工程量按设计图示尺寸以面积计算。

说明：图中与天沟板相连的天沟梁不在此处计算，另按圈(过)梁来计算其工程量。

项目编码：010405007　　项目名称：天沟、挑檐板

【例 1-82】 如图 1-91 所示，为现浇钢筋混凝土挑檐的示意图，其与圈梁、屋面板现浇为一整体，挑檐板厚度为 100mm，采用 C20 混凝土，HPB235 钢筋。求该挑檐板的工程量(挑檐的总长度为 30m，钢筋保护层厚度为 15mm)。

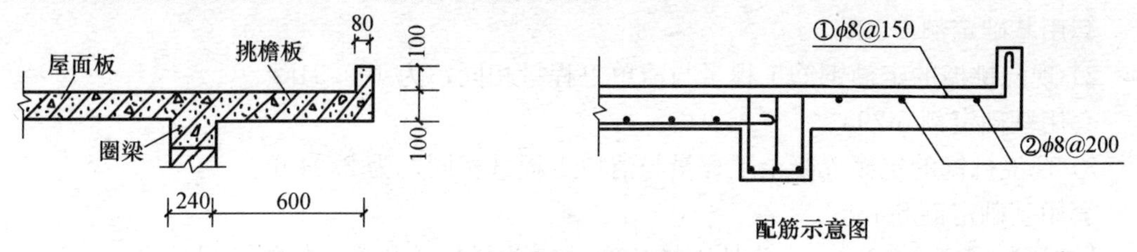

图 1-91　现浇挑檐板示意图

【解】 (1)清单工程量

根据工程量清单项目设置及工程量计算规则可知，现浇钢筋混凝土挑檐与屋面板、梁连接时，以梁外边线为分界线，分界线以外为挑檐。

1) 挑檐板的混凝土工程量：

$$V=(0.6\times0.1+0.08\times0.1)\times30=2.04\text{m}^3$$

2) 挑檐板的钢筋工程量：

所用钢筋为现浇混凝土钢筋，对应项目编码为 010416001。其工程量计算如下：

φ8①号钢筋　长度＝600＋20×8＋100＋6.25×2×8－15

＝945mm

根数：$\dfrac{30000-2\times15}{150}-1=198$ 根

钢筋用量＝0.945×198×0.395＝73.91kg

φ8②号钢筋　长度＝30000－2×15＋6.25×8×2＝30070mm

根数：$\dfrac{600+200-2\times15}{200}-1=3$ 根

钢筋用量＝30.070×3×0.395＝35.63kg

则钢筋总工程量＝73.91＋35.63＝109.54kg≈0.110t

【注释】 0.6(挑檐板的宽度)×0.1(挑檐板的厚度)＋0.08(挑檐板边挑出板的厚度)×0.1(挑出板的高度)为挑檐板的面积，30 为挑檐总长度。600＋20×8＋100＋6.25×2×8－15 为①号钢筋的长度，15 为保护层厚度，6.25×2×8 为两个弯钩增加长度，其中 6.25 为钢筋弯钩的系数值，8 为钢筋的直径；150 为①号钢筋的间距，200 为②号钢筋的间距；0.395 为每米钢筋的质量。挑檐板混凝土工程量按设计图示尺寸以体积计算；钢筋工程量按设计图示尺寸以质量计算。

清单工程量计算见下表：

清单工程量计算表

序号	项目编码	项目名称	项目特征描述	计量单位	工程量
1	010405007001	天沟、挑檐板	混凝土强度等级为 C20	m^3	2.04
2	010416001001	现浇混凝土钢筋	φ8，HPB235 钢筋	t	0.110

(2) 定额工程量

根据定额工程量计算规则及全国基础定额，可知

1) 现浇挑檐的模板工程量(采用木模板、木支撑)：

$$S=(0.6+0.2+0.1)\times 30=27\text{m}^2$$

套用基础定额 5-129。

2) 现浇挑檐的定额钢筋工程量与清单工程量相同，为 109.54kg。

套用基础定额 5-295。

3) 现浇挑檐的定额混凝土工程量与清单工程量相同，为 2.04m^3。

套用基础定额 5-430。

【注释】 0.6+0.2+0.1 为外围护长度，30 为挑檐总长度。模板工程量按设计图示尺寸以面积计算。

说明：与挑檐板相连的圈梁工程不在此处计算，需另外计算。

项目编码：010405008　　项目名称：雨篷、阳台板

【例 1-83】 如图 1-92 所示，为某小区住宅工程的现浇钢筋混凝土雨篷示意图，雨篷板尺寸为图上所示，所采用混凝土强度等级为 C20，钢筋为 HPB235。求雨篷板的工程量。

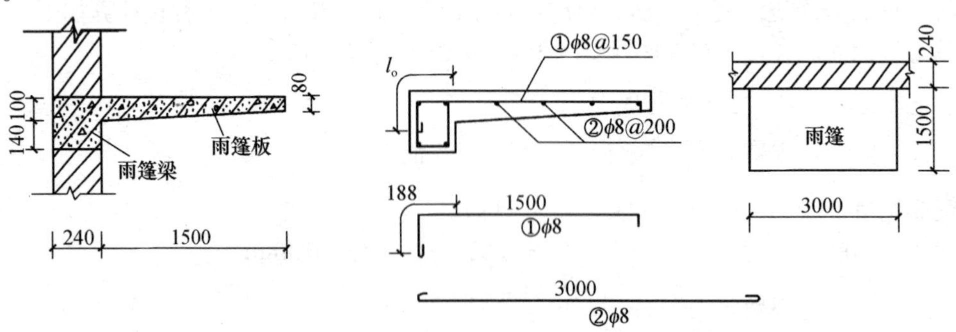

图 1-92　现浇钢筋混凝土雨篷示意图

【解】 (1)清单工程量

根据工程量清单项目设置及工程量计算规则，可知

1) 雨篷板的混凝土工程量：

$$V=\frac{1}{2}\times(0.1+0.08)\times 1.5\times 3.0$$
$$=0.41\text{m}^3$$

2) 雨篷板的钢筋工程量：

所采用的钢筋对应项目编码为 010416001。其工程量计算如下：

ϕ8①号钢筋　长度=1500+188+6.25×8+3.5×8−15

=1751mm

根数：$\frac{3000-2\times 15}{150}-1=18$ 根

ϕ8②号钢筋　长度=3000+6.25×8×2−2×15=3070mm

根数：$\frac{1500-15}{200}-1=6$ 根

则钢筋的总工程量＝(1.751×18＋3.07×6)×0.395

＝19.73kg≈0.020t

【注释】 $\frac{1}{2}$×[0.1(雨篷板与雨篷梁断开时的厚度)＋0.08(雨篷板顶部的厚度)]×1.5为梯形的面积，1.5为梯形高，3.0为雨篷长度。1500＋188＋6.25×8＋3.5×8－15为①号钢筋长度，6.25×8和3.5×8为弯钩增加长度，15为保护层厚度，150为①号钢筋的间距，200为②号钢筋的间距，0.395为每米钢筋的质量。雨篷板的混凝土工程量按设计图示尺寸以体积计算。

清单工程量计算见下表：

清单工程量计算表

序号	项目编码	项目名称	项目特征描述	计量单位	工程量
1	010405008001	雨篷、阳台板	混凝土强度等级为C20	m^3	0.41
2	010416001001	现浇混凝土钢筋	$\phi8$，HPB235钢筋	t	0.020

(2) 定额工程量

根据定额工程量计算规则及全国基础定额，可知

1) 现浇雨篷板的模板工程量(木模板、木支撑)：

$$S=1.5\times3.0=4.5m^2$$

套用基础定额5-121。

2) 现浇雨篷板的定额钢筋工程量与清单工程量相同，为19.73kg。

套用基础定额5-295。

3) 现浇雨篷板的混凝土工程量：

$$1.5\times3.0=4.5m^2$$

套用基础定额5-423。

【注释】 1.5(雨篷的宽度)×3.0(雨篷的长度)为雨篷的水平投影面积。雨篷模板工程量按设计图示尺寸以面积计算。

说明：图中与雨篷板相连的雨篷梁工程量此处不计算，需要另行计算。

项目编码：010405008　　项目名称：雨篷、阳台板

【例1-84】 如图1-93所示，为一带有反檐的现浇钢筋混凝土雨篷板示意图，混凝土采用C20，钢筋采用HPB235。求雨篷板的工程量。

【解】 (1)清单工程量

根据工程量清单项目设置及工程量计算规则，可知

1) 雨篷板的混凝土工程量：

$$V=\frac{1}{2}\times(0.1+0.08)\times2.1\times4.5+0.06\times(0.3-0.08)\times[(2.1-0.06)\times2+4.5]$$

$$=0.96m^3$$

2) 雨篷板的钢筋工程量：

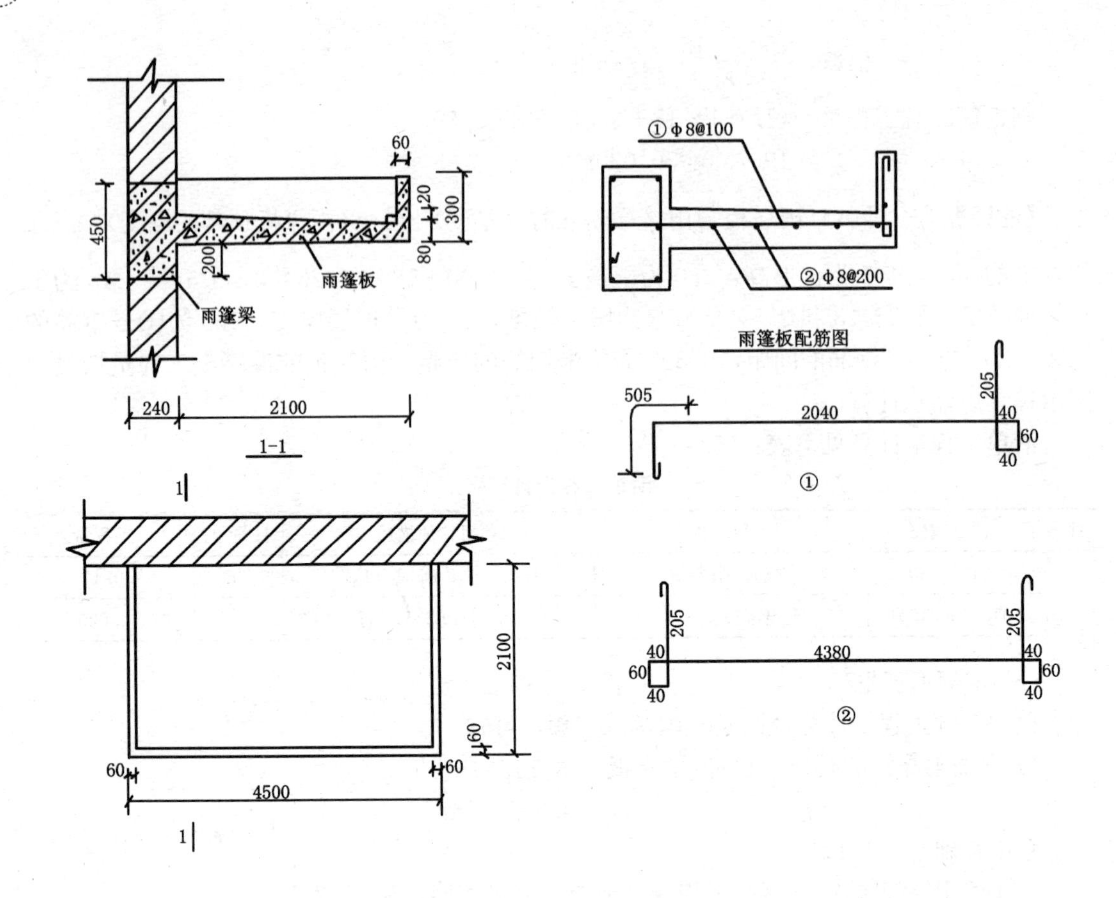

图 1-93　带反檐的现浇雨篷板示意图

所采用的钢筋为现浇钢筋，对应项目编码为 010416001。其工程量计算如下：

ϕ8①号钢筋　长度＝2040＋505＋40＋60＋40＋205＋2×8×6.25－2×15
＝2960mm

根数：$\frac{4500-120}{100}-1=42$ 根

ϕ8②号钢筋　长度＝4380＋(40＋40＋60)×2＋205×2＋6.25×8×2－2×15
＝5140mm

根数：$\frac{2100+300-15}{200}-1=10$ 根

则钢筋的总工程量＝(2.96×42＋5.14×10)×0.395＝69.41kg≈0.069t

【注释】 $\frac{1}{2}$×(0.1＋0.08)(雨篷两边的厚度)×2.1(雨篷的宽度)为梯形雨篷的面积，4.5 为雨篷长，0.06(反檐现浇混凝土雨篷板的厚度)×(0.3－0.08)(反檐雨篷板的高度)×[(2.1－0.06)×2＋4.5](反檐雨篷板的总长度)为反檐的工程量。2×8×6.25 为两个弯钩增加长度，其中 6.25 为弯钩系数值，8 为钢筋的直径；2×15 为两个保护层的厚度，100 为①号钢筋的间距，200 为②号钢筋的间距，0.395 为直径 8mm 钢筋的每米质量。

清单工程量计算见下表：

清单工程量计算表

序号	项目编码	项目名称	项目特征描述	计量单位	工程量
1	010405008001	雨篷、阳台板	混凝土强度等级为 C20	m^3	0.96
2	010416001001	现浇混凝土钢筋	ϕ8，HPB235	t	0.069

(2) 定额工程量

根据定额工程量计算规则和基础定额，可知

1) 现浇雨篷板的模板工程量：

$$S=2.1\times4.5=9.45m^2$$

套用基础定额 5-121。

2) 雨篷板的定额钢筋工程量与清单工程量相同，为 69.41kg。

套用基础定额 5-295。

3) 雨篷板的混凝土工程量：

$$S=2.1\times4.5+(0.3-0.08)\times[(4.5+0.3\times2)+(2.1+0.3)\times2]=12.24m^2$$

套用基础定额 5-423。

【注释】 2.1×4.5 为雨篷的长乘以宽，0.3－0.08 为反檐的高度，(4.5＋0.3×2)(雨篷板的长度)＋(2.1＋0.3)×2(雨篷板的两侧宽度)为雨篷板的周长。

说明：图中与雨篷板相连的雨篷梁工程量需要另行计算，此处不计算。

项目编码：010405008　　项目名称：雨篷、阳台板

【例 1-85】 如图 1-94 所示，为某住宅阳台板的示意图，阳台板与墙梁现浇在一起，将阳台板悬挑，采用金属栏杆。阳台板钢筋为 HPB235，混凝土强度等级为 C20，厚度为 100mm。求该现浇钢筋混凝土阳台板的工程量。

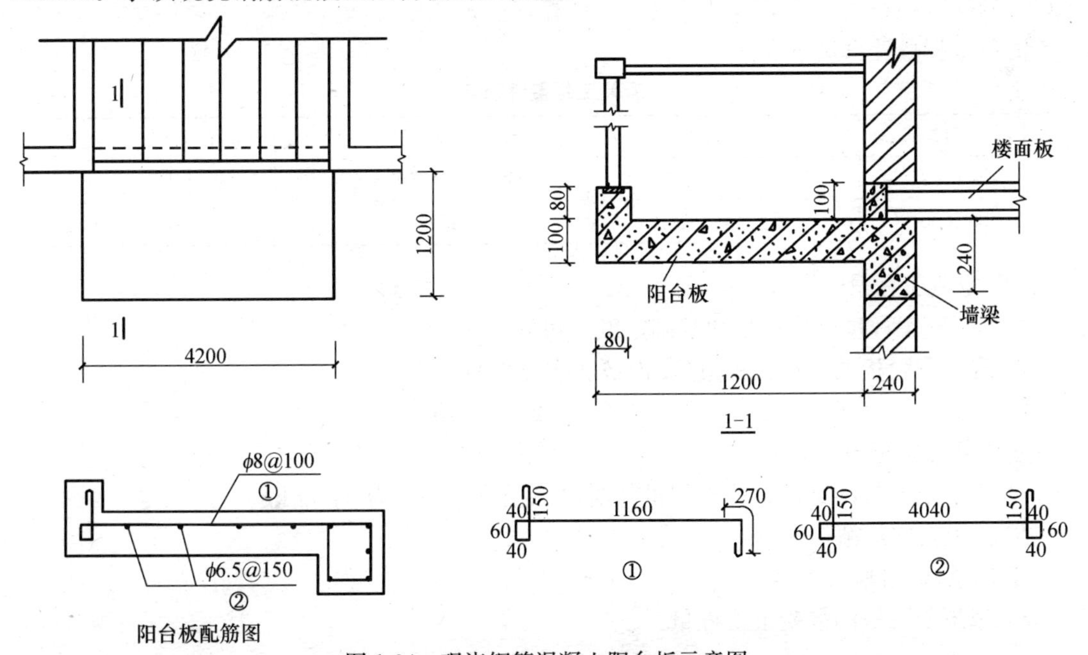

图 1-94　现浇钢筋混凝土阳台板示意图

【解】 (1)清单工程量

根据工程量清单项目设置及工程量计算规则，可知

1) 阳台板的混凝土工程量：

$V=1.2\times0.1\times4.2+0.08\times0.08\times(1.2\times2+4.2-0.08\times2)m^3$

$=0.55m^3$

2) 阳台板的钢筋工程量：

所用钢筋对应清单项目编码为 010416001。其工程量计算如下：

ϕ8①号钢筋　长度＝1160＋270＋40×2＋60＋150＋6.25×8×2－30

＝1790mm

根数：$\dfrac{4200-160}{100}-1=39$ 根

钢筋用量＝1.79×39×0.395＝27.57kg

ϕ6.5②号钢筋　长度＝4040＋(40×2＋60＋150)×2＋6.25×6.5×2－30

＝4671mm

根数：$\dfrac{1200-80}{150}-1=6$ 根

钢筋用量＝4.671×6×0.26＝7.287kg

则钢筋总工程量＝27.57＋7.287＝34.86kg≈0.035t

【注释】 1.2 为阳台宽度，4.2 为长度，0.1 为厚度，三者相乘为板混凝土工程量，0.08×0.08 为阳台板上面凸出部分面积。1160＋270＋40×2＋60＋150＋6.25×8×2－30 为①号钢筋的长度，6.25×8×2 为两个弯钩的增加长度，其中 6.25 为弯钩的系数值，8 为钢筋的直径，30 为保护层厚度，100 为①号钢筋的间距，150 为②号钢筋的间距，0.395 和 0.26 为不同直径钢筋每米的质量。阳台板混凝土工程量按设计图示尺寸以体积计算；钢筋工程量按设计图示尺寸以质量计算。

清单工程量计算见下表：

清单工程量计算表

序号	项目编码	项目名称	项目特征描述	计量单位	工程量
1	010405008001	雨篷、阳台板	混凝土强度等级为 C20	m^3	0.55
2	010416001001	现浇混凝土钢筋	HPB235	t	0.035

(2) 定额工程量

根据定额工程量计算规则和基础定额，可知

1) 现浇阳台板的模板工程量(木模板、木支撑)：

$$S=1.2\times4.2=5.04m^2$$

套用基础定额 5-121。

2) 现浇阳台板的定额钢筋工程量与清单工程量相同，为 34.86kg。

ϕ8 套用基础定额　5-295。

ϕ6.5 套用基础定额　5-294。

3) 现浇阳台板的混凝土工程量：

$$S=1.2\times4.2=5.04m^2$$

套用基础定额 5-423。

【注释】 1.2 为板宽，4.2 为板长，1.2×4.2 为阳台板的面积。定额模板和混凝土的工程量按设计图示尺寸以面积计算。

项目编码：010405009　　项目名称：其他板

【例 1-86】 如图 1-95 所示，为某建筑物板式楼梯的平台板示意图，该平台板一端支承在墙上，另一端支承在平台梁上，板厚 80mm，所用钢筋为 HPB235，混凝土强度等级为 C20。求该现浇钢筋混凝土平台板的工程量。

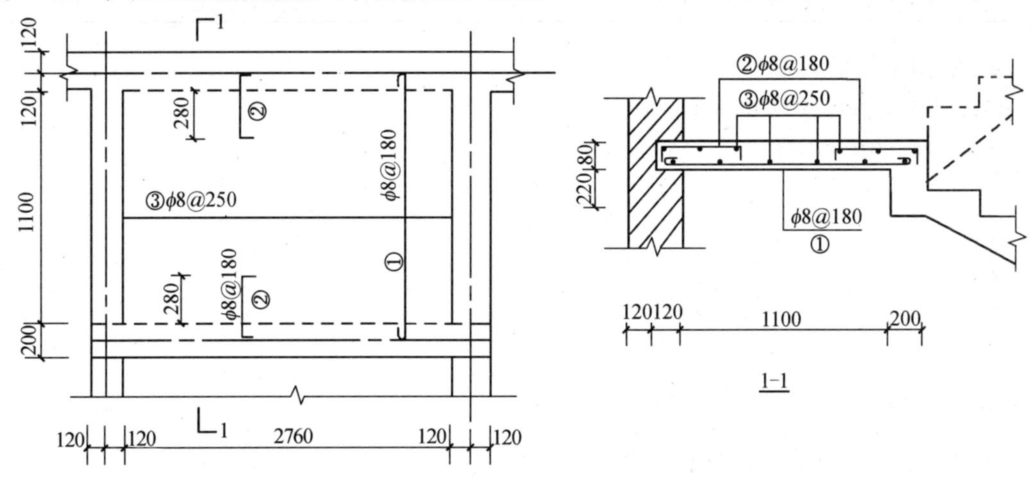

图 1-95　楼梯平台板示意图

【解】 (1)清单工程量

根据工程量清单项目设置及工程量计算规则，可知

1) 平台板的混凝土工程量：

$$V = 2.76\times(1.1+0.12)\times0.08 = 0.27\text{m}^3$$

2) 平台板的钢筋工程量：

所用钢筋为现浇混凝土钢筋，对应项目编码为 010416001。其工程量计算如下：

①号钢筋　长度 $=1100+120+100+6.25\times8\times2=1420\text{mm}$

根数：$\frac{2760}{180}-1=14$ 根

②号钢筋　长度 $=280+120+(80-30)\times2$

$=500\text{mm}$

根数：$\left(\frac{2760}{180}-1\right)\times2=28$ 根

③号钢筋　长度 $=2760-50=2710\text{mm}$

根数：$\frac{1100}{250}-1=3$ 根

则钢筋总工程量 $=(1.42\times14+0.5\times28+2.71\times3)\times0.395=16.59\text{kg}\approx0.017\text{t}$

【注释】 2.76 为平台板长，1.1+0.12 为平台板宽，0.08 为板厚。1100+120+100

+6.25×8×2 为①号钢筋长度，6.25×8×2 为两个弯钩增加长度，其中 6.25 为弯钩的系数值，30 为保护层厚度，180 为①号、②号钢筋的间距，0.395 为直径 8mm 钢筋每米的质量。

清单工程量计算见下表：

清单工程量计算表

序号	项目编码	项目名称	项目特征描述	计量单位	工程量
1	010405009001	其他板	平台板混凝土强度等级为 C20	m^3	0.27
2	010416001001	现浇混凝土钢筋	ϕ8，HPB235	t	0.017

(2) 定额工程量

根据定额工程量计算规则及全国基础定额，可知

1) 平台板的模板工程量：

$$S = 1.1\times2.76+0.08\times1.1\times2+0.2\times2.76+0.22\times2.76 = 4.37m^2$$

套用基础定额 5-101。

2) 平台板的定额钢筋工程量与清单工程量相同，为 16.59kg。

套用基础定额 5-295。

3) 平台板的混凝土工程量(加上平台梁的工程量)：

$$V = 2.76\times(1.1+0.12)\times0.08+0.2\times0.3\times2.76 = 0.44m^3$$

套用基础定额 5-417。

【注释】 1.1(平台板的长度)×2.76(平台板的宽度)为平台板的面积，0.08 为板厚，1.1×2 为两侧边长度，0.22 为台阶与板底高度，2.76×(1.1+0.12)×0.08 为板的面积乘以板厚，0.2×0.3(楼梯的截面尺寸)×2.76 为楼梯平台部分混凝土的工程量。

项目编码：010408001　　项目名称：后浇带

【例 1-87】 如图 1-96 所示，为现浇钢筋混凝土的后浇带示意图，混凝土采用 C20，钢筋为 HPB235。求现浇板的后浇带的工程量(板的长度为 6m，宽度为 3m，厚度为 100mm)。

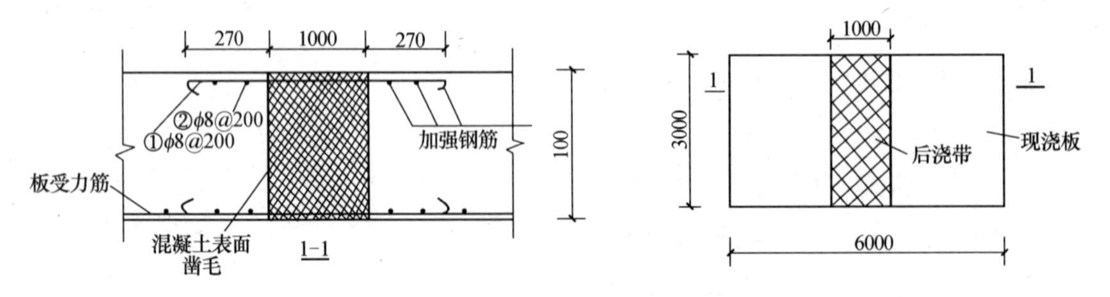

图 1-96　现浇板后浇带示意图

【解】 (1)清单工程量

根据工程量清单项目设置及工程量计算规则，可知

1）后浇带的混凝土工程量：

$$V=1.0\times3.0\times0.1=0.3\text{m}^3$$

2）后浇带的钢筋工程量：

所用钢筋为现浇混凝土钢筋，对应项目编码为 010416001。其工程量计算如下：

①号加强钢筋　长度$=1000+270\times2+4.9\times8\times2=1618\text{mm}$

根数：$\left(\frac{3000}{200}-1\right)\times2=28$ 根

②号加强钢筋　长度$=3000-2\times15+4.9\times8\times2=3048\text{mm}$

根数：$\left(\frac{1000+270\times2}{200}-1\right)\times2=13$ 根

则钢筋总工程量$=(1.618\times28+3.048\times13)\times0.395=33.55\text{kg}\approx0.034\text{t}$

【注释】 3.0 为后浇带长度，1.0 为宽度，0.1 为厚度。$1000+270\times2+4.9\times8\times2$ 为①号钢筋的长度，$4.9\times8\times2$ 为弯钩的增加长度，其中 4.9 为弯钩的系数值，8 为钢筋的直径，200 为①、②号钢筋的间距，0.395 为每米钢筋的质量。钢筋工程量按设计图示尺寸以质量计算。

清单工程量计算见下表：

清单工程量计算表

序号	项目编码	项目名称	项目特征描述	计量单位	工程量
1	010408001001	后浇带	现浇板后浇带，混凝土强度等级为 C20	m^3	0.3
2	010416001001	现浇混凝土钢筋	ϕ8，HPB235	t	0.034

（2）定额工程量

根据定额工程量计算规则可知，后浇带的工程量没有明确写出计算规则，可参照其他构件来进行计算。

1）后浇带的模板工程量：

$$S=(3.0\times0.1+1.0\times0.1)\times2+3.0\times1.0=3.8\text{m}^2$$

无基础定额子目。

2）后浇带的定额钢筋工程量与清单工程量相同，为 33.55kg。

套用基础定额 5-295。

3）后浇带的混凝土工程量与清单工程量相同，为 0.3m^3。

无基础定额子目。

【注释】 3.0(板的宽度)×0.1(现浇板的厚度)＋1.0(后浇带的宽度)×0.1 为两相邻侧面模板面积，3.0×1.0 为平台板面的模板工程量。工程量按设计图示尺寸以面积计算。

说明：由于全国基础定额中没有对应的后浇带的模板、混凝土工程量定额子目，必须套用地方规定的综合定额，后浇带属于施工措施中的内容。

项目编码：010408001　　项目名称：后浇带

【例 1-88】 如图 1-97 所示，为现浇梁的后浇带示意图，混凝土强度等级为 C30，钢

筋为 HRB335，求后浇带的工程量。

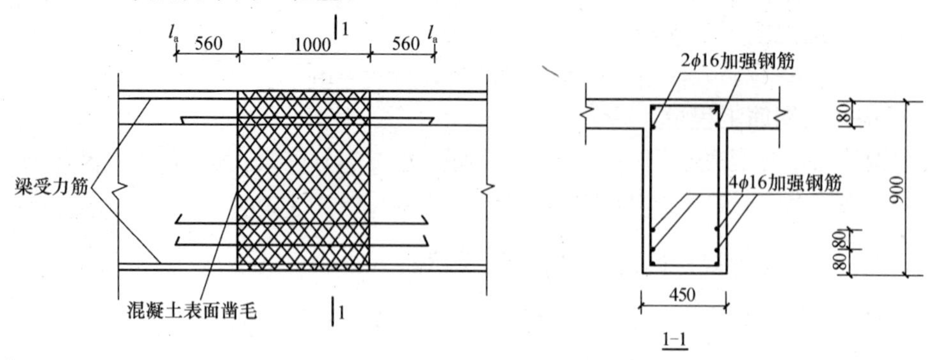

图 1-97 现浇梁的后浇带示意图

【解】（1)清单工程量

根据工程量清单项目设置及工程量计算规则，可知

1）现浇梁的后浇带的混凝土工程量：

$$V=1.0\times0.45\times0.9=0.41\text{m}^3$$

2）现浇后浇带的钢筋工程量：

所采用的钢筋为现浇混凝土钢筋，对应项目编码为 010416001。其工程量计算如下：

ϕ16 加强钢筋　长度=1000+560×2+4.9×16×2=2277mm

根数：6 根

则钢筋总工程量=2.277×6×1.58=21.59kg≈0.022t

【注释】 0.45 为后浇带宽，1.0 为后浇带长，0.9 为后浇带高。1000+560×2+4.9×16×2 为钢筋的长度，4.9×16×2 为两个弯钩的增加长度，其中 4.9 为弯钩的系数值，16 为钢筋的直径，1.58 为直径 16mm 钢筋每米的质量。

清单工程量计算见下表：

清单工程量计算表

序号	项目编码	项目名称	项目特征描述	计量单位	工程量
1	010408001001	后浇带	现浇梁后浇带，混凝土强度等级为 C30	m^3	0.41
2	010416001001	现浇混凝土钢筋	4ϕ16，HRB335	t	0.022

（2）定额工程量

根据定额工程量计算规则可知，计算规则中没有明确规定后浇带模板、混凝土钢筋工程量的计算方法，故参照其他构件来进行计算。

1）现浇梁的后浇带模板工程量：

$$S=0.9\times1.0\times2+0.45\times1.0=2.25\text{m}^2$$

基础定额中无对应定额子目。

2）现浇梁的后浇带定额钢筋工程量与清单工程量相同，为 21.59kg。

套用基础定额 5-299。

3）后浇带的定额混凝土工程量与清单工程量相同，为 0.41m^3。

基础定额中无对应定额子目。

【注释】 0.9(现浇梁的截面长度)×1.0×2 为两侧面模板工程量，0.45 为板宽，1.0 为板长。

说明：后浇带属施工措施中的内容，全国基础定额中无后浇带模板、混凝土工程量对应的定额子目，可依照地方规定套用综合定额。

项目编码：010415004　项目名称：烟囱

【例 1-89】 如图 1-98 所示，为某工厂的烟囱示意图，高度为 60m，烟囱为钢筋混凝土结构，求该烟囱的工程量(为了简化计算，图中只画出烟囱基础及筒身示意图，其他附属部分此处不计算)。

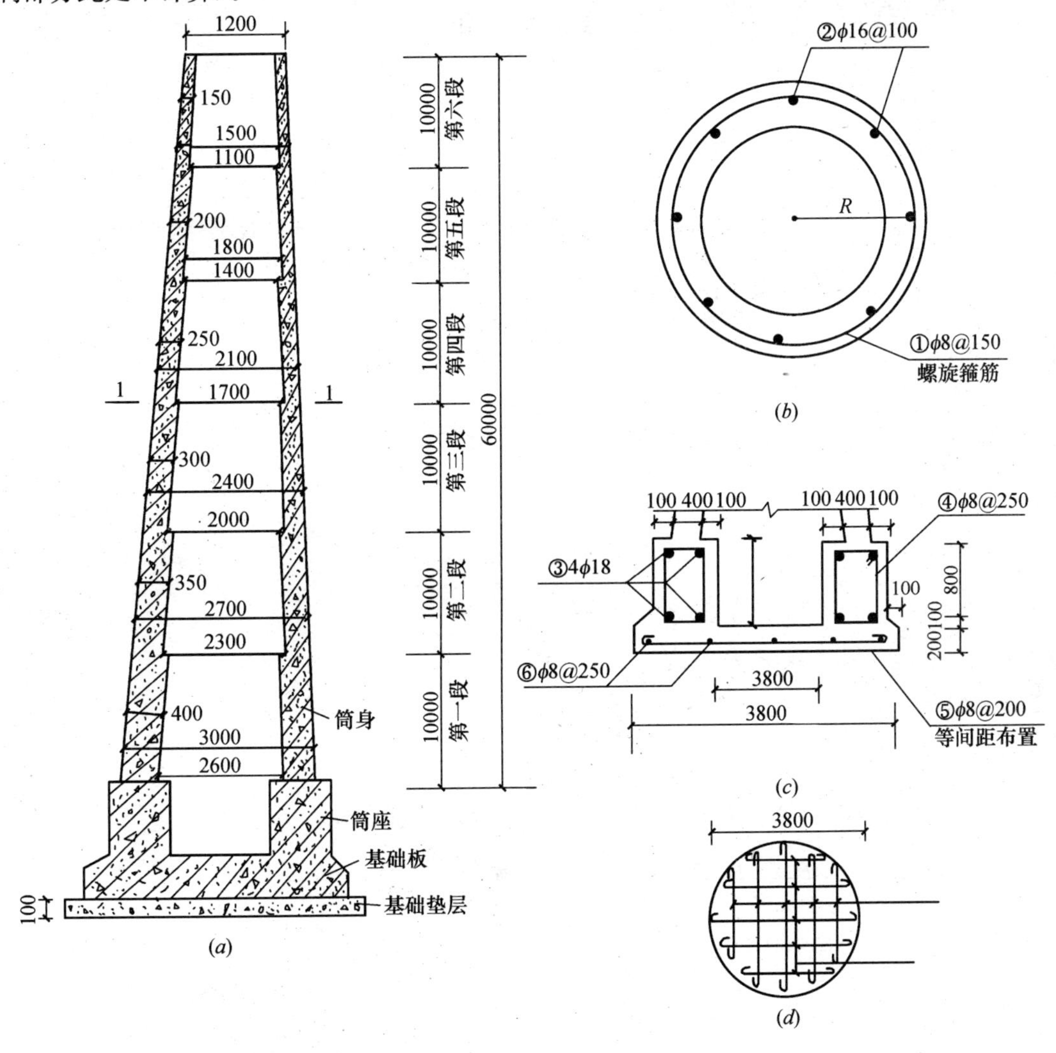

图 1-98　烟囱示意图

(a)现浇钢筋混凝土烟囱剖面图；(b)1-1 剖面图；

(c)烟囱基础配筋图；(d)基础底板配筋图

【解】 (1)清单工程量

根据工程量清单项目设置及工程量计算规则，可知

1）烟囱的混凝土工程量

① 烟囱筒身的混凝土工程量：

$$V=\left(\frac{1.2+1.5}{2}+\frac{1.5+1.1}{2}\right)\times\frac{1}{2}\times\pi\times10\times0.15+\left(\frac{2.1+1.7}{2}+\frac{2.4+2.0}{2}\right)\times\frac{1}{2}\times\pi\times10\times0.3+\left(\frac{1.5+1.1}{2}+\frac{1.8+1.4}{2}\right)\times\frac{1}{2}\times\pi\times10\times0.2+\left(\frac{2.4+2.0}{2}+\frac{2.7+2.3}{2}\right)\times\frac{1}{2}\times\pi\times10\times0.35+\left(\frac{1.8+1.4}{2}+\frac{2.1+1.7}{2}\right)\times\frac{1}{2}\times\pi\times10\times0.25+\left(\frac{2.7+2.3}{2}+\frac{3.0+2.6}{2}\right)\times\frac{1}{2}\times\pi\times10\times0.4$$

$=107.51\text{m}^3$

② 烟囱基础的混凝土工程量：

$$V=\pi\times1.9^2\times0.2+\frac{\pi}{3}\times0.1\times(0.7^2+0.9^2+0.7\times0.9)+2\pi\times1.5\times0.8\times0.6$$

$=5.231\text{m}^3$

则混凝土总工程量$=107.51+5.23=112.74\text{m}^3$

2）烟囱的钢筋工程量

所用钢筋对应项目编码为 010416001。其工程量计算如下：

$\phi8$ 箍筋①号钢筋

长度（近似计算）$=\sqrt{0.15^2+\left[(2.8+1.125)\times\frac{1}{2}-2\times\frac{0.4+0.15}{2}+0.08\right]^2\pi^2}\times\frac{60}{0.15}+2\times6.25\times0.08$

$=1877.75\text{m}$

钢筋用量$=1877.75\times0.395=741.7\text{kg}$

$\phi16$②号钢筋

长度$=\sqrt{60^2+1.9^2}+6.25\times0.016\times2-2\times0.015=60.20\text{m}$

根数：$\frac{1}{4}\times\pi\times\left(\frac{1.2+1.05}{2}\right)^2/0.1-1=8$ 根

钢筋用量$=1.58\times60.20\times8=760.93\text{kg}$

$\phi18$③号钢筋　长度$=\frac{1}{4}\times\pi\times\left(\frac{3.0+2.6}{2}\right)^2=8.553\text{m}$

根数：4 根

钢筋用量$=2.0\times4\times8.553=68.42\text{kg}$

$\phi8$ 箍筋④号钢筋　长度$=(600-2\times25)\times2+(800-2\times25)\times2+4.9\times8-3\Delta$（量度差）

$=600\times2+800\times2-162$（折算系数）

$=2638\text{mm}=2.638\text{m}$

根数：$\frac{8.553}{0.25}-1=33$ 根

钢筋用量$=33\times2.638\times0.395=34.39$kg

ϕ8⑤号钢筋 总长度$=3800+\frac{3800}{5+1}\times\sqrt{6^2-2^2}+\frac{3800}{6}\times\sqrt{6^2-4^2}+6.25\times8\times10-50\times5$

$=11219.33$mm

钢筋用量$=0.395\times11219.33=4.43$kg

ϕ8⑥号钢筋 总长度$=11219.33$mm

钢筋用量$=4.43$kg

则钢筋总工程量$=741.7+760.93+68.42+34.39+4.43\times2$

$=1614.30\text{kg}\approx1.614$t

【注释】 $\frac{1.2+1.5}{2}+\frac{1.5+1.1}{2}$为最顶部筒身的2倍的直径，其余直径同理可得，0.15为第六段筒壁厚，0.2、0.25、0.30、0.35、0.40分别为第五、第四、第三、第二、第一段的部分筒壁厚度，$\pi\times1.9^2$为基底面积，0.2为基底方形高度，1.5为筒座中心线半径，$2\pi\times1.5\times0.8\times0.6$为筒座工程量。$\sqrt{60^2+1.9^2}+6.25\times0.016\times2-2\times0.015$为②号钢筋的长度，$2\times0.015$为两保护层厚度，$6.25\times0.016\times2$为两个弯钩增加长度，其中6.25为弯钩的系数值，0.016为钢筋的直径，0.395为直径8mm钢筋每米的质量。烟囱混凝土工程量按设计图示尺寸以体积计算；钢筋工程量按设计图示尺寸以质量计算。

清单工程量计算见下表：

清单工程量计算表

序号	项目编码	项目名称	项目特征描述	计量单位	工程量
1	010415004001	烟囱	烟囱高为60m	m^3	112.74
2	010416001001	现浇混凝土钢筋	ϕ8、ϕ16、ϕ18	t	1.614

(2) 定额工程量

根据定额工程量计算规则可知，烟囱的模板工程量、混凝土工程量均以体积计算。

1) 烟囱的模板工程量(液压、滑钢模)$=107.51m^3$

套用基础定额5-232。

2) 烟囱的钢筋工程量与清单工程量相同，为1614.30kg。

①号钢筋ϕ8箍筋套用基础定额5-356。

②号钢筋ϕ16套用基础定额5-299

③号钢筋ϕ18套用基础定额5-300

④号钢筋ϕ8箍筋套用基础定额5-356

⑤号钢筋ϕ8套用基础定额5-295

⑥号钢筋ϕ8套用基础定额5-295

3) 烟囱的混凝土工程量与清单工程量相同，为$107.51m^3$。

套用基础定额5-506。

项目编码：010409001　　项目名称：矩形柱

【例1-90】 已知如图1-99所示，预制混凝土矩形柱，计算其工程量。

【解】 (1) 清单工程量

计算方法，按设计图示尺寸以体积计算。不扣除构件内钢筋、预埋铁件所占体积。

矩形柱工程量：

$V=0.4\times0.4\times3.6=0.58m^3$

【注释】 0.4×0.4为柱的截面面积，3.6为柱高。

清单工程量计算见下表：

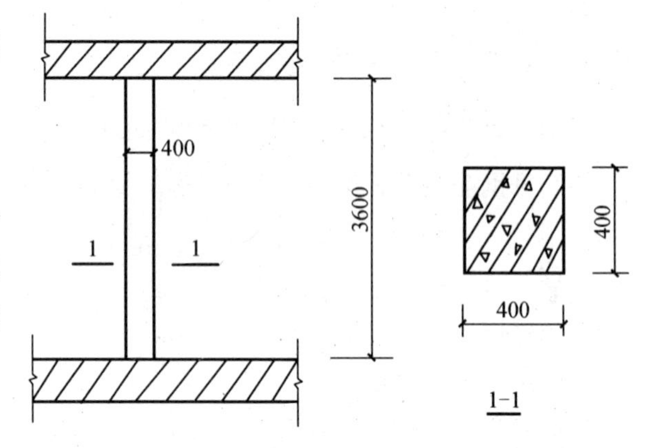

图1-99　预制混凝土矩形柱示意图

清单工程量计算表

项目编码	项目名称	项目特征描述	计量单位	工程量
010409001001	矩形柱	矩形柱尺寸如图1-99所示	m^3	0.58

(2) 定额工程量

$0.58\times1.015=0.59m^3$

套用基础定额5-437。

【注释】 0.58为矩形柱的清单工程量，1.015为查表所得。

说明：定额计算中，预制构件的吊装机械不包括在项目内，应列入措施项目费。

项目编码：010409002　　项目名称：异形柱

【例1-91】 已知如图1-100所示，预制混凝土异形柱，计算其工程量。

【解】 (1) 清单工程量

计算方法，同例1-90。

异形柱工程量：

$V=0.45\times0.4\times2+0.6\times0.4\times(1+4+0.5+05+0.7)+(2\times0.7+0.5)\div2\times0.3\times0.4-(2\times0.2+0.1)\div2\times0.12\times4\times2=1.84m^3$

【注释】 0.45×0.4为1-1剖面柱的

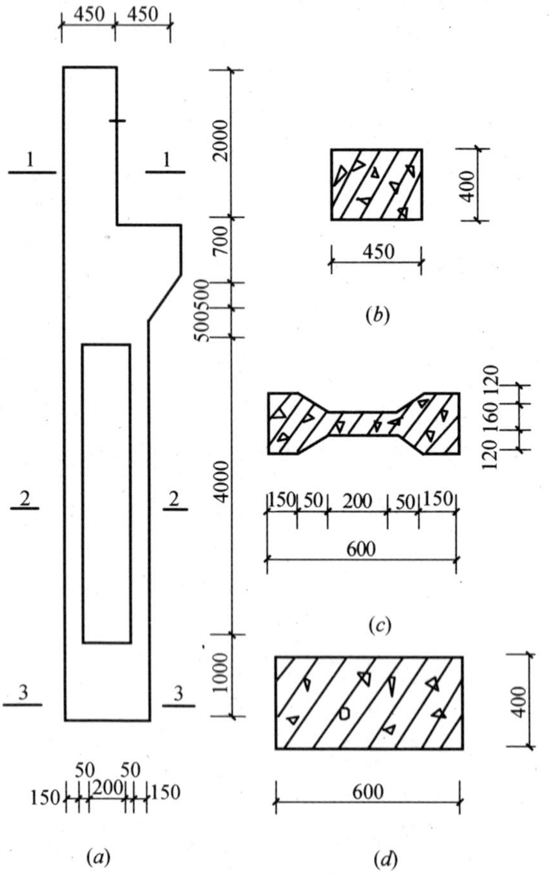

图1-100　预制混凝土异形柱示意图

(a)立面图；(b)1-1剖面图；(c)2-2剖面图；(d)3-3剖面图

截面面积，2 为其柱高；0.6×0.4 为 3-3 剖面柱的截面面积，1.0 为其柱高；(2×0.7+0.5)(多出的小梯形的上底加下底)÷2×0.3(小梯形的高度)×0.4(牛腿处柱的截面宽度)为多出来 的小梯形工程量；(2×0.2+0.1)÷2×0.12×4×2 为 2-2 剖面中多算的两小部分，4 为 2-2 剖面不规则柱高。工程量按设计图示尺寸以体积计算。

清单工程量计算见下表：

清单工程量计算表

项目编码	项目名称	项目特征描述	计量单位	工程量
010409002001	异形柱	异形柱如图 1-100 所示	m^3	1.84

(2) 定额工程量

$$1.84\times1.015=1.87m^3$$

套用基础定额 5-438。

说明：定额计算不扣除构件内钢筋、铁件及小于 300mm×300mm 以内孔洞面积。定额计算中，预制构件的吊装机械不包括在项目内，应列入措施项目费。

项目编码：010410001　　项目名称：矩形梁

【例 1-92】 已知如图 1-101 所示，预制混凝土矩形梁，计算其工程量。

【解】 (1) 清单工程量

计算方法，同例 1-90。

矩形梁工程量：$V=0.35\times0.45\times7.2$

$=1.13m^3$

【注释】 0.35×0.45 为梁的截面面积，7.2 为梁长。

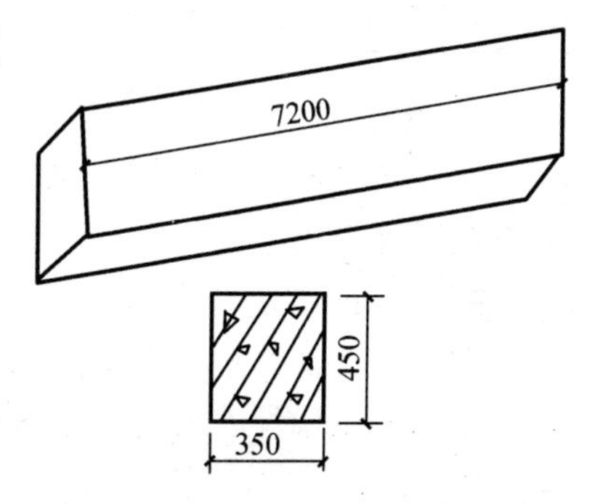

图 1-101　预制混凝土矩形梁示意图

清单工程量计算见下表：

清单工程量计算表

项目编码	项目名称	项目特征描述	计量单位	工程量
010410001001	矩形梁	矩形梁如图 1-101 所示	m^3	1.13

(2) 定额工程量

$$V=1.13\times1.015=1.15m^3$$

套用基础定额 5-439。

【注释】 1.13 为梁的清单工程量，1.015 为查表所得。

说明：定额计算中，预制构件的吊装机械不包括在项目内，应列入措施项目费。

项目编码：010410002　　项目名称：异形梁

【例 1-93】 已知如图 1-102 所示，预制混凝土 T 形吊车梁，木模板，计算其工程量。

【解】 (1) 清单工程量

计算方法，同例 1-90。

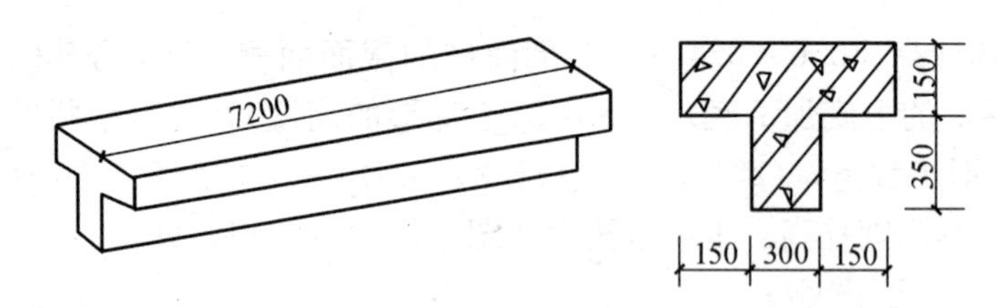

图1-102 预制混凝土T形吊车梁示意图

吊车梁工程量：

$$V=(0.15\times0.6+0.35\times0.3)\times7.2$$
$$=1.40\text{m}^3$$

【注释】 0.15×0.6(T形梁的翼缘部分的截面积)+0.35(T形梁腹板部分的截面长度)×0.3(T形梁腹板部分的截面宽度)为T形梁的截面面积，7.2为梁长。工程量按设计图示尺寸以体积计算。

清单工程量计算见下表：

清单工程量计算表

项目编码	项目名称	项目特征描述	计量单位	工程量
010410002001	异形梁	T形吊车梁	m^3	1.40

(2) 定额工程量

$$V=1.40\times1.015=1.43\text{m}^3$$

套用基础定额5-440。

【注释】 1.40为梁的清单工程量，1.015为查表所得。

说明：定额计算不扣除构件内钢筋、铁件及小于300mm×300mm以内孔洞面积。定额计算中，预制构件的吊装机械不包括在项目内，应列入措施项目费。

项目编码：010410003　　项目名称：过梁

【例1-94】 已知如图1-103所示，预制混凝土过梁，木模板，混凝土强度等级C30，计算其工程量。

【解】 (1) 清单工程量

过梁工程量：$V=[0.2\times0.24+0.15\times(0.24+0.08)]\times1.8$

$$=0.173\text{m}^3$$

【注释】 0.2(示意图中上部分梁的截面宽度)×0.24(示意图中上部分梁的截面长度)+0.15(示意图中下部分梁的截面宽度)×(0.24+0.08)(示意图中下部分梁的截面长度)为过梁的截面面积，1.8为梁的长度。

清单工程量计算见下表：

清单工程量计算表

项目编码	项目名称	项目特征描述	计量单位	工程量
010410003001	过梁	C30混凝土	m^3	0.17

(2) 定额工程量

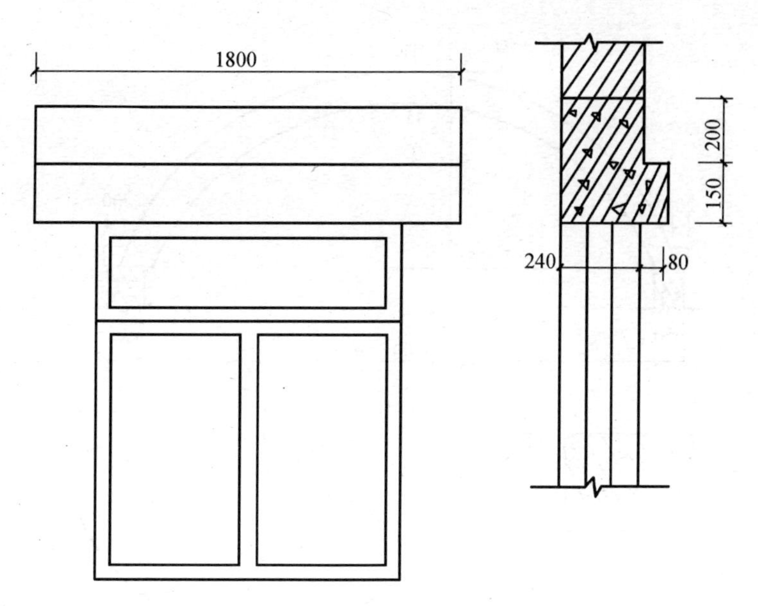

图 1-103　预制混凝土过梁示意图

$$V=0.17\times1.015=0.17\text{m}^3$$

套用基础定额 5-441、5-150。

【注释】 0.17 为梁清单工程量，1.015 为查表所得。

说明：定额计算不扣除构件内钢筋、铁件及小于 300mm×300mm 以内孔洞面积。定额计算中，预制构件的吊装机械不包括在项目中，应列入措施项目费。

项目编码：010410004　　项目名称：拱形梁

【例 1-95】 已知如图 1-104 所示，预制混凝土拱形梁，木模板，混凝土强度等级 C30，计算其工程量。

【解】 (1) 清单工程量

计算方法，同例 1-90。

拱形梁工程量：$V=0.2\times0.3\times0.5\times2+(3.05-0.45\div2)\times\frac{3}{4}\pi\times0.45\times0.5$

$=0.06+1.486$

$=1.55\text{m}^3$

【注释】 0.2(多出的宽度)×0.3(多出的长度)×0.5(梁的截面长度)×2 为图示上两边多出的工程量，3.05−0.45(梁的截面宽度)÷2 为拱形梁的中心线半径，0.45×0.5 为梁的截面面积。工程量按设计图示尺寸以体积计算。

清单工程量计算见下表：

清单工程量计算表

项目编码	项目名称	项目特征描述	计量单位	工程量
010410004001	拱形梁	C30 混凝土	m^3	1.55

(2) 定额工程量

$$V=1.55\times1.015=1.57\text{m}^3$$

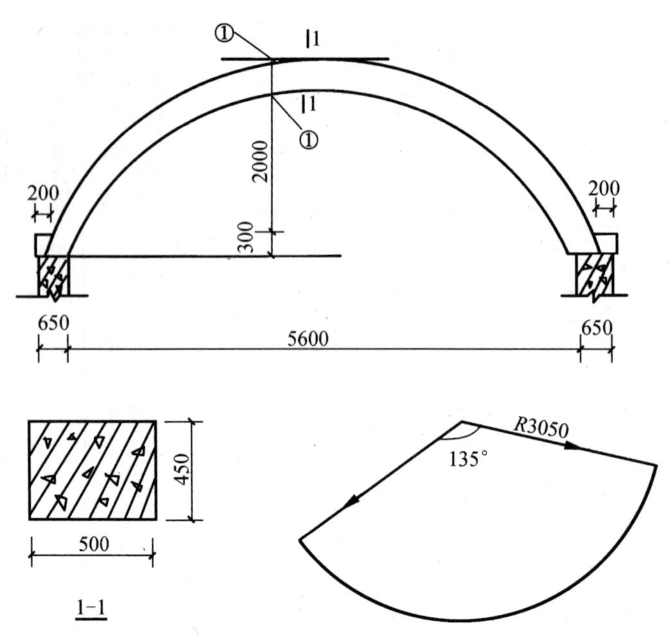

图 1-104 预制混凝土拱形梁示意图

套用基础定额 5-442、5-155。

【注释】 1.015 为查表得。

说明：定额计算不扣除构件内钢筋、铁件及小于 300mm×300mm 以内孔洞面积。定额计算中，预制构件的吊装机械不包括在项目内，应列入措施项目费。

项目编码：010410005 项目名称：鱼腹式吊车梁

【例 1-96】 已知如图 1-105 所示，鱼腹式吊车梁，木模板，混凝土强度等级 C35，计算其工程量。

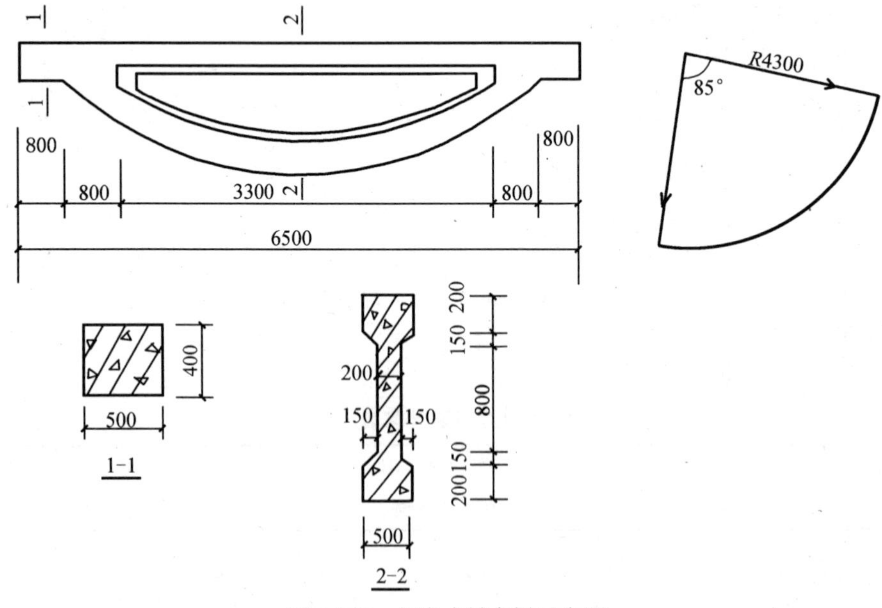

图 1-105 鱼腹式吊车梁示意图

【解】 (1) 清单工程量

计算方法，同例1-90。

吊车梁工程量：

$$V=0.4\times0.5\times6.5+(4.3\times4.3\times\frac{85^{\circ}}{360^{\circ}}\pi-3.175\times2.9)\times0.5-\left(\frac{80^{\circ}}{360^{\circ}}\pi\times4.1\times4.1-4.1\times\sin40^{\circ}\times3.175\right)\times0.3$$

$$=1.3+11.45-1.0425$$

$$=11.71\text{m}^3$$

【注释】 0.4×0.5为梁的截面面积，6.5为梁的长度，4.3为半径，$4.3\times\frac{85^{\circ}}{360^{\circ}}\pi$为弧长。工程量按设计图示尺寸以体积计算。

清单工程量计算见下表：

清单工程量计算表

项目编码	项目名称	项目特征描述	计量单位	工程量
010410005001	鱼腹式吊车梁	C35混凝土	m^3	11.71

(2) 定额工程量

$$V=11.71\times1.015=11.89\text{m}^3$$

套用基础定额5-443、5-152。

【注释】 1.015为预制构件制作损耗率系数。

说明：定额计算不扣除构件内钢筋、铁件及小于300mm×300mm以内孔洞面积。定额计算中，预制构件的吊装机械不包括在项目内，应列入措施项目费。

项目编码：010411001　　项目名称：折线型屋架

【例1-97】 已知如图1-106所示，预制混凝土折线型屋架，计算其工程量。

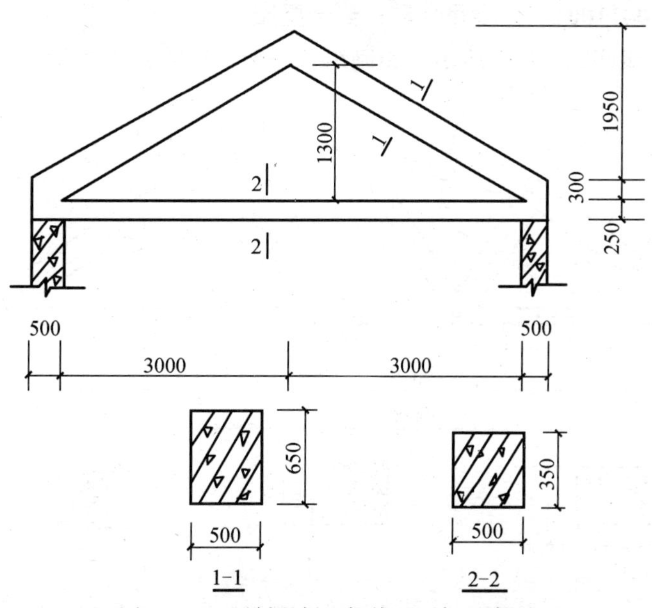

图1-106 预制混凝土折线型屋架示意图

【解】 (1) 清单工程量

计算方法，同例 1-90。

屋架工程量：$V=0.55\times7\times0.65+\frac{1}{2}\times2\times3.5\times1.95\times0.65-3\times1.3\times0.65$

$=2.50+4.436-2.535$

$=4.40m^3$

【注释】 7 为梁的跨度，1.95 为屋脊高，0.65 为梁的尺寸；$\frac{1}{2}\times2\times3.5$(2-2 剖面上部屋架的长度)×1.95(2-2 剖面上部至屋架顶的高度)×0.65(1-1 剖面屋架的截面尺寸)为示意图中 2-2 剖面上部至屋架顶的面积乘以厚度；3(屋架中间空洞的长度)×1.3(屋架中间空洞的高度)×0.65 为 2-2 剖面上部空洞部分的面积乘以厚度。工程量按设计图示尺寸以体积计算。

清单工程量计算见下表：

清单工程量计算表

项目编码	项目名称	项目特征描述	计量单位	工程量
010411001001	折线型屋架	折线型屋架如图 1-106 所示	m^3	4.40

(2) 定额工程量

$$V=4.40\times1.015=4.47m^3$$

套用基础定额 5-448、5-157。

【注释】 1.015 为预制构件制作损耗率系数。

说明：定额计算不扣除构件内钢筋、铁件及小于 300mm×300mm 以内孔洞面积。定额计算中，预制构件的吊装机械不包括在项目内，应列入措施项目费。

项目编码：010411002　　项目名称：组合屋架

【例 1-98】 已知如图 1-107 所示，预制组合屋架，计算其工程量。

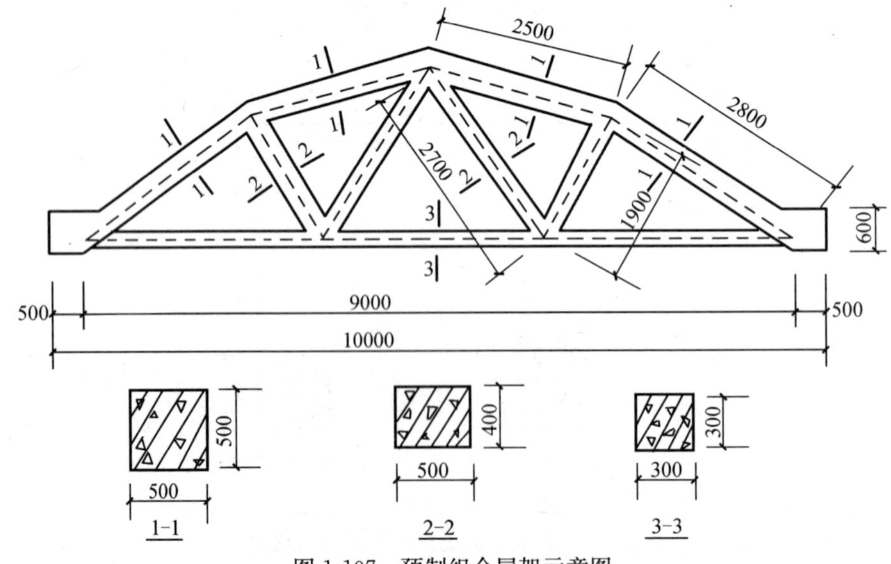

图 1-107 预制组合屋架示意图

【解】（1）清单工程量

计算方法，同例 1-90。

组合屋架工程量：

$V=(2.8+2.5)\times2\times0.5\times0.5+(2.7+1.9)\times2\times0.5\times0.4+10\times0.3\times0.3$

$=2.65+1.84+0.9$

$=5.39\text{m}^3$

【注释】$(2.8+2.5)\times2$ 为上部梁的总长度，0.5×0.5 为 1-1 剖面梁的截面面积，$(2.7+1.9)\times2$ 为 2-2 剖面的梁长度，0.5×0.4 为其截面面积，0.3×0.3 为 3-3 剖面的截面积，10 为横梁长。工程量按设计图示尺寸以体积计算。

清单工程量计算见下表：

清单工程量计算表

项目编码	项目名称	项目特征描述	计量单位	工程量
010411002001	组合屋架	组合屋架如图 1-107 所示	m^3	5.39

（2）定额工程量

$$V=5.39\times5.471=6.89\text{m}^3$$

套用基础定额 5-446、5-158。

【注释】5.471 查表可得。

说明：定额计算不扣除构件内钢筋、铁件及小于 300mm×300mm 以内孔洞面积。定额计算中，预制构件的吊装机械不包括在项目内，应列入措施项目费。

项目编码：010411003　　项目名称：薄腹屋架

【例 1-99】已知如图 1-108 所示，预制混凝土薄腹屋架，计算其工程量。

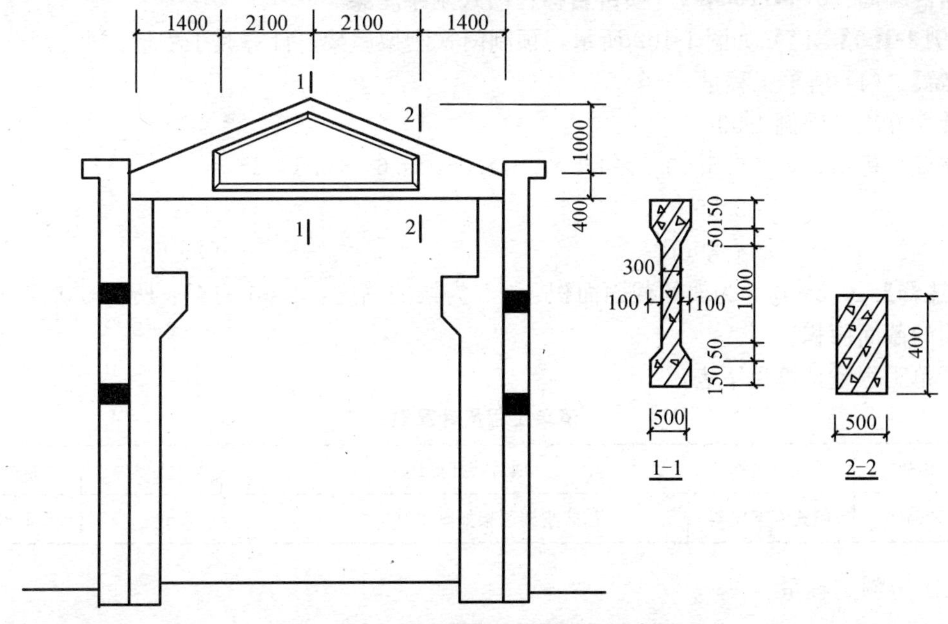

图 1-108　预制混凝土薄腹屋架示意图

【解】（1）清单工程量

计算方法，同例 1-90。

屋架工程量：$V=7\times0.4\times0.5+\frac{1}{2}\times7\times0.5\times1-(1.1+0.5)\times2.1\times0.2\times2$

$=1.4+1.75-0.672\times2$

$=1.81\text{m}^3$

【注释】 7 为屋架跨度，0.4×0.5 为 2-2 剖面的截面面积，0.5 为 1-1 剖面截面尺寸；$\frac{1}{2}\times7\times0.5\times1$(该屋面的高度)为屋顶部分的面积乘以架的厚度。工程量按设计图示尺寸以体积计算。

清单工程量计算见下表：

清单工程量计算表

项目编码	项目名称	项目特征描述	计量单位	工程量
010411003001	薄腹屋架	薄腹屋架如图 1-108 所示	m^3	1.81

（2）定额工程量

$$V=1.81\times1.015=1.84\text{m}^3$$

套用基础定额 5-447、5-159。

【注释】 1.015 为预制构件制作损耗率系数。

说明：定额计算不扣除构件内钢筋、铁件及小于 300mm×300mm 以内孔洞面积。定额计算中，预制构件的吊装机械不包括在项目内，应列入措施项目费。

项目编码：010411004　　项目名称：门式刚架屋架

【例 1-100】 已知如图 1-109 所示，预制门式刚架屋架，计算其工程量。

【解】（1）清单工程量

计算方法，同例 1-90。

屋架工程量：$V=0.5\times0.5\times4.5\times2+4.06\times0.65\times0.5\times2$

$=2.25+2.64$

$=4.89\text{m}^3$

【注释】 0.5×0.5 为架的截面面积，4.5 为架的高度，4.06 为查表所得，0.65×0.5 为屋面的截面面积。

清单工程量计算见下表：

清单工程量计算表

项目编码	项目名称	项目特征描述	计量单位	工程量
010411004001	门式刚架屋架	门式刚架屋架如图 1-109 所示	m^3	4.89

（2）定额工程量

$$V=4.89\times1.015=4.96\text{m}^3$$

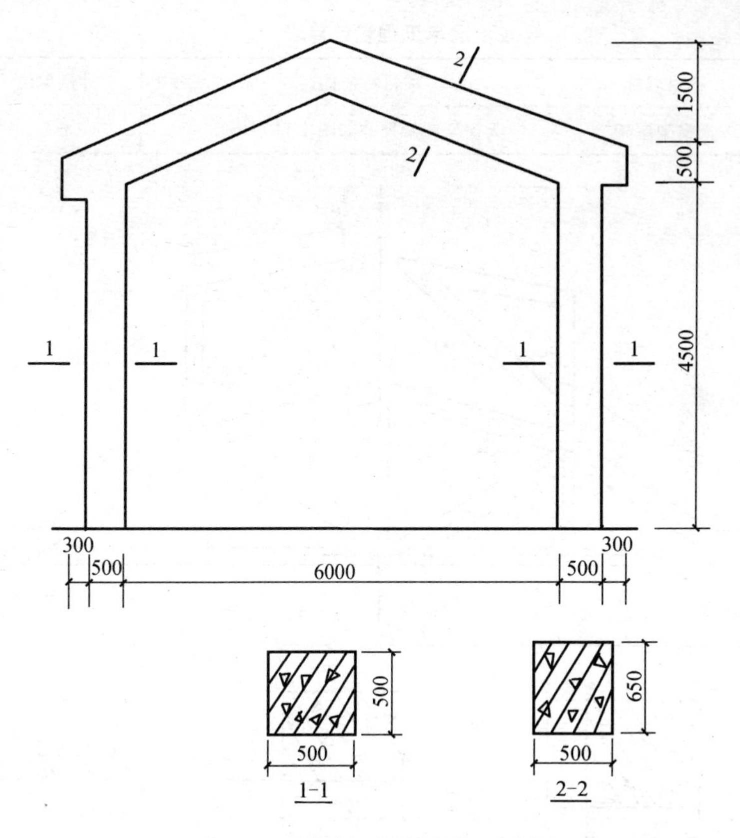

图 1-109　预制门式刚架屋架示意图

套用基础定额 5-449、5-160。

【注释】 1.015 为预制构件制作损耗率系数。

说明：定额计算不扣除构件内钢筋、铁件及小于 300mm×300mm 以内孔洞面积。定额计算中，预制构件的吊装机械不包括在项目内，应列入措施项目费。

项目编码：010411005　　项目名称：天窗架屋架

【例 1-101】 已知如图 1-110 所示，预制天窗架屋架，计算其工程量。

【解】 (1) 清单工程量

计算方法，同例 1-90。

屋架工程量：$V=0.5\times0.5\times(2.6+2.7)\times2+0.5\times0.4\times(2.5+2+1.5+2.6+1.3)\times2+0.5\times0.4\times2.2+10\times0.3\times0.3$

$=2.65+3.96+0.44+0.9$

$=7.95\text{m}^3$

【注释】 0.5×0.5 为 1-1 剖面的架截面面积，(2.6+2.7)×2 为 1-1 剖面的总长度，0.5×0.4 为 2-2 剖面的架截面面积，(2.5+2+1.5+2.6+1.3)×2 为 2-2 剖面的架总长度，2.2 为中间架高度，10 为屋脊跨度，0.3×0.3 为 3-3 剖面的截面面积。工程量按设计图示尺寸以体积计算。

清单工程量计算见下表：

清单工程量计算表

项目编码	项目名称	项目特征描述	计量单位	工程量
010411005001	天窗架屋架	天窗架屋架尺寸如图 1-110 所示	m^3	7.95

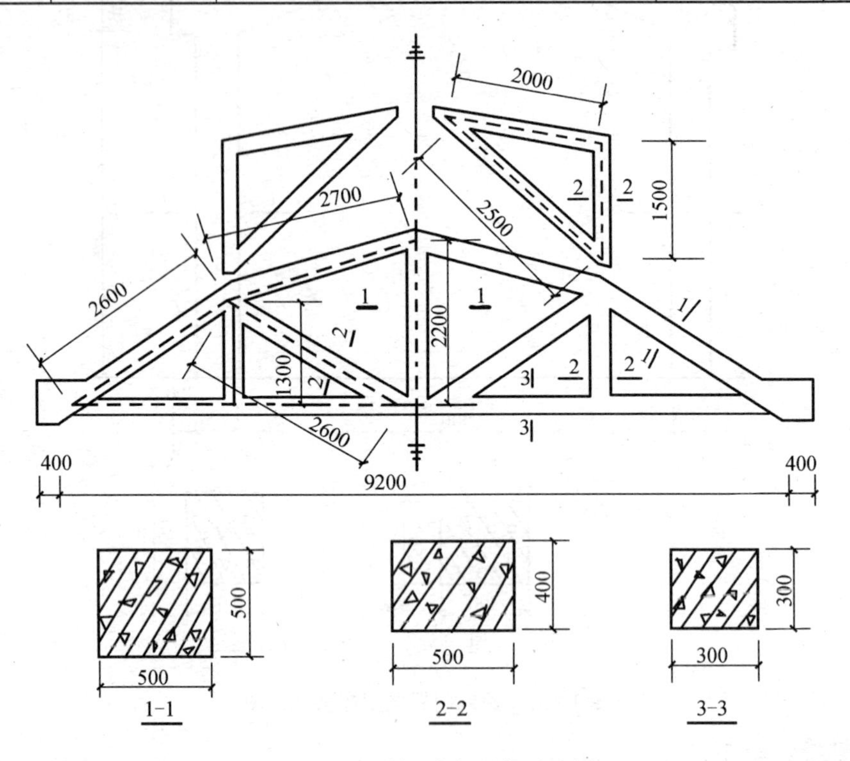

图 1-110　预制天窗架屋架示意图

(2) 定额工程量

$$V=7.95\times1.015=8.07\text{m}^3$$

套用基础定额 5-450、5-161。

【注释】 1.015 为预制构件制作损耗率系数。

说明：定额计算不扣除构件内钢筋、铁件及小于 300mm×300mm 以内孔洞面积。定额计算中，预制构件的吊装机械不包括在项目内，应列入措施项目费。

项目编码：010412001　　项目名称：平板

【例 1-102】 已知如图 1-111 所示，预制混凝土平板，定型钢侧模，计算其工程量。

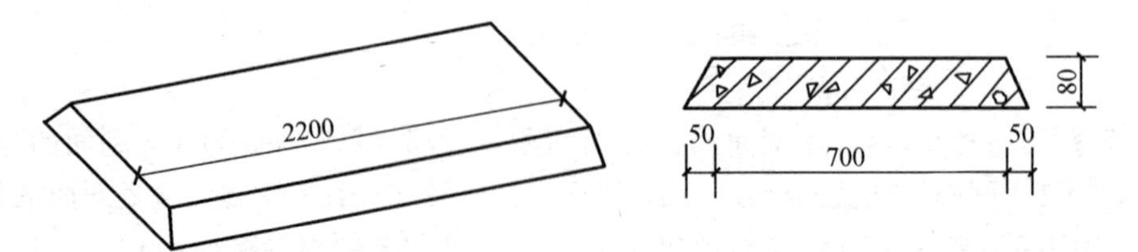

图 1-111　预制混凝土平板示意图

【解】 (1) 清单工程量

平板工程量：$V=(0.7+0.8)\times\frac{1}{2}\times2.2\times0.08=0.13\text{m}^3$

【注释】 [0.7(梯形侧模的上底长度)+0.8(梯形侧模的下底长度)]$\times\frac{1}{2}\times2.2\times0.08$为侧模梯形的截面面积乘以板的长度2.2，0.08为板厚。工程量按设计图示尺寸以体积计算。

清单工程量计算见下表：

清单工程量计算表

项目编码	项目名称	项目特征描述	计量单位	工程量
010412001001	平板	平板尺寸如图1-111所示	m^3	0.13

(2) 定额工程量

$$V=0.13\times1.015=0.132\text{m}^3$$

套用基础定额5-452、5-173。

【注释】 1.015为预制构件制作损耗率系数。

说明：定额计算中，预制构件的吊装机械不包括在项目内，应列入措施项目费。

项目编码：010412002　　项目名称：空心板

【例1-103】 已知如图1-112所示，预制空心板，计算其工程量。

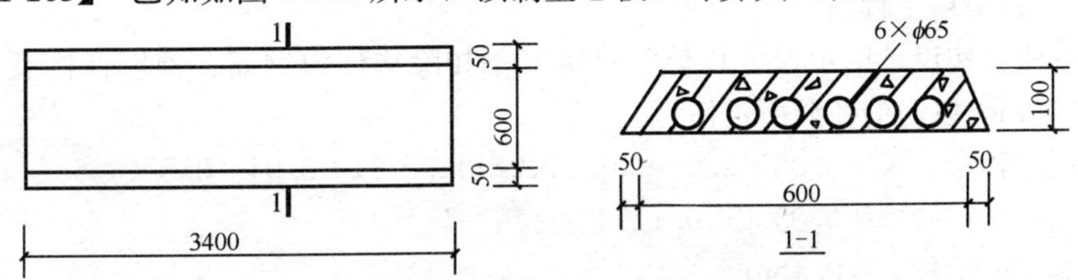

图1-112　预制空心板示意图

【解】 (1) 清单工程量

$$V=[(0.7+0.6)\times\frac{1}{2}\times0.1-\frac{\pi}{4}\times0.065\times0.065\times6]\times3.4$$
$$=(0.065-0.02)\times3.4$$
$$=0.15\text{m}^3$$

【注释】 (0.7+0.6)(梯形侧模的上底加下底的长度)$\times\frac{1}{2}\times0.1$为梯形侧面截面积，0.1为板厚，$\frac{\pi}{4}\times0.065$(空心板的空心圆的外径)$\times0.065$为空心圆的截面积，6为6个空心圆，3.4为板长。工程量按设计图示尺寸以体积计算。

清单工程量计算见下表：

清单工程量计算表

项目编码	项目名称	项目特征描述	计量单位	工程量
010412002001	空心板	空心板尺寸如图1-112所示	m^3	0.15

（2）定额工程量

$$V=0.15\times1.015=0.15\text{m}^3$$

套用基础定额 5-453、5-164。

【注释】 1.015 为预制构件制作损耗率系数。

说明：定额计算中，预制构件的吊装机械不包括在项目内，应列入措施项目费。

项目编码：010412003　　项目名称：槽形板

【例 1-104】 已知如图 1-113 所示，预制槽形板，求其工程量。

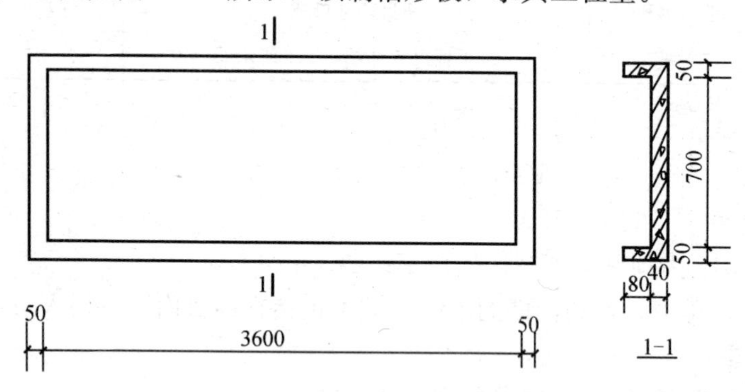

图 1-113　预制槽形板示意图

【解】 (1)清单工程量

计算方法，按设计图示尺寸以体积计算。不扣除构件内钢筋、预埋铁件及单个尺寸 300mm×300mm 以内的孔洞所占体积。

槽形板工程量：$V=0.08\times0.05\times(3.7\times2+0.7\times2)+0.04\times0.8\times3.6$

$=0.0352+0.1152$

$=0.15\text{m}^3$

【注释】 0.08 为槽边高，0.05 为板边厚，3.7×2(槽的两边长度)+0.7×2(槽两边的宽度)为槽周长，三者相乘为槽四边工程量。0.04 为板厚，0.8(槽底的宽度)×3.6(槽底的长度)为槽底面积。工程量按设计图示尺寸以体积计算。

清单工程量计算见下表：

清单工程量计算表

项目编码	项目名称	项目特征描述	计量单位	工程量
010412003001	槽形板	槽形板尺寸如图 1-113 所示	m^3	0.15

（2）定额工程量

$$V=0.15\times1.015=0.15\text{m}^3$$

套用基础定额 5-454、5-174。

【注释】 1.015 为预制构件制作损耗率系数。

说明：定额计算中，预制构件的吊装机械不包括在项目内，应列入措施项目费。

项目编码：010412005　　项目名称：折线板

【例 1-105】 已知如图 1-114 所示，预制折线板，计算其工程量。

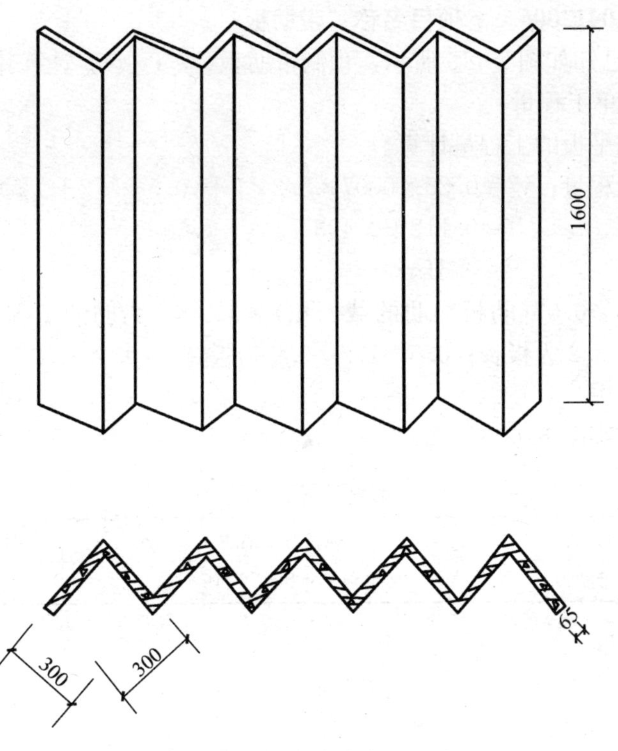

图 1-114　预制折线板示意图

【解】 (1) 清单工程量

计算方法，同平板的工程量计算。

预制折线板工程量：$V=[(0.3-0.065)\times10+0.065]\times0.065\times1.6$

$=0.25m^3$

【注释】 (0.3－0.065)(一折折线板的长度)×10＋0.065 为折板的长度之和，10 为 10 个折板，0.065 为板厚，1.6 为板高。预制折线板的工程量按设计图示尺寸以体积计算。

清单工程量计算见下表：

清单工程量计算表

项目编码	项目名称	项目特征描述	计量单位	工程量
010412005001	折线板	折线板尺寸如图 1-114 所示	m^3	0.25

(2) 定额工程量

$V=0.25\times1.015=0.25m^3$

套用基础定额 5-460、5-180。

【注释】 1.015 为预制构件制作损耗率系数。

说明：定额计算中，预制构件的吊装不包括在项目内，应列入措施项目费。

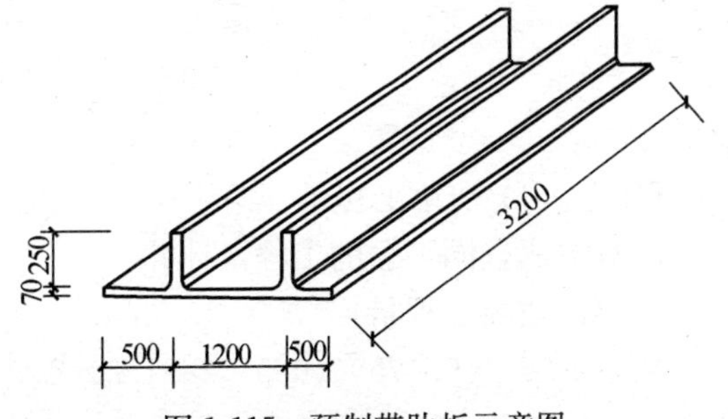

图 1-115　预制带肋板示意图

项目编码：010412006　　项目名称：带肋板

【例 1-106】 已知如图 1-115 所示，预制带肋板(双 T 板)，计算其工程量。

【解】 (1) 清单工程量

计算方法，同平板的工程量计算。

预制带肋板工程量：$V=0.25\times0.07\times3.2\times2+(0.5+1.2+0.5)\times0.07\times3.2$

$=0.112+0.493$

$=0.61\text{m}^3$

【注释】 0.25×0.07(肋板的肋的截面积)×3.2×2 为肋的工程量，其中 0.25 为肋高，0.07 为板厚，3.2 为板长；0.5+1.2+0.5 为板宽，(0.5+1.2+0.5)×0.07×3.2 为带肋板的工程量。

清单工程量计算见下表：

清单工程量计算表

项目编码	项目名称	项目特征描述	计量单位	工程量
010412006001	带肋板	双 T 板尺寸如图 1-115 所示	m^3	0.61

(2) 定额工程量

$$V=0.61\times1.015=0.62\text{m}^3$$

套用基础定额 5-461、5-177。

【注释】 1.015 为预制构件制作损耗率系数。

说明：定额计算中，预制构件的吊装不包括在项目内，应列入措施项目费。

项目编码：010412007　　项目名称：大型板

【例 1-107】 已知如图 1-116 所示，预制大型屋面板，计算其工程量。

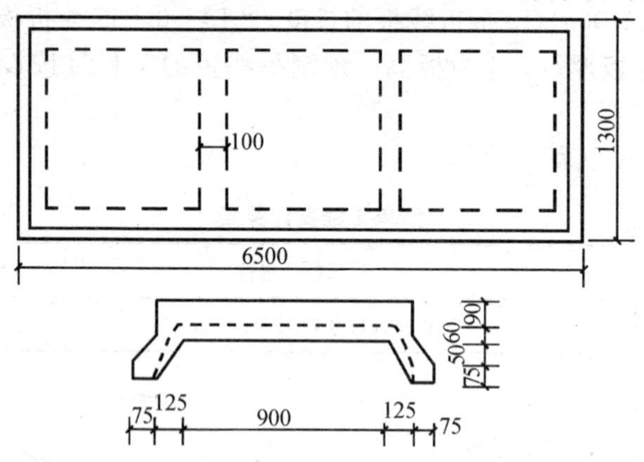

图 1-116　预制大型屋面板示意图

【解】 (1) 清单工程量

计算方法，同平板的工程量计算。

大型屋面板工程量：

$V=0.125\times0.075\times(6.5\times2+1.3\times2)+0.1\times0.06\times0.9\times2+0.09\times1.3\times6.5$

$=0.146+0.0108+0.7605$

$=0.92m^3$

【注释】 0.125×0.075 为不规则部分的面积，6.5×2(屋面的两侧水平长度)+1.3×2(屋面的两侧水平宽度)为屋面板的周长，0.1 为屋面间的间距，0.06、0.09 均为板厚，1.3(板的宽度)×6.5(板的长度)为板的面积。

清单工程量计算见下表：

清单工程量计算表

项目编码	项目名称	项目特征描述	计量单位	工程量
010412007001	大型板	大型屋面板如图 1-116 所示	m^3	0.92

(2) 定额工程量

$$V=0.917\times1.015=0.93m^3$$

套用基础定额 5-455、5-176。

【注释】 1.015 为预制构件制作损耗率系数。

说明：定额计算中，预制构件的吊装不包括在项目内，应列入措施项目费。

项目编码：010412008　　项目名称：沟盖板、井盖板、井圈

【例 1-108】 已知如图 1-117 所示，预制混凝土井盖板，计算其工程量。

【解】 (1) 清单工程量

计算方法，按设计图示尺寸以体积计算。不扣除构件内钢筋、预埋铁件所占体积。

井盖板工程量：$V=\pi\times0.4\times0.4\times0.12=0.06m^3$

【注释】 $\pi\times0.4\times0.4$ 为井盖的面积，0.4 为半径，0.12 为板厚。工程量按设计图示尺寸以体积计算。

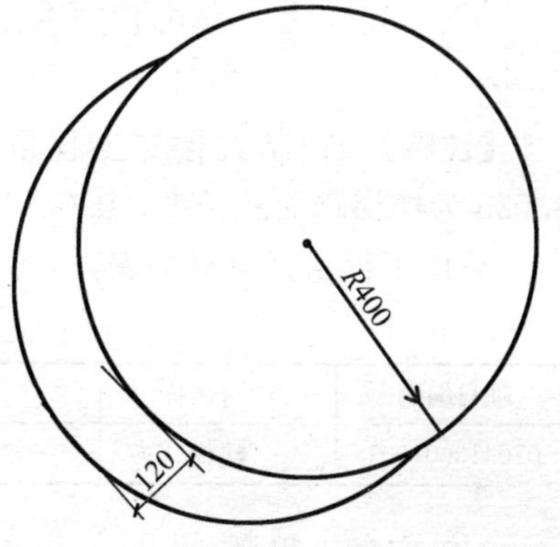

图 1-117　预制混凝土井盖板示意图

清单工程量计算见下表：

清单工程量计算表

项目编码	项目名称	项目特征描述	计量单位	工程量
010412008001	沟盖板、井盖板、井圈	井盖板尺寸如图 1-117 所示	m^3	0.06

(2) 定额工程量

$$V=0.06\times1.015=0.06m^3$$

套用基础定额 5-470、5-222。

【注释】 1.015 为预制构件制作损耗率系数。

说明：定额计算中，预制构件的吊装不包括在项目内，应列入措施项目费。

项目编码：010413001　　项目名称：楼梯

【例 1-109】 如图 1-118 所示，预制混凝土梯段，计算其工程量。

【解】 (1) 清单工程量

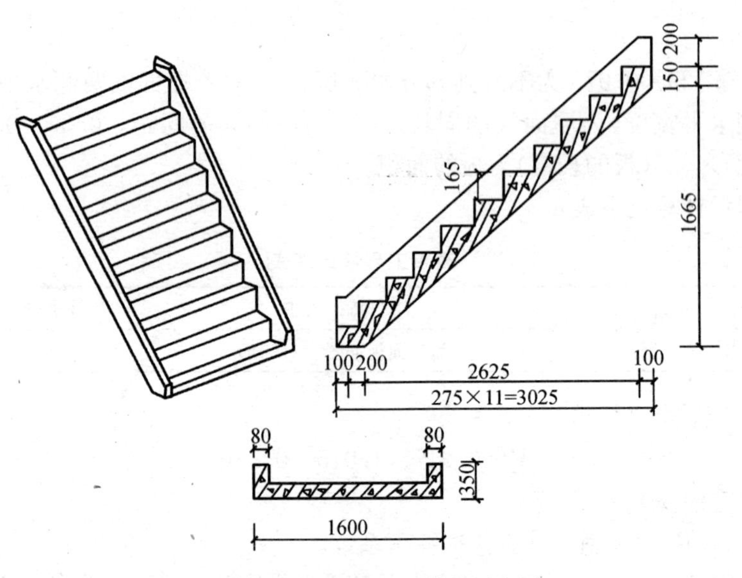

图 1-118　预制混凝土梯段示意图

梯段工程量：$V=(0.35\times3.025\times0.08-\frac{1}{2}\times0.3\times0.3\times0.08)\times2+0.55\times1.6\times1.6$

$=0.1622+1.408-0.4356$

$=1.14\text{m}^3$

【注释】 预制式楼梯工程量应按不同构件以体积计算。0.35 为楼梯两边的高度，3.025 为楼梯踏面总长度，0.08 为楼梯两边高出部分的厚度，1.6 为楼梯的宽度。

清单工程量计算见下表：

清单工程量计算表

项目编码	项目名称	项目特征描述	计量单位	工程量
010413001001	楼梯	预制梯段如图 1-118 所示	m^3	1.14

(2) 定额工程量

$$V=1.14\times1.015=1.16\text{m}^3$$

套用基础定额 5-478、5-218。

【注释】 1.015 为预制构件制作损耗率系数。

说明：定额计算中，预制构件的吊装机械不包括在项目内，应列入措施项目费。

项目编码：010409　　　项目名称：预制混凝土柱

项目编码：010409001　　项目名称：矩形柱

【例 1-110】 已知如图 1-119 所示，预制矩形柱组合钢模板，计算其工程量。

【解】 (1) 清单工程量

1) 混凝土工程量：

$$V=0.5\times0.45\times3.6$$
$$=0.81\text{m}^3$$

2)钢筋工程量：

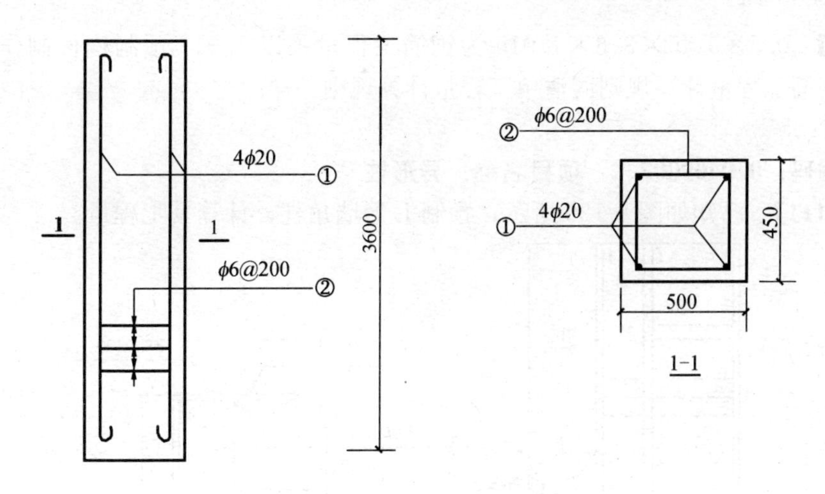

图 1-119 预制矩形柱及配筋示意图

ϕ20 ρ=2.47kg/m，ϕ6 ρ=0.222kg/m

①ϕ20 (3.6－0.05＋6.25×0.02×2)×4×2.47＝37.54kg≈0.038t

②ϕ6 [(3.6－0.05)÷0.2＋1]×(500＋450)×2－8×0.025＋2×12.89×0.006×0.222＝8.03kg≈0.008t

【注释】 0.5×0.45为柱的截面面积，3.6为柱的高度，两者相乘为其工程量。3.6－0.05(保护层的厚度)＋6.25×0.02×2为①号钢筋的长度，0.05为两个保护层厚度，6.25×0.02×2为两个弯钩增加长度，其中6.25为弯钩的系数值，0.02为钢筋的直径，4为四个①号钢筋。(3.6－0.05)÷0.2＋1为箍筋的根数，0.2为箍筋间距，(500＋450)×2－8×0.025＋2×12.89×0.006为箍筋的长度，其中8×0.025为8个保护层厚度，2×12.89×0.006为箍筋弯钩增加长度，其中12.89为箍筋弯钩的系数值，0.006为箍筋直径。工程量为钢筋总长度乘以每米钢筋的质量；钢筋工程量按设计图示尺寸以质量计算。

清单工程量计算见下表：

清单工程量计算表

序号	项目编码	项目名称	项目特征描述	计量单位	工程量
1	010409001001	矩形柱	矩形柱如图1-119所示	m^3	0.81
2	010416002001	预制构件钢筋	ϕ20	t	0.038
3	010416002002	预制构件钢筋	ϕ6	t	0.008

(2) 定额工程量

1) 混凝土工程量：

$$V=0.5\times0.45\times3.6\times1.015=0.82\text{m}^3$$

套用基础定额5-437、5-138。

2) 钢筋工程量：

①ϕ20 (3.6－0.025×2＋6.25×0.02×2)×4×2.47＝37.54kg

套用基础定额5-301。

②ϕ6 (3.6÷0.2＋1)×1.902×0.222＝8.03kg

套用基础定额5-355。

【注释】 0.5×0.45×3.6×1.015 为钢筋工程量乘以 1.015 预制构件制作损耗率系数。定额钢筋工程量计算规则同清单工程量计算规则一样。

项目编码：010409002　　项目名称：异形柱

【例 1-111】 已知如图 1-120 所示，预制 L 形墙角柱，计算其工程量。

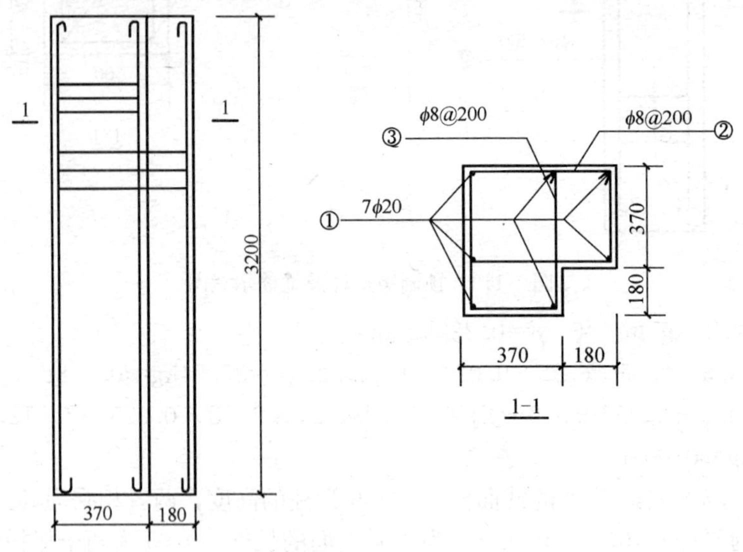

图 1-120　预制 L 形墙角柱及配筋示意图

【解】 (1) 清单工程量

1) 混凝土工程量：

$$V = [0.37\times(0.37+0.18)+0.18\times0.37]\times3.2$$
$$=0.86\text{m}^3$$

2) 钢筋工程量：

$\phi8$　ρ=0.395kg/m，$\phi20$　ρ=2.466kg/m

①$\phi20$　7×(3.2－0.05＋6.25×0.02×2)×2.466

＝58.69kg≈0.059t

②$\phi8$　(3.2÷0.2＋1)×1.844×0.395

＝12.38kg

③$\phi8$　(3.2÷0.2＋1)×1.844×0.395

＝12.38kg

【注释】 0.37(1-1 剖面柱左侧部分的截面宽度)×(0.37＋0.18)(1-1 剖面柱左侧部分的截面长度)＋0.18(1-1 剖面柱右侧部分的截面宽度)×0.37(1-1 剖面柱右侧部分的截面长度)为异形柱的截面面积，3.2 为柱高度，其工程量以体积计算。7×(3.2－0.05＋6.25×0.02×2)为 7 根①号钢筋的长度，6.25×0.02×2 为两个弯钩的增加长度，其中 6.25 为弯钩的系数值，0.02 为钢筋的直径。3.2÷0.2＋1 为②号、③号钢筋的根数，0.2 为箍筋的间距，1.844 为箍筋的长度。钢筋工程量是钢筋总长度乘以每米钢筋的质量。

清单工程量计算见下表：

清单工程量计算表

序号	项目编码	项目名称	项目特征描述	计量单位	工程量
1	010409002001	异形柱	L形墙角柱	m³	0.86
2	010416002001	预制构件钢筋	ϕ8	t	(12.38+12.38)/1000=0.025
3	010416002002	预制构件钢筋	ϕ20	t	0.059

(2) 定额工程量

1) 混凝土工程量:

$$V=0.86\times1.015=0.87\text{m}^3$$

套用基础定额 5-438。

2) 钢筋工程量:

①ϕ20 58.69kg ②ϕ8 12.38kg ③ϕ8 12.38kg

套用基础定额 5-301、5-356。

3) 模板工程量:

$V=0.86\times1.015=0.87\text{m}^3$

套用基础定额 5-146。

【注释】 1.015 为预制构件制作损耗率系数，钢筋工程量计算规则同清单工程量计算规则。

项目编码: 010409002　　项目名称: 异形柱

【例 1-112】 已知如图 1-121 所示，圆形预制柱，计算其工程量。

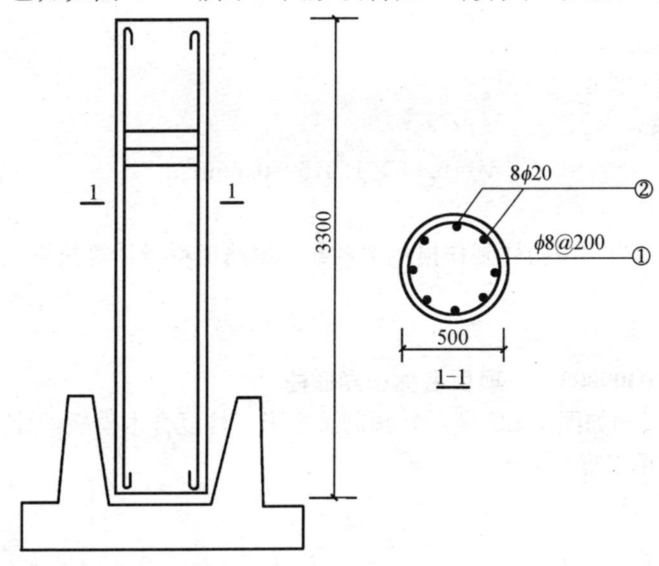

图 1-121 圆形预制柱及配筋示意图

【解】 (1) 清单工程量

1) 混凝土工程量:

$$V=\pi\times0.25\times0.25\times3.3=0.65\text{m}^3$$

2) 钢筋工程量:

$\phi8$　$\rho=0.395kg/m$，$\phi20$　$\rho=2.466kg/m$

①$\phi8$　$(3.3\div0.2+1)\times2\pi\times(0.25-0.025)\times0.395=9.49kg\approx0.009t$

②$\phi20$　$8\times(3.3-0.05+6.25\times0.02\times2)\times2.466=69.04kg\approx0.069t$

【注释】 $\pi\times0.25\times0.25$ 为圆柱截面面积，0.25 为半径，3.3 为柱的高度，混凝土工程量以体积计算。$3.3\div0.2+1$ 为钢筋的根数，0.2 为箍筋的间距，$2\pi\times(0.25-0.025)$ 为箍筋的长度，0.025 为保护层厚度。8×[3.3－0.05(两个保护层的厚度)＋6.25×0.02×2]为 8 根钢筋的长度，6.25×0.02×2 为弯钩的增加长度，其中 6.25 为弯钩的系数值，0.02 为钢筋的直径。钢筋工程量为钢筋总长度乘以每米钢筋的质量。

清单工程量计算见下表：

清单工程量计算表

序号	项目编码	项目名称	项目特征描述	计量单位	工程量
1	010409002001	异形柱	圆形预制柱如图 1-121 所示	m^3	0.65
2	010416002001	预制构件钢筋	$\phi8$	t	0.009
3	010416002002	预制构件钢筋	$\phi20$	t	0.069

(2) 定额工程量

1) 混凝土工程量：

$$V=0.65\times1.015=0.66m^3$$

套用基础定额 5-438。

2) 钢筋工程量：

①$\phi8$　9.49kg

②$\phi20$　69.04kg

套用基础定额 5-356、5-301。

3) 模板工程量：

$$V=0.65\times1.015=0.66m^3$$

无相应定额。

【注释】 1.015 为预制构件制作损耗率系数，钢筋工程量计算规则同清单工程量计算规则。

项目编码：010409002　　项目名称：异形柱

【例 1-113】 已知如图 1-122 所示，预制工字形，柱复合木模板，计算其工程量。

【解】 (1) 清单工程量

1) 混凝土工程量：

$$\begin{aligned}V&=0.5\times0.45\times2+1.1\times0.45\times1.4-0.3\times0.7\times\frac{1}{2}\times0.45+5.6\times0.8\times0.45-4\times(0.4+0.5)\times0.125\\&=0.45+0.693-0.047+2.016-0.45\\&=2.66m^3\end{aligned}$$

2) 钢筋工程量：

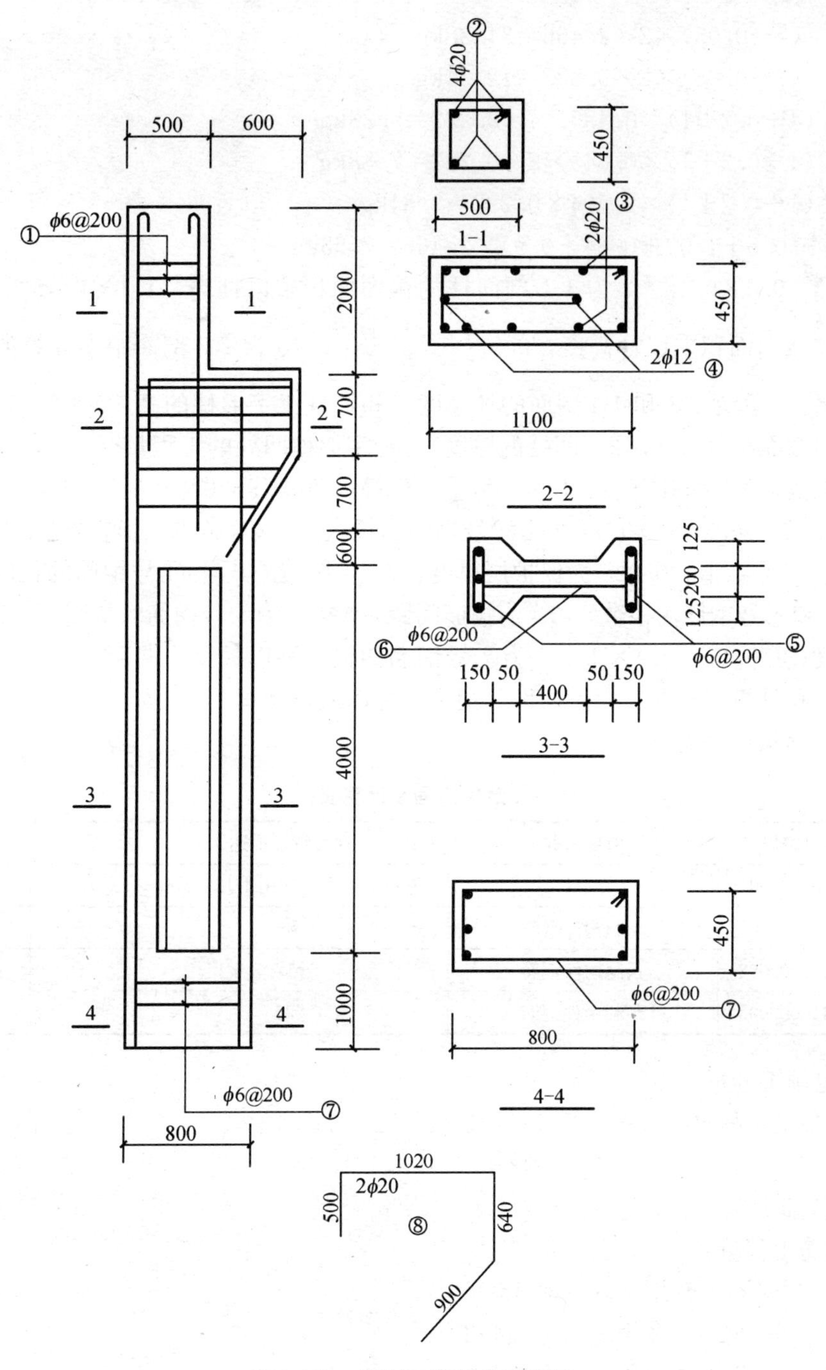

图 1-122　预制工字形柱示意图

ϕ6　ρ=0.222kg/m

ϕ12　ρ=0.888kg/m

ϕ20　ρ=2.466kg/m

①ϕ6　(2.0÷0.2+1)×1.902×0.222=4.64kg

②ϕ20　[(9−0.025×2+6.25×0.02)×2+(3.4−0.025+6.25×0.02)×2]×2.466
=59.06kg

③ϕ20 (7−0.05)×2×2.466=34.28kg

④ϕ12 (7−0.05)×2×0.888=12.34kg

⑤ϕ6 (4÷0.2+1)×0.495×4×0.222=9.23kg

⑥ϕ6 (4÷0.2+1)×0.845×2×0.222=7.88kg

⑦ϕ6 (1÷0.2+1)×2.504×0.222=3.34kg

⑧ϕ20 (0.5+1.02+0.64+0.9)×2.466=7.55kg

【注释】 0.5×0.45×2 为 1-1 剖面柱的截面面积乘以柱高，1.1×0.45×1.4 为 2-2 剖面中柱的截面面积乘以柱高度，$0.3\times0.7\times\frac{1}{2}\times0.45$ 为 2-2 剖面中多计算的小三角形部分工程量，5.6 为 3-3 和 4-4 剖面的柱高度之和，4(工字形柱的高度)×(0.4+0.5)(工字形凹处的截面长度)×0.125(凹处的厚度)为工字形柱凹处的工程量。2.0÷0.2+1 为①号箍筋的根数，0.2 为其直径，1.902 为①号箍筋长度；(9−0.025×2+6.25×0.02)×2+(3.4−0.025+6.25×0.02)×2 为②号钢筋的长度，6.25×0.02 为弯钩增加长度，其中 6.25 为弯钩的系数值，0.025 为保护层厚度；7−0.05 为③号和④号钢筋的长度；4÷0.2+1 为⑤号和⑥号钢筋的根数，0.2 为箍筋间距，0.495 为⑤号钢筋的长度，0.845 为⑥号钢筋的长度；(1÷0.2+1)×2.504 为⑦号钢筋的根数乘以长度。混凝土工程量按设计图示尺寸以体积计算；钢筋工程量按设计图示尺寸以质量计算。

清单工程量计算见下表：

清单工程量计算表

序号	项目编码	项目名称	项目特征描述	计量单位	工程量
1	010409002001	异形柱	预制工字形柱如图 1-122 所示	m^3	2.66
2	010416002001	预制构件钢筋	ϕ6	t	0.025
3	010416002002	预制构件钢筋	ϕ12	t	0.012
4	010416002003	预制构件钢筋	ϕ20	t	0.101

(2) 定额工程量

1) 混凝土工程量：

$$V=2.66\times1.015=2.70\text{m}^3$$

套用基础定额 5-438。

2) 钢筋工程量：

①ϕ6 4.64kg，套用基础定额 5-355。

②ϕ20 59.06kg，套用基础定额 5-301。

③ϕ20 34.28kg，套用基础定额 5-301。

④ϕ12 12.34kg，套用基础定额 5-297。

⑤ϕ6 9.23kg，套用基础定额 5-355。

⑥ϕ6 7.88kg，套用基础定额 5-355。

⑦ϕ6 3.34kg，套用基础定额 5-355。

⑧ϕ20 7.55kg，套用基础定额 5-301。

3) 模板工程量：

$$V=2.66\times1.015=2.70\text{m}^3$$

套用基础定额 5-141。

【注释】 1.015 为预制构件制作损耗率系数，钢筋工程量计算规则同清单工程量计算规则。

项目编码：010410　　项目名称：预制混凝土梁

项目编码：010410001　　项目名称：矩形梁

【例 1-114】 已知如图 1-123 所示，预制矩形梁，组合钢模板，混凝土强度等级为 C30，计算其工程量。

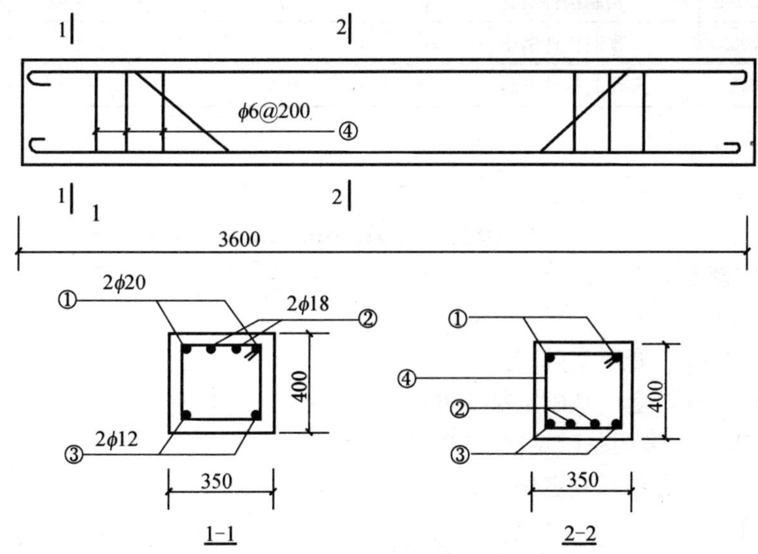

图 1-123　预制矩形梁及配筋示意图

【解】 (1) 清单工程量

1) 混凝土工程量：

$$V=0.35\times0.4\times3.6=0.50\text{m}^3$$

2)钢筋工程量：

$\phi6$　$\rho=0.222$kg/m

$\phi12$　$\rho=0.888$kg/m

$\phi18$　$\rho=1.998$kg/m

$\phi20$　$\rho=2.466$kg/m

①$\phi20$　$(3.6-0.05+6.25\times0.02\times2)\times2\times2.466=18.74\text{kg}\approx0.019\text{t}$

②$\phi18$　$(3.6-0.05+6.25\times0.02\times2+0.35\times0.414\times2)\times2\times1.998=16.34\text{kg}\approx0.016\text{t}$

③$\phi12$　$(3.6-0.05+6.25\times0.02\times2)\times2\times0.888=6.75\text{kg}\approx0.007\text{t}$

④$\phi6$　$[(3.6-0.05)\div0.2+1]\times1.504\times0.222=6.26\text{kg}\approx0.006\text{t}$

【注释】 0.35(柱的截面宽度)×0.4(柱的截面长度)乘以 3.6 为柱的截面面积乘以柱高，其工程量按设计图示尺寸以体积计算。钢筋工程量按设计图示尺寸以质量计算，3.6－0.05＋6.25×0.02×2 为①号、③号钢筋长度，其中 0.05 为保护层厚度，6.25×0.02

×2 为弯钩增加长度，6.25 为弯钩的系数值，0.02 为钢筋的直径；3.6−0.05+6.25×0.02×2+0.35×0.414×2 为②号钢筋的长度，其中 0.35×0.414×2 为弯起钢筋的斜长增加长度，0.414 为斜长增加系数值；1.504 为④号箍筋的长度。

清单工程量计算见下表：

清单工程量计算表

序号	项目编码	项目名称	项目特征描述	计量单位	工程量
1	010410001001	矩形梁	C30 混凝土	m^3	0.50
2	010416002001	预制构件钢筋	ϕ6	t	0.006
3	010416002002	预制构件钢筋	ϕ12	t	0.007
4	010416002003	预制构件钢筋	ϕ18	t	0.016
5	010416002004	预制构件钢筋	ϕ20	t	0.019

(2) 定额工程量

1) 混凝土工程量：

$$V=0.50\times1.015=0.51m^3$$

套用基础定额 5-439。

2) 钢筋工程量：

①ϕ20　18.74kg，套用基础定额 5-301。

②ϕ18　16.34kg，套用基础定额 5-300。

③ϕ12　6.75kg，套用基础定额 5-297。

④ϕ6　6.26kg，套用基础定额 5-355。

3) 模板工程量：

$$V=0.50\times1.015=0.51m^3$$

套用基础定额 5-147。

【注释】 1.015 为预制构件制作损耗率系数，钢筋工程量计算规则同清单工程量计算规则。

项目编码：010410002　　项目名称：异形梁

【例 1-115】 已知如图 1-124 所示，L 形预制梁，计算其工程量。

【解】 (1) 清单工程量

1) 混凝土工程量：

$$V=(0.35\times0.4-0.1\times0.25)\times3.6=0.41m^3$$

2) 钢筋工程量：

ϕ6　ρ=0.222kg/m

ϕ12　ρ=0.888kg/m

ϕ20　ρ=2.466kg/m

ϕ22　ρ=2.984kg/m

①ϕ12　3.55×2×0.888=6.3kg

②ϕ20　2.72×2×2.466=13.42kg

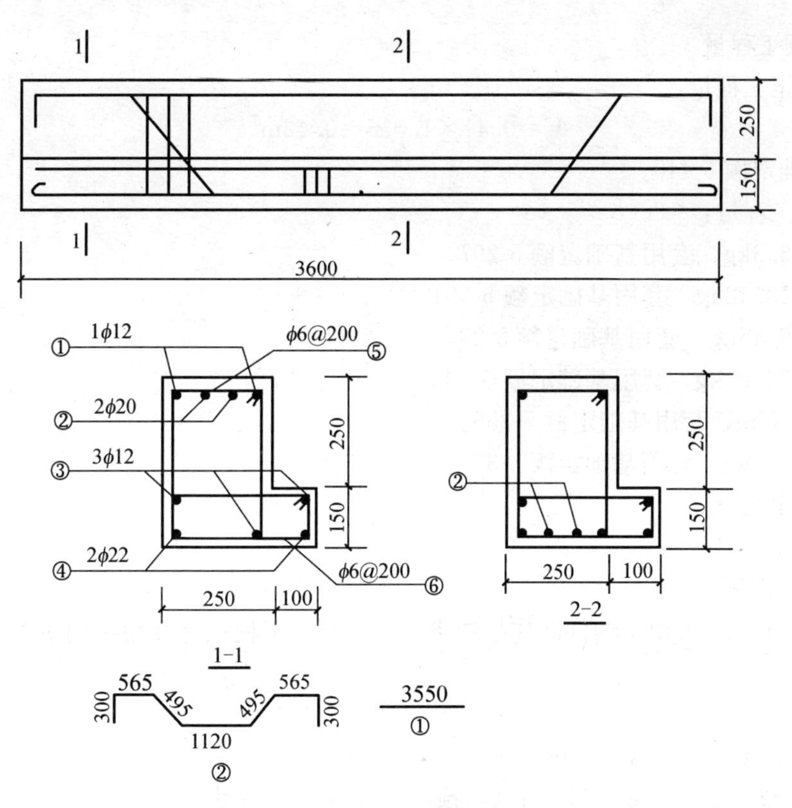

图 1-124　L形预制梁及配筋示意图

③φ12　3.55×3×0.888=9.46kg

④φ22　(3.55+6.25×0.022×2)×2×2.984=22.83kg

⑤φ6　(3.6÷0.2+1)×1.304×0.222=5.5kg

⑥φ6　(3.6÷0.2+1)×1.004×0.222=4.23kg

【注释】　[0.35(L形预制梁的截面宽度)×0.4(L形预制梁的截面长度)−0.1×0.25(梁多算的右上角方形的截面积)]为异形梁的截面面积，3.6为梁长，两者相乘为混凝土工程量，以体积计算。3.55为①号钢筋的长度，2.72为②号钢筋的长度；3.55+6.25×0.022×2为④号钢筋的长度，其中6.25×0.022×2为两个弯钩增加长度，6.25为弯钩的系数值，0.022为直径；3.6÷0.2+1为⑤号、⑥号箍筋的根数，0.2为箍筋间距，1.304为⑤号箍筋长度，1.004为⑥号箍筋长度。钢筋工程量按设计图示尺寸以质量计算。

清单工程量计算见下表：

清单工程量计算表

序号	项目编码	项目名称	项目特征描述	计量单位	工程量
1	010410002001	异形柱	L形预制梁	m^3	0.41
2	010416002001	预制构件钢筋	φ6	t	0.010
3	010416002002	预制构件钢筋	φ12	t	0.016
4	010416002003	预制构件钢筋	φ20	t	0.013
5	010416002004	预制构件钢筋	φ22	t	0.023

(2) 定额工程量

1) 混凝土工程量:

$$V=0.41\times1.015=0.42\text{m}^3$$

套用基础定额 5-440。

2) 钢筋工程量:

①ϕ12　6.3kg，套用基础定额 5-297。

②ϕ20　13.42kg，套用基础定额 5-301。

③ϕ12　9.46kg，套用基础定额 5-297。

④ϕ22　22.83kg，套用基础定额 5-302。

⑤ϕ6　5.5kg，套用基础定额 5-355。

⑥ϕ6　4.23kg，套用基础定额 5-355。

3) 模板工程量:

$$V=0.42\text{m}^3$$

套用基础定额 5-149。

【注释】 1.015 为预制构件制作损耗率系数，钢筋工程量计算规则同清单工程量计算规则。

项目编码：010410002　　项目名称：异形梁

【例 1-116】 已知如图 1-125 所示，预制 T 形梁，计算其工程量。

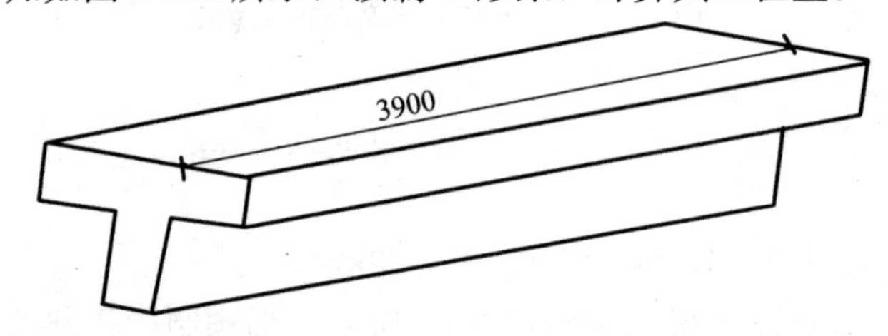

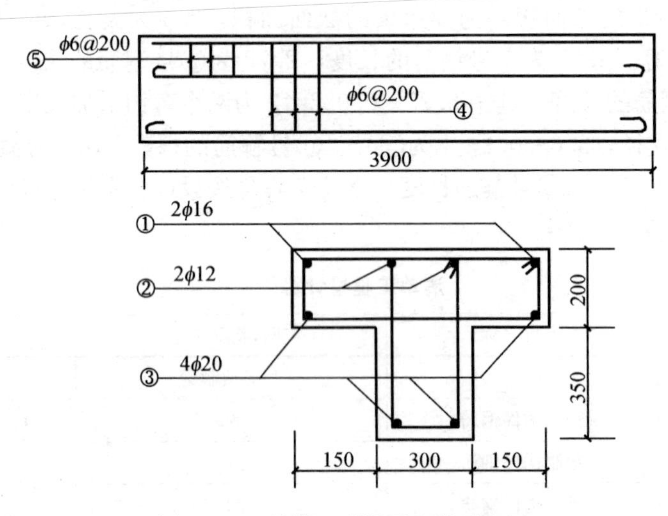

图 1-125　预制 T 形梁及配筋示意图

【解】 (1) 清单工程量

1) 混凝土工程量：

$V=(0.2\times0.6+0.3\times0.35)\times3.9=0.88m^3$

2) 钢筋工程量：

$\phi6$ $\rho=0.222kg/m$

$\phi12$ $\rho=0.888kg/m$

$\phi16$ $\rho=1.578kg/m$

$\phi20$ $\rho=2.466kg/m$

①$\phi16$ $(3.9-0.05)\times2\times1.578=12.15kg$

②$\phi12$ $(3.9-0.05)\times2\times0.888=6.84kg$

③$\phi20$ $(3.9-0.05+6.25\times0.02\times2)\times4\times2.466=40.44kg$

④$\phi6$ $[(3.9-0.05)\div0.2+1]\times1.704\times0.222=7.94kg$

⑤$\phi6$ $[(3.9-0.05)\div0.2+1]\times1.604\times0.222=7.48kg$

【注释】 [0.2×0.6(T形梁上部的截面积)+0.3×0.35(T形梁下部的截面宽度乘以截面长度)]×3.9(梁的长度)为梁的截面面积乘以梁的长度，其工程量按设计图示尺寸以体积计算。3.9－0.05为①号、②号钢筋长度，其中0.05为保护层厚度；3.9－0.05＋6.25×0.02×2为③号钢筋长度，其中6.25×0.02×2为弯钩增加长度，0.02为钢筋直径，4为4根钢筋；(3.9－0.05)÷0.2＋1为④号、⑤号钢筋的根数，0.2为箍筋间距，1.704为④号钢筋长度，1.604为⑤号钢筋长度。钢筋工程量以质量计算。

清单工程量计算见下表：

清单工程量计算表

序号	项目编码	项目名称	项目特征描述	计量单位	工程量
1	010410002001	异形梁	预制T形梁	m^3	0.88
2	010416002001	预制构件钢筋	$\phi6$	t	0.015
3	010416002002	预制构件钢筋	$\phi12$	t	0.007
4	010416002003	预制构件钢筋	$\phi16$	t	0.012
5	010416002004	预制构件钢筋	$\phi20$	t	0.040

(2) 定额工程量

1) 混凝土工程量：

$$V=0.88\times1.015=0.89m^3$$

套用基础定额5-440。

2) 钢筋工程量：

①$\phi16$ 12.15kg，套用基础定额5-299。

②$\phi12$ 6.84kg，套用基础定额5-297。

③$\phi20$ 40.44kg，套用基础定额5-301。

④$\phi16$ 7.94kg，套用基础定额5-355。

⑤$\phi6$ 7.48kg，套用基础定额5-355。

3) 模板工程量：

$$V=0.88\times1.015=0.89m^3$$

套用基础定额 5-149。

【注释】 1.015 为预制构件制作损耗率系数，钢筋工程量计算规则同清单工程量计算规则。

项目编码：010410003　　项目名称：过梁

【例 1-117】 已知如图 1-126 所示，预制过梁，计算其工程量。

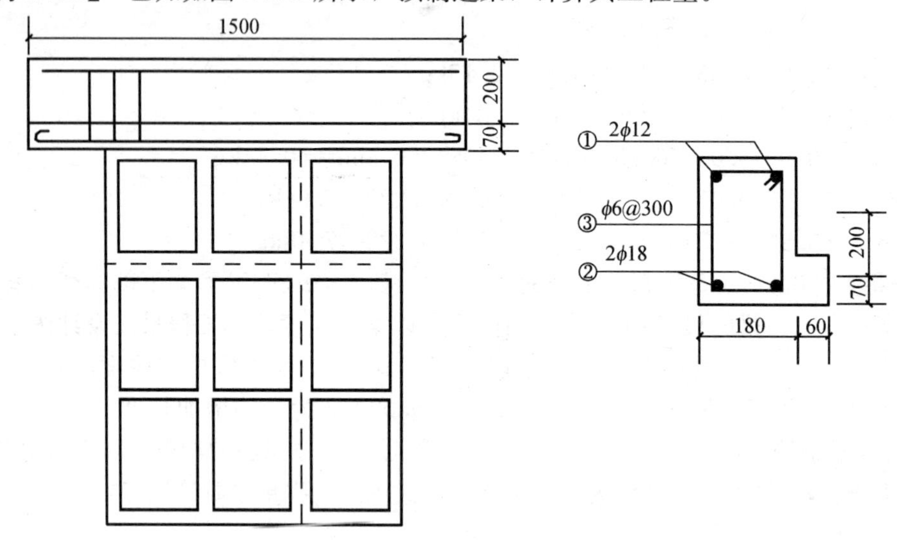

图 1-126　预制过梁及配筋示意图

【解】 (1) 清单工程量

1) 混凝土工程量：

$$V=(0.18\times0.27+0.06\times0.07)\times1.5$$
$$=0.08\mathrm{m}^3$$

2) 钢筋工程量：

$\phi6$　$\rho=0.222$kg/m

$\phi12$　$\rho=0.888$kg/m

$\phi18$　$\rho=1.998$kg/m

①$\phi12$　$(1.5-0.05)\times2\times0.888=2.58kg\approx0.003$t

②$\phi18$　$(1.5-0.05+6.25\times0.018\times2)\times2\times1.998=6.69kg\approx0.007$t

③$\phi6$　$[(1.5-0.05)\div0.3+1]\times0.904\times0.222=1.171kg\approx0.001$t

【注释】 [0.18×0.27(梁示意图中左侧部分的截面 长度乘以截面宽度)+0.06×0.07(梁示意图中右侧部分小方形的截面积)]×1.5(梁的长度)为过梁的截面面积乘以梁的长度，其工程量以体积计算。1.5−0.05 为①号钢筋的长度，0.05 为保护层厚度，2 为两根钢筋；1.5−0.05+6.25×0.018×2 为②号钢筋的长度，其中 6.25×0.018×2 为弯钩的增加长度，6.25 为弯钩的系数值，0.018 为钢筋的直径；(1.5−0.05)÷0.3+1 为箍筋的根数，其中 0.3 为箍筋间距，0.904 为箍筋长度。钢筋工程量按质量计算，为钢筋总长度乘以每米钢筋的质量。

清单工程量计算见下表：

清单工程量计算表

序号	项目编码	项目名称	项目特征描述	计量单位	工程量
1	010410003001	过梁	过梁如图 1-126 所示	m^3	0.08
2	010416002001	预制构件钢筋	$\phi6$	t	0.001
3	010416002002	预制构件钢筋	$\phi12$	t	0.003
4	010416002003	预制构件钢筋	$\phi18$	t	0.007

(2) 定额工程量

1) 混凝土工程量:

$$V=0.08\times1.015=0.08m^3$$

套用基础定额 5-441。

2)钢筋工程量:

①$\phi12$　2.58kg，套用基础定额 5-297。

②$\phi18$　6.69kg，套用基础定额 5-300。

③$\phi6$　1.171kg，套用基础定额 5-355。

3) 模板工程量:

$$V=0.08m^3$$

套用基础定额 5-150。

【注释】 1.015 为预制构件制作损耗率系数，钢筋工程量计算规则同清单工程量计算规则。

项目编码：010410004　　项目名称：拱形梁

【例 1-118】 已知如图 1-127 所示，预制拱形梁，计算其工程量。

【解】 (1) 清单工程量

1) 混凝土工程量:

$$V=0.3\times0.45\times0.5\times2+\frac{135°}{360°}\times\pi\times(3.9+3.45)\times0.5\times(3.9-3.45)$$

$$=0.135+1.948$$

$$=2.08m^3$$

2) 钢筋工程量:

$\phi6$　$\rho=0.222kg/m$

$\phi16$　$\rho=1.578kg/m$

$\phi22$　$\rho=2.984kg/m$

①$\phi16$　$(0.3+0.3+9.1)\times2\times1.578=30.61kg\approx0.031t$

②$\phi22$　$[(0.4+0.5)\times2+8.2]\times2\times2.984=59.68kg\approx0.060t$

③$\phi6$　$\left(\frac{0.55\times2}{0.2}+2+8.2\div0.2\right)\times1.904\times0.222=20.71kg\approx0.021t$

【注释】 0.3(两端的宽度)×0.45×0.5×2 为拱形的两端部分的工程量，其中 0.45×0.5 为梁的截面面积；$\frac{135°}{360°}\times\pi\times(3.9+3.45)\times0.5\times(3.9-3.45)$为拱形壁弧上的工程

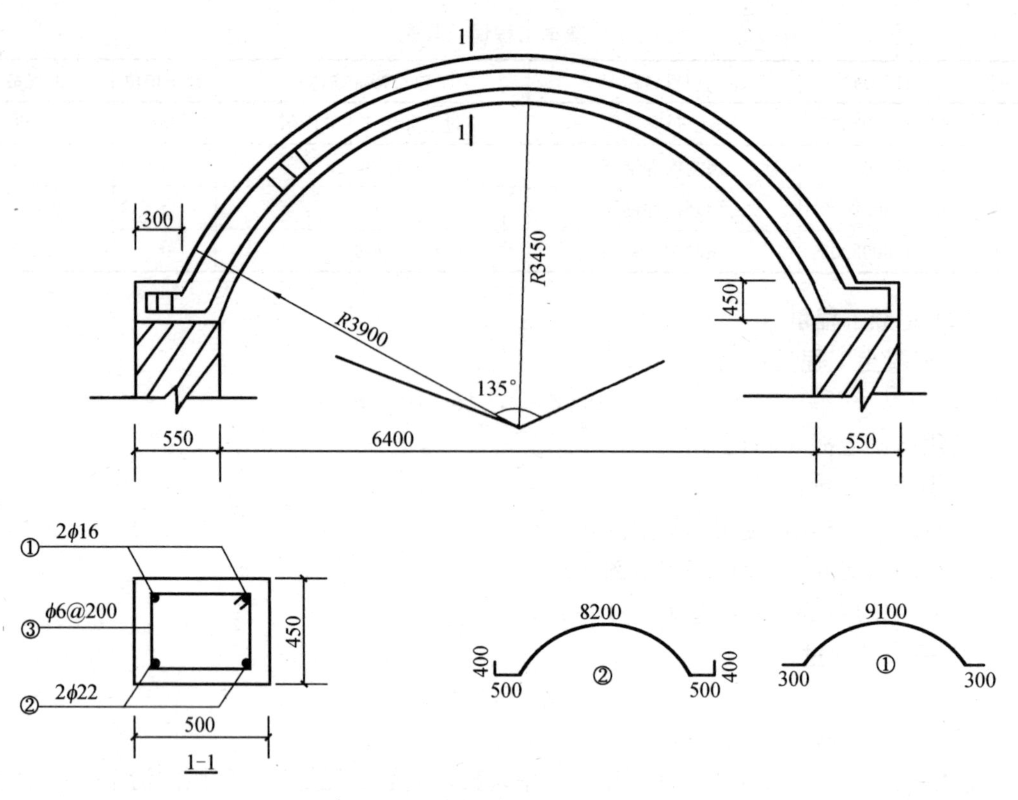

图 1-127 预制拱形梁示意图

量。0.3+0.3+9.1 为①号钢筋的长度，2 为两根钢筋；(0.4+0.5)×2+8.2 为②号钢筋的长度；$\frac{0.55\times2}{0.2}$+2+8.2÷0.2 为箍筋的根数，0.2 为箍筋的间距，1.904 为箍筋的长度。钢筋工程量以质量计算，为钢筋总长度乘以每米钢筋的质量。

清单工程量计算见下表：

清单工程量计算表

序号	项目编码	项目名称	项目特征描述	计量单位	工程量
1	010410004001	拱形梁	拱形梁如图 1-127 所示	m^3	2.08
2	010416002001	预制构件钢筋	ϕ6	t	0.021
3	010416002002	预制构件钢筋	ϕ16	t	0.031
4	010416002003	预制构件钢筋	ϕ22	t	0.060

(2) 定额工程量

1) 混凝土工程量：

$$V=4.03\times1.015=4.09\text{m}^3$$

套用基础定额 5-442。

2) 钢筋工程量：

①ϕ16　30.61kg，套用基础定额 5-299。

②ϕ22　59.68kg，套用基础定额 5-302。

③ϕ6　20.71kg，套用基础定额 5-355。

3）模板工程量：

$$V=4.03\text{m}^3$$

套用基础定额 5-155。

【注释】 1.015 为预制构件制作损耗率系数，钢筋工程量计算规则同清单工程量计算规则。

项目编码：010410005　　项目名称：鱼腹式吊车梁

【例 1-119】 已知如图 1-128 所示，鱼腹式吊车梁，计算其工程量。

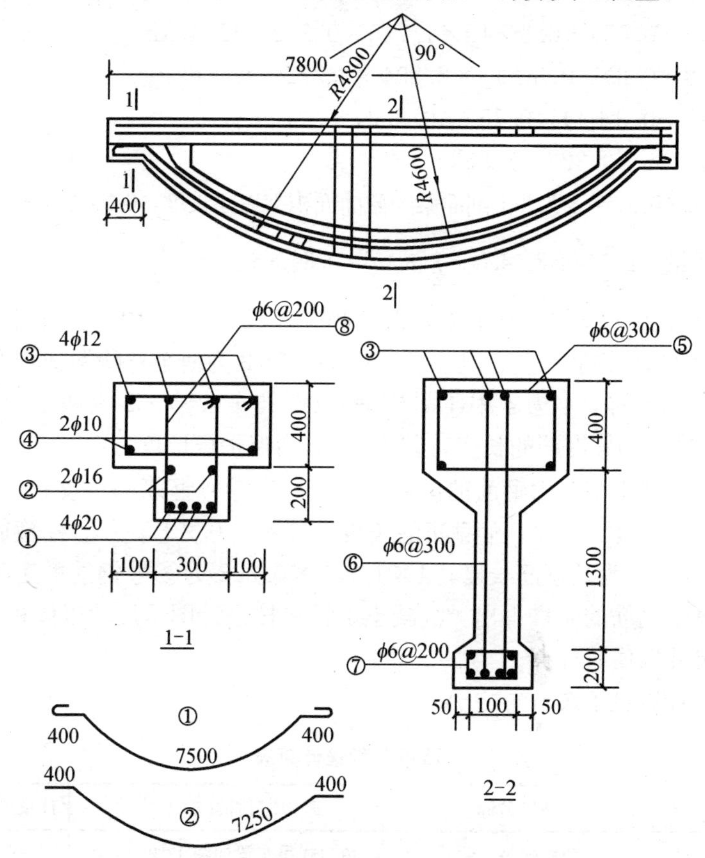

图 1-128　鱼腹式吊车梁及配筋示意图

【解】（1）清单工程量

1）混凝土工程量：

$$V=0.4\times0.5\times7.8+0.3\times0.4\times0.2\times2+\left(\frac{\pi}{4}\times4.8\times4.8-\frac{1}{2}\times4.8\times4.8\right)\times0.3-\left(\frac{\pi}{4}\times4.6\times4.6-\frac{1}{2}\times4.6\times4.6\right)\times0.1$$

$$=1.56+0.048+1.97-0.603$$

$$=2.98\text{m}^3$$

2）钢筋工程量：

$\phi 6$　$\rho = 0.222kg/m$

$\phi 10$　$\rho = 0.617kg/m$

$\phi 12$　$\rho = 0.888kg/m$

$\phi 16$　$\rho = 1.578kg/m$

$\phi 20$　$\rho = 2.466kg/m$

①$\phi 20$　$(7.50+0.8+6.25\times0.02\times2)\times4\times2.466=84.34kg$

②$\phi 16$　$(7.25+0.8)\times2\times1.578=25.41kg$

③$\phi 12$　$(7.8-0.05)\times4\times0.888=27.53kg$

④$\phi 10$　$(7.8-0.05)\times2\times0.617=9.56kg$

⑤$\phi 6$　$[(7.8-0.05)\div0.3+1]\times1.755\times0.222=10.45kg$

⑥$\phi 6$　$[(7.8-0.8)\div0.3+1]\times2.804\times0.222=15.56kg$

⑦$\phi 6$　$(7.25\div0.2+1)\times0.755\times0.222=6.24kg$

⑧$\phi 6$　$4\times1.755\times0.222=1.56kg$

【注释】 $0.4\times0.5\times7.8$ 为 1-1 剖面梁的截面面积乘以梁长度，$0.3\times0.4\times0.2\times2$ 为 1-1 剖面两个端部的工程量；$\left(\frac{\pi}{4}\times4.8\times4.8-\frac{1}{2}\times4.8\times4.8\right)\times0.3-\left(\frac{\pi}{4}\times4.6\times4.6-\frac{1}{2}\times4.6\times4.6\right)\times0.1$ 为 2-2 剖面中梁的工程量，其中 4.8 为外侧半径长，4.6 为内侧半径长。$7.50+0.8+6.25\times0.02\times2$ 为①号钢筋长度，其中 $6.25\times0.02\times2$ 为两个弯钩增加长度，6.25 为弯钩的系数值，0.02 为直径，4 为 4 根①号钢筋；$(7.25+0.8)\times2$ 为两根②号钢筋的长度；$7.8-0.05$ 为③号、④号钢筋的长度，其中 0.05 为保护层厚度；$(7.8-0.05)\div0.3+1$ 为⑤号箍筋的根数，其中 0.3 为箍筋的间距，1.755 为⑤号箍筋的长度；$(7.8-0.8)\div0.3+1$ 为⑥号箍筋的根数，2.804 为箍筋的长度；$7.25\div0.2+1$ 为⑦号箍筋的根数，其中 0.2 为其间距，0.755 为其箍筋长度；$4\times1.755\times0.222$ 为⑧号钢筋的工程量，由 4 根钢筋的长度乘以每米钢筋的质量得出。混凝土工程量按设计图示尺寸以体积计算；钢筋工程量按设计图示尺寸以质量计算。

清单工程量计算见下表：

清单工程量计算表

序号	项目编码	项目名称	项目特征描述	计量单位	工程量
1	010410005001	鱼腹式吊车梁	鱼腹式吊车梁如图 1-128 所示	m^3	2.98
2	010416002001	预制构件钢筋	$\phi 6$	t	0.034
3	010416002002	预制构件钢筋	$\phi 10$	t	0.010
4	010416002003	预制构件钢筋	$\phi 12$	t	0.028
5	010416002004	预制构件钢筋	$\phi 16$	t	0.025
6	010416002005	预制构件钢筋	$\phi 20$	t	0.084

(2) 定额工程量

1) 混凝土工程量：

$V=2.98m^3$，套用基础定额 5-443。

2)钢筋工程量：

①ϕ20　84.34kg，套用基础定额 5-301。

②ϕ16　25.41kg，套用基础定额 5-299。

③ϕ12　27.53kg，套用基础定额 5-297。

④ϕ10　9.56kg，套用基础定额 5-296。

⑤ϕ6　10.45kg，套用基础定额 5-355。

⑥ϕ6　15.56kg，套用基础定额 5-355。

⑦ϕ6　6.24kg，套用基础定额 5-355。

⑧ϕ6　1.56kg，套用基础定额 5-355。

3) 模板工程量：

$V=2.98\text{m}^3$，套用基础定额 5-152。

【注释】 其计算规则同上述清单工程量计算规则。

项目编码：010411001　　项目名称：折线型屋架

【例 1-120】 已知如图 1-129 所示，预制三角形屋架，计算其工程量。

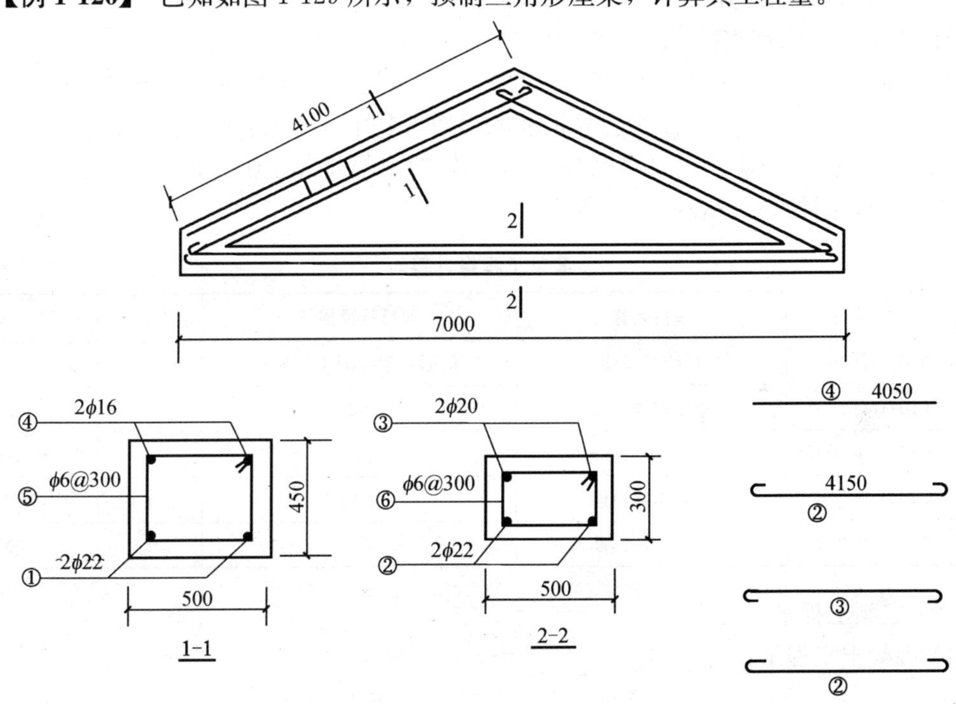

图 1-129　预制三角形屋架及配筋示意图

【解】 (1) 清单工程量

1) 混凝土工程量：

$V=4.1\times2\times0.5\times0.45+7.0\times0.5\times0.3$

$=1.845+1.05$

$=2.90\text{m}^3$

2) 钢筋工程量：

$\phi6$　ρ=0.222kg/m

$\phi16$　ρ=1.578kg/m

$\phi20$　ρ=2.466kg/m

$\phi22$　ρ=2.984kg/m

①$\phi22$　(4.05+6.25×0.022×2)×4×2.984=51.62kg

②$\phi22$　(7−0.05+6.25×0.022×2)×2×2.984=43.12kg

③$\phi20$　(7−0.05+6.25×0.02×2)×2×2.466=35.51kg

④$\phi16$　4.05×4×1.578=25.56kg

⑤$\phi6$　[(4.10−0.05)÷0.3+1]×2×1.904×0.222=12.68kg

⑥$\phi6$　[(7−0.05)÷0.3+1]×1.604×0.222=8.90kg

【注释】 4.1×2(1-1 剖面两个屋架的长度)×0.5(1-1 剖面屋架的截面长度)×0.45(1-1 剖面屋架的截面宽度)为 1-1 剖面的两个屋架长度乘以其截面面积，7.0(2-2 剖面屋架的长度)×0.5(2-2 剖面屋架的截面长度)×0.3(2-2 剖面屋架的截面宽度)为 2-2 剖面的屋架长度乘以其截面面积，混凝土的工程量按设计图示尺寸以体积计算。4×(4.05+6.25×0.022×2)为①号钢筋的长度，其中 6.25×0.022×2 为两弯钩增加长度，6.25 为弯钩的系数值，0.022 为钢筋直径，4 为四根钢筋；7−0.05+6.25×0.022×2 为②号钢筋的长度，2 为两根钢筋；4.05×4(钢筋的总长度)×1.578 为④号钢筋的总长度乘以每米钢筋的质量；(4.10−0.05)÷0.3+1 为⑤号钢筋的根数，其中 0.05 为保护层厚度，0.3 为钢筋的间距；(7−0.05)÷0.3+1 为⑥号钢筋的根数，1.604 为钢筋的长度。

清单工程量计算见下表：

清单工程量计算表

序号	项目编码	项目名称	项目特征描述	计量单位	工程量
1	010411001001	折线型屋架	三角形屋架如图 1-129 所示	m^3	2.90
2	010416002001	预制构件钢筋	$\phi6$	t	0.022
3	010416002002	预制构件钢筋	$\phi16$	t	0.026
4	010416002003	预制构件钢筋	$\phi20$	t	0.036
5	010416002004	预制构件钢筋	$\phi22$	t	0.095

(2) 定额工程量

1) 混凝土工程量：

$$V=2.90\times1.015=2.94m^3$$

套用基础定额 5-448。

2)钢筋工程量：

①$\phi22$　51.62g，套用基础定额 5-336。

②$\phi22$　43.12kg，套用基础定额 5-336。

③$\phi20$　35.51kg，套用基础定额 5-335。

④$\phi16$　25.56kg，套用基础定额 5-332。

⑤$\phi6$　12.68kg，套用基础定额 5-322。

⑥ϕ6　8.90kg，套用基础定额 5-322。

3）模板工程量：

$$V=2.90\times1.015=2.94\text{m}^3$$

套用基础定额 5-157。

【注释】 1.015 为预制构件制作损耗率系数，钢筋工程量计算规则同清单工程量计算规则。

项目编码：010411002　　项目名称：组合屋架

【例 1-121】 已知如图 1-130 所示，预制组合屋架，计算其工程量。

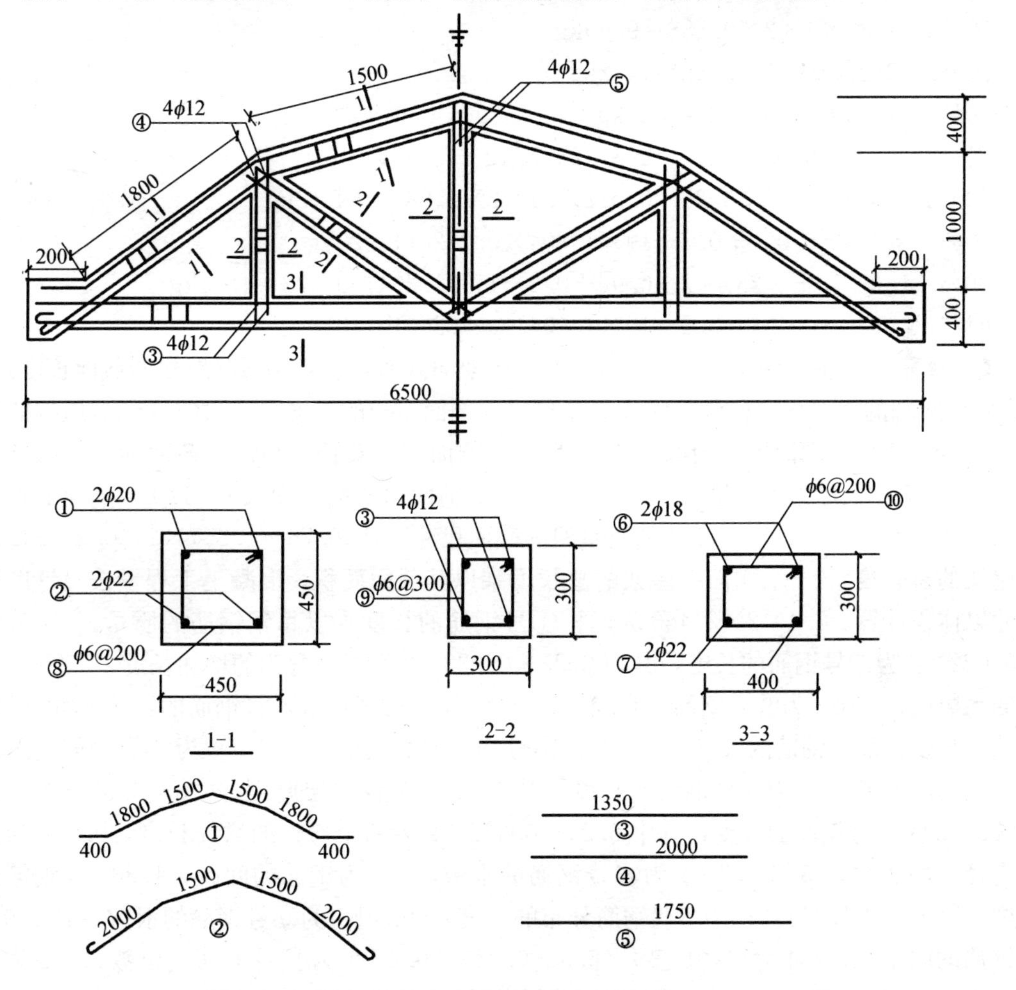

图 1-130　预制组合屋架及配筋示意图

【解】 (1) 清单工程量

1）混凝土工程量：

$$V=0.2\times0.4\times0.45\times2+(6.5-0.4)\times0.4\times0.3+(1.8+1.5)\times2\times0.45\times0.45+0.3\times0.3\times[(0.75+1.25)\times2+0.9]$$

$$=0.072+0.732+1.337+0.441$$

$=2.58m^3$

2）钢筋工程量：

ϕ6　ρ=0.222kg/m

ϕ12　ρ=0.888kg/m

ϕ18　ρ=1.998kg/m

ϕ20　ρ=2.466kg/m

ϕ22　ρ=2.984kg/m

①ϕ20　7.4×2×2.466=36.5kg

②ϕ22　(7+6.25×0.022×2)×2×2.984=43.42kg

③ϕ12　1.35×4×2×0.888=9.59kg

④ϕ12　2.0×4×2×0.888=14.2kg

⑤ϕ12　1.75×4×0.888=6.22kg

⑥ϕ18　(6.5−0.05)×2×1.998=25.77kg

⑦ϕ22　(6.5−0.05+6.25×0.022×2)×2×2.984=40.13kg

⑧ϕ6　[(6.6−0.05)÷0.2+1]×1.804×0.222=13.22kg

⑨ϕ6　{[(0.75+1.25)×2+0.9]÷0.3+1}×1.204×0.222=4.54kg

⑩ϕ6　[(6.5−0.05)÷0.2+1]×1.404×0.222=10.29kg

【注释】 0.2(两边小部分的宽度)×0.4(屋架的截面宽度)×0.45(屋架的截面长度)×2 为屋架两端的小部分工程量，(6.5−0.4)(3-3 剖面屋架的长度)×0.4(3-3 剖面屋架的截面长度)×0.3(3-3 剖面屋架的截面宽度)为 3-3 剖面的屋架长度乘以其截面面积；(1.8+1.5)×2(1-1 剖面屋架的长度)×0.45×0.45(1-1 剖面屋架的截面尺寸)为 1-1 剖面的长度乘以其截面面积，0.3×0.3(2-2 剖面屋架的截面尺寸)×[(0.75+1.25)×2+0.9](2-2 剖面屋架的总长度)为 2-2 剖面中屋架的总长度乘以其截面面积；混凝土工程量按设计图示尺寸以体积计算。7.4×2×2.466 为两根①号钢筋的长度乘以每米钢筋的质量；7+6.25×0.022×2 为②号钢筋的长度，其中 6.25×0.022×2 为两个弯钩的增加长度，6.25 为弯钩的系数值，0.022 为②号钢筋的直径；1.35(钢筋的长度)×4×2(钢筋的数量)为③号钢筋的总长度；2.0(钢筋的长度)×4×2 为④号钢筋的总长度；1.75×4 为⑤号钢筋的总长度；(6.5−0.05)×2 为⑥号钢筋的长度，其中 0.05 为保护层厚度；6.5−0.05+6.25×0.022×2 为⑦号钢筋的长度，其中 6.25×0.022×2 为两个弯钩的增加长度，0.022 为钢筋直径；(6.6−0.05)÷0.2+1 为⑧号钢筋的根数，0.2 为钢筋的间距，1.804 为钢筋的长度；[(0.75+1.25)×2+0.9](钢筋分布的长度)÷0.3+1 为⑨号钢筋的根数，其中 0.3 为钢筋的间距，1.204 为钢筋长度；(6.5−0.05)÷0.2+1 为⑩号钢筋的根数，0.2 为钢筋间距，1.404 为钢筋的长度。钢筋工程量按设计图示尺寸以质量计算。

清单工程量计算见下表：

清单工程量计算表

序号	项目编码	项目名称	项目特征描述	计量单位	工程量
1	010411002001	组合屋架	组合屋架如图 1-130 所示	m^3	2.58
2	010416002001	预制构件钢筋	ϕ6	t	0.028

续表

序号	项目编码	项目名称	项目特征描述	计量单位	工程量
3	010416002002	预制构件钢筋	ϕ12	t	0.030
4	010416002003	预制构件钢筋	ϕ18	t	0.026
5	010416002004	预制构件钢筋	ϕ20	t	0.037
6	010416002005	预制构件钢筋	ϕ22	t	0.084

（2）定额工程量

1）混凝土工程量：

$$V=2.58\times1.015=2.62\text{m}^3$$

套用基础定额 5-446。

2）钢筋工程量：

①ϕ20　36.5kg，　套用基础定额 5-335。

②ϕ22　43.42kg，⑦ϕ22　40.13kg，套用基础定额 5-336。

③ϕ12　9.59kg，④ϕ12　14.2kg，⑤ϕ12　6.22kg，套用基础定额 5-328。

⑥ϕ18　25.77kg，套用基础定额 5-334。

⑧ϕ6　13.22kg，⑨ϕ6：4.54kg，⑩ϕ6：10.29kg，套用基础定额 5-322。

3）模板工程量：

$$V=2.58\times1.015=2.62\text{m}^3$$

套用基础定额 5-158。

【注释】 1.015 为预制构件制作损率系数，钢筋工程量计算规则同清单工程量计算规则。

项目编码：010411003　　项目名称：薄腹屋架

【例 1-122】 已知如图 1-131 所示，预制薄腹屋架，计算其工程量。

【解】（1）清单工程量

1）混凝土工程量：

$$\begin{aligned}V&=0.5\times0.7\times7.75+0.15\times7.2\times0.5+3.6\times1.3\times0.5-0.3\times5.2\times0.3-2.6\times1.0\times0.3\\&=2.7125+0.54+2.34-0.468-0.78\\&=4.35\text{m}^3\end{aligned}$$

2）钢筋工程量：

ϕ6　$\rho=0.222$kg/m

ϕ12　$\rho=0.888$kg/m

ϕ18　$\rho=1.998$kg/m

ϕ20　$\rho=2.466$kg/m

①ϕ12　$(7.75-0.05)\times4\times0.888=27.35$kg

②ϕ20　$(7.75-0.05+6.25\times0.02\times2)\times2\times2.466=39.21$kg

③ϕ12　$(7.2-0.05+6.25\times0.012\times2)\times2\times0.888=12.96$kg

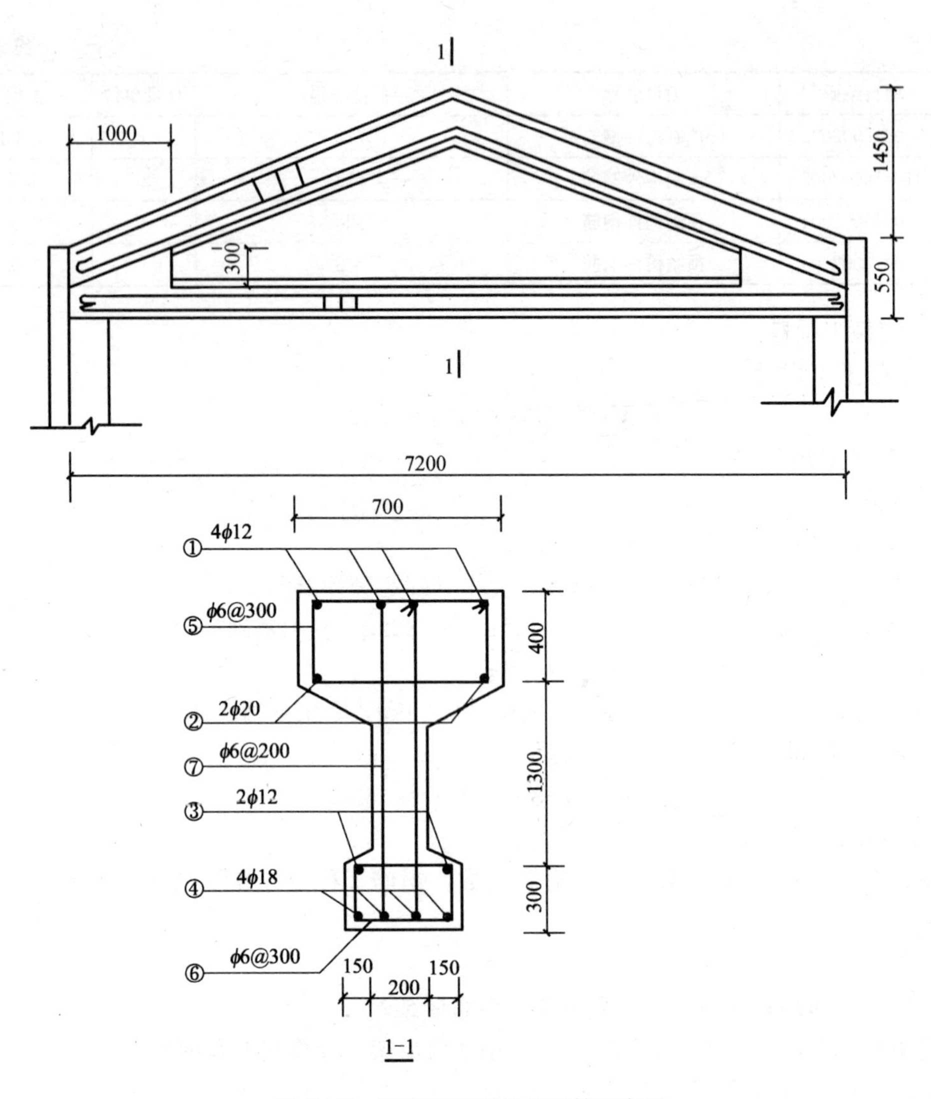

图 1-131　预制薄腹屋架及配筋示意图

④ϕ18　(7.2－0.05＋6.25×0.018×2)×2×1.998＝29.47kg

⑤ϕ6　(7.75÷0.3＋1)×2×2.204×0.222＝26.42kg

⑥ϕ6　(7.2÷0.3＋1)×1.604×0.222＝8.9kg

⑦ϕ6　(7.2÷0.2＋1)×2.954×0.222＝24.26kg

【注释】 混凝土的工程量以体积计算，0.5×0.7(屋架的截面积)×7.75(1-1 剖面中上部屋架的长度)＋0.15×7.2(剖面图中下部屋架的长度)×0.5(1-1 剖面下部的截面宽度)＋3.6(部分屋架的长度)×1.3(1-1 剖面中间部分的截面高度)×0.5－0.3×5.2×0.3－2.6×1.0×0.3 为屋架的工程量，其中 0.5×0.7×7.75 为屋架端部的工程量，0.15×7.2×0.5 为屋架底部的工程量。(7.75－0.05)×4 为 4 根①号钢筋的长度，其中 0.05 为保护层厚度；7.75－0.05＋6.25×0.02×2 为②号钢筋的长度，其中 6.25×0.02×2 为两个弯钩的增加长度，6.25 为弯钩的系数值，0.02 为②号钢筋直径；7.2－0.05＋6.25×0.012×2 为③号钢筋的长度，0.012 为③号钢筋直径；7.75÷0.3＋1 为⑤号钢筋的根数，

0.3 为钢筋的间距，2.204 为⑤号钢筋的长度；7.2(钢筋的分布长度)÷0.3(钢筋的间距)+1 为⑥号钢筋的根数，1.604 为⑥号钢筋的长度；2.954 为⑦号钢筋的长度。钢筋工程量计算规则是总长度乘以每米钢筋的质量。

清单工程量计算见下表：

清单工程量计算表

序号	项目编码	项目名称	项目特征描述	计量单位	工程量
1	010411003001	薄腹屋架	薄腹屋架如图 1-131 所示	m^3	4.35
2	010416002001	预制构件钢筋	ϕ6	t	0.060
3	010416002002	预制构件钢筋	ϕ12	t	0.040
4	010416002003	预制构件钢筋	ϕ18	t	0.029
5	010416002004	预制构件钢筋	ϕ20	t	0.039

(2) 定额工程量

1) 混凝土工程量：

$$V=4.35\times1.015=4.42m^3$$

套用基础定额 5-447。

2) 钢筋工程量：

①ϕ12　27.35kg，套用基础定额 5-328。

②ϕ20　39.21kg，套用基础定额 5-335。

③ϕ12　12.96kg，套用基础定额 5-328。

④ϕ18　29.47kg，套用基础定额 5-334。

⑤ϕ6　26.42kg，套用基础定额 5-335。

⑥ϕ6　8.9kg，套用基础定额 5-335。

⑦ϕ6　24.26kg，套用基础定额 5-335。

3) 模板工程量：

$$V=4.35\times1.015=4.42m^3$$

套用基础定额 5-159。

【注释】 1.015 为预制构件制作损耗率系数，钢筋工程量计算规则同清单工程量计算规则。

项目编码：010411004　　项目名称：门式刚架屋架

【例 1-123】 已知如图 1-132 所示，门式刚架屋架，计算其工程量。

【解】 (1) 清单工程量

1) 混凝土工程量：

$$\begin{aligned}V&=0.5\times0.45\times9.84+4.8\times0.5\times0.45\times2\\&=2.214+2.16=4.37m^3\end{aligned}$$

2) 钢筋工程量：

ϕ6　$\rho=0.222kg/m$

ϕ12　$\rho=0.888kg/m$

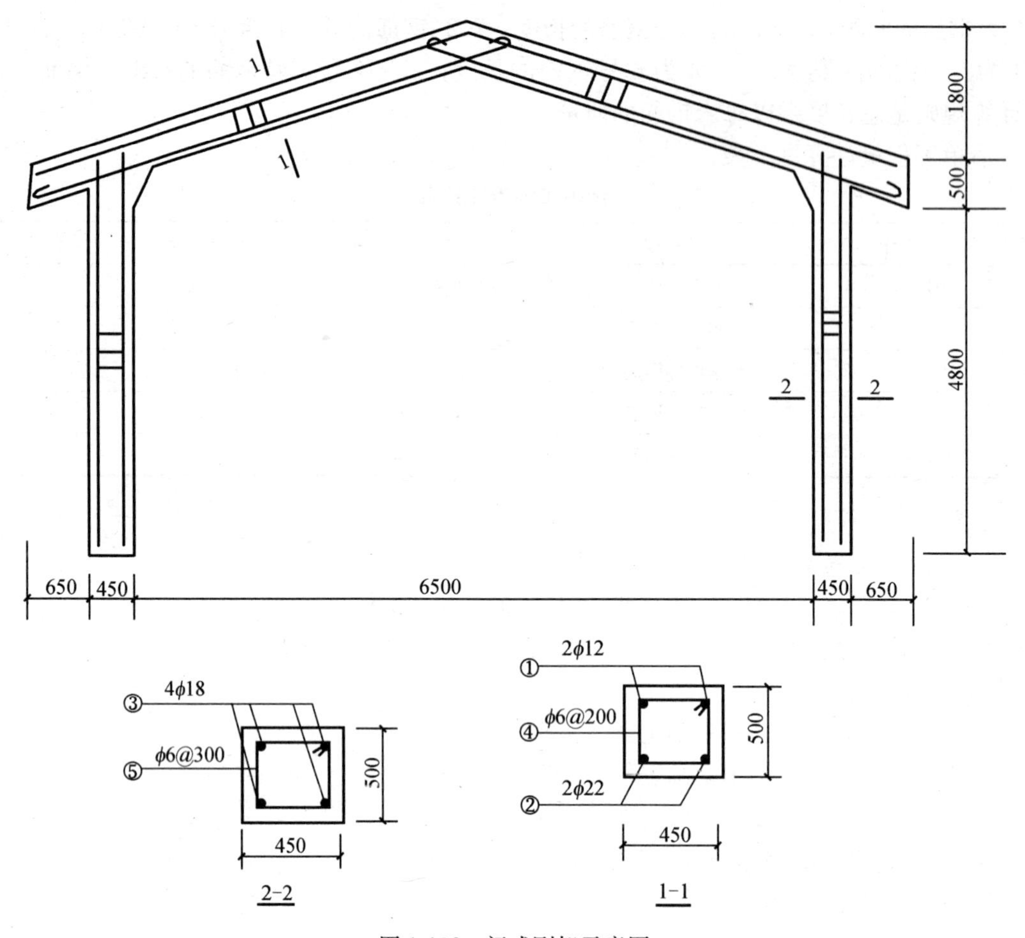

图 1-132 门式刚架示意图

ϕ18 ρ=1.998kg/m

ϕ22 ρ=2.984kg/m

①ϕ12 (9.84−0.05)×4×0.888=34.77kg

②ϕ22 (9.84−0.05+6.25×0.022×2)×2×2.984
=60.068kg

③ϕ18 (4.8+0.5−0.05)×4×2×1.998=83.92kg

④ϕ6 [(9.84−0.05)÷0.2+1]×1.904×0.222
=21.11kg

⑤ϕ6 [(4.8+0.5)÷0.3+1]×2×0.222×1.904=15.22kg

【注释】 0.5(1-1 剖面屋架的截面长度)×0.45(1-1 剖面屋架的截面宽度)×9.84(1-1 剖面屋架的长度)为 1-1 剖面屋架的截面面积乘以屋架的长度；4.8(两侧屋架的长度)×0.5×0.45(两侧屋架的截面尺寸)×2 为两侧屋架的截面面积乘以其长度，混凝土的工程量按设计图示尺寸以体积计算。9.84−0.05 为①号钢筋的长度，其中 0.05 为保护层厚度；9.84−0.05+6.25×0.022×2 为②号钢筋的长度，其中 6.25×0.022×2 为两个弯钩的增加长度，6.25 为弯钩的系数值，0.022 为②号钢筋的直径；4.8+0.5−0.05×4 为 4 根③号钢筋的长度；(9.84−0.05)÷0.2+1 为④号钢筋的根数，其中 0.2 为钢筋的间距；

(4.8+0.5)(钢筋的分布长度)÷0.3+1 为⑤号钢筋的根数，0.3 为钢筋的间距。钢筋工程量以钢筋的总长度乘以每米钢筋的质量计算。

清单工程量计算见下表：

清单工程量计算表

序号	项目编码	项目名称	项目特征描述	计量单位	工程量
1	010411004001	门式刚架屋架	门式刚架屋架如图 1-132 所示	m^3	4.37
2	010416002001	预制构件钢筋	ϕ6	t	0.036
3	010416002002	预制构件钢筋	ϕ12	t	0.035
4	010416002003	预制构件钢筋	ϕ18	t	0.084
5	010416002004	预制构件钢筋	ϕ22	t	0.060

(2) 定额工程量

1) 混凝土工程量：

$$V=4.37\times1.015=4.44m^3$$

套用基础定额：5-449。

2) 钢筋工程量：

①ϕ12　34.77kg，套用基础定额 5-328。

②ϕ22　60.07kg，套用基础定额 5-336。

③ϕ18　83.92kg，套用基础定额 5-334。

④ϕ6　21.11kg，套用基础定额 5-355。

⑤ϕ6　15.22kg，套用基础定额 5-355。

3) 模板工程量：

$$V=4.37\times1.015=4.44m^3$$

套用基础定额 5-160。

【注释】 1.015 为预制构件制作损耗率系数，钢筋工程量计算规则同清单工程量计算规则。

项目编码：010411005　　项目名称：天窗架屋架

【例 1-124】 已知如图 1-133 所示，预制天窗架屋架，计算其工程量。

【解】 (1) 清单工程量

1) 混凝土工程量：

$$V=13.3\times0.4\times0.5+(3.1+3.5)\times2\times0.4\times0.5+[(3.3+1.5)\times2+2.2+(3.5+1.8)\times2+7.9]\times0.4\times0.3$$
$$=2.66+2.64+3.636=8.94m^3$$

2) 钢筋工程量：

ϕ6　$\rho=0.222kg/m$

ϕ12　$\rho=0.888kg/m$

ϕ20　$\rho=2.466kg/m$

ϕ22　$\rho=2.984kg/m$

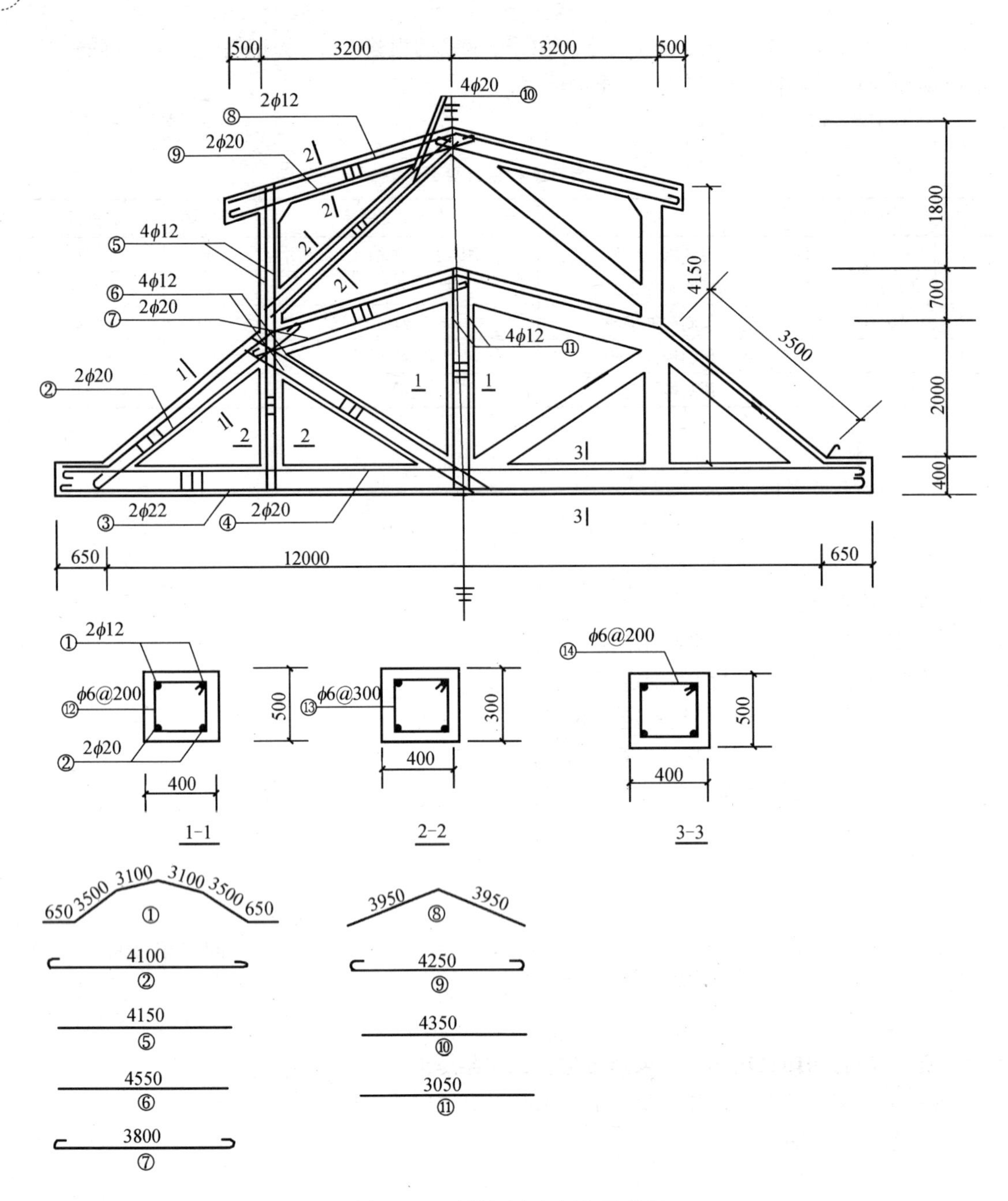

图 1-133　预制天空架屋架示意图

①ϕ12　(3.1+3.5+0.65)×4×0.888=25.75kg

②ϕ20　(4.1+6.25×0.02×2)×4×2.466=42.91kg

③ϕ22　(13.3−0.05+6.25×0.022×2)×2×2.984=80.72kg

④ϕ20　(13.3−0.05+6.25×0.02×2)×2×2.466=66.58kg

⑤ϕ12　4.15×8×0.888=29.48kg

⑥ϕ12　4.55×8×0.888=32.32kg

⑦ϕ20　(3.8+6.25×0.02×2)×4×2.466=39.95kg

⑧ϕ12　3.95×4×0.888=14.03kg

⑨ϕ20　(4.25+6.25×0.02×2)×4×2.466=44.39kg

⑩ϕ20　4.35×8×2.466=85.82kg

⑪ϕ12　3.05×4×0.888=10.83kg

⑫ϕ6　$\left[\frac{(3.1+3.5)\times 2}{0.3}+1\right]\times 1.804\times 0.222=18.022\text{kg}$

⑬ϕ6　$\left[\frac{(3.5+1.8)\times 2+7.9}{0.2}+1\right]\times 1.404\times 0.222=29.143\text{kg}$

⑭ϕ6　$\left(\frac{(13.3-0.05)}{0.3}+1\right)\times 1.804\times 0.222=17.688\text{kg}$

【注释】 13.3(3-3剖面屋架的长度)×0.4(3-3剖面屋架的截面宽度)×0.5(3-3剖面屋架的截面长度)为3-3剖面屋架的工程量；(3.1+3.5)×2×0.4(1-1剖面屋架的截面宽度)×0.5(1-1剖面屋架的截面长度)为1-1剖面的截面面积乘以屋架的长度，3.1+3.5为1-1剖面屋架长度；(3.3+1.5)×2+2.2+(3.5+1.8)×2+7.9为2-2剖面屋架的长度，0.4×0.3为2-2剖面屋架的截面积。0.4×0.3为2-2剖面和3-3剖面的截面面积。混凝土工程量以体积计算。3.1+3.5+0.65为①号钢筋的长度，4为四根①号钢筋；4.1+6.25×0.02×2为②号钢筋的长度，其中6.25×0.02×2为两个弯钩的增加长度，6.25为弯钩的系数值，0.02为钢筋直径；13.3−0.05+6.25×0.022×2为③号钢筋的长度，其中6.25×0.022×2为两个弯钩的增加长度，0.022为钢筋长度，0.05为保护层厚度；4.15×8×0.888为⑤号钢筋工程量，是钢筋的长度×根数×每米钢筋的质量；4.55为⑥号钢筋的长度；3.8+6.25×0.02×2为⑦号钢筋的长度；⑧号、⑨号、⑩号、⑪号钢筋工程量计算同⑤号钢筋一样；$\frac{(3.1\times 3.5)\times 2}{0.3}+1$为⑫号钢筋的根数，1.804为钢筋的长度；⑬号、⑭号钢筋的计算方法与⑫号钢筋的计算方法相同。钢筋工程量按设计图示以质量计算。

清单工程量计算见下表：

清单工程量计算表

序号	项目编码	项目名称	项目特征描述	计量单位	工程量
1	010411005001	天窗架屋架	天窗架屋架如图1-133所示	m^3	8.94
2	010416002001	预制构件钢筋	ϕ12	t	0.112
3	010416002002	预制构件钢筋	ϕ20	t	0.280
4	010416002003	预制构件钢筋	ϕ22	t	0.081
5	010416002004	预制构件钢筋	ϕ6	t	0.065

(2) 定额工程量

其计算方法与清单计算方法相同。

1) 混凝土工程量：

$$V=8.94\times 1.015=9.07\text{m}^3$$

套用基础定额5-450。

2) 钢筋工程量：

①ϕ12　25.75kg，套用基础定额 5-329。

②ϕ20　42.91kg，套用基础定额 5-335。

③ϕ22　80.72kg，套用基础定额 5-336。

④ϕ20　66.58kg，套用基础定额 5-335。

⑤ϕ12　29.48kg，套用基础定额 5-329(点焊)。

⑥ϕ12　32.32kg，套用基础定额 5-329(点焊)。

⑦ϕ20　39.95kg，套用基础定额 5-335。

⑧ϕ12　14.03kg，套用基础定额 5-329(点焊)。

⑨ϕ20　44.39kg，套用基础定额 5-335。

⑩ϕ20　85.82kg，套用基础定额 5-335。

⑪ ϕ12　10.83kg，套用基础定额 5-329(点焊)。

⑫ ϕ6　18.022kg，套用基础定额 5-322(绑扎)。

⑬ ϕ6　29.143kg，套用基础定额 5-322(绑扎)。

⑭ ϕ6　17.688kg，套用基础定额 5-322(绑扎)。

3) 模板工程量：

$$V=8.94\times1.015=9.07\text{m}^3$$

套用基础定额 5-161。

【注释】 1.015 为预制构件制作损耗率系数，钢筋工程量计算规则同清单工程量计算规则。

项目编码：010407001　　项目名称：其他构件

【例 1-125】 已知如图 1-134 所示，现浇其他构件，计算其工程量。

【解】 (1) 清单工程量

1) 混凝土工程量：

$$S=2.2\times(0.9+0.3)=2.64\text{m}^2$$

2) 钢筋工程量：

ϕ6　ρ=0.222kg/m

ϕ8　ρ=0.395kg/m

①ϕ8　(0.95+1.12+6.25×0.008)×[(2.2+0.4)÷0.2+1]×0.395
=11.72kg

②ϕ8　(0.95+0.55+6.25×0.008×2)×[(2.2+0.4)÷0.2+1]×0.395
=3.79kg

③ϕ8　(0.95+11.20+6.25×0.008)×(2.6÷0.2+1)×0.395
=67.47kg

④ϕ6　6×0.5×0.222=0.67kg

⑤ϕ6　[(0.95+0.55)÷0.18+1]×(2.6−0.05)×0.222=5.09kg

【注释】 混凝土工程量按设计图示尺寸以面积计算，不扣除单个 0.3m² 以内的孔洞所占面积。2.2(平面的长度)×(0.9+0.3)(平面的宽度)为平面的面积。(2.2+0.4)(钢筋的分布长度)÷0.2+1 为①号、②号钢筋的根数，其中 0.2 为钢筋的间距，0.95+0.55+

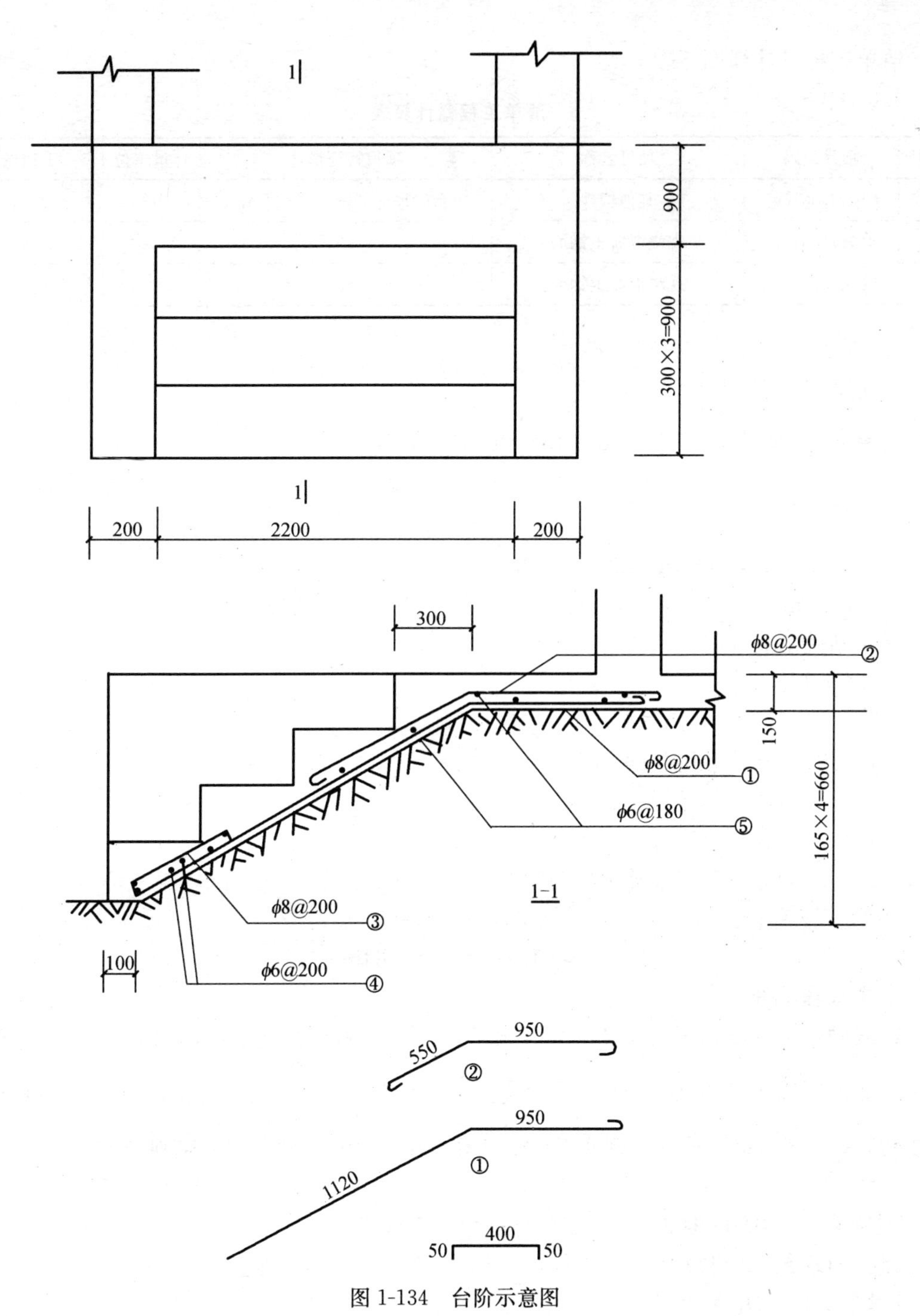

图 1-134　台阶示意图

6.25×0.008×2 为②号钢筋的长度，其中 6.25×0.008×2 为两个弯钩的增加长度，6.25 为弯钩的系数值，0.008 为钢筋的直径；0.95+11.20+6.25×0.008 为③号钢筋的长度，2.6(钢筋的分布长度)÷0.2+1 为③号钢筋的根数，0.2 为其钢筋间距；6×0.5×0.222 为④号钢筋的长度×根数×每米钢筋的质量；(0.95+0.55)(⑤号钢筋的分布长度)÷0.18 +1 为⑤号钢筋的工程量，0.18 为钢筋的间距，2.6−0.05 为⑤号钢筋的长度，其中 0.05 为保护层厚度。钢筋工程量按设计图示尺寸以质量计算。

清单工程量计算见下表：

清单工程量计算表

序号	项目编码	项目名称	项目特征描述	计量单位	工程量
1	010407001001	其他构件	台阶尺寸如图 1-134 所示	m^3	2.64
2	010416001001	现浇混凝土钢筋	$\phi6$	t	0.006
3	010416001002	现浇混凝土钢筋	$\phi8$	t	0.083

(2) 定额工程量

1) 混凝土工程量：

$$V=0.1\times0.66\times0.4+0.15\times1.8\times0.4+(0.66-0.15)\times1.2\times\frac{1}{2}\times0.4+[0.15\times1.8+\frac{1}{2}\times(0.1+1.2)\times0.51-0.165\times(0.9+0.6+0.3)]\times2.2$$

$$=0.0264+0.108+0.1224+0.67$$

$$=0.93m^3$$

套用基础定额 5-431。

2) 钢筋工程量：

①$\phi8$　11.72kg，套用基础定额 5-295。

②$\phi8$　3.79kg，套用基础定额 5-295。

③$\phi8$　67.47kg，套用基础定额 5-295。

④$\phi6$　0.67kg，套用基础定额 5-294。

⑤$\phi6$　5.09kg，套用基础定额 5-294。

3) 模板工程量：

$$S=1.2\times2.2=2.64m^2$$

套用基础定额 5-123。

【注释】 定额混凝土工程量单位为“m^3”，0.66 为构件的高度，(0.66－0.15)(梯形部分的上底加下底)×1.2(梯形的高度)×$\frac{1}{2}$×0.4(两边的厚度)为构件下部分楼梯两侧梯形的工程量，2.2 为钢筋长度。钢筋工程量计算规则同清单工程量计算规则一样。

项目编码：010407002　　项目名称：散水、坡道

【例 1-126】 已知如图 1-135 所示，现浇坡道，计算其工程量。

【解】 (1) 清单工程量

1) 混凝土工程量：

$$V=7.5\times2.2=16.5m^2$$

2) 钢筋工程量：

$\phi8$　$\rho=0.395kg/m$

①$\phi8$　$(2.2\div0.18+1)\times2\times(7.5-0.05+6.25\times0.008\times2)\times0.395=78.85kg$

②$\phi8$　$(7.5\div0.2+1)\times2\times(2.2-0.05+6.25\times0.008\times2)\times0.395=67.55kg$

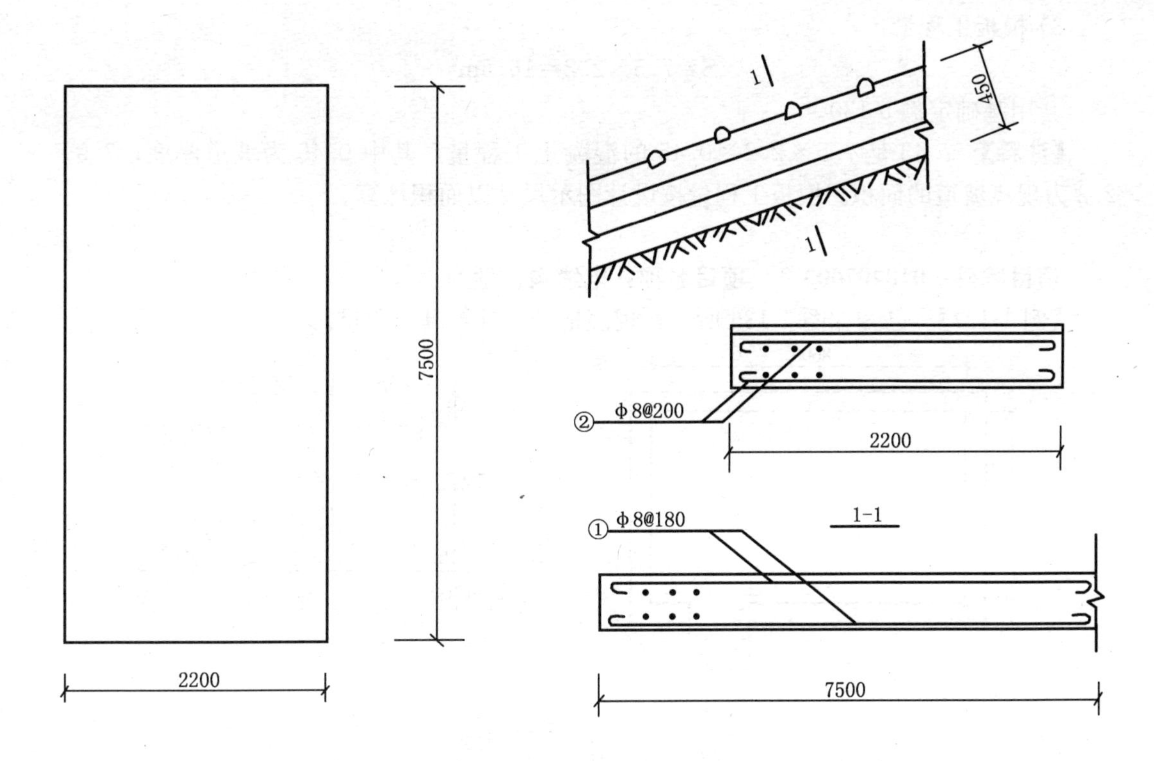

图 1-135 现浇坡道及配筋示意图

【注释】 混凝土工程量按设计图示尺寸以面积计算，不扣除单个 0.3m² 以内的孔洞所占面积。7.5(坡道的长度)×2.2(坡道的宽度)为现浇坡道的面积。2.2÷0.18+1 为①号钢筋的根数，0.18 为钢筋的间距，7.5－0.05+6.25×0.008×2 为①号钢筋的长度，其中 6.25×0.008×2 为两个弯钩的增加长度，6.25 为弯钩的系数值，0.008 为钢筋直径，0.05 为保护层厚度；7.5÷0.2+1 为②号钢筋的根数，0.2 为其间距，2.2－0.05+6.25×0.008×2 为②号钢筋的长度。钢筋工程量按设计图示尺寸以质量计算。

清单工程量计算见下表：

清单工程量计算表

序号	项目编码	项目名称	项目特征描述	计量单位	工程量
1	010407002001	散水、坡道	坡道如图 1-135 所示	m^3	16.5
2	010416001001	现浇混凝土钢筋	$\phi8$	t	0.146

(2) 定额工程量

1) 混凝土工程量：

$$V=7.43m^3$$

套用基础定额 5-429。

2) 钢筋工程量：

①$\phi8$　78.85kg，套用基础定额 5-295。

②$\phi8$　67.55kg，套用基础定额 5-295。

3）模板工程量：

$$S=7.5\times2.2=16.5\text{m}^2$$

套用基础定额 5-130。

【注释】 7.43 是 7.5×2.2×0.45 的混凝土工程量，其中 0.45 为坡道厚度，7.5×2.2 为现浇坡道的面积。模板工程量按设计图示尺寸以面积计算。

项目编码：010407003　　项目名称：电缆沟、地沟

【例 1-127】 已知如图 1-136 所示，现浇地沟，计算其工程量。

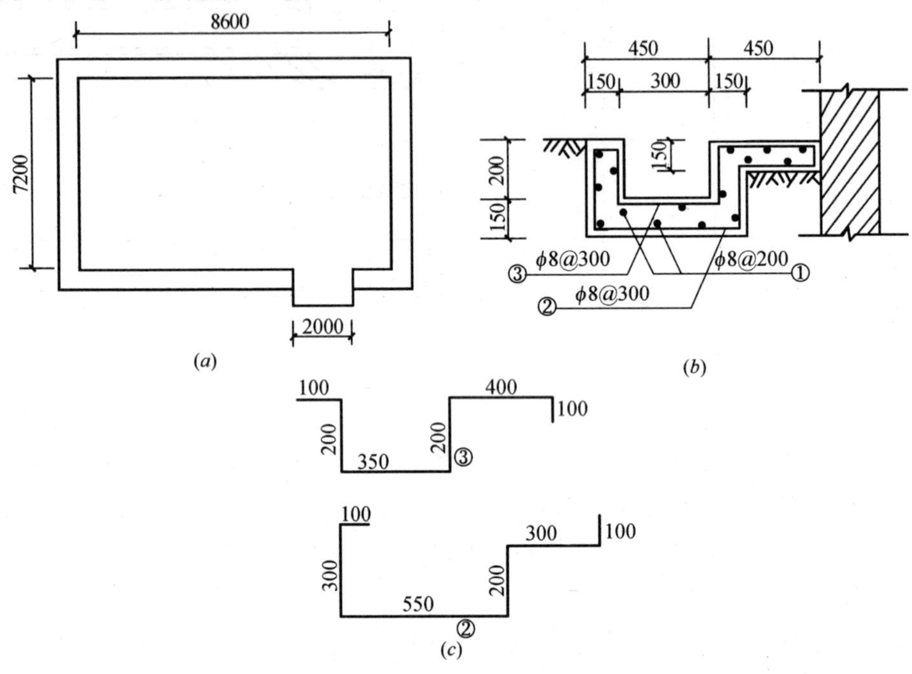

图 1-136　现浇地沟及配筋示意图

(a)平面图；(b)剖面图；(c)配筋图

【解】 (1)清单工程量

1）地沟的工程量：

$L=(8.6+0.9)\times2+(7.2+0.9)\times2-2$

$=19.0+16.2-2=33.2\text{m}$

2）钢筋工程量：

$\phi8$　$\rho=0.395\text{kg/m}$

①$\phi8$　$15\times[(8.6+0.9)\times2+(7.2+0.9)\times2-2]\times0.395$

$=15\times33.2\times0.395$

$=196.71\text{kg}$

②$\phi8$　$(33.2\div0.3+1)\times1.55\times0.395=67.96\text{kg}$

③$\phi8$　$(33.2\div0.3+1)\times1.35\times0.395=59.19\text{kg}$

【注释】 电缆沟、地沟工程量按设计图示以中心线计算。(8.6+0.9)×2+(7.2+0.9)×2−2 为现浇地沟工程量，其中 8.6、7.2 为所需布置地沟的长和宽；15×[(8.6+

0.9)×2+(7.2+0.9)×2−2]为①号钢筋的长度，其中15为钢筋的根数；33.2(钢筋的分布长度)÷0.3+1为②号、③号钢筋的根数，其中0.3为钢筋的间距，1.55为②号钢筋长度，1.35为③号钢筋长度。钢筋工程量为钢筋总长度乘以每米钢筋的质量。

清单工程量计算见下表：

清单工程量计算表

序号	项目编码	项目名称	项目特征描述	计量单位	工程量
1	010407003001	电缆沟、地沟	地沟如图1-136所示	m	33.2
2	010416001001	现浇混凝土钢筋	$\phi8$	t	0.324

(2) 定额工程量

1) 混凝土工程量：

$$V=(0.45\times0.15+0.15\times0.2+0.31\times0.15+0.35\times0.15)\times33.2$$
$$=6.47\text{m}^3$$

【注释】 混凝土的工程量是以体积计算的。0.45×0.15+0.15×0.2+0.3×0.15+0.35×0.15为地沟的截面面积，33.2为地沟的总长度。

套用基础定额5-424。

2) 钢筋工程量：

①$\phi8$　196.71kg，套用基础定额5-295。

②$\phi8$　67.96kg，套用基础定额5-295。

③$\phi8$　59.19kg，套用基础定额5-295。

3) 模板工程量：

$$S=33.2\times0.9=29.88\text{m}^2$$

套用基础定额5-130。

【注释】 33.2×0.9为现浇地沟的宽度乘以所布置地沟的总长度。模板工程量以面积计算。

项目编码：010415003　　项目名称：水塔

【例1-128】 已知如图1-137所示，预制水塔槽底及塔顶部分，计算其工程量。

【解】 (1) 清单工程量

1) 混凝土工程量：

$$V=0.08\times\pi\times2.15\times2.15+4.0\times\pi\times\frac{1}{4}\times(4.1\times4.1-3.5\times3.5)+0.1\times3.5\times3.5\times\frac{\pi}{4}+0.3\times\frac{\pi}{4}\times(3.55\times3.55-3.15\times3.15)$$
$$=1.161+14.318+0.962+0.631$$
$$=17.07\text{m}^3$$

2) 钢筋工程量：

$\phi12$　$\rho=0.888\text{kg/m}$

$\phi16$　$\rho=1.578\text{kg/m}$

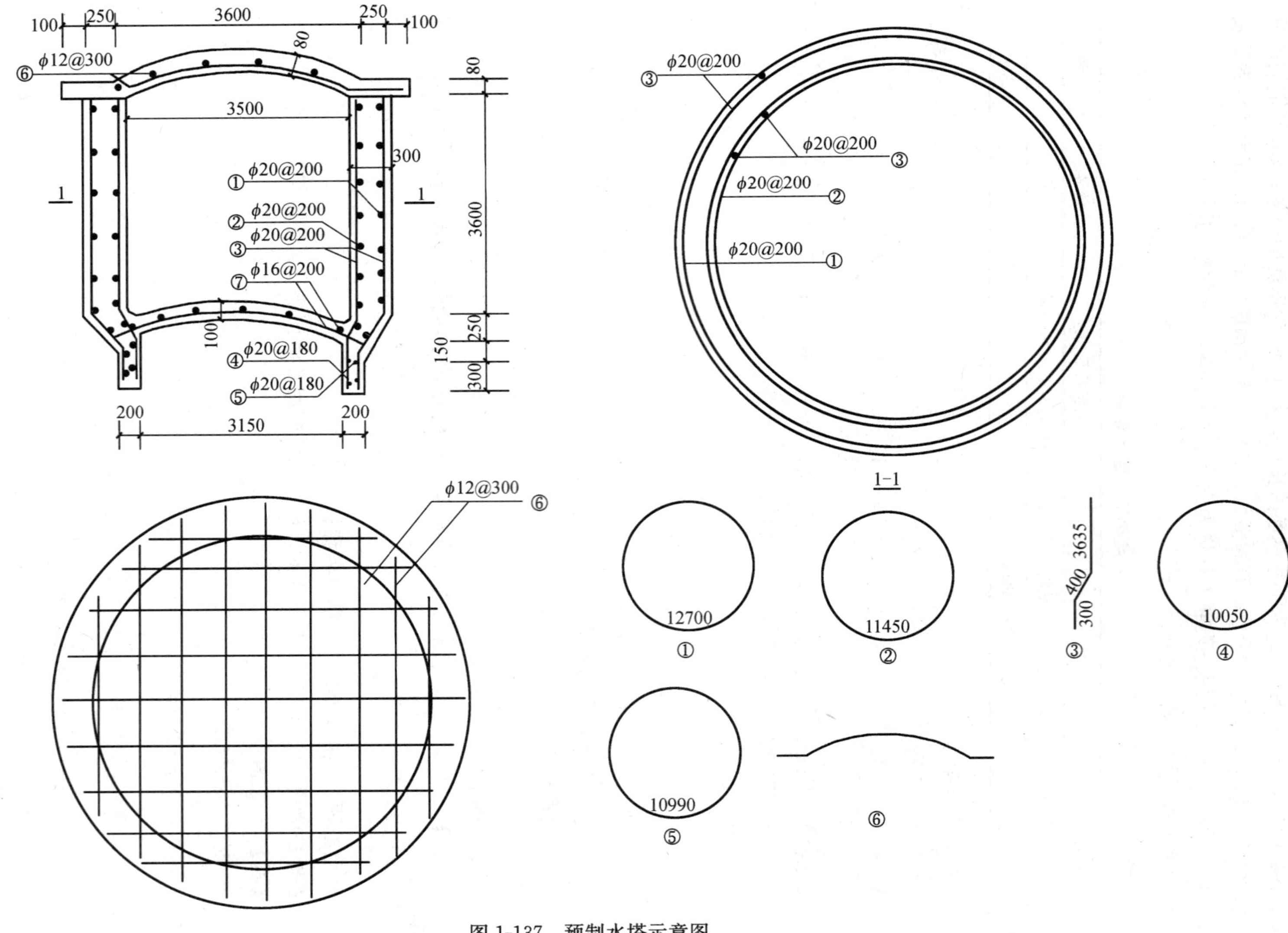

图 1-137 预制水塔示意图

$\phi20$　$\rho=2.466$kg/m

①$\phi20$　(3.9+0.2+1)×12.7×2.466=657.68kg

②$\phi20$　(3.6÷0.2+1)×11.45×2.466=536.48kg

③$\phi20$　11.45÷0.2×4.355×2.466=622.89kg

④$\phi20$　2×10.05×2.466=49.57kg

⑤$\phi20$　3×10.99×2.466=81.3kg

⑥$\phi12$　44.1×2×π×0.888=245.93kg

⑦$\phi16$　88.2×π×1.578=437.02kg

【注释】　混凝土工程量按设计图示尺寸以体积计算，不扣除构件内构件、预埋铁件及单个面积0.3m^{2}以内的孔洞所占体积。0.08为顶部的厚度，3.5为内侧壁的长度。3.9+0.2+1为①号钢筋的根数，其中0.2为箍筋的间距，12.7为①号箍筋的长度；[3.6(②号钢筋的分布长度)÷0.2(②号钢筋的间距)+1]×11.45(②号钢筋的长度)为②号箍筋的长度乘以根数是总长度；11.45(③号钢筋的分布长度)÷0.2(③号钢筋的间距)×4.355(③号钢筋的长度)为③号钢筋的总长度；2(④号钢筋的根数)×10.05(④号钢筋的长度)×2.466为④号钢筋的总长度乘以每米钢筋的质量；44.1×2×π为⑥号钢筋的总长度，88.2×π为⑦号钢筋的总长度。钢筋工程量按设计图示尺寸以质量计算。

清单工程量计算见下表：

清单工程量计算表

序号	项目编码	项目名称	项目特征描述	计量单位	工程量
1	010415003001	水塔	槽底及塔顶如图1-137所示	m^3	17.07
2	010416002001	预制构件钢筋	$\phi12$	t	0.246
3	010416002002	预制构件钢筋	$\phi16$	t	0.437
4	010416002003	预制构件钢筋	$\phi20$	t	1.817

(2) 定额工程量

1) 混凝土工程量：

$$V=17.07\text{m}^3$$

套用基础定额5-493。

2) 钢筋工程量：

①$\phi20$　657.68kg，套用基础定额5-335。

②$\phi20$　536.48kg，套用基础定额5-335。

③$\phi20$　622.89kg，套用基础定额5-335。

④$\phi20$　49.57kg，套用基础定额5-335。

⑤$\phi20$　81.3kg，套用基础定额5-335。

⑥$\phi12$　245.93kg，套用基础定额5-328。

⑦$\phi16$　437.02kg，套用基础定额5-333。

3) 模板工程量：

$$V=17.07\text{m}^3$$

套用基础定额5-243、5-244。

【注释】 定额工程量计算规则同清单工程量计算规则一样。

项目编码：010415003　　项目名称：水塔

【例 1-129】 已知如图 1-138 所示，预制倒圆锥形水塔，计算其工程量。

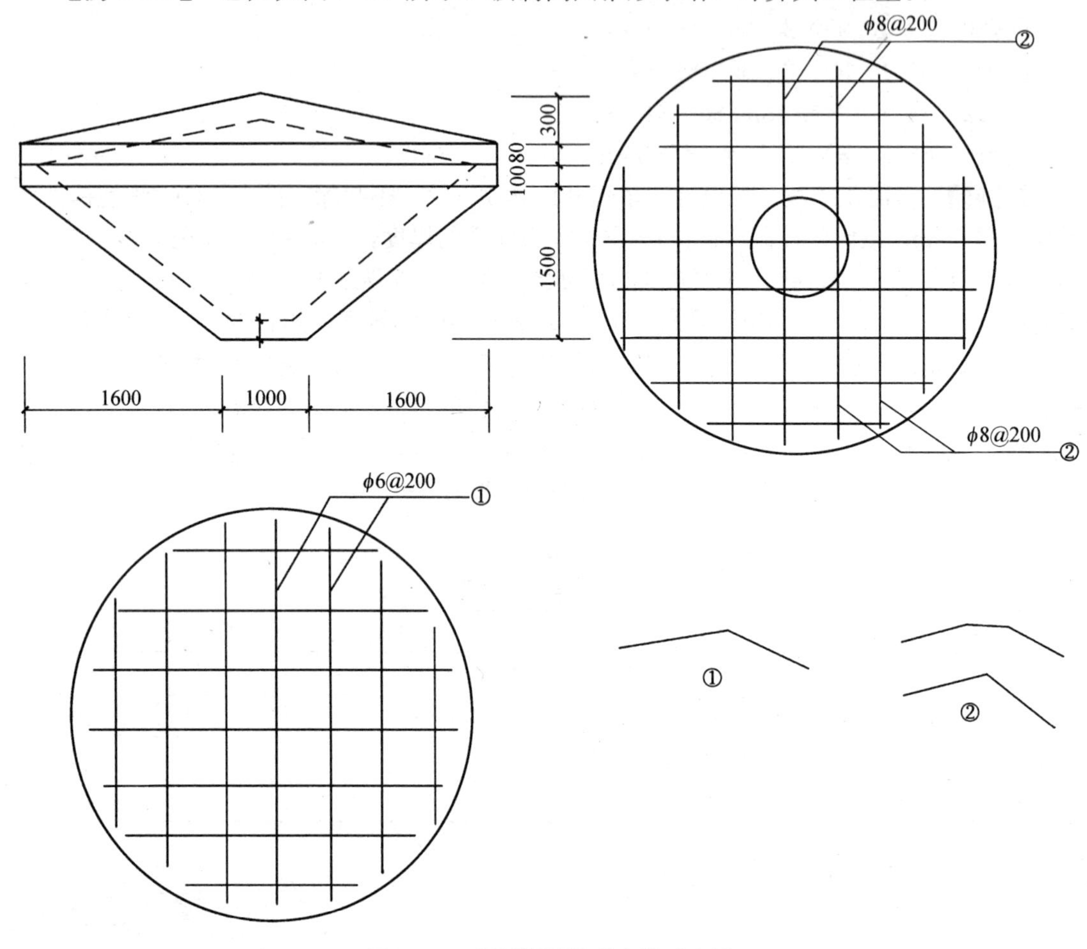

图 1-138　预制倒圆锥形水塔示意图

【解】 (1) 清单工程量

1) 混凝土工程量：

$V = 14.0 \times 0.08 + (\pi + 17.88) \times 0.1$

$= 1.12 + 2.102$

$= 3.22 m^3$

2) 钢筋工程量：

φ6　$\rho = 0.222$kg/m

φ8　$\rho = 0.395$kg/m

①φ6　$140 \times 0.222 = 31.08$kg

②φ8　$210.2 \times 0.395 = 83.03$kg

【注释】 同例 1-128 混凝土计算规则一样。0.08 为顶板厚度，14.0 为圆锥顶板面积，0.1 为顶板下部板的厚度。140(①号钢筋的长度)×0.222 为①号钢筋的长度乘以每米钢筋的质量为其工程量；210.2 为②号钢筋的长度。

清单工程量计算见下表：

清单工程量计算表

序号	项目编码	项目名称	项目特征描述	计量单位	工程量
1	010415003001	水塔	倒圆锥形水塔如图 1-138 所示	m^3	3.22
2	010416002001	预制构件钢筋	ϕ6	t	0.031
3	010416002002	预制构件钢筋	ϕ8	t	0.083

(2) 定额工程量

1) 混凝土工程量：

$V=3.22m^3$，套用基础定额 5-502。

2) 钢筋工程量：

①ϕ6　31.08kg，套用基础定额 5-322。

②ϕ8　83.03kg，套用基础定额 5-324。

3) 模板工程量：

$V=3.22m^3$，套用基础定额 5-249。

【注释】 定额工程量计算规则同清单工程量计算规则一样。

项目编码：010412　　　项目名称：预制混凝土板

项目编码：010412001　　项目名称：平板

【例 1-130】 如图 1-139 所示，为一单一材料实心预制平板，木模板，求该实心平板的工程量。

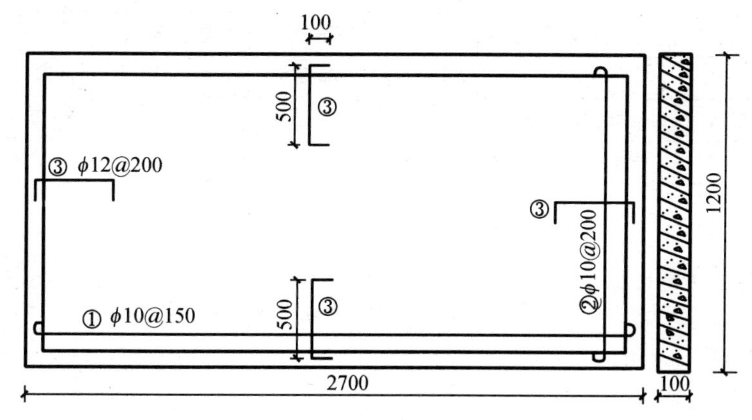

图 1-139　钢筋混凝土平板示意图

【解】 (1) 清单工程量

1) 混凝土工程量：

$$2.7\times0.1\times1.2=0.32m^3$$

2) 钢筋工程量：

$$\rho_{\phi_{10}}=0.617kg/m，\rho_{\phi_{12}}=0.888kg/m$$

①号钢筋 ϕ10

(2.7−0.015×2+2×6.25×0.01)×[(1.2−0.015×2)÷0.15+1]×0.617
=24.60×0.617
=15.18kg
②号钢筋 ϕ10
(1.2−0.015×2+2×6.25×0.01)×[(2.7−0.015×2)÷0.2+1]×0.617
=18.58×0.617
=11.47kg
③号钢筋 ϕ12
(0.5+0.1×2)×[(2.7−0.015×2+1.2−0.015×2)×2÷0.2+4]×0.888
=29.68×0.888
=26.36kg

【注释】 2.7(板的长度)×0.1(板的厚度)×1.2(板的宽度)为板长的面积乘以厚度，工程量按图示尺寸以体积计算。(2.7−0.015×2)+2×6.25×0.01 为①号钢筋的长度，其中 0.015×2 为两个保护层厚度，2×6.25×0.01 为两个弯钩增加长度，6.25 为弯钩的增加系数值，0.01 为钢筋直径；(1.2−0.015×2)(①号钢筋的分布长度)÷0.15+1 为①号钢筋的根数，其中 0.15 为钢筋的间距；1.2−0.015×2+2×6.25×0.01 为②号钢筋的长度，(2.7−0.015×2)(②号钢筋的分布长度)÷0.2+1 为②号钢筋的根数，0.2 为其钢筋的间距；0.5+0.1×2 为③号钢筋的长度，(2.7−0.015×2+1.2−0.015×2)×2(③号钢筋的分布长度)÷0.2+4 为四边钢筋的综合式计算的根数，0.2 为③号钢筋间距。钢筋工程量以钢筋的总长度乘以每米钢筋的质量计算。

清单工程量计算见下表：

清单工程量计算表

序号	项目编码	项目名称	项目特征描述	计量单位	工程量
1	010412001001	平板	平板如图 1-139 所示	m^3	0.32
2	010416002001	预制构件钢筋	ϕ10	t	(15.18+11.47)/1000=0.027
3	010416002002	预制构件钢筋	ϕ12	t	0.026

(2) 定额工程量

1) 混凝土工程量：

$$2.7\times0.1\times1.2=0.32\text{m}^3$$

套用基础定额 5-452。

2) 钢筋工程量：

①号钢筋 ϕ10
(2.7−0.015×2+2×6.25×0.01)×[(1.2−0.015×2)÷0.15+1]×0.617
=24.60×0.617
=15.18kg≈0.015t

套用基础定额 5-326。

②号钢筋 ϕ10
(1.2−0.015×2+2×6.25×0.01)×[(2.7−0.015×2)÷0.2+1]×0.617

$=18.58\times0.617$

$=11.47\text{kg}\approx0.011\text{t}$

套用基础定额 5-326。

③号钢筋 $\phi12$

$(0.5+0.1\times2)\times[(2.7-0.015\times2+1.2-0.015\times2)\times2\div0.2+4]\times0.888$

$=29.68\times0.888$

$=26.36\text{kg}\approx0.026\text{t}$

套用基础定额 5-328。

3) 模板工程量：

$$2.7\times0.1\times1.2=0.32\text{m}^3$$

套用基础定额 5-172。

【注释】 本例中定额工程量计算规则同清单工程量计算规则一样。

说明：该平板所有钢筋的保护层厚度均为 15mm，钢筋质量可以查阅钢筋单位长度质量表。

项目编码：010412006　　项目名称：带肋板

【例 1-131】 如图 1-140 所示，求预制异形板(E 形板)的工程量。

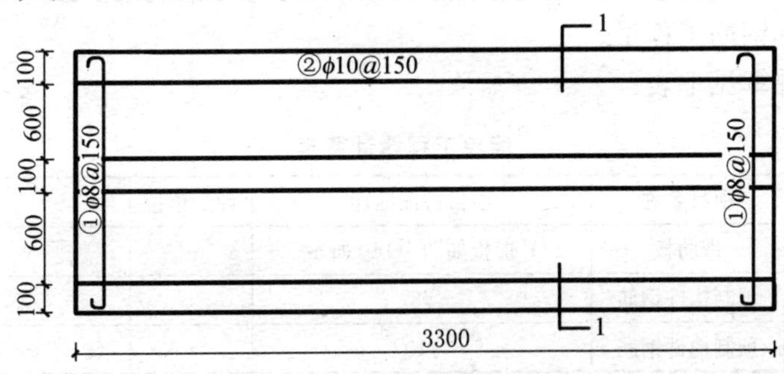

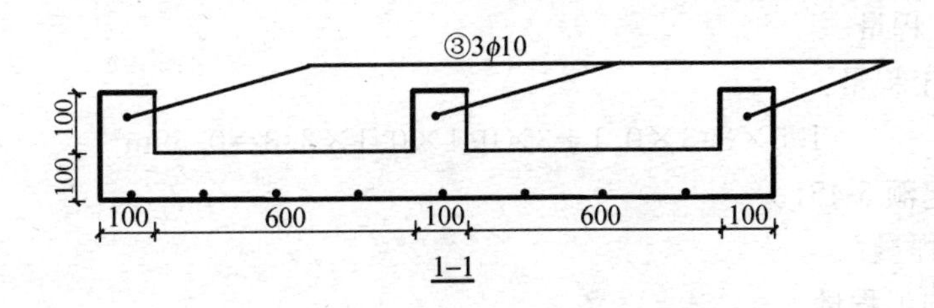

图 1-140　预制异形板配筋及剖面图

【解】 (1) 清单工程量

1) 混凝土工程量：

$$1.5\times3.3\times0.1+3\times0.1\times0.1\times3.3=0.59\text{m}^3$$

2) 钢筋工程量：

①号钢筋的工程量($\rho_{\phi_8}=0.395\text{kg/m}$)

$(1.5-0.015\times2+2\times6.25\times0.008)\times[(3.3-0.015\times2)\div0.15+1]\times0.395$

$=35.796\times0.395$

=14.14kg

②号钢筋的工程量($\rho_{\phi_{10}}$=0.617kg/m)

(3.3−0.015×2)×[(1.5−0.015×2)÷0.15+1]×0.617

=35.316×0.617

=21.79kg

③号钢筋的工程量

(3.3−0.015×2)×3×0.617

=9.81×0.617

=6.05kg

【注释】 混凝土工程量按设计图示尺寸以体积计算。1.5(板底的宽度)×3.3(板底的长度)×0.1(板底的厚度)为板底面积乘以板厚；3×0.1×0.1×3.3 为板的三个肋行的宽度乘以厚度乘以长度。1.5−0.015×2+2×6.25×0.008 为①号钢筋的长度，其中 0.015×2 为两个保护层厚度，2×6.25×0.008 为两个弯钩的增加长度，6.25 为弯钩的增加系数值，0.008 为其钢筋的直径；(3.3−0.015×2)(①号钢筋的分布长度)÷0.15+1 为①号钢筋的根数，其中 0.15 为钢筋的间距；(3.3−0.015×2)×[(1.5−0.015×2)(②号钢筋分布的长度)÷0.15+1]为②号钢筋的长度乘以根数，为②号钢筋总长度；(3.3−0.015×2)(③号钢筋的长度)×3(③号钢筋的根数)×0.617 为③号钢筋的长度乘以根数乘以每米钢筋的质量，为其钢筋工程量。

清单工程量计算见下表：

清单工程量计算表

序号	项目编码	项目名称	项目特征描述	计量单位	工程量
1	010412006001	带肋板	E 形板如图 1-140 所示	m^3	0.59
2	010416002001	预制构件钢筋	$\phi 8$	t	0.014
3	010416002002	预制构件钢筋	$\phi 10$	t	(21.79+6.05)/1000=0.028

(2) 定额工程量

1) 混凝土工程量：

$$1.5\times3.3\times0.1+3\times0.1\times0.1\times3.3=0.59m^3$$

套用基础定额 5-451。

2) 钢筋工程量：

①号钢筋的工程量

(1.5−0.015×2+2×6.25×0.008)×[(3.3−0.015×2)÷0.15+1]×0.395

=35.796×0.395

=14.14kg≈0.014t

套用基础定额 5-324。

②号钢筋的工程量

(3.3−0.015×2)×[(1.5−0.015×2)÷0.15+1]×0.617

=35.316×0.617

=21.79kg≈0.022t

套用基础定额 5-326。

③号钢筋的工程量

$$(3.3-0.015\times2)\times3\times0.617$$
$$=9.81\times0.617$$
$$=6.05\text{kg}\approx0.006\text{t}$$

套用基础定额 5-326。

3）模板工程量：

根据定额的相关规定，预制钢筋混凝土构件的模板工程量，按实际构件的体积以“m^3”计算。

$$1.5\times3.3\times0.1+3\times0.1\times0.1\times3.3=0.59\text{m}^3$$

套用基础定额 5-175。

【注释】 本例中定额工程量计算规则同清单工程量计算规则一样。

项目编码：010412002　　项目名称：空心板

【例 1-132】 某建筑工程施工现场需用钢筋混凝土预应力空心板，共计 300 块，如图 1-141 所示，试计算其工程量。

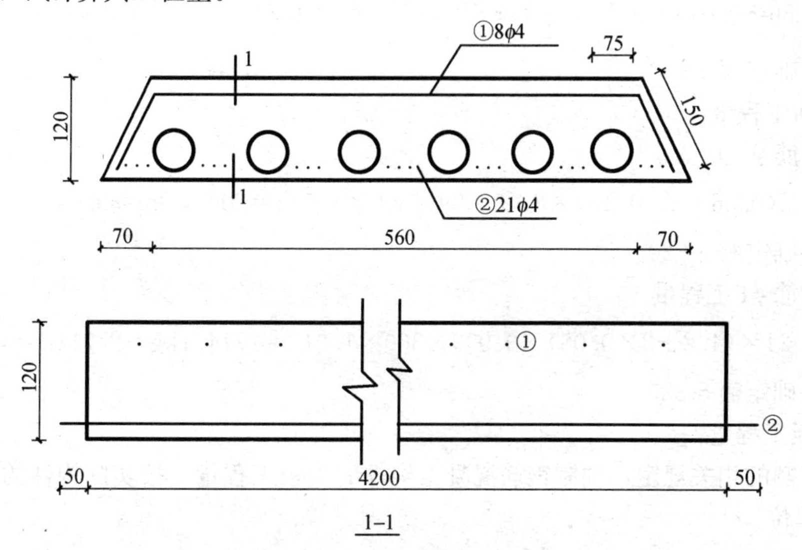

图 1-141　预应力空心板

【解】 (1) 清单工程量(损耗率为 1.2%)

1）混凝土工程量：

$$\left[(0.56+0.07)\times0.12-\frac{1}{4}\times\pi\times0.075^2\times6\right]\times4.2\times300\times1.012=130.19\text{m}^3$$

2）钢筋工程量：

①号钢筋 $\phi4$

$$(0.56+2\times0.15)\times8\times0.099=0.681\text{kg}$$
$$0.681\times300\times1.012=206.79\text{kg}$$

②号钢筋 $\phi4$

$$21\times(4.2+2\times0.05)\times0.099\times300\times1.012=2714.1\text{kg}$$

【注释】 (0.56+0.07)(预制空心板的上底加下底的平均值)×0.12 为预制空心板的截面面积，$\frac{1}{4}\times\pi\times0.075^2\times6$ 为 6 个小空心孔的截面面积，4.2 为板的长度，300 为 300 块预制板，1.012 为查表所得。(0.56+2×0.15)×8 为 8 根①号钢筋的总长度；21×(4.2+2×0.05)为 21 根②号钢筋的总长度。钢筋工程量以钢筋的总长度乘以每米钢筋的质量计算。

清单工程量计算见下表：

清单工程量计算表

序号	项目编码	项目名称	项目特征描述	计量单位	工程量
1	010412002001	空心板	空心板如图 1-141 所示	m^3	130.19
2	010416007001	预应力钢丝	$\phi4$	t	2.922

(2) 定额工程量

1) 混凝土工程量：

$$[(0.56+0.07)\times0.12-\frac{1}{4}\times\pi\times0.075^2\times6]\times4.2\times300\times1.012=130.19\text{m}^3$$

套用基础定额 5-453。

2) 钢筋工程量：

①号钢筋 $\phi4$ 工程量

$$(0.56+2\times0.15)\times8\times0.099\times300\times1.012=206.79\text{kg}\approx0.207\text{t}$$

套用基础定额 5-320。

②号钢筋 $\phi4$ 工程量

$$21\times(4.2+2\times0.05)\times0.099\times300\times1.012=2714.1\text{kg}\approx2.714\text{t}$$

套用基础定额 5-320。

3) 模板工程量：

根据定额的相关规定，预制钢筋混凝土构件的模板工程量，按实际构件的体积计算，以“m^3”为单位。

$$[(0.56+0.07)\times0.12-\frac{1}{4}\times\pi\times0.075^2\times6]\times4.2\times300\times1.012$$
$$=130.19\text{m}^3$$

套用基础定额 5-169。

【注释】 (0.56+0.07)(预制空心板的上底加下底的平均值)×0.12 为预制空心板的截面面积，$\frac{1}{4}\times\pi\times0.075^2\times6$ 为 6 个小空心孔的截面面积，其中 0.075 为空心板的孔洞的直径，4.2 为板的长度，300 为 300 块预制板，1.012 为查表所得。(0.56+2×0.15)×8 为 8 根①号钢筋的总长度；21×(4.2+2×0.05)为 21 根②号钢筋的总长度。钢筋工程量以钢筋的总长度乘以每米钢筋的质量计算。

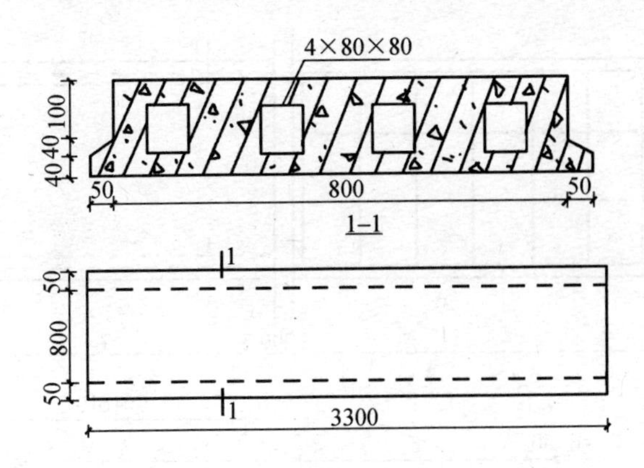

图 1-142 方形预制空心板示意图

【例 1-133】 求如图 1-142 所示方形预制空心板的工程量。

【解】 (1) 清单工程量

混凝土工程量：

$$[0.8\times0.1+(0.8+0.9)\times0.04\div2+0.9\times0.04]\times3.3-4\times0.08^2\times3.3$$
$$=0.495-0.0848=0.41\text{m}^3$$

【注释】 0.8×0.1 为最上部的板宽乘以板厚，0.9(底部的截面长度)×0.04(底部的截面宽度)为底部的截面面积，(0.8+0.9)(中间部分的上底加下底)×0.04÷2 为中间部分的截面面积，3.3 为板的长度。混凝土工程量按设计图示尺寸以体积计算。

清单工程量计算见下表：

清单工程量计算表

项目编码	项目名称	项目特征描述	计量单位	工程量
010412002001	空心板	方形空心板如图 1-142 所示	m^3	0.41

(2) 定额工程量

1) 混凝土工程量：

$[0.8\times0.1+(0.8+0.9)\times0.04\div2+0.9\times0.04-4\times0.08\times0.08]\times3.3=0.41\text{m}^3$

套用基础定额 5-453。

2) 模板工程量：

$$V_{模}=V_{混凝土}=0.41\text{m}^3$$

套用基础定额 5-165。

【注释】 本例中定额工程量计算规则同清单工程量计算规则一样。

项目编码：010412003　　项目名称：槽形板

【例 1-134】 求图 1-143 所示预制钢筋混凝土槽形板的工程量(含损耗)。

【解】 (1) 清单工程量

1) 混凝土工程量：

$[(0.05+0.1)\times0.1\div2\times2+0.8\times0.1]\times3.9\times1.012+(0.05+0.1)\times0.1\div2\times2\times0.6\times1.012=0.38\text{m}^3$

2) 钢筋工程量：

①号钢筋 ϕ14 工程量

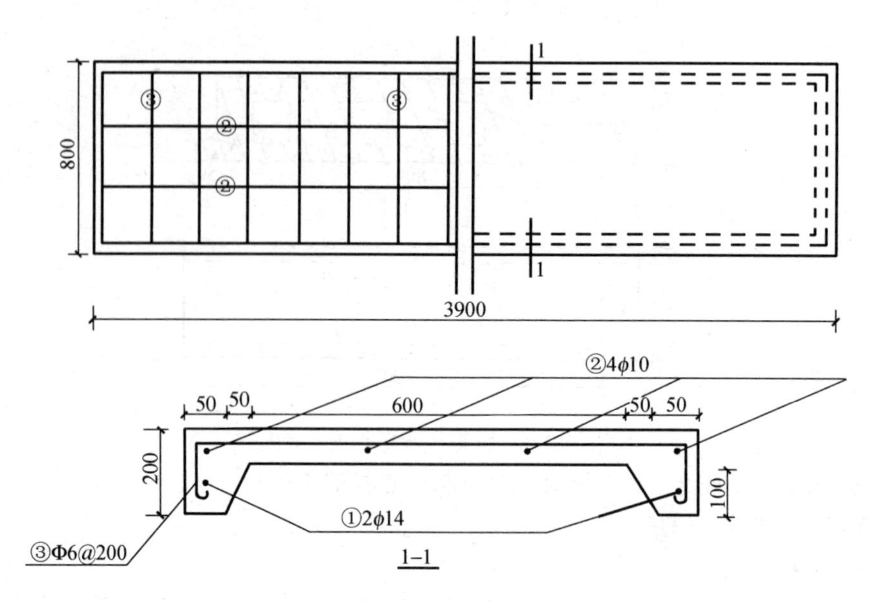

图 1-143 槽形板配筋及平面示意图

$\rho_{\phi_{14}}=1.208$kg/m，保护层厚度为 100mm

(3.9－0.01×2＋6.25×0.014×2)×2×1.208＝9.8kg

加制作废品率 9.8×(1＋0.2%)＝9.82kg

运输损耗率 9.8×0.8%＝0.078kg

安装损耗率 9.8×0.5%＝0.049kg

合计 9.8＋0.078＋0.049＝9.927kg

②号钢筋 4ϕ10 工程量

$\rho_{\phi_{10}}=0.617$kg/m

(4.2－0.01×2＋6.25×0.01×2)×4×0.617

＝4.305×4×0.617

＝10.625kg

加制作废品率 10.625×(1＋0.2%)＝10.646kg

运输损耗率 10.625×0.8%＝0.085kg

安装损耗率 10.625×0.5%＝0.053kg

合计 10.646＋0.085＋0.053＝10.784kg

③号钢筋 ϕ6@200 工程量

$\rho_{\phi_6}=0.222$kg/m

根数 (4.2－0.02)÷0.2＋1＝22 根

[0.8－2×0.01＋2×(0.2－2×0.01＋6.25×0.006)]×22×0.222

＝26.73×0.222＝5.934kg

加制作废品率 5.934×(1＋0.2%)＝5.946kg

运输损耗率 5.934×0.8%＝0.047kg

安装损耗率 5.934×0.5%＝0.030kg

合计 5.946＋0.047＋0.030＝6.023kg

【注释】 (0.05+0.1)×0.1(板示意图中板长下部两边小梯形的面积为上底加下底乘以高)÷2×2+0.8×0.1为板的截面面积，0.8为板宽，0.1为板的厚度；(0.05+0.1)×0.1÷2×2×0.6×1.012为端部的工程量，其中1.012为预制混凝土损坏系数，0.6为槽宽。3.9−0.01×2+6.25×0.014×2为①号钢筋的总长度，其中0.01×2为两个保护层的厚度，6.25×0.014×2为两个弯钩的增加长度，6.25为弯钩的增加系数值，0.014为其钢筋的直径；(4.2−0.01×2+6.25×0.01×2)×4为4根②号钢筋的长度，(4.2−0.02)(③号钢筋的分布长度)÷0.2+1为③号钢筋根数，其中0.2为钢筋的间距，0.8−2×0.01+2×(0.2−2×0.01+6.25×0.006)为③号钢筋的长度，0.006为钢筋的直径。钢筋的工程量为钢筋的总长度乘以每米钢筋的质量再乘以各个损耗系数之和。

清单工程量计算见下表：

清单工程量计算表

序号	项目编码	项目名称	项目特征描述	计量单位	工程量
1	010412003001	槽形板	槽形板如图1-143所示	m^3	0.38
2	010416002001	预制构件钢筋	ϕ14	t	0.010
3	010416002002	预制构件钢筋	ϕ10	t	0.011
4	010416002003	预制构件钢筋	ϕ6	t	0.006

(2)定额工程量

1) 混凝土工程量：

[(0.05+0.1)×0.1÷2×2+0.8×0.1]×3.9×1.012+(0.05+0.1)×0.1÷2×2×0.6×1.012=0.38m^3

套用基础定额5-454。

2) 钢筋工程量：

①号钢筋计算方法同清单工程量，9.927kg，约0.01t，套用基础定额5-330。

②号钢筋计算方法同清单工程量，10.784kg，约0.011t，套用基础定额5-326。

③号钢筋计算方法同清单工程量，6.023kg，约0.006t，套用基础定额5-355。

3) 模板工程量：

预制钢筋混凝土构件的模板工程量，按实际构件体积计算，以“m^3”为单位。

[(0.05+0.1)×0.1÷2×2+0.8×0.1]×3.9×1.012+(0.05+0.1)×0.1÷2×2×0.6×1.012=0.38m^3

套用基础定额5-174。

【注释】 本例中定额工程量计算规则同清单工程量计算规则一样。

项目编码：010412005　　项目名称：折线板

【例1-135】 如图1-144所示W形折线板，试计算其工程量。

【解】 (1) 清单工程量

1) 混凝土工程量：

12×2×0.035×4=3.36m^3

2) 钢筋工程量：

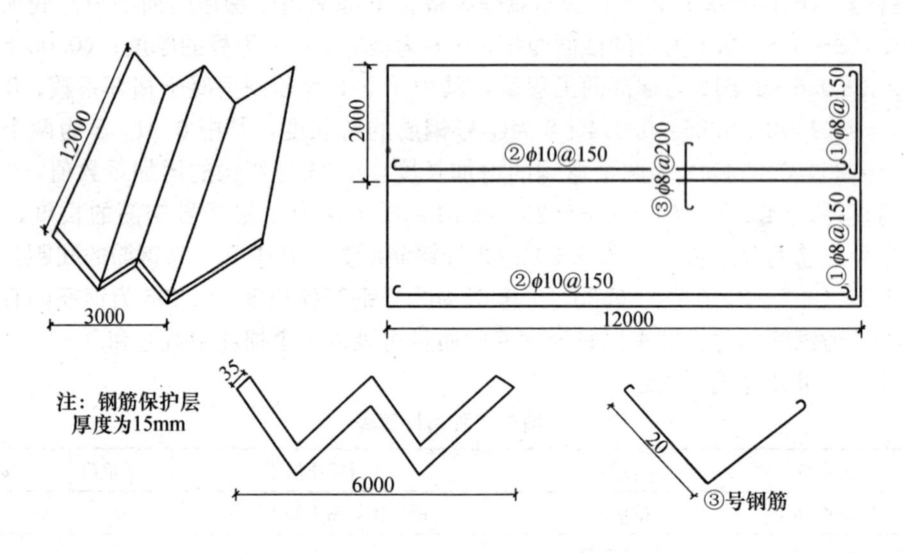

图 1-144 W形折线板示意图

①号钢筋 ϕ8@150($\rho_{\phi8}$=0.395kg/m)

(2－0.015×2＋6.25×0.008×2)×[(12－0.015×2)÷0.15＋1]×4×0.395

＝669×0.395

＝264.26kg

②号钢筋 ϕ10@150($\rho_{\phi10}$=0.617kg/m)

(12－0.015×2＋6.25×0.01×2)×[(2－0.015×2)÷0.15＋1]×4×0.617

＝684×0.617

＝422.1kg

③号钢筋 ϕ8@200

(0.02×2＋6.25×0.008×2)×[(12－0.015×2)÷0.2＋1]×4×0.395

＝34.076×0.395

＝13.46kg

【注释】 12×2×0.035×4 为 4 个折形小板的工程量，其中 0.035 为板厚度，12 为板长，2 为板宽。2－0.015×2＋6.25×0.008×2 为①号钢筋的长度，其中 0.015×2 为两个保护层厚度，6.25×0.008×2 为两个弯钩增加长度，6.25 为弯钩增加系数值，0.008 为钢筋的直径，12－0.015×2(①号钢筋的分布长度)÷0.15＋1 为①号钢筋的根数，其中 0.15 为钢筋的间距，4 为 4 个小板；12－0.015×2＋6.25×0.01×2 为②号钢筋的长度，其中 6.25 为弯钩系数，0.01 为钢筋直径，(2－0.015×2)(②号钢筋的分布长度)÷0.15＋1 为②号钢筋根数，0.15 为②号钢筋的间距；(0.02×2＋6.25×0.008×2)×[(12－0.015×2)(③号钢筋的分布长度)÷0.2(③号钢筋的间距)＋1]为③号钢筋的长度乘以根数，为③号钢筋总长度。钢筋工程量以钢筋总长度乘以每米钢筋的质量计算。

清单工程量计算见下表：

清单工程量计算表

序号	项目编码	项目名称	项目特征描述	计量单位	工程量
1	010412005001	折线板	W形折线板如图1-144所示	m^3	3.36
2	010416002001	预制构件钢筋	$\phi 8$	t	(264.26+13.46)/1000=0.278
3	010416002002	预制构件钢筋	$\phi 10$	t	0.422

(2) 定额工程量

1) 混凝土工程量：

$$12\times2\times0.035\times4=3.36\text{m}^3$$

套用基础定额5-460。

2) 钢筋工程量：

①号钢筋　计算方法同清单工程量，264.26kg，约0.264t，套用基础定额5-324。

②号钢筋　计算方法同清单工程量，422.1kg，约0.422t，套用基础定额5-326。

③号钢筋　计算方法同清单工程量，13.46kg，约0.013t，套用基础定额5-324。

3) 模板工程量：

根据定额相关规定，预制混凝土构件模板工程量按实体体积计算，以“m^3”为单位。

【注释】 本例中定额工程量计算规则同清单工程量计算规则一样。

$$V_{模}=V_{混凝土}=3.36\text{m}^3$$

套用基础定额5-180。

项目编码：010412006　项目名称：带肋板

【例1-136】 预制钢筋混凝土双肋板共50块，钢筋保护层厚度为15mm，求图1-145所示的该板的工程量。

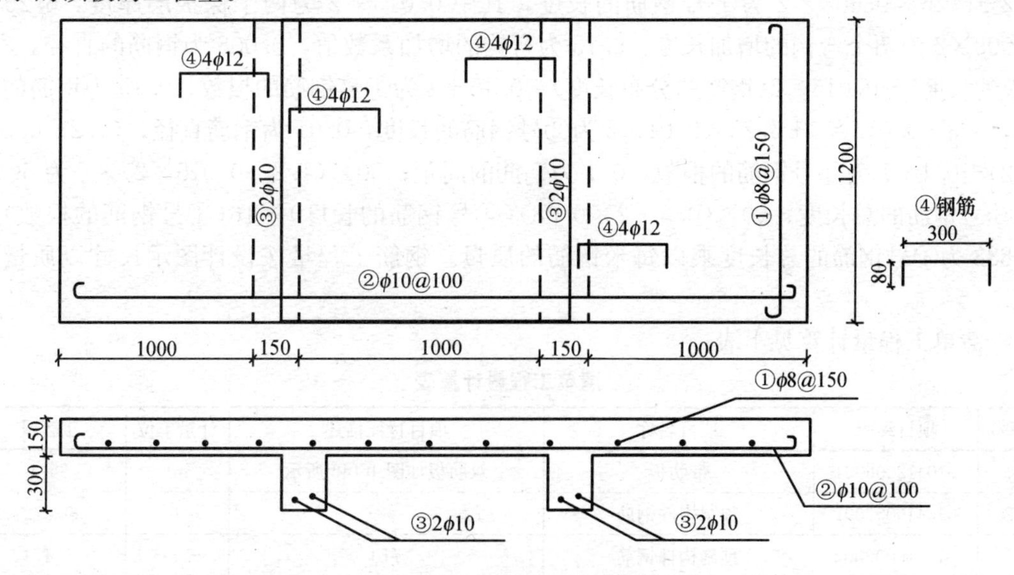

图1-145　双肋板配筋示意图

【解】 (1) 清单工程量

1) 混凝土工程量：

$$50\times(3.3\times0.15+0.15\times0.3\times2)\times1.2=0.702\times50=35.1\text{m}^3$$

2) 钢筋工程量：

①号钢筋 $\phi8@150(\rho_{\phi8}=0.395\text{kg/m})$

$50\times(1.2-0.015\times2+6.25\times0.008\times2)\times[(3.3-0.015\times2)\div0.15+1]\times0.395$

$=1447.8\times0.395$

$=571.88\text{kg}$

②号钢筋 $\phi10@100(\rho_{\phi10}=0.617\text{kg/m})$

$50\times(3.3-0.015\times2+6.25\times0.01\times2)\times[(1.2-0.015\times2)\div0.1+1]\times0.617$

$=2155.83\times0.617$

$=1330\text{kg}$

③号钢筋 $\phi10$

$50\times(1.2-0.015\times2)\times4\times0.617$

$=4.68\times0.617\times50$

$=2.888\times50$

$=144.4\text{kg}$

④号钢筋 $\phi12(\rho_{\phi12}=0.888\text{kg/m})$

$$50\times(0.3+2\times0.08)\times16\times0.888$$
$$=368\times0.888=326.78\text{kg}$$

【注释】 50(板块的数量)×[3.3(板底的长度)×0.15(板底的截面宽度)+0.15×0.3×2]×1.2为板混凝土工程量，其中3.3×0.15为板底的截面面积，0.15(板肋的截面宽度)×0.3(板肋的截面高度)×2为两个肋的截面积，1.2为板宽。1.2(板的宽度)-0.015×2+6.25×0.008×2为①号钢筋的长度，其中0.015×2为两个保护层厚度，6.25×0.008×2为两个弯钩的增加长度，6.25为弯钩的增加系数值，0.008为钢筋的直径，3.3(板的长度)-0.015×2(钢筋的分布长度)÷0.15+1为①号钢筋的根数，0.15为钢筋的间距，3.3-0.015×2+6.25×0.01×2为②号钢筋的长度，0.01为钢筋直径，(1.2-0.015×2)÷0.1+1为②号钢筋的根数，0.1为钢筋的间距；50×(1.2-0.015×2)×4为50块板③号钢筋的总长度；50×(0.3+2×0.08)(④号钢筋的长度)×16(④号钢筋的根数)×0.888为④号钢筋的总长度乘以每米钢筋的质量。钢筋工程量按设计图示尺寸以质量计算。

清单工程量计算见下表：

清单工程量计算表

序号	项目编码	项目名称	项目特征描述	计量单位	工程量
1	010412006001	带肋板	双肋板如图1-145所示	m³	35.1
2	010416002001	预制构件钢筋	$\phi8$	t	0.572
3	010416002002	预制构件钢筋	$\phi10$	t	1.474
4	010416002003	预制构件钢筋	$\phi12$	t	0.327

(2) 定额工程量

1) 混凝土工程量：

同清单计算方法，35.1m^3，套用基础定额 5-461。

2) 钢筋工程量：

①号钢筋 ϕ8@150　同清单工程量，571.88kg，约 0.572t，套用基础定额 5-324。

②号钢筋 ϕ10@100　同清单工程量，1330kg，约 1.33t，套用基础定额 5-326。

③号钢筋 ϕ10　同清单工程量，144.4kg，约 0.144t，套用基础定额 5-326。

④号钢筋 ϕ12　同清单工程量，326.78kg，约 0.327t，套用基础定额 5-328。

3) 模板工程量(以实体体积用"m^3"表示)：

$$V_{模板}=V_{双肋板}=35.1\text{m}^3$$

套用基础定额 5-177。

【注释】 本例中定额工程量同清单工程量计算规则一样。

项目编码：010412007　　项目名称：大型板

【例 1-137】 如图 1-146 所示，大型屋面板 300 块，求其工程量(钢筋保护层厚度以 15mm 计算)。

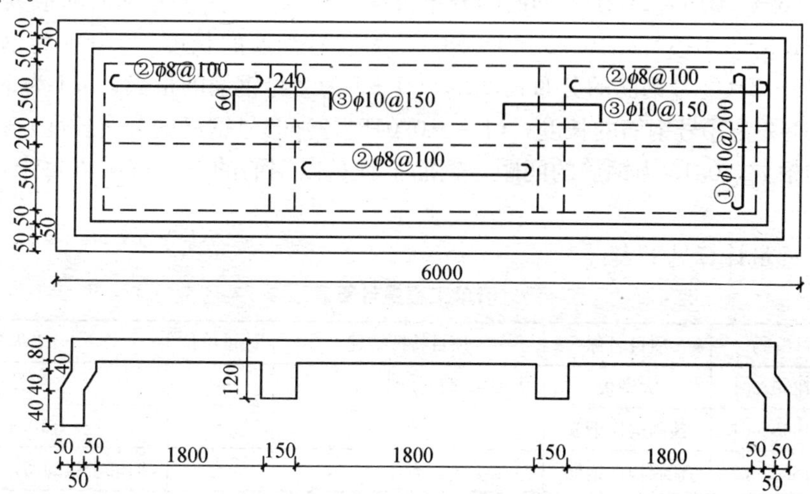

图 1-146　屋面板配筋图

【解】 (1) 清单工程量

1) 混凝土工程量：

$$300\times(5.9\times0.08+0.1\times0.04\times2+0.1\times0.04\times2+0.1\times0.04\times2+0.15\times0.04\times2)\times1.5+0.2\times1.8\times3\times0.04$$
$$=241.56\text{m}^3$$

2) 钢筋工程量：

①号钢筋 ϕ10@200($\rho_{\phi10}=0.617$kg/m)

$$300\times(1.5-0.015\times2+6.25\times0.01\times2)\times[(6-0.015\times2)\div0.2+1]\times0.617$$
$$=14761.7\times0.617$$
$$=9108\text{kg}$$

②号钢筋 ϕ8@100($\rho_{\phi8}$=0.395kg/m)

300×(1.8－0.015×2＋6.25×0.008×2)×[(1.5－0.015×2)÷0.1＋1]×3×0.395

＝26423.1×0.395

＝10437.1kg

③号钢筋 ϕ10@150($\rho_{\phi10}$=0.617kg/m)

300×(0.24＋0.06×2)×[(1.5－0.015×2)÷0.15＋1]×2×0.617

＝2332.8×0.617

＝1439.3kg

【注释】 5.9(板底的长度)×0.08(板底的截面宽度)为板底截面面积，0.1(外侧肋的截面长度)×0.04(外侧肋的截面宽度)×2×3为两个外侧肋的截面积，0.15(中间肋的截面宽度)×0.04(中间肋的截面高度)×2为中间两个肋的截面积，0.2(横向肋的截面宽度)×1.8×3(横向肋的长度)×0.04(横向肋的厚度)为横向肋的工程量，300为有300块板。1.5(板的宽度)－0.015×2＋6.25×0.01×2为①号钢筋的长度，其中0.015×2为两个保护层厚度，6.25×0.01×2为两个弯钩增加长度，6.25为弯钩的增加系数值，0.01为钢筋的直径；(6－0.015×2)(①号钢筋的分布长度)÷0.2＋1为①号钢筋的根数，0.2为钢筋的间距；1.8－0.015×2＋6.25×0.008×2为②号钢筋的长度，0.008为钢筋的直径，(1.5－0.015×2)(②号钢筋的分布长度)÷0.1＋1为②号钢筋的根数，0.1为钢筋的间距；0.24＋0.06×2为③号钢筋的长度，(1.5－0.015×2)(③号钢筋的分布长度)÷0.15＋1为③号钢筋的根数，0.15为钢筋的间距。钢筋工程量以钢筋的总长度乘以每米钢筋的质量计算。

清单工程量计算见下表：

清单工程量计算表

序号	项目编码	项目名称	项目特征描述	计量单位	工程量
1	010412007001	大型板	大型屋面板如图1-146所示	m^3	241.56
2	010416002001	预制构件钢筋	ϕ8	t	10.437
3	010416002002	预制构件钢筋	ϕ10	t	(9108＋1439.3)/1000＝10.547

(2) 定额工程量

1) 混凝土工程量：

同清单工程量计算方法，241.56m^3，套用基础定额5-455。

2) 钢筋工程量：

①号钢筋 ϕ10@200　同清单工程量计算方法，9108kg，约9.108t，套用基础定额5-326。

②号钢筋 ϕ8@100　同清单工程量计算方法，10437.1kg，约10.437t，套用基础定额5-324。

③号钢筋 ϕ10@150　同清单工程量计算方法，1439.3kg，约1.439t，套用基础定额5-326。

3) 模板工程量：

按照定额计算工程量相关规定，预制钢筋混凝土构件的模板工程量，按构件的实际体积，以"m^3"为单位计算。

$$V_{模}=V_{构件}=V_{混凝土}=241.56m^3$$

套用基础定额 5-176。

【注释】 本例中定额工程量同清单工程量计算规则一样。

项目编码：010412008　　项目名称：沟盖板、井盖板、井圈

【例 1-138】 如图 1-147 所示，计算地沟沟盖板的工程量(钢筋保护层厚度为 15mm)。

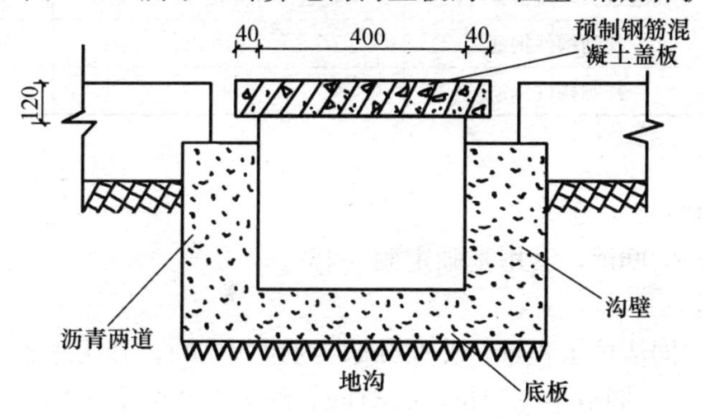

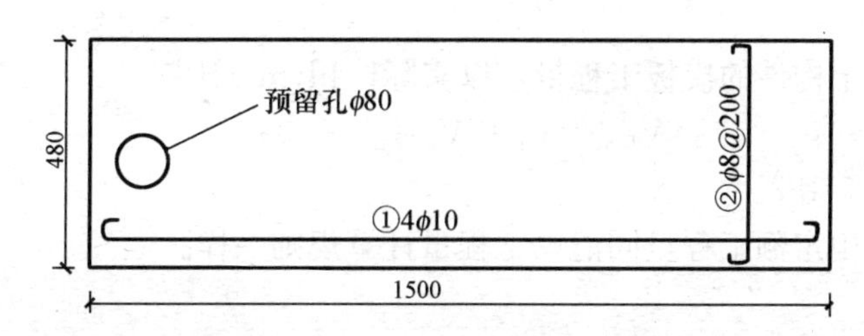

图 1-147　地沟及地沟盖板示意图

【解】 (1) 清单工程量

1) 混凝土工程量：

预留孔的截面面积　$\frac{1}{4}\pi d^2=\frac{1}{4}\times3.14\times0.08^2=0.005m^2$

混凝土工程量　$0.48\times1.5\times0.12=0.09m^3$

2) 钢筋工程量：

①号钢筋 4ϕ10　($\rho_{\phi10}=0.617kg/m$)

$(1.5-0.015\times2+6.25\times0.01\times2)\times4\times0.617$

$=6.38\times0.617=3.936kg$

②号钢筋 ϕ8@200　($\rho_{\phi8}=0.395kg/m$)

$(0.48-0.015\times2+6.25\times0.008\times2)\times[(1.5-0.015\times2)\div0.2+1]\times0.395$

$=4.6\times0.395=1.81kg$

【注释】 混凝土工程量按设计图示尺寸以体积计算。0.008 为预留孔的直径；0.48(盖板的宽度)×1.5(盖板的长度)×0.12(盖板的厚度)是盖面积乘以盖的厚度。1.5(板的长度)−0.015×2+6.25×0.01×2 为①号钢筋的长度，其中 0.015×2 为两个保护层厚度，6.25×0.01×2 为两个弯钩增加长度，6.25 为弯钩的增加系数值，0.01 为钢筋的直径，4 为 4 根钢筋；0.48－0.015×2＋6.25×0.008×2 为②号钢筋的长度，0.008 为钢筋的直径，(1.5－0.015×2)(钢筋的分布长度)÷0.2＋1 为②号钢筋的根数，其中 0.2 为钢筋的间距。钢筋的工程量以钢筋的总长度乘以每米钢筋的质量计算。

清单工程量计算见下表：

清单工程量计算表

序号	项目编码	项目名称	项目特征描述	计量单位	工程量
1	010412008001	沟盖板、井盖板、井圈	沟盖板尺寸如图 1-147 所示	m^3	0.09
2	010416002001	预制构件钢筋	ϕ10	t	0.004
3	010416002002	预制构件钢筋	ϕ8	t	0.002

(2) 定额工程量

1) 混凝土工程量：

同清单工程量，0.09m^3，套用基础定额 5-469。

2) 钢筋工程量：

①号钢筋 4ϕ10　同清单工程量，3.936kg，约为 0.004t，套用基础定额 5-326。

②号钢筋 ϕ8@200　同清单工程量，1.81kg，约为 0.002t，套用基础定额 5-324。

3) 模板工程量：

预制钢筋混凝土构件的模板工程量，以实际体积(m^3)计算。

$$V_{模板}=V_{板}=V_{混凝土}=0.09m^3$$

套用基础定额 5-182。

【注释】 本例中定额工程量同清单工程量计算规则一样。

项目编码：010412008　　项目名称：沟盖板、井盖板、井圈

【例 1-139】 如图 1-148 所示，直径为 1000mm、厚度为 50mm 的圆井盖板 100 块，钢筋保护层厚度为 15mm，井盖板为钢筋混凝土结构，试计算其工程量。

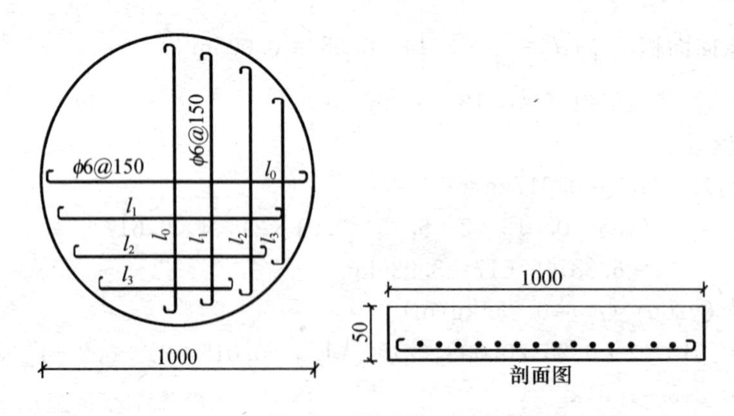

图 1-148　钢筋布置图

【解】 (1) 清单工程量

1) 混凝土工程量：

$$100\times\frac{1}{4}\times\pi\times1^2\times0.05=3.93\text{m}^3$$

2）钢筋工程量：

$\rho_{\phi6}=0.222\text{kg/m}$

横向钢筋根数=纵向钢筋根数=(1.0−0.015×2)÷0.15+1=7.46，取7根

7根为奇数，则必有一根穿过圆心。

穿过圆心钢筋工程量

$$\begin{aligned}l_0&=(1.0-0.015\times2+6.25\times0.006\times2)\times2\times0.222\times100\\&=2.09\times0.222\times100\\&=46.4\text{kg}\end{aligned}$$

未穿过圆心钢筋

$$\begin{aligned}l_1&=[(\sqrt{0.5^2-0.15^2}-0.015)\times2+6.25\times0.006\times2]\times4\times0.222\times100\\&=4\times0.222\times100\\&=88.8\text{kg}\end{aligned}$$

$$\begin{aligned}l_2&=[(\sqrt{0.5^2-0.3^2}-0.015)\times2+6.25\times0.006\times2]\times4\times0.222\times100\\&=3.5\times0.222\times100\\&=77.7\text{kg}\end{aligned}$$

$$\begin{aligned}l_3&=[(\sqrt{0.5^2-0.45^2}-0.015)\times2+6.25\times0.006\times2]\times4\times0.222\times100\\&=1.92\times0.222\times100\\&=42.6\text{kg}\end{aligned}$$

合计
$$\begin{aligned}l&=l_0+l_1+l_2+l_3\\&=46.4+88.8+77.7+42.6\\&=255.5\text{kg}\end{aligned}$$

【注释】 混凝土工程量按设计图示尺寸以体积计算。$\frac{1}{4}\times\pi\times1^2\times0.05$为圆井盖截面积乘以井盖厚度，其中0.05为井盖的厚度，1为井盖的直径，100为100个井盖。(1.0−0.015×2)(钢筋的分布长度)÷0.15+1为钢筋的根数，其中0.15为钢筋的间距；1.0−0.015×2+6.25×0.006×2为钢筋的根数，其中0.015×2为两个保护层厚度，6.25×0.006×2为两个弯钩增加长度，6.25为弯钩的增加系数值，0.006为钢筋的直径。钢筋工程量以钢筋的总长度乘以每米钢筋的质量计算。

清单工程量计算见下表：

清单工程量计算表

序号	项目编码	项目名称	项目特征描述	计量单位	工程量
1	010412008001	沟盖板、井盖板、井圈	圆井盖板直径为1000mm，厚度为50mm	m^3	3.93
2	010416002001	预制构件钢筋	$\phi6$	t	0.256

(2) 定额工程量

1）混凝土工程量：

同清单工程量，3.93m^3，套用基础定额5-470。

2）钢筋工程量：

同清单工程量，255.5kg，约 0.256t，套用基础定额 5-322。

3）模板工程量：

预制钢筋混凝土构件的模板工程量，以实体积按"m^3"进行计算。

$$V_{模}=V_{盖板}=\frac{1}{4}\pi\times1^2\times0.05\times100=3.93m^3$$

套用基础定额 5-222。

【注释】 本例中定额工程量同清单工程量计算规则一样。

项目编码：010412008　　项目名称：沟盖板、井盖板、井圈

【例 1-140】 如图 1-149 所示，钢筋混凝土井圈，试计算其工程量。

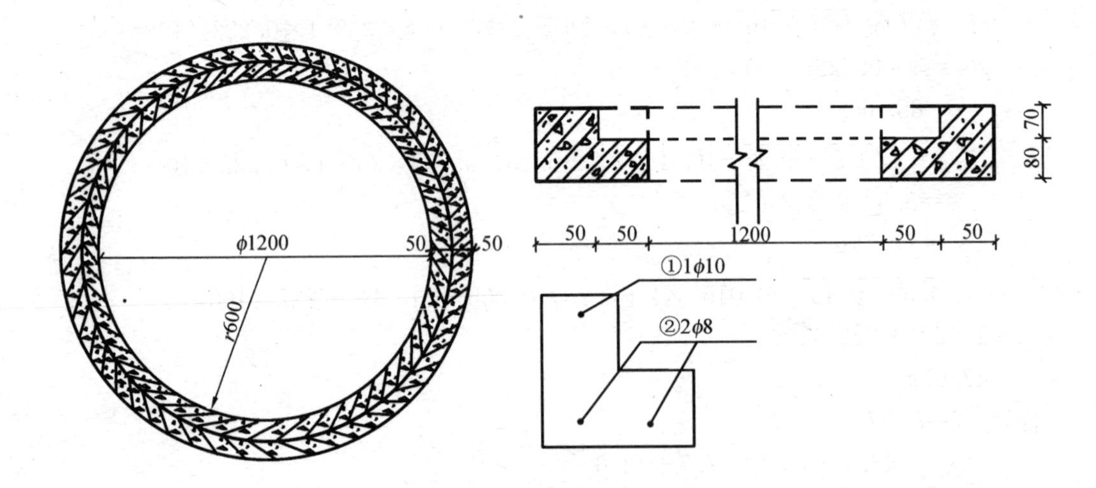

图 1-149　钢筋混凝土预制井圈示意图

【解】 (1) 清单工程量

1）混凝土工程量：

截面积$=0.1\times0.8+0.05\times0.7$

$=0.05\times0.15+0.05\times0.08$

$=0.115m^2$

l_1 周长$=2\pi r_1=2\times3.14\times(0.6+0.05+0.025)=4.239m$

l_2 周长$=2\pi r_2=2\times3.14\times(0.6+0.025)=3.925m$

混凝土工程量 $V=(0.05\times0.15)\times4.239+(0.05\times0.08)\times3.925$

$=0.032+0.0157$

$=0.05m^3$

2）钢筋工程量：

①号钢筋 1φ10($\rho_{\phi10}=0.617kg/m$)

$2\pi\times(0.6+0.05+0.025)\times0.617=2.615kg\approx0.003t$

②号钢筋 2φ8($\rho_{\phi8}=0.395kg/m$)

$$2\pi\times(0.6+0.05)\times2\times0.395=3.225kg\approx0.003t$$

【注释】 0.05(预制井圈示意图中大方形的截面宽度)×0.15(预制井圈示意图中大方形的截面长度)+0.05(示意图中小方形的截面宽度)×0.08(示意图中小方形的截面长度)为截面积分开计算所得；0.6+0.05+0.025 为井圈外侧半径，0.6+0.025 为井圈内侧半径；0.05 为外侧环的截面宽度，0.15 为外侧环的截面高度，0.05×0.08 中的 0.05 为内侧环的截面宽度，0.08 为内侧环的截面高度。混凝土工程量按设计图示尺寸以体积计算。2π×(0.6+0.05+0.025)为外圆的周长，是①号钢筋的长度；2π×(0.6+0.05)×2 为两根②号钢筋长度。钢筋工程量以钢筋总长度乘以每米钢筋的质量计算。

清单工程量计算见下表：

清单工程量计算表

序号	项目编码	项目名称	项目特征描述	计量单位	工程量
1	010412008001	沟盖板、井盖板、井圈	井圈尺寸如图 1-149 所示	m^3	0.05
2	010416002001	预制构件钢筋	ϕ10	t	0.003
3	010416002002	预制构件钢筋	ϕ8	t	0.003

(2) 定额工程量

1) 混凝土工程量：

同清单工程量，0.05m^3，套用基础定额 5-481。

2) 钢筋工程量：

同清单工程量。

①号钢筋 1ϕ10　2.615kg，约为 0.003t，套用基础定额 5-326。

②号钢筋 2ϕ8　3.225kg，约为 0.003t，套用基础定额 5-324。

3) 模板工程量(以实体积计算，单位“m^3”)：

$$V_{模}=V_{井圈}=0.05m^3$$

套用基础定额 5-223。

【注释】 本例中定额工程量同清单工程量计算规则一样。

项目编码：010416002　　项目名称：预制构件钢筋

【例 1-141】 一根预制钢筋混凝土矩形梁，材料采用 C30 混凝土，截面尺寸和配筋如图 1-150 所示，求其钢筋工程量。

【解】 (1) 清单工程量

清单工程量计算见下表：

清单工程量计算表

序号	项目编码	项目名称	项目特征描述	计量单位	工程量
1	010416002001	预制构件钢筋	ϕ8	t	0.036
2	010416002002	预制构件钢筋	ϕ8 以上	t	0.138

(2) 定额工程量

①号钢筋　(8−0.025×2)×2×1.578

　　　　=25.090kg

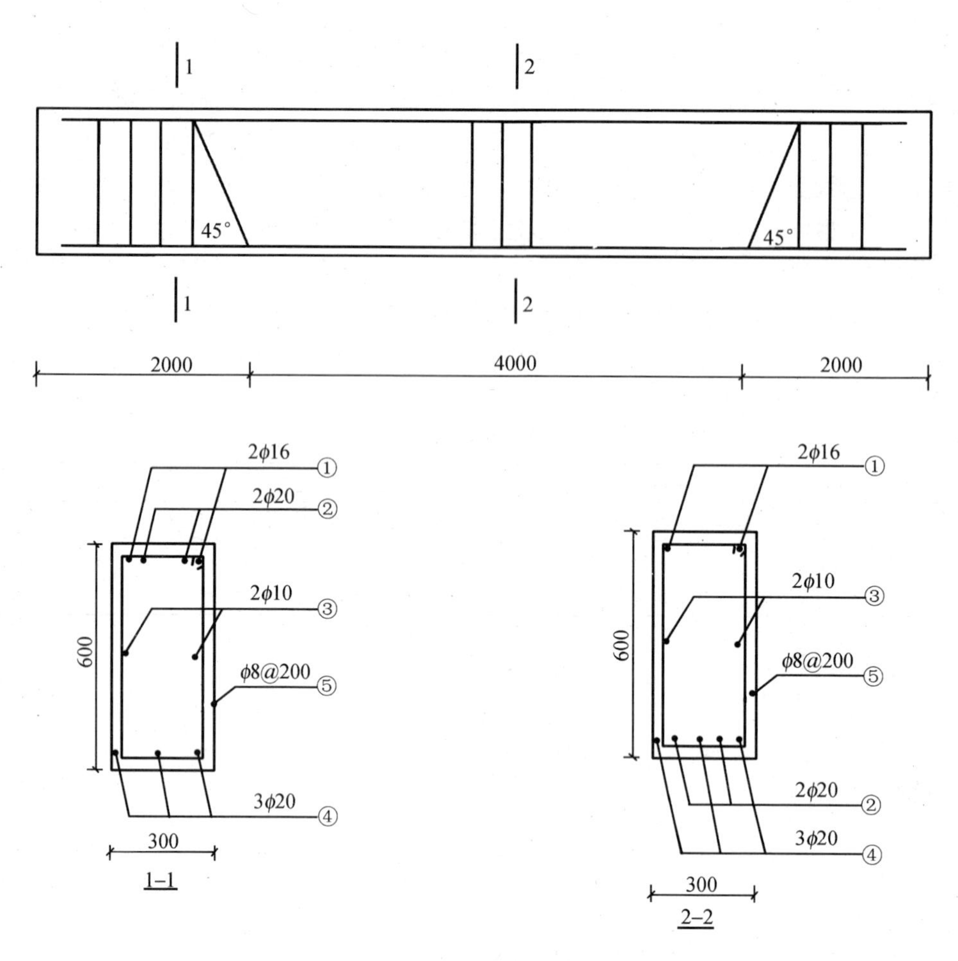

图 1-150 矩形梁截面尺寸及配筋图

套用基础定额 5-299。

②号钢筋 $[8-0.025\times2+0.414\times(0.6-0.025)\times2]\times2\times2.466$

$=44.635\text{kg}$

套用基础定额 5-301。

③号钢筋 $(8-0.025\times2)\times2\times0.617$

$=9.810\text{kg}$

套用基础定额 5-296。

④号钢筋 $(8-0.025\times2)\times3\times2.466$

$=58.814\text{kg}$

套用基础定额 5-301。

⑤号钢筋 $2\times(0.6+0.3-0.025\times4+2\times0.16)\times(\frac{8}{0.2}+1)\times0.395$

$=36.28\text{kg}$

套用基础定额 5-356。

【注释】 [8(梁的长度)−0.025×2]×2 为两根①号钢筋的长度，其中 0.025×2 为两个保护层厚度，1.578 为直径 16mm 的钢筋每米质量；8−0.025×2+0.414×(0.6−

0.025)×2 为②号钢筋的长度，其中 0.414(弯起钢筋的斜长增加系数值)×[0.6(钢筋的直径)－0.025]×2 为弯起钢筋的两个斜长增加长度；(8－0.025×2)(③号钢筋的长度)×2(③号钢筋的根数)×0.617 为③号钢筋的长度乘以根数乘以每米钢筋的质量，为工程量；(8－0.025×2)×3 为④号钢筋的长度乘以根数；2×[0.6＋0.3－0.025×4(4 个保护层的厚度)＋2×0.16]为⑤号钢筋的长度，$\frac{8}{0.2}$＋1 为⑤号钢筋的根数，其中 0.2 为钢筋的间距，0.395 为直径 8mm 的钢筋每米钢筋的质量。

说明：定额中钢筋根据构件类别(现浇或预制)和直径分别套用不同定额编号，清单中钢筋质量和特征已经给出，企业根据市场价格和自身情况进行报价。

项目编码：010416001　　项目名称：现浇混凝土钢筋

【例 1-142】 现浇钢筋混凝土过梁，其尺寸和配筋如图 1-151 所示，求其钢筋工程量。

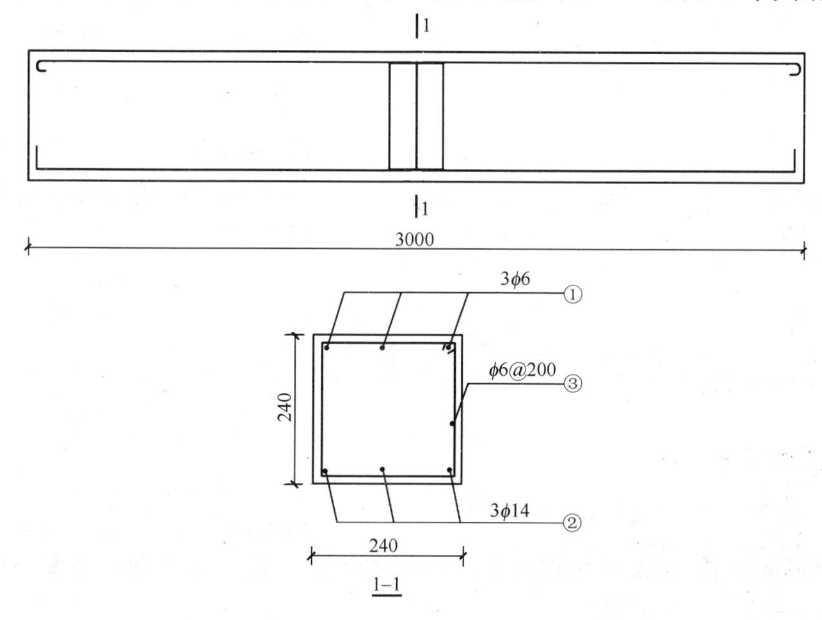

图 1-151　过梁尺寸及配筋图

【解】 (1) 清单工程量

清单工程量计算见下表：

清单工程量计算表

序号	项目编码	项目名称	项目特征描述	计量单位	工程量
1	010416001001	现浇混凝土钢筋	φ6	t	0.005
2	010416001002	现浇混凝土钢筋	φ14	t	0.011

(2) 定额工程量

①号钢筋　[(3.0－0.025×2)＋0.08]×3×0.222

　　　　＝1.991kg

套用基础定额 5-294。

②号钢筋　[(3.0－0.025×2)＋0.18]×3×1.208

$=11.343\text{kg}$

套用基础定额 5-298。

③号钢筋 $(0.24-0.025\times2)\times4\times(\frac{3.0}{0.2}+1)\times0.222$

$=2.7\text{kg}$

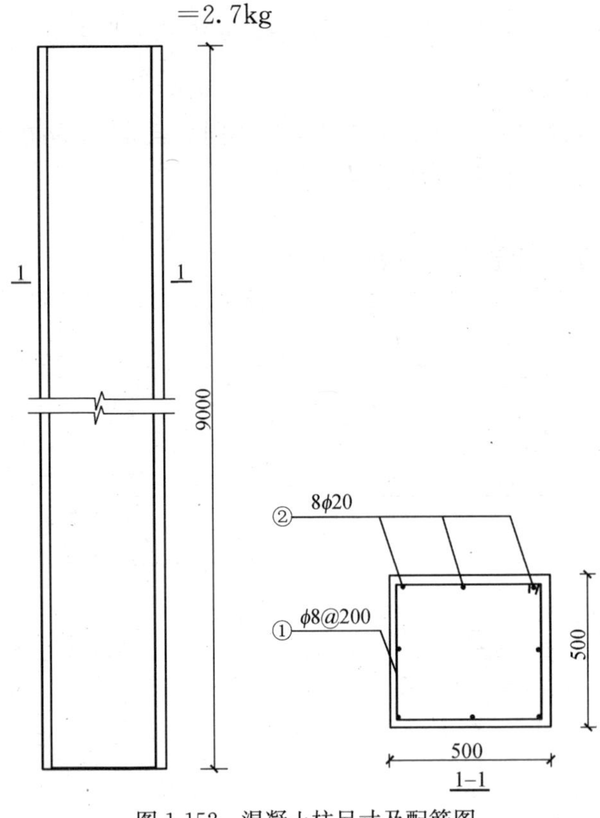

图 1-152 混凝土柱尺寸及配筋图

套用基础定额 5-355。

【注释】 $(3.0-0.025\times2)+0.08$ 为①号钢筋的长度，其中 0.025×2 为两个保护层的厚度，0.08 为两个弯钩的增加长度；$[3.0-0.025\times2]+0.18\times3$ 为②号钢筋的总长度，其中 0.18 为弯钩的增加长度，3 为 3 根钢筋；$(0.24-0.025\times2)\times4$ 为③号钢筋的长度，$\frac{3.0}{0.2}+1$ 为③号钢筋的根数，其中 0.2 为钢筋的间距。钢筋工程量以钢筋的总长度乘以每米钢筋的质量计算。

说明：现浇钢筋混凝土过梁中 3ϕ6 的构造筋和箍筋均为 ϕ6，它们在定额中不能合并，但在清单中却可以合并，因为它们的项目特征相同。①号钢筋在定额中套用 5-294，③号钢筋在定额中套用 5-355，其价格根据各省所编定额基价可直接算出，而清单报价所用价格是根据市场价格、管理费用、利润、企业自身情况综合考虑出来的，也可以参考各省市定额基价。

项目编码：010416001　　项目名称：现浇混凝土钢筋

【例 1-143】 某现浇钢筋混凝土柱，其尺寸如图 1-152 所示，每根钢筋均用电渣压力焊接，求其钢筋工程量。

【解】 (1) 清单工程量

清单工程量计算见下表：

清单工程量计算表

序号	项目编码	项目名称	项目特征描述	计量单位	工程量
1	010416001001	现浇混凝土钢筋	ϕ8	t	0.033
2	010416001002	现浇混凝土钢筋	ϕ20	t	0.177

(2) 定额工程量

①号钢筋 $(0.5-0.025\times2)\times4\times\left(\frac{9000}{200}+1\right)\times0.395=32.706\text{kg}$

套用基础定额 5-356。

②号钢筋 $8\times(9-0.025\times2)\times2.466=176.57\text{kg}$

套用基础定额 5-312。

8 个电渣压力焊接头，套用基础定额 5-383。

【注释】 $(0.5-0.025\times2)\times4$ 为①号钢筋的长度，其中 0.025×2 为两个保护层的厚度；$\frac{9000}{200}+1$ 为①号钢筋的根数，其中 9000 为①号钢筋分布的长度，200 为钢筋的间距，0.395 为直径 8mm 的钢筋每米的质量；8(②号钢筋的根数)×(9－0.025×2)(②号钢筋的长度)为②号钢筋的总长度，2.466 为直径 20mm 的钢筋每米的质量。钢筋工程量以钢筋的总长度乘以每米钢筋的质量计算。

说明：清单中没有钢筋电渣压力焊接头这一项目编号，其费用均摊到每吨钢筋中，而定额中设有专项。

项目编码：010416003　　项目名称：钢筋网片

【例 1-144】 某预制钢筋混凝土板，其钢筋如图 1-153 所示，求其钢筋工程量。

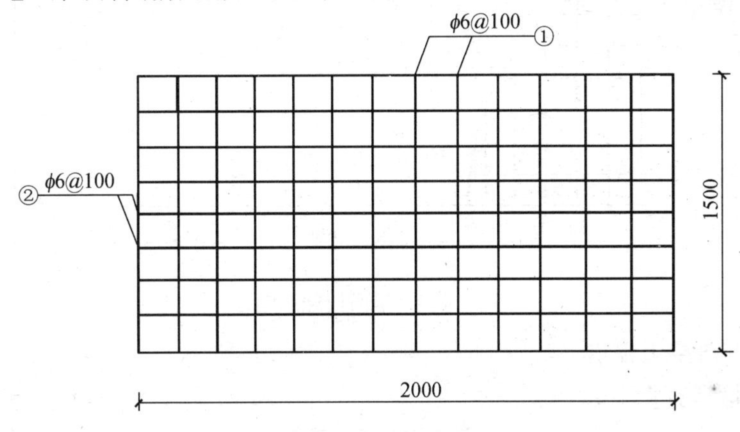

图 1-153　板配筋示意图

【解】 (1) 清单工程量

清单工程量计算见下表：

清单工程量计算表

项目编码	项目名称	项目特征描述	计量单位	工程量
010416003001	钢筋网片	ϕ6	t	1.410×10^{-2}

(2) 定额工程量

①号钢筋 $\left(\frac{2000}{100}+1\right)\times1.5\times0.222=6.993\text{kg}$

②号钢筋 $\left(\frac{1500}{100}+1\right)\times2\times0.222=7.104\text{kg}$

①＋②＝$6.993+7.104=14.097\text{kg}$

若钢筋网片采用绑扎，套用基础定额 5-322。

若钢筋网片采用点焊，套用基础定额 5-323。

【注释】 $\frac{2000}{100}+1$ 为①号钢筋的根数，其中 2000 为①号钢筋分布的长度，100 为钢筋的间距，1.5 为①号钢筋的长度；$\frac{1500}{100}+1$ 为②号钢筋的根数，其中 1500 为②号钢筋分布的长度，100 为钢筋的间距，2 为②号钢筋的长度。钢筋的工程量按设计图示 尺寸以质量计算。

说明：定额中钢筋网片分为点焊和绑扎两种形式，分别有不同的定额编号；清单中对于钢筋网片的划分以种类、规格为依据，不涉及绑扎方式，仅给予一个大的范围。

项目编码：010416003　　项目名称：钢筋网片

【例 1-145】 某预制大型钢筋混凝土平面板，其钢筋布置如图 1-154 所示，采用绑扎，求其钢筋工程量。

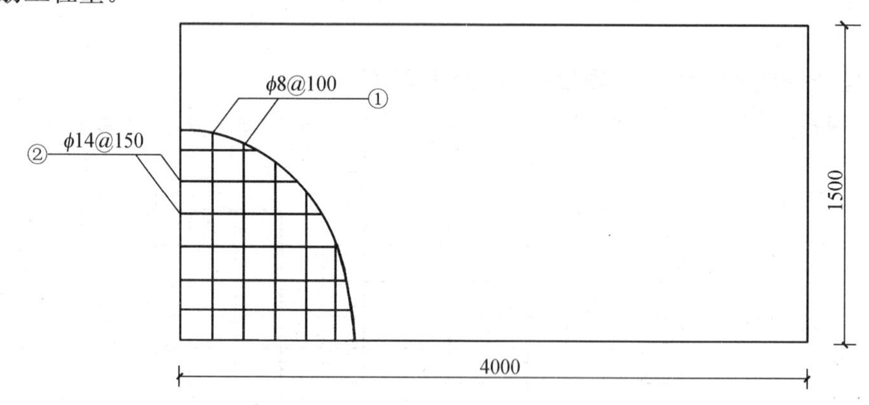

图 1-154　平面板配筋图

【解】 (1) 清单工程量

清单工程量计算见下表：

清单工程量计算表

序号	项目编码	项目名称	项目特征描述	计量单位	工程量
1	010416003001	钢筋网片	ϕ8	t	0.012
2	010416003002	钢筋网片	ϕ14	t	0.053

(2) 定额工程量

①号钢筋　$\left(\frac{4000}{200}+1\right)\times1.5\times0.395=12.443\text{kg}$

套用基础定额 5-324。

②号钢筋　$\left(\frac{1500}{150}+1\right)\times4.0\times1.208=53.152\text{kg}$

套用基础定额 5-343。

【注释】 $\frac{4000}{200}+1$ 为①号钢筋的根数，其中 4000 为①号钢筋分布的长度，200 为钢筋的间距，1.5 为①号钢筋的长度；$\frac{1500}{150}+1$ 为②号钢筋的根数，其中 1500 为②号钢筋分布的长度，150 为钢筋的间距，4.0 为②号钢筋的长度。钢筋的工程量以钢筋的总长度乘以每米钢筋的质量计算。

说明：定额中预制构件钢筋直径大于 16mm 均为绑扎，预制构件螺纹钢筋只有直径大于 10mm 的。本例题中，虽然②号钢筋直径较大，仍属于钢筋网片，项目编码 010416003，而不能归为预制构件钢筋，套用项目编码 010416002。

项目编码：010416005　　项目名称：先张法预应力钢筋

项目编码：010416002　　项目名称：预制构件钢筋

【例 1-146】 某一预应力矩形梁，①号钢筋采用预应力，其余均为非预应力，该梁采用先张法，其配筋及尺寸如图 1-155 所示，求其钢筋工程量。

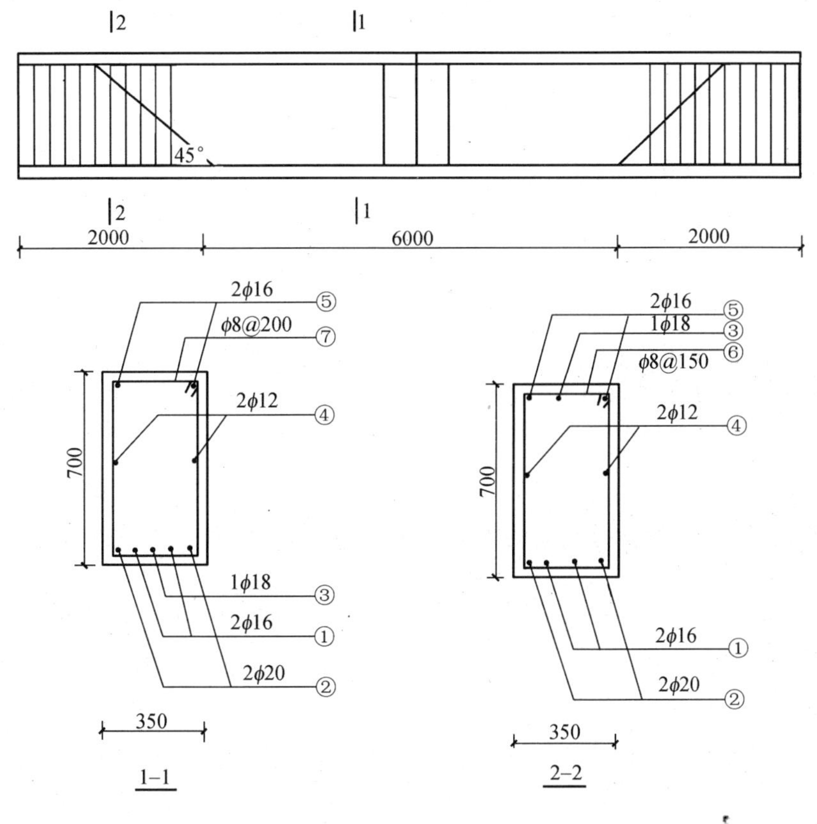

图 1-155　矩形梁尺寸及配筋图

【解】 (1) 清单工程量

清单工程量计算见下表：

清单工程量计算表

序号	项目编码	项目名称	项目特征描述	计量单位	工程量
1	010416005001	先张法预应力钢筋	ϕ16	t	0.031
2	010416002001	预制构件钢筋	ϕ20	t	0.049
3	010416002002	预制构件钢筋	ϕ18	t	0.021
4	010416002003	预制构件钢筋	ϕ12	t	0.018
5	010416002004	预制构件钢筋	ϕ16	t	0.031
6	010416002005	预制构件钢筋	ϕ8	t	0.049

(2) 定额工程量

①号钢筋　(10－0.025×2)×2×1.578＝31.402kg

套用基础定额 5-362。

②号钢筋　(10－0.025×2)×2×2.466＝49.073kg

套用基础定额 5-346。

③号钢筋　(10－0.025×2＋0.65×0.414×2)×1.998＝20.955kg

套用基础定额 5-345。

④号钢筋　(10－0.025×2)×2×0.888＝17.671kg

套用基础定额 5-342。

⑤号钢筋　(10－0.025×2)×2×1.578＝31.402kg

套用基础定额 5-344。

⑥号钢筋　$(0.7+0.35)\times2\times\left(\frac{2000}{150}+1\right)\times2\times0.395=23.78\text{kg}$

⑦号钢筋　$(0.7+0.35)\times2\times\left(\frac{6000}{200}+1\right)\times0.395=25.71\text{kg}$

⑥＋⑦＝23.78＋25.71＝49.49kg

套用基础定额 5-356。

【注释】 [10(矩形梁的长度)－0.025×2]×2 为两根①号钢筋的长度，其中 0.025×2 为两个保护层厚度；(10－0.025×2)×2 为②号、⑤号钢筋的总长度；[10－0.025×2＋0.65(钢筋弯起的高度)×0.414×2]为③号钢筋的长度，其中 0.65×0.414(弯起钢筋的斜长增加值)×2 为两个弯起钢筋的斜长增加长度；(10－0.025×2)×2×0.888 为④号钢筋的总长度乘以每米钢筋的质量；[0.7(梁的截面长度)＋0.35(梁的截面宽度)]×2 为⑥号钢筋的长度，$\frac{2000}{150}+1$ 为⑥号钢筋的根数，根数其中 2000 为⑥号钢筋的分布长度，150 为钢筋的间距；(0.7＋0.35)×2 为⑦号钢筋的长度，$\frac{6000}{200}+1$ 为⑦号钢筋的根数，其中 6000 为⑦号钢筋的分布长度，200 为钢筋的间距。钢筋的工程量以钢筋的总长度乘以每米钢筋的质量计算。

说明：①号钢筋与⑤号钢筋虽然直径和规格相同，但定额编号不同，①号钢筋与⑤号钢筋的清单项目编码不同，这一点定额与清单较一致；②、③、④、⑤号钢筋定额编号不同，从而导致其单价略有差别；在清单中，根据市场价格，②、③、④、⑤号钢筋可以视为一类，⑥、⑦号钢筋归另一类，这是合理的，但是在定额中，②、③、④、⑤号钢筋却不能归为一类，这一点清单与定额有差异。

项目编码：010416004　　项目名称：钢筋笼

【例 1-147】 某现浇钢筋混凝土圆桩，其配筋如图 1-156 所示，求其钢筋工程量。

【解】 (1) 清单工程量

清单工程量计算见下表：

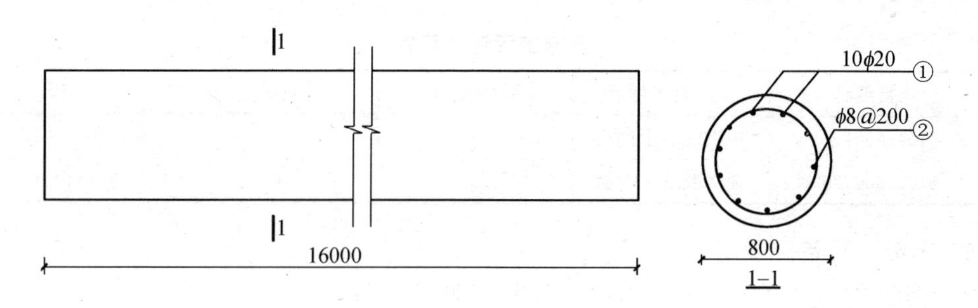

图 1-156 圆柱配筋示意图

清单工程量计算表

序号	项目编码	项目名称	项目特征描述	计量单位	工程量
1	010416004001	钢筋笼	φ8	t	8.930×10^{-3}
2	010416004002	钢筋笼	φ20	t	3.946×10^{-1}

(2) 定额工程量

①号钢筋 $16\times10\times2.466=394.56\text{kg}$

套用基础定额 5-312。

②号钢筋 $\left(\frac{1600}{200}+1\right)\times3.14\times0.8\times0.395=8.930\text{kg}$

套用基础定额 5-356。

【注释】 16(①号钢筋的长度)×10(①号钢筋的根数)×2.466 为①号钢筋的总长度乘以每米钢筋的质量；$\frac{1600}{200}+1$ 为②号钢筋的根数，其中 1600 为②号钢筋的分布长度，200 为钢筋的间距；3.14×0.8(②号钢筋的直径)为②号钢筋的长度，0.395 为直径 8mm 钢筋每米的质量。钢筋的工程量以钢筋的总长度乘以每米钢筋的质量计算。

说明：现浇桩中钢筋虽然看似现浇混凝土钢筋，但不能套用现浇混凝土钢筋的项目编码(010416001)，应该套用 010416004 钢筋笼这一清单项目编码。

项目编码：010416001　　项目名称：现浇混凝土钢筋

【例 1-148】 某现浇钢筋混凝土柱，其尺寸及配筋如图 1-157 所示，计算钢筋工程量。

【解】 (1) 清单工程量

清单工程量计算见下表：

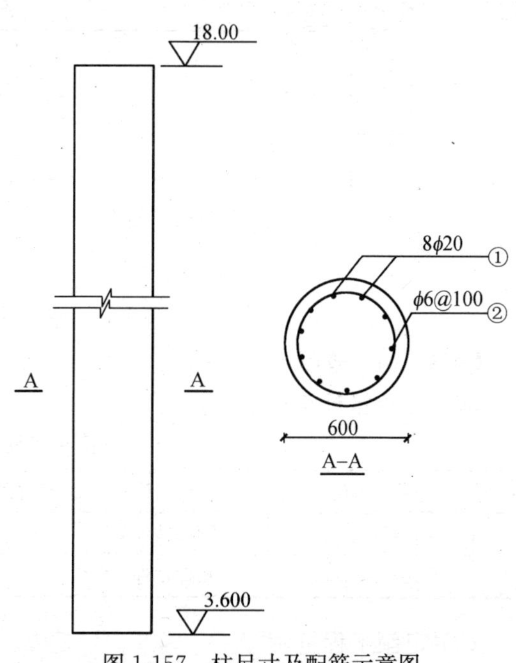

图 1-157 柱尺寸及配筋示意图

清单工程量计算表

序号	项目编码	项目名称	项目特征描述	计量单位	工程量
1	010416001001	现浇混凝土钢筋	ϕ6	t	6.065×10^{-2}
2	010416001002	现浇混凝土钢筋	ϕ20	t	2.841×10^{-1}

(2) 定额工程量

①号钢筋 $8\times(18.000-3.600)\times2.466=284.083\text{kg}$

套用基础定额 5-312。

②号钢筋 $\left(\dfrac{18.000-3.600}{0.100}+1\right)\times3.14\times0.6\times0.222=60.646\text{kg}$

套用基础定额 5-355。

【注释】 8(①号钢筋的根数)×(18.000−3.600)(①号钢筋的长度)×2.466 为①号钢筋的总长度乘以每米钢筋的质量；$\dfrac{18.000-3.600}{0.100}+1$ 为②号钢筋的根数，其中 18.000−3.600 为②号钢筋分布的长度，0.100 为钢筋的间距；3.14×0.6 为②号钢筋长度，0.222 为直径 6mm 钢筋每米的质量。钢筋的工程量以钢筋的总长度乘以每米钢筋的质量计算。

说明：现浇钢筋混凝土圆柱中的钢筋，形式上虽然是钢筋笼，但是不能套用清单中钢筋笼项目编码(010416004)。

项目编码：010417002　　项目名称：预埋铁件

【例 1-149】 某宿舍楼晾衣设备计 500 件，其尺寸如图 1-158 所示，求其钢筋工程量。

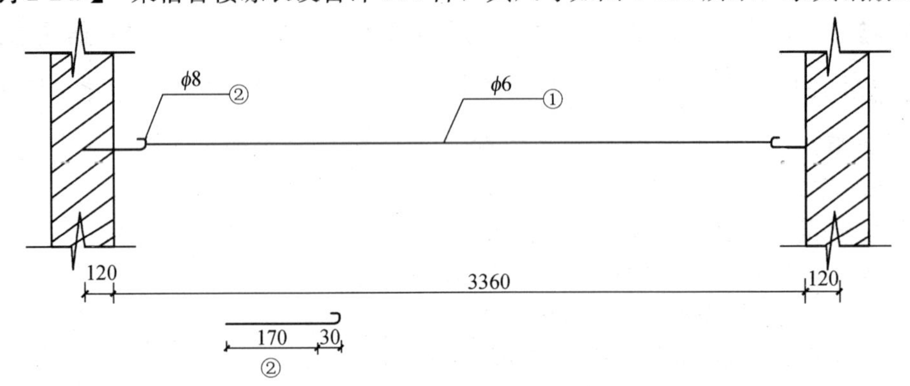

图 1-158　晾衣设备尺寸示意图

【解】 (1) 清单工程量

清单工程量计算见下表：

清单工程量计算表

序号	项目编码	项目名称	项目特征描述	计量单位	工程量
1	010417002001	预埋铁件	ϕ6	t	3.730×10^{-1}
2	010417002002	预埋铁件	ϕ8	t	98.75×10^{-3}

(2) 定额工程量

①号钢筋　3.36×0.222×500=372.96kg

②号钢筋　(0.2+6.25×0.008)×2×0.395×500=98.75kg

①+②=372.96+98.75=471.71kg

套用基础定额 5-382。

【注释】 3.36(①号钢筋的长度)×0.222×500 为①号钢筋的长度乘以每米钢筋的质量乘以 500 个构件；(0.2+6.25×0.008)×2 为②号钢筋的长度，其中 6.25×0.008 为弯钩的增加长度，6.25 为钢筋弯钩的增加系数值，0.395 为直径为 8mm 的钢筋每米的质量。钢筋的工程量以钢筋的总长度乘以每米钢筋的质量计算。

说明：定额中，不区分①号、②号钢筋，把它们统一归为铁件，套用基础定额 5-382；清单中，根据项目特征可以列为两项，但根据清单计价原则，若①号、②号钢筋单价相同或非常接近，可以合并，与定额类似，表现形式如下表。

清单工程量计算表

项目编码	项目名称	项目特征描述	计量单位	工程量
010417002001	预埋铁件	$\phi6 \sim \phi8$	t	4.717×10^{-1}

项目编码：010417001　　项目名称：螺栓

项目编码：010417002　　项目名称：预埋铁件

【例 1-150】 某宿舍楼晾衣设备计 1000 件，其尺寸如图 1-159 所示，求其钢筋工程量。

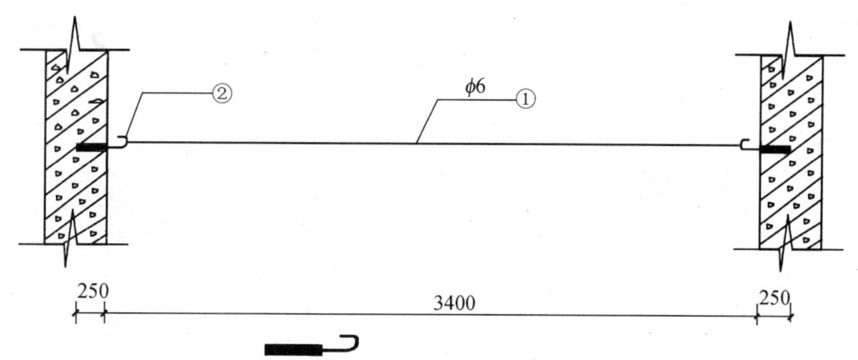

图 1-159　晾衣设备尺寸示意图

【解】 (1) 清单工程量

清单工程量计算见下表：

清单工程量计算表

序号	项目编码	项目名称	项目特征描述	计量单位	工程量
1	010417001001	螺栓	M8 钢制膨胀螺栓	t	3.000×10^{-1}
2	010417002001	预埋铁件	$\phi6$	t	7.548×10^{-1}

(2) 定额工程量

①号钢筋　3.4×0.222×1000=754.8kg

②号钢筋　0.15×2×1000=300kg

①+②=754.8+300=1054.8kg

套用基础定额 5-382。

【注释】 3.4(①号钢筋的长度)×0.222(①号钢筋每米理论质量)×1000 为①号钢筋的长度乘以每米钢筋的质量乘以 1000 个构件；0.15(每个螺栓质量)×2(2 个螺栓)×1000 为 1000 件构件中螺栓的总质量。钢筋的工程量以钢筋的总长度乘以每米钢筋的理论质量计算。

说明：定额中没有螺栓这一项，①、②均应归入铁件；清单计价中有螺栓(项目编码为 010417001)和预埋铁件(项目编码为 010417002)，虽然①不是预埋铁件，但应归入预埋铁件，这一例题突出体现了清单和定额的差异。

项目编码：010416006　　项目名称：后张法预应力钢筋

项目编码：010416001　　项目名称：现浇混凝土钢筋

【例 1-151】 某现浇钢筋混凝土梁①号钢筋采用后张法预应力钢筋，该梁配筋如图 1-160 所示，计算钢筋工程量。

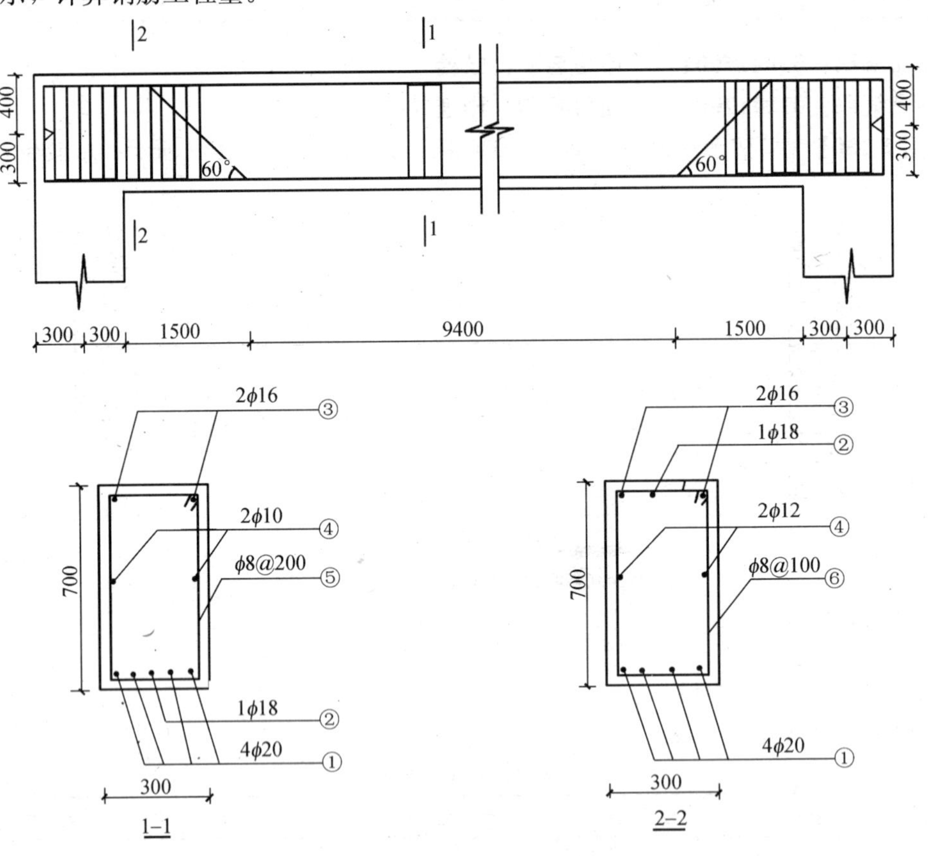

图 1-160　混凝土梁配筋示意图

【解】 (1) 清单工程量

清单工程量计算见下表：

清单工程量计算表

序号	项目编码	项目名称	项目特征描述	计量单位	工程量
1	010416006001	后张法预应力钢筋	ϕ20	t	0.138
2	010416001001	现浇混凝土钢筋	ϕ18	t	0.048
3	010416001002	现浇混凝土钢筋	ϕ16	t	0.045
4	010416001003	现浇混凝土钢筋	ϕ12	t	0.017
5	010416001004	现浇混凝土钢筋	ϕ8	t	0.071

(2) 定额工程量

①号钢筋　(13.6+0.35)×4×2.466=137.603kg

套用基础定额 5-367。

②号钢筋　(13.6−0.05+0.4×2+0.58×0.63×2)×2×1.598=48.198kg

套用基础定额 5-311。

③号钢筋　(13.6−0.05+0.4×2)×1.578×2=45.288kg

套用基础定额 5-310。

④号钢筋　(13.6−0.05)×2×0.617=16.721kg

套用基础定额 5-307。

⑤号钢筋　$\left(\frac{9400}{200}+1\right)\times(0.7+0.3)\times2\times0.395=37.92$kg

⑥号钢筋　(1500+300+300)÷100×(0.7+0.3)×2×0.395×2=33.18kg

⑤+⑥=37.92+33.18=71.1kg

套用基础定额 5-356。

【注释】 (13.6+0.35)(①号钢筋的长度)×4(①号钢筋的根数)×2.466 为①号钢筋的总长度乘以每米钢筋的质量，0.35 为低合金钢筋采用后张法混凝土自锚时，钢筋长度按孔道长度增加 0.35m 计算；13.6−0.05(保护层的厚度)+0.4×2+0.58×0.63×2 为②号钢筋的长度，其中 0.58(弯起钢筋的斜长增加系数值)×0.63(钢筋弯起的高度)×2 为弯起钢筋的两个斜长增加长度；13.6−0.05+0.4×2 为③号钢筋的长度；(13.6−0.05)×2 为④号钢筋的长度；$\frac{9400}{200}+1$ 为⑤号钢筋的根数，其中 9400 为⑤号钢筋的分布长度，200 为钢筋的间距，(0.7+0.3)×2 为⑤号钢筋的长度；(1500+300+300)(⑥号钢筋的分布长度)÷100 为⑥号钢筋的根数，100 为钢筋的间距。钢筋的工程量以钢筋的总长度乘以每米钢筋的质量计算。

说明：定额中预应力钢筋工程量计算规则与清单计价中的完全一致，定额中预应力钢筋按工艺和直径分，清单计价中以项目编码和项目特征划分，即清单计价中的项目特征类似于定额中的钢筋直径(对于预应力钢筋)；非预应力钢筋按照直径不同分别套用不同定额编号，清单计价中如果综合单价相同或非常接近可列一个项目编码或项目特征。

【例 1-152】 某预制钢筋混凝土方桩，共 100 根，其尺寸如图 1-161 所示，采用组合钢模板，计算模板工程量。

【解】 (1) 清单工程量

清单中没有模板这一列项，把模板的材料费、人工费、机械费等归入措施费，其费用可以参考定额计价，也可综合经验和本企业自身情况、市场价格等因素综合考虑确定出措施费(即定额中的模板费用)。

(2) 定额工程量

$$0.4\times0.4\times8.0\times100=128m^3$$

套用基础定额 5-133。

【注释】 0.4(桩的截面长度)×0.4(桩的截面宽度)×8.0(桩的高度)×100 为混凝土桩的截面面积乘以桩高再乘以 100 根桩。工程量按设计图示尺寸以体积计算。

【例 1-153】 某建筑工地需用 200 个预制桩尖，其尺寸如图 1-162 所示，采用木模板，求桩尖模板工程量。

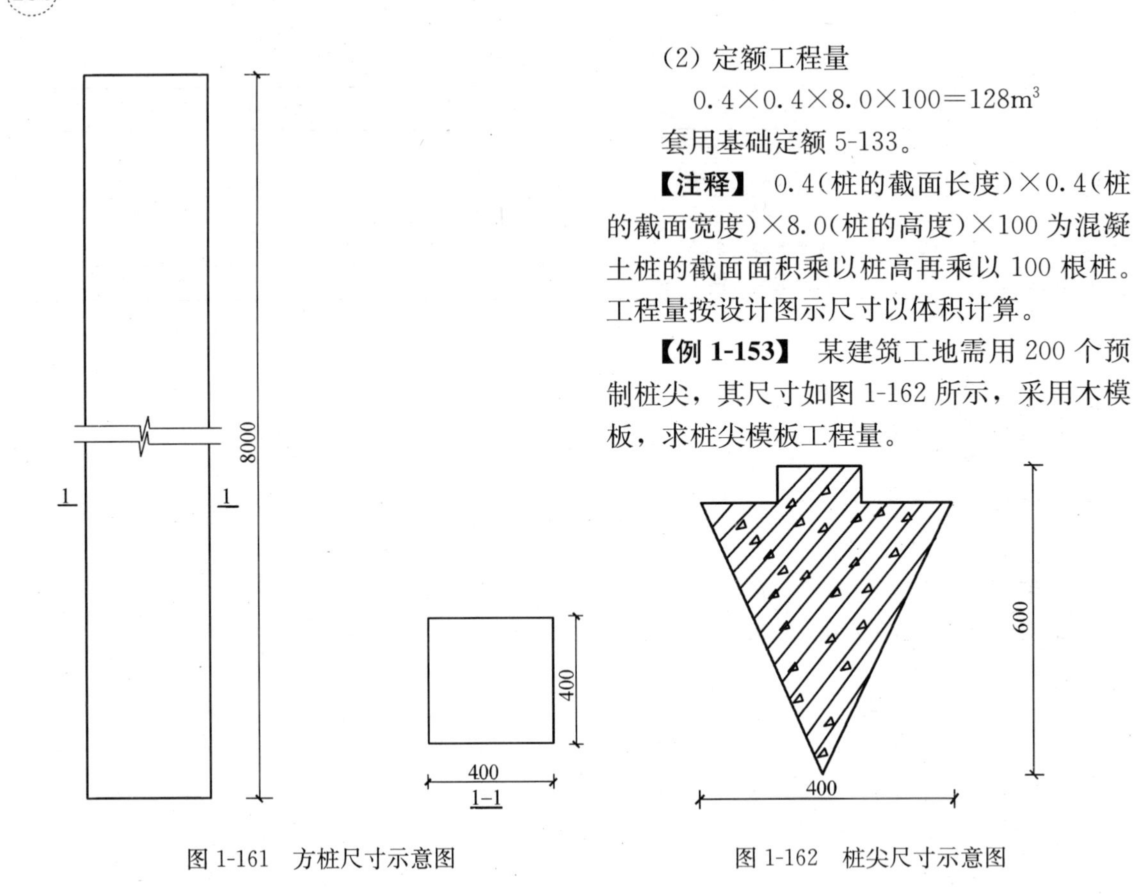

图 1-161　方桩尺寸示意图

图 1-162　桩尖尺寸示意图

【解】 (1) 清单工程量

清单中无模板这项，清单计价把这一项费用(包括人工费、材料费、利润、税金等)列入工程量清单措施项目，其费用由直接费、管理费、利润组成，其中直接费是基价，管理费和利润是以直接费乘以一定的百分比得来，直接费由人工费、材料费、机械费构成。

(2) 定额工程量

$$3.14\times0.2^2\times0.6\times200=15.072m^3$$

套用基础定额 5-137。

【注释】 0.2 为圆锥半径，0.6 为圆锥高，200 为 200 个预埋桩尖。工程量以体积计算。

【例 1-154】 某一预制钢筋混凝土过梁，其尺寸如图 1-163 所示，求其模板工程量。

【解】 (1) 清单工程量

清单计价中无模板这一专门列项，该费用在清单计价中归入工程量清单措施项目。

(2) 定额工程量

$$0.24\times0.24\times3=0.17m^3$$

套用基础定额 5-150。

【注释】 0.24(梁的截面长度)×0.24×3(梁的长度)为过梁的截面面积乘以梁的长度。工程量按设计图示尺寸以体积计算。

【例 1-155】 某 300 根预制桩，其尺寸如图 1-164 所示，采用组合钢模板，计算其模板工程量。

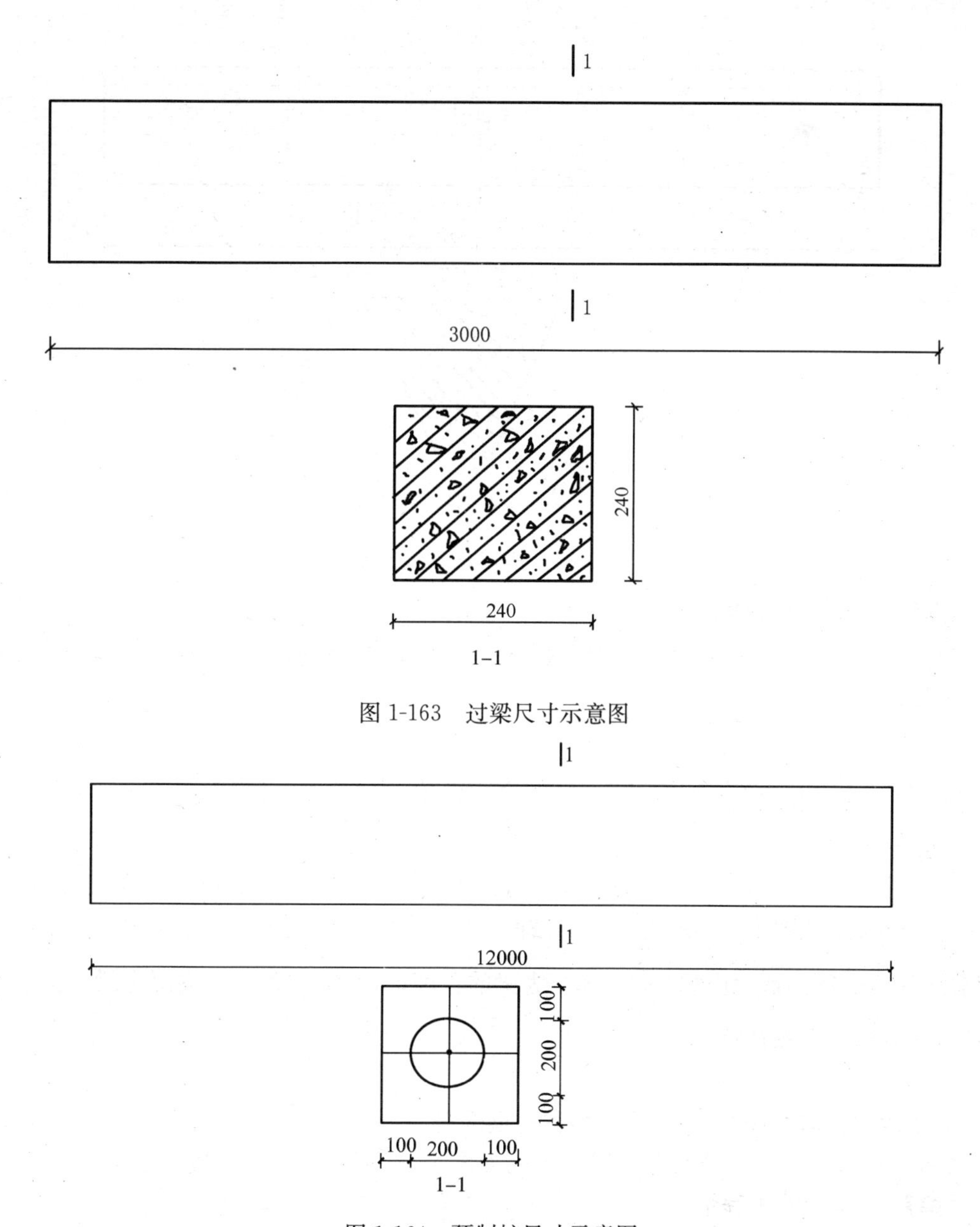

图 1-163 过梁尺寸示意图

图 1-164 预制桩尺寸示意图

【解】 (1) 清单工程量

清单计价中无模板这一列项，该费用在清单计价中归入工程量清单措施项目。

(2) 定额工程量

$300\times(0.4\times0.4-3.14\times0.01^2)\times12=574.87\text{m}^3$

套用基础定额 5-136。

【注释】 300 为 300 根预制桩，0.4×0.4(桩的截面尺寸)-3.14×0.01(圆孔的半径)^2 为桩的截面面积减去圆孔的面积，12 为桩高。工程量按设计图示尺寸以体积计算。

【例 1-156】 某 10 根预制钢筋混凝土异形梁，其尺寸如图 1-165 所示，求其模板工程量。

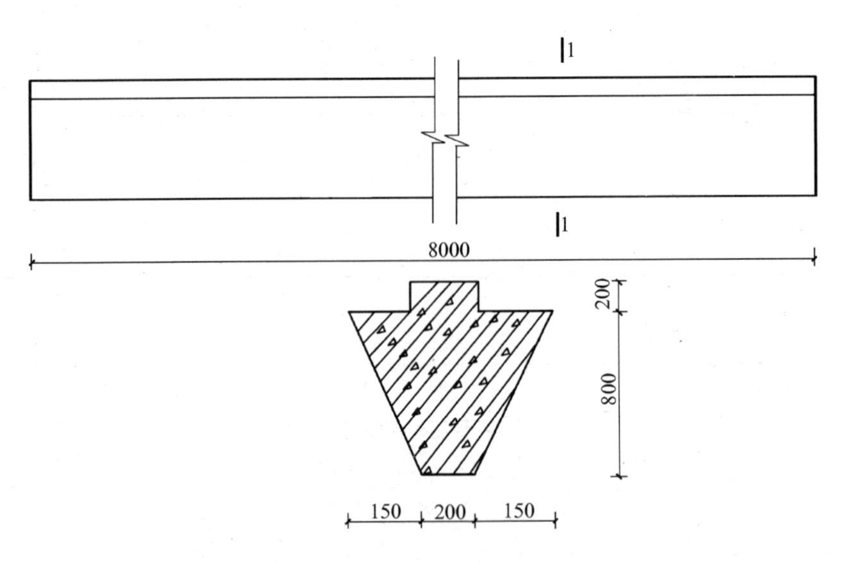

图 1-165　异形梁尺寸示意图

【解】（1）清单工程量

清单中无模板这一项，异形梁模板材料费、人工费、机械费及利润都归入工程量清单措施项目。

（2）定额工程量

$(0.2\times1.0+0.15\times2\times0.8\times\frac{1}{2})\times8.0\times10=25.6\text{m}^3$

套用基础定额 5-149。

【注释】0.2(梁示意图中中间方形的截面宽度)×1.0(梁示意图中中间方形的截面高度)+0.15(梁示意图中两边的三角形的截面宽度)×2×0.8(梁示意图中两边的三角形的截面高度)×$\frac{1}{2}$为梁的截面面积之和，8.0 为梁的长度，10 为 10 根预制混凝土梁。工程量按设计图示尺寸以体积计算。

项目编码：010416004　　项目名称：钢筋笼

【例 1-157】 30 根现浇混凝土桩，配筋如图 1-166 所示，计算钢筋工程量。

【解】（1）定额工程量

螺旋箍筋的始端与末端，应各有不小于一圈半的端部筋。这里计算时，暂采用一圈半长度。两端均加工有 135°弯钩，且在钩端各留有直线，螺旋箍筋展开后计算长度如图 1-167 所示。

①号钢筋　$30\times[1.5\pi(D-2c-d)+\sqrt{n\pi(D-2c-d)^2+(H-2c-3d)^2}+1.5\pi(D-2c-d)]\times0.395$

$=[1.5\times3.14\times(1.0-2\times0.04-0.008)+\sqrt{\frac{30000}{200}\times3.14\times(1.0-2\times0.04-0.008)^2+(30-2\times0.04-3\times0.008)^2}+1.5\times3.14\times(1.0-2\times0.04-0.008)]\times0.395\times30$

$=526.68\text{kg}$

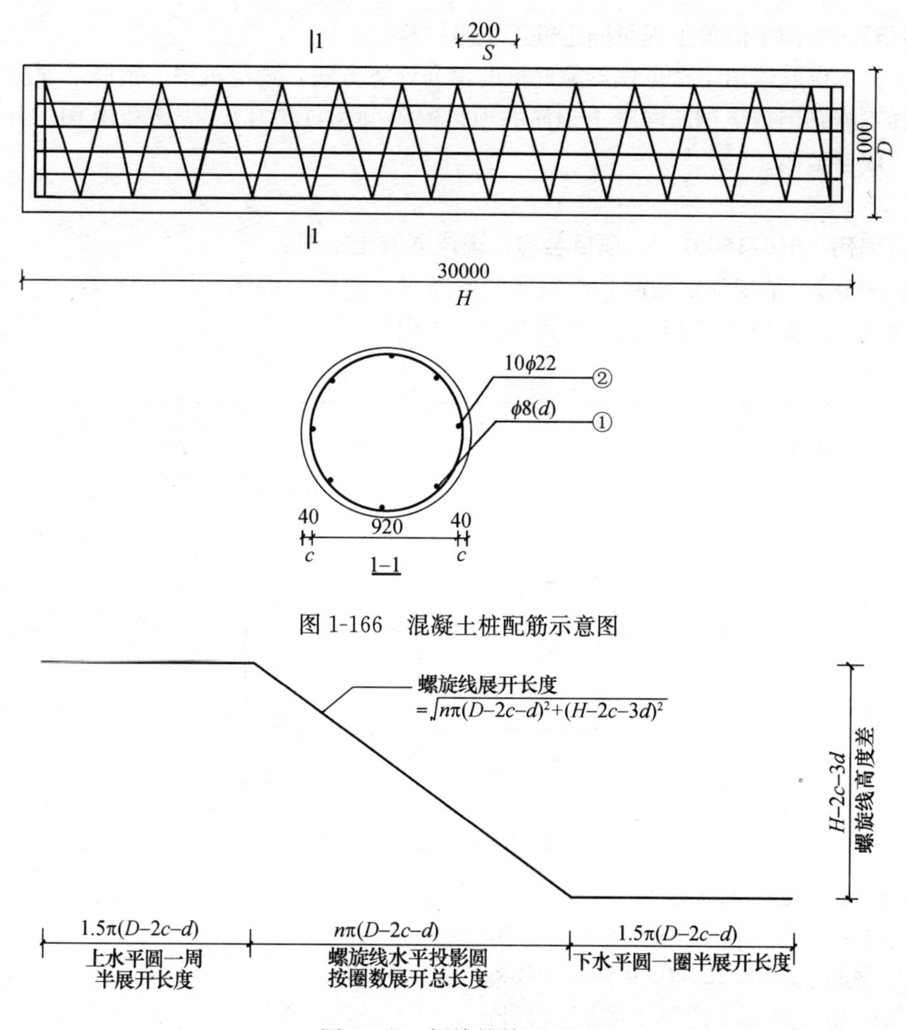

图 1-166　混凝土桩配筋示意图

图 1-167　螺旋箍筋展开图

套用基础定额 5-356。

②号钢筋　10×2.984×30×30＝26.856kg

套用基础定额 5-313。

【注释】　①号钢筋的长度由螺旋式钢筋计算规则所得，0.008 为钢筋的直径；10(②号钢筋的根数)×2.984(②号钢筋每米的理论质量)×30(现浇混凝土桩的数量)×30(②号钢筋的长度)为②号钢筋的总长度乘以每米钢筋的质量。钢筋工程量以钢筋总长度乘以每米钢筋的质量计算。

(2) 清单工程量

清单工程量计算见下表：

清单工程量计算表

序号	项目编码	项目名称	项目特征描述	计量单位	工程量
1	010416004001	钢筋笼	ϕ8	t	5.267×10^{-1}
2	010416004002	钢筋笼	ϕ22	t	26.856×10^{-3}

【注释】 本例中清单工程量同定额工程量一样。

说明：本例题给出了常见螺旋箍筋桩的钢筋计算方法，现浇桩中的钢筋是现浇混凝土钢筋，却不能套用现浇钢筋混凝土钢筋的项目编码(010416001)，应该套用 010416004 钢筋笼这一项目编码。

项目编码：010416001　　项目名称：现浇混凝土钢筋

【例 1-158】 某现浇钢筋混凝土雨篷及雨篷梁，雨篷平面图如图 1-168 所示，雨篷梁详图以及剖面图如图 1-169 所示，计算其钢筋工程量。

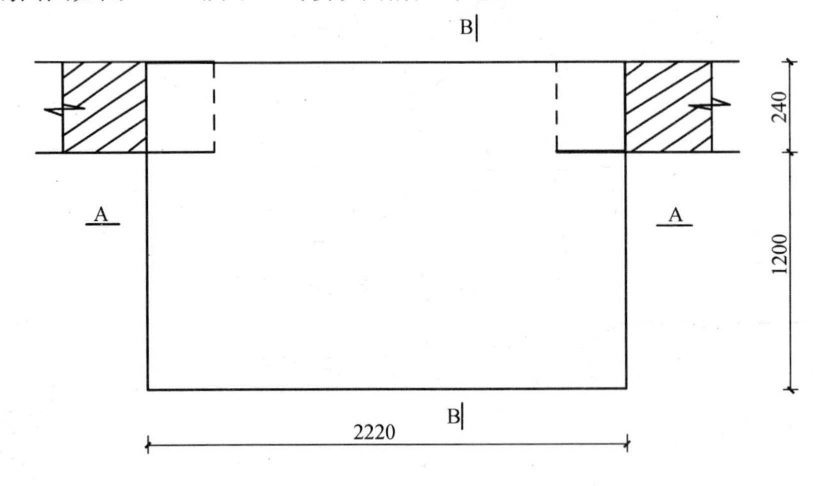

图 1-168　雨篷平面图

【解】 (1) 定额工程量

①号钢筋　$2\times2.22\times0.888=3.943\text{kg}$

②号钢筋　$2\times2.22\times0.888=3.943\text{kg}$

③号钢筋　$3\times2.22\times0.888=5.915\text{kg}$

④号钢筋　$2\times2.22\times0.888=3.943\text{kg}$

⑤号钢筋　$\left(\frac{2220}{170}+1\right)\times0.24\times4\times0.395=5.331\text{kg}$

套用基础定额 5-356。

⑥号钢筋　$\frac{2220}{150}\times(1.2+0.24+0.15)\times0.617=14.519\text{kg}$

套用基础定额 5-296。

⑦号钢筋　$\frac{1200}{100}\times2.22\times0.395=10.523\text{kg}$

套用基础定额 5-295。

①+②+③+④$=3.943+3.943+5.915+3.943=17.744\text{kg}$

套用基础定额 5-308。

【注释】 2(钢筋的根数)×2.22(钢筋的长度)×0.888(①号、②号、④号钢筋每米的理论质量)为①号、②号、④号钢筋的工程量，以钢筋的总长度乘以每米钢筋的质量计算；$\frac{2220}{170}+1$ 为⑤号钢筋的根数，其中 2220 为⑤号钢筋分布的长度，170 为钢筋的间距，

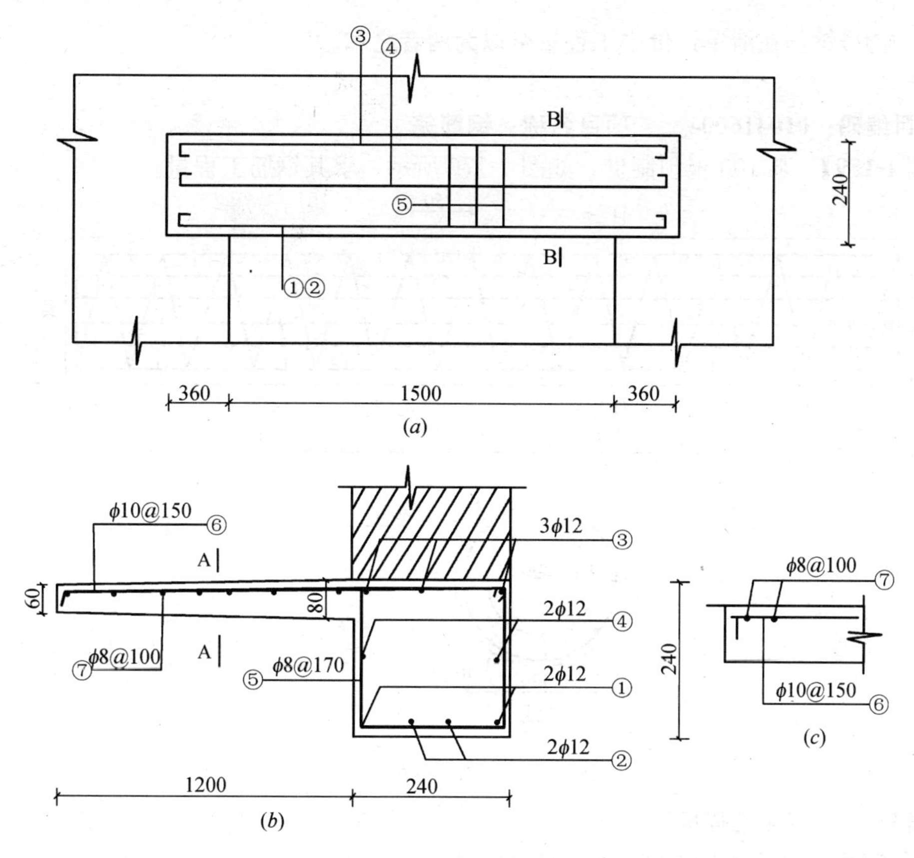

图 1-169　雨篷配筋图

(a)雨篷梁详图；(b)B—B 剖面图；(c)A—A 剖面图

0.24×4 为⑤号钢筋的长度；$\frac{2220}{150}$(⑥号钢筋的根数)×(1.2+0.24+0.15)(⑥号钢筋的长度)×0.617 为⑥号钢筋的根数乘以长度再乘以每米钢筋的质量，其中 150 为钢筋的间距；$\frac{1200}{100}$为⑦号钢筋的根数，其中 1200 为⑦号钢筋的分布长度，100 为钢筋的间距。钢筋工程量以钢筋总长度乘以每米钢筋的质量计算

(2) 清单工程量

⑦+⑤=10.523+5.331=15.854kg

清单工程量计算见下表：

清单工程量计算表

序号	项目编码	项目名称	项目特征描述	计量单位	工程量
1	010416001001	现浇混凝土钢筋	φ8	t	1.585×10^{-2}
2	010416001002	现浇混凝土钢筋	φ10	t	1.452×10^{-2}
3	010416001003	现浇混凝土钢筋	φ12	t	1.774×10^{-2}

说明：定额中⑤号、⑦号钢筋分别套用不同的定额编号，从而可能导致价格不同，但在清单中，如果项目编码一致、钢筋直径和等级一致，这类钢筋量可以相加，例如本题中

的⑤号、⑦号钢筋在清单计价中工程量可以为两者之和。

项目编码：010416004　　项目名称：钢筋笼

【例 1-159】 某 100 根预制桩，如图 1-170 所示，求其钢筋工程量。

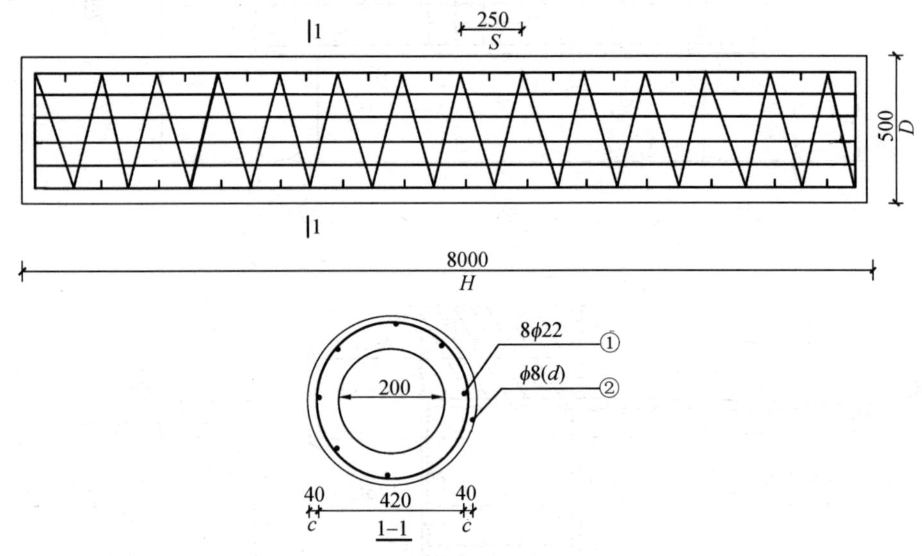

图 1-170　预制桩配筋图

【解】（1）定额工程量

①号钢筋　$8\times8\times2.466\times100=15782.4\text{kg}$

套用基础定额 5-347。

②号钢筋　$[100\times1.5\pi(D-2c-d)+\sqrt{n\pi(D-2c-d)^2+(H-2c-3d)^2}+1.5\pi(D-2c-d)]\times0.395$

$=[100\times1.5\times3.14\times(0.5-2\times0.04-0.008)+\sqrt{\frac{8000}{250}\times3.14\times(0.5-2\times0.04-0.008)^2+(8.0-2\times0.04-3\times0.008)^2}+1.5\times3.14\times(0.5-2\times0.04-0.008)]\times0.395$

$=505.29\text{kg}$

套用基础定额 5-356。

【注释】 ②号钢筋的长度由螺旋式钢筋计算规则所得，8(①号钢筋的长度)×8(钢筋的数量)×2.466(①号钢筋每米的理论质量)×100 为①号钢筋的钢筋总长度乘以每米钢筋的质量，100 为 100 根预制桩。钢筋工程量以钢筋总长度乘以每米钢筋的质量计算。

（2）清单工程量

清单工程量计算见下表：

清单工程量计算表

序号	项目编码	项目名称	项目特征描述	计量单位	工程量
1	010416004001	钢筋笼	φ8	t	5.05×10^{-1}
2	010416004002	钢筋笼	φ20	t	15.782

【注释】 清单工程量计算规则同定额工程量计算规则一样。

说明：本题钢筋虽然是预制构件钢筋，但不能套用清单计价项目编码 010416002(预制构件钢筋)，应该属于项目编码 010416004(钢筋笼)。在清单计价中，要正确区分现浇混凝土钢筋、预制构件钢筋、钢筋笼，这既是难点又是重点。

项目编码：010416001　　项目名称：现浇混凝土钢筋

【例 1-160】 某现浇钢筋混凝土悬挑梁，如图 1-171 所示，求其钢筋工程量。

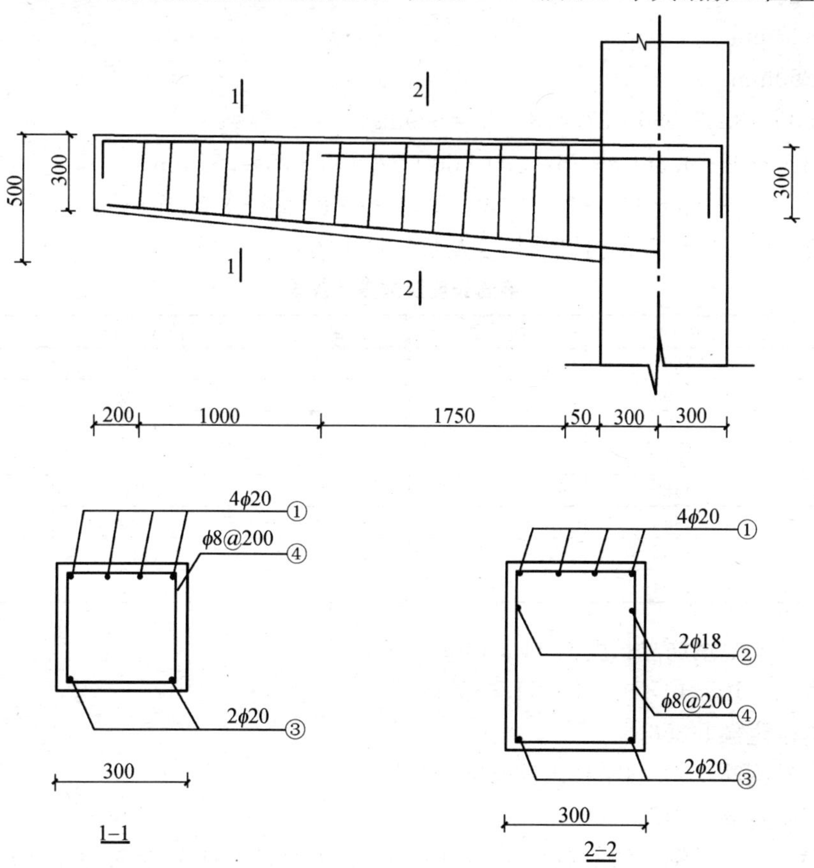

图 1-171　悬挑梁配筋图

【解】 (1) 定额工程量

①号钢筋　4×(3.0+0.6+0.3+0.2)×2.466=40.44kg

②号钢筋　2×(1.75+0.05+0.3×2+0.2)×1.998=10.338kg

套用基础定额 5-311。

③号钢筋　2×(3.0+0.3)×2.466=16.276kg

④号钢筋：

求角度：$\alpha=\arctan\dfrac{500-300}{3000}=\arctan0.06666=3.814°$

求左边第一个箍筋高度：

$$K_1=500-50\times\tan\frac{500-300}{3000}-2\times50=447$$

两相邻箍筋的高度差为：

$$\Delta h=200\tan\alpha=200\times0.0666=13.32$$

箍筋数量：

$$Gisl=\frac{3000-100-200}{200}+1=14.5，取 15 个高度不同的箍筋。$$

A 号箍筋：

$L_{A1}=447\text{mm}$

$L_{A2}=250\text{mm}$

$L_{A3}=500-3.33-50+27.408+75=549\text{mm}$

$L_{A4}=300-2c+4.568d+75=300-50+27.408+75=352\text{mm}$

$l_{A1}+l_{A2}+l_{A3}+l_{A4}=447+250+549+352-3\times0.288\times8=1591\text{mm}$

如上所示，依次计算得出箍筋长度及数量见下表：

箍筋长度及数量计算表

编　号	长度(mm)	数　量	编　号	长度(mm)	数　量
A	1591	5	I	1378	5
B	1565	5	J	1350	5
C	1540	5	K	1325	5
D	1512	5	L	1298	5
E	1485	5	M	1270	5
F	1460	5	N	1245	5
G	1430	5	P	1218	5
H	1404	5			

经计算，④号钢筋总长度为 105.40m，则

④号钢筋　105.40×0.395=41.633kg

套用基础定额 5-356。

①+③号钢筋　40.44+16.276=56.716kg

套用基础定额 5-312。

【注释】 4(①号钢筋的根数)×(3.0+0.6+0.3+0.2)(①号钢筋的长度)为①号钢筋的总长度；2×(1.75+0.05+0.3×2+0.2)为两根②号钢筋的长度；2×(3.0+0.3)(钢筋的长度)×2.466 为两根③号钢筋的长度乘以每米钢筋的质量；④号钢筋由以上计算可得。钢筋工程量以钢筋总长度乘以每米钢筋理论质量计算。

(2) 清单工程量

清单工程量计算见下表：

清单工程量计算表

序号	项目编码	项目名称	项目特征描述	计量单位	工程量
1	010416001001	现浇混凝土钢筋	ϕ8	t	0.042
2	010416001002	现浇混凝土钢筋	ϕ18	t	0.010
3	010416001003	现浇混凝土钢筋	ϕ20	t	0.057

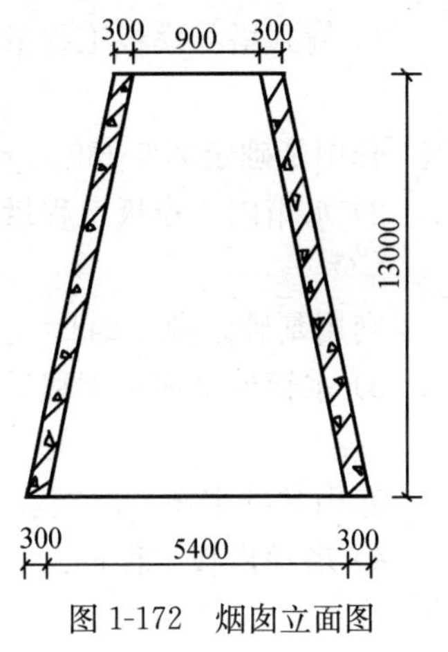

图 1-172　烟囱立面图

【注释】 清单计算规则同定额计算规则一样。

说明：②号钢筋与①号、③号钢筋直径不同，其定额编号也不同，在定额计价中要分别列项计算；但在清单中，如果②号钢筋的综合单价与①号钢筋相同或极为接近，①号、②号可以加到一起计算。这表明，清单计价是从宏观控制的，而定额方法是按照施工工艺从细部一步步计算的。

【例 1-161】 一烟囱，如图 1-172 所示，求其模板工程量。

【解】 (1) 清单工程量

清单中模板费用归入工程量清单措施项目。

(2) 定额工程量

$$V=\frac{1}{3}\pi\times13\times\frac{1}{4}\times(6.0^2+1.5^2+6.0\times1.5-5.4^2-0.9^2-5.4\times0.9)$$

$$=42.25\text{m}^3$$

套用基础定额 5-232。

【注释】 6.0(示意图中烟囱下部的外侧直径)^2＋1.5(示意图中烟囱上部的外侧直径)^2＋6.0×1.5－5.4(示意图中烟囱下部的内侧直径)^2－0.9^2－5.4×0.9(示意图中烟囱上部的内侧直径)为外侧减去内侧，为烟囱壁的直径，13 为烟囱高。工程量按设计图示尺寸以体积计算。

说明：定额中烟囱模板定额编号以烟囱高度分类并以“m^3”为计算单位；清单中无模板这一列项，把模板费用归入施工措施费中。

【例 1-162】 一水塔，如图 1-173 所示，求其模板工程量。

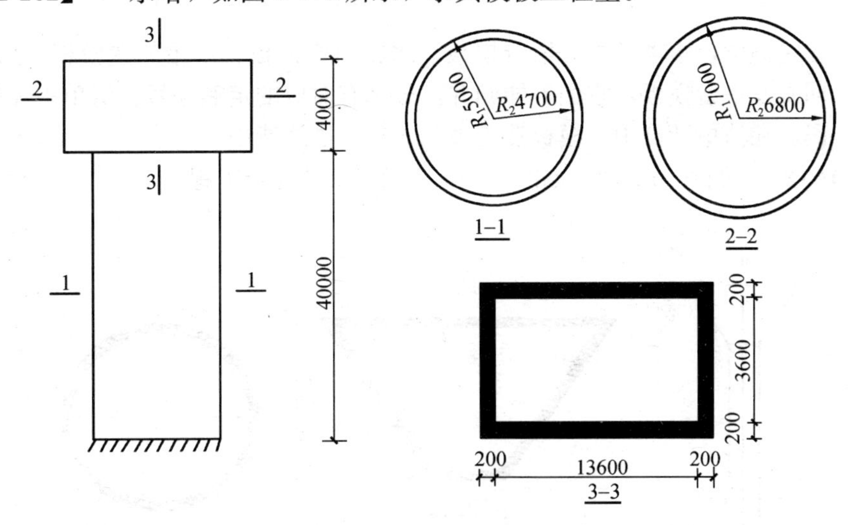

图 1-173　水塔示意图

【解】 (1) 清单工程量

清单中模板费用归入工程量清单措施项目费中。

(2) 定额工程量

1）筒式塔身模板工程量：

$$2\times3.14\times(5.0+4.7)\times40=2436.64\text{m}^2$$

套用基础定额 5-239。

2）水箱内壁模板工程量：

$$3.14\times13.6\times3.6=153.73\text{m}^2$$

套用基础定额 5-241。

3）水箱外壁模板工程量：

$$3.14\times4.0\times14.0=175.84\text{m}^2$$

套用基础定额 5-242。

4）塔顶模板工程量：

$$\left(\frac{13.6}{2}\right)^2\times3.14=136.78\text{m}^2$$

套用基础定额 5-243。

5）槽底模板工程量：

$$3.14\times\left(\frac{14}{2}\right)^2=153.86\text{m}^2$$

套用基础定额 5-244。

【注释】 模板工程量按设计图示尺寸以面积计算。2×3.14×(5.0+4.7)(1-1 剖面圆底的外侧半径加内侧半径)为 1-1 剖面中塔底圆的周长，40 为 1-1 剖面中塔高；3.14×13.6(水箱内壁的长度)×3.6(水箱内壁的高度)为水箱的内壁周长乘以塔的内壁高度；3.14×4.0(水箱外壁的高度)×14.0(水箱外壁的长度)为水箱的外壁周长乘以塔的外壁高度；$\left(\frac{13.6}{2}\right)^2\times3.14$ 为圆顶的截面积；$3.14\times\left(\frac{14}{2}\right)^2$ 为圆顶最外侧截面积计算槽底工程量。

说明：在定额中，水塔模板分塔身模板、水箱内壁模板、水箱外壁模板、塔顶模板、槽底模板、回廊及平台模板，它们不能归并，分别有对应的定额编号；清单中无模板这一专门项目编码，在清单计价中，模板费用被归入施工措施费中。

【例 1-163】 一倒锥壳水塔，如图 1-174 所示，求其模板工程量。

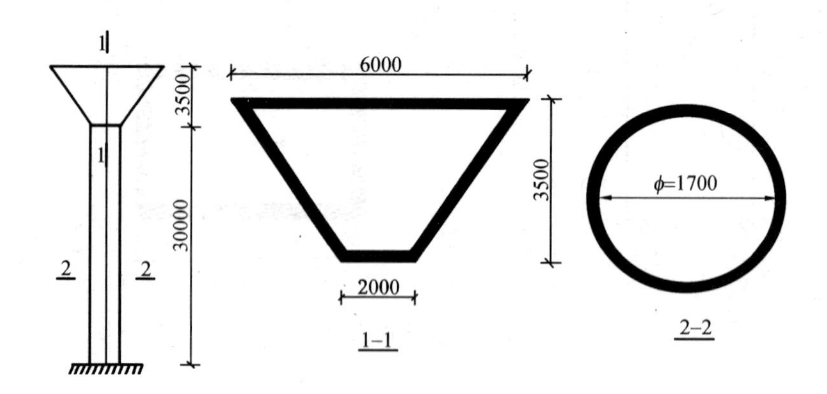

图 1-174 倒锥壳水塔示意图

【解】 (1) 清单工程量

清单中模板费用归入工程量清单措施项目费中。

(2) 定额工程量

1) 塔身模板工程量：

$$30\times3.14\times\left[1.0^2-\left(\frac{1.7}{2}\right)^2\right]=26.14\text{m}^3$$

套用基础定额 5-248。

2) 水塔制作：

水塔体积　$V\approx\frac{1}{3}\times3.14\times3^2\times3.5=32.97\text{m}^3$

水塔模板工程量

$$2\pi\int_0^{3.5}\left(\frac{2x}{3.5}+1.0\right)\mathrm{d}x=\left(\frac{2\pi}{3.5}x^2+2\pi x\right)\Big|_0^{3.5}=43.96\text{m}^2$$

$$43.96\times2+3.14\times3.0=97.34\text{m}^2$$

套用基础定额 5-249。

水箱提升，套用基础定额 5-255。

【注释】 $3.14\times\left[1.0(\text{塔身外壁的半径})^2-\left(\frac{1.7}{2}\right)(\text{塔身内壁的半径})^2\right]$为塔身壁的截面积，30 为塔身高度；$\frac{1}{3}\times3.14\times3^2\times3.5$ 为圆锥顶的体积，3 为半径，3.5 为锥高。

说明：倒锥壳水塔模板工程包括：筒身液压滑升钢模、水箱制作、水箱提升三部分，其计量单位分别为 m³、m² 和座，三部分费用之和才为其模板费用；清单中无模板这一专门项目编码，在清单计价中，模板费用被归入施工措施费中。

【例 1-164】 一贮水池，如图 1-175 所示，采用组合钢模板、木支撑，求其模板工程量。

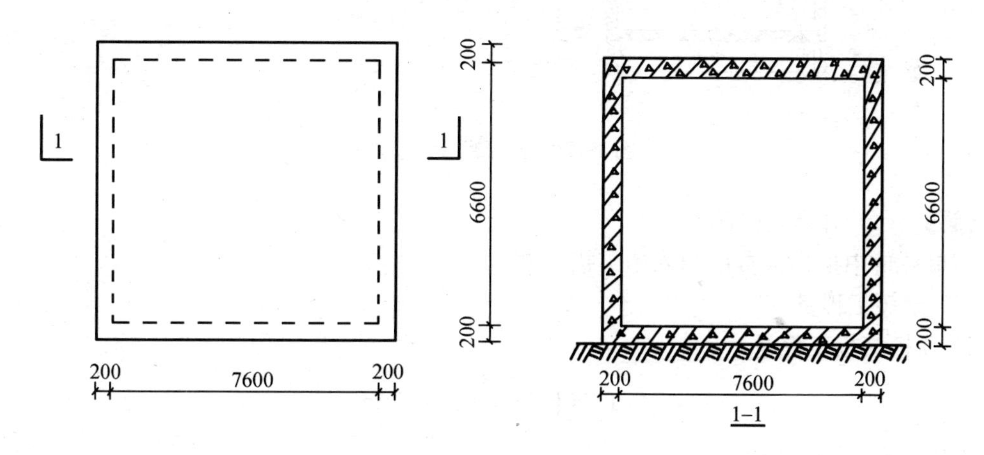

图 1-175　贮水池示意图

【解】 (1) 清单工程量

清单计价中把模板工程费用归入施工措施项目费中。

(2) 定额工程量

1) 贮水池池底模板为零。

2）贮水池池壁模板工程量：

$$8.0\times4\times7.0+7.6\times4\times6.6=424.64\text{m}^2$$

套用基础定额 5-265。

3）贮水池池盖模板工程量：

$$7.6\times7.6=57.76\text{m}^2$$

套用基础定额 5-270。

【注释】 8.0(贮水池的外壁长度)×4(贮水池的四个侧面)×7.0(贮水池的外侧宽度)为外侧截面积，7.6(贮水池的内侧长度)×4×6.6(贮水池的内侧宽度)为内侧截面积；7.6×7.6 为盖的截面积。模板的工程量按设计图示尺寸以面积计算。

说明：贮水池分池底、池壁、无梁池盖、无梁盖柱，它们分别有自己的定额编号，各部分费用之和为该工程模板费；清单计价中没有模板工程这一项目编码，而是把模板工程费用归入施工措施费中。

【例 1-165】 圆形贮仓，如图 1-176 所示，求其模板工程量。

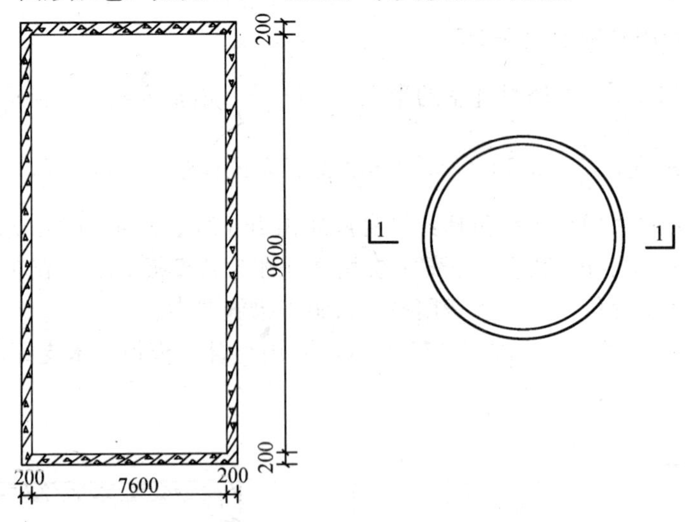

图 1-176 圆形贮仓示意图

【解】 (1) 清单工程量

清单计价中把模板费用归入施工措施费中。

(2) 定额工程量

1）顶板模板工程量：

$$3.14\times\left(\frac{7.6}{2}\right)^2=45.34\text{m}^2$$

套用基础定额 5-282。

2）立壁模板工程量：

$$3.14\times8.0\times10+3.14\times7.6\times9.6=480.29\text{m}^2$$

套用基础定额 5-284。

【注释】 $3.14\times\left(\frac{7.6}{2}\right)^2$ 为顶部圆的截面积；3.14×8.0(外侧圆的直径)×10(贮仓的

高度)为外侧圆的周长乘以高度，3.14×7.6(内侧圆的直径)×9.6(贮仓内侧高度)为内侧圆的周长乘以高度。模板的工程量按设计图示尺寸以面积计算。

说明：贮仓模板分顶板模板和立壁模板，分别套用定额编号；清单计价中模板费用归入施工措施费中，其费用以总价形式体现出来，每一分项工程费用也可参照定额费用，并结合市场因素、公司自身特点情况综合确定。

【例 1-166】 一贮仓，模板采用组合钢模板、钢支撑，钢模板如图 1-177 所示，计算模板工程量。

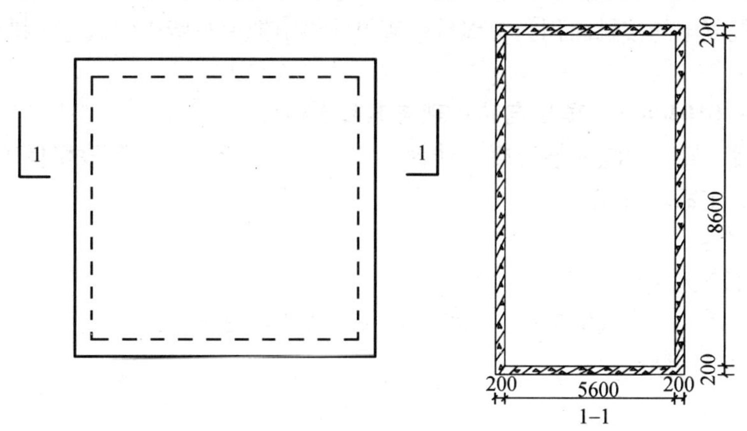

图 1-177　贮仓示意图

【解】 (1) 清单工程量

清单计价中模板费用归入施工措施费中。

(2) 定额工程量

$$6\times4\times9+5.6\times4\times8.6=408.64\text{m}^2$$

套用基础定额 5-285。

【注释】 6(贮仓的外侧长度)×4×9(贮仓的高度)为外侧壁的四个截面面积，5.6(贮仓内侧的长度)×4×8.6(贮仓内侧的高度)为内侧壁的四个截面积。模板的工程量按设计图示尺寸以面积计算。

说明：定额中矩形仓只有立壁模板，分为钢模钢支、钢模木支、木模钢支、木模木支，根据模板材质确定定额编号；清单中不论其材质，以施工措施费总价的形式表现。

【例 1-167】 一筒仓，如图 1-178 所示，计算模板工程量。

【解】 (1) 清单工程量

清单计价中把模板费用归入施工措施费中。

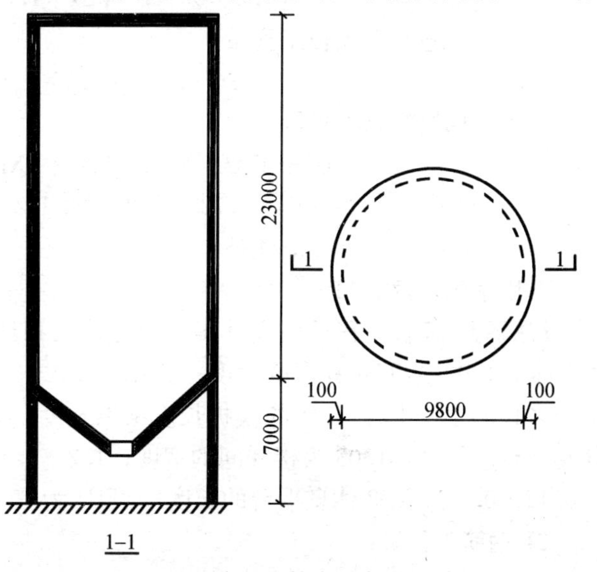

图 1-178　筒仓示意图

（2）定额工程量

$$V=3.14\times(5.0^2-4.9^2)\times30$$
$$=93.258m^3$$

套用基础定额 5-291。

【注释】 3.14×[5.0(筒仓外侧的半径)^2－4.9(筒仓内侧的半径)^2]为圆环壁的截面积，30 为仓高。工程量以体积计算。

说明：筒仓模板与贮水池、贮仓模板不同，它是以混凝土用量，以“10m^3”为计量单位，不是以模板与混凝土的接触面积为工程量；清单计价中把模板费用归入施工措施费中。

项目编码：010406　　项目名称：现浇混凝土楼梯

【例 1-168】 某一现浇钢筋混凝土楼梯，如图 1-179 所示，计算该楼梯工程量。

【解】（1）定额工程量

1）模板计算：

①TB1 模板工程量

$$(2.340+1.32-0.12)\times1.03=3.64m^2$$

②TB2 模板工程量

$$(1.92-0.12+1.82)\times1.03=3.729m^2$$

③TB3 模板工程量

$$2.08\times1.03=2.142m^2$$

④TB4 模板工程量

$$2.08\times1.03=2.142m^2$$

⑤XB1 休息平台模板工程量

$$(1.16-0.12+0.2)\times1.03=1.277m^2$$

⑥XB2 休息平台模板工程量

$$(1.2-0.12+0.2)\times1.03=1.318m^2$$

⑦XB3 休息平台模板工程量

$$(1.42-0.12+0.2)\times1.03=1.545m^2$$

⑧本楼梯模板总工程量

$$TB1+TB2+XB1+TB3+2XB2+3TB4+2XB3$$
$$=3.64+3.729+1.277+2.142+2\times1.318+3\times2.142+2\times1.545$$
$$=22.94m^2$$

套用基础定额 5-119。

【注释】 模板工程量按设计图示尺寸以面积计算。2.340＋1.32－0.12 为 TB1 模板的长度，1.03 为 TB1 模板的宽度；1.92－0.12＋1.82 为 TB2 模板的长度，宽度为 1.03；2.08×1.03 为 TB3、TB4 的模板长度乘以宽度，为其工程量；1.16－0.12＋0.2 为 XB1 休息平台的长度，1.03 为楼梯间的宽度；1.2－0.12＋0.2 为 XB2 休息平台的长度；1.42－0.12＋0.2 为 XB3 休息平台的长度；3TB4 为三个楼梯模板。

2）钢筋工程量：

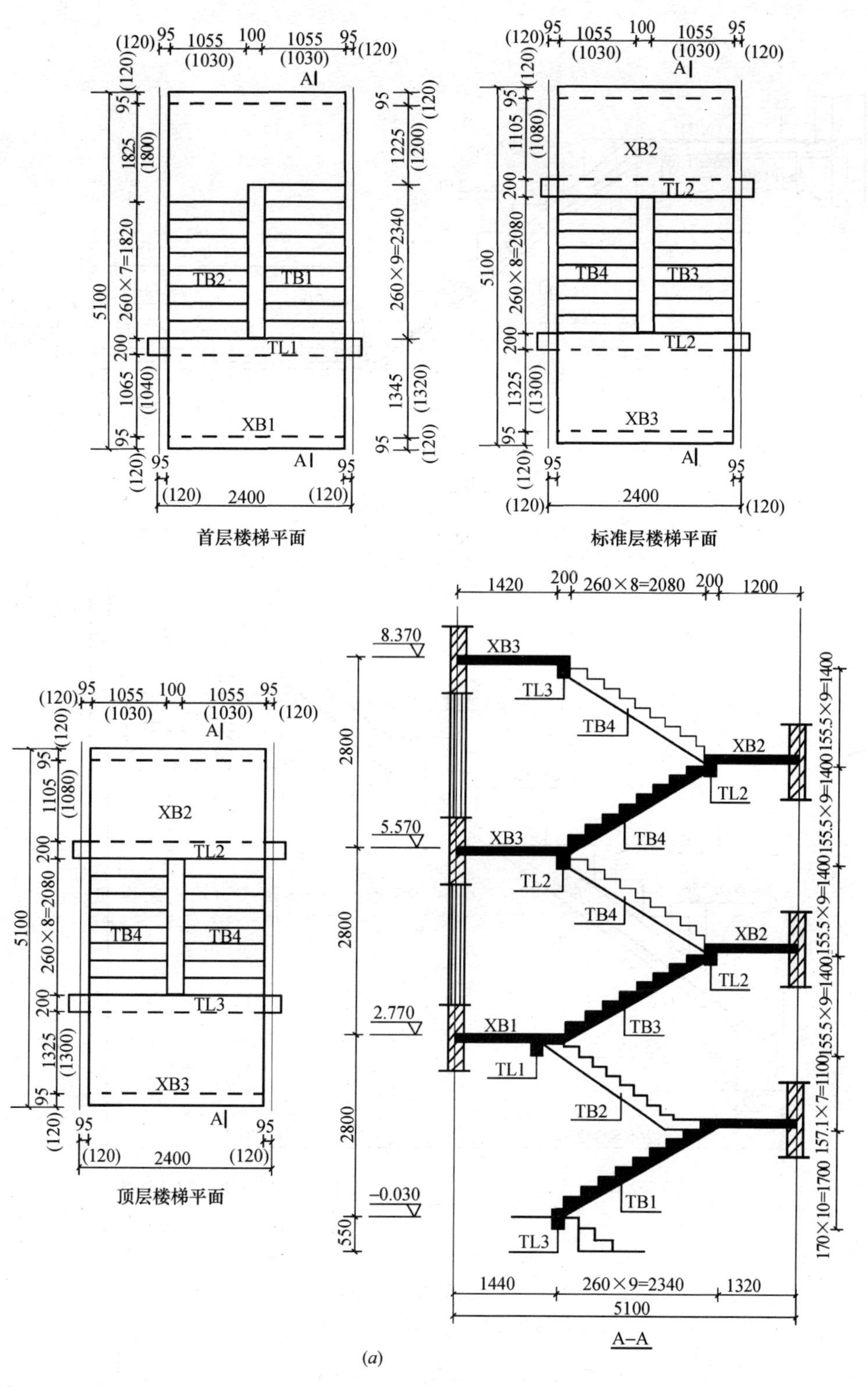

(*a*)

图 1-179 钢筋混凝土楼梯(一)

(*a*)楼梯平面图

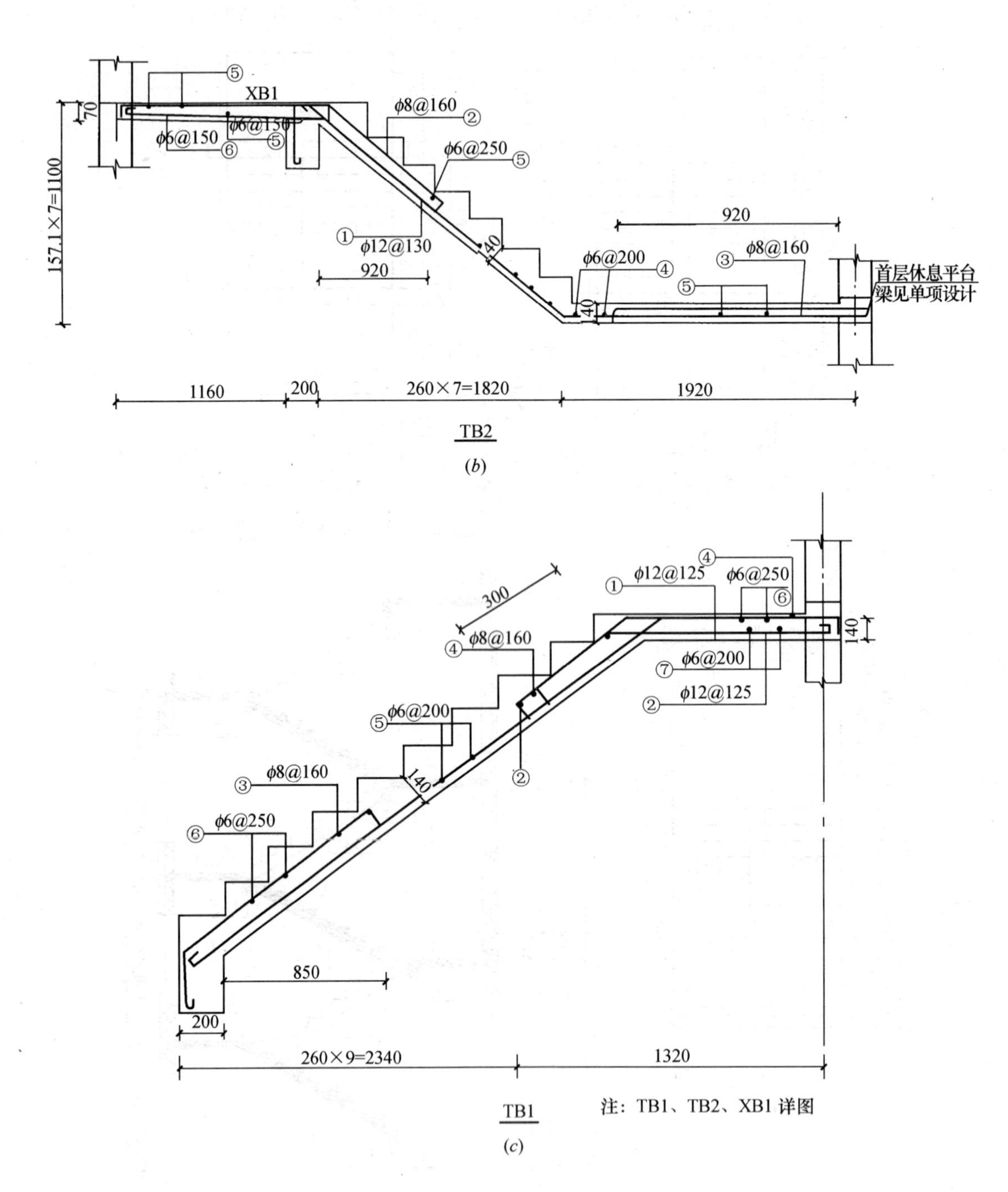

图 1-179 钢筋混凝土楼梯(二)

(*b*)楼梯配筋图(一)；(*c*)楼梯配筋图(二)

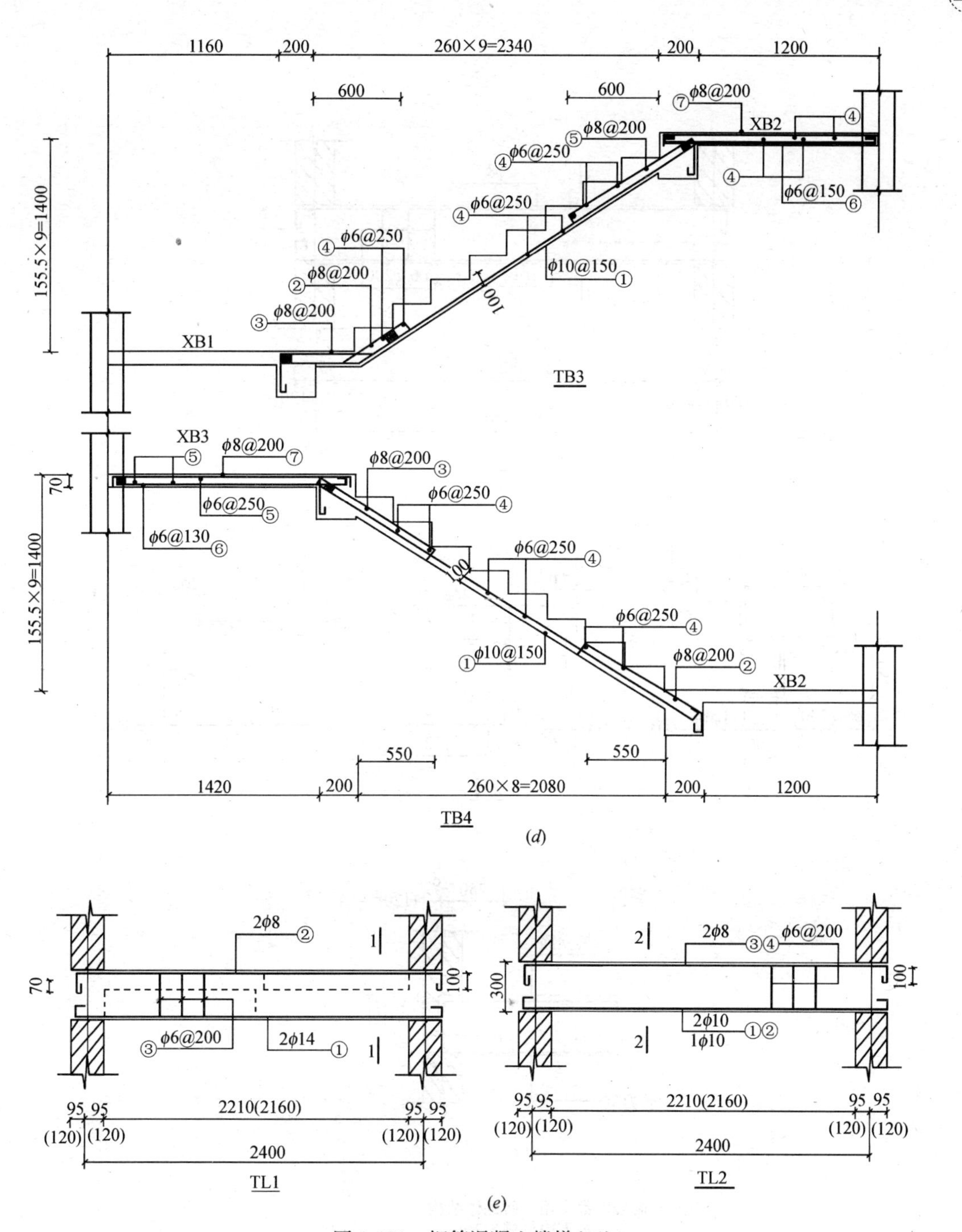

图 1-179　钢筋混凝土楼梯(三)

(d)楼梯配筋图(三)；(e)楼梯梁配筋图(一)

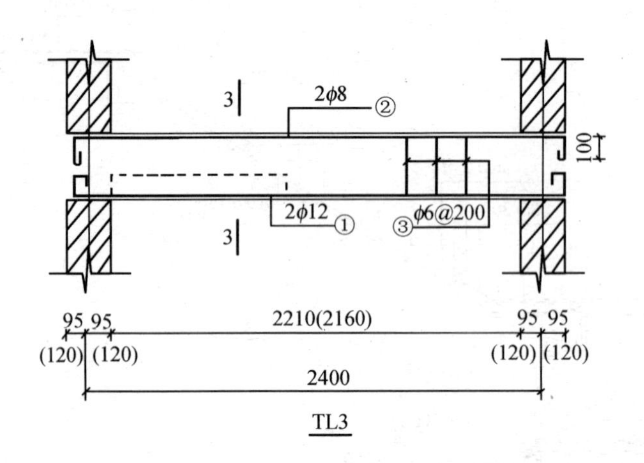

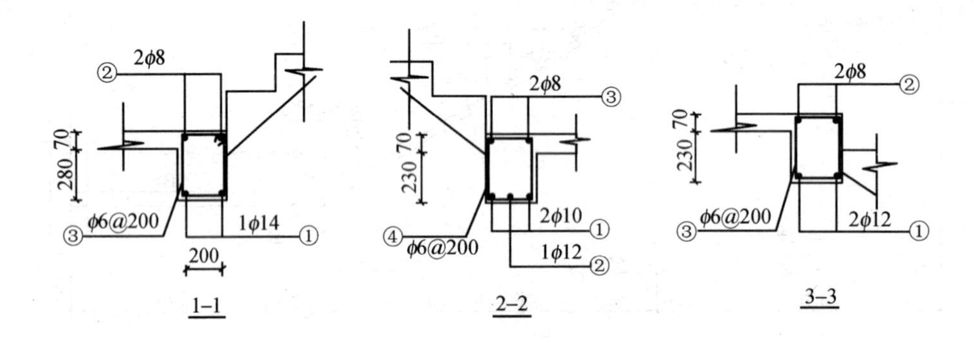

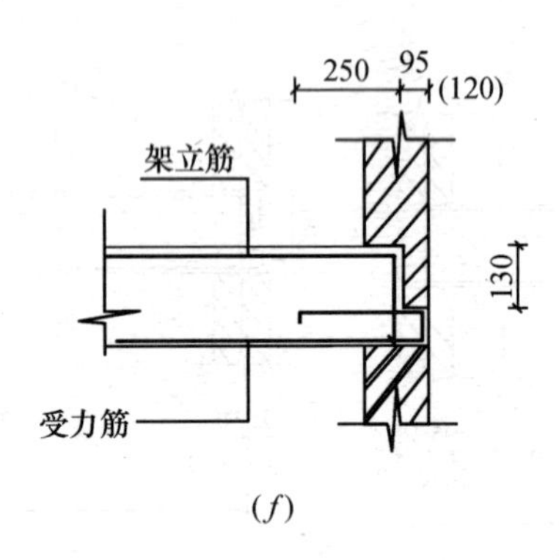

(*f*)

注：1.括号内数字用于砖砌体结构。
2.梁支座范围内箍筋为2φ6。
3.梁端铺预制板的梁支座配筋如图（*f*）图所示，其缺口高度130mm,按10mm厚坐浆及120mm厚预制板考滤，若板及坐浆厚度不同，由设计人员自行确定。

图 1-179 钢筋混凝土楼梯(四)

(*f*)楼梯梁配筋图(二)

①TB1 钢筋工程量

钢筋质量=长度×根数×每米质量

①号钢筋　3.715×10×0.888=32.99kg

②号钢筋　1.735×10×0.888=15.41kg

③号钢筋　1.681×8×0.395=5.31kg

④号钢筋　1.675×8×0.395=5.29kg

⑤号钢筋　1.110×17×0.222=4.19kg

⑥号钢筋　1.110×14×0.222=3.45kg

⑦号钢筋　1.610×8×0.222=2.86kg

②TB2 钢筋工程量

①号钢筋　4.503×9×0.888=35.98kg

②号钢筋　1.728×7×0.395=4.78kg

③号钢筋　1.330×7×0.395=3.68kg

④号钢筋　1.110×20×0.222=4.93kg

⑤号钢筋　1.110×11×0.222=2.71kg

③TB3 钢筋工程量

①号钢筋　3.237×8×0.617=15.98kg

②号钢筋　0.955×6×0.395=2.26kg

③号钢筋　1.047×6×0.395=2.48kg

④号钢筋　1.110×20×0.222=4.93kg

⑤号钢筋　1.254×6×0.395=2.97kg

④TB4 钢筋工程量

①号钢筋　2.992×8×0.617=14.77kg

②号钢筋　1.081×6×0.395=2.56kg

③号钢筋　1.196×6×0.395=2.83kg

④号钢筋　1.110×20×0.222=4.93kg

⑤XB1 钢筋工程量

⑤号钢筋　2.265×13×0.222=6.54kg

⑥号钢筋　1.415×18×0.222=5.65kg

⑦号钢筋　1.430×12×0.395=6.78kg

⑥XB2 钢筋工程量

④号钢筋　2.265×12×0.222=6.03kg

⑤号钢筋　1.455×16×0.222=5.17kg

⑥号钢筋　1.47×12×0.395=6.97kg

⑦XB3 钢筋工程量

⑤号钢筋　2.265×14×0.222=7.04kg

⑥号钢筋　1.675×18×0.222=6.69kg

⑦号钢筋　1.690×12×0.395=8.01kg

⑧TL1 钢筋工程量

①号钢筋　2.745×2×1.208=6.64kg

②号钢筋　2.870×2×0.395=2.27kg

③号钢筋　1.079×16×0.222=3.83kg

⑨TL2 钢筋工程量

①号钢筋　2.695×2×0.617=3.33kg

②号钢筋　2.720×1×0.888=2.42kg

③号钢筋　2.870×2×0.395=2.27kg

④号钢筋　0.979×16×0.222=3.48kg

⑩TL3 钢筋工程量

①号钢筋　2.720×2×0.888=4.83kg

②号钢筋　2.870×2×0.395=2.27kg

③号钢筋　0.979×16×0.222=3.48kg

【注释】 ①号钢筋：3.715(①号钢筋的长度)×10(①号钢筋的根数)×0.888=32.99kg 为 TB1 的①号钢筋的工程量，是钢筋的长度乘以根数乘以每米钢筋的质量。钢筋的长度查表可得，钢筋的工程量按设计图示尺寸以质量计算。

3) 混凝土工程量：

①TB1 混凝土工程量

$$\left[(\sqrt{2.34^2+1.7^2}+1.32)\times 0.14+0.17\times 0.26\times \frac{1}{2}\times 9\right]\times 1.03=0.812\text{m}^3$$

②TB2 混凝土工程量

$$\left[(\sqrt{1.82^2+1.1^2}+1.4)\times 0.14+0.26\times 0.157\times \frac{1}{2}\times 7\right]\times 1.03=0.637\text{m}^3$$

③TB3 混凝土工程量

$$\left(\sqrt{1.45^2+2.08^2}\times 0.100+0.156\times 0.26\times \frac{1}{2}\times 9\right)\times 1.03=0.449\text{m}^3$$

④TB4 混凝土工程量

$$\left(\sqrt{2.08^2+1.45^2}\times 0.100+0.156\times 0.26\times \frac{1}{2}\times 9\right)\times 1.03=0.449\text{m}^3$$

⑤XB1 混凝土工程量

$$1.06\times 0.07\times 2.4=0.178\text{m}^3$$

⑥XB2 混凝土工程量

$$1.105\times 0.07\times 2.4=0.186\text{m}^3$$

⑦XB3 混凝土工程量

$$1.300\times 0.07\times 2.4=0.220\text{m}^3$$

⑧TL1 混凝土工程量

$$(2.4+0.24)\times 0.35\times 0.2=0.185\text{m}^3$$

⑨TL2 混凝土工程量

$$(2.4+0.24)\times 0.3\times 0.2=0.158\text{m}^3$$

⑩TL3 混凝土工程量

$$(2.4+0.24)\times 0.3\times 0.2=0.158\text{m}^3$$

【注释】 $[\sqrt{2.34(\text{第一段楼梯的水平长度})^2+1.7(\text{第一段楼梯的高度})^2}$（楼梯的斜长）$+1.32$（休息平台的宽度）$]\times0.14+0.17\times0.26\times\frac{1}{2}\times9$ 为楼梯 1 的截面面积，其中 0.17×0.26 为楼梯 1 的踏步高乘以踏面，0.14 为厚度，1.03 为楼梯的宽度；$(\sqrt{1.82(\text{楼梯 2 的水平长度})^2+1.1(\text{楼梯 2 高度})^2}+1.4)\times0.14+0.26\times0.157$（楼梯 2 的踏步高乘以踏面）$\times\frac{1}{2}\times7$ 为楼梯 2 的截面面积；依次可得楼梯 3 和楼梯 4 的截面面积；$1.06\times0.07\times2.4$ 为休息平台的宽度乘以厚度乘以平台的长度，为其工程量。混凝土的工程量按设计图示尺寸以体积计算。

4）T2451-28 材料表，见下表。

T2451-28 材料表

名称	筋号	直径 (mm)	形状	长度 (mm)	根数	质量 (kg)	混凝土量 (m^3)
TB1	①	φ12	3278　247　115	3715	10	32.99	0.812
	②	φ12	115　247　1298	1735	10	15.41	
	③	φ8	285　1231　115	1681	8	5.31	
	④	φ8	115　300　1145　115	1675	8	5.29	0.812
	⑤	φ6	1035	1110	17	4.19	
	⑥	φ6	1035	1110	14	3.45	
	⑦	φ6	1535	1610	8	2.86	
TB2	①	φ12	2348　2005	4503	9	35.98	0.637
	②	φ8	280　1283	1728	7	4.78	
	③	φ8	115　1100　115	1330	7	3.68	
	④	φ6	1035	1110	20	4.93	
	⑤	φ6	1035	1110	11	2.71	

续表

名称	筋号	直径(mm)	形状	长度(mm)	根数	质量(kg)	混凝土量(m^3)
TB3	①	ϕ10	3112	3237	8	15.98	0.449
	②	ϕ8	325 505 75	955	6	2.26	
	③	ϕ8	200 552 245	1047	6	2.48	
	④	ϕ6	1035	1110	20	4.93	
	⑤	ϕ8	75 909 220	1254	6	2.97	
TB4	①	ϕ10	2867	2992	8	14.77	0.449
	②	ϕ8	220 851 105	1081	6	2.56	
	③	ϕ8	220 851 75	1196	6	2.83	
	④	ϕ6	1035	1110	20	4.93	
XB1	⑤	ϕ6	2190	2265	13	6.54	0.178
	⑥	ϕ6	1340	1415	18	5.65	
	⑦	ϕ8	45 1340 45	1430	12	6.78	
XB2	④	ϕ6	2190	2265	12	6.03	0.186
	⑤	ϕ6	1380	1455	16	5.17	
	⑥	ϕ8	45 1380 45	1470	12	6.97	

续表

名称	筋号	直径(mm)	形状	长度(mm)	根数	质量(kg)	混凝土量(m^3)
XB3	⑤	φ6	 2190	2265	14	7.04	0.220
	⑥	φ6	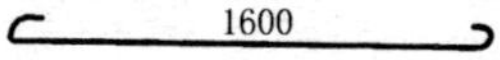 1600	1675	18	6.69	
	⑦	φ8	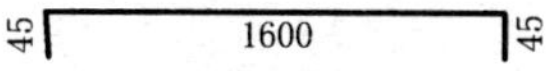 45 1600 45	1690	12	8.01	
TL1	①	φ14	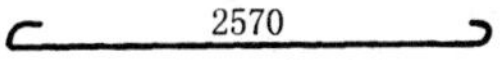 2570	2745	2	6.64	0.185
	②	φ8	 100 2570 100	2870	2	2.27	
	③	φ6	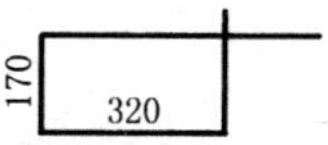 170 320	1079	16	3.83	
TL2	①	φ10	 2570	2695	2	3.33	0.158
	②	φ12	 2570	2720	1	2.42	
	③	φ8	 100 2570 100	2870	2	2.27	
	④	φ6	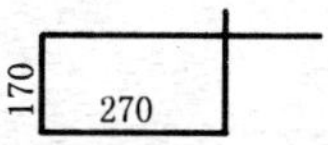 170 270	979	16	3.48	
TL3	①	φ12	 2570	2720	2	4.83	0.158
	②	φ8	 100 2570 100	2870	2	2.27	
	③	φ6	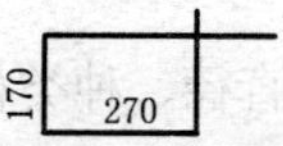 170 270	979	16	3.48	

5）钢筋归并及混凝土总量：

①钢筋归并

ϕ6 纵筋总量

(TB1⑤～⑦)＋(TB2④～⑤)＋TB3④＋3TB4④＋(XB1⑤～⑥)＋2(XB2④～⑤)＋2(XB3⑤～⑥)

＝(4.19＋3.45＋2.86)＋(4.93＋2.71)＋4.93＋3×4.93＋(6.54＋5.65)＋2×(6.03＋5.17)＋2×(7.04＋6.69)

＝101.37kg

ϕ8 纵筋总量

(TB1③～④)＋(TB2②～③)＋(TB3②③⑤)＋3TB4②～③＋XB1⑦＋2XB2⑥＋2XB3⑦＋TL1②＋3TL2③＋2TL3②

＝(5.31＋5.29)＋(4.78＋3.68)＋(2.26＋2.48＋2.97)＋3×(2.56＋2.83)＋6.78＋2×6.97＋8.01＋2.27＋3×2.27＋2×2.27

＝85.29kg

ϕ10 纵筋总量

TB3①＋3TB4①＋3TL2①

＝15.98＋3×14.77＋3×3.33

＝70.28kg

ϕ12 纵筋总量

(TB1①～②)＋TB2①＋3TL2②＋2TL3①

＝(32.99＋15.41)＋35.98＋3×2.42＋2×4.83

＝101.3kg

ϕ14 纵筋总量

TL1①＝6.64kg

ϕ6 箍筋总量

TL1③＋3TL2④＋2TL3③

＝3.83＋3×3.48＋2×3.48

＝21.23kg

②混凝土总量

TB1＋TB2＋TB3＋3TB4＋XB1＋2XB2＋2XB3＋TL1＋3TL2＋2TL3

＝0.812＋0.637＋0.449＋3×0.450＋0.178＋2×0.186＋2×0.220＋0.185＋3×0.158＋2×0.158

＝5.21m^3

【注释】 以上汇总由上面计算不同钢筋直径、种类相加可得。

6）工程量在定额中的总体表现，见下表。

定额工程量计算表

定额编号	名　　称	计量单位	工程量
5-119	楼梯模板(直形)	$10m^2$	2.294
5-294	现浇构件圆钢筋(ϕ6)	t	1.01×10^{-1}
5-295	现浇构件圆钢筋(ϕ8)	t	8.529×10^{-2}
5-296	现浇构件圆钢筋(ϕ10)	t	7.028×10^{-2}
5-297	现浇构件圆钢筋(ϕ12)	t	1.013×10^{-1}
5-298	现浇构件圆钢筋(ϕ14)	t	6.64×10^{-3}
5-355	箍筋(ϕ6)	t	2.123×10^{-2}
5-421	直形楼梯混凝土	m^3	5.21

(2) 清单工程量

清单工程量计算见下表：

清单工程量计算表

序号	项目编码	项目名称	项目特征描述	计量单位	工程量
1	010406001001	直形楼梯	混凝土强度等级为C20	m^2	22.94
2	010416001001	现浇混凝土钢筋	ϕ6	t	0.123
3	010416001002	现浇混凝土钢筋	ϕ8	t	0.085
4	010416001003	现浇混凝土钢筋	ϕ10	t	0.070
5	010416001004	现浇混凝土钢筋	ϕ12	t	0.101
6	010416001005	现浇混凝土钢筋	ϕ14	t	0.007

【注释】 本例中清单工程量与定额工程量相同。

项目编码：010413　　项目名称：预制混凝土楼梯

【例 1-169】 预制钢筋混凝土楼梯，有20个L形踏板和1个预制平板，采用木模板，如图1-180所示，计算该楼梯工程量。

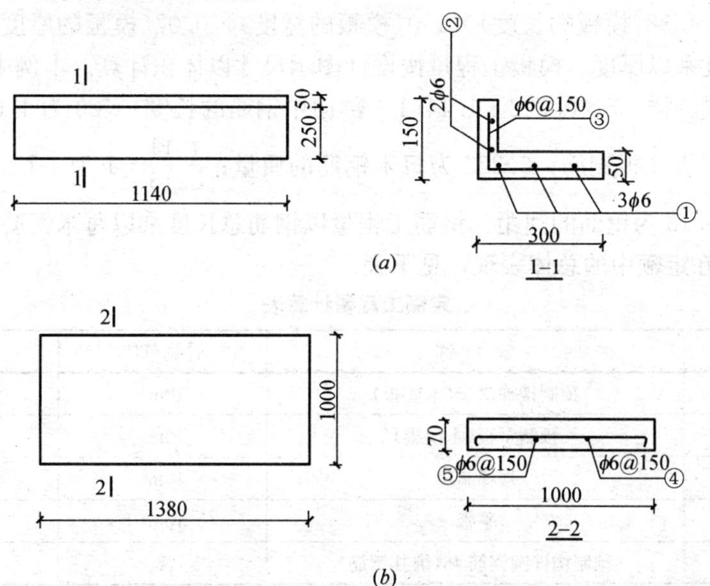

图1-180 预制混凝土楼梯踏板和平板

(a)L形踏板尺寸图；(b)平板尺寸图

【解】 (1) 定额工程量

1) 模板工程量：

$$V_1 = (0.3-0.05+0.15)\times 0.05\times 1.14\times 20 = 0.456\text{m}^3$$

套用基础定额 5-218。

$$V_2 = 1.38\times 1.0\times 0.07 = 0.0966\text{m}^3$$

套用基础定额 5-172。

2) 混凝土工程量：

$$V_3 = V_1 = 0.456\text{m}^3$$

套用基础定额 5-478。

$$V_4 = V_2 = 0.0966\text{m}^3$$

套用基础定额 5-452。

3) 钢筋工程量：

钢筋采用绑扎方式

$$M = 5\times 0.222\times 1.14\times 20+(0.3+0.15)\times 0.222\times\left(\frac{1.14}{0.15}+1\right)\times 20+\frac{1}{0.15}+1\times 0.222\times 1.38+\left(\frac{1.38}{0.15}+1\right)\times 0.222\times 1.0 = 30.911\text{kg}$$

套用基础定额 5-322。

【注释】 (0.3－0.05＋0.15)(1-1 剖面楼梯截面长度)×0.05(1-1 剖面楼梯截面宽度)为 1-1 剖面的楼梯截面面积，其中 0.05 为厚度，1.14 为 1-1 剖面的踏板长度，20 为有 20 个这样的踏板；1.38(模板的长度)×1.0(模板的宽度)×0.07(模板的厚度)为 2-2 剖面模板长度乘以宽度乘以厚度。模板工程量按设计图示尺寸以体积计算。本例中混凝土的工程量同模板工程量一样。5×0.222×1.14(1-1 剖面中钢筋的长度)×20 为 1-1 剖面中钢筋的工程量，其中 5 为 5 根钢筋，0.222 为每米钢筋的质量；$\frac{1.14}{0.15}+1$ 为 1-1 剖面中折起钢筋的根数，其中 0.15 为钢筋的间距。钢筋工程量以钢筋总长度乘以每米钢筋的质量计算。

4) 工程量在定额中的总体表现，见下表。

定额工程量计算表

定额编号	名　　称	计量单位	工程量
5-218	预制楼梯踏步(木模板)	10m^3	4.56×10^{-2}
5-172	预制平板(木模板)	10m^3	9.66×10^{-3}
5-478	楼梯踏步	10m^3	4.56×10^{-2}
5－452	平板	10m^3	9.66×10^{-3}
5－322	预制构件圆钢筋 $\phi 6$(绑扎钢筋)	t	3.091×10^{-2}

(2) 清单工程量

模板费用归入施工措施费计算数据。

【注释】 本例中清单工程量与定额工程量相同。

清单工程量计算见下表：

清单工程量计算表

序号	项目编码	项目名称	项目特征描述	计量单位	工程量
1	010413001001	楼梯	1. 预制楼梯，L形踏步 2. 单件体积为 0.023m^3 3. C25	m^3	0.55
2	010416002001	预制构件钢筋	ϕ6	t	3.091×10^{-2}

【例 1-170】 某预制钢筋混凝土楼梯，如图 1-181 所示，混凝土强度等级 C30，计算该楼梯工程量。

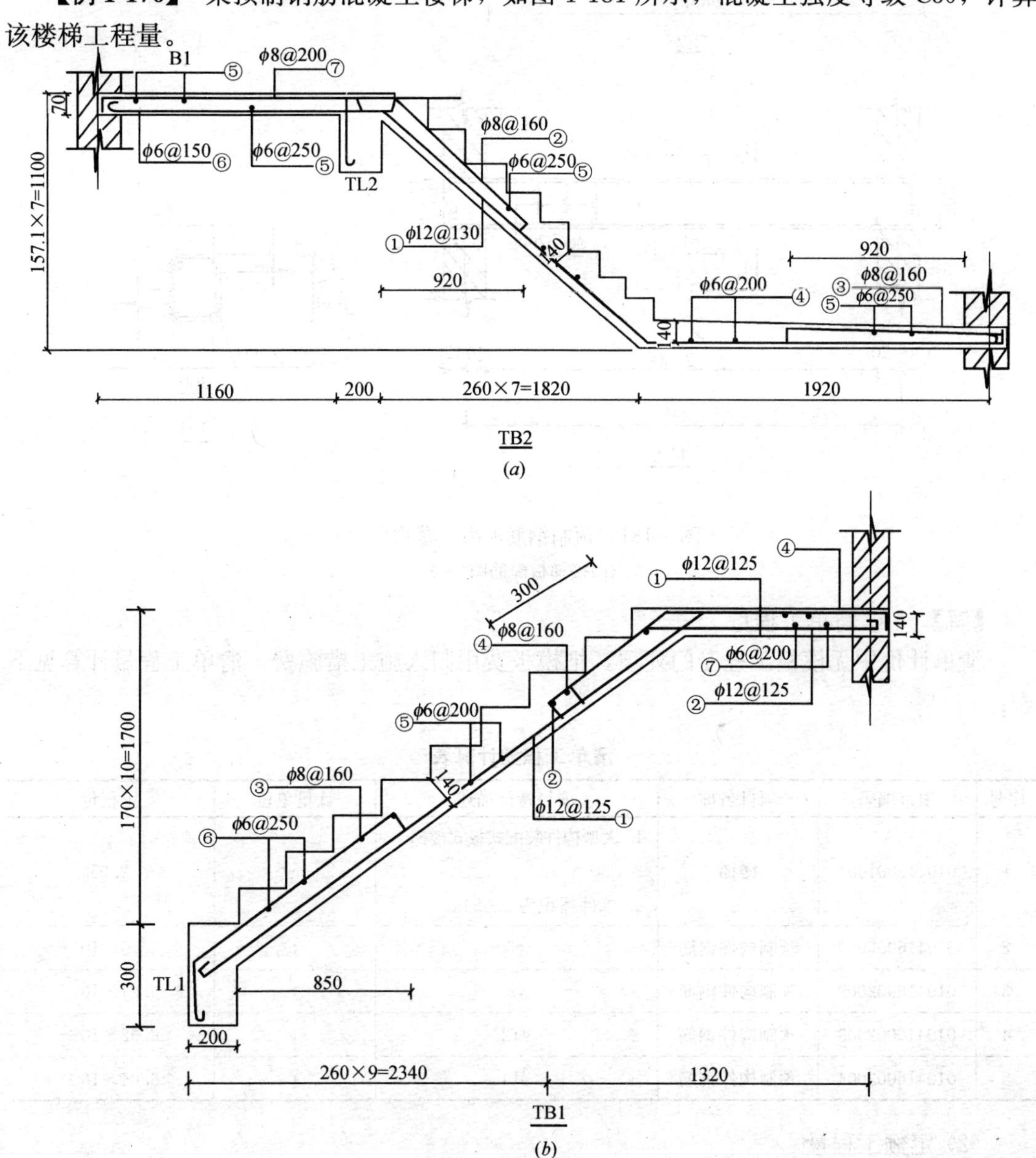

图 1-181 预制钢筋混凝土楼梯(一)

(a)楼梯板配筋图(一)；(b)楼梯板配筋图(二)

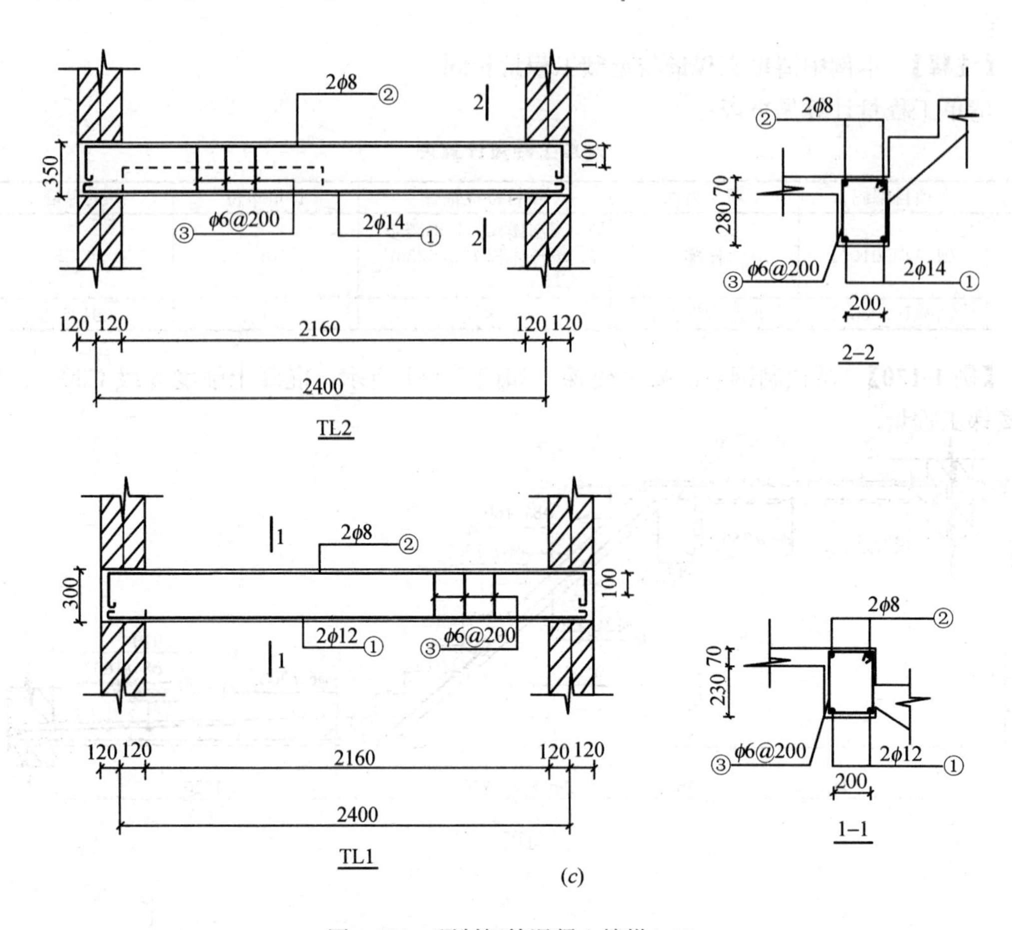

图 1-181 预制钢筋混凝土楼梯(二)

(c)楼梯板配筋图(三)

【解】 (1) 清单工程量

清单计价中无模板工程专门列项，把模板费用归入施工措施费。清单工程量计算见下表：

清单工程量计算表

序号	项目编码	项目名称	项目特征描述	计量单位	工程量
1	010413001001	楼梯	1. 大型构件装配式板式楼梯 2. C30 3. 单件体积为 2.054m³	m³	2.05
2	010416002001	预制构件钢筋	φ6	t	3.76×10^{-2}
3	010416002002	预制构件钢筋	φ8	t	3.04×10^{-2}
4	010416002003	预制构件钢筋	φ12	t	8.92×10^{-2}
5	010416002004	预制构件钢筋	φ14	t	6.64×10^{-3}

(2) 定额工程量

1) 楼梯材料表：

经计算，楼梯材料用量见下表。

楼梯材料表

名称	筋号	直径(mm)	形状	长度(mm)	根数	质量(kg)	混凝土量(m³)
TB1	①	ϕ12	3278 247 115	3715	10	32.99	0.854
	②	ϕ12	115 247 1298	1735	10	15.41	
	③	ϕ8	285 1231 115	1681	8	5.31	
	④	ϕ8	115 300 1145 115	1675	8	5.29	
	⑤	ϕ6	1035	1110	17	4.19	
	⑥	ϕ6	1035	1110	14	3.45	
	⑦	ϕ6	1535	1610	8	2.86	
TB2	①	ϕ12	2348 2005	4503	9	35.98	0.679
	②	ϕ8	280 1283 115	1728	7	4.78	
	③	ϕ8	115 1100 115	1330	7	3.67	
	④	ϕ6	1035	1110	20	4.93	
	⑤	ϕ6	1035	1110	11	2.71	

续表

名 称	筋 号	直 径 (mm)	形 状	长 度 (mm)	根 数	质 量 (kg)	混凝土量 (m^3)
TL1	①	ϕ12	2570	2720	2	4.83	0.158
	②	ϕ8	100 2570 100	2870	2	2.27	
	③	ϕ6	170 270	979	16	3.48	
TL2	①	ϕ14	2570	2745	2	6.64	0.185
	②	ϕ8	100 2570 100	2870	2	2.27	
	③	ϕ6	170 320	1079	16	3.83	
B1	⑤	ϕ6	2190	2265	13	6.54	0.178
	⑥	ϕ6	1340	1415	18	5.65	
	⑦	ϕ8	45 1340 45	1430	12	6.78	

2）模板工程量：

TB1＋TB2＋TL1＋TL2＋B1＝0.854＋0.679＋0.158＋0.185＋0.178

＝2.05m^3

套用基础定额 5-216。

3）钢筋工程量：

①ϕ6 纵筋总量

(TB1⑤～⑦)＋(TB2④～⑤)＋(B1⑤～⑥)

＝4.19＋3.45＋2.86＋4.93＋2.71＋6.54＋5.65

＝30.33kg

套用基础定额 5-322。

②ϕ8 纵筋总量

(TB1③～④)＋(TB2②～③)＋TL1②＋TL2②＋B1⑦

＝5.31＋5.29＋4.78＋3.67＋2.27＋2.27＋6.78

＝30.37kg

套用基础定额 5-324。

③ϕ12 钢筋总量

(TB1①～②)＋TB2①＋TL1①

＝32.99＋15.41＋35.98＋4.83

＝89.21kg

套用基础定额 5-328。

④ϕ14 钢筋总量

TL2①＝6.64kg

套用基础定额 5-330。

⑤ϕ6 箍筋总量

TL2③＋TL1③＝3.83＋3.48＝7.31kg

套用基础定额 5-355。

4）混凝土工程量：

$$\begin{aligned}&TB1+TB2+TL1+TL2+B1\\&=0.854+0.679+0.158+0.185+0.178\\&=2.05m^3\end{aligned}$$

套用基础定额 5-475。

5）工程量在定额中的总体表现，见下表。

定额工程量计算表

定额编号	名　称	计量单位	工程量
5-216	楼梯段实心板	$10m^3$	2.05×10^{-1}
5-322	预制构件圆钢筋 ϕ6 绑扎	t	3.03×10^{-2}
5-324	预制构件圆钢筋 ϕ8 绑扎	t	3.04×10^{-2}
5-328	预制构件圆钢筋 ϕ12 绑扎	t	8.921×10^{-2}
5-330	预制构件圆钢筋 ϕ14 绑扎	t	6.64×10^{-3}
5-355	预制构件箍筋 ϕ6	t	7.31×10^{-3}
5-475	预制楼梯段实心板	$10m^3$	2.05×10^{-1}

【注释】 由查表计算得之，模板和混凝土工程量均按设计图示尺寸以体积计算；钢筋工程量按钢筋总长度乘以每米钢筋质量以质量计算。

项目编码：010414　　项目名称：其他预制构件

【例 1-171】 预制钢筋混凝土雨篷，C30 混凝土如图 1-182 所示，计算其工程量。

【解】 (1) 定额工程量

1) 预制雨篷材料表：

经计算，该预制雨篷用料，见下表。(计算过程略)。

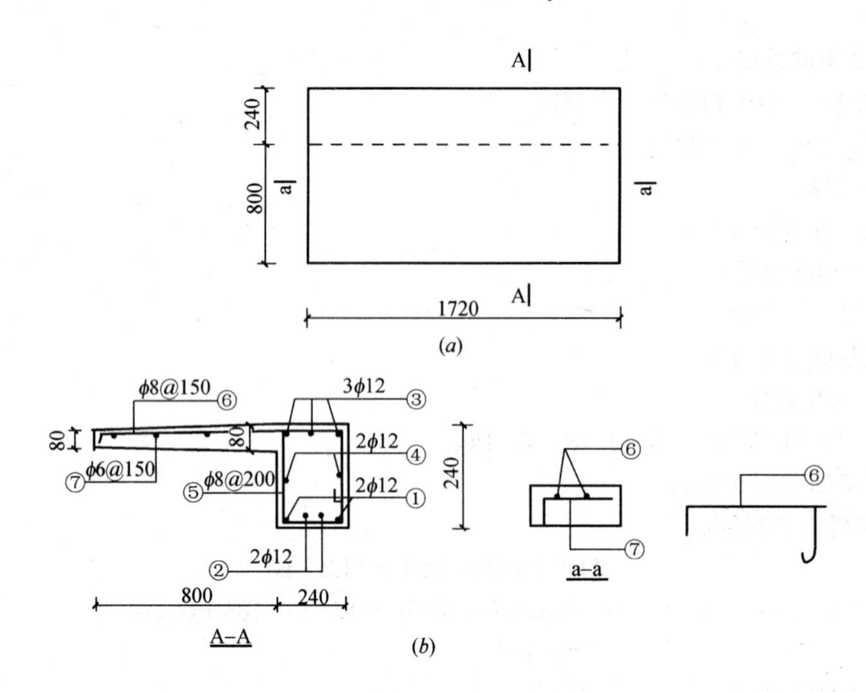

图 1-182　雨篷平面图及配筋图

(*a*)雨篷平面图；(*b*)雨篷配筋图

预制雨篷材料表

名　称	筋　号	直　径 (mm)	形　　状	长　度 (mm)	根　数	质　量 (kg)	混凝土量 (m^3)
钢筋	①	φ12	1670	1670	2	2.965	0.100
	②	φ12	1670	1670	2	2.965	
	③	φ12	1670	1670	3	4.449	
	④	φ12	1670	1670	2	2.965	
	⑤	φ8	180 180	992	10	3.918	
	⑥	φ8	60 1000 100	1240	13	6.367	
	⑦	φ6	30 1680 30	1740	6	2.318	

2)模板工程量：

$V=0.10m^3$

套用基础定额 5-210。

3) 钢筋工程量：

①ϕ6 纵筋总量　$M_1=2.32kg$

套用基础定额 5-322。

②ϕ8 纵筋总量　$M_2=6.37kg$

套用基础定额 5-324。

③ϕ12 纵筋总量　$M_3=M_{①}+M_{②}+M_{③}+M_{④}$

$=2.965+2.965+4.449+2.965$

$=13.34kg$

套用基础定额 5-342。

④ϕ8 箍筋总量　$M_4=3.92kg$

套用基础定额 5-356。

4)混凝土工程量：

$V=0.10m^3$

套用基础定额 5-472。

5) 工程量在定额中的总体表现，见下表。

定额工程量计算表

定额编号	名　称	计量单位	工程量
5-210	预制雨篷模板	$10m^3$	1×10^{-2}
5-322	预制构件圆钢筋 ϕ6 绑扎	t	2.32×10^{-3}
5-324	预制构件圆钢筋 ϕ8 绑扎	t	6.37×10^{-3}
5-342	预制构件螺纹钢筋Φ 12	t	1.33×10^{-2}
5-356	箍筋	t	3.92×10^{-3}
5-472	雨篷	$10m^3$	1×10^{-2}

【注释】 由表中计算得到钢筋的工程量。模板和混凝土工程量均按设计图示尺寸以体积计算；钢筋工程量按钢筋总长度乘以每米钢筋质量以质量计算。

(2) 清单工程量

清单计价中无专项模板编号，模板费用归入施工措施费中。

清单工程量计算见下表：

清单工程量计算表

序号	项目编码	项目名称	项目特征描述	计量单位	工程量
1	010414002001	其他构件	1. 预制无反檐雨篷 2. 每件 0.1m^3 3. C30	m^3	0.10
2	010416002001	预制构件钢筋	ϕ6	t	2.32×10^{-3}
3	010416002002	预制构件钢筋	ϕ8	t	1.03×10^{-2}
4	010416002003	预制构件钢筋	ϕ12	t	1.33×10^{-2}

项目编码：010414　　项目名称：其他预制构件

【例 1-172】 100 根预制钢筋混凝土檩条，如图 1-183 所示，计算其工程量。

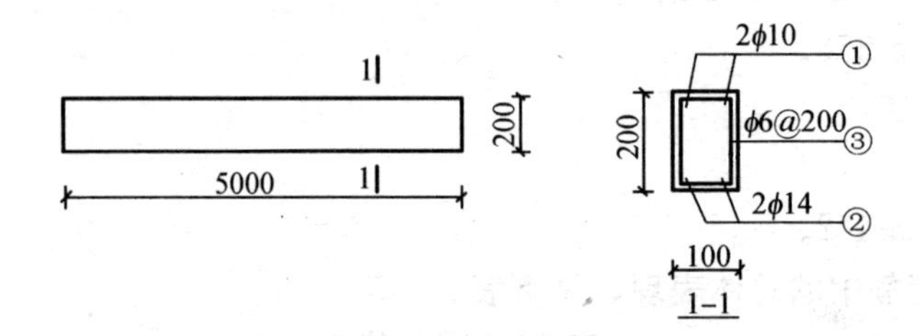

图 1-183　檩条尺寸及配筋图

【解】（1）定额工程量

1）模板工程量：

$$V=0.1\times0.2\times5.0\times100=10m^3$$

套用基础定额 5-207。

2）钢筋工程量：

①号钢筋　$2\times0.617\times100\times(5.0-0.025)=613.92kg$

套用基础定额 5-341。

②号钢筋　$2\times1.208\times100\times5.0=1208kg$

套用基础定额 5-343。

③号钢筋　$(0.1+0.2)\times2\times\left(\frac{5.0-2\times0.025}{0.2}\right)\times100\times0.222=329.67kg$

套用基础定额 5-355。

3）混凝土工程量：

$$V=0.1\times0.2\times5.0\times100=10m^3$$

套用基础定额 5-471。

4）工程量在定额中的总体表现，见下表。

定额工程量计算表

定额编号	名 称	计量单位	工程量
5-207	预制檩条模板	$10m^3$	1
5-341	预制构件螺纹钢筋Φ 10	t	0.614
5-343	预制构件螺纹钢筋Φ 14	t	1.208
5-355	预制构件箍筋 ϕ6	t	0.33
5-471	预制檩条混凝土	$10m^3$	1

【注释】 0.1(构件的截面宽度)×0.2(构件的截面长度)×5.0(构件的长度)×100 为构件的截面面积乘以构件长度乘以 100 根预制混凝土檩条。模板工程量和混凝土工程量均按设计图示尺寸以体积计算。2×0.617(每米①号钢筋的理论质量)×100×(5－0.025)为①号钢筋的工程量，其中②为两根钢筋，5.0 为构件的长度，0.025 为保护层厚度；2×1.208×100×5 为②号钢筋的工程量；(0.1＋0.2)×2 为③号钢筋的长度，$\frac{5.0-2\times0.025}{0.2}$为③号钢筋的根数，其中 5.0－2×0.025 为③号钢筋的分布长度，0.2 为钢筋的间距。钢筋工程量按钢筋总长度乘以每米钢筋的质量计算。

(2) 清单工程量

清单中无模板工程专项项目编码，而是把模板费用归入施工措施费中。

清单工程量计算见下表：

清单工程量计算表

序号	项目编码	项目名称	项目特征描述	计量单位	工程量
1	010414002001	其他构件	1. 预制檩条 100 根 2. 单个体积为 $0.1m^3$ 3. C20	m^3	10
2	010416002001	预制构件钢筋	ϕ6	t	0.33
3	010416002002	预制构件钢筋	ϕ10	t	0.614
4	010416002003	预制构件钢筋	ϕ14	t	1.208

【注释】 本例中钢筋清单工程量同定额工程量一样。

项目编码：010414　　项目名称：其他预制构件

【例 1-173】 100 个预制钢筋混凝土水磨石池槽，如图 1-184 所示，计算其工程量。

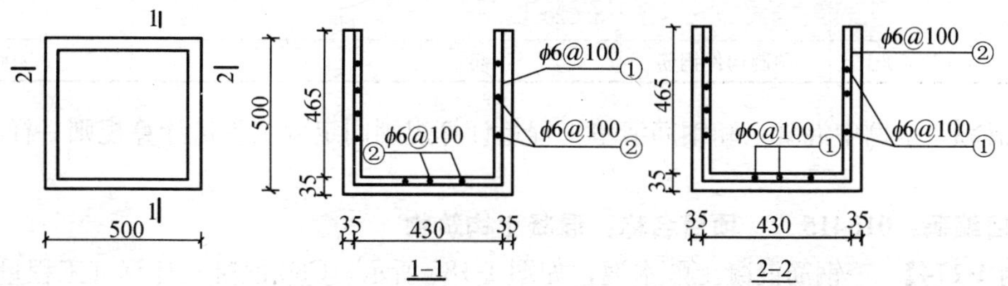

图 1-184　池槽尺寸及配筋图

【解】 (1) 定额工程量

1) 模板工程量:

$$V=0.5\times0.5\times0.5\times100=12.5\text{m}^3$$

套用基础定额 5-219。

2) 钢筋工程量:

$$0.5\times3\times\left(\frac{0.5}{0.1}+1\right)\times2\times100\times0.222=399.6\text{kg}$$

套用基础定额 5-322。

3) 混凝土工程量:

$$(0.5\times0.5\times0.5-0.43\times0.43\times0.465)\times100=3.902\text{m}^3$$

套用基础定额 5-482。

4) 工程量在定额中的总体表现，见下表。

定额工程量计算表

定额编号	名　称	计量单位	工程量
5-219	池槽	10m^3	1.250
5-322	预制构件圆钢筋 $\phi6$	t	0.400
5-482	水磨石池槽	10m^3	0.3902

【注释】 0.5×0.5(水磨石池槽的截面尺寸)×0.5(水磨石池槽的高度)×100 为水磨石池槽的体积乘以 100 个预制钢筋混凝土水磨石池槽。模板工程量按设计图示尺寸以体积计算。0.5×3 为钢筋的长度，$\frac{0.5}{0.1}+1$ 为钢筋的根数，其中 0.5 为钢筋的分布长度，0.1 为钢筋的间距，0.222 为每米钢筋的质量。钢筋工程量按钢筋的总长度乘以每米钢筋的质量计算。[0.5×0.5×0.5(水磨石池槽外侧的体积)−0.43×0.43(水磨石池槽内侧的截面尺寸)×0.465(水磨石池槽内侧的截面高度)]为水磨石池槽壁的体积。

(2) 清单工程量

清单计价中无模板工程专门项目编码，模板费用归入施工措施费中。

清单工程量计算见下表:

清单工程量计算表

序号	项目编码	项目名称	项目特征描述	计量单位	工程量
1	010414002001	其他构件	1. 预制水磨石池槽 2. 单件体积 0.039m^3 3. C20	m^3	3.902
2	010416002001	预制构件钢筋	$\phi6$	t	0.400

【注释】 本例中混凝土和钢筋清单工程量计算规则同定额工程量计算规则一样。

项目编码: 010415　　项目名称: 混凝土构筑物

【例 1-174】 一钢筋混凝土贮水池，如图 1-185 所示，C30 混凝土计算其工程量。

【解】 (1) 定额工程量

1) 模板工程量:

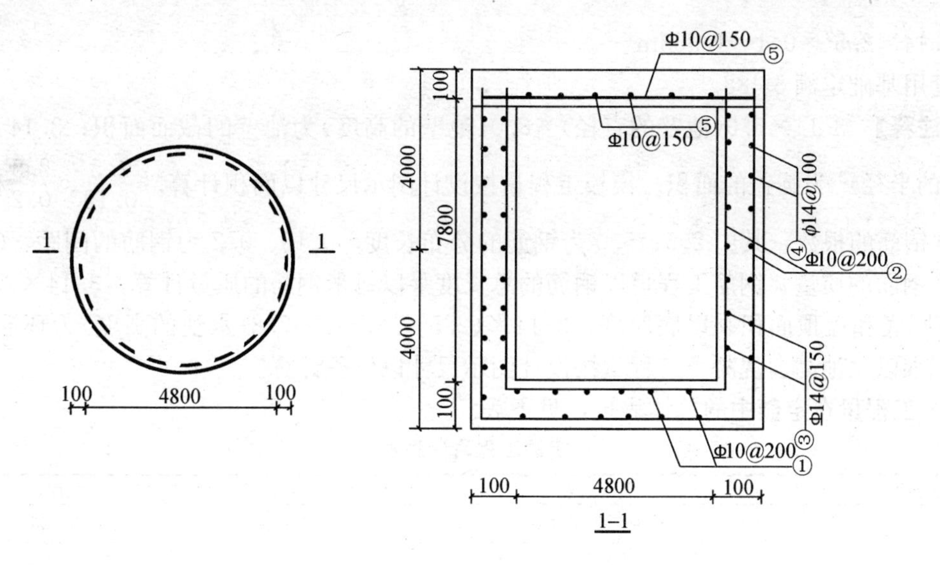

图 1-185　贮水池尺寸及配筋图

①池壁模板工程量

$3.14\times5.0\times8.0=125.6m^2$

套用基础定额 5-263。

②贮水池无梁池盖模板工程量

$3.14\times2.5^2=19.625m^2$

套用基础定额 5-271

2）钢筋工程量：

①Φ 10 钢筋总量

$$\left(\frac{2.5}{0.15}\times5.0\times2\times2+\frac{2.5}{0.2}\times5.0\times2\times2+\frac{5.0}{0.2}\times2\times8.0\times2\times2\right)\times0.617$$

$=1347.12kg$

套用基础定额 5-307。

②Φ 14 钢筋总量

$$1.208\times\left(\frac{4.0}{0.1}\times3.14\times5.0+\frac{4.0}{0.1}\times3.14\times4.8+\frac{4.0}{0.15}\times3.14\times5.0+\frac{4.0}{0.15}\times3.14\times4.8\right)$$

$=2478.17kg$

套用基础定额 5-309。

3）混凝土工程量：

①池底混凝土工程量

$3.14\times2.5^2\times0.1=1.963m^3$

套用基础定额 5-486。

②池壁混凝土工程量

$3.14\times(2.5^2-2.4^2)\times7.8=12.001m^3$

套用基础定额 5-487。

③池盖混凝土工程量

$3.14\times2.5^2\times0.1=1.963m^3$

套用基础定额 5-488。

【注释】 3.14×5.0(池壁的直径)×8.0(池壁的高度)为池壁的截面面积；3.14×2.5(圆盖的半径)^2 为圆盖的面积。模板工程量按设计图示尺寸以面积计算。$\frac{2.5}{0.15}$、$\frac{2.5}{0.2}$和$\frac{5.0}{0.2}$为ϕ10 钢筋的根数，其中 2.5、5.0 为钢筋的分布长度，0.15、0.2 为钢筋的间距，0.617 为每米钢筋的质量。钢筋工程量以钢筋的总长度乘以每米钢筋的质量计算。$3.14\times2.5^2\times0.1$ 为圆底和盖顶面积乘以底厚度，$3.14\times(2.5^2-2.4^2)\times7.8$(水池的高度)为环形的截面面积乘以水池高。混凝土工程量按设计图示尺寸以体积计算。

4）工程量在定额中的总体表现，见下表。

定额工程量计算表

定额编号	名 称	计量单位	工程量
5-263	贮水池圆形壁木模板	$100m^2$	1.256
5-271	贮水池无梁池盖复合木模板钢支	$100m^2$	0.196
5-307	现浇构件螺纹钢筋Φ 10	t	1.347
5-309	现浇构件螺纹钢筋Φ 14	t	2.478
5-486	贮水池池底混凝土	$10m^3$	0.196
5-487	贮水池池壁混凝土	$10m^3$	1.200
5-488	贮水池池盖混凝土	$10m^3$	0.196

(2)清单工程量

1）清单中无模板工程这一专门项目编码，在清单计价中，模板费用归入施工措施费中。

2）清单计价中，混凝土可以不分池底、池壁和池盖，以混凝土用量的总和形式表现。

$V=1.963+12.001+1.963=15.93m^3$

清单工程量计算见下表：

清单工程量计算表

序号	项目编码	项目名称	项目特征描棕	计量单位	工程量
1	010415001001	贮水池	1. 有盖贮水池 2. $\phi\times h=5.0m\times8.0m$ 3. C30	m^3	15.93
2	010416001001	现浇混凝土钢筋	Φ 10	t	1.347
3	010416001002	现浇混凝土钢筋	Φ 14	t	2.478

【注释】 本列中钢筋和混凝土清单工程量同定额工程量一样。

项目编码：010415　　项目名称：混凝土构筑物

【例 1-175】 一钢筋混凝土立筒仓，采用筒壁落地支撑，C35 混凝土如图 1-186 所示，计算该筒仓地面以上工程量。

【解】 (1) 定额工程量

1）根据图纸，算出该筒仓用料，其材料用量见下表。

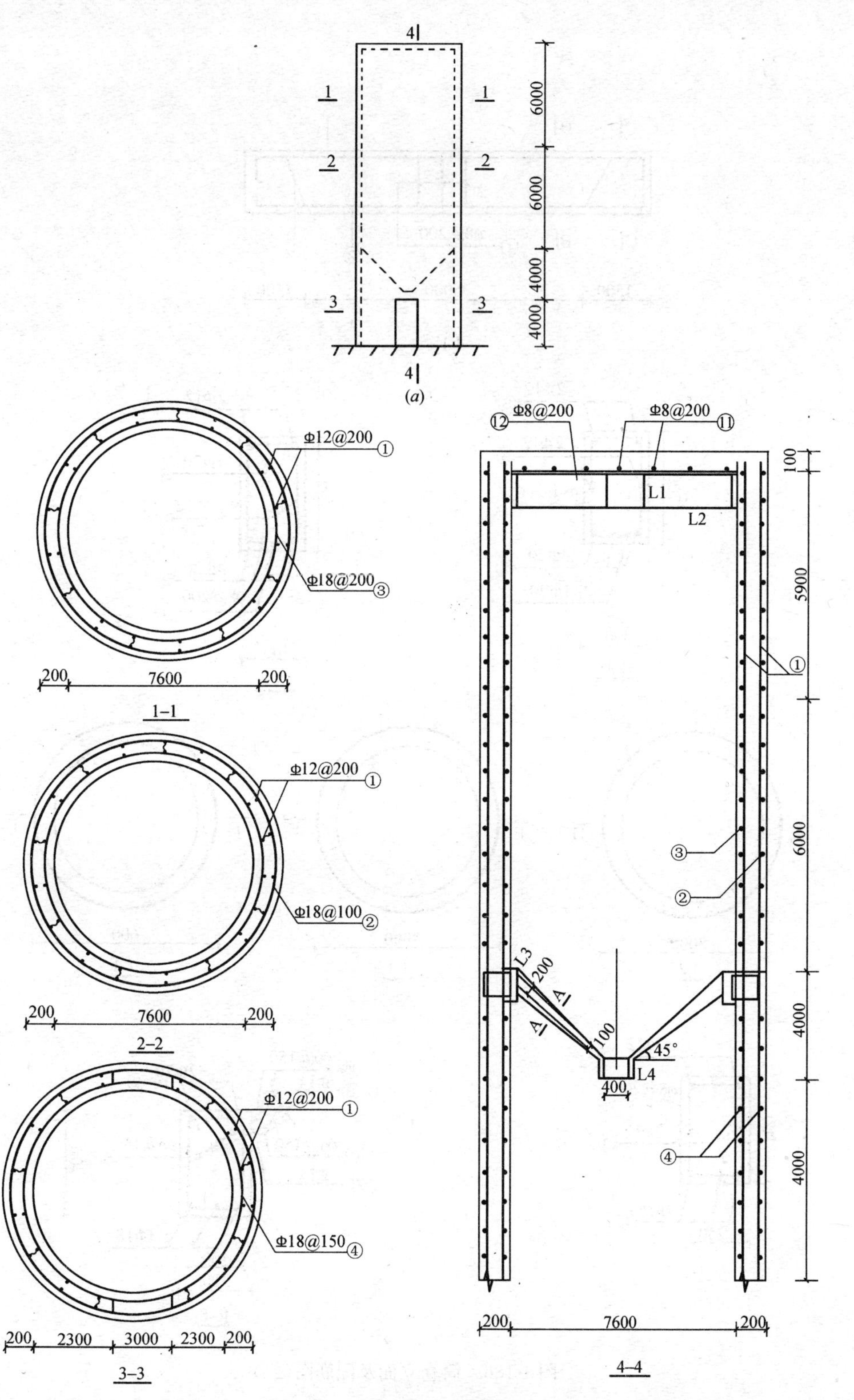

图 1-186　筒仓立面及配筋图(一)

(a)筒仓立面图

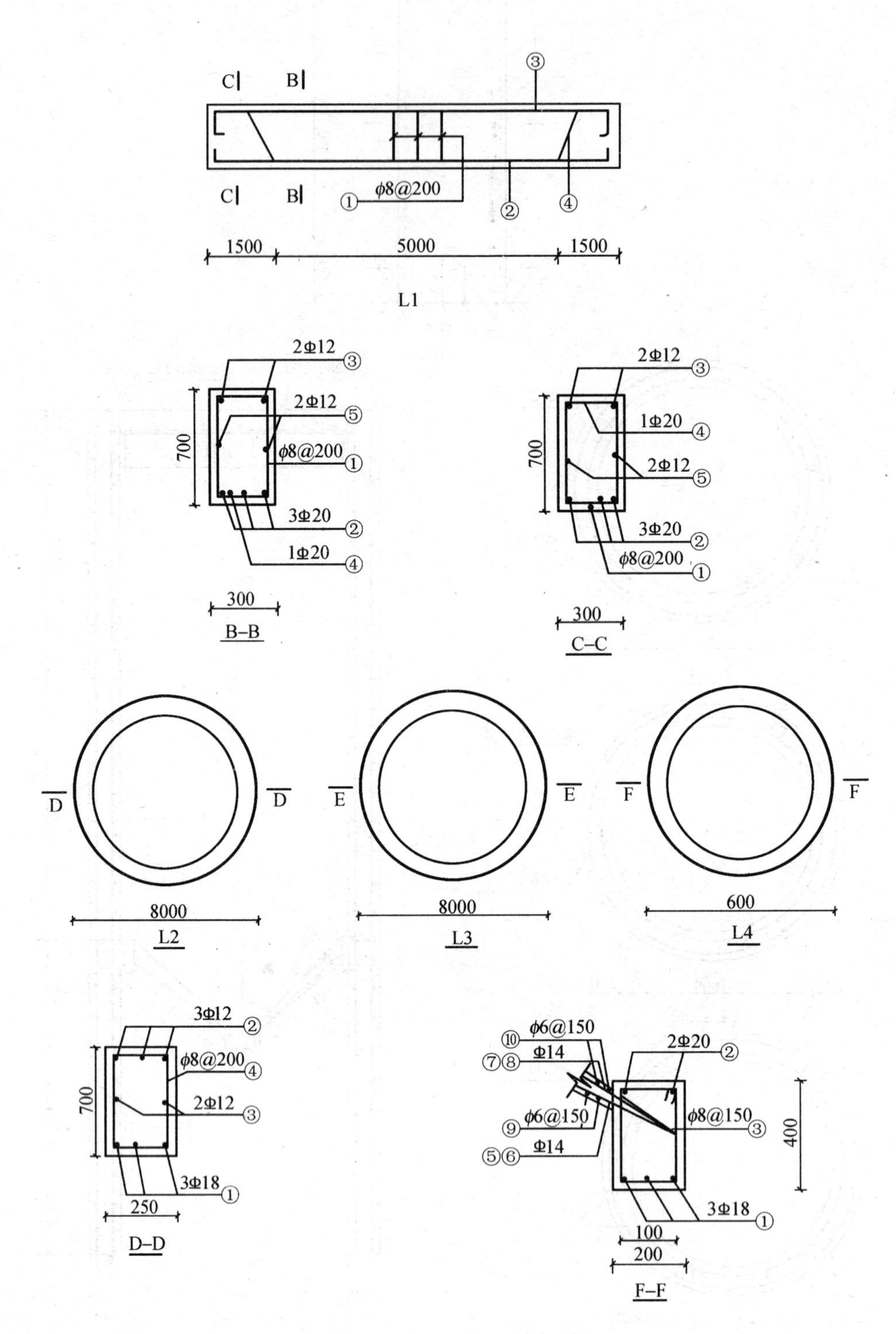

图 1-186 筒仓立面及配筋图(二)

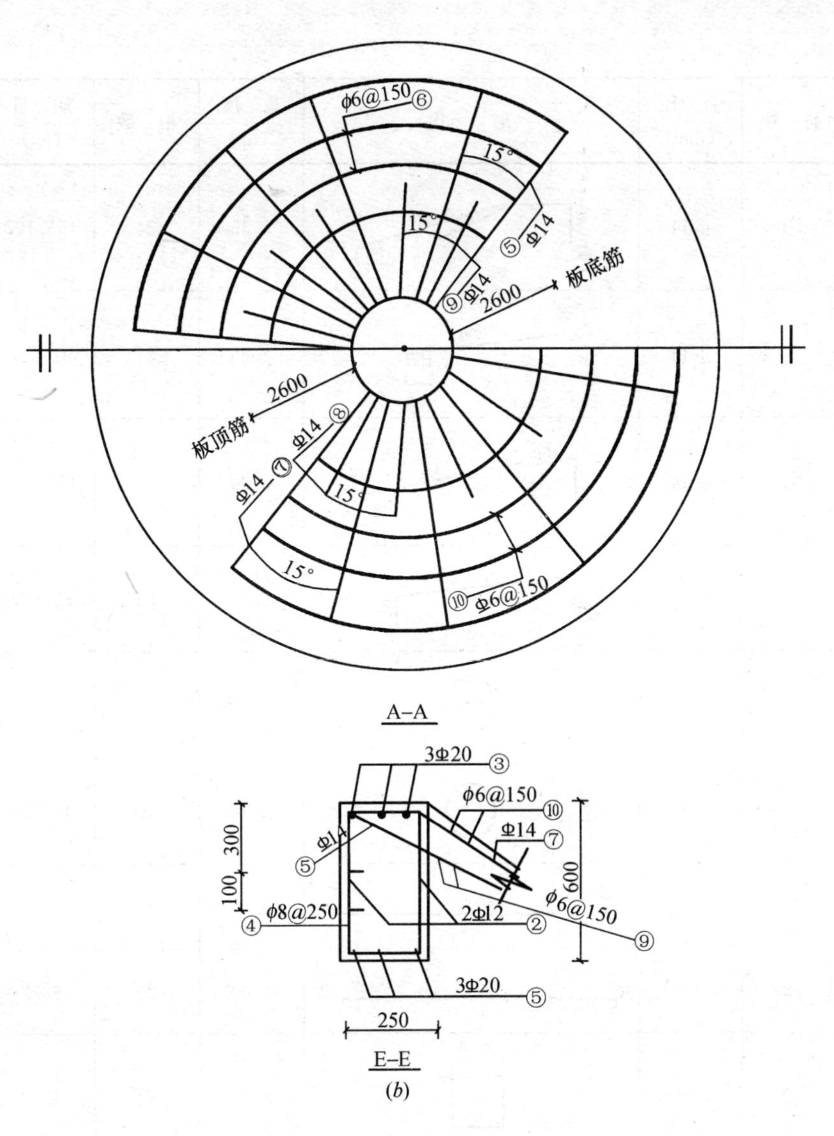

图 1-186　筒仓立面及配筋图(三)

(b)筒仓配筋图

筒仓材料表

名　称	筋　号	直　径(mm)	形　　状	长　度(m)	根　数	质　量(kg)	混凝土量(m³)
立壁	①	Φ 12	——	20.00	126	2237.76	22.900
	②	Φ 18	○	24.50	60	2937.06	
	③	Φ 18	○	24.50	120	5874.12	
	④	Φ 18	○	19.50	108	4207.79	

续表

名 称	筋 号	直 径 (mm)	形 状	长 度 (m)	根 数	质 量 (kg)	混凝土量 (m³)
漏斗	⑤	Φ 14	 200 400 4500 100	5.35	24	155.107	4.611
	⑥	Φ 14	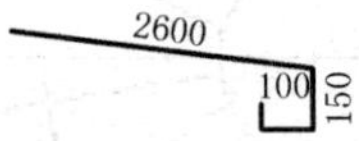 2600 100 150	2.85	24	82.627	
	⑦	Φ 14	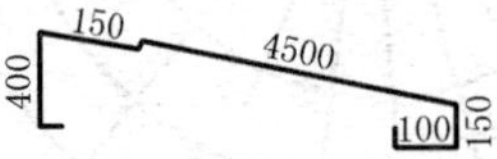 150 400 4500 100 150	5.30	24	153.658	
	⑧	Φ 14	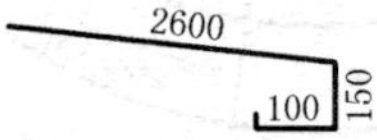 2600 100 150	2.85	24	82.627	
	⑨	Φ 6		6.908	30	46.007	
	⑩	Φ 6		6.908	30	46.007	
顶板	⑪	Φ 8	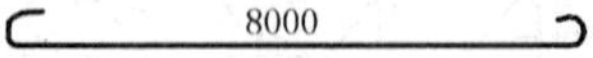 8000	8.00	20	63.2	5.024
	⑫	Φ 8	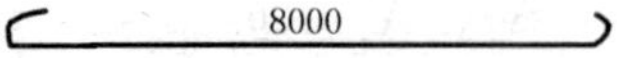 8000	8.00	20	63.2	
L1 (共 2 根)	①	Φ 8	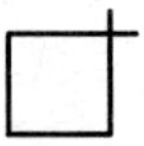	2.00	80	63.2	3.213
	②	Φ 20		8.00	6	118.37	
	③	Φ 12		8.20	4	29.126	
	④	Φ 20	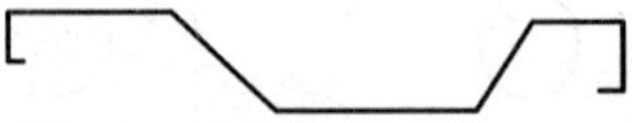	8.78	2	43.303	
	⑤	Φ 12		8.00	4	28.416	

续表

名称	筋号	直径(mm)	形状	长度(m)	根数	质量(kg)	混凝土量(m^3)
L2	①	Φ18		24.806	3	148.687	4.259
	②	Φ12		24.806	3	66.083	
	③	Φ12		24.806	2	44.055	
	④	Φ8	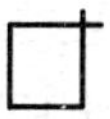	1.900	124	93.062	
L3	①	Φ20		24.335	3	180.030	3.650
	②	Φ12		24.335	2	43.219	
	③	Φ20		24.335	3	180.030	
	④	Φ8	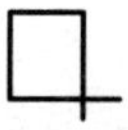	1.70	98	65.807	
L4	①	Φ18		1.884	3	11.292	0.048
	②	Φ20		1.884	2	9.292	
	③	Φ8	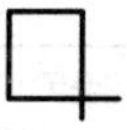	1.2	17	8.058	

2)模板工程量：

$$V=22.900+4.611+5.024+3.213+4.259+3.650+0.048$$
$$=43.71m^3$$

套用基础定额 5-290。

3) 钢筋工程量：

①Φ8 钢筋工程量

$$M_1 = 63.2 + 63.2 + 63.2 + 93.062 + 65.807 + 8.058 = 356.527\text{kg}$$

套用基础定额 5-295。

②Φ 6 钢筋工程量

$$M_2 = 46.007 + 46.007 = 92.014\text{kg}$$

套用基础定额 5-294。

③Φ 12 钢筋工程量：

$$M_3 = 2237.76 + 29.126 + 28.416 + 66.083 + 44.055 + 43.219 = 2248.659\text{kg}$$

套用基础定额 5-308。

④Φ 14 钢筋工程量

$$M_4 = 155.107 + 82.627 + 153.658 + 82.627 = 474.019\text{kg}$$

套用基础定额 5-309。

⑤Φ 18 钢筋工程量

$$M_5 = 2937.06 + 5874.12 + 4207.79 + 148.687 + 11.292 = 13178.949\text{kg}$$

套用基础定额 5-311。

⑥Φ 20 钢筋工程量

$$M_6 = 43.303 + 180.030 + 9.292 + 118.37 + 180.030 = 531.025\text{kg}$$

套用基础定额 5-312。

4)混凝土工程量：

$$V = 22.900 + 4.611 + 5.024 + 3.213 + 4.259 + 3.650 + 0.048 = 43.705\text{m}^3$$

套用基础定额 5-513。

5）工程量在定额中的总体表现，见下表。

定额工程量计算表

定额编号	名　　称	计量单位	工程量
5-290	筒仓(高度 30m 以内)，内径 8m 以内钢模	10m^3	4.371
5-294	现浇构件圆钢筋 $\phi6$	t	9.2×10^{-2}
5-295	现浇构件圆钢筋 $\phi8$	t	3.565×10^{-1}
5-307	现浇构件螺纹钢筋Φ 12	t	2.249
5-309	现浇构件螺纹钢筋Φ 14	t	4.740×10^{-1}
5-311	现浇构件螺纹钢筋Φ 18	t	13.179
5-312	现浇构件螺纹钢筋Φ 20	t	5.310×10^{-1}
5-513	滑升钢模浇钢筋混凝土筒仓高度(30m)Φ8	10m^3	4.371

【注释】 由题中计算可得钢筋、模板、混凝土工程量，其中模板工程量和混凝土工程量均按设计图示尺寸以体积计算，钢筋工程量按钢筋总长度乘以每米钢筋的质量计算。

(2) 清单工程量

清单中无模板工程这一专门项目编码，模板费用归入施工措施费中。

清单工程量计算见下表：

清单工程量计算表

序号	项目编码	项目名称	项目特征描述	计量单位	工程量
1	010415002001	贮仓	1. 钢筋混凝土立筒卷高30m，半径8m 2. C35	m^3	43.71
2	010416001001	现浇混凝土钢筋	ϕ6	t	9.2×10^{-2}
3	010416001002	现浇混凝土钢筋	ϕ8	t	3.565×10^{-1}
4	010416001003	现浇混凝土钢筋	Φ12	t	2.249
5	010416001004	现浇混凝土钢筋	Φ14	t	4.74×10^{-1}
6	010416001005	现浇混凝土钢筋	Φ18	t	13.179
7	010416001006	现浇混凝土钢筋	Φ20	t	5.310×10^{-1}

项目编码：010415001　　项目名称：贮水(油)池

【例 1-176】 如图 1-187 所示，采用组合钢模板、钢支撑，求水池的工程量。

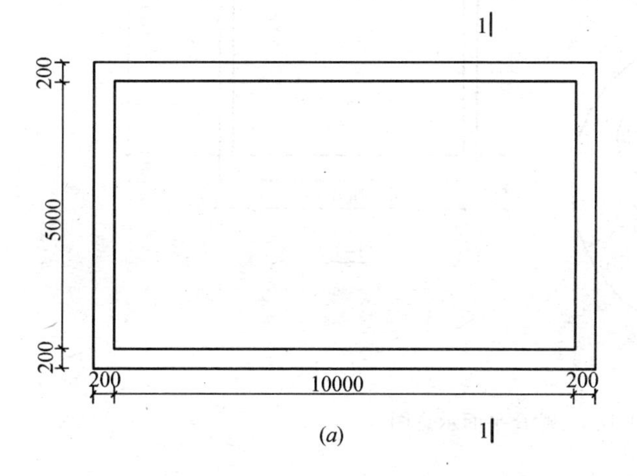

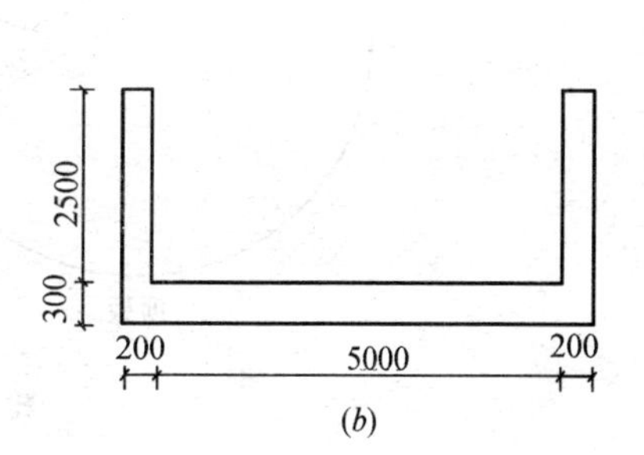

图 1-187　水池平面示意图

(a)水池平面图；(b)1-1 剖面图

【解】 (1) 定额工程量

池底工程量＝(5＋0.2×2)×(10＋0.2×2)×0.3

＝16.85m^3

套用基础定额 5-259、5-486。

池壁工程量＝(10＋0.2＋5＋0.2)×2×2.5×0.2

＝15.4m^3

套用基础定额 5-264、5-487。

(2) 清单工程量

工程量＝16.85＋15.4＝32.25m^3

【注释】 (5+0.2×2)(水池底的宽度)×(10+0.2×2)(水池底的长度)×0.3(水池底的厚度)为水池底的面积乘以厚度；(10+0.2+5+0.2)×2(水池壁的周长)×2.5(水池壁的高度)×0.2(水池壁的厚度)为水池壁的周长乘以高度乘以壁的厚度。工程量按设计图示尺寸以体积计算。本例中清单工程量计算规则同定额工程量计算规则一样。

清单工程量计算见下表：

清单工程量计算表

项目编码	项目名称	项目特征描述	计量单位	工程量
010415001001	贮水池	贮水池尺寸如图 1-187 所示	m^3	32.25

项目编码：010415002　　项目名称：贮仓

【例 1-177】 一钢筋混凝土贮仓，尺寸如图 1-188 所示，求其工程量。

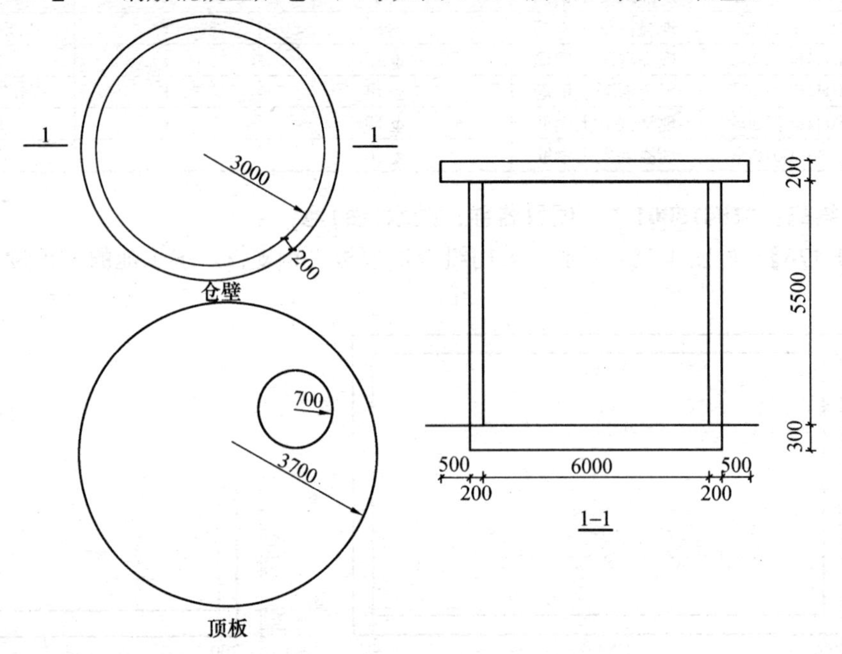

图 1-188　贮仓平面示意图

【解】 (1) 定额工程量

仓壁工程量$=2\pi\times(3+0.2\div2)\times0.2\times5.5$

$=21.42m^3$

套用基础定额 5-284、5-489。

仓底工程量$=\pi\times(3+0.2)^2\times0.3$

$=9.65m^3$

套用基础定额 5-491。

顶板工程量$=(\pi\times3.7^2\times0.2-\pi\times0.7^2\times0.2)$

$=8.29m^3$

套用基础定额 5-282、5-492。

(2) 清单工程量

工程量＝21.42＋9.65＋8.29＝39.36m³

【注释】 2π×(3＋0.2÷2)(仓壁的底周长)×0.2(仓壁的厚度)×5.5(仓壁的高度)为仓壁的圆周长乘以壁厚度乘以仓壁的高度；π×(3＋0.2)(仓底的半径)²×0.3(仓底的厚度)为仓底的截面面积乘以仓底的厚度；π×3.7(顶板的半径)²×0.2－π×0.7(孔洞的半径)²×0.2为顶板的工程量减去孔洞的工程量。工程量按设计图示尺寸以体积计算。本例中清单工程量计算规则同定额工程量计算规则一样。

清单工程量计算见下表：

清单工程量计算表

项目编码	项目名称	项目特征描述	计量单位	工程量
010415002001	贮仓	贮仓尺寸如图1-188所示	m³	39.36

项目编码：010415003　　项目名称：水塔

【例1-178】 一钢筋混凝土水塔，如图1-189所示，试计算其工程量。

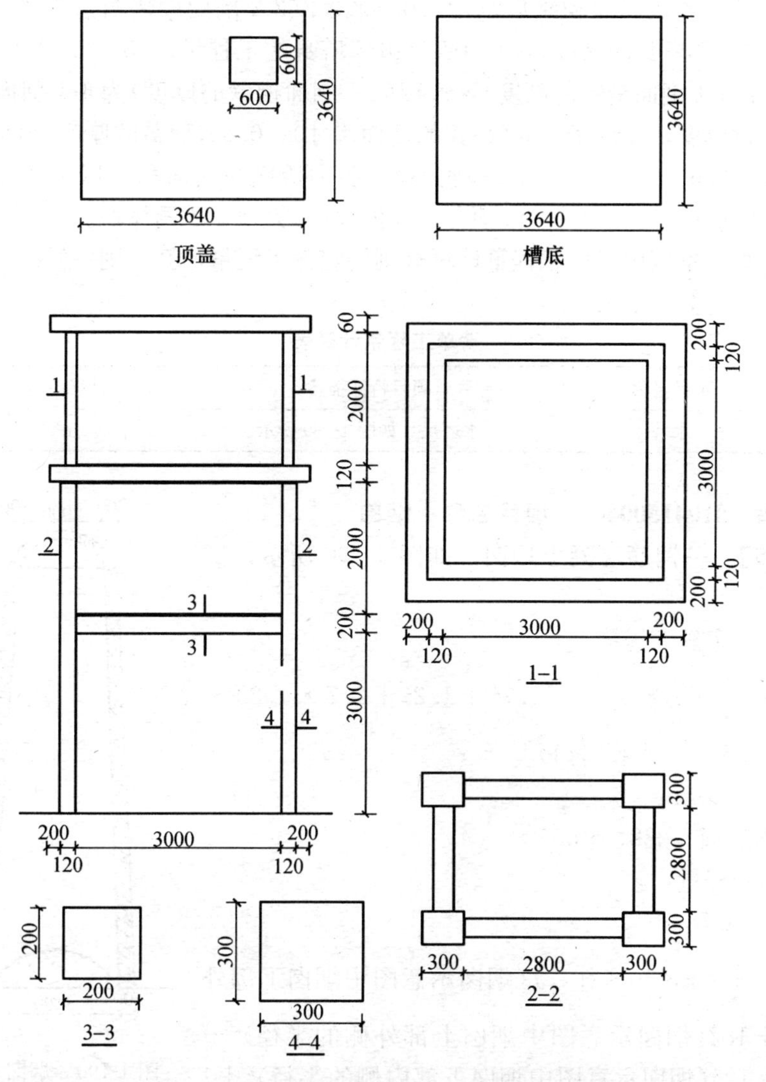

图1-189　水塔尺寸示意图

【解】 (1) 定额工程量

塔身工程量＝(3＋0.2＋2)×0.3×0.3×4＋0.2×0.2×2.8×4＝2.32m^3

套用基础定额 5-240、5-495。

小槽工程量＝槽壁＋顶盖＋槽底

＝(3＋0.12)×4×2×0.12＋3.64×3.64×0.06－0.06×0.06×0.06＋3.64×3.64×0.12

＝2.995＋0.795＋1.59

＝5.38m^3

套用基础定额 5-241、5-242、5-243、5-244、5-493、5-496。

(2) 清单工程量

2.32＋5.38＝7.70m^3

【注释】 (3＋0.2＋2)(2-2 剖面塔身的高度)×0.3×0.3(塔身的截面尺寸)×4 为 2-2 剖面中四个塔身柱的截面面积乘以高度，0.2×0.2(2-2 剖面中塔身边部的截面尺寸)×2.8(2-2 剖面中边部塔身的高度)×4 为四个边部塔身的工程量；(3＋0.12)(1-1 剖面槽壁的宽度)×4×2(1-1 剖面槽壁的高度)×0.12(1-1 剖面槽壁的厚度)为 1-1 剖面中槽壁的周长乘以高度乘以厚度，3.64×3.64(顶盖的截面尺寸)×0.06(顶盖的厚度)为顶盖的截面积乘以顶盖厚度，3.64×3.64×0.12(槽底的厚度)为槽底截面面积乘以槽底厚度，0.06×0.06(顶盖小孔的截面尺寸)×0.06(顶盖小孔的厚度)为顶盖小洞体积。工程量按设计图示尺寸以体积计算。本例中清单工程量计算规则同定额工程量计算规则一样。

清单工程量计算见下表：

清单工程量计算表

项目编码	项目名称	项目特征描述	计量单位	工程量
010415003001	水塔	水塔尺寸如图 1-189 所示	m^3	7.70

项目编码：010415004　　项目名称：烟囱

【例 1-179】 一钢筋混凝土烟囱，如图 1-190 所示，试计算其工程量。

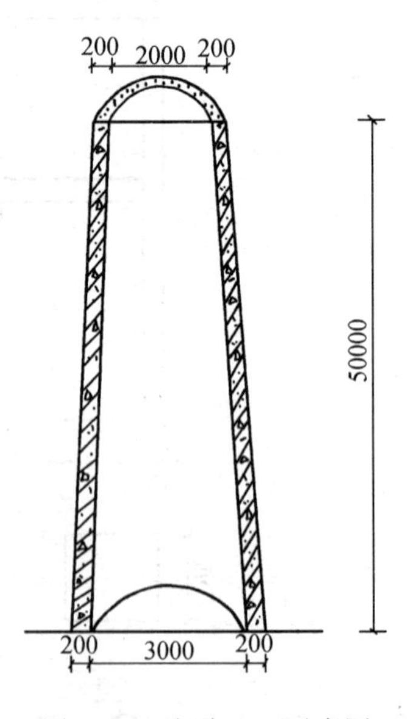

图 1-190　烟囱立面示意图

【解】 (1) 定额工程量

工程量＝$\frac{1}{3}\times\pi\times50\times[(1.7^2+1.2^2+1.7\times1.2)-(1.5^2+1^2+1.5\times1)]$

＝84.78m^3

套用基础定额 5-232、5-506。

(2) 清单工程量

工程量＝84.78m^3

【注释】 $\frac{1}{3}\times\pi\times50\times$\{[1.7(烟囱示意图中烟囱下部外侧的半径)^2＋1.2(烟囱示意图中烟囱上部外侧的半径)^2＋1.7×1.2]－[1.5(烟囱示意图中烟囱下部内侧的半径)^2＋1

(烟囱示意图中烟囱上部内侧的半径)^2＋1.5×1]}为烟囱壁的体积。工程量按设计图示尺寸以体积计算。

说明：清单计算规则与定额计算规则相同。

清单工程量计算见下表：

清单工程量计算表

项目编码	项目名称	项目特征描述	计量单位	工程量
010415004001	烟囱	烟囱高 50m	m^3	84.78

项目编码：010401001　　项目名称：带形基础

【例 1-180】 如图 1-191 所示，人工挖土桩护井壁混凝土，长度为 12m，求其工程量。

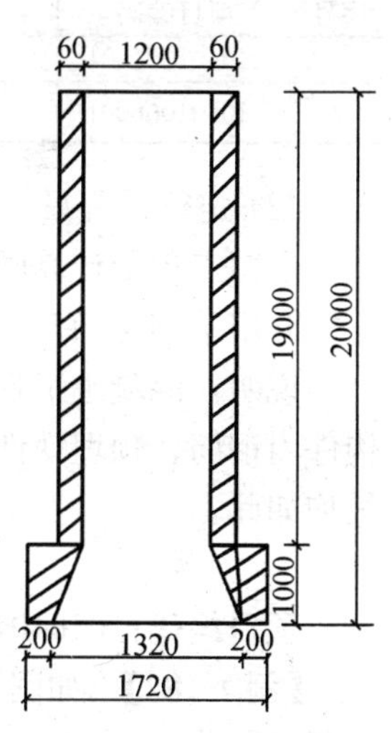

图 1-191　桩立面图

【解】 (1) 清单工程量

$$[0.06\times19+\frac{(0.2+0.2+0.06)}{2}\times1]\times2\times12$$

$$=32.88m^3$$

【注释】 0.06(井壁上端的厚度)×19(井壁上端的高度)为井壁上端的面积，$\frac{(0.2+0.2+0.06)(\text{下端梯形的上底加下底的长度之和})}{2}\times$1 为下端小梯形的截面面积，12 为长度。工程量按设计图示的尺寸以体积计算。

清单工程量计算见下表：

清单工程量计算表

项目编码	项目名称	项目特征描述	计量单位	工程量
010401001001	带形基础	人工挖土桩护井壁	m^3	32.88

(2) 定额工程量

$(0.06\times19+0.06\times1\div2+0.2\times1)\times2\times12$

$=32.88m^3$

套用基础定额 5-392。

【注释】 定额工程量计算规则同清单工程量计算规则一样。

项目编码：010401001　　项目名称：带形基础

【例 1-181】 如图 1-192 所示的毛石混凝土带形基础混凝土强度等级 C30，混凝土垫层 C10，长度为 15m，求其工程量。

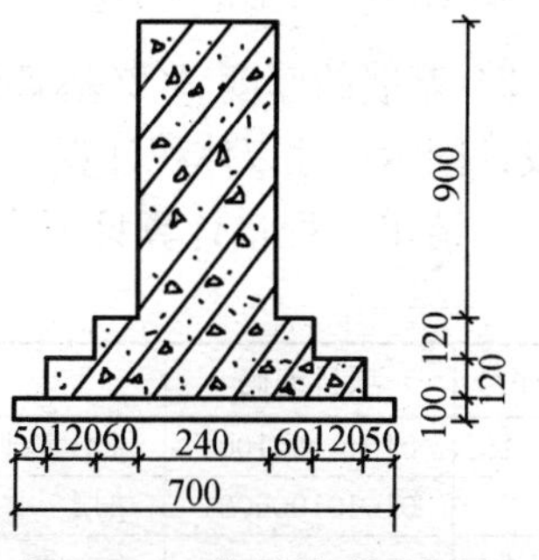

图 1-192　带型基础示意图

【解】 (1) 清单工程量

1) 混凝土垫层工程量：

$$0.7\times0.1\times15=1.05m^3$$

2) 混凝土基础工程量：

$[0.24\times0.9+(0.24+0.6\times2)\times0.12+(0.7-0.05\times2)\times0.12]\times15=4.97m^3$

【注释】 0.7(垫层的宽度)×0.1(垫层的厚度)×15(基础的长度)为垫层截面积乘以基础的长度；0.24(基础上部的截面宽度)×0.9(基础上部的截面长度)为基础上部的截面积，(0.24+0.6×2)(大放脚上部的宽度)×0.12(大放脚的高度)+(0.7−0.05×2)(带形基础底部的宽度)×0.12(大放脚的高度)，15为基础的长度。工程量按设计图示尺寸以体积计算。

清单工程量计算见下表：

清单工程量计算表

序号	项目编码	项目名称	项目特征描述	计量单位	工程量
1	010401001001	带形基础	毛石混凝土带形基础，混凝土强度等级为C30	m^3	4.97
2	010401006001	垫层	C10混凝土垫层	m^3	1.05

(2) 定额工程量

定额工程量计算同清单工程量。

套用基础定额5-393、8−16。

说明：混凝土工程量除另有规定者外，均按图示尺寸实体体积以"m^3"计算。不扣除构件内钢筋、预埋铁件及墙、板中$0.3m^2$以内的孔洞所占体积。定额工程量和清单工程量均如此。

项目编码：010401001　　项目名称：带形基础

【例1-182】 如图1-193所示的混凝土带形基础，长为15m，混凝土垫层C10计算其工程量。

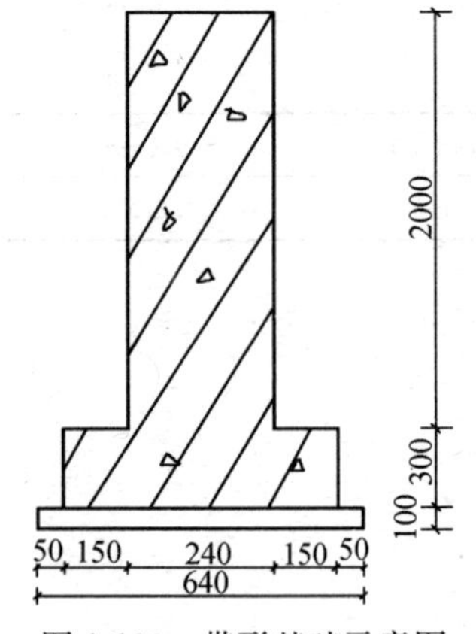

图1-193　带形基础示意图

【解】 (1) 清单工程量

1) 垫层工程量：

$0.64\times0.1\times15=0.96m^3$

2) 板式基础工程量：

$(0.24+0.15\times2)\times0.3\times15=2.43m^3$

3) 混凝土墙工程量：

$0.24\times2\times15=7.2m^3$

【注释】 0.64(垫层的宽度)×0.1(垫层的厚度)×15(基础垫层的长度)为垫层的截面积乘以基础垫层的长度，(0.24+0.15×2)(板式基础垫层上部的宽度)×0.3(板式基础垫层上部的厚度)×15为板式基础的垫层上部面积乘以基础的长度，0.24(基墙的厚度)×2(基墙的高度)×15为混凝土基墙厚乘以墙高乘以基础长度。工程量按设计图示尺寸以体积计算。

清单工程量计算见下表：

清单工程量计算表

序号	项目编码	项目名称	项目特征描述	计量单位	工程量
1	010401001001	带形基础	板式基础	m^3	2.43
2	010401006001	垫层	C10混凝土垫层	m^3	0.96
3	010404001001	直形墙	混凝土墙，墙厚240mm	m^3	7.2

(2) 定额工程量

1) 混凝土垫层：

$0.64\times0.1\times15=0.96\text{m}^3$

套用基础定额 8-16

2) 板式基础工程量：

$(0.24+0.15\times2)\times0.3\times15=2.43\text{m}^3$

套用基础定额 5-399。

3) 混凝土墙工程量：

$0.24\times2\times15=7.2\text{m}^3$

套用基础定额 5-412。

【注释】 本例中清单计算规则同定额计算规则一样。

说明：在清单工程量和定额工程量的计算中，有肋带形混凝土基础，其肋高与肋宽之比在 4∶1 以内的按有肋带形基础计算，超过 4∶1 时，其基础底按板式基础计算，以上部分按墙计算。

项目编码：010401001　　项目名称：带形基础

【例 1-183】 如图 1-194 所示的混凝土带形基础，采用 C30 钢筋混凝土，计算其工程量(图中基础的轴线均与中心线重合)。

【解】 (1) 清单工程量

1) 混凝土垫层工程量：

$$[(5+7+0.34+3.3\times2-0.34)\times2+(7-0.34)+(5-0.34)+(3.3-0.34)\times2]\times0.84\times0.1$$
$$=4.57\text{m}^3$$

2) 钢筋混凝土有梁带形基础工程量：

$$断面面积=0.34\times0.6+\frac{0.34+0.34+0.1\times2}{2}\times0.15+(0.84-0.1)\times0.15=0.38\text{m}^2$$

$$V_{外}=断面面积\times L_{中}=0.38\times(5+7+5+7+3.3\times2\times2)$$
$$=14.14\text{m}^3$$

$V_{内}=断面面积\times L_{内}+\text{T}形搭接部分面积$

已知：$B=0.74\text{m}$，$h_1=0.15\text{m}$，$b=0.34\text{m}$，$H=0.6\text{m}$，$L_{搭}=0.2\text{m}$

$$V_{搭}=L_{搭}\left[bH+h_1\left(\frac{2b+B}{6}\right)\right]=0.2\times\left[0.34\times0.6+0.15\times\left(\frac{2\times0.34+0.74}{6}\right)\right]$$
$$=0.048\text{m}^3$$

接头共有 6 个

$$V_{内}=0.38\times[7-0.34+5-0.34+(3.3-0.34)\times2]+V_{搭总}$$
$$=0.38\times17.24+0.048\times6=5.98\text{m}^3$$

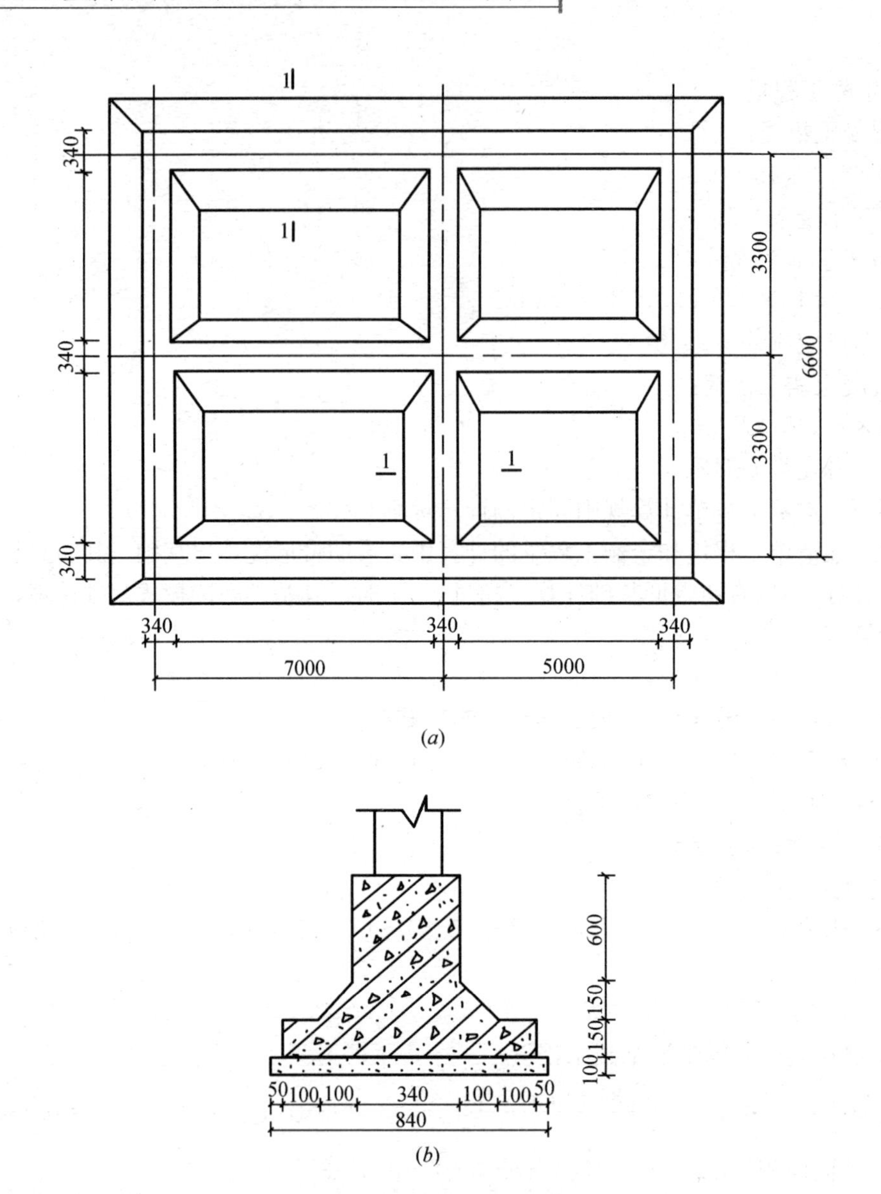

图 1-194　带形基础示意图

(a)基础平面图；(b)1-1 剖面图

$$V_{总}=V_{内}+V_{外}=5.98+14.14=20.12\text{m}^3$$

【注释】 [5+7(外墙的长度)+0.34(墙的厚度)+3.3×2(外墙的宽度)−0.34]×2(外墙的总长度)+(7−0.34)+(5−0.34)(内墙的长度)+(3.3−0.34)×2(内墙的宽度)为基础的长度，0.84 为基础垫层的宽度，0.1 为垫层的厚度；长度按外侧中心线、内侧净长线计算；搭接部分由搭接计算公式套入可得。工程量按设计图示尺寸以体积计算。

清单工程量计算见下表：

清单工程量计算表

序号	项目编码	项目名称	项目特征描述	计量单位	工程量
1	010401001001	带形基础	C30 混凝土带形基础	m^3	20.12
2	010401006001	垫层	C10 混凝土垫层 100mm 厚	m^3	4.57

(2) 定额工程量

定额工程量同清单工程量。

1) 混凝土垫层工程量：

$$V = 4.75\text{m}^3$$

套用基础定额 8-1。

2) 钢筋混凝土带形基础工程量：

$$V = 20.12\text{m}^3$$

套用基础定额 5-394。

项目编码：010401001　　项目名称：带形基础

【例 1-184】 如图 1-195 所示的带形基础，混凝土强度等级 C30，求其工程量。

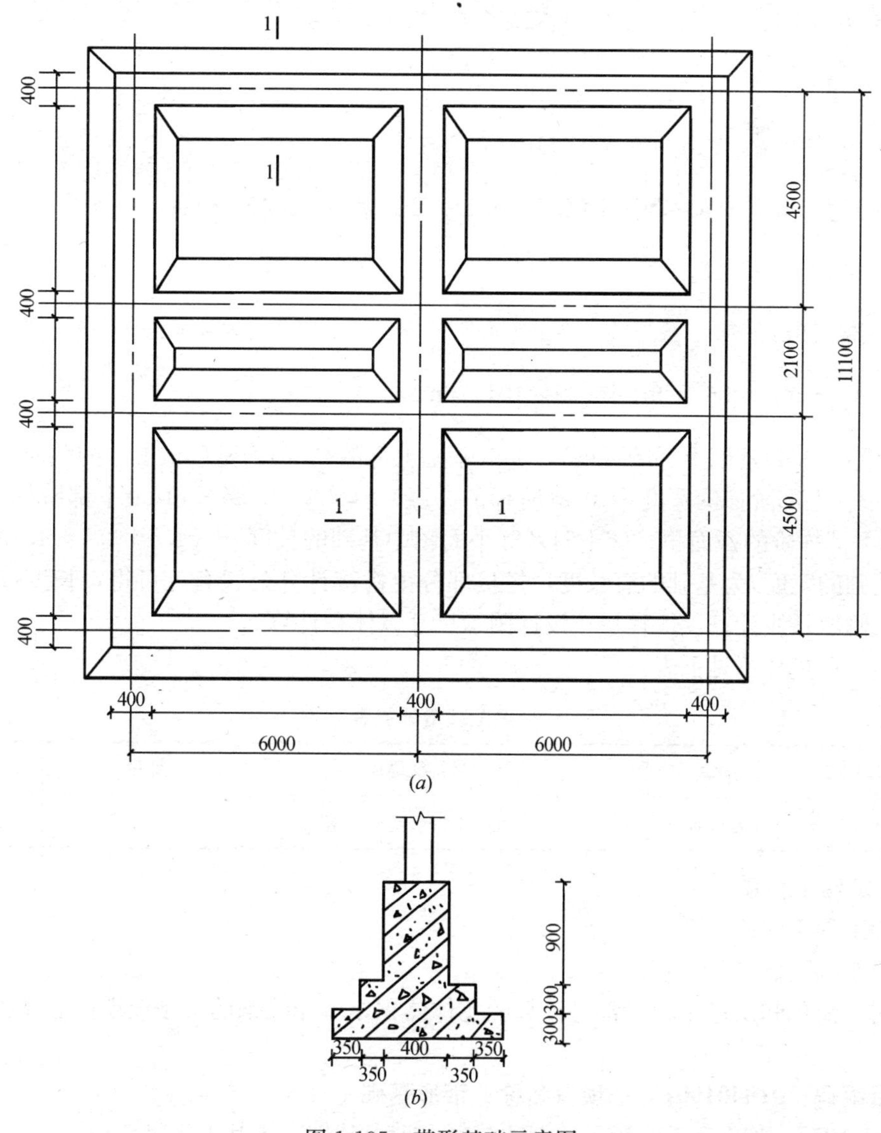

图 1-195　带形基础示意图

(a)基础平面图；(b)1-1 剖面图

【解】（1）清单工程量

$V_{外}$＝断面面积×$L_{中}$

＝[（0.4×0.9）＋（0.4＋0.35×2）×0.3＋（0.4＋0.35×4）×0.3]×[（6＋6）×2＋（4.5＋2.1＋4.5）×2]

＝1.23×46.2

＝56.826m^3

$V_{内}$＝断面面积×$L_{内}$＋$V_{接}$

$V_{接}$＝（0.4＋0.35×2）×0.3＋0.35×0.9×0.4

＝0.456m^3

共有 10 个接头，$V_{接总}$＝0.456×10＝4.56m^3

$V_{内}$＝1.23×[（6－0.4）×4＋（4.5－0.4）×2＋（2.1＋0.4）]＋$V_{接}$

＝39.73＋0.456

＝44.29m^3

$V_{总}$＝$V_{外}$＋$V_{内}$＝56.826＋44.29＝101.12m^3

【注释】 0.4（基础上部的宽度）×0.9（基础上部的高度）为基础最上部的截面积，（0.4＋0.35×2）（上部阶梯的宽度）×0.3（阶梯的高度）＋（0.4＋0.35×4）（最下部阶梯的宽度）×0.3 为下部梯阶的截面积，（6＋6）×2（平面图中基础的长度）＋（4.5＋2.1＋4.5）×2（平面图中基础的宽度）为基础的总长度，搭接部分由搭接计算公式套入可得，长度按外侧中心线、内侧净长线计算。工程量按设计图示尺寸以体积计算。

清单工程量计算见下表：

清单工程量计算表

项目编码	项目名称	项目特征描述	计量单位	工程量
010401001001	带形基础	C30 混凝土带形阶梯状基础	m^3	101.12

（2）定额工程量

定额工程量同清单工程量。

套用基础定额 5-394。

说明：清单和定额工程量都是计算的实体体积，不扣除钢筋、预埋铁件的体积。

项目编码：010401001　　项目名称：带形基础

【例 1-185】 如图 1-196 所示的有肋混凝土带形基础，求其工程量。

【解】（1）清单工程量

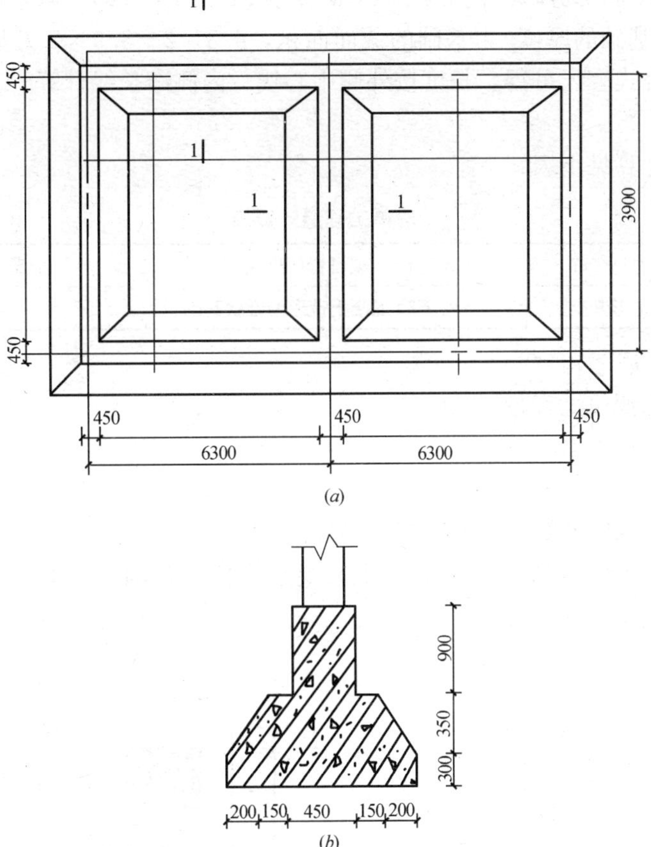

图 1-196　带形基础示意图

(a)基础平面图；(b)1-1 剖面图

$V_{外}$＝断面面积×$L_{中}$

＝[0.45×0.9＋(0.45＋0.15×2＋0.2)×0.35＋(0.45＋0.15×2＋0.2×2)×0.3]×(6.3×2＋3.9×2)

＝1.0825×20.4

＝22.08m^3

$V_{内}$＝断面面积×$L_{内}$＋$V_{接总}$

已知：L＝0.35m，B＝1.15m，h_1＝0.35m，b＝0.45m，H＝0.9m

$$V_{接}=L\left[bH+h_1\left(\frac{2b+B}{6}\right)\right]=0.35\times\left[0.45\times0.9+0.35\times\left(\frac{2\times0.45+1.15}{6}\right)\right]$$

＝0.18m^3

共有 2 个接头　$V_{接总}$＝0.18×2＝0.36m^3

$V_{内}$　＝1.0825×(3.9－0.45)＋0.36

＝4.09m^3

$V_{总}$＝$V_{内}$＋$V_{外}$＝4.09＋22.08＝26.17m^3

【注释】　0.45×0.9(基础最上部方形的截面宽度乘以截面高度)＋(0.45＋0.15×2＋

0.2)×0.35(基础中间部分梯形的面积)+(0.45+0.15×2+0.2×2)(基础最下部的基础宽度)×0.3(最下部基础的厚度)为基础的截面面积，6.3×2+3.9×2 为基础的长度，搭接部分由搭接计算公式套入可得，长度按外侧中心线、内侧净长线计算。工程量按设计图示尺寸以体积计算。

清单工程量计算见下表：

清单工程量计算表

项目编码	项目名称	项目特征描述	计量单位	工程量
010401001001	带形基础	C30 混凝土带形倒锥状基础	m^3	26.17

(2) 定额工程量

定额工程量同清单工程量。

套用基础定额 5-394。

项目编码：010401002　　项目名称：独立基础

【例 1-186】 如图 1-197 所示的柱下毛石混凝土独立基础，混凝土垫层 C10，试求其工程量。

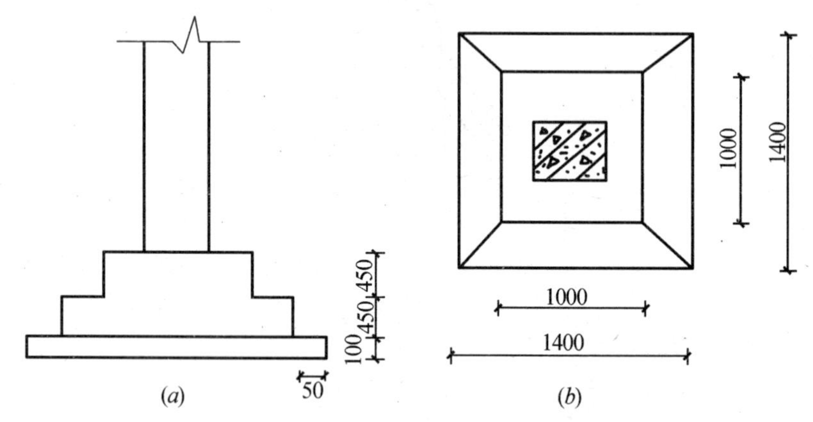

图 1-197　柱下毛石混凝土独立基础示意图

(a)立面图；(b)平面图

【解】 (1) 清单工程量

1) 垫层工程量：

$$(1.4+0.05\times2)\times(1.4+0.05\times2)\times0.1=0.225\text{m}^3$$

2) 混凝土独立基础工程量：

$$1.4\times1.4\times0.45+1\times1\times0.45)=1.33\text{m}^3$$

【注释】 (1.4+0.05×2)(垫层的截面宽度)×(1.4+0.05×2)(垫层的截面长度)为垫层的截面积，0.1 为垫层的厚度；1.4×1.4(基础的截面尺寸)×0.45(底部基础的高度)为基础底部截面面积乘以高度，1×1(基础上部阶梯的截面尺寸)×0.45 为基础上部阶梯的截面面积乘以其高度。工程量按设计图示尺寸以面积计算。

清单工程量计算见下表：

清单工程量计算表

序号	项目编码	项目名称	项目特征描述	计量单位	工程量
1	010401002001	独立基础	毛石混凝土独立基础	m^3	1.33
2	010401006001	垫层	C10 混凝土垫层	m^3	0.225

(2) 定额工程量

定额工程量同清单工程量。

套用基础定额 5-395、8-16。

项目编码：010401002　　项目名称：独立基础

【例 1-187】 如图 1-198 所示的柱下混凝土独立基础，试计算该独立基础的工程量。

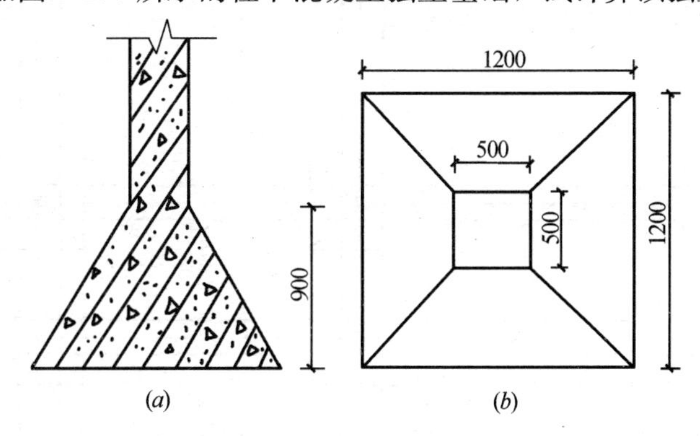

图 1-198　柱下独立基础示意图

(a)剖面图；(b)平面图

【解】 (1) 清单工程量

$$V=\frac{h_z}{6}[a_1b_1+(a_1+a_2)(b_1+b_2)+a_2b_2]$$

其中，$h_z=0.9$m，$a_1=b_1=0.5$m，$a_2=b_2=1.2$m

$$V=\frac{0.9}{6}\times[0.5^2+(0.5+1.2)\times(0.5+1.2)+1.2\times1.2]$$

$$=\frac{0.9}{6}\times4.58$$

$$=0.69\text{m}^3$$

【注释】 本题按棱台的计算公式代入数字可得其工程量。工程量按设计图示尺寸以体积计算。

清单工程量计算见下表：

清单工程量计算表

项目编码	项目名称	项目特征描述	计量单位	工程量
010401002001	独立基础	棱台形独立基础	m^3	0.69

(2) 定额工程量

定额工程量同清单工程量。

套用基础定额 5-396。

说明：独立基础清单和定额工程量的计算规则一样，均按设计图示尺寸以体积计算。不扣除构件内钢筋、预埋铁件和伸入承台基础的桩头所占体积。

项目编码：010401002　　项目名称：独立基础

【例 1-188】 如图 1-199 所示的柱下混凝土独立基础，混凝土基础 C30，混凝土垫层 C10，试计算该独立基础的工程量。

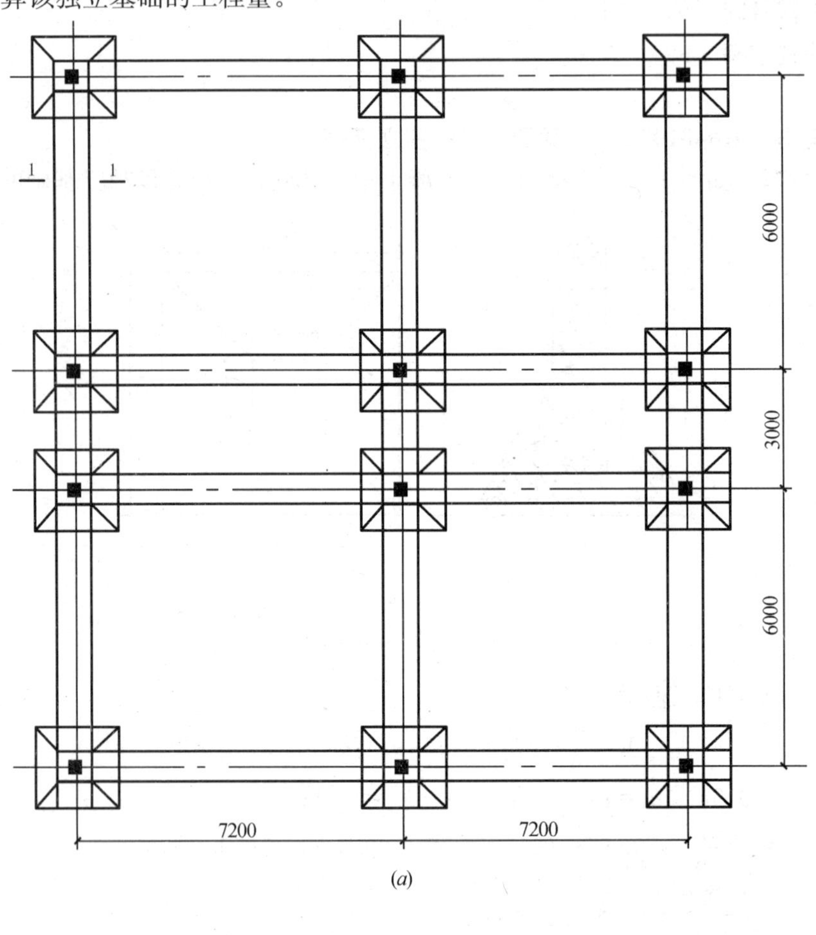

(*a*)

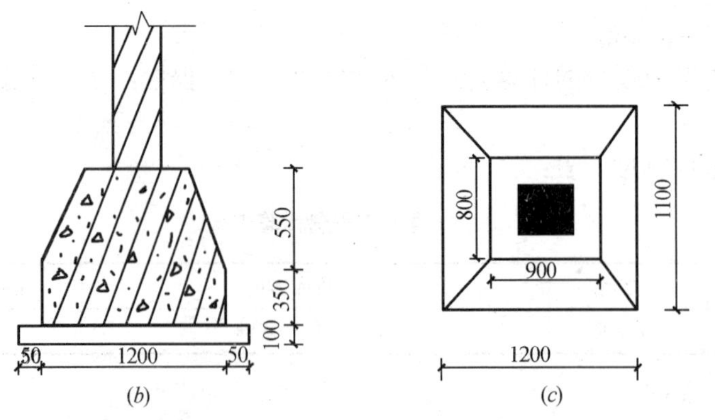

(*b*)　　(*c*)

图 1-199　柱下独立基础示意图

(*a*)基础平面布置图；(*b*)1-1 剖面图；(*c*)基础平面图

【解】 (1) 清单工程量

1) 垫层工程量：

$$(1.2+0.05\times2)\times(1.1+0.05\times2)\times0.1=0.156\text{m}^3$$

2) 混凝土独立基础工程量：

① 下面的立方体

$$V_{立}=1.2\times1.1\times0.35=0.462\text{m}^3$$

② 上面的棱台形

$$V_{棱}=\frac{h_z}{6}[a_1b_1+(a_1+a_2)(b_1+b_2)+a_2b_2]$$

其中，$h_z=0.55\text{m}$，$a_1=0.8\text{m}$，$a_2=1.1\text{m}$，$b_1=0.9\text{m}$，$b_2=1.2\text{m}$

$$V_{棱}=\frac{0.55}{6}\times[0.8\times0.9+(0.8+1.1)\times(0.9+1.2)+1.1\times1.2]$$

$$=\frac{0.55}{6}\times(0.72+3.99+1.32)$$

$$=0.553\text{m}^3$$

$$V_{总}=V_{立}+V_{棱}=0.462+0.553=1.015\text{m}^3$$

该建筑共有 12 座独立基础，

故　　$V=12V_{总}=12\times1.015=12.18\text{m}^3$

垫层　　$12\times0.156=1.87\text{m}^3$

【注释】 (1.2＋0.05×2)(基础垫层的截面长度)×(1.1＋0.05×2)(基础垫层的截面宽度)为基础垫层的底面积，0.1 为基础垫层的厚度；1.2(基础底部的长度)×1.1(基础底部的宽度)×0.35(基础底部方形的高度)为基础底面积乘以高度；棱台部分由上部棱台计算公式所得；12×1.015 为 12 个基础的工程量，12×0.156 为 12 个垫层的工程量。工程量按设计图示尺寸以面积计算。

清单工程量计算见下表：

清单工程量计算表

序号	项目编码	项目名称	项目特征描述	计量单位	工程量
1	010401002001	独立基础	C30 混凝土柱下独立基础	m^3	12.18
2	010401006001	垫层	C10 混凝土垫层	m^3	1.87

(2)定额工程量

定额工程量同清单工程量。

垫层的总工程量为：$12\times0.156=1.87\text{m}^3$

套用基础定额 8-16。

混凝土柱下独立基础的工程量为：$V=0.462+0.553=1.015\text{m}^3$

$$V=12V_{总}=12\times1.015=12.18\text{m}^3$$

套用基础定额 5-396。

【注释】 本例中清单工程量计算规则同定额工程量计算规则一样。

说明：在定额的计算规则中规定，现浇混凝土工程量，除另有规定者外，均按图示尺寸实体体积以“m^3”计算，不扣除构件内钢筋、预埋铁件及墙、板中 0.3m^2 以内的孔洞所占体积。

项目编码：010401002　　项目名称：独立基础

【例 1-189】 如图 1-200 所示的杯形基础，混凝土基础 C30，混凝土垫层 C10，试计算该杯形基础的工程量。

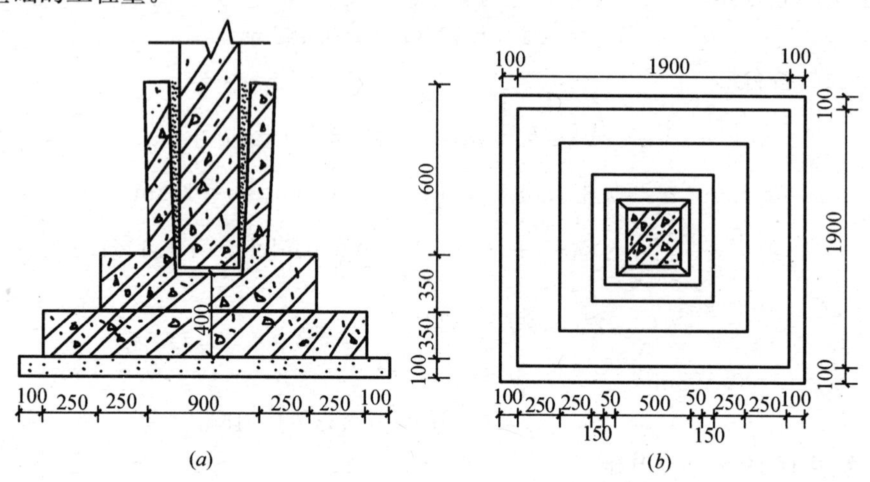

图 1-200　杯形基础示意图

(a)基础立面图；(b)基础平面图

【解】 (1) 清单工程量

1)垫层工程量：

$$(1.9+0.1\times2)\times(1.9+0.1\times2)\times0.1=0.44\text{m}^3$$

2) 杯形基础工程量：

① 下部阶梯状基础的体积

$$V_1=1.9\times1.9\times0.35+(0.9+0.25\times2)\times(0.9+0.25\times2)\times0.35$$
$$=1.95\text{m}^3$$

② 上部立方体的体积

$$V_2=0.9\times0.9\times0.6=0.486\text{m}^3$$

③杯口槽体积

$$V_3=\frac{h}{6}[AB+(A+a)(B+b)+ab]$$

其中，$A=B=0.6\text{m}$，$a=b=0.5\text{m}$，$h=0.9\text{m}$

$$V_3=\frac{0.9}{6}\times[0.6\times0.6+(0.6+0.5)\times(0.6+0.5)+0.5\times0.5]$$
$$=0.273\text{m}^3$$

④ 杯形基础的体积

$$V=V_1+V_2-V_3=1.95+0.486-0.273=2.16\text{m}^3$$

【注释】 (1.9+0.1×2)(基础垫层的截面宽度)×(1.9+0.1×2)(基础垫层的截面长度)×0.1(基础垫层的厚度)为垫层的底面积乘以垫层的厚度；1.9×1.9(最下部阶梯底部的截面尺寸)×0.35(最下部阶梯的高度)为最下部阶梯部分基础的截面积乘以高度，(0.9+0.25×2)(上部阶梯部分基础的截面宽度)×(0.9+0.25×2)(上部阶梯部分基础的截面长度)×0.35 为上部阶梯部分基础的截面积乘以高度；杯口部分由上部棱台计算公式套入得之；总工程量为下部阶梯状基础的体积+上部立方体的体积减去杯口槽体积。工程量按设计图示尺寸以体积计算。

清单工程量计算见下表：

清单工程量计算表

序号	项目编码	项目名称	项目特征描述	计量单位	工程量
1	010401002001	独立基础	C30 混凝土杯形基础	m^3	2.16
2	010401006001	垫层	C10 混凝土垫层	m^3	0.44

(2) 定额工程量

1) 垫层工程量：

$$(1.9+0.1\times2)\times(1.9+0.1\times2)\times0.1=0.44m^3$$

套用基础定额 8-16。

2) 杯形基础的工程量：

① 下部阶梯状基础的体积

$$V_1=1.9\times1.9\times0.35+(0.9+0.25\times2)\times(0.9+0.25\times2)\times0.35$$
$$=1.95m^3$$

② 上部立方体的体积

$$V_2=0.9\times0.9\times0.6=0.486m^3$$

③ 杯口槽体积

$$V_3=\frac{0.9}{6}\times[0.6\times0.6+(0.6+0.5)\times(0.6+0.5)+0.5\times0.5]$$
$$=0.273m^3$$

④ 杯形基础的体积

$$V=V_1+V_2-V_3=1.95+0.486-0.273=2.16m^3$$

套用基础定额 5-397。

说明：独立基础定额工程量和清单工程量计算方法基本相同。

项目编码：010401002　　项目名称：独立基础

【例 1-190】 如图 1-201 所示的杯形基础，混凝土基础 C30，混凝土垫层 C10，计算该杯形基础的工程量。

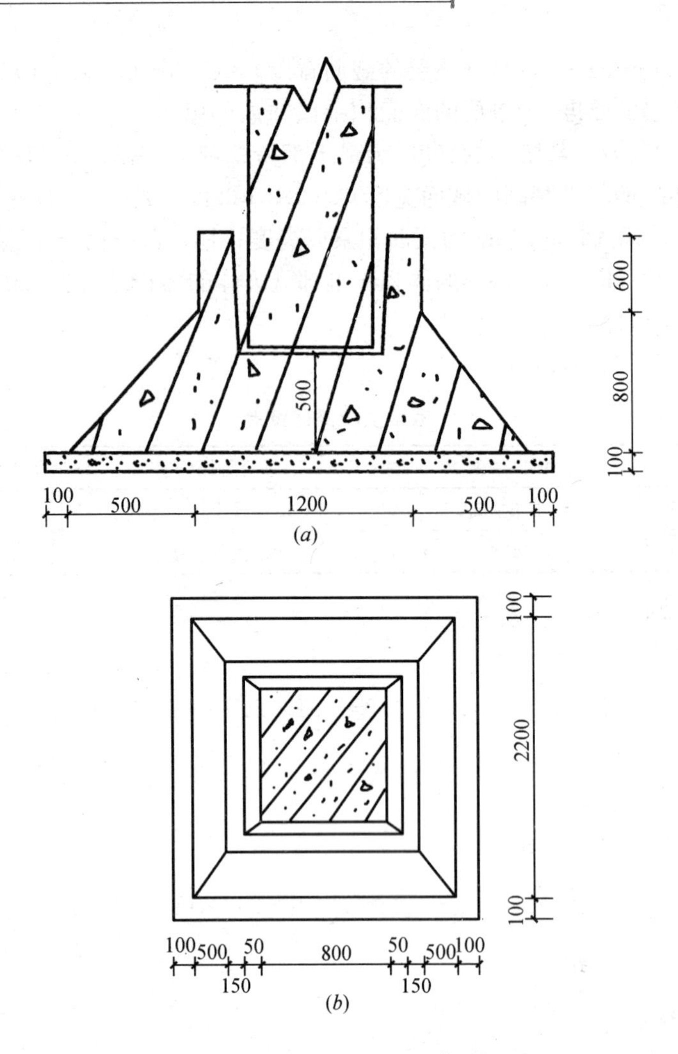

图 1-201 杯形基础示意图

(a)立面图；(b)平面图

【解】 (1) 清单工程量

1) 垫层工程量：

$$(2.2+0.1\times2)\times(2.2+0.1\times2)\times0.1=0.58\text{m}^3$$

2) 杯形基础工程量：

① 下部杯口槽体积

$$V=\frac{h}{6}[AB+(A+a)(B+b)+ab]$$

其中，$A=B=2.2\text{m}$，$a=b=1.2\text{m}$，$h=0.8\text{m}$

$$V_1=\frac{0.8}{6}\times[2.2\times2.2+(2.2+1.2)\times(2.2+1.2)+1.2\times1.2]$$

$$=2.379\text{m}^3$$

② 上部立方体体积

$$V_2=1.2\times1.2\times0.6=0.864\text{m}^3$$

③ 上部杯口槽体积

$A=B=0.9\text{m}$，$a=b=0.8\text{m}$，$h=0.9\text{m}$

$$V_3=\frac{0.9}{6}\times[0.9\times0.9+(0.9+0.8)\times(0.9+0.8)+0.8\times0.8]$$

$$=0.651\text{m}^3$$

④ 总的体积

$$V_4=V_1+V_2-V_3$$

$$=2.379+0.864-0.651$$

$$=2.59\text{m}^3$$

【注释】 (2.2+0.1×2)(基础垫层的截面长度)×(2.2+0.1×2)(基础垫层的截面宽度)×0.1(垫层的厚度)为垫层的底面积乘以垫层的厚度；下部杯口槽体积以$\frac{h}{6}[AB+(A+a)(B+b)+ab]$公式代入得知；1.2×1.2(上部截面的尺寸)×0.6(上部截面的高度)为上部截面面积乘以高度；$\frac{0.9}{6}\times[0.9\times0.9+(0.9+0.8)\times(0.9+0.8)+0.8\times0.8]$为杯口槽体积；总体积为下部杯口槽体积+上部立方体体积−上部杯口槽体积。工程量按设计图示尺寸以体积计算。

清单工程量计算见下表：

清单工程量计算表

序号	项目编码	项目名称	项目特征描述	计量单位	工程量
1	010401002001	独立基础	C30 混凝土杯形基础	m^3	2.59
2	010401006001	垫层	C10 混凝土垫层	m^3	0.58

(2) 定额工程量

定额工程量同清单工程量。

套用基础定额 5-397、8-16。

项目编码：010401003　　项目名称：满堂基础

【例 1-191】 如图 1-202 所示的有梁式满堂基础，混凝土基础 C30，混凝土垫层 C10，试计算该满堂基础的工程量。

【解】 (1) 清单工程量

1) 垫层工程量：

$$(42+0.1\times2)\times(30+0.1\times2)\times0.1=127.44\text{m}^3$$

2) 基础板的工程量：

$$V_1=30\times42\times0.4=504\text{m}^3$$

3) 基础凸梁的工程量：

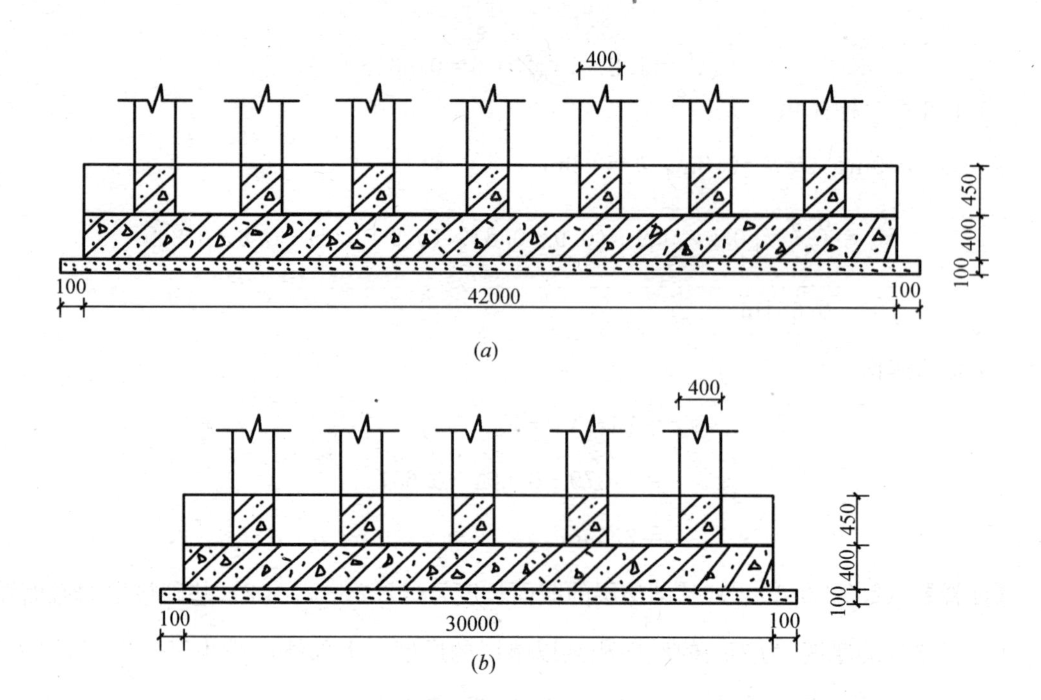

图 1-202 有梁式满堂基础示意图

(a)纵向剖面图；(b)横向剖面图

① 纵向梁根数为 $n_1=7$ 根，横向梁根数为 $n_2=5$ 根

② 梁的长度

$$L=30\times7+42\times5-5\times7\times0.4=406\text{m}$$

③ 凸梁的体积

$$V_2=406\times0.4\times0.45=73.08\text{m}^3$$

4）满堂基础的工程量：

$$V=V_1+V_2=504+73.08=577.08\text{m}^3$$

【注释】 (42＋0.1×2)(基础垫层的长度)×(30＋0.1×2)(基础垫层的宽度)×0.1(垫层的厚度)为垫层的总面积乘以厚度；30(基础底部的宽度)×42(基础底部的长度)×0.4(基础底部的方形的高度)为基底的长度乘以宽度乘以基础板高度；5×7×0.4 为纵向梁和横向梁重叠的长度；406×0.4(基础梁的截面宽度)×0.45(基础梁的截面长度)为梁的总长度乘以基础梁的截面面积。工程量按设计图示尺寸以体积计算。

清单工程量计算见下表：

清单工程量计算表

序号	项目编码	项目名称	项目特征描述	计量单位	工程量
1	010401003001	满堂基础	混凝土强度等级为 C30	m^3	577.08
2	010401006001	垫层	混凝土强度等级为 C10	m^3	127.44

(2)定额工程量

定额工程量同清单工程量。

满堂基础套用基础定额 5-398，垫层套用基础定额 8-16。

项目编码：010401003　　项目名称：满堂基础

【例 1-192】 如图 1-203 所示的无梁式满堂基础，混凝土基础 C30，该基础长 42m，宽 36m，共有 35 个柱帽，试求该满堂基础的工程量。

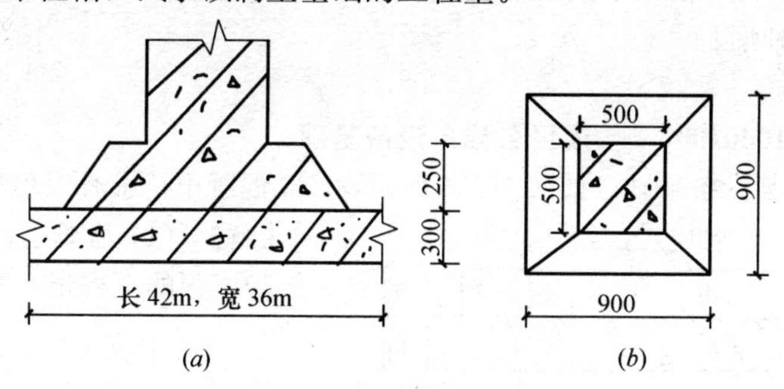

图 1-203　无梁式满堂基础示意图

(a)基础剖面图；(b)柱帽平面图

【解】 (1) 清单工程量

1) 基础板的工程量：

$$V_1 = 42\times36\times0.3 = 453.6\text{m}^3$$

2) 柱帽的工程量，由公式：

$$V_2' = \frac{h}{6}[AB+(A+a)(B+b)+ab]$$

其中，$h=0.25\text{m}$，$A=B=0.9\text{m}$，$a=b=0.5\text{m}$

$$V'_2 = \frac{0.25}{6}\times[0.9\times0.9+(0.9+0.5)\times(0.9+0.5)+0.5\times0.5] = 0.13\text{m}^3$$

柱帽共有 35 个，故柱帽总体积为：

$$V_2 = 35V'_2 = 35\times0.13 = 4.55\text{m}^3$$

3) 满堂基础的工程量：

$$V = V_1 + V_2 = 453.6 + 4.55 = 458.15\text{m}^3$$

【注释】 42(板的长度)×36(板的宽度)×0.3(板的厚度)为基础板的面积乘以厚度；柱帽的工程量按棱台公式代入计算，柱帽共有 35 个；满堂基础的工程量为两者之和。工程量按设计图示尺寸以体积计算。

清单工程量计算见下表：

清单工程量计算表

项目编码	项目名称	项目特征描述	计量单位	工程量
010401003001	满堂基础	C30 混凝土无梁式满堂基础	m^3	458.15

(2) 定额工程量

定额工程量同清单工程量。

套用基础定额 5-399。

说明：满堂基础分有梁式和无梁式两种，在清单工程量和定额工程量的计算中，均按设计图示尺寸以体积计算，不扣除构件内钢筋、预埋铁件和伸入承台基础的桩头所占体积。在定额工程量中，箱式满堂基础应分别按无梁式满堂基础、柱、墙、梁、板有关规定计算，套相应定额项目。

项目编码：010401004　　项目名称：设备基础

【例 1-193】 某设备基础，如图 1-204 所示，C30 混凝土，求其工程量。

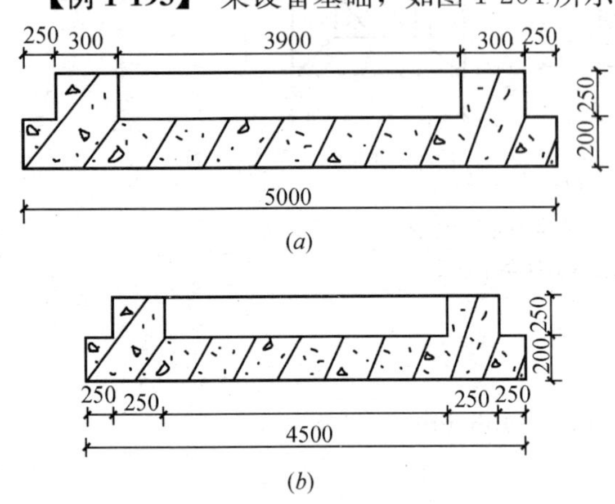

图 1-204　设备基础示意图
(a)纵向剖面图；(b)横向剖面图

【解】 (1) 清单工程量

1)底板的工程量：

$4.5\times5\times0.2=4.5m^3$

2) 上部凸梁的工程量：

$0.25\times0.25\times5\times2+0.3\times0.25\times4.5\times2-0.25\times0.3\times0.25\times4=1.225m^3$

3) 总的工程量：

$4.5+1.225=5.73m^3$

【注释】 4.5(底板的宽度)×5(底板的长度)×0.2(底板的厚度)为底板的面积乘以厚度；0.25×0.25(横向剖面图中上部凸梁的截面尺寸)×5×2(两边凸纵梁的长度)为纵向梁的工程量，0.3(纵向剖面图中上部凸梁的截面长度)×0.25(纵向剖面图中上部凸梁的截面宽度)×4.5×2(两边凸横梁的长度)为两个横向梁的工程量，0.25(叠加的截面宽度)×0.3(叠加的截面长度)×0.25(叠加的厚度)×4(叠加的数量)为梁的叠加部分工程量。工程量按设计图示尺寸以体积计算。

清单工程量计算见下表：

清单工程量计算表

项目编码	项目名称	项目特征描述	计量单位	工程量
010401004001	设备基础	混凝土强度等级为 C30	m^3	5.73

(2) 定额工程量

定额工程量同清单工程量。

套用基础定额 5-398。

说明：在清单工程量计算中，设备基础按图示尺寸以体积计算，不扣除构件内钢筋、预埋铁件和伸入承台基础的桩头所占体积。在定额工程量中，设备基础除块体以外，其他类型设备基础分别按基础、梁、柱、板、墙等有关规定计算，套相应项目定额计算。

项目编码：010401005　　项目名称：桩承台基础

【例 1-194】 如图 1-205 所示独立桩承台基础，C30 混凝土，试计算该基础的工程量。

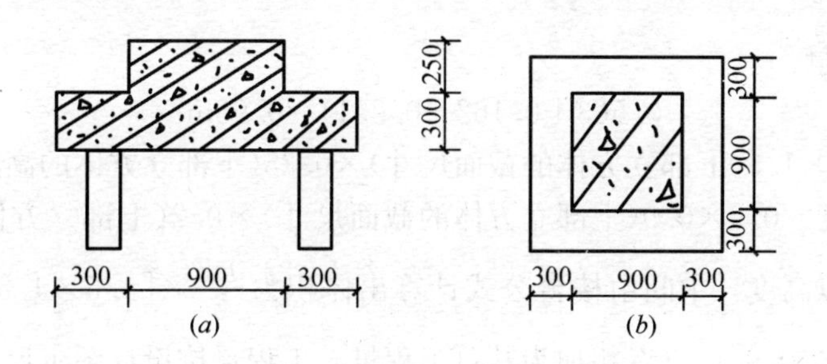

图 1-205 独立桩承台基础示意图

(a)基础剖面图；(b)基础平面图

【解】 (1) 清单工程量

$$1.5\times1.5\times0.3+0.9\times0.9\times0.25=0.88\text{m}^3$$

【注释】 1.5×1.5(下部阶梯基础的截面尺寸)×0.3(下部阶梯基础的高度)为下部阶梯基础的截面积乘以高度；0.9×0.9(上部阶梯基础的截面尺寸)×0.25(上部阶梯基础的高度)为上部阶梯基础的截面积乘以高度。工程量按设计图示尺寸以体积计算。

清单工程量计算见下表：

清单工程量计算表

项目编码	项目名称	项目特征描述	计量单位	工程量
010401005001	桩承台基础	混凝土强度等级为 C30	m^3	0.88

(2) 定额工程量

定额工程量同清单工程量。

套用基础定额 5-400。

项目编码：010401005　　项目名称：桩承台基础

【例 1-195】 如图 1-206 所示的独立桩承台基础，采用 C30 的现浇混凝土制成，试计算该桩承台基础的工程量。

【解】 (1) 清单工程量

1) 下部立方体的工程量：

$$1.5\times1.5\times0.25=0.563\text{m}^3$$

2) 上部立方体的工程量：

$0.9\times0.9\times0.2=0.162\text{m}^3$

3) 杯口槽体积：

$h=0.3$，$A=B=1.5\text{m}$，$a=b=0.9\text{m}$

$$V=\frac{h}{6}[AB+(A+a)(B+b)+ab]$$

$$=\frac{0.3}{6}\times[1.5\times1.5+(1.5+0.9)\times(1.5+0.9)+0.9\times0.9]$$

$$=0.251\text{m}^3$$

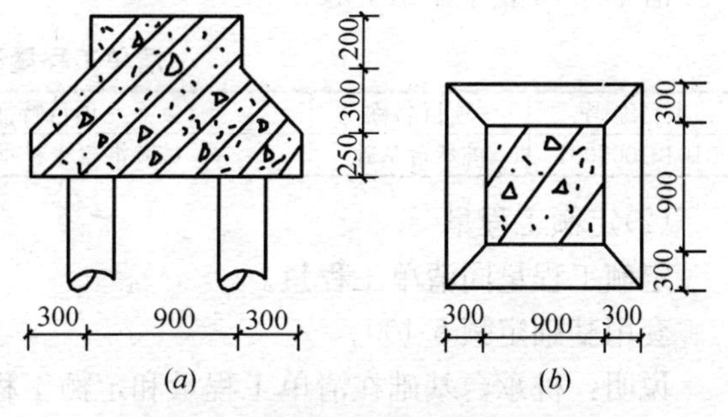

图 1-206 独立桩承台基础示意图

(a)基础剖面图；(b)基础平面图

4）总的工程量：

$$0.563+0.162+0.251)=0.98m^3$$

【注释】 1.5×1.5(下部立方体的截面尺寸)×0.25(下部立方体的高度)为下部立方体的截面积乘以高度，0.9×0.9(上部立方体的截面尺寸)×0.2(上部立方体的高度)为上部立方体截面积乘以高度，中间由棱台公式计算出体积为$\frac{0.3}{6}$×[1.5×1.5+(1.5+0.9)×(1.5+0.9)+0.9×0.9]，三者相加为其总工程量。工程量按设计图示尺寸以体积计算。

清单工程量计算见下表：

清单工程量计算表

项目编码	项目名称	项目特征描述	计量单位	工程量
010401005001	桩承台基础	混凝土强度等级为 C30	m^3	0.98

(2) 定额工程量

定额工程量同清单工程量。

套用基础定额 5-400。

项目编码：010401005　　项目名称：桩承台基础

【例 1-196】 如图 1-207 所示的带形承台基础，已知承台长为 45m，C30 混凝土试计算该承台的工程量。

【解】 (1) 清单工程量

截面面积为：

$$1.9×0.2+1.3×0.25+0.6×0.3=0.885m^2$$

总的工程量：

$$0.885×45=39.83m^3$$

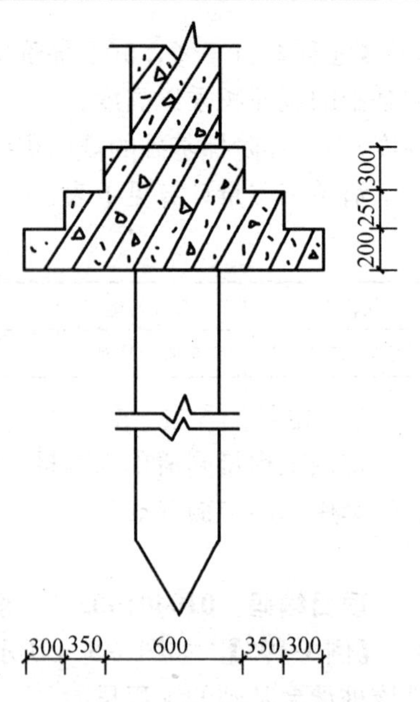

图 1-207　带形承台基础示意图

【注释】 1.9(最下部承台基础的宽度)×0.2(最下部承台基础的高度)＋1.3(中间承台基础部分的宽度)×0.25(中间承台基础部分的高度)＋0.6(最上部承台基础部分的宽度)×0.3(最上部承台基础部分的高度)为承台基础的截面积；0.885×45 为基础的截面积乘以承台长度。工程量按设计图示尺寸以体积计算。

清单工程量计算见下表：

清单工程量计算表

项目编码	项目名称	项目特征描述	计量单位	工程量
010401005001	桩承台基础	C30 混凝土桩承台带形基础	m^3	39.83

(2)定额工程量

定额工程量同清单工程量。

套用基础定额 5-400。

说明：桩承台基础在清单工程量和定额工程量的计算中，均按图示尺寸以体积计算。不扣除构件内钢筋、预埋铁件和伸入承台基础的桩头及单个面积 0.3m^2 内的孔洞所占体积。

项目编码：010401005　　项目名称：桩承台基础

【例 1-197】 如图 1-208 所示的墙下桩承台基础，试计算该基础的工程量。

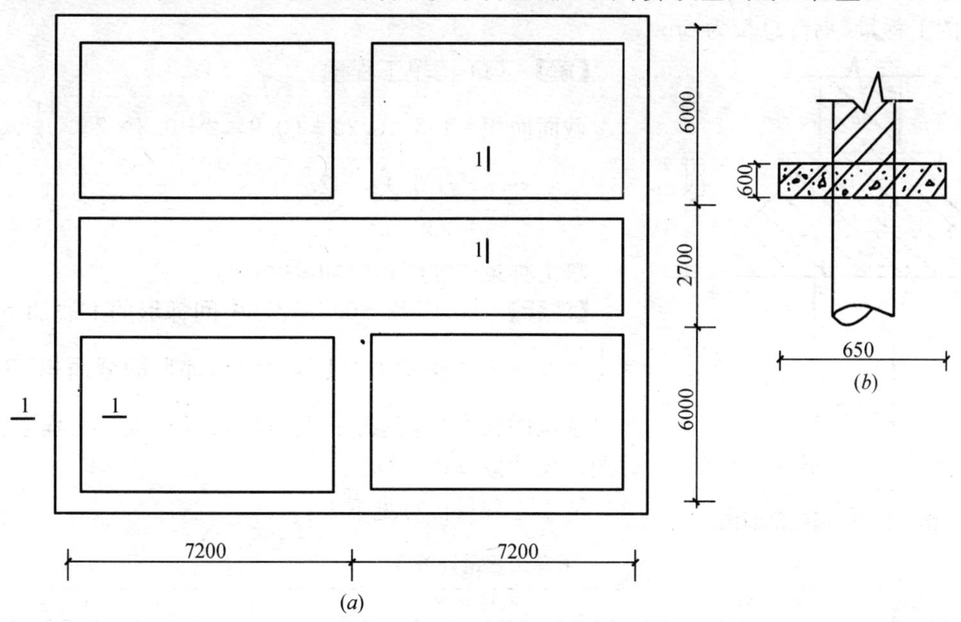

图 1-208　墙下桩承台基础平面布置图

(a)基础平面布置图；(b)1-1 剖面图

【解】 (1) 清单工程量

1) 外墙承台基础的工程量：

① 长度　$L=(7.2+7.2)\times2+(6+2.7+6)\times2=58.2\text{m}$

② 外墙工程量　$0.65\times0.6\times58.2=22.698\text{m}^3$

2) 内墙承台基础的工程量：

① 长度 $L=(7.2\times2-0.65)\times2+(6-0.65)\times2=38.2\text{m}$

② 内墙工程量　$0.65\times0.6\times38.2=14.9\text{m}^3$

3) 总的工程量：

$$22.698+14.9=37.60\text{m}^3$$

【注释】 长度按外墙中心线、内墙净长线计算；0.65(基础的截面长度)×0.6(基础的截面宽度)×58.2(外墙的长度)为外墙长度乘以基础的截面积；0.65×0.6×38.2(内墙的长度)为内墙的长度乘以基础的截面积。工程量按设计图示尺寸以体积计算。

清单工程量计算见下表：

清单工程量计算表

项目编码	项目名称	项目特征描述	计量单位	工程量
010401005001	桩承台基础	墙下桩承台基础	m^3	37.60

(2)定额工程量

定额工程量同清单工程量。

套用基础定额 5-400。

项目编码：010401005　　项目名称：桩承台基础

【例 1-198】 如图 1-209 所示的带形桩承台基础，C30 混凝土，试计算该带形桩承台基础的工程量(承台总长为 6m)。

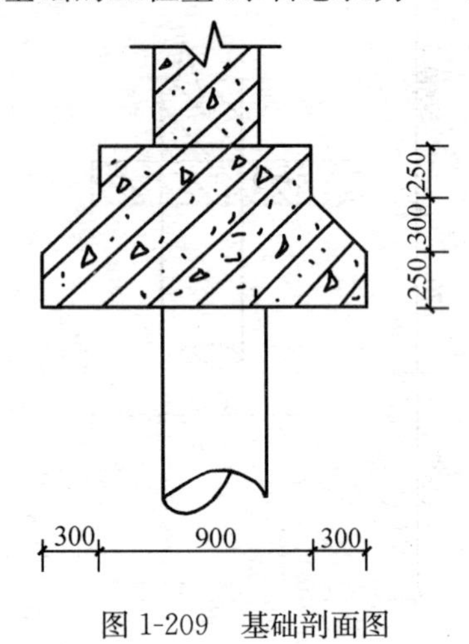

图 1-209　基础剖面图

【解】 (1) 清单工程量

截面面积$=1.5\times0.25+(0.9\times2+0.3\times2)\times\frac{1}{2}\times0.3+0.9\times0.25$

$=0.96m^2$

总工程量$=0.96\times6=5.76m^3$

【注释】 $(0.9\times2+0.3\times2)$(中间梯形的上底加下底)$\times\frac{1}{2}\times0.3$(中间梯形的高度)为中间梯形的截面积，0.96×6(基础的长度)为基础的截面积乘以长度。工程量按设计图示尺寸以体积计算。

清单工程量计算见下表：

清单工程量计算表

项目编码	项目名称	项目特征描述	计量单位	工程量
010401005001	桩承台基础	C30 混凝土带形桩承台基础	m^3	5.76

(2) 定额工程量

定额工程量同清单工程量。

套用基础定额 5-400。

项目编码：010401005　　项目名称：桩承台基础

【例 1-199】 如图 1-210 所示的带形桩承台基础，C30 混凝土，试计算该带形桩承台基础的工程量(承台总长为 7.2m)。

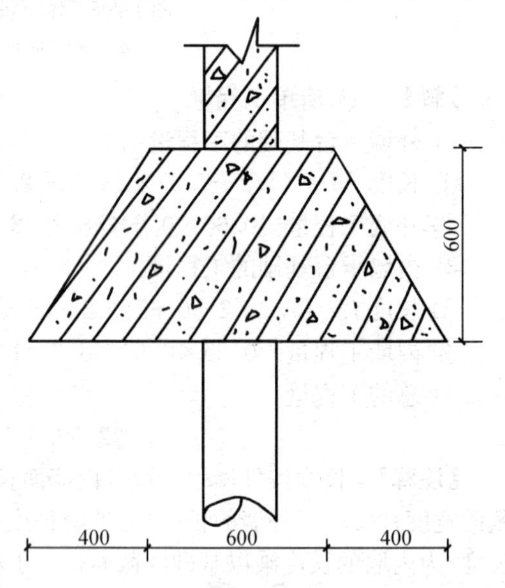

图 1-210　带形桩承台基础示意图

【解】 (1) 清单工程量

截面面积$=0.6\times0.6+0.4\times0.6=0.6m^2$

总工程量$=0.6\times7.2=4.32m^3$

【注释】 0.6×0.6(带形桩承台基础中间方形部分的截面尺寸)+0.4(带形桩承台基础两边的截面宽度)×0.6(带形桩承台基础两边的截面高度)为带形桩承台基础的截面积，0.6×7.2 为截面积乘以承台总长度。工程量按设计图示尺寸以体积计算。

清单工程量计算见下表：

清单工程量计算表

项目编码	项目名称	项目特征描述	计量单位	工程量
010401005001	桩承台基础	C30 混凝土带形桩承台基础	m^3	4.32

(2) 定额工程量

定额工程量=(0.6×0.6+0.4×0.6)×7.2=4.32m³

套用基础定额 5-400。

项目编码：010401001　　项目名称：带形基础

【例 1-200】 如图 1-211 所示的带形基础，试计算该带形基础的工程量。

【解】 (1) 清单工程量

1) 基础的工程量：

① 基础的总长度

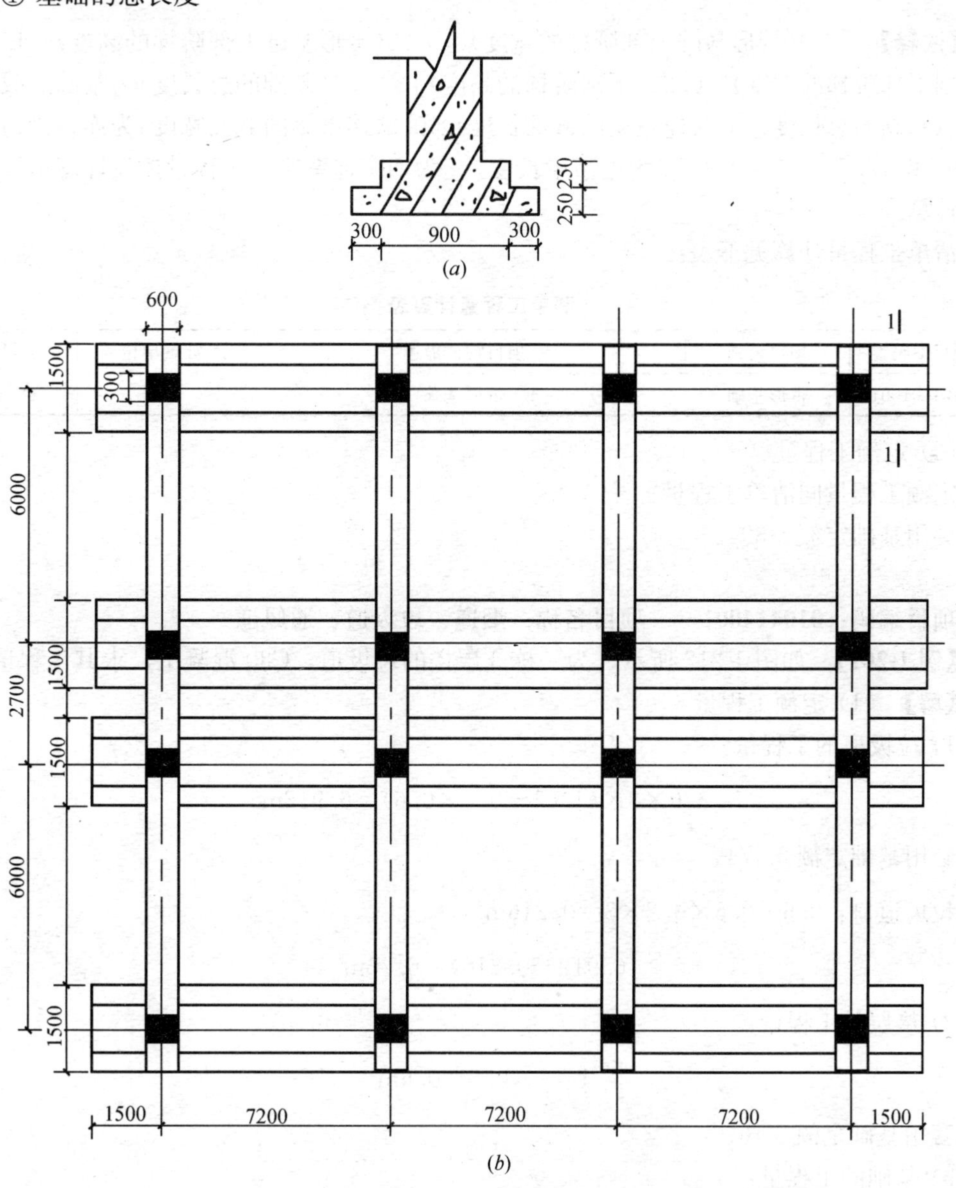

图 1-211　基础示意图

(a)1-1 剖面图；(b)基础平面图

$$L=(1.5\times2+7.2\times3)\times4=98.4\text{m}$$

② 基础的总工程量

$$(0.9\times0.25+1.5\times0.25)\times98.4=59.04\text{m}^3$$

2）连系梁的工程量：

$$0.6\times0.3\times(6+6+2.7+1.5-0.9\times4)\times4=9.072\text{m}^3$$

3）总的工程量：

$$59.04+9.072=68.11\text{m}^3$$

【注释】 [0.9(带形基础上部阶梯的宽度)×0.25(带形基础上部阶梯的高度)+1.5(带形基础下部阶梯的宽度)×0.25(下部阶梯的高度)]×98.4(基础的总长度)为基础的截面面积乘以基础的总长度；0.6(连系梁的截面长度)×0.3(连系梁的截面宽度)为连系梁的截面积。6+6+2.7+1.5−0.9×4为连系梁长度，4为四个连系梁。工程量按设计图示尺寸以体积计算。

清单工程量计算见下表：

清单工程量计算表

项目编码	项目名称	项目特征描述	计量单位	工程量
010401001001	带形基础	带形基础	m^3	68.11

(2) 定额工程量

定额工程量同清单工程量。

套用基础定额5-394。

项目编码：010414001　　项目名称：烟道、垃圾道、通风道

【例1-201】 如图1-212所示，为一栋3层楼的垃圾道，C30混凝土，求其工程量。

【解】 (1) 定额工程量

1）垃圾道的工程量：

$$3.6\times3\times(1\times1-0.6\times0.6)=6.912\text{m}^3$$

套用基础定额5-474。

垃圾道口：$0.6\times0.6\times0.2\times3=0.216\text{m}^3$

$$6.912-0.216)=6.70\text{m}^3$$

2）垫层的工程量：

$$1\times1\times0.6=0.6\text{m}^3$$

套用基础定额8-16。

3）基础的工程量：

$$\begin{aligned}&(1+0.1\times2)^2\times0.3+(1+0.1\times2+0.3\times2)^2\times0.35\\&=1.57\text{m}^3\end{aligned}$$

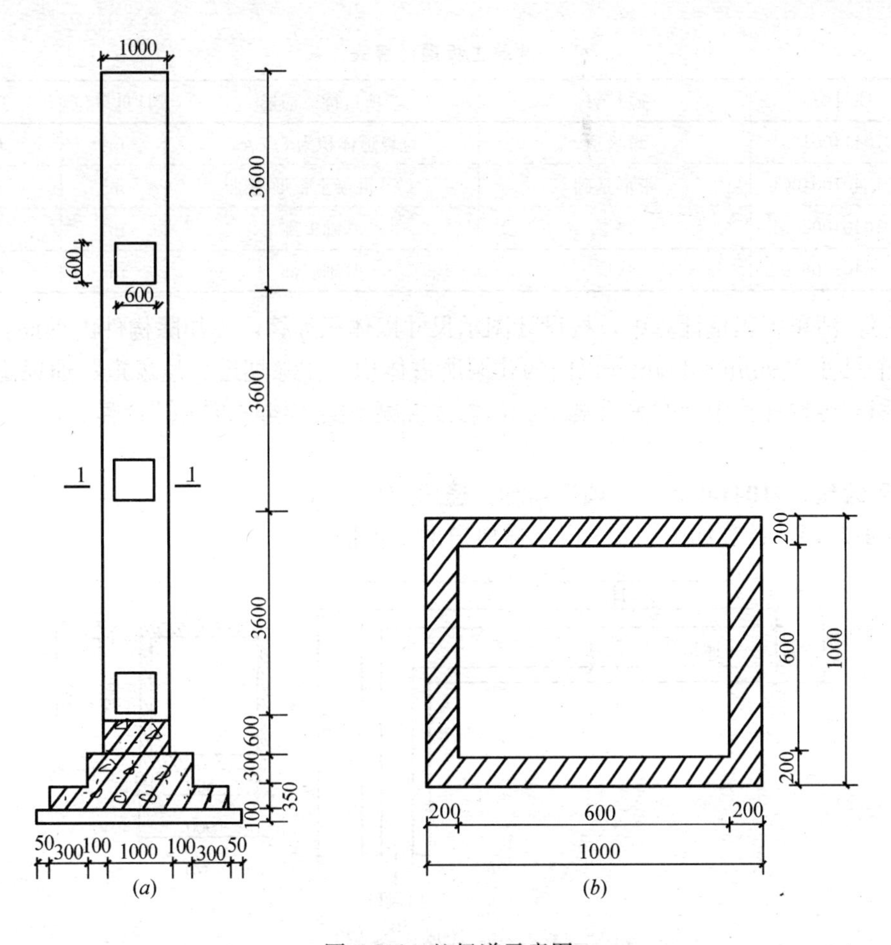

图 1-212 垃圾道示意图

(a)垃圾道剖面图；(b)1-1 剖面垃圾道示意图

套用基础定额 5-394。

4) 垫层的工程量：

$$(1+0.1\times2+0.3\times2+0.05\times2)^2\times0.1$$

$$=0.36m^3$$

套用基础定额 8-16。

【注释】 1×1(垃圾道外侧的截面尺寸)－0.6×0.6(垃圾道内侧的截面尺寸)为垃圾道的截面积，3.6×3 为垃圾道的高度；0.6×0.6(垃圾道口的截面尺寸)×0.2(垃圾道的壁的厚度)×3 为三个垃圾道口的工程量；1×1×0.6(垫层的厚度)为垫层的长度乘以宽度乘以厚度；基础的工程量以基础的截面积乘以高得之；(1+0.1×2+0.3×2+0.05×2)(垫层的宽度)^2×0.1(基础垫层的厚度)为基础垫层宽度平方乘以基础垫层的厚度。工程量按设计图示尺寸以体积计算。

(2) 清单工程量

清单工程量同定额工程量。

清单工程量计算见下表：

清单工程量计算表

序号	项目编码	项目名称	项目特征描述	计量单位	工程量
1	010414001001	垃圾道	垃圾道体积为 6.70m^3	m^3	6.70
2	010401001001	带形基础	C30 混凝土带形基础	m^3	1.57
3	010401006001	垫层	基础上部	m^3	0.6
4	010401006002	垫层	基础底部	m^3	0.36

说明：清单工程量计算中，按设计图示尺寸以体积计算，不扣除构件内钢筋、预埋铁件及单个尺寸 300mm×300mm 以内的孔洞所占体积，扣除烟道、垃圾道、通风道的孔洞所占体积；定额计算中，除另有规定者，均按混凝土实体体积以“m^3”计算。

项目编码：010414001　　项目名称：通风道

【例 1-202】 计算如图 1-213 所示通风道的工程量。

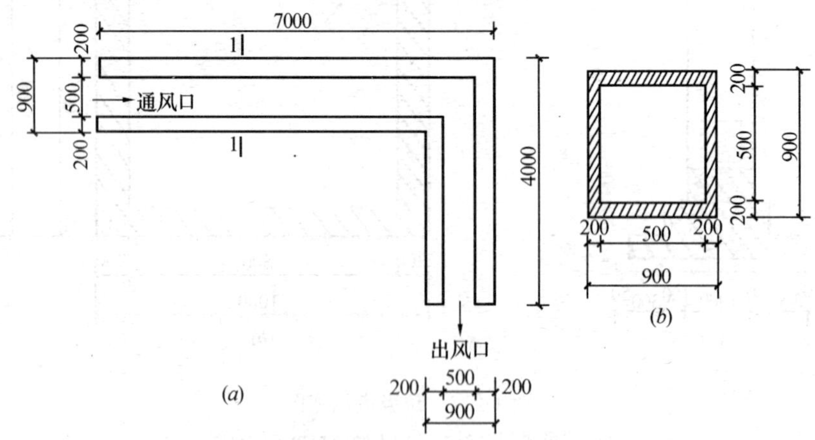

图 1-213　通风道示意图

(a)通风道剖面图；(b)1-1 剖面示意图

【解】 (1) 清单工程量

$$7\times0.9\times0.9+(4-0.9)\times0.9\times0.9-0.5\times(7-0.2)\times0.5+(4-0.5-0.2)\times0.5\times0.5=7.31m^3$$

【注释】 7(通风道的长度)×0.9×0.9(通风道口的截面尺寸)为通风口的实体工程量，(4－0.9)(出风口的长度)×0.9×0.9 为出风口的实体工程量，0.5(通风道内侧口的截面尺寸)×(7－0.2)(通风道内侧的长度)×0.5＋(4－0.5－0.2)(出风口的内侧的长度)×0.5×0.5 为通风口和出风口的内侧工程量，实体工程量减去内侧工程量即通风道壁的工程量。工程量按设计图示尺寸以体积计算。

清单工程量计算见下表：

清单工程量计算表

项目编码	项目名称	项目特征描述	计量单位	工程量
010414001001	通风道	通风道体积为 7.31m^3	m^3	7.31

(2) 定额工程量定额工程量同清单工程量。

套用基础定额 5-474。

说明：在清单工程量中，要扣除通风道的体积，而在定额工程量中，计算混凝土的实体体积，故在此计算中，清单工程量和定额工程量的结果是一样的。

项目编码：010414001　　项目名称：烟道

【例 1-203】 如图 1-214 所示的烟道，计算其工程量。

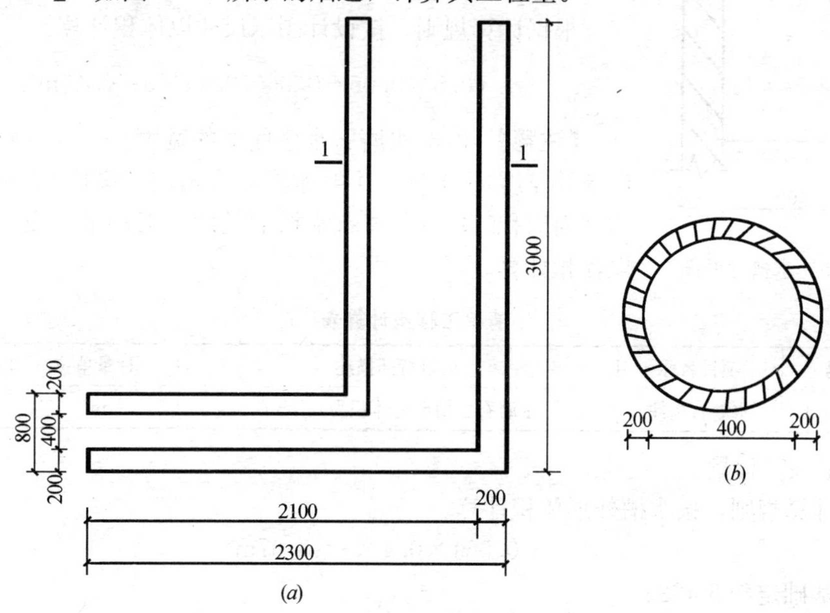

图 1-214　烟道示意图

(a)烟道示意图；(b)1-1 剖面图

【解】 (1) 清单工程量

$$\frac{\pi}{4}\times0.8^2\times(2.3+3-0.8)-\frac{\pi}{4}\times0.4^2\times(2.1+3-0.2-0.4)$$
$$=2.2608-0.5652$$
$$=1.70m^3$$

【注释】 $\frac{\pi}{4}\times0.8$(烟道外侧的直径)$^2\times(2.3+3-0.8)$(烟道外侧长度)为烟道外侧圆截面积乘以烟道长度，是外环工程量；$\frac{\pi}{4}\times0.4$(烟道内侧的直径^2)$\times(2.1+3-0.2-0.4)$(烟道的内侧长度)为内环工程量；二者相减即为圆环壁的工程量。工程量按设计图示尺寸以体积计算。

清单工程量计算见下表：

清单工程量计算表

项目编码	项目名称	项目特征描述	计量单位	工程量
010414001001	烟道	烟道体积为 1.70m³	m³	1.70

(2) 定额工程量

定额工程量同清单工程量。

套用基础定额 5-474、5-130。

项目编码：010414003　　项目名称：水磨石构件

【例 1-204】 如图 1-215 所示，一水磨石水槽，长 3m，求其工程量。

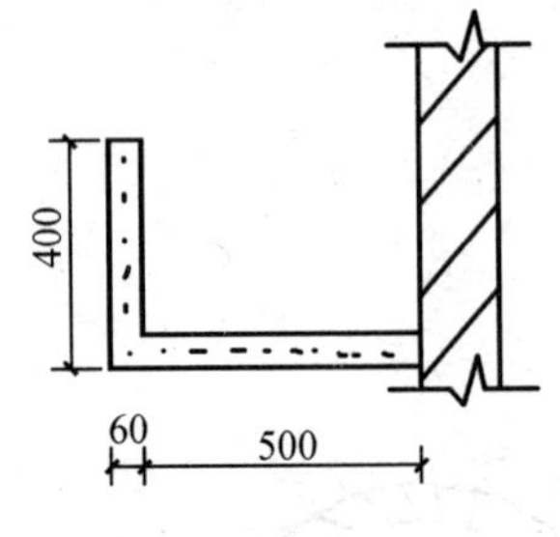

图 1-215　水槽立面图

【解】 (1) 清单工程量

根据计算规则，按设计图示尺寸以体积计算。

$$(0.5\times0.06+0.06\times0.4)\times3=0.16\text{m}^3$$

【注释】 0.5(水磨石水槽底部的宽度)×0.06(水磨石水槽底部的厚度)+0.06×0.4(水磨石水槽的侧高度)为水磨石水槽的截面面积，3 为水磨石水槽的长度。工程量按设计图示尺寸以体积计算。

清单工程量计算表

项目编码	项目名称	项目特征描述	计量单位	工程量
010414003001	水磨石构件	水磨石水槽单件体积为 0.16m^3	m^3	0.16

(2) 定额工程量

根据计算规则，按水槽外形体积计算。

$$(0.5+0.06)\times0.4\times3=0.67\text{m}^3$$

套用基础定额 5-482。

项目编码：010412006　　项目名称：带肋板

【例 1-205】 如图 1-216 所示雨篷，计算其工程量。

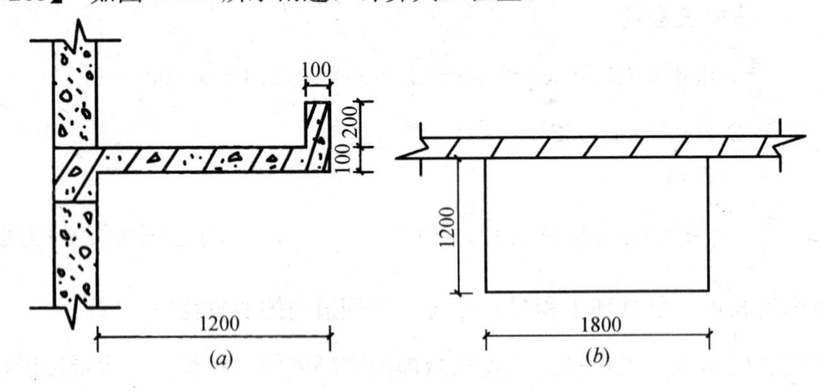

图 1-216　雨篷示意图

(a)立面图；(b)平面图

【解】 (1) 清单工程量

根据计算规则，按设计图示尺寸以墙外部分体积计算。

$$1.2\times1.8\times0.1+0.1\times0.2\times1.8=0.25\text{m}^3$$

【注释】 1.2(雨篷的宽度)×1.8(雨篷的长度)×0.1(雨篷的厚度)为雨篷顶的截面积乘以厚度；0.1×0.2(雨篷反檐的高度)×1.8 为雨篷反檐部 分的截面积乘以高度。

清单工程量计算见下表：

清单工程量计算表

项目编码	项目名称	项目特征描述	计量单位	工程量
01040500800	雨篷	雨篷尺寸如图 1-216 所示	m^3	0.25

(2) 定额工程量

根据计算规则，按混凝土实体体积计算。

$$1.2\times1.8\times0.1+0.1\times0.2\times1.8=0.25\text{m}^3$$

套用基础定额 5-472。

【注释】 本例中定额工程量计算规划同清单工程量计算规则一样。

项目编码：010407001　　项目名称：其他构件

【例 1-206】 如图 1-217 所示的钢筋混凝土檩条，计算其工程量。

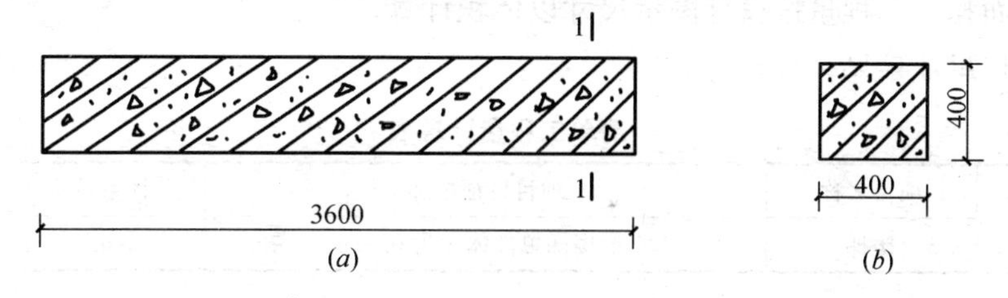

图 1-217　钢筋混凝土檩条示意图

(a)檩条示意图；(b)1-1 剖面图

【解】 (1) 清单工程量

$$3.6\times0.4\times0.4=0.58\text{m}^3$$

【注释】 3.6(钢筋混凝土檩条的长度)×0.4×0.4(檩条的截面尺寸)为钢筋混凝土檩条的长度乘以截面积。工程量按设计图示尺寸以体积计算。

清单工程量计算见下表：

清单工程量计算表

项目编码	项目名称	项目特征描述	计量单位	工程量
010407001001	其他构件	檩条单件体积为 0.58m^3	m^3	0.58

(2) 定额工程量

定额工程量同清单工程量。

套用基础定额 5-471。

项目编码：010413001　　项目名称：楼梯

【例 1-207】 如图 1-218 所示的一段楼梯斜梁，计算其工程量。

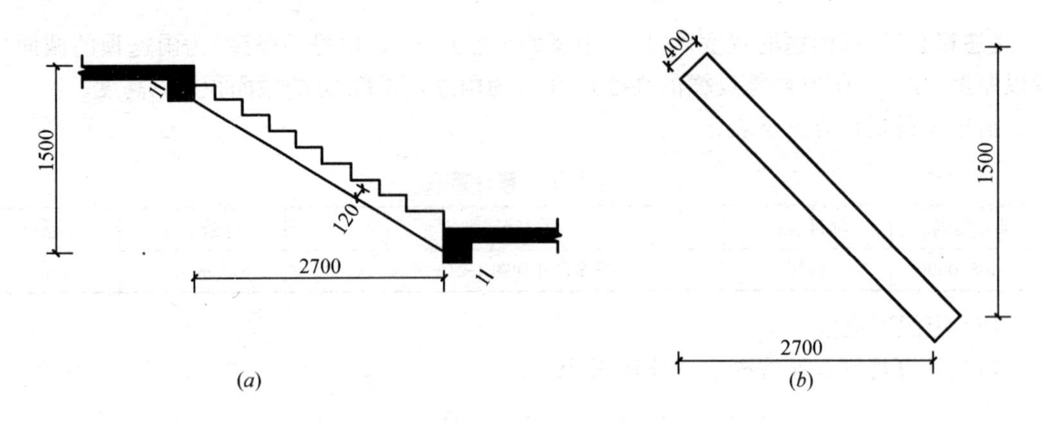

图 1-218 楼梯示意图

(a)楼梯剖面图；(b)梯段梁示意图

【解】 (1) 清单工程量

$$\sqrt{2.7^2+1.5^2}\times0.4\times0.12=0.15\text{m}^3$$

【注释】 $\sqrt{2.7^2+1.5^2}$为斜梁的长度，0.4(斜梁的截面长度)×0.12(斜梁的截面宽度)为斜梁的截面积。工程量按设计图示尺寸以体积计算。

清单工程量计算见下表：

清单工程量计算表

项目编码	项目名称	项目特征描述	计量单位	工程量
010413001001	楼梯	直形楼梯单件体积为 0.15m^3	m^3	0.15

(2) 定额工程量

$$\sqrt{2.7^2+1.5^2}\times0.4\times0.12=0.15\text{m}^3$$

套用基础定额 5-477。

【注释】 本例中定额工程量计算规则同清单工程量计算规则一样。

项目编码：010407001　　项目名称：其他构件

【例 1-208】 试计算如图 1-219 所示现浇钢筋混凝土门框的工程量并套定额。

【解】 (1) 清单工程量

工程量 $=0.24\times0.24\times2.1\times2+0.24\times0.6\times(1.8+0.24\times2)\times2$

$=0.9\text{m}^3$

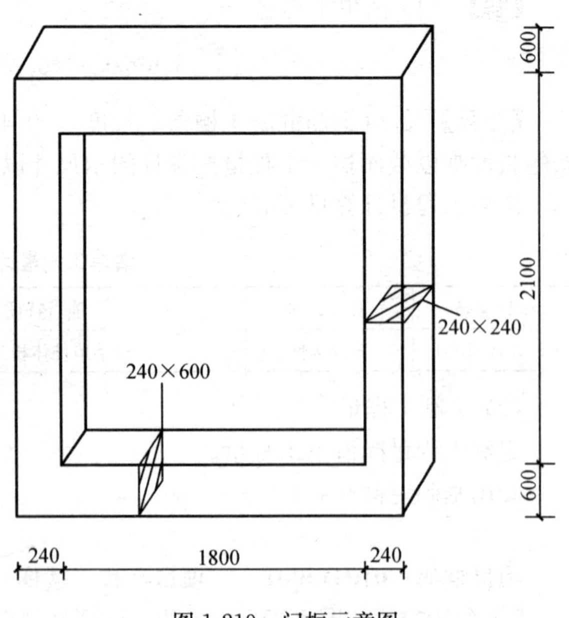

图 1-219 门框示意图

【注释】 0.24×0.24(左右两侧门框的截面尺寸)×2.1(左右框的高度)×

2 为门框左右两侧截面积乘以框高，0.24(上下框的截面宽度)×0.6(上下框的截面长度)×(1.8+0.24×2)(上下框的长度)×2 为上下门框的面积乘以长度。工程量按设计图示尺寸以体积计算。

清单工程量计算见下表：

清单工程量计算表

项目编码	项目名称	项目特征描述	计量单位	工程量
010407001001	其他构件	现浇门框尺寸如图 1-219 所示	m^3	0.9

(2) 定额工程量

工程量＝0.24×0.24×2.1×2＋0.24×0.6×(1.8＋0.24×2)×2

＝$0.9m^3$

套基础定额 5-427。

【注释】 本例中定额工程量计算规则同清单工程量计算规则一样。

项目编码：010405003　　项目名称：平板

项目编码：010405007　　项目名称：天沟、挑檐板

【例 1-209】 求如图 1-220 所示现浇钢筋混凝土屋面板及挑檐板工程量并套定额(C20 混凝土)。

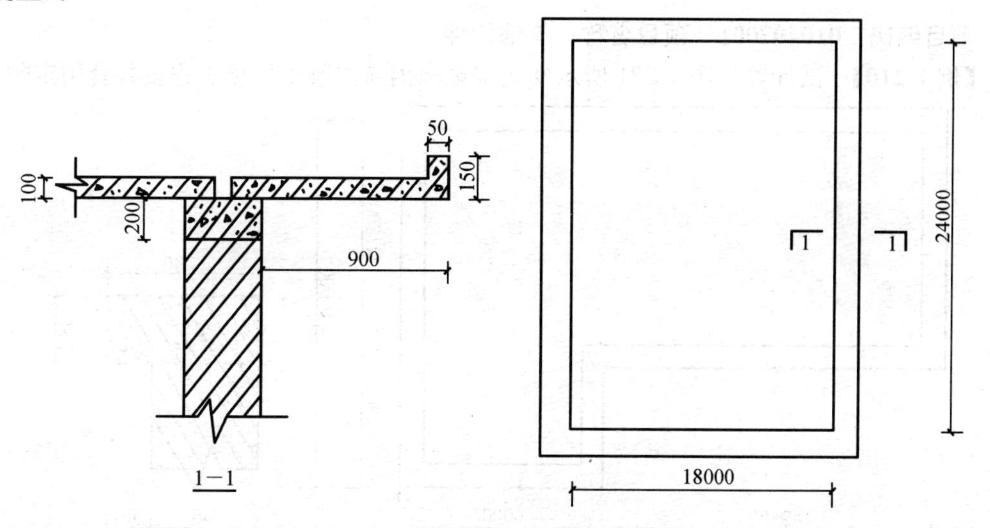

图 1-220　屋面板、挑檐板示意图

【解】 (1) 清单工程量

屋面板工程量＝0.1×18×24

＝$43.2m^3$

挑檐板工程量＝0.1×0.9×[(18＋24)×2＋0.9×4]＋0.05×(0.15－0.1)×[(18＋24)×2＋0.875×8]

＝$12.43m^3$

【注释】 0.1(屋面板的厚度)×18(屋面板的宽度)×24(屋面板的长度)为屋面板的厚度乘以板的截面积；0.1(挑檐板的厚度)×0.9(挑檐板的宽度)为挑檐板的板底截面积，

(18+24)×2+0.9×4 为板底的周长，0.05(挑檐板反檐的厚度)×(0.15−0.1)(挑檐板反檐的高度)×[(18+24)×2+0.875×8](屋面的总长度)为挑出部分的工程量。工程量按设计图示尺寸以体积计算。

清单工程量计算见下表：

清单工程量计算表

序号	项目编码	项目名称	项目特征描述	计量单位	工程量
1	010405003001	平板	屋面板板厚 100mm	m^3	43.2
2	010405007001	挑檐板	C20 混凝土	m^3	12.43

(2) 定额工程量

屋面板工程量=0.1×18×24=43.2m^3

挑檐板工程量=0.1×0.9×[(18+24)×2+0.9×4]+0.05×(0.15−0.1)×[(18+24)×2+0.875×2×4]

=12.43m^3

屋面板套用基础定额 5-418。

挑檐板套用基础定额 5-423。

【注释】 本例中定额工程量计算规则同清单工程量计算规则一样。

项目编码：010407001　项目名称：其他构件

【例 1-210】 试计算如图 1-221 所示女儿墙现浇钢筋混凝土压顶工程量并套用定额。

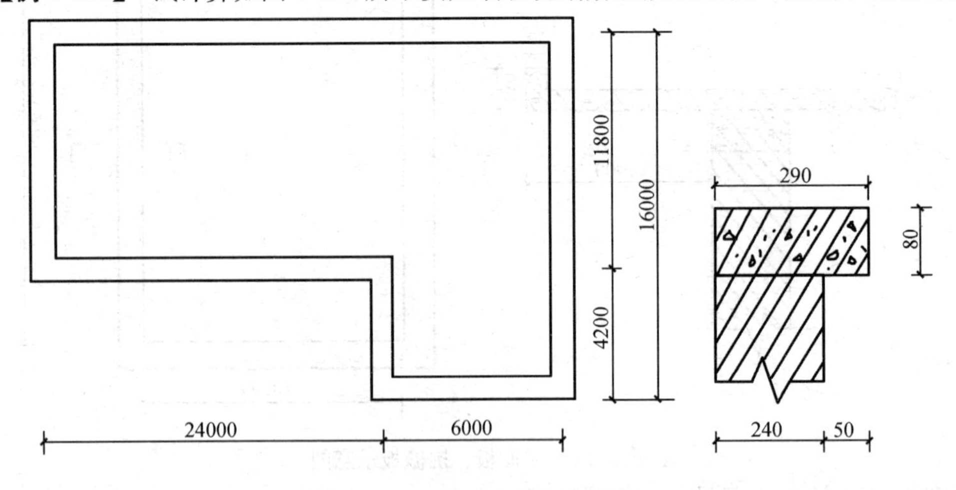

图 1-221　屋顶女儿墙示意图

【解】 (1) 清单工程量

女儿墙中心线长度=(30+16)×2=92m

清单工程量计算见下表：

清单工程量计算表

项目编码	项目名称	项目特征描述	计量单位	工程量
010407001001	其他构件	压顶尺寸如图 1-221 所示	m	92

(2) 定额工程量

女儿墙中心线长度=(30+16)×2=92m

工程量=0.08×0.29×92=2.13m³

套用基础定额 5-432。

【注释】 0.08(女儿墙压顶的截面宽度)×0.29(女儿墙压顶的截面长度)×92 为女儿墙压顶的截面积乘以长度。工程量按设计图示尺寸以体积计算。

项目编码：010407001　　项目名称：其他构件

【例 1-211】 试计算如图 1-222 所示现浇混凝土台阶的工程量并套定额。

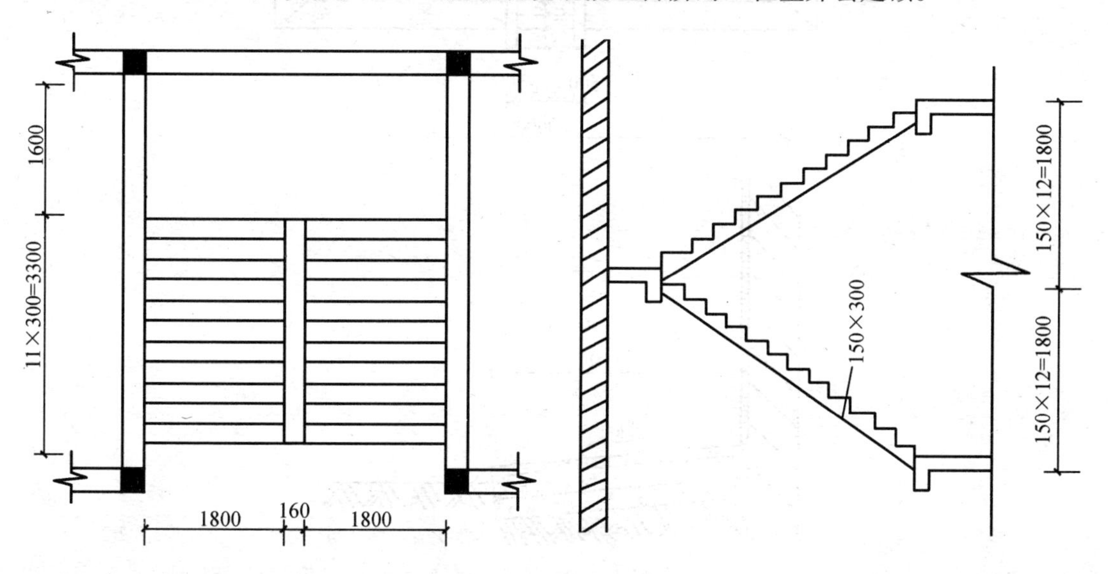

图 1-222　某台阶示意图

【解】 (1) 清单工程量

工程量=0.3×1.8×11×2=11.88m²

【注释】 0.3(台阶的高度)×1.8(台阶的宽度)为每个台阶的截面积，双跑台阶踏步工程量按设计图示尺寸以面积计算。

清单工程量计算见下表：

清单工程量计算表

项目编码	项目名称	项目特征描述	计量单位	工程量
010407001001	其他构件	台阶尺寸如图 1-222 所示	m²	11.88

(2)定额工程量

工程量=0.3×1.8×11×2=11.88m²

套用基础定额 5-431。

【注释】 本例中定额工程量计算规则同清单工程量计算规则一样。

项目编码：010407002　　项目名称：散水、坡道

【例 1-212】 试计算如图 1-223 所示台阶、散水的工程量并套定额。

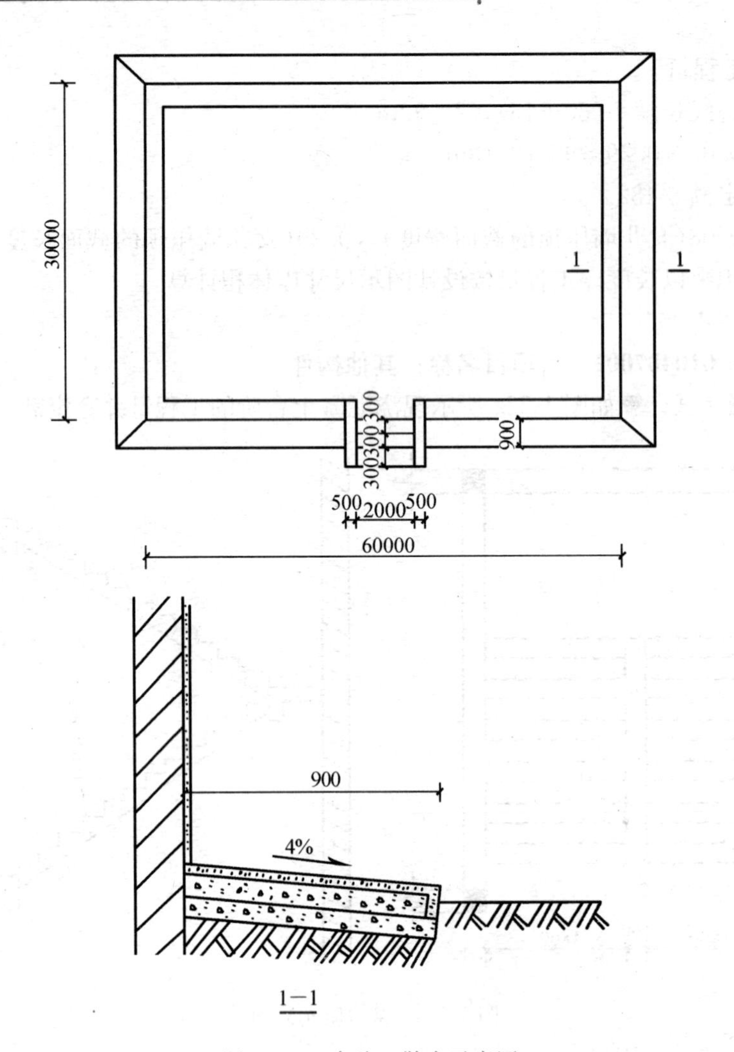

图 1-223　台阶、散水示意图

【解】（1）清单工程量

台阶工程量＝0.3×2×3＝1.8m²

散水工程量＝0.9×[(60＋30)×2＋0.9×4－(2＋0.5×2)]

　　　　　＝162.54m²

【注释】 0.3(台阶的高度)×2(台阶的宽度)×3 为三个台阶的面积；0.9(散水的宽度)×[(60＋30)×2＋0.9×4－(2＋0.5×2)]为散水的宽度乘以所需散水的总长度。工程量按设计图示尺寸以面积计算。

清单工程量计算见下表：

清单工程量计算表

序号	项目编码	项目名称	项目特征描述	计量单位	工程量
1	010407001001	其他构件	台阶尺寸如图 1-223 所示	m²	1.8
2	010407002001	散水	散水尺寸如图 1-223 所示	m²	162.54

(2) 定额工程量

台阶工程量=0.3×2×3=1.8m^2

套用基础定额 5-431。

散水工程量=0.9×[(60+30)×2+0.9×4-(2+0.5×2)]

=162.54m^2

套用基础定额 5-433。

【注释】 本例中定额工程量计算规则同清单工程量计算规则一样。

项目编码：010407002　　项目名称：散水、坡道

【例 1-213】 试计算如图 1-224 所示坡道工程量。

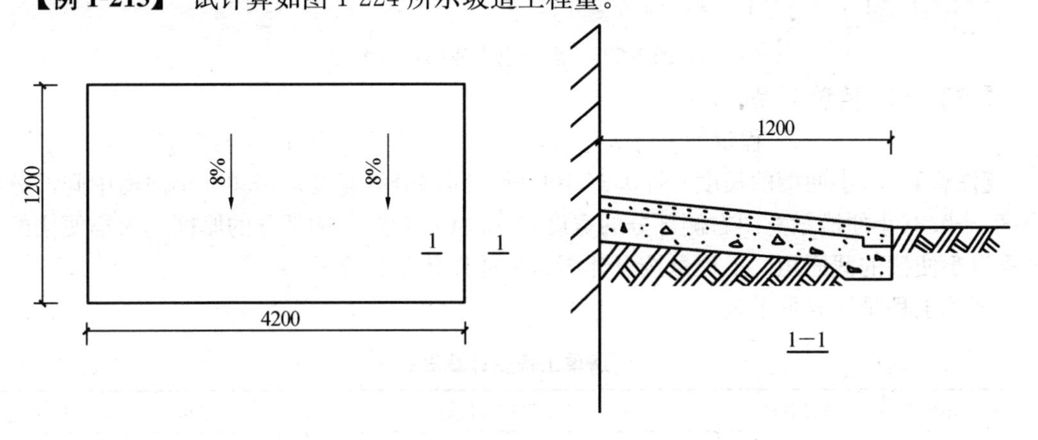

图 1-224　坡道示意图

【解】 (1) 清单工程量

工程量=1.2×4.2=5.04m^2

【注释】 1.2(坡道的宽度)×4.2(坡道的长度)为坡道的面积。工程量按设计图示尺寸以面积计算。

清单工程量计算见下表：

清单工程量计算表

项目编码	项目名称	项目特征描述	计量单位	工程量
010407002001	坡道	坡道如图 1-224 所示	m^2	5.04

(2) 定额工程量

工程量=1.2×4.2=5.04m^2

套用基础定额 5-433。

【注释】 本例中定额工程量计算规则同清单工程量计算规则一样。

项目编码：010407001　　项目名称：其他构件

【例 1-214】 如图 1-225 所示现浇混凝土小便槽，长为 3m，试计算其工程量并套定额。

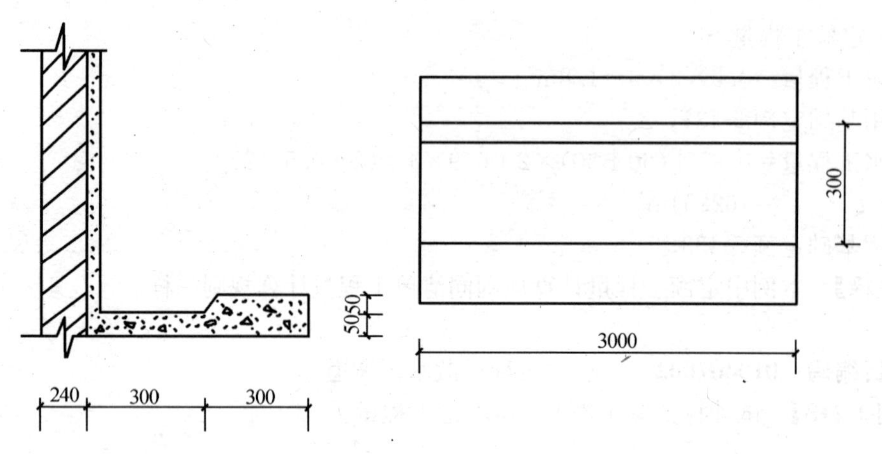

图 1-225 混凝土小便槽示意图

【解】(1) 清单工程量

工程量＝3×(0.3×0.05＋0.3×0.1)＝0.14m³

【注释】 3(小便槽的长度)×[0.3(小便槽中间部分的宽度)×0.05(小便槽中间部分的厚度)＋0.3(小便槽示意图右侧部分的宽度)×0.1(示意图右侧部分的厚度)]为小便槽的长度乘以小便槽的截面积。工程量按设计图示尺寸以体积计算。

清单工程量计算见下表：

清单工程量计算表

项目编码	项目名称	项目特征描述	计量单位	工程量
010407001001	其他构件	小便槽尺寸如图 1-225 所示	m³	0.14

(2) 定额工程量

工程量＝3×(0.3×0.05＋0.3×0.1)＝0.14m³

套用基础定额 5-433。

【注释】 本例中定额工程量计算规则同清单工程量计算规则一样。

项目编码：010407003　　项目名称：电缆沟、地沟

【例 1-215】 某地沟如图 1-226 所示，长 10m，试计算其工程量并套定额。

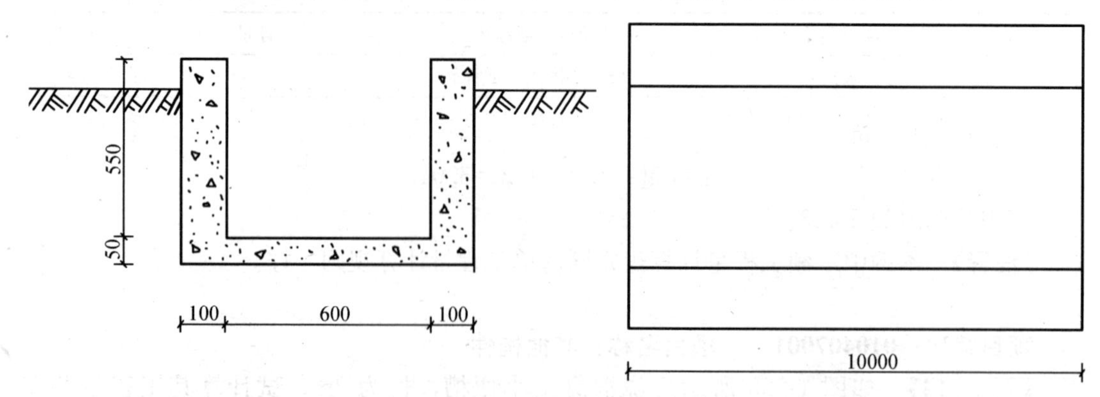

图 1-226 某地沟示意图

【解】 (1) 清单工程量

工程量为10m。

清单工程量计算见下表：

清单工程量计算表

项目编码	项目名称	项目特征描述	计量单位	工程量
010407003001	地沟	地沟尺寸如图1-226所示	m	10

(2) 定额工程量

$$工程量=[0.55\times0.1\times2+(0.6+0.1\times2)\times0.05]\times10$$
$$=1.5m^3$$

套用基础定额5-424。

【注释】 清单工程量按长度计算。0.55(地沟两边的高度)×0.1(地沟两侧的厚度)×2+(0.6+0.1×2)(地沟底部的宽度)×0.05(地沟底部的厚度)为地沟的截面积，10为地沟的长度。定额工程量按设计图示尺寸以体积计算。

说明：定额工程量按实际体积以“m^3”计算。清单工程量以中心线长度计算。

项目编码：010405007　　项目名称：天沟、挑檐板

【例1-216】 求如图1-227所示现浇钢筋混凝土挑檐天沟的工程量并套定额(C20混凝土)。

【解】 (1) 清单工程量

$$工程量=(0.6\times0.1+0.24\times0.18+0.3\times0.1)\times[(30+20)\times2+0.6\times4]$$
$$=13.64m^3$$

【注释】 [0.6(挑檐沟底部的宽度)×0.1(底部的厚度)+0.24(伸入墙的厚度)×0.18(伸入墙的高度)+0.3(反檐的高度)×0.1(反檐的厚度)]为挑檐天沟的截面面积，(30+20)×2+0.6×4为挑檐天沟的总长度。工程量按设计图示尺寸以体积计算。

清单工程量计算见下表：

清单工程量计算表

项目编码	项目名称	项目特征描述	计量单位	工程量
010405007001	天沟、挑檐板	C20混凝土	m^3	13.64

(2) 定额工程量

$$工程量=(0.6\times0.1+0.24\times0.18+0.3\times0.1)\times[(30+20)\times2+0.6\times4]$$
$$=13.64m^3$$

套用基础定额5-430。

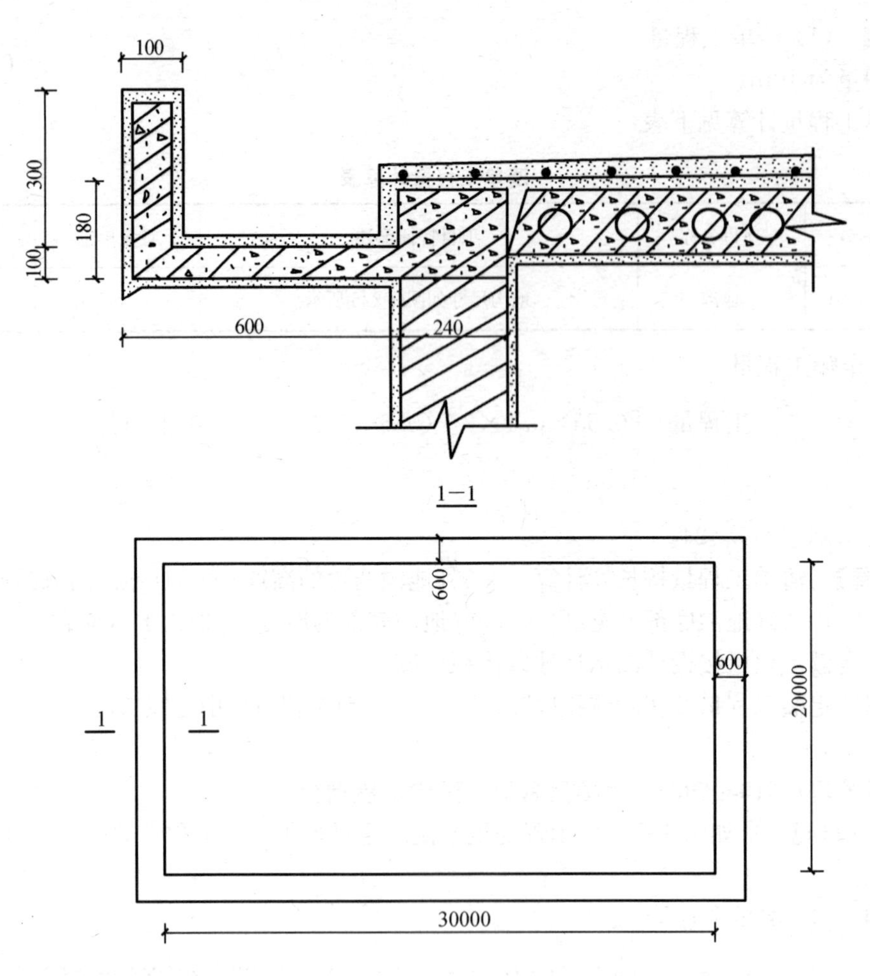

图 1-227 某天沟示意图

【注释】 本例中定额工程量计算规则同清单工程量计算规则一样。

项目编码：010405007　　项目名称：天沟、挑檐板

【例 1-217】 试求如图 1-228 所示挑檐工程量并套定额(C20 混凝土)。

【解】 (1) 清单工程量

挑檐工程量＝(0.1×0.8＋0.24×0.4)×[(36＋22)×2＋0.8×4]＝20.98m^3

【注释】 [0.1(挑檐的厚度)×0.8(挑檐的宽度)＋0.24(伸入墙内的厚度)×0.4(伸入墙内的高度)]为挑檐的截面积，(36＋22)×2＋0.8×4 为挑檐的总长度。工程量按设计图示尺寸以体积计算。

清单工程量计算见下表：

清单工程量计算表

项目编码	项目名称	项目特征描述	计量单位	工程量
010405007001	挑檐板	C20 混凝土	m^3	20.98

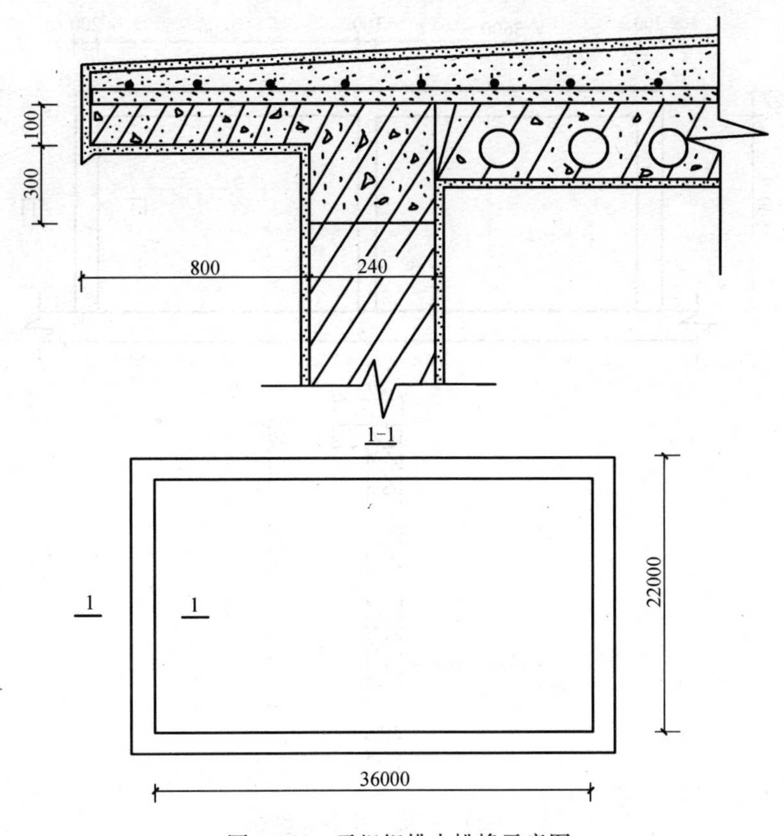

图 1-228　无组织排水挑檐示意图

(2) 定额工程量

挑檐工程量＝(0.1×0.8＋0.24×0.4)×[(36＋22)×2＋0.8×4]＝20.98m^3

套用基础定额 5-430。

【注释】 本例中定额工程量计算规则同清单工程量计算规则一样。

项目编码：010405006　　项目名称：栏板

项目编码：010407001　　项目名称：其他构件

【例 1-218】 试求如图 1-229 所示现浇钢筋混凝土栏板及扶手工程量并套定额。

【解】 (1) 清单工程量

栏板工程量＝0.1×1.2×(3.6＋0.1＋3.6＋0.1×2＋1.5×3)

＝1.44m^3

扶手工程量＝1.5×2＋3.6×2＋0.1＋0.2×2

＝10.7m

【注释】 0.1(栏板的厚度)×1.2(栏板的高度)×(3.6＋0.1＋3.6＋0.1×2＋1.5×3)(栏板的长度)为栏板的截面积乘以长度，栏板工程量按设计图示尺寸以体积计算；1.5×2＋3.6×2＋0.1＋0.2×2 为三个外边线的长度之和，扶手工程量按设计图示尺寸以长度计算。

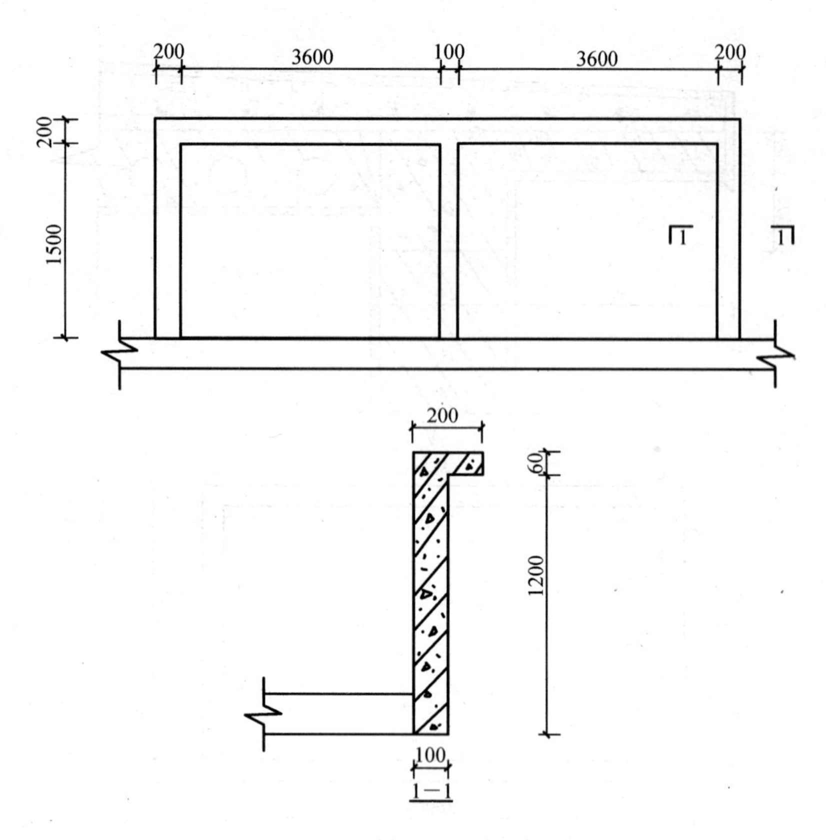

图 1-229 栏板、扶手示意图

清单工程量计算见下表：

清单工程量计算表

序号	项目编码	项目名称	项目特征描述	计量单位	工程量
1	010405006001	栏板	栏板板厚 100mm	m^3	1.44
2	010407001001	其他构件	扶手断面为 200mm×60mm	m	10.7

(2) 定额工程量

栏板工程量＝0.1×1.2×(3.6＋0.1＋3.6＋0.1×2＋1.5×3)

＝1.44m^3

扶手工程量＝0.06×0.2×(1.5×2＋3.6×2＋0.1＋0.2×2)

＝0.13m^3

栏板套用基础定额 5-425。

扶手套用基础定额 5-426。

【注释】 栏板定额工程量计算规则同清单工程量计算规则。扶手定额工程量按设计图示尺寸以体积计算，0.06(扶手的厚度)×0.2(扶手的宽度)×(1.5×2＋3.6×2＋0.1＋0.2×2)为扶手的截面积乘以扶手的总长度。

项目编码：010405006　　项目名称：栏板

项目编码：010407001　　项目名称：其他构件

【例 1-219】 试求如图 1-230 所示现浇钢筋混凝土栏板及扶手工程量并套定额。

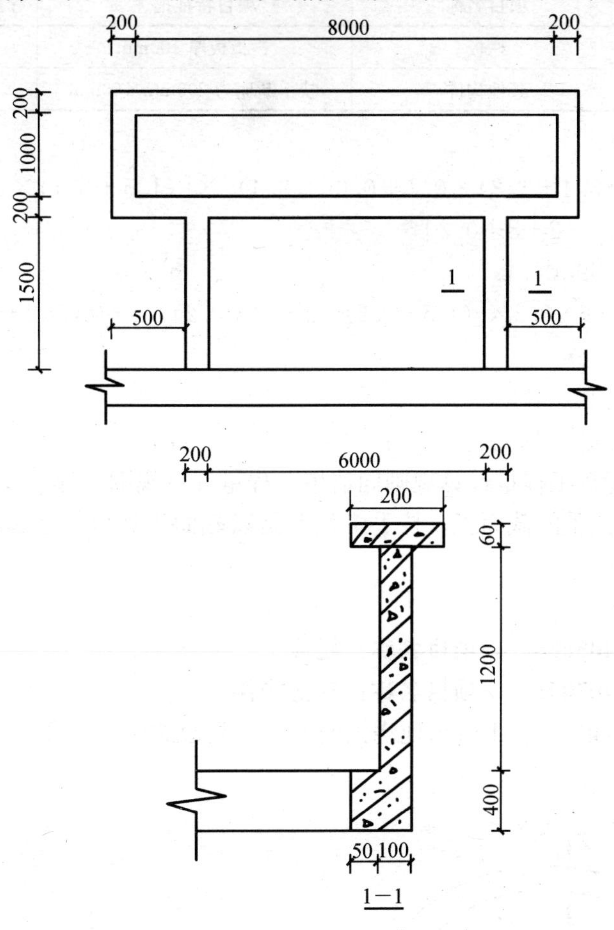

图 1-230　阳台栏板、扶手示意图

【解】 (1) 清单工程量

栏板工程量＝[(0.4＋1.2)×0.1＋0.05×0.4]×[(1.5＋0.1)×2＋(1＋0.1)×2＋0.4×2＋8＋0.2]

＝2.59m³

扶手工程量＝(1.5＋0.2)×2＋(1＋0.2)×2＋0.5×2＋8＋0.2×2

＝15.2m

【注释】 (0.4＋1.2)(栏板的高度)×0.1(栏板的厚度)＋0.05(栏板下部的小方形截面宽度)×0.4(栏板下部的小方形截面高度)为栏板的截面面积，(1.5＋0.1)×2＋(1＋0.1)×2＋0.4×2＋8＋0.2 为栏板的长度，其工程量按设计图示尺寸以体积计算。(1.5＋0.2)×2＋(1＋0.2)×2＋0.5×2＋8＋0.2×2 为扶手的总长度，工程量按长度计算。

清单工程量计算见下表：

清单工程量计算表

序号	项目编码	项目名称	项目特征描述	计量单位	工程量
1	010405006001	栏板	栏板板厚 100mm	m^3	2.59
2	010407001001	其他构件	扶手断面为 200mm×60mm	m	15.2

(2) 定额工程量

栏板工程量=[(0.4+1.2)×0.1+0.05×0.4]×[(1.5+0.1)×2+(1+0.1)×2+0.4×2+8+0.2]

$=2.59m^3$

扶手工程量=0.06×0.2×[(1.5+0.2)×2+(1+0.2)×2+0.5×2+8+0.2×2]

$=0.18m^3$

栏板套用基础定额 5-425。

扶手套用基础定额 5-426。

【注释】 栏板定额工程量计算规则同清单工程量计算规则一样。0.06(扶手的厚度)×0.2(扶手的宽度)为扶手的截面积，扶手工程量是以截面积乘以扶手长度，其工程量按设计图示尺寸以体积计算。

项目编码：010405006　　项目名称：栏板

项目编码：010407001　　项目名称：其他构件

【例 1-220】 求如图 1-231 所示现浇钢筋混凝土阳台的栏板、扶手工程量并套用定额。

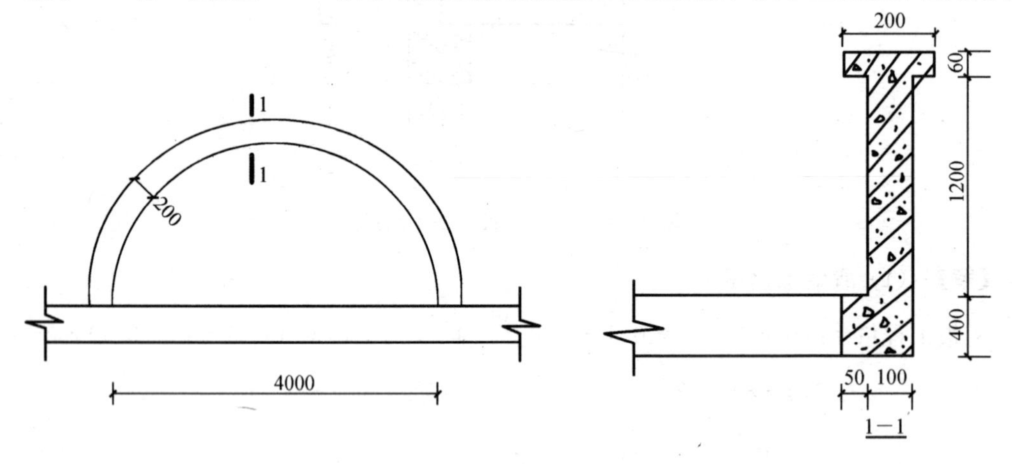

图 1-231　圆形阳台示意图

【解】 (1) 清单工程量

栏板工程量=3.14×(2+0.05)×[(0.4+1.2)×0.1+0.05×0.4]

$=1.16m^3$

扶手工程量=3.14×(2+0.1)=6.6m

【注释】 3.14×(2+0.05)(栏板的半径)为栏板的长度，(0.4+1.2)(栏板的高度)×0.1(栏板的厚度)+0.05(栏板下部的小方形截面宽度)×0.4(栏板下部的小方形截面高度)

为栏板的截面面积，其中 1.2 为栏板的高度。清单中扶手工程量按设计图示尺寸以体积或长度计算，3.14×(2+0.1)为圆弧长，是扶手的长度。

清单工程量计算见下表：

清单工程量计算表

序号	项目编码	项目名称	项目特征描述	计量单位	工程量
1	010405006001	栏板	栏板板厚 100mm	m^3	1.16
2	010407001001	其他构件	扶手断面为 200mm×60mm	m	6.6

(2) 定额工程量

栏板工程量＝3.14×(2＋0.05)×[(0.4＋1.2)×0.1＋0.05×0.4]

＝1.16m^3

扶手工程量＝3.14×(2＋0.1)×0.06×0.2

＝0.08m^3

栏板套用基础定额 5-425。

扶手套用基础定额 5-426。

【注释】 定额栏板工程量计算规则同清单工程量计算规则一样。3.14×(2＋0.1)为扶手的长度，0.06(扶手的截面厚度)×0.2(扶手的截面宽度)为扶手的截面积，扶手工程量按设计图示尺寸以体积计算。

项目编码：010407003　　项目名称：电缆沟、地沟

【例 1-221】 某地沟如图 1-232 所示，试求其工程量并套定额。

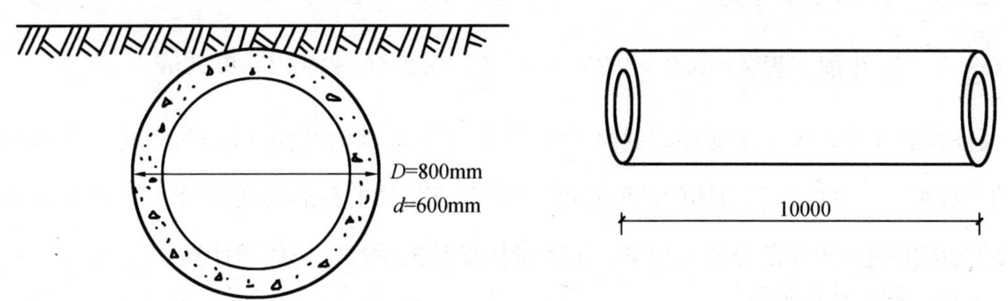

图 1-232　某地沟示意图

【解】 (1) 清单工程量

地沟工程量为 10m。

【注释】 清单计算规则中地沟按设计图示尺寸以长度计算。

清单工程量计算见下表：

清单工程量计算表

项目编码	项目名称	项目特征描述	计量单位	工程量
010407003001	地沟	地沟如图 1-232 所示	m	10

(2) 定额工程量

$$地沟工程量=\frac{3.14\times(0.8^2-0.6^2)}{4}\times10$$

$$=2.20m^3$$

套用基础定额 5-424。

【注释】 $\frac{3.14\times[0.8(地沟外侧直径)^2-0.6(地沟内侧直径)^2]}{4}$为地沟的截面面积，10为地沟的长度。

说明：清单工程量按中心线长度计算；定额工程量按实际体积以"m^3"计算。

【例 1-222】 某框架梁柱连接牛腿，如图 1-233 所示，试计算牛腿工程量并套定额。

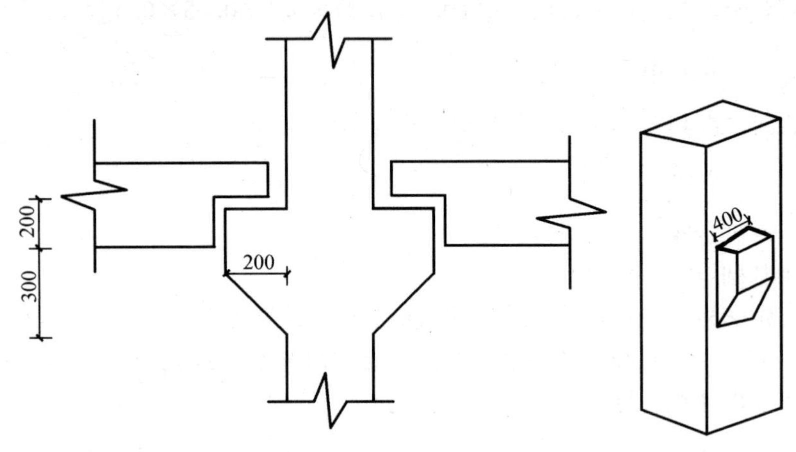

图 1-233 梁柱连接示意图

【解】 (1) 清单工程量

$$牛腿工程量=0.2\times0.2\times0.4+\frac{1}{2}\times0.2\times0.3\times0.4=0.03m^3$$

【注释】 0.2×0.2(牛腿部的截面尺寸)×0.4(牛腿部的截面高度)为牛腿部规则的方形的工程量，$\frac{1}{2}$×0.2(三角体的截面宽度)×0.3(三角体的截面高度)×0.4(三角体的截面厚度)为多出的三角体部分的工程量。工程量按设计图示尺寸以体积计算。

清单工程量计算见下表：

清单工程量计算表

项目编码	项目名称	项目特征描述	计量单位	工程量
010407001001	其他构件	连接牛腿如图 1-233 所示	m^3	0.03

(2) 定额工程量

$$牛腿工程量=0.2\times0.2\times0.4+\frac{1}{2}\times0.2\times0.3\times0.4=0.03m^3$$

柱连接套用基础定额 5-429。

【注释】 定额工程量计算规则同清单工程量计算规则一样。

项目编码：010404001　　　项目名称：直形墙

【例 1-223】 如图 1-234 所示，求现浇混凝土墙的工程量并套定额，混凝土强度等级为 C25。

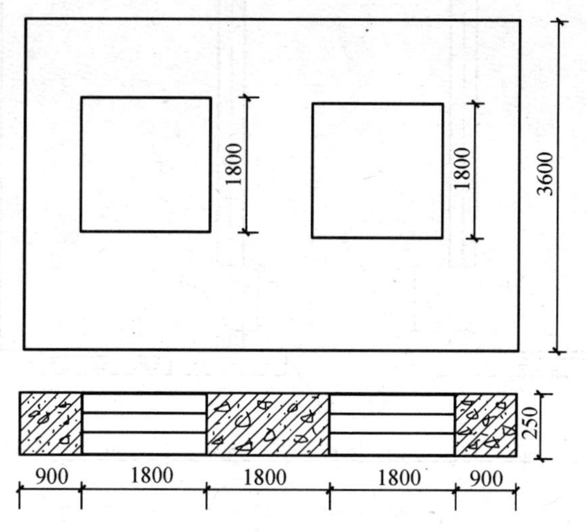

图 1-234　混凝土砌块墙示意图

【解】 (1) 清单工程量

工程量＝(3.6×7.2－1.8×1.8×2)×0.25＝4.86m³

【注释】 3.6(墙高)×7.2(墙长)为墙体的截面面积；1.8×1.8(窗户的截面尺寸)×2(为 2 扇窗户)；0.25 为混凝土墙的厚度。工程量按设计图示尺寸以体积计算。

清单工程量计算见下表：

清单工程量计算表

项目编码	项目名称	项目特征描述	计量单位	工程量
010404001001	直形墙	墙厚 250mm，C25 混凝土	m³	4.86

(2) 定额工程量

工程量＝(3.6×7.2－1.8×1.8×2)×0.25＝4.86m³

现浇混凝土墙套用基础定额 5-412。

【注释】 定额工程量计算规则同清单工程量计算规则一样。

项目编码：010404001　　　项目名称：直形墙

【例 1-224】 现浇混凝土墙如图 1-235 所示，外墙厚度 250mm，内墙厚度 200mmC25 混凝土，组合钢模板、钢支撑，其他尺寸如图所示，求墙体的工程量并套定额。

【解】 (1) 清单工程量

外墙工程量＝(6.6×2＋10.8×2)×0.25×3.6－1.8×1.8×0.25×5－1.8×2.4×0.25＝26.19m³

内墙工程量＝(6.6－0.25)×2×0.2×3.6－0.9×2.4×0.2×2＝8.28m³

【注释】 (6.6×2＋10.8×2)×0.25 为外墙的截面面积，其中 0.25 为外墙厚度，6.6

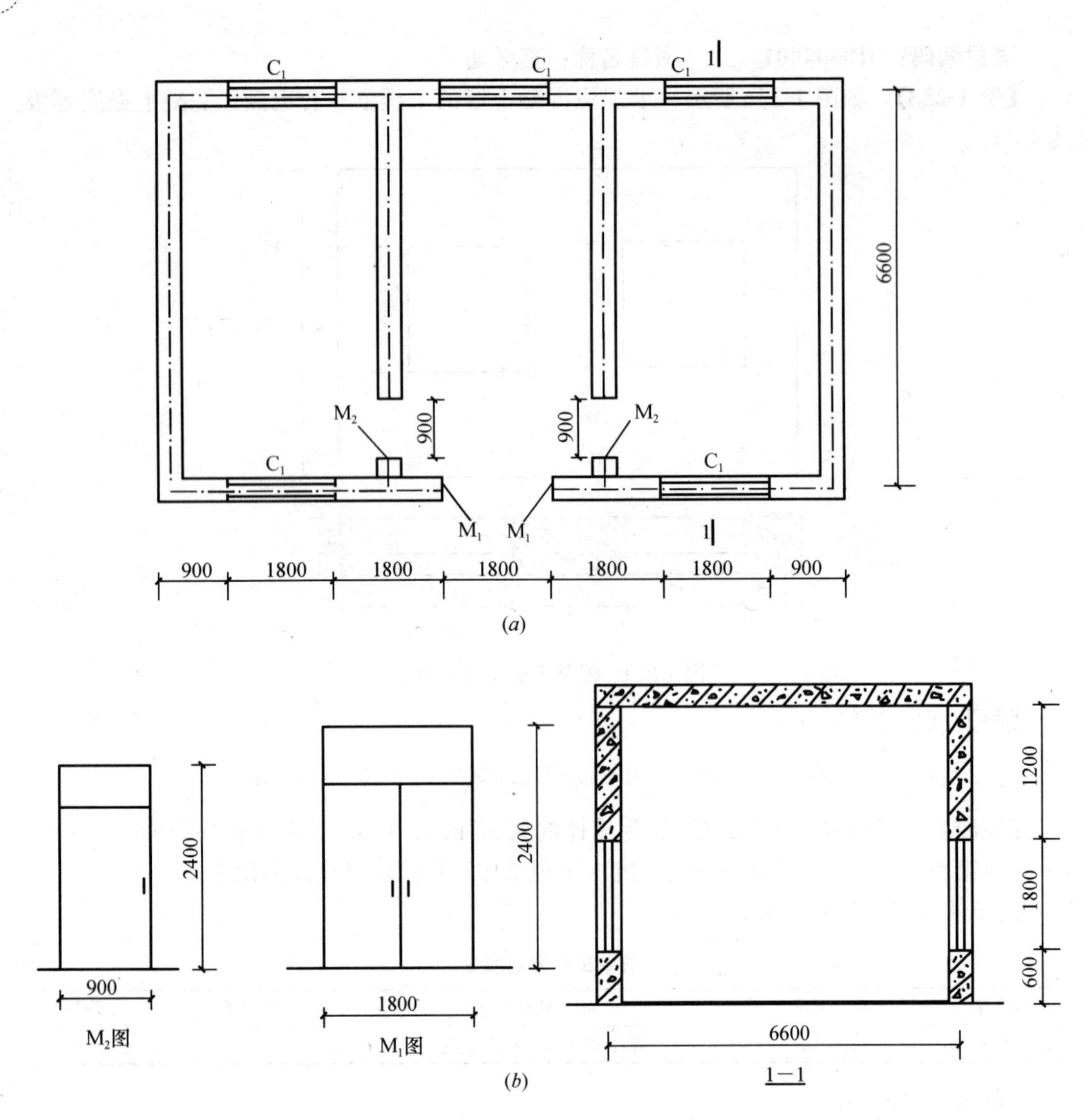

图 1-235 现浇混凝土墙示意图

(a)房屋平面图；(b)1-1 剖面图及 M1、M2 示意图

×2＋10.8×2 为外墙长度；(6.6－0.25)×2(内墙的总长度)×0.2(为内墙的厚度)，3.6 为墙高；1.8×1.8(窗户的截面尺寸)×0.25×5 为五个窗户的工程量；1.8×2.4(M1 的截面尺寸)×0.25 为 M1 的截面面积乘以厚度；0.9×2.4(M2 的截面尺寸)×0.2×2 为两个 M2 的截面面积乘以厚度。工程量按设计图示尺寸以体积计算。

清单工程量计算见下表：

清单工程量计算表

序号	项目编码	项目名称	项目特征描述	计量单位	工程量
1	010404001001	直形墙	外墙，厚 250mm，C25 混凝土	m^3	26.19
2	010404001002	直形墙	内墙，厚 200mm，C25 混凝土	m^3	8.28

(2) 定额工程量

工程量＝[(6.6×2＋10.8×2)×0.25＋(6.6－0.25)×2×0.2]×3.6－1.8×1.8×0.25×5－1.8×2.4×0.25－0.9×2.4×0.2×2

＝34.47m³

现浇混凝土墙套用基础定额 5-412、5-87。

【注释】 定额工程量计算规则同清单工程量计算规则一样。

项目编码：010404001　　项目名称：直形墙

项目编码：010404002　　项目名称：弧形墙

【例 1-225】 如图 1-236 所示，现浇混凝土墙，外墙厚度 250mm，内墙厚度 200mm，

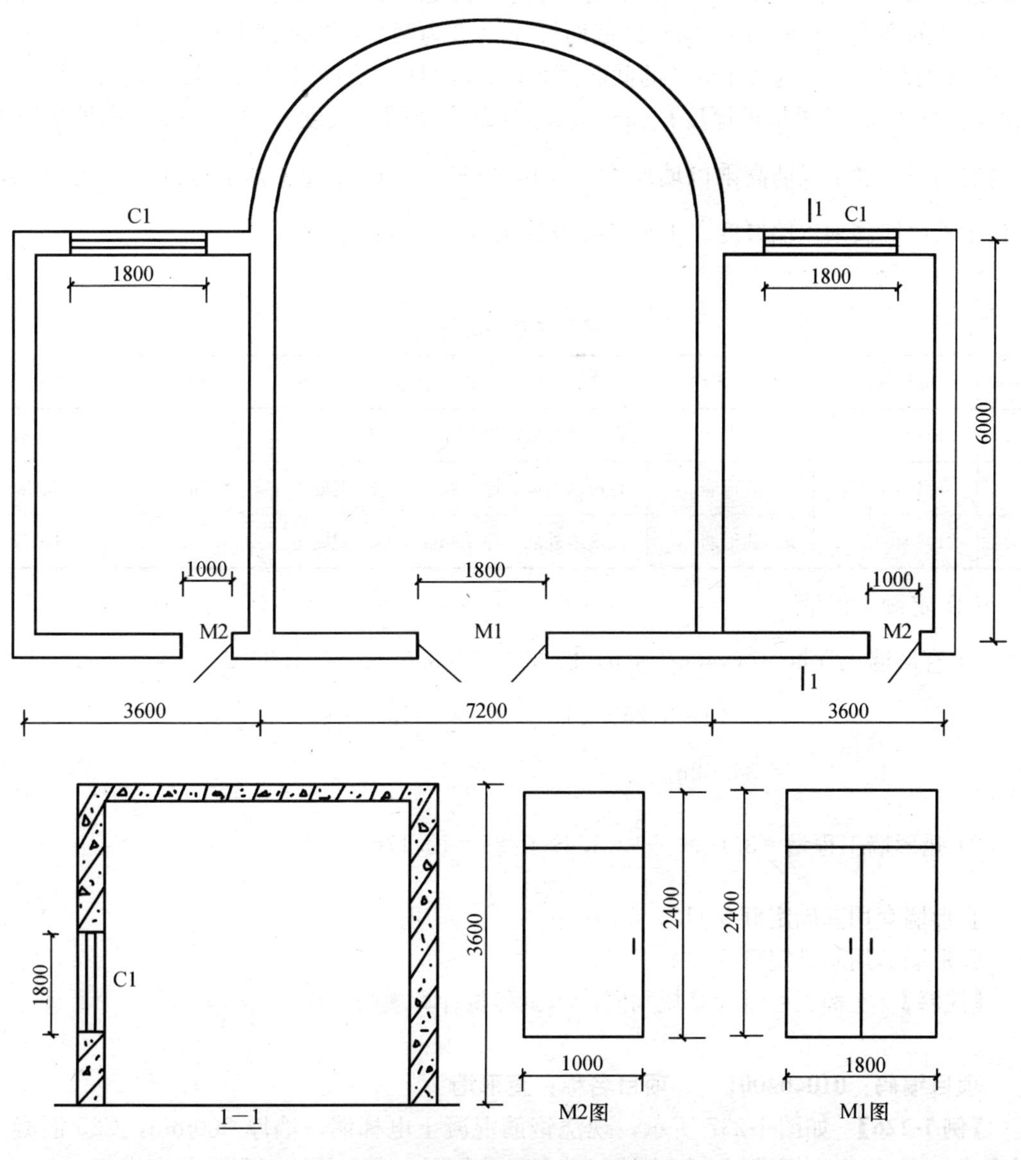

图 1-236　现浇混凝土墙示意图

C25 混凝土，求墙体的工程量并套定额。

【解】 (1) 清单工程量

1) 直形墙外墙工程量=[(14.4+3.6×2+6×2)×3.6−(1.8×1.8×2+1×2.4×2+1.8×2.4)]×0.25=26.34m^3

2) 直形墙内墙工程量=(6−0.25)×2×3.6×0.2=8.28m^3

3) 弧形墙工程量=3.14×$\frac{7.2}{2}$×3.6×0.25

=10.17m^3

【注释】 (14.4+3.6×2+6×2)(外墙的总长度)×3.6(墙的高度)为直形墙外墙总长度乘以墙的高度；1.8×1.8(窗户的截面尺寸)×2 为两个窗户的截面积；1(M2 的宽度)×2.4(M2 的高度)×2 为两个 M2 的截面面积；1.8(M1 的宽度)×2.4(M1 的高度)为 M1 的截面面积；0.25 为外墙的厚度；(6−0.25)×2(内墙的总长度)×3.6×0.2(内墙的厚度)为内墙的总长度乘以墙高乘以墙厚度；3.14×$\frac{7.2}{2}$×3.6×0.25(弧形墙的厚度)为弧形墙的长度乘以墙高乘以墙厚度。工程量按设计图示尺寸以体积计算。

清单工程量计算见下表：

清单工程量计算表

序号	项目编码	项目名称	项目特征描述	计量单位	工程量
1	010404001001	直形墙	直形墙外墙，厚 250mm，C25 混凝土	m^3	26.34
2	010404001002	直形墙	直形墙内墙，厚 200mm，C25 混凝土	m^3	8.28
3	010404002001	弧形墙	弧形墙外墙，厚 250mm，C25 混凝土	m^3	10.17

(2) 定额工程量

1) 直形墙工程量=[(14.4+3.6×2+6×2)×3.6−1.8×1.8×2−2.4×1×2−1.8×2.4]×0.25+(6−0.25)×2×3.6×0.2

=34.62m^3

2) 弧形墙工程量=3.14×$\frac{7.2}{2}$×3.6×0.25=10.17m^3

直形墙套用基础定额 5-412、5-87。

弧形墙套用基础定额 5-414、5-95。

【注释】 定额工程量计算规则同清单工程量计算规则一样。

项目编码：010404001　　项目名称：直形墙

【例 1-226】 如图 1-237 所示，现浇钢筋混凝土电梯墙，墙厚 200mm，C25 混凝土，层高为 3.3m，组合钢模板、钢支撑，其余尺寸如图，求电梯墙工程量并套定额。

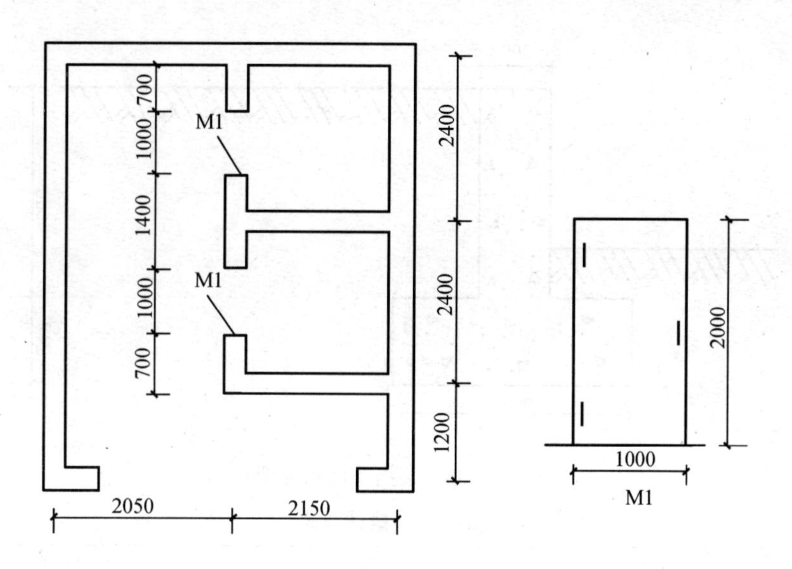

图 1-237　某房屋平面示意图

【解】（1）清单工程量

工程量＝[(4.8×2＋2.15×3)×3.3－1×2×2]×0.2

　　＝9.79m³

【注释】 4.8×2＋2.15×3 为混凝土电梯墙的总长度，3.3 为层高；1×2×2 为两个门的截面面积；0.2 为墙厚。工程量按设计图示尺寸以体积计算。

清单工程量计算见下表：

清单工程量计算表

项目编码	项目名称	项目特征描述	计量单位	工程量
010404001001	直形墙	电梯墙，厚 200mm，C25 混凝土	m³	9.79

（2）定额工程量

工程量＝[(4.8×2＋2.15×3)×3.3－1×2×2]×0.2＝9.79m³

电梯井壁直形墙套用基础定额 5-413、5-91。

【注释】 定额工程量计算规则同清单工程量计算规则一样。

项目编码：010404001　　项目名称：直形墙

【例 1-227】 如图 1-238 所示，现浇混凝土挡土墙，长 20m，C25 混凝土，求挡土墙工程量并套定额。

【解】（1）清单工程量

工程量＝(0.24×0.6＋0.2×0.6)×20

　　＝5.28m³

【注释】 0.24(示意图中混凝土挡土墙下部的厚度)×0.6(示意图中混凝土挡土墙下部的宽度)＋0.2(示意图中混凝土挡土墙上部的宽度)×0.6(示意图中混凝土挡土墙上部的高度)为混凝土挡土墙的截面面积，20 为墙的长度。工程量按设计图示尺寸以体积计算。

清单工程量计算见下表：

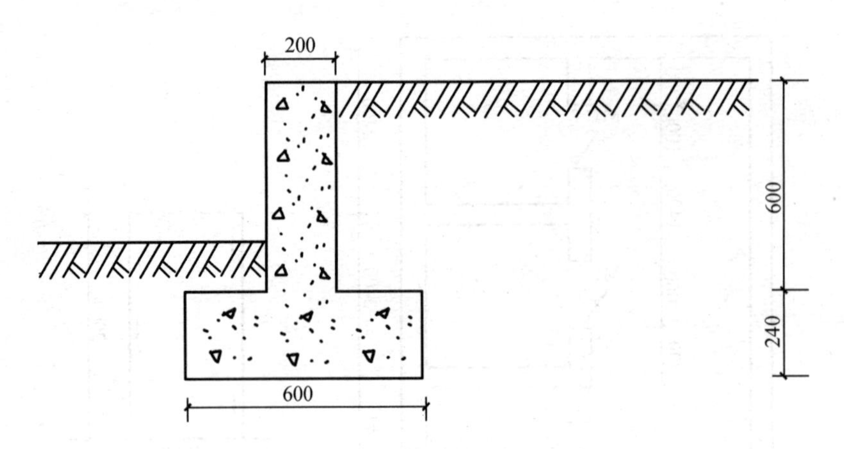

图 1-238　某挡土墙示意图

清单工程量计算表

项目编码	项目名称	项目特征描述	计量单位	工程量
010404001001	直形墙	现浇混凝土挡土墙，厚 200mm，C25 混凝土	m^3	5.28

（2）定额工程量

$$工程量=(0.24\times0.6+0.2\times0.6)\times20=5.28m^3$$

混凝土挡土墙套用基础定额 5-412。

【注释】 定额工程量计算规则同清单工程量计算规则一样。

项目编码：010404001　　项目名称：直形墙

【例 1-228】 如图 1-239 所示，一现浇混凝土钢模板墙，尺寸为 7.2m×3.6m，C25 混

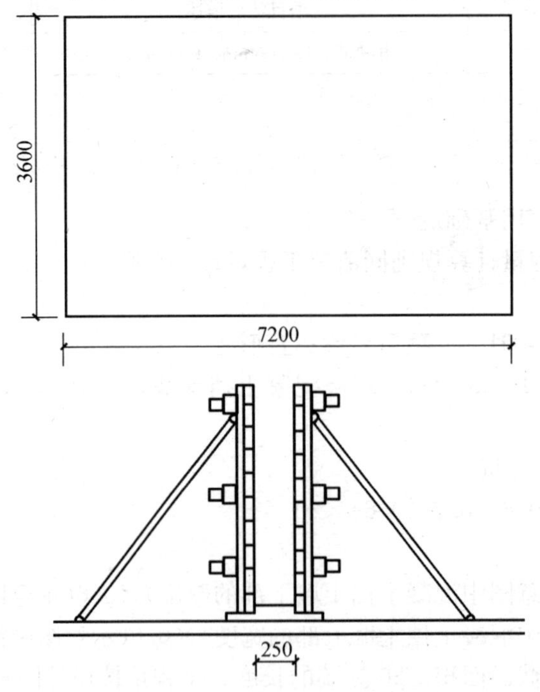

图 1-239　钢模板墙示意图

凝土，试计算其工程量并套定额。

【解】 (1) 清单工程量

工程量＝3.6×7.2×0.25＝6.48m³

【注释】 3.6(墙的高度)×7.2(墙的长度)×0.25(墙的厚度)为墙的截面积乘以厚度。工程量按设计图示尺寸以体积计算。

清单工程量计算见下表：

清单工程量计算表

项目编码	项目名称	项目特征描述	计量单位	工程量
010404001001	直形墙	现浇混凝土墙，钢模板，厚250mm，C25混凝土	m³	6.48

(2) 定额工程量

工程量＝7.2×3.6×0.25＝6.48m³

大钢模板墙套用基础定额5-415。

【注释】 定额工程量计算规则同清单工程量计算规则一样。

项目编码：010404001　　项目名称：直形墙

【例1-229】 一地下室墙为现浇混凝土墙，尺寸如图1-240所示，C25混凝土，试求其工程量并套定额。

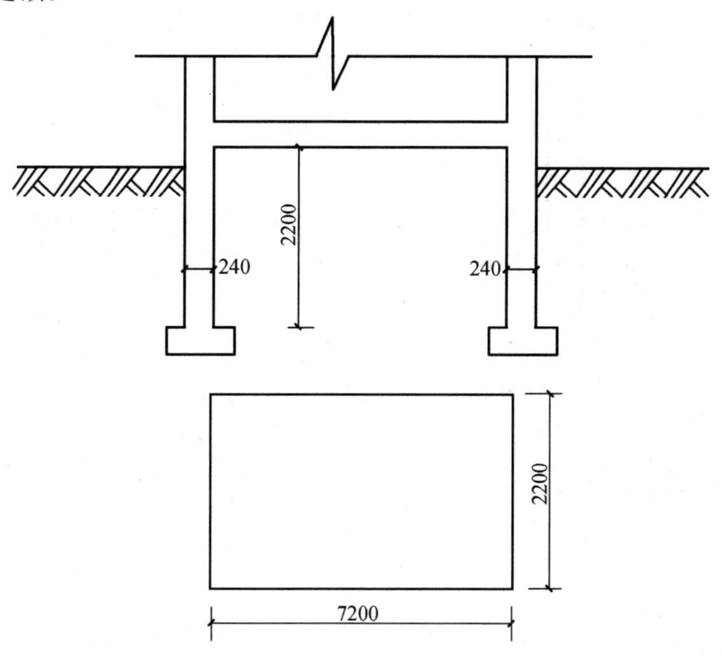

图1-240　混凝土墙立面图

【解】 (1) 清单工程量

工程量＝7.2×2.2×0.24×2＝7.60m³

【注释】 7.2(墙的长度)×2.2(墙的高度)×0.24(墙的厚度)×2为两个墙的截面面积乘以墙厚度。工程量按设计图示尺寸以体积计算。

清单工程量计算见下表：

清单工程量计算表

项目编码	项目名称	项目特征描述	计量单位	工程量
010404001001	直形墙	地下室墙，厚 240mm，C25 混凝土	m^3	7.60

（2）定额工程量

$$工程量=7.2\times2.2\times0.24\times2=7.60m^3$$

混凝土墙套用基础定额 5-412。

【注释】 定额工程量计算规则同清单工程量计算规则一样。

【例 1-230】 如图 1-241 所示，某预制混凝土柱 1500 根，从 46km 外的构件加工厂运至施工现场，求其运输工程量并套用相应定额。

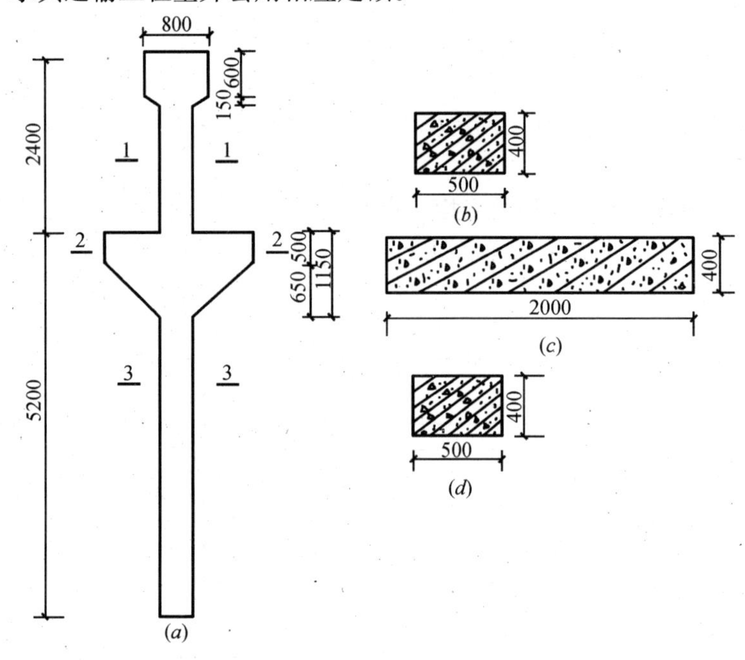

图 1-241 预制混凝土柱示意图

(*a*)立面图；(*b*)1-1 剖面图；(*c*)2-2 剖面图；(*d*)3-3 剖面图

【解】 混凝土的实体积：

$$V=\left[0.8\times0.6+\frac{1}{2}\times(0.8+0.5)\times0.15+0.5\times(2.4-0.6-0.15)+0.5\times2+\frac{1}{2}\times(0.5+2.0)\times0.65+(5.2-1.15)\times0.5\right]\times0.4\times1500$$

$$=3144m^3$$

【注释】 0.8(示意图中上部方形的截面宽度)×0.6(示意图中上部方形的截面高度)＋$\frac{1}{2}$×(0.8＋0.5)(小梯形的上底加下底)×0.15(上部方形下面梯形的高度)＋0.5(柱的截面长度)×(2.4－0.6－0.15)(1-1 剖面柱截面的高度)＋0.5(2-2 剖面柱的高度)×2(2-2 剖面

处的截面长度)$+\frac{1}{2}\times$(0.5+2)(2-2 剖面下部梯形的上底加下底)×0.65(2-2 剖面下部梯形的高度)+(5.2−1.15)(3-3 剖面柱的高度)×0.5(3-3 剖面柱的截面长度)为预制混凝土柱的截面面积；0.4 为预制混凝土柱的宽度；1500 为 1500 个预制混凝土柱。工程量按设计图示尺寸以体积计算。

说明：根据预制混凝土构件分类，6m 以上至 14m 梁、板、柱、桩，各类屋架、桁架、托架(14m 以上另行处理)属于第 3 类构件。

又因柱长 5.2+2.4=7.6m，小于 9m，故还应计算损耗率。

混凝土运输体积=3144×(1+0.8%+0.5%)=3184.87m^3

套用基础定额 6-36。

【注释】 1+0.8%+0.5%为运输体积的损耗率。

【例 1-231】 如图 1-242 所示，预制钢筋混凝土端壁板，体积 0.982m^3，端壁板跨度 6m，高度 3.270m，共计 20 件，试计算其工程量并套用定额(运距 29km)。

【解】 混凝土运输量=20×0.982×(1+0.8%+0.5%)

=19.90m^3

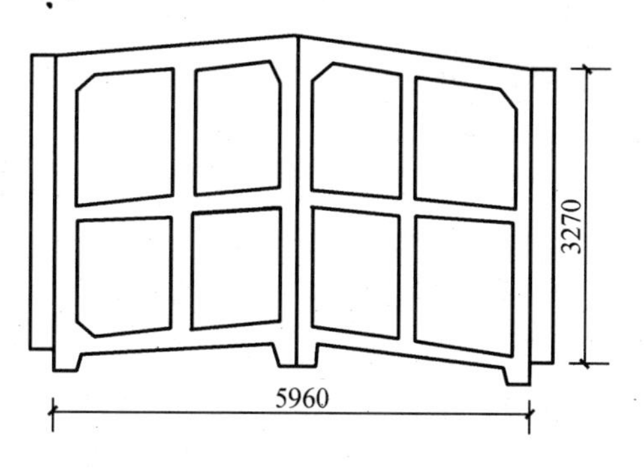

图 1-242 端壁板示意图

【注释】 1+0.8%+0.5%为运输体积的损耗率。

根据预制混凝土构件分类，端壁板属于第 4 类构件，套用基础定额 6-44。

说明：在《全国统一建筑工程基础定额》中，按构件的类型和外形尺寸划分，混凝土构件分为 6 类，在每类下根据运距分为 1km 以内、3km 以内、5km 以内、10km 以内、15km 以内、20km 以内、25km 以内、30km 以内、35km 以内、40km 以内、45km 以内、50km 以内 12 个分项，对于超过 50km 的应另行补充。

加气混凝土板(块)、硅酸盐块运输，每立方米折合钢筋混凝土构件体积 0.4m^3，按 1 类构件运输计算。

【例 1-232】 如图 1-243 所示，芬克式钢屋架，编号 GWJ9-2-3，屋架质量 246kg，共计 86 套，从 15km 以外的构件厂运至工地，试求其运输工程量并套用定额。

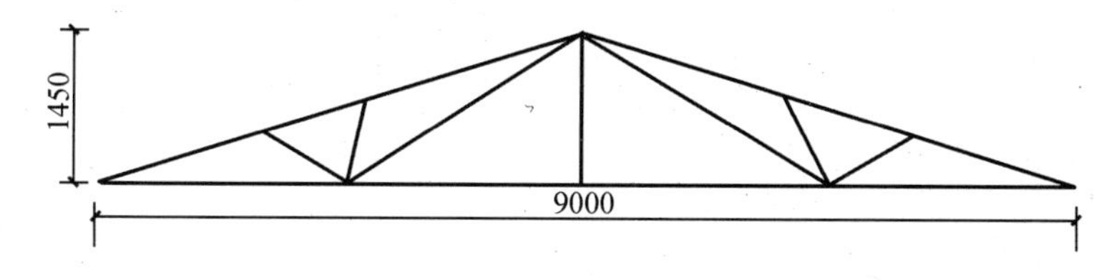

图 1-243 钢屋架示意图

【解】 运输工程量=246×86=21156kg=21.156t

根据金属结构构件分类，钢柱、屋架、托架梁、防风桁架属于第 1 类构件，又因运距 15km，故套用基础定额 6-77。

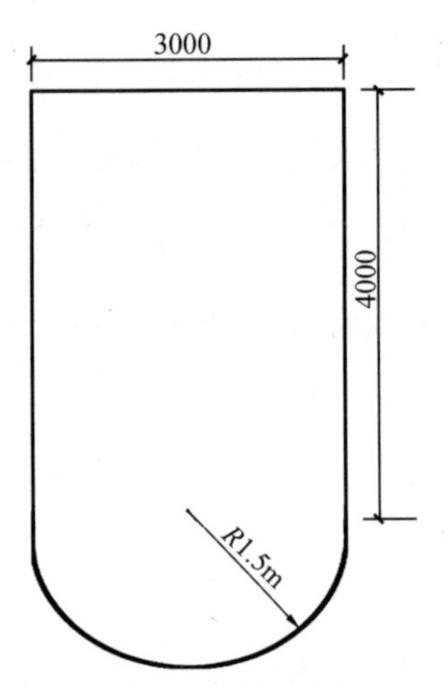

图 1-244　某走道休息板示意图

【例 1-233】 如图 1-244 所示，某走道休息板平面，钢板厚度 13mm，总共 75 个，从 10.5km 外的钢构件厂运至施工现场，求其运输工程量并套用定额。

【解】 运输工程量 $=(4.0\times3.0+\pi\times1.5^2\times\frac{1}{2})\times75\times0.013\times7800$

$=118124.66\text{kg}$

$\approx118.125\text{t}$

【注释】 4.0(走道休息板的方形部分的长度)×3.0(走道休息板的宽度)$+\pi\times1.5$(板头半圆的半径)$^2\times\frac{1}{2}$为走道休息板平面的截面面积，75 为有 75 个走道休息板平面。

根据金属结构构件分类，走道休息板属于第 2 类金属构件，又因运距为 10.5km，故套用基础定额 6-83。

说明：在《全国统一建筑工程基础定额》中，金属结构构件在计算运输量时分 3 类构件，每类下又根据运距分为 1km 以内、3km 以内、5km 以内、10km 以内、15km 以内、20km 以内 6 个分项。

【例 1-234】 如图 1-245 所示，某宿舍楼窗户图，(*a*)窗 128 个，(*b*)窗 65 个，从木制品加工厂运至工地需要 5.5km，求其运输工程量并套用定额。

【解】 运输工程量 $=2.7\times2\times128+1.5\times2.5\times65$

$=934.95\text{m}^2$

套用基础定额 6-94。

【注释】 2.7(窗户的长度)×2(窗户的高度)×128 为(*a*)窗 128 个的截面积；1.5×2.5×65 为(*b*)窗 65 个的截面积。

【例 1-235】 如图 1-246 所示木门，共 145 个，从加工厂运至工地 19.7km，求其运输工程量并套用定额。

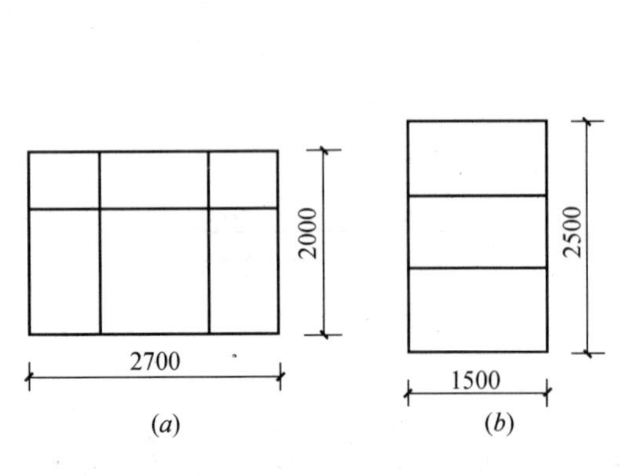

图 1-245　某宿舍楼窗户示意图

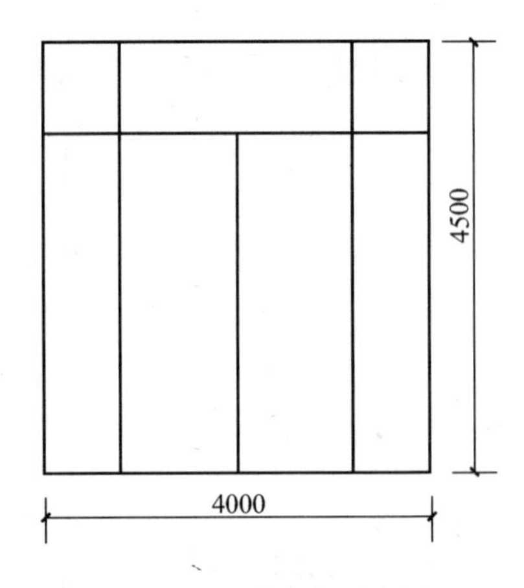

图 1-246　某木门示意图

【解】　运输工程量＝(4.0×4.5)×145＝2610m^2

套用基础定额6-96。

【注释】　4.0(木门的宽度)×4.5(木门的高度)为木门的截面积，145个木门。

说明：在《全国统一建筑工程基础定额》中，木门和木窗归结为一个大项目——木门窗，又下分运距1km以内、3km以内、5km以内、10km以内、15km以内、20km以内6个子项目。

【例1-236】　某单层工业厂房独立柱，单跨10榀，每根体积2.8m^3，采用轮胎式起重机安装，求其安装工程量并套相应定额。

【解】　安装工程量＝2.8×2×10×(1＋0.5%)＝56.28m^3

【注释】　2.8×2×10为10个单跨独立柱的体积，1＋0.5%为安装时的损坏系数。

由于2.8＜6，且采用轮胎式起重机安装，故套用基础定额6－98。

【例1-237】　某5层装配式钢筋混凝土框架楼房，采用焊接形式，柱高3.6m，截面形式与柱布置简图，如图1-247所示，试计算其框架柱安装工程量并套用定额(采用履带式起重机)。

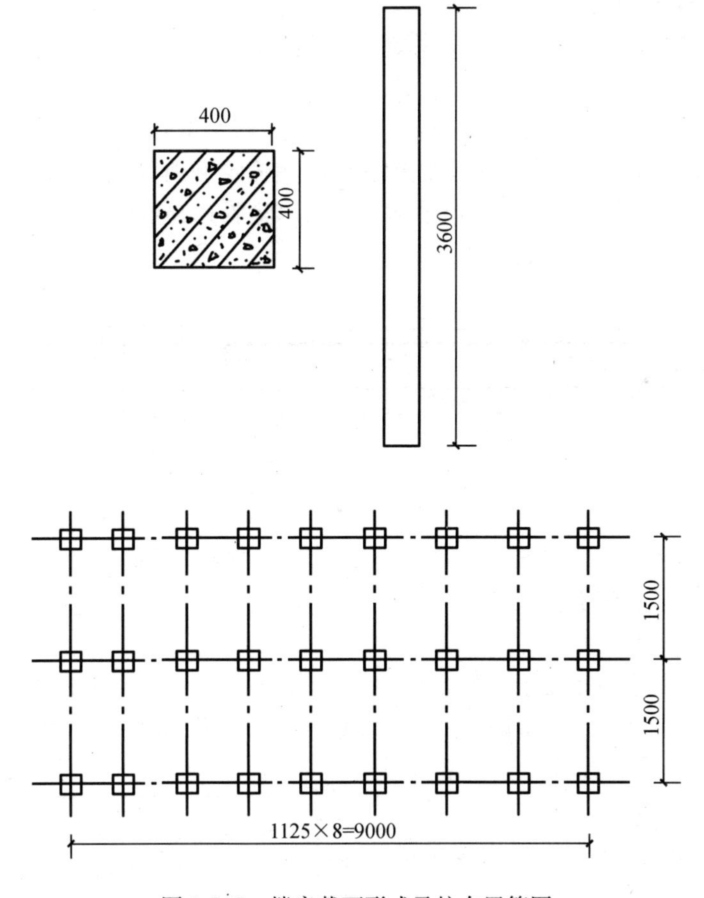

图1-247　楼房截面形式及柱布置简图

【解】　单根柱体积＝0.4×0.4×3.6＝0.58m^3

底柱与基础安装工程量＝0.4×0.4×3.6×9×3＝15.55m^3

套用基础定额 6-97。

框架柱安装工程量＝0.4×0.4×3.6×9×3×(5－1)＝62.21m^3

套用基础定额 6-130。

【注释】 0.4×0.4(柱的截面尺寸)×3.6(柱的高度)为柱的截面积乘以高，9×3 为 27 个柱基。

说明：焊接形成的预制钢筋混凝土框架结构，其柱安装按框架柱计算，梁安装按框架柱、梁计算，单层工业厂房独立柱和装配式建筑中首层柱属“柱安装”。

节点浇筑成型的框架，按连体框架梁、柱计算。

【例 1-238】 某工程装配式柱安装，单柱体积 6.4m^3，柱高 10m，用履带式起重机吊装，单机作业向首层柱上安装，共计 24 根，其中 10 根回转半径 12m，另外 14 根回转半径16.5m，试计算其安装工程量并套用定额。

【解】 回转半径为 12m 的安装工程量＝6.4×10＝64m^3

套用基础定额 6-105。

回转半径为 16.5m 的安装工程量＝6.4×14＝89.6m^3

套用基础定额 6-105。

除套用基础定额 6-105 外，还应计算超额工程量，因柱高 10m，属于第 3 类预制混凝土构件，即套用基础定额 6-25。

说明：在《全国统一建筑工程基础定额》中，是按机械起吊点中心回转半径 15m 以内的距离计算的，如超出 15m 时，应另按构件 1km 运输定额项目执行。

【例 1-239】 如图 1-248 所示 T 形吊车梁，采用轮胎式起重机，共 30 根，求其安装工程量并套相应定额。

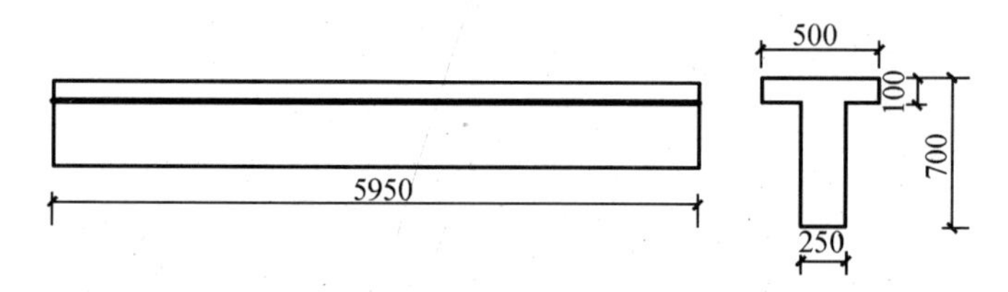

图 1-248 T 形吊车梁示意图

【解】 单根梁体积＝(0.5×0.1＋0.25×0.6)×5.95＝1.19m^3＜1.5m^3

安装工程量＝1.19×30＝35.7m^3

套用基础定额 6-159。

【注释】 0.5(T 形吊车梁上部的宽度)×0.1(T 形吊车梁上部的厚度)＋0.25(T 形吊车梁下部的宽度)×0.6(T 形吊车梁下部的高度)为 T 形吊车梁的截面积，5.95 为 T 形吊车梁的长度，30 为梁的数量。工程量按设计图示尺寸以体积计算。

【例 1-240】 如图 1-249 所示鱼腹梁，鱼腹为弧形，弧度为$\frac{2}{3}\pi$，共 355 件，采用轮胎式起重机安装，求其安装工程量。

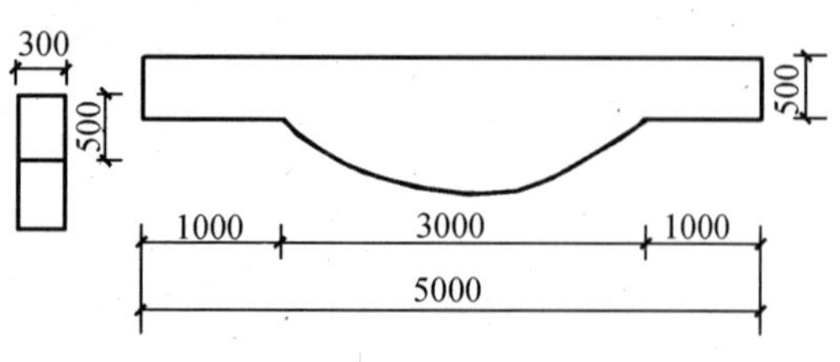

图 1-249 鱼腹梁示意图

【解】 鱼腹梁单体体积：

$$V=\left[0.5\times5+\frac{2}{3}\pi\times\pi\times\left(\frac{1.5}{\sqrt{3}}\times2\right)^2-\frac{1}{2}\times1.5\times\frac{\sqrt{3}}{3}\times3.0\right]\times0.3$$

$$=0.63\text{m}^3$$

总安装工程量＝0.6278×355＝222.87m^3

套用基础定额 6-147。

【注释】 鱼腹梁的截面积乘以厚度为其体积，355 为查表可得。

【例 1-241】 已知某工程墙体门洞口处采用预制钢筋混凝土过梁，该过梁的安装在第 5 层，共 30 个，采用塔式起重机吊装，过梁的尺寸如图 1-250 所示，求钢筋混凝土过梁的安装工程量。

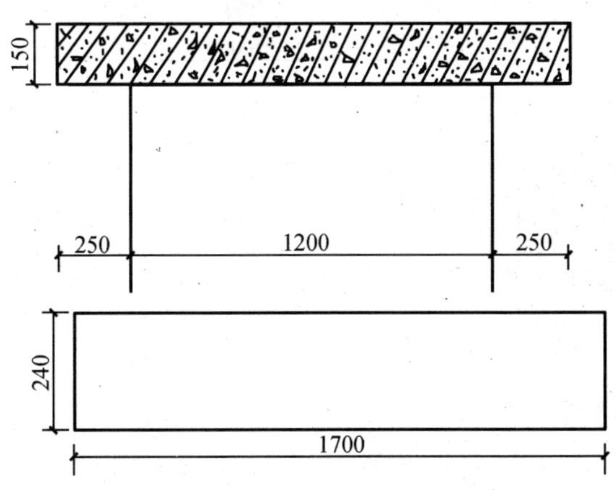

图 1-250　墙体门洞口预制钢筋混凝土过梁示意图

【解】 过梁的图示体积(预制钢筋混凝土构件安装工程量按其实体积计算)：

$$V=1.7\times0.24\times0.15=0.0612\text{m}^3$$

$$0.0612\times30=1.836\text{m}^3$$

安装时的损耗按 0.5%计算：

$$1.836\times(1+0.5\%)=1.836\times1.005=1.85\text{m}^3=0.185(10\text{m}^3)$$

套用基础定额 6-174。

【注释】 1.7(梁的长度)×0.24(梁的截面宽度)为梁的截面积，0.15 为梁的厚度，安装时的损耗按 0.5%计算。

【例 1-242】 如图 1-251 所示的钢筋混凝土组合屋架，弦杆为钢筋混凝土，钢筋下弦拉杆，利用履带式起重机进行吊装，试计算其安装工程量。

【解】 计算屋架的实体体积：

$$V_{外框架}=[(7.5\times2+3.6+12)\times0.3+0.1\times0.3\times2-0.3\times0.3]\times0.15$$

$$=1.373\text{m}^3$$

$$V_{支撑(零杆)}=0.2\times0.12\times4\times2=0.192\text{m}^3$$

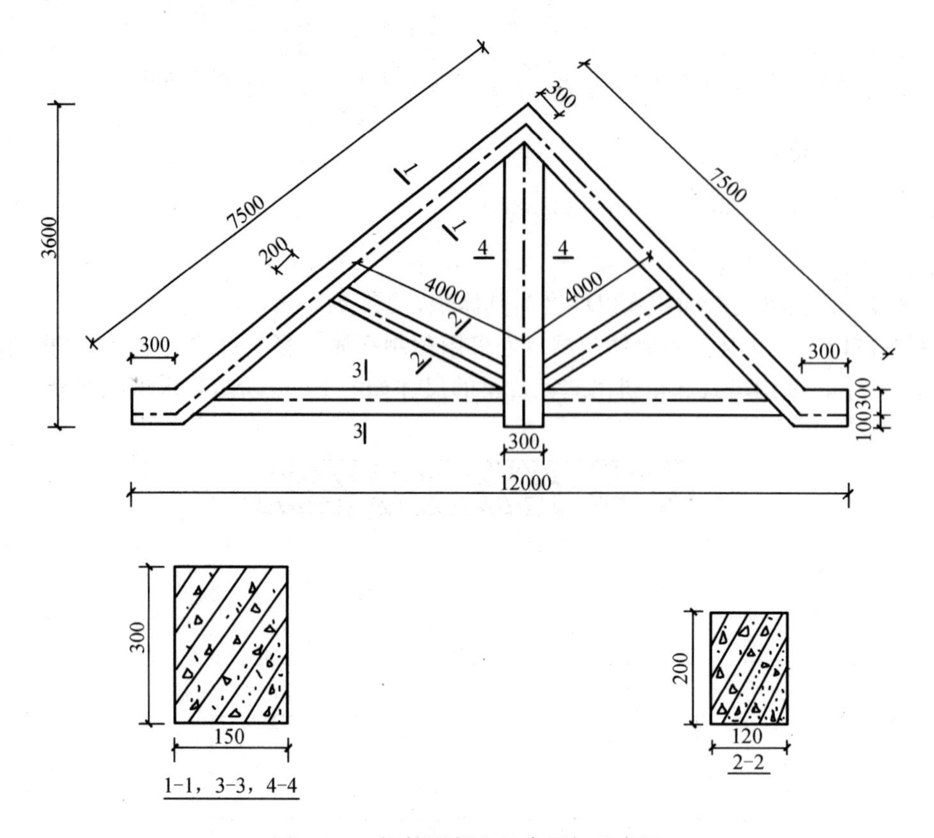

图 1-251　钢筋混凝土组合屋架示意图

$V_{总}=1.373+0.192=1.565\text{m}^3$

安装时的损耗率为 0.5%，则安装工程量为：

$$V_{总}\times(1+0.5\%)=1.565\times1.005$$
$$=1.57\text{m}^3$$
$$=0.157(10\text{m}^3)$$

套用基础定额 6-237。

【注释】 7.5×2+3.6+12 为外框架的长度，0.3 为外框架的宽度，0.1(屋架两侧下部的截面厚度)×0.3(屋架两侧下部的截面宽度)×2 为两侧的小截面面积，0.3×0.3 为叠加部分面积，0.15 为外框架的厚度；0.2×0.12×4×2 为两个支撑(零杆)的截面积乘以支架的长度；0.5%为安装时的损耗系数。

【例 1-243】 如图 1-252 所示的钢筋混凝土天窗架，共 8 榀，采用轮胎式起重机安装，试计算其安装工程量。

【解】 $V_{1-1}=0.24\times0.12\times\sqrt{0.4^2+3^2}\times2=0.174\text{m}^3$

$V_{2-2}=0.18\times0.14\times1.8\times2=0.091\text{m}^3$

$V_{3-3}=0.14\times0.14\times\sqrt{1.8^2+3^2}\times2=0.137\text{m}^3$

$V_{4-4}=0.16\times0.14\times3\times2=0.1344\text{m}^3$

则图示钢筋混凝土天窗架的实体体积为：

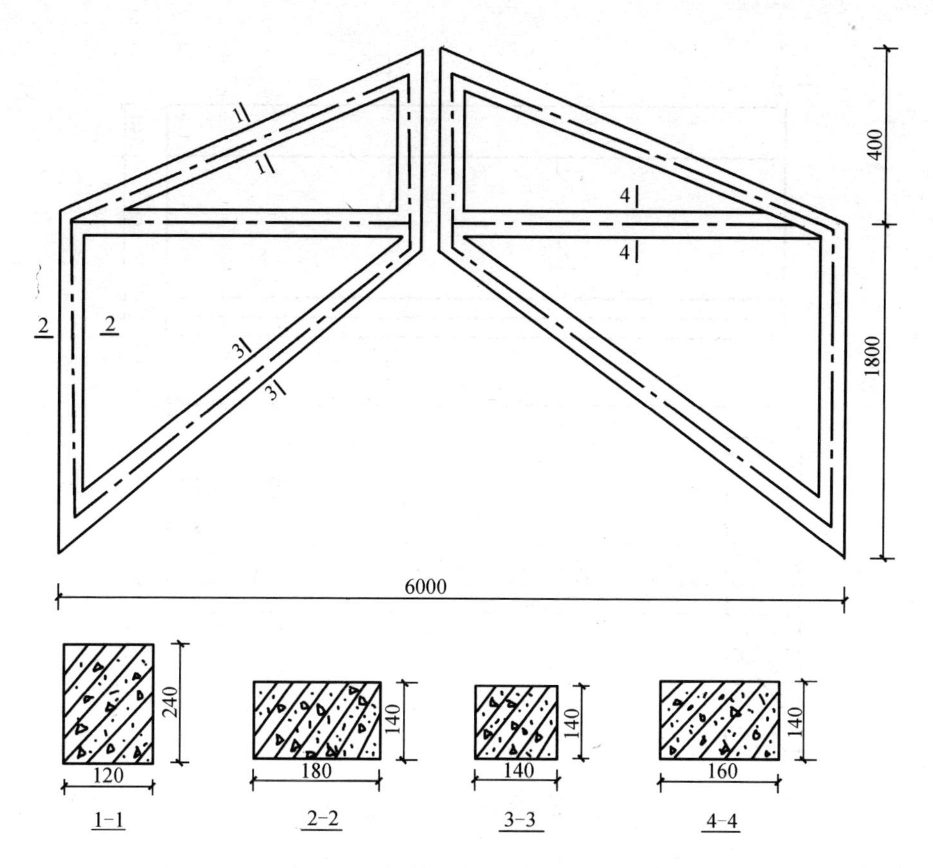

图 1-252 钢筋混凝土天窗架示意图

$V = V_{1-1} + V_{2-2} + V_{3-3} + V_{4-4}$

$= 0.174 + 0.091 + 0.137 + 0.1344$

$= 0.5364\text{m}^3$

钢筋混凝土构件安装工程量＝图示工程量×(1＋安装损耗率)

即 $V_{安} = V \times (1 + 0.5\%) = 0.5364 \times 1.005 = 0.5391\text{m}^3 \approx 0.0539(10\text{m}^3)$

$V_{总安} = V_{安} \times 8 = 0.0539 \times 8 \times 10 = 4.31\text{m}^3 = 0.431(10\text{m}^3)$

套用基础定额 6-282。

【注释】 0.24(1-1 剖面天窗架的截面长度)×0.12(1-1 剖面天窗架的截面宽度)为 1-1 剖面中天窗架的截面积，$\sqrt{0.4^2+3^2}$ 为 1-1 剖面中天窗架的长度；0.18(2-2 剖面天窗架的截面长度)×0.14(2-2 剖面天窗架的截面宽度)×1.8(2-2 剖面天窗架的长度)×2 为 2-2 剖面中两侧天窗架的截面面积乘以长度；3-3 剖面和 4-4 剖面也是天窗架的截面面积乘以长度。

【例 1-244】 某工程需要挑檐式屋面板 50 块，采用履带式起重机进行吊起安装，其示意图如图 1-253 所示，试计算挑檐式屋面板的安装工程量(安装损耗率为 0.5%)。

【解】 图示挑檐板的实体积为：

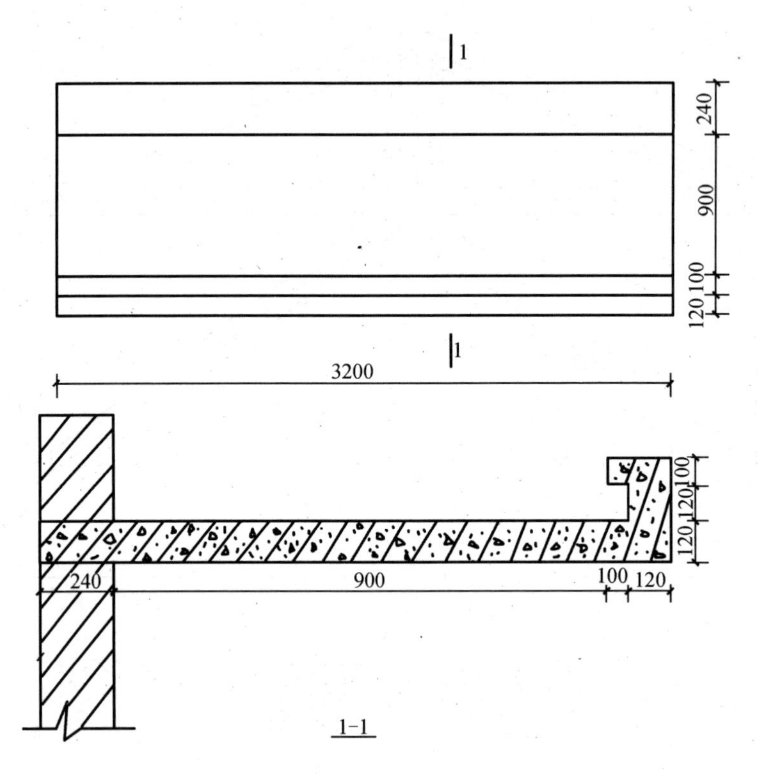

图 1-253　预制挑檐屋面板示意图

$V=[(0.24+0.9+0.1+0.12)\times0.12+0.12\times0.12+(0.1+0.12)\times0.1]\times3.2$

$=0.639m^3$

安装工程量＝实体积×(1＋安装损耗率)

$=0.639\times1.005$

$=0.642m^3$

总安装工程量为：

$0.642\times50=32.1m^3=3.21(10m^3)$

套用基础定额 6-297。

【注释】 0.24＋0.9＋0.1＋0.12 为挑檐屋面板底板的宽度，0.12 为板的厚度，0.12×0.12(反檐下部方形的截面尺寸)＋(0.1＋0.12)(反檐上部的宽度)×0.1(反檐上部的厚度)为挑檐屋面板反檐部分的截面积，3.2 为板的长度，1.005 为损耗系数。

【例 1-245】 某工程的升板提升采用的是钢筋混凝土双向密肋板，如图 1-254 所示，计算其安装工程量。

【解】 $V=(0.12\times9.3+0.08\times0.3\times4)\times3.3+0.08\times0.3\times9.3\times3-0.3\times0.08\times0.3\times12$

$=4.58m^3$

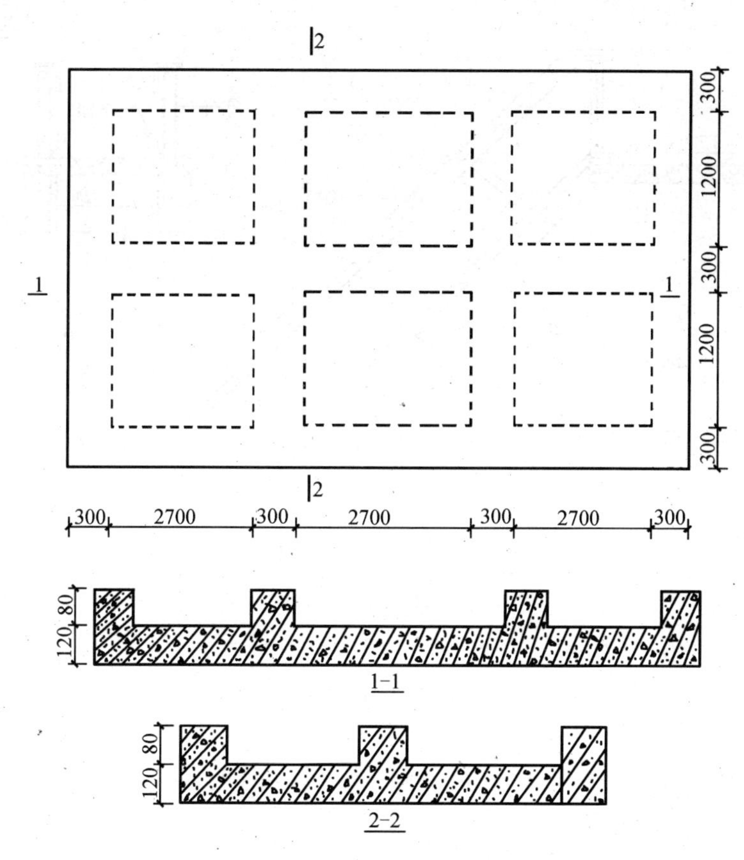

图 1-254　双向密肋板示意图

安装工程量=实体积×(1+安装损耗率)

=4.58×1.005

=4.60m^3

=0.460(10m^3)

套用基础定额 6-380。

【注释】 0.12(1-1 剖面底板的厚度)×9.3(1-1 剖面钢筋混凝土双向密肋板的长度)+0.08(1-1 剖面纵向肋的厚度)×0.3(1-1 剖面纵向肋的宽度)×4(1-1 剖面纵向肋的数量)为 1-1 剖面的截面积，3.3 为其板长度；0.08×0.3(肋的截面尺寸)×9.3×3(2-2 剖面中 2 个横向肋的长度)−0.3×0.08×0.3×12(纵向肋和横向肋的叠加体积)为 2-2 剖面板的工程量。

【例 1-246】 计算如图 1-255 所示踏步式钢扶梯工程量(安装工程量)。

【解】 踏步式钢梯工程量按设计尺寸，计算出长度后，再折算成质量以“t”计算，工程量计算如下：

① −180×6　　L=4200mm

2×0.18×4.2×47.1=71.22kg

② −200×5　　L=750mm

9×0.75×0.2×39.25=52.99kg

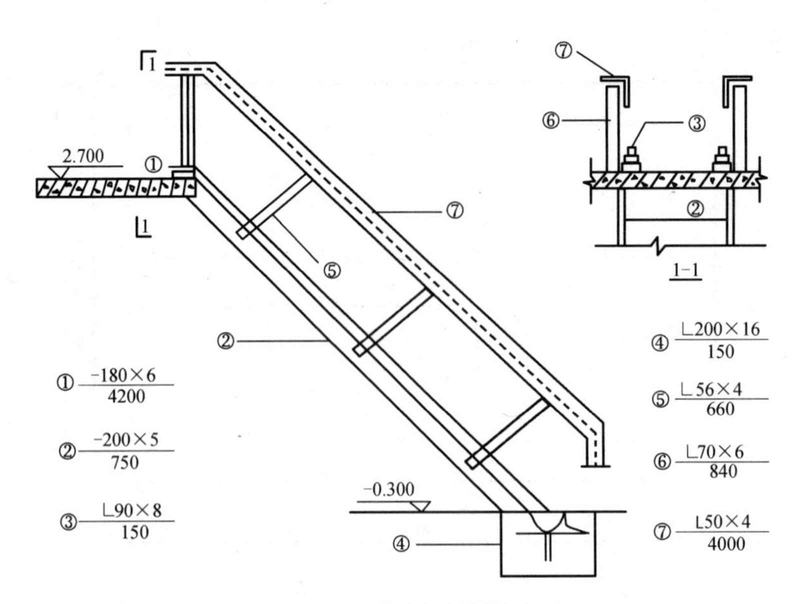

图 1-255　踏步式钢扶梯示意图

③ ∟90×8　　L=150mm

2×0.15×10.95=3.285kg

④ ∟200×16　　L=150mm

4×0.15×48.68=29.21kg

⑤ ∟56×4　　L=660mm

6×0.66×3.45=13.66kg

⑥ ∟70×6　　L=840mm

2×0.84×6.4=10.75kg

⑦ ∟50×4　　L=4000mm

2×4×3.06=24.48kg

钢材总质量

71.22+52.99+3.285+29.21+13.66+10.75+24.48=205.60kg≈0.206t

套用基础定额 6-482。

【注释】 2(①号扁钢的根数)×0.18(扁钢的宽度)×4.2(扁钢的长度)×47.1(①号扁钢的理论质量)为①号扁钢的长度乘以扁钢的宽度乘以①号扁钢的理论质量；2(③号角钢的个数)×0.15(③号角钢的边宽)×10.95(③号角钢的理论质量)为③号角钢的长度乘以③号角钢的理论质量。依此类推④号、⑤号、⑥号、⑦号角钢的工程量按设计图示尺寸以质量计算。

【例 1-247】 有一由焊接组成的单层钢框架结构，其钢托架梁长 6.4m，单根质量为 1.35t，数量如图 1-256 所示，计算钢托架梁安装的工程量和工料用量。

【解】 (1) 钢托架梁安装工程量：

1.35×16=21.6t

【注释】 1.35×16 为 16 根单层钢框架梁的质量。

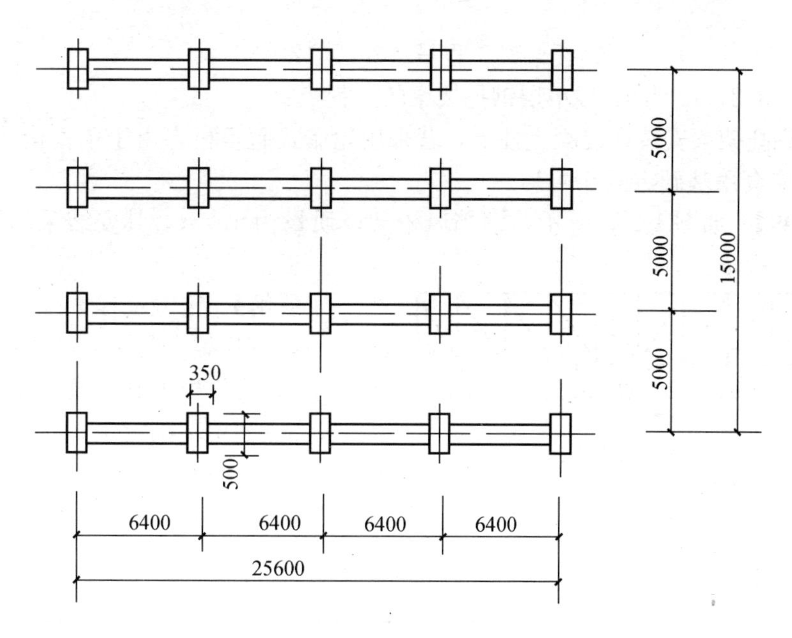

图 1-256 钢框架结构图

(2) 工料用量见下表。本例钢托架梁安装在钢柱上，采用轮胎式起重机。

钢托架梁安装工料用量表

名称	人工	电焊条	垫铁	氧气	乙炔气	方垫木	麻袋	支撑方木	圆木	二等板方材	镀锌钢丝8号	麻绳	20t 轮胎起重机	交流电焊机30kVA
单位	工日	kg	kg	m^3	m^3	m^3	条	m^3	m^3	m^3	kg	kg	台班	台班
用量	23.33	40.39	6.26	10.8	4.54	0.022	2.59	0.043	0.108	0.022	4.97	0.432	1.08	4.75

【例 1-248】 如图 1-257 所示框架建筑，其中钢托架梁安装在混凝土柱上，梁单根质量 3.2t，计算现场安装单层钢托架梁的工程量。

【解】 定额工程量：

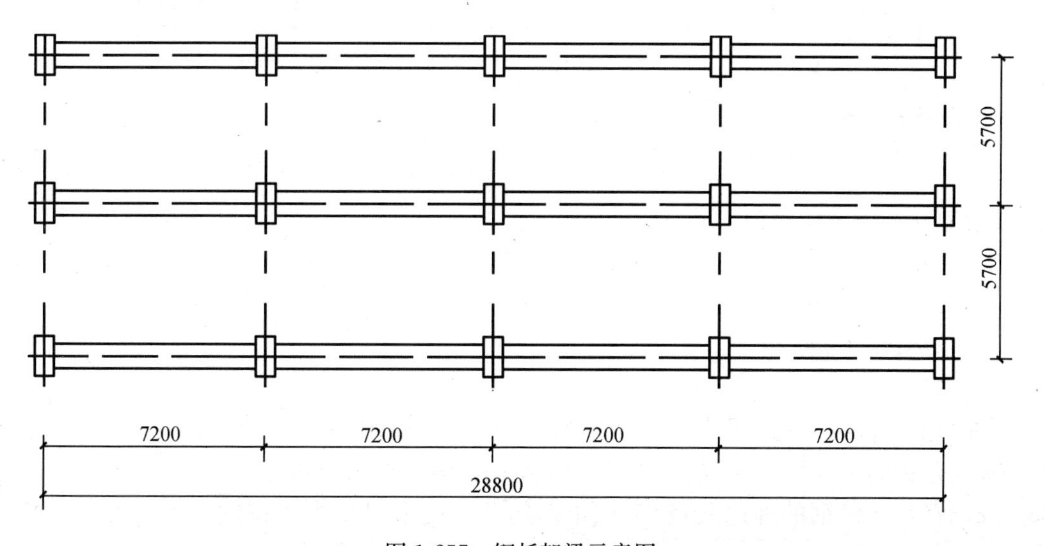

图 1-257 钢托架梁示意图

钢托架梁工程量＝3.2×12＝38.4t

【注释】 3.2×12 为 12 根单层钢托架梁的工程量。

说明：钢托架梁安装在混凝土柱上，若采用轮胎式起重机，由于单根构件质量 3.2t，大于 2.5t，应套用基础定额 6-441。

【例 1-249】 如图 1-258 所示，钢挡风桁架，质量为 1.75t，其安装采用履带式起重机，计算其工程量。

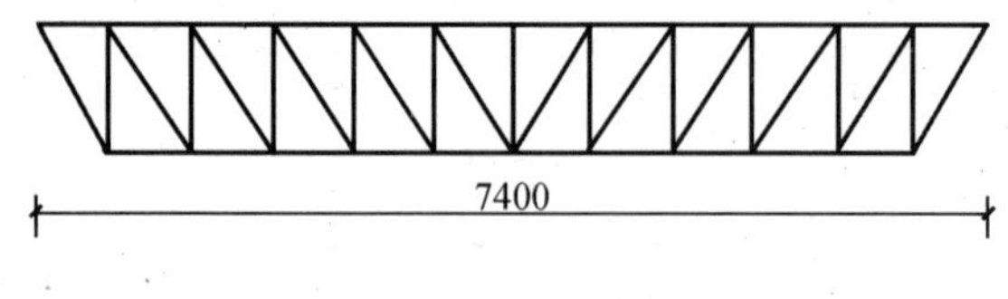

图 1-258 钢挡风桁架示意图

【解】 定额工程量：

钢桁架安装工程量 T＝1.75t

说明：根据其安装采用履带式起重机，应套用基础定额 6-442。

【例 1-250】 已知某框架结构内钢墙架安装，钢墙架共 36 个，每个构件为L 70×8 型角钢焊接制作而成，尺寸如图 1-259 所示，计算其安装工程量。

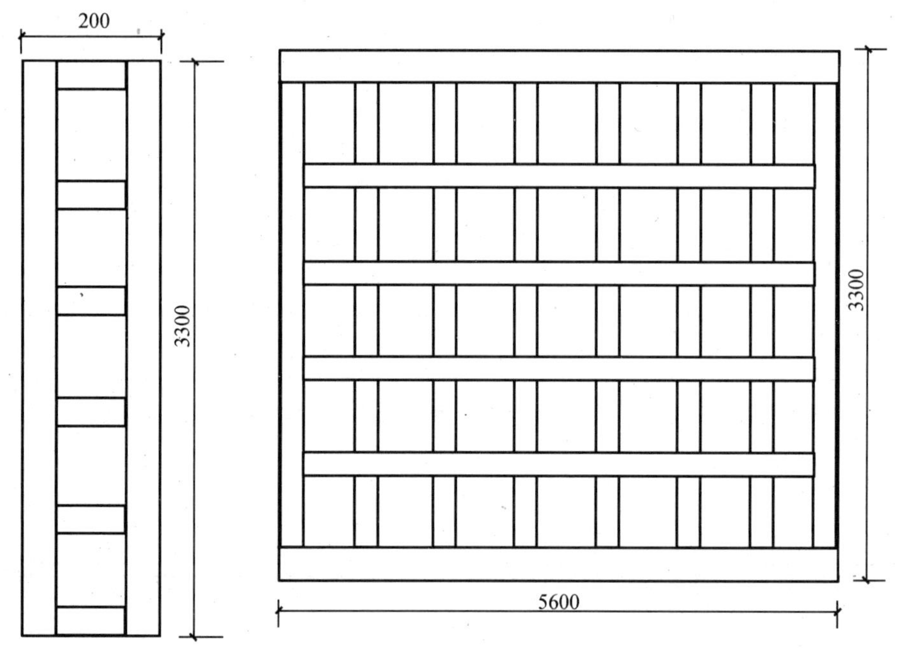

图 1-259 钢墙架示意图

【解】 L 70×8 型角钢 ρ＝8.37kg/m

T＝(5.6×12＋3.3×16＋0.2×28)×8.37×36

＝1051.27×36

＝37845.72kg

≈37.85t

【注释】 [5.6(示意图中横向角钢的长度)×12(示意图中横向角钢的根数)＋3.3(示意图中纵向角钢的长度)×16(示意图中纵向角钢的根数)＋0.2(示意图中角钢分布的尺寸)×28]×8.37(每米角钢的理论质量)为该角钢的总长度乘以每米角钢的质量，为角钢的工程量。

说明：根据单个构件在1t以上，而且采用履带式起重机安装，应套用基础定额6-446。

【例1-251】 已知如图1-260所示，钢檩条采用热轧HW150×150工字型钢制作，共16根，计算其安装工程量。

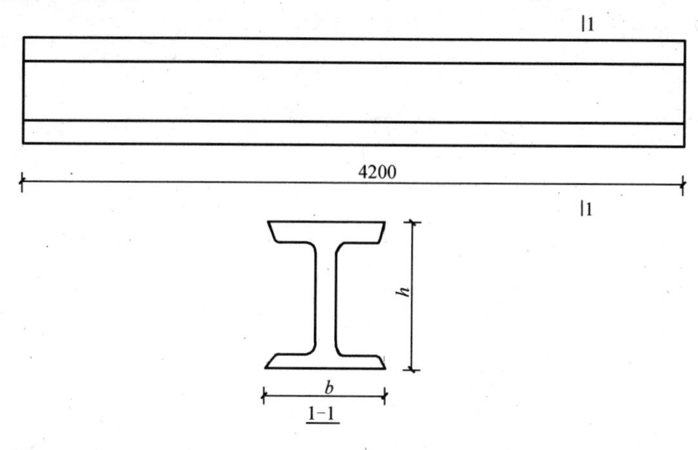

图1-260　钢檩条示意图

【解】 定额工程量：

热轧HW150×150工字型钢　ρ=31.9kg/m

钢檩条安装工程量

$$T=4.2\times31.9\times16=2.14\text{t}$$

【注释】 4.2×31.9(每米钢筋的理论质量)×16(工字型钢的数量)为热轧HW150×150工字型钢的长度乘以每米钢筋的质量，是其工程量。

说明：根据钢檩条每根质量小于0.3t，而且采用轮胎式起重机安装，应套用基础定额6-449。

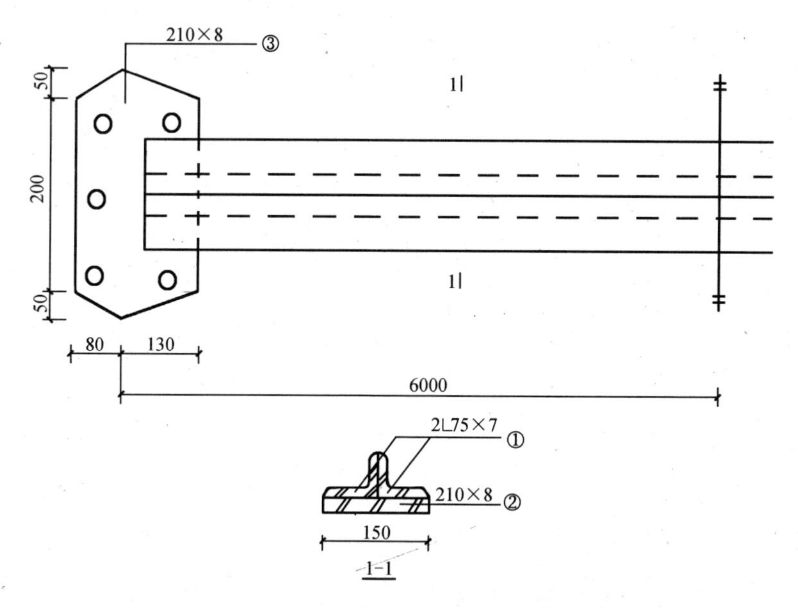

图1-261　钢屋架支撑示意图

【例 1-252】 已知如图 1-261 所示，钢屋架支撑，计算单个支撑安装工程量。

【解】 定额工程量：

热轧角钢L 75×7　ρ=7.98kg/m

扁钢 210×8　ρ=11.77kg/m

钢板 ρ=7828kg/m^3

钢支撑安装工程量：

$$
\begin{aligned}
T &= 6.0\times7.98+6.0\times11.77+0.25\times0.08\times0.21\times7828\times2 \\
&= 47.88+70.62+65.76 \\
&= 184.26\text{kg}\approx0.18\text{t}
\end{aligned}
$$

【注释】 6.0(钢支撑中热轧角钢的长度)×7.98 和 6.0×11.77 为钢支撑中扁钢的长度乘以每米扁钢的质量，为其工程量；0.25(钢板的长度)×0.08(钢板的厚度)×0.21(钢板的宽度)×7828(钢板的理论质量)×2(钢板的根数)为钢板的工程量。

说明：根据钢屋架支撑安装采用履带式起重机，应套用基础定额 6-452。

【例 1-253】 已知如图 1-262 所示，单式柱间支撑，计算其安装工程量。

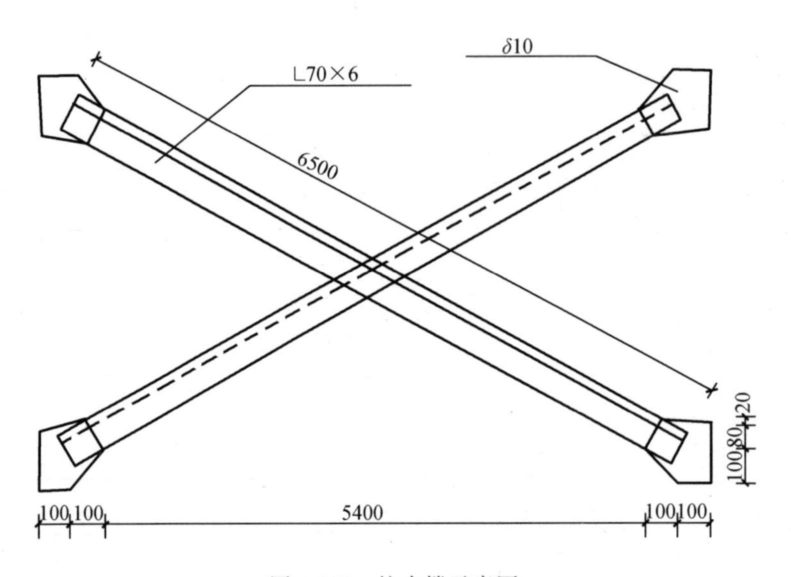

图 1-262　柱支撑示意图

【解】 定额工程量：

热轧角钢L 70×6　ρ=6.41kg/m

钢板　ρ=7828kg/m^3

则单式柱间支撑安装工程量为

$$
\begin{aligned}
T &= 6.5\times2\times6.41+0.2\times0.2\times0.01\times4\times7828 \\
&= 83.33+12.52 \\
&= 95.85\text{kg}\approx0.096\text{t}
\end{aligned}
$$

【注释】 6.5(柱间支撑的长度)×2(支撑中角钢的根数)×6.41 为柱间支撑中角钢的长度乘以每米角钢的质量，为其角钢工程量；0.2×0.2(钢板的截面尺寸)×0.01(钢板的厚度)×4(钢板的数量)为钢板的质量。

说明：根据单式柱间支撑工程量小于 0.14t，而且采用履带式起重机安装，应套用基础定额 6-464。

【例 1-254】 已知如图 1-263 所示复式柱间支撑，计算其安装工程量。

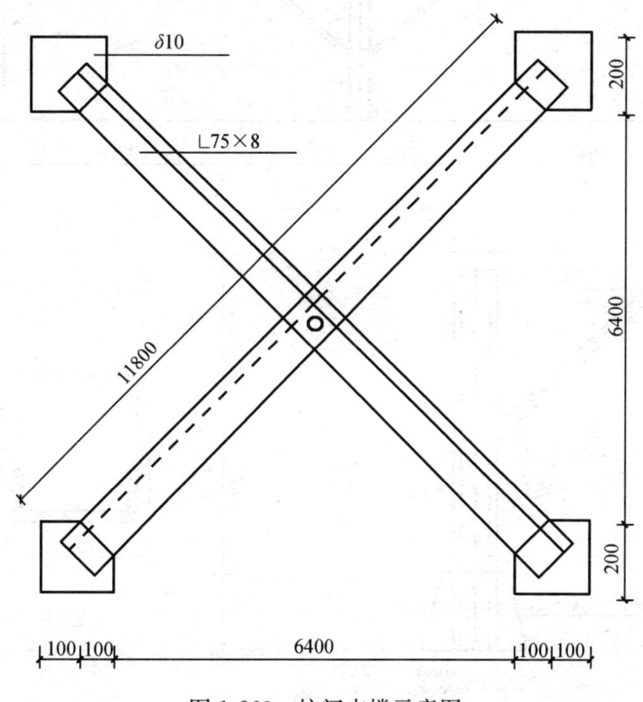

图 1-263　柱间支撑示意图

【解】 定额工程量：

角钢∟75×8　ρ=9.03kg/m

钢板　ρ=7828kg/m^3

则复式柱间支撑安装工程量：

$$T=11.8\times2\times9.03+(0.2\times0.2-0.1\times0.1/2)\times4\times0.01\times7828$$

$$=213.11+10.96$$

$$=224.07\text{kg}\approx0.224\text{t}$$

【注释】 11.8(柱间支撑的长度)×2(支撑中角钢的根数)×9.03 为柱间支撑中角钢的长度乘以每米角钢的质量，为其钢筋工程量，[0.2×0.2(方形钢板的边长)－0.1×0.1/2(钢板折角处小三角的面积)]×4(钢板的个数)×0.01(钢板的厚度)×7828 为钢板的工程量。

说明：根据复式柱间支撑其单件质量小于 0.3t，而且采用轮胎式起重机安装，应套用基础定额 6-473。

【例 1-255】 已知如图 1-264 所示钢平台，计算其安装工程量(钢平台总质量为 2.5t)。

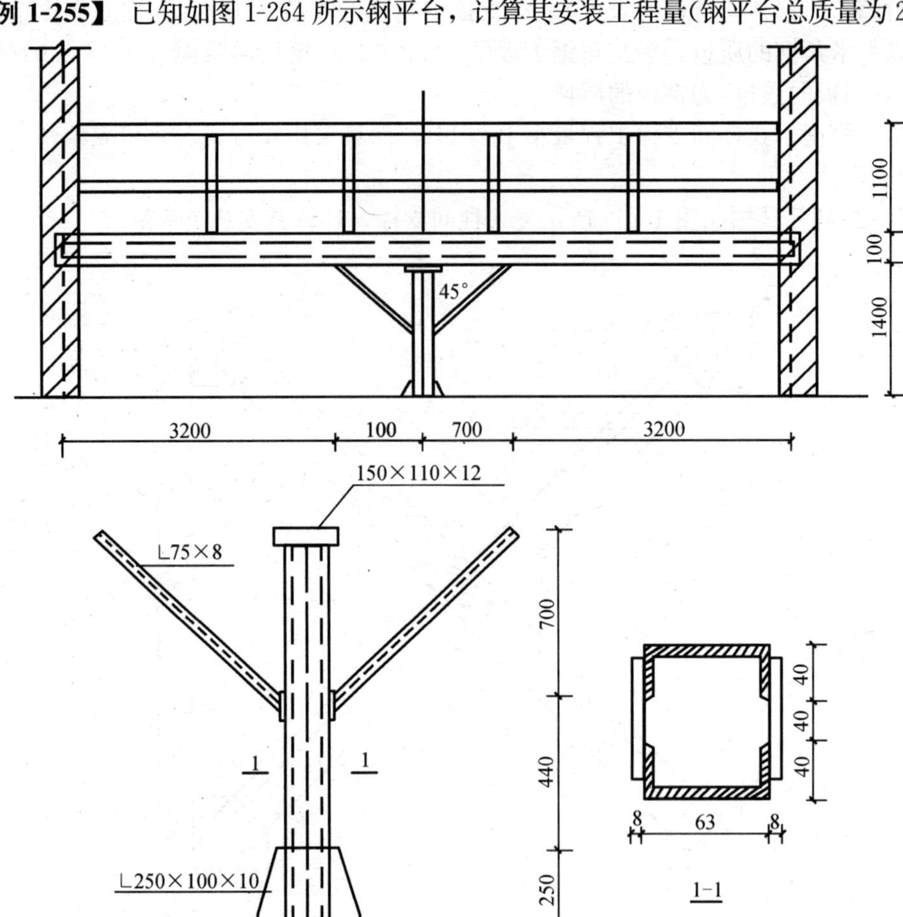

图 1-264 钢平台示意图

【解】 定额工程量：

钢平台安装工程量应等于钢平台总质量

$$T=2.5\text{t}$$

说明：根据该钢平台主要材料为钢板，其安装应套用基础定额 6-480。

【例 1-256】 如图 1-265 所示，为某单层工业厂房的工字形截面钢柱的示意图，求钢柱的安装工程量(钢柱为焊接工字形截面，带有牛腿，所用钢材为 Q345)。

【解】 钢柱柱身钢材质量 $=0.25\times0.01\times2\times10\times7850+0.06\times0.2\times7850\times10$

$=1334.5\text{kg}$

牛腿钢材质量 $=0.01\times0.15\times0.05\times7850$(垫板) $+0.15\times0.25\times0.01\times7850$(上盖板) $+\frac{1}{2}(0.1+0.2)\times(0.15-0.01)\times0.06\times7850$(腹板) $+0.1\times0.01\times0.2\times7850$(下盖板) $+[(0.25-0.06)\times0.05+\frac{1}{2}\times0.1\times(0.15-0.06+0.1)]\times0.01\times7850$(加劲肋)

$=16.093\text{kg}$

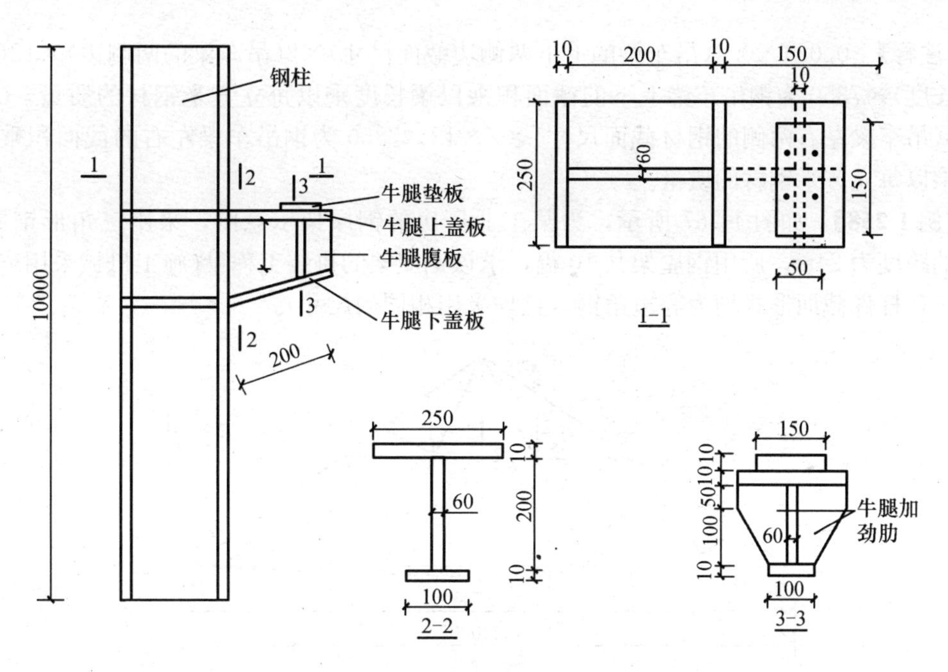

图 1-265 钢柱示意图

则该钢柱的安装工程量＝1334.5＋16.093＝1350.59kg (采用履带式起重机施工)

套用基础定额 6-384。

【注释】 0.25(工字上部钢板的宽度)×0.01(工字上部钢板的厚度)×2(钢板的数量)为钢板的截面积，10 为钢柱的长度；0.06(钢板中间的厚度)×0.2(钢板中间部分的宽度)为钢板的面积，7850 为每立方米钢板的质量。工程量为钢板的体积乘以每立方米钢板的质量计算。

【例 1-257】 如图 1-266 所示，为某厂房的钢吊车梁示意图，求吊车梁的安装工程量(钢材采用 Q235，截面为焊接箱形截面)。

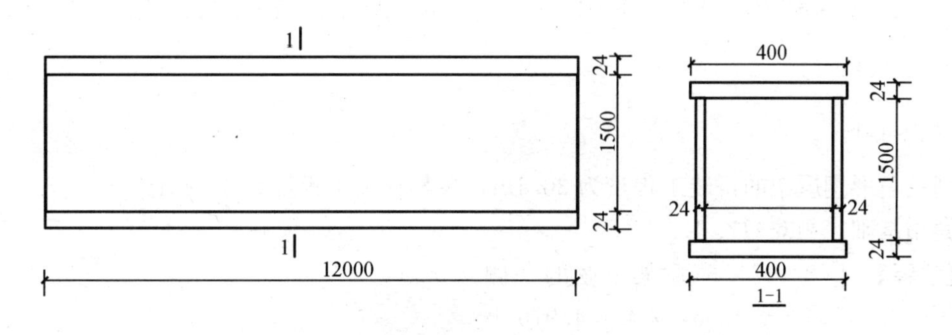

图 1-266 钢吊车梁示意图

【解】 钢吊车梁所用钢材质量＝0.024×0.4×2×12×7850＋0.024×1.5×2×12×7850

＝8591kg＝8.591t

则该吊车梁的安装工程量为 8.59t，采用履带式起重机施工，钢吊车梁安装在钢柱上。

套用基础定额 6-393。

【注释】 0.024×0.4(吊车梁的上下两侧边截面尺寸)×2(吊车梁的两侧边)×12(吊车梁的长度)×7850 为钢吊车梁上下的截面积乘以梁长度乘以每立方米钢材的质量，0.024×1.5(吊车梁左右两侧的钢材截面尺寸)×2×12×7850 为钢吊车梁左右的截面积乘以梁长度乘以每立方米钢材的质量。

【例 1-258】 如图 1-267 所示，为某工业厂房的钢屋架示意图，采用三角形钢屋架，厂房的跨度为 24m，所用钢屋架共 10 榀，求该钢屋架的拼装工程量(施工机械采用塔式起重机，各杆件截面形式均为等边角钢，且均采用相同的尺寸)。

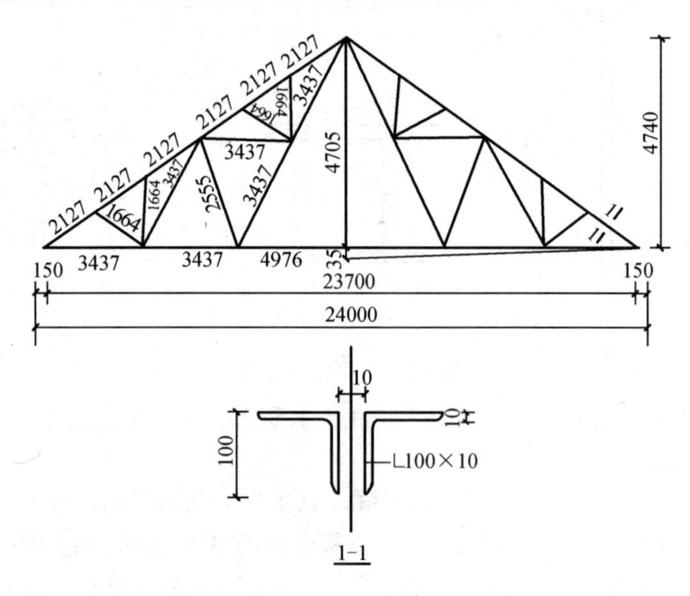

图 1-267 三角形钢屋架示意图

【解】 ∟100×10 的单角钢，质量为 15.12kg/m。

三角形屋架所用钢材的总质量：

[(2.127×6+3.437×6+1.664×4+4.976+2.555)×2+4.705]×2×15.12×10

=30190kg

≈30.19t

则三角形钢屋架的拼装工程量为 30.19t，单榀拼装工程量为 3.019t。

套用基础定额 6-412。

【注释】 [(2.127×6(屋架上弦的一侧长度)+3.437×6+1.664×4+4.976+2.555)×2(屋架的两侧的总长度)+4.705(中间屋架的长度)]×2×15.12(每米钢筋的理论质量)×10(钢屋架有 10 榀)。工程量按屋架的总长度乘以每米钢筋的质量计算。

【例 1-259】 某三角形钢屋架示意图，如图 1-268 所示，求其安装工程量。

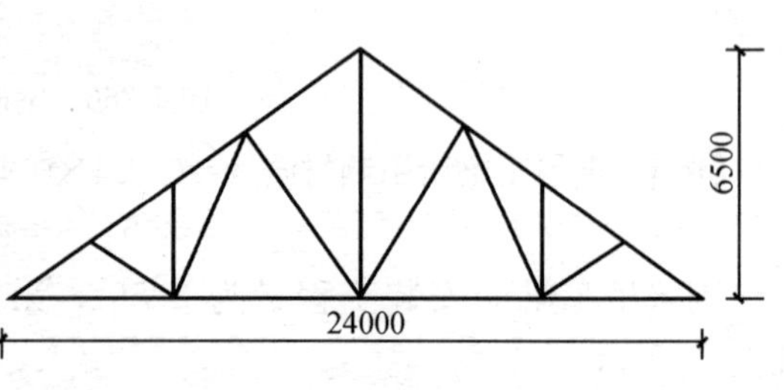

图 1-268 三角形钢屋架示意图

【解】 钢屋架的总质量$=\dfrac{6.5\times24\times\dfrac{1}{2}}{26}=3\text{t}$

则该三角形屋架的安装工程量为3t，采用塔式起重机施工。

套用基础定额6-421。

【注释】 6.5为层架的高度，24为层架的长度。工程量按设计图示尺寸以质量计算。

【例1-260】 某工业厂房的钢柱示意图，如图1-269所示，计算该钢柱的安装工程量。

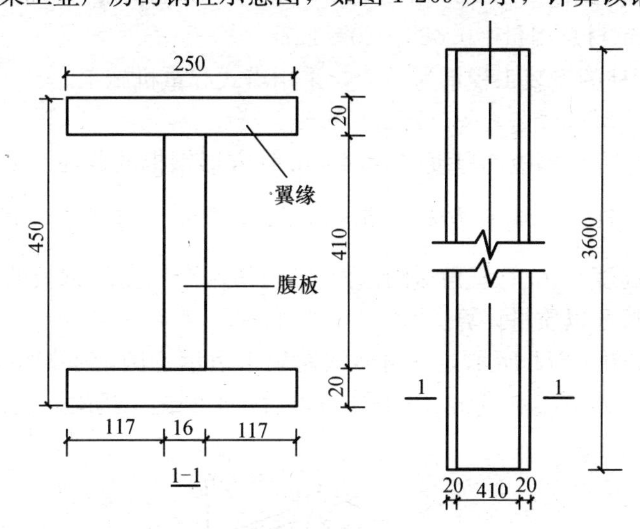

图1-269　H形钢柱示意图

【解】 根据定额工程量计算规则可知，钢柱安装工程量按图示构件钢材质量以"t"计算。

图示H形钢柱所用钢材质量$=0.25\times0.02\times2\times3.6\times7850+0.016\times0.41\times3.6\times7850$

$=468\text{kg}=0.468\text{t}$

则该根钢柱的安装工程量为0.468t，采用轮胎式起重机施工。

套用基础定额6-383。

【注释】 0.25(翼缘的宽度)×0.02(翼缘的厚度)×2(翼缘的数量)×3.6(柱的高度)×7850为H形钢柱两侧翼缘的截面积乘以柱高乘以每立方米钢材的质量，0.016(腹板的厚度)×0.41(腹板的长度)×3.6(柱的高度)×7850为H形钢柱腹板的钢材的工程量。

【例1-261】 如图1-270所示，为一钢管柱，共有20根，求这20根钢管柱的安装工程量。

【解】 钢管柱上下部的垫板为厚度$\delta=8\text{mm}$的方形钢板，三角形钢板的厚度$\delta=6\text{mm}$。

方形钢板的钢材质量(2块)$=7850\times0.008\times0.4\times0.4\times2$

$=20.096\text{kg}$

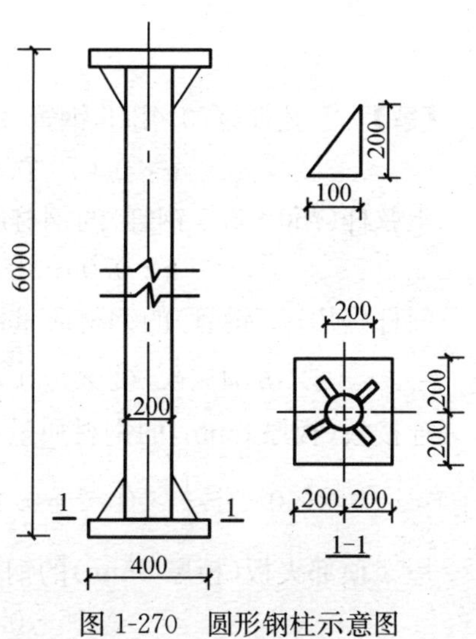

图1-270　圆形钢柱示意图

三角形钢板的钢材质量(8 块)$=7850\times0.006\times8\times\frac{1}{2}\times0.2\times0.1$

$=3.768$kg

钢管的钢材质量$=\underset{(长度)}{(6-0.016)}\times\underset{(每米重量)}{10.26}$

$=61.40$kg

每根钢管柱的钢材用量$=20.096+3.768+61.40=85.264kg\approx0.085$t

20 根钢管柱的钢材总用量$=0.085\times20=1.7$t

则这 20 根钢管柱的安装工程量为 1.7t，采用塔式起重机施工。

套用基础定额 6-388。

【注释】 0.008(方形钢板的厚度)×0.4×0.4(方形钢板的截面尺寸)×2 为方形钢板的截面积乘以厚度，7850 为每立方米钢筋的质量；0.006(三角形钢板的厚度)$\times8\times\frac{1}{2}\times$0.2(三角形的截面高度)×0.1(三角形的截面宽度)为八个三角形钢板的截面积乘以厚度。工程量按设计图示尺寸以质量计算。

【例 1-262】 如图 1-271 所示，三角形钢屋架半边示意图，屋架主要杆件采用钢管，它们再由连接板连接起来，屋架在工厂制作好以后，运到施工场地，进行安装，求该钢屋架的安装工程量。

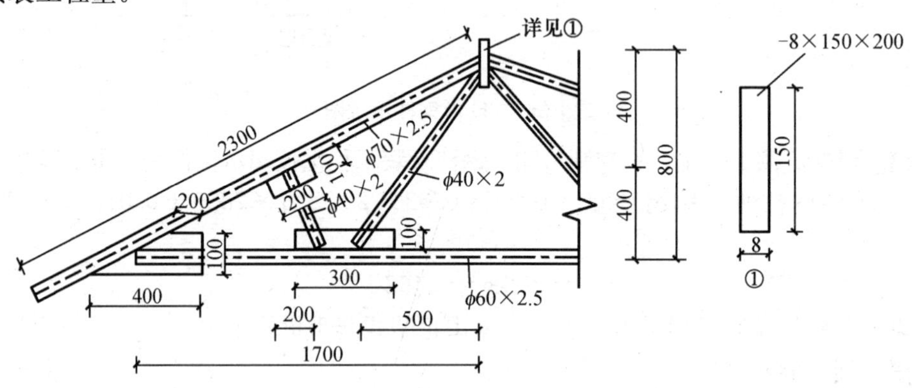

图 1-271 钢管屋架示意图

【解】 上弦杆(φ70×2.5 钢管)的钢材质量：

$$\pi\times0.07\times0.0025\times2.3\times2\times7850=19.84\text{kg}$$

下弦杆(φ60×2.5 钢管)的钢材质量：

$$\pi\times0.06\times0.0025\times1.7\times2\times7850=12.56\text{kg}$$

斜杆(φ40×2 钢管)的钢材质量：

$$\pi\times0.04\times0.002\times(\sqrt{0.4^2+0.2^2}+\sqrt{0.5^2+0.8^2})\times7850=2.744\text{kg}$$

连接板(板厚 8mm)的钢材质量：

$$[0.2\times0.1+\frac{1}{2}\times(0.2+0.4)\times0.1+0.3\times0.1]\times0.008\times7850=5.024\text{kg}$$

屋架顶部夹板(板厚 8mm)的钢材质量：

$$0.15\times0.2\times0.008\times7850=1.884\text{kg}$$

钢材的总用量：

19.84＋12.56＋2.744＋5.024＋1.884＝42.052kg≈0.0421t

则该钢屋架的安装工程量为 0.0421t （每榀钢屋架质量小于 1t，按轻钢屋架计算），采用履带式起重机施工。

套用基础定额 6-413。

【注释】 2.3 为上弦杆的长度，π×0.07(上弦钢管的外径)×0.0025(钢管壁的厚度)为上弦杆的截面积；$\sqrt{0.4^2+0.2^2}+\sqrt{0.5^2+0.8^2}$为斜杆的长度。工程量以钢材的体积乘以每立方米钢材的质量按质量计算。

说明：由于该三角形屋架采用圆钢，故其属于轻钢屋架，套用定额时应选择对应轻钢屋架的子目。

【例 1-263】 如图 1-272 所示，为某厂房的钢天窗架示意图，求该天窗的安装拼装工程量。

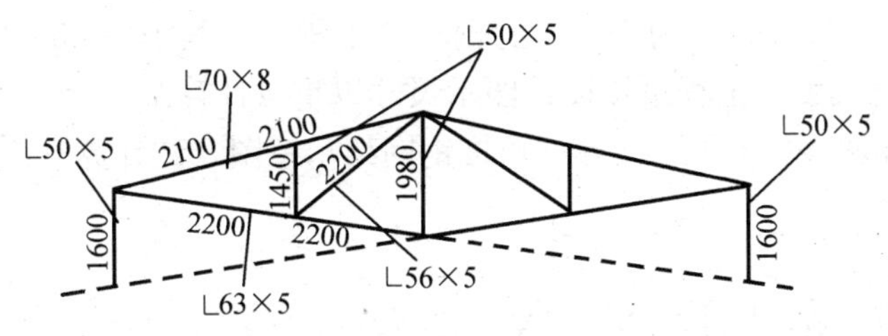

图 1-272　钢天窗架示意图

【解】 此钢天窗架均采用等边角钢，如图 1-272 所示。

单∟70×8 钢材用量：2.1×2×2×8.3＝69.72kg

单∟50×5 钢材用量：(1.45＋1.98＋1.45＋1.6×2)×3.77＝30.462kg

单∟63×5 钢材用量：2.2×4×4.82＝42.416kg

单∟56×5 钢材用量：2.2×2×4.25＝18.7kg

钢材的总用量：(69.72＋30.462＋42.416＋18.7)×2＝322.60kg≈0.323t

该天窗架是在工厂预制好以后直接运到工地进行拼装安装的，有拼装安装两个工程量。

则该钢天窗架的安装工程量为 0.324t，采用轮胎式起重机施工。

套用基础定额 6-431。

该钢天窗架的拼装工程量为 0.324t。

套用基础定额 6-427。

【注释】 2.1×2×2(∟70×8 钢材的总长度)×8.3(每米钢材的理论质量)为钢材的总长度乘以每米钢材的质量。工程量按设计图示尺寸以质量计算。

【例 1-264】 如图 1-273 所示，为三铰拱式钢天窗架示意图，试计算该天窗的拼装安装工程量

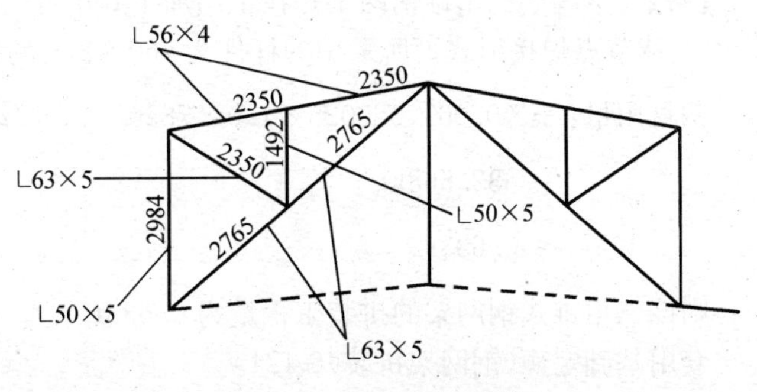

图 1-273　钢天窗架示意图

(杆件均为双等边角钢)。

【解】 该三铰拱式钢天窗架在工厂制作两个对称的半边部分，然后在现场进行拼装，其工程量计算如下。

双角钢L 56×4 的钢材用量：3.45×2.35×4=32.43kg

双角钢L 50×5 的钢材用量：3.77×(2.984+1.492)×2=33.749kg

双角钢L 63×5 的钢材用量：4.82×(2.765×4+2.35×2)=75.963kg

钢材的总用量：32.43+33.749+75.963=142.142kg≈0.142t

则该三铰拱式钢天窗架的接装工程量为 0.142t，采用轮胎式起重机施工。

套用基础定额 6-427。

其安装工程量为 0.142t。

套用基础定额 6-431。

套用基础定额 6-431。

【注释】 (3.45×2.35×4)为 56×4 的钢材的工程量，其中 3.45 为每米钢筋的重量，2.35×4 为钢筋的总长度；工程量按设计图示尺寸以重量计算。

【例 1-265】 如图 1-274 所示，为三角锥钢网架示意图，试计算其拼装工程量。

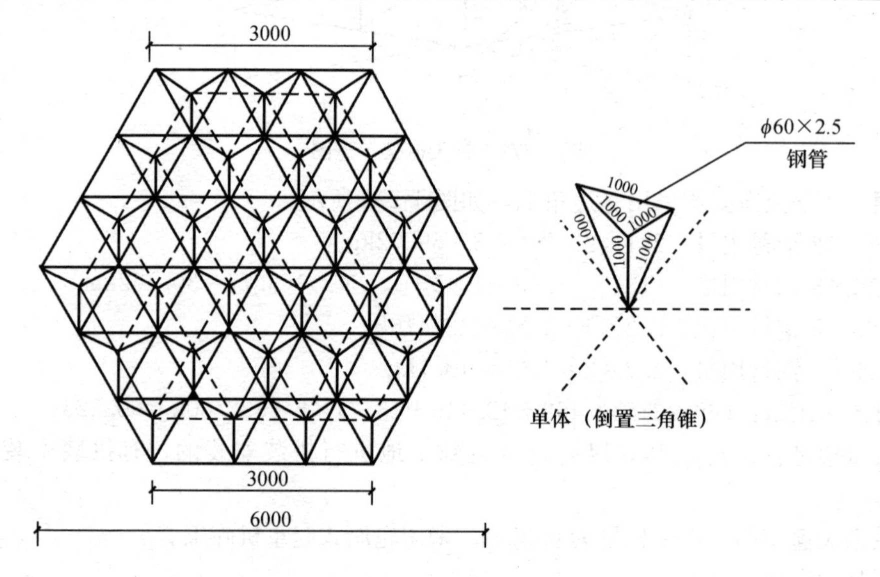

图 1-274 三角锥钢网架示意图

【解】 本题中三角锥钢网架是在工厂加工好单件之后在工地进行拼装的，杆件采用的是钢管-球节点焊接形式。所采用的杆件为 ϕ60×2.5 的钢管。

钢材用量：π×0.06×0.0025×1.0×7850×(6×27+9)

=632.568kg

≈0.633t

则该三角锥式钢网架的拼装工程量为 0.633t。

套用基础定额(钢网架拼装)6-424。

安装工程量=拼装工程量=0.633t

套用基础定额(钢网架安装)6-425。

【注释】 π×0.06(钢管的外径长度)×0.0025(钢管壁的厚度)×1.0(钢材的长度)为钢材的截面积，6×27+9为钢材总长度，7850为每立方米钢材的质量。工程量按设计图示尺寸以质量计算。

说明：钢网架拼装定额中不包括拼装后所用材料，使用定额时，可按实际施工方案进行补充。

第二章　厂库房大门、特种门、木结构工程(A. 5)

项目编码：010501001　　项目名称：木板大门

【例 2-1】 某厂房大门为一木板大门，如图 2-1 所示，平开式不带采光窗，有框，两扇门，洞口尺寸 3m×3.3m，刷底油一遍、调合漆两遍。

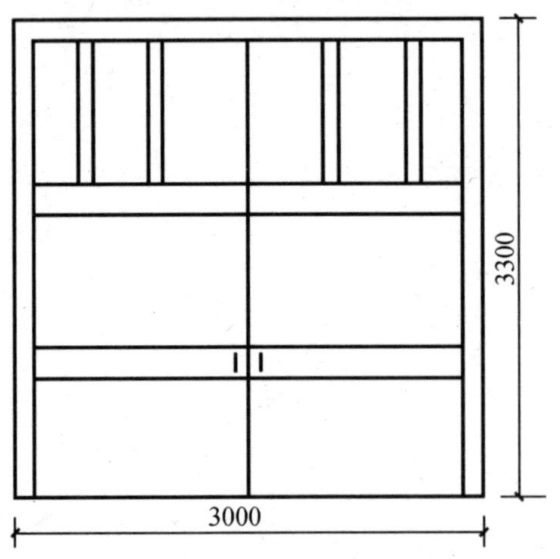

图 2-1　某木板门示意图

【解】 (1) 清单工程量

工程量为 1 樘。

清单工程量计算见下表：

清单工程量计算表

项目编码	项目名称	项目特征描述	计量单位	工程量
010501001001	木板大门	平开式不带采光窗，有框，二扇门，刷底油一遍、调合漆两遍	樘	1

(2) 定额工程量

$$3\times3.3=9.9\text{m}^2$$

【注释】 3(木门的宽度)×3.3(木门的高度)为木板大门的面积。

门扇制作套用基础定额 7-131，门扇安装套用基础定额7-132。

说明：定额工程量按门窗洞口尺寸面积计算；清单工程量按设计图示，数量或设计图示洞口尺寸以面积计算。

项目编码：010501004　　项目名称：特种门

【例 2-2】 某仓库大门为卷闸门，如图 2-2 所示，铝合金材料，尺寸为 3m×3m，刷

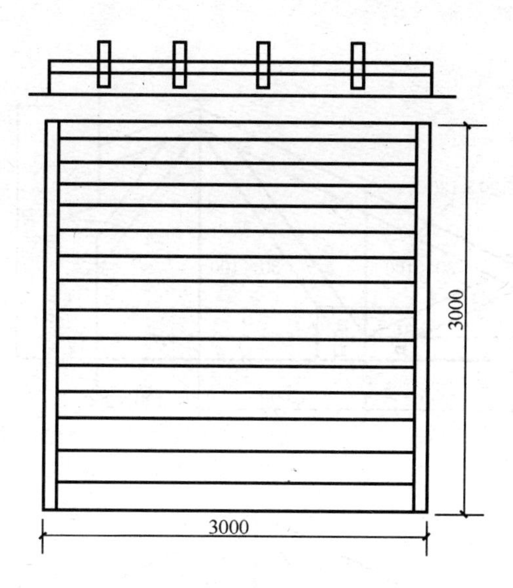

图 2-2　某卷闸门示意图

调合漆两遍。

【解】(1) 清单工程量

工程量为 1 樘。

清单工程量计算见下表：

清单工程量计算表

项目编码	项目名称	项目特征描述	计量单位	工程量
010501004001	特种门	仓库卷闸门铝合金材料，尺寸 3m×3m，刷调合漆两遍	樘	1

(2) 定额工程量

$$3\times(3+0.6)=10.8\text{m}^2$$

套用基础定额 7-294。

【注释】 3×(3+0.6)为门的长度乘以宽度。

说明：定额工程量按门窗洞口面积计算；清单工程量按设计图示数量或设计图示洞口尺寸以面积计算。

项目编码：010502001　　项目名称：木屋架

【例 2-3】 如图 2-3 所示，某杉方木屋架，跨度 12m，共 10 榀，木屋架刷底油一遍、调合漆两遍，求木屋架工程量。

【解】(1) 清单工程量

工程内容包括方木制作及安装、刷油漆。

工程量共 10 榀。

因杉方木制作安装对应综合定额子目计量单位为“m^3”，刷油漆对应装饰装修工程综合定额子目为“$100m^2$”，因此，在进行综合单价计算时，先按定额计算规则计算工程量，再按清单计量单位折合成每榀的综合计价。

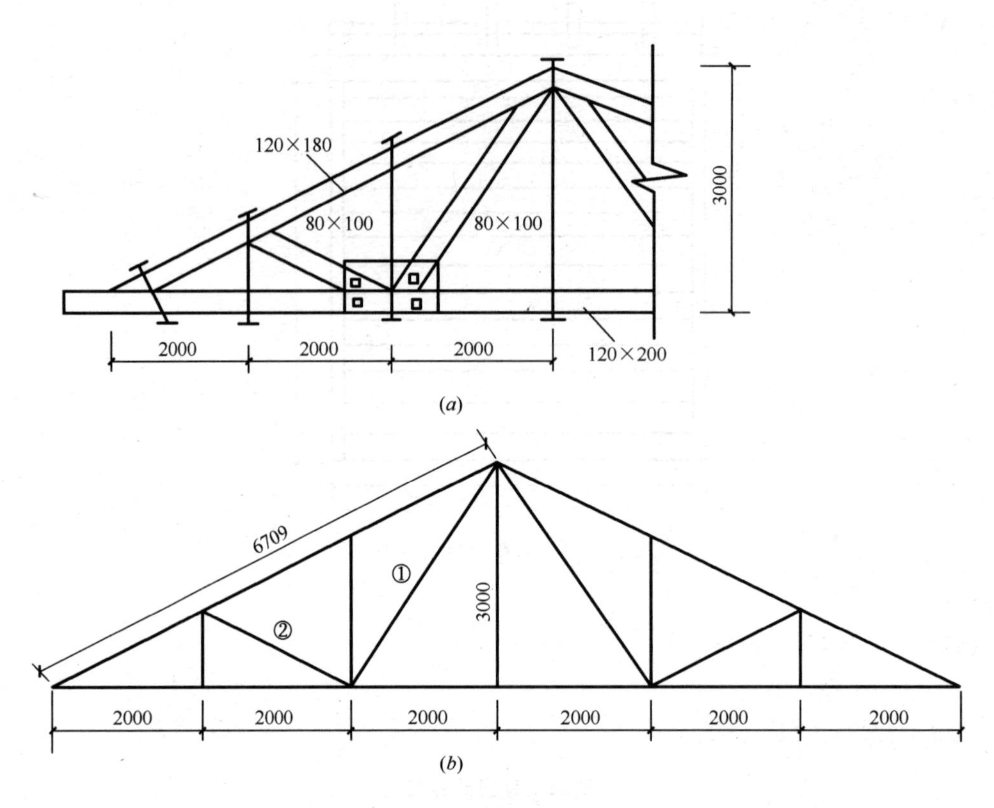

图 2-3 某屋架示意图

(a)屋架立面详图；(b)屋架示意图

1）方木制作安装每榀工程量：

上弦工程量＝6.709×0.12×0.18×2＝0.29m^3

下弦工程量＝12×0.12×0.2＝0.29m^3

斜撑①工程量＝$\sqrt{2^2+3^2}$×0.08×0.1×2＝0.06m^3

斜撑②工程量＝$\sqrt{1^2+2^2}$×0.08×0.1×2＝0.04m^3

2）方木屋架刷油漆工程量：

每榀工程量＝$\frac{1}{2}$×12×3×1.79＝32.22m^2

清单工程量计量单位为榀，按设计图示数量计算。

【注释】 6.709×2(上弦屋架的长度)×0.12(上弦屋架的截面宽度)×0.18(上弦屋架的截面长度)为上弦的长度乘以上弦屋架的截面面积；12(下弦屋架的长度)×0.12(下弦屋架的截面宽度)×0.2(下弦屋架截面的长度)为下弦的长度乘以下弦屋架的截面积；$\sqrt{2^2+3^2}$为斜撑①屋架的长度；$\sqrt{1^2+2^2}$为斜撑②屋架的长度；0.08(两侧屋架的截面宽度)×0.1(两侧屋架的截面长度)×2 为两侧屋架的截面积；$\frac{1}{2}$×12(屋架底的长度)×3(屋架的高度)为屋架顶的面积，1.79 为查表所得。

清单工程量计算见下表：

清单工程量计算表

项目编码	项目名称	项目特征描述	计量单位	工程量
010502001001	木屋架	跨度 12m，上弦杆截面 120mm×180mm，下弦杆截面 120mm×200mm，腹杆截面 80mm×100mm，刷底油一遍、调合漆两遍	榀	10

(2) 定额工程量

上弦工程量$=6.709\times0.12\times0.18\times2$

$=0.29m^3$

下弦工程量$=12\times0.12\times0.2=0.29m^3$

斜撑①工程量$=\sqrt{2^2+3^2}\times0.08\times0.1\times2=0.06m^3$

斜撑②工程量$=\sqrt{1^2+2^2}\times0.08\times0.1\times2=0.04m^3$

方木屋架套用基础定额 7-330。

【注释】 定额工程量计算规则同清单工程量计算规则一样。

说明：刷油漆工程量计算时按其他木材面油漆工程量系数表规定乘以系数 1.79 计算。定额工程量按设计断面竣工木料以“m^3”计算。

项目编码：010501002　　项目名称：钢木大门

【例 2-4】 某推拉式钢木大门，如图 2-4 所示，二面板、两扇门，取定洞口尺寸为 3.0m×3.3m，共 6 樘，刷底油二遍、调合漆一遍。

【解】 (1) 清单工程量

工程量为 6 樘。

因门扇制作安装对应综合定额子目计量单位为“$100m^2$”，刷油漆对应综合定额子目计量单位为“$100m^2$”，因此，先按定额计算规则计算工程量，再折合成每樘的综合计价。

每樘工程量$=3\times3.3=9.9m^2$

清单工程量计算见下表：

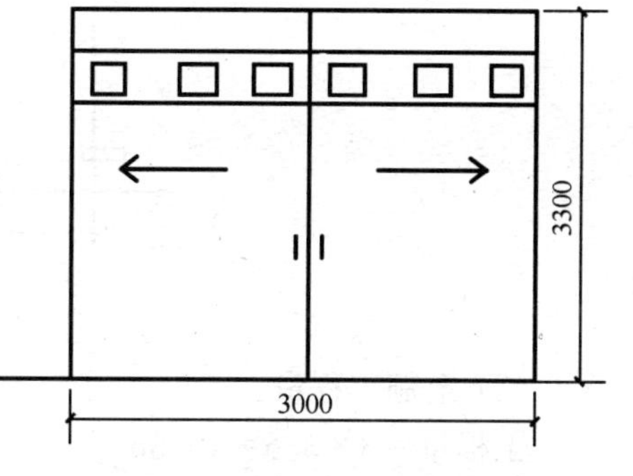

图 2-4　某推拉门示意图

清单工程量计算表

项目编码	项目名称	项目特征描述	计量单位	工程量
010501002001	钢木大门	推拉式，无框，两扇门，刷底油两遍、调合漆一遍	樘	6

(2) 定额工程量

工程量$=3\times3.3=9.9m^2$

【注释】 3×3.3 为门的长度乘以宽度。定额工程量按门窗洞口面积计算；清单工程量按设计图示数量或设计图示洞口尺寸以面积计算。

钢木大门门扇制作套用基础定额 7-145。

门扇安装套用基础定额 7-146。

项目编码：010501003　　项目名称：全钢板大门

【例 2-5】 某厂房采用推拉式全钢板大门，如图 2-5 所示，两面板(防寒型)、一扇门，门洞尺寸为 3m×3.6m，油漆采用聚氨酯漆刷二遍，共 1 樘。

【解】 (1) 清单工程量

工程量为 1 樘。

因门扇制作与安装对应建筑工程综合定额子目计量单位为“100m²”，刷油漆对应装饰装修工程综合定额子目计量单位为“100m²”，因此，按定额工程量计算规则计算工程量，再按清单计量单位折合成每樘综合计价。

1 樘工程量＝3×3.6＝10.8m²

清单工程量计算见下表：

清单工程量计算表

项目编码	项目名称	项目特征描述	计量单位	工程量
010501003001	全钢板大门	推拉式，无框，一扇门，刷聚氯酯漆二遍	樘	1

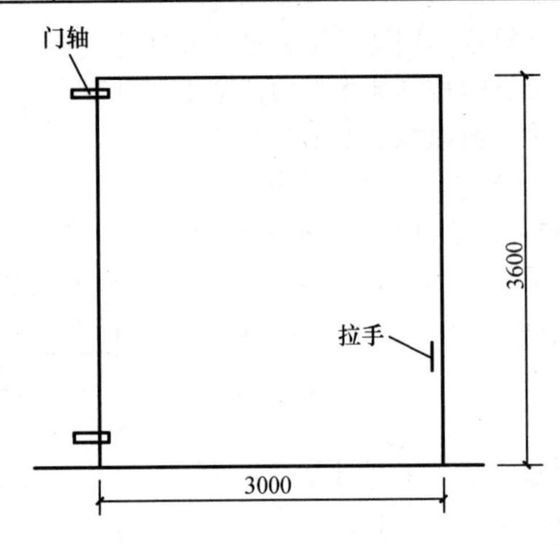

图 2-5　某推拉门示意图

(2) 定额工程量

工程量＝3×3.6＝10.8m²

【注释】 3(门的宽度)×3.6(门的高度)为一扇门的面积。定额工程量按门窗洞口面积计算；清单工程量按设计图示数量或设计图示洞口尺寸以面积计算。

门扇制作套用基础定额 7-147。

门扇安装套用基础定额 7-148。

项目编码：010501004　　项目名称：特种门

【例 2-6】 某仓库冷藏库门如图 2-6 所示，保温层厚 150mm，洞口尺寸 1m×2.1m，共 1 樘，求工程量。

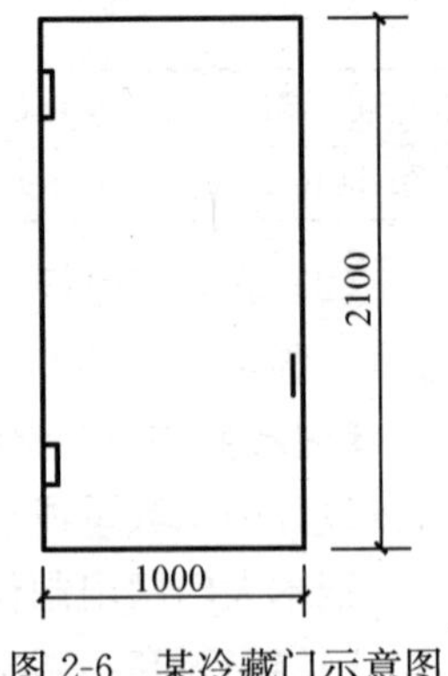

图 2-6　某冷藏门示意图

【解】 (1) 清单工程量

工程量为 1 樘。

清单工程量计算见下表：

清单工程量计算表

项目编码	项目名称	项目特征描述	计量单位	工程量
010501004001	特种门	平开，有框，一扇门，保温层厚 150mm	樘	1

(2) 定额工程量

工程量＝1×2.1＝2.1m²

门樘制作安装套用基础定额 7-151，

门扇制作安装套用基础定额 7-152。

【注释】 定额工程量按门窗洞口面积计算；清单工程量计量单位为樘，按设计图示数量计算。

项目编码：010501005　　项目名称：围墙钢丝门

【例 2-7】 某围墙大门采用钢管框钢丝门，如图 2-7 所示，门洞尺寸为 4m×2.4m，刷底漆一遍、防锈漆两遍，求其工程量。

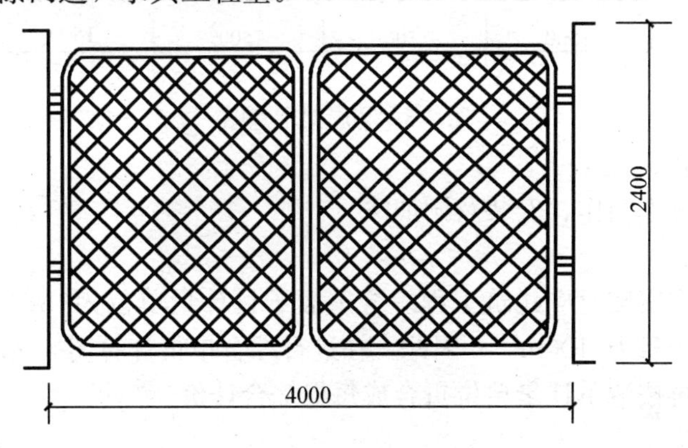

图 2-7　某钢丝门示意图

【解】 (1) 清单工程量

工程量为 1 樘。

清单工程量计算见下表：

清单工程量计算表

项目编码	项目名称	项目特征描述	计量单位	工程量
010501005001	围墙钢丝门	平开，无框，两扇门，刷底漆一遍、防锈漆两遍	樘	1

(2) 定额工程量

工程量＝4×2.4＝9.6m²

【注释】 4(门的宽度)×2.4(门的高度)为门的面积。定额工程量按门窗洞口面积计算；清单工程量按设计图示数量或设计图示洞口尺寸以面积计算。

项目编码：010502002　　项目名称：钢木屋架

【例 2-8】 如图 2-8 所示钢木屋架，上弦、斜撑采用木材，下弦、中柱采用钢材，跨度 6m，共 8 榀，屋架刷调合漆两遍，求钢木屋架工程量。

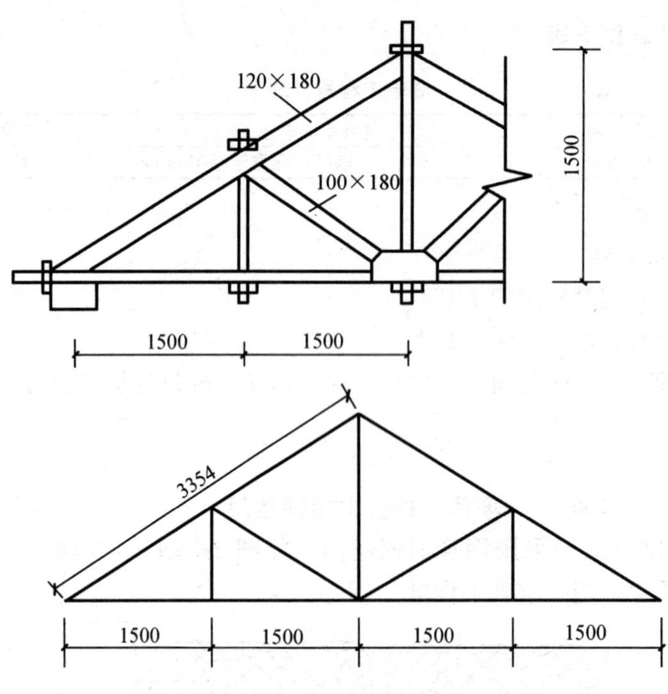

图 2-8 某屋架示意图

【解】 (1) 清单工程量

工程内容包括方木制作、安装及刷油漆。

工程量为 8 榀。

因钢木屋架制作安装对应建筑工程综合定额子目计量单位为"m^3"，刷油漆对应装饰装修工程综合定额子目为"$100m^2$"，因此，在进行综合单价计算时，先按定额工程量计算规则计算工程量，再按清单计量单位折合成每榀综合计价。

每榀工程量：

上弦工程量$=3.354\times0.12\times0.18\times2=0.15m^3$

斜撑工程量$=3.354/2\times0.1\times0.18\times2$

$=0.06m^3$

刷油漆工程量$=\frac{1}{2}\times6\times1.5\times1.79=8.06m^2$

【注释】 3.354(上弦屋架的长度)×0.12(上弦屋架的截面宽度)×0.18(上弦屋架的截面长度)×2 为上弦屋架的长度乘以屋架的截面积；$\frac{1}{2}$×6(屋架底的长度)×1.5(屋架的高度)×1.79(系数值)为屋架的面积乘以查表的定量值。定额工程量按门窗洞口面积计算；清单工程量计量单位为樘，按设计图示数量计算。

清单工程量计算见下表：

清单工程量计算表

项目编码	项目名称	项目特征描述	计量单位	工程量
010502002001	钢木屋架	跨度 6m，上弦木材截面 120mm×180mm，斜撑木材截面 100mm×180mm，刷底调合漆两遍	榀	8

(2) 定额工程量

每榀工程量：

上弦工程量＝3.354×0.12×0.18×2＝0.15m^3

斜撑工程量＝3.354/2×0.1×0.18×2＝0.06m^3

钢木屋架套用基础定额 7-334。

【注释】 本例定额工程量同清单工程量一样。

项目编码：010503003　　项目名称：木楼梯

【例 2-9】 某住宅楼木楼梯如图 2-9 所示(标准层)，踏步尺寸为 300mm×150mm，墙厚 240mm，楼梯栏杆 ϕ50，硬木扶手 ϕ80，材质均为杉木，求木楼梯工程量。

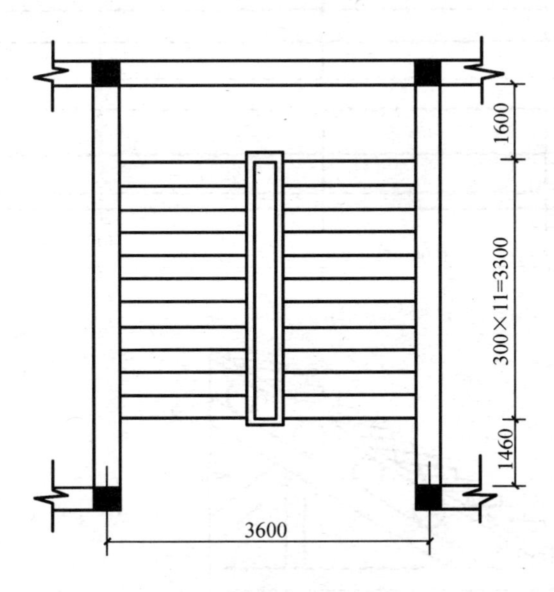

图 2-9　木楼梯示意图

【解】 (1) 清单工程量

工程量＝(3.6－0.24)×(3.3＋1.6)＝16.46m^2

【注释】 [(3.6－0.24)(楼梯的水平面的宽度)×(3.3＋1.6)(楼梯水平面的长度)]为楼梯水平面积。工程量按设计图示尺寸以水平投影面积计算，不扣除宽度小于 0.3m 的楼梯井，伸入墙内的部分不计算。

清单工程量计算见下表：

清单工程量计算表

项目编码	项目名称	项目特征描述	计量单位	工程量
010503003001	木楼梯	杉木，刷底油两遍、调合漆两遍	m^2	16.46

(2) 定额工程量

工程量＝(3.6－0.24)×(3.3＋1.6)＝16.46m^2

木楼梯套用基础定额 7-350。

【注释】 定额工程量计算规则同清单工程量计算规则一样。

项目编码：010503004　　项目名称：其他构件

【例 2-10】 如图 2-10 所示，简支木檩条，共计 36 根，材质为杉木，刷底油两遍、调和油两遍，求工程量并套定额。

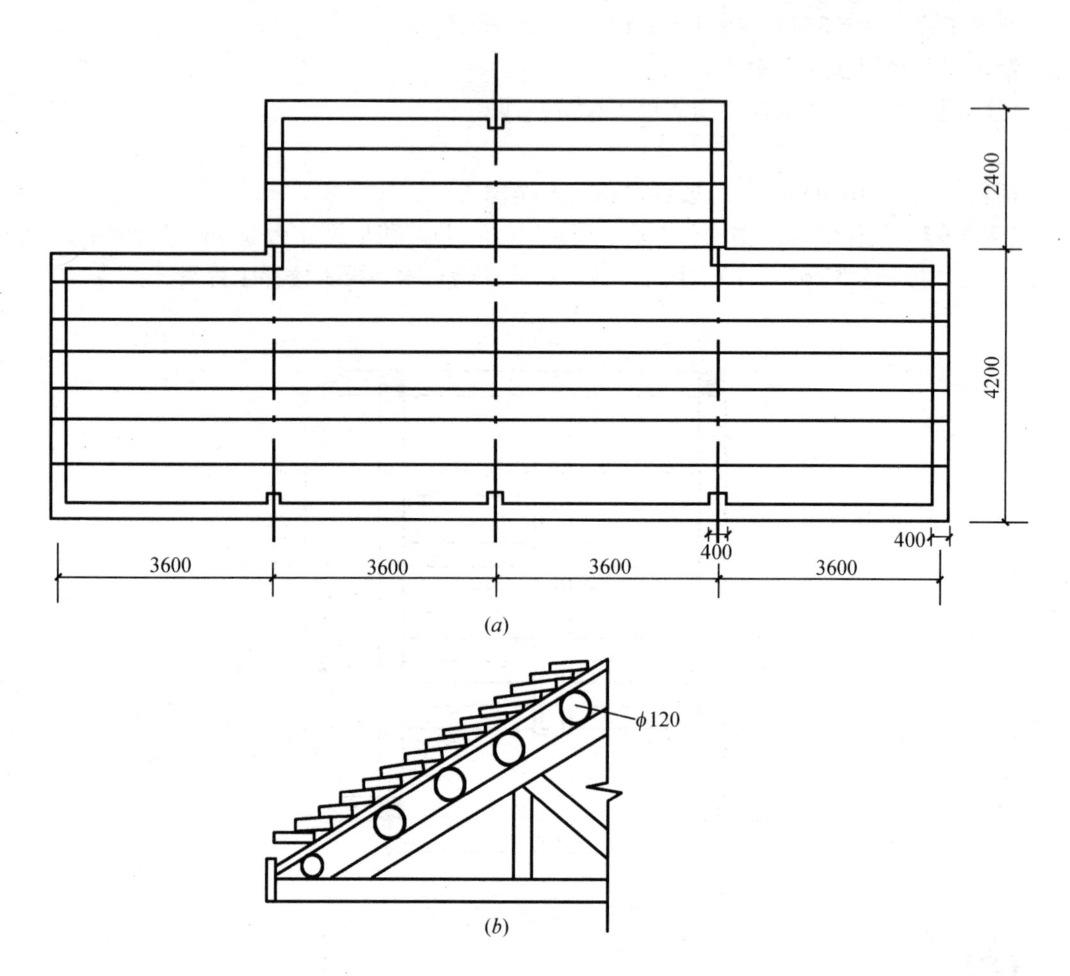

图 2-10　木檩条示意图

(a)木檩条示意图；(b)木檩条剖面示意图

【解】 (1) 清单工程量

$$工程量=36\times\frac{\pi}{4}\times0.12^2\times(3.6+0.2)=1.55m^3$$

【注释】 36 为根数，$\frac{\pi}{4}\times0.12$(木檩条的直径)^2 为木檩条的截面积，3.6+0.2 为木檩条的长度。工程量按设计图示尺寸以体积计算。

清单工程量计算见下表：

清单工程量计算表

项目编码	项目名称	项目特征描述	计量单位	工程量
010503004001	木檩条	木檩条，直径 120mm，杉木，刷底油两遍、调合漆两遍	m^3	1.55

(2) 定额工程量

$$工程量=36\times\frac{\pi}{4}\times0.12^2\times(3.6+0.2)=1.55m^3$$

综合计价套用基础定额 7-338。

圆檩木套基础定额 7-338。

【注释】 定额工程量计算规则同清单工程量计算规则一样。

项目编码：010503002　　项目名称：木梁

【例 2-11】 某圆形木梁尺寸如图 2-11 所示，直径 20cm，刷调合漆两遍，试计算圆木梁工程量并套定额。

【解】 (1) 清单工程量

$$工程量=3.6\times\frac{\pi}{4}\times0.2^2$$
$$=0.11m^3$$

【注释】 3.6(圆形木梁的长度)$\times\frac{\pi}{4}\times$0.2(圆形木梁的直径)^2 为梁的长度乘以梁的截面面积。工程量按设计图示尺寸以体积计算。

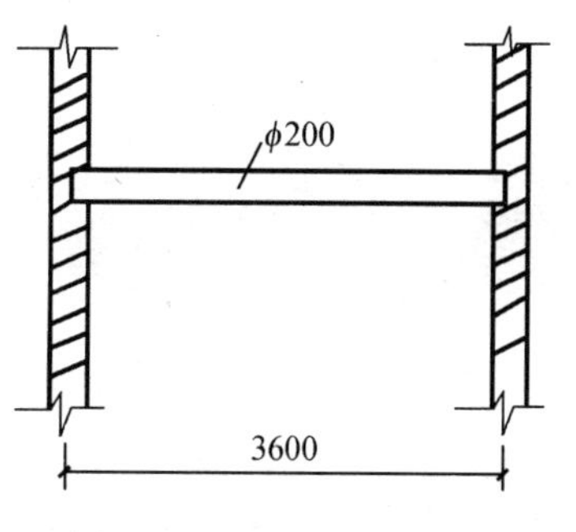

图 2-11 圆形木梁示意图

清单工程量计算见下表：

清单工程量计算表

项目编码	项目名称	项目特征描述	计量单位	工程量
010503002001	木梁	槐木，圆形木梁，直径 200mm，长3.6m，刷调合漆两遍	m^3	0.11

(2) 定额工程量

$$工程量=3.6\times\frac{\pi}{4}\times0.2^2$$
$$=0.11m^3$$

计价套用基础定额 7-353。

【注释】 定额工程量计算规则同清单工程量计算规则一样。

项目编码：010503001　　项目名称：木柱

【例 2-12】 某工程采用如图 2-12 所示方杉木柱，尺寸为 250mm×300mm，高 4.2m，刷调合漆两遍，试计算方木柱工程量并套定额。

【解】 (1) 清单工程量

$$工程量=4.2\times0.25\times0.3=0.32m^3$$

【注释】 4.2(柱的高度)×0.25(柱的截面宽度)×0.3(柱的截面 长度)为柱的高度乘以柱的截面积。工程量按设计图示尺寸以体积计算。

清单工程量计算见下表：

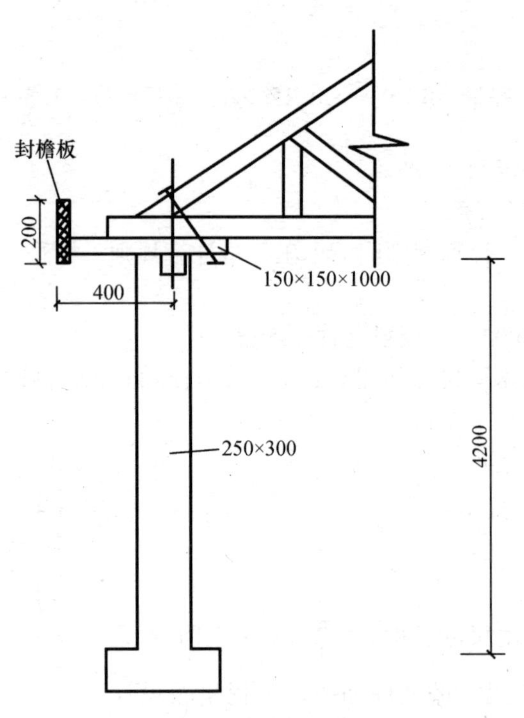

图 2-12　方木柱示意图

清单工程量计算表

项目编码	项目名称	项目特征描述	计量单位	工程量
010503001001	方木柱	高 4.2m，截面 250mm × 300mm，杉木，刷调合漆两遍	m^3	0.32

(2)定额工程量

$$工程量 = 4.2 \times 0.25 \times 0.3$$
$$= 0.32m^3$$

套用基础定额 7-352。

【注释】 定额工程量计算规则同清单工程量计算规则一样。

项目编码：020107002　　项目名称：硬木扶手带栏杆

【例 2-13】 如图 2-13 所示，一合上双分木楼梯，尺寸如图所示，刷调合漆两遍，求木扶手工程量并套定额。

【解】 (1)清单工程量

$$工程量 = (3.3 \times 1.14 \times 2 + 0.33) \times 2 = 15.71m$$

【注释】 3.3(一节楼梯扶手的长度)×1.14(系数值)为楼梯间扶手的长度，0.33 为楼梯井处扶手长度。工程量按设计图示尺寸以扶手的中心线长度计算。

清单工程量计算见下表：

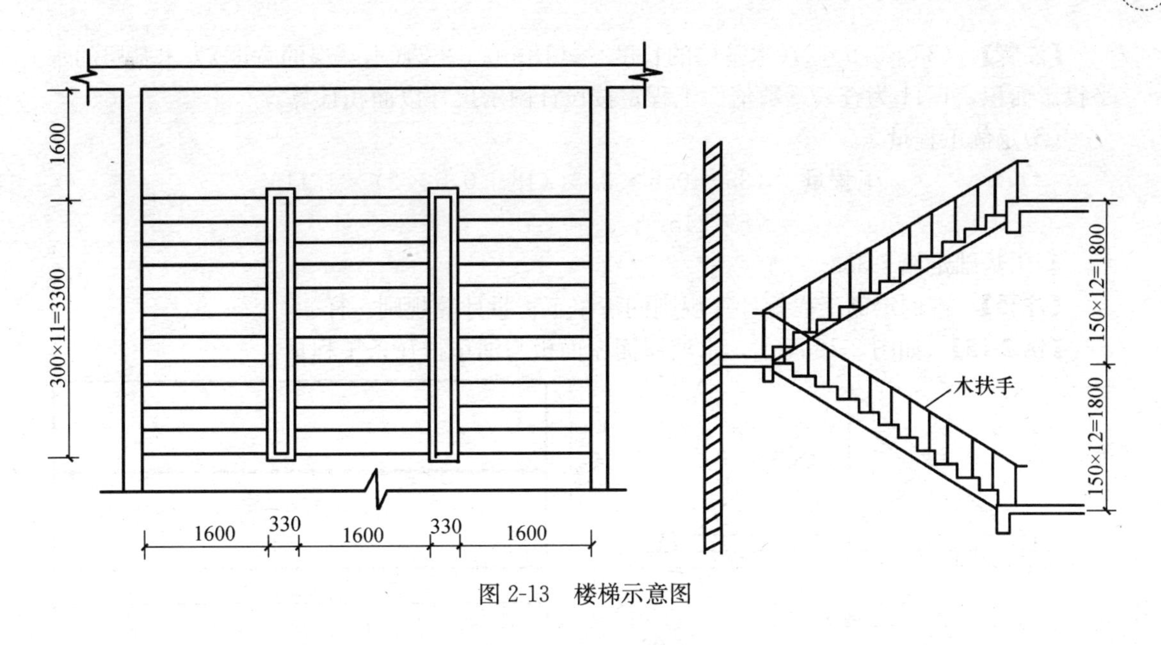

图 2-13　楼梯示意图

清单工程量计算表

项目编码	项目名称	项目特征描述	计量单位	工程量
020107002001	硬木扶手带栏杆	柳木扶手，刷调合漆两遍	m	15.71

(2)定额工程量

$$工程量=(3.3\times1.14\times2+0.33)\times2=15.71m$$

套用基础定额 1-203、1-212、5-003。

【注释】 定额工程量计算规则同清单工程量计算规则一样。

【例 2-14】 如图 2-14 所示木基层，刷调合漆两遍，试计算木基层的工程量。

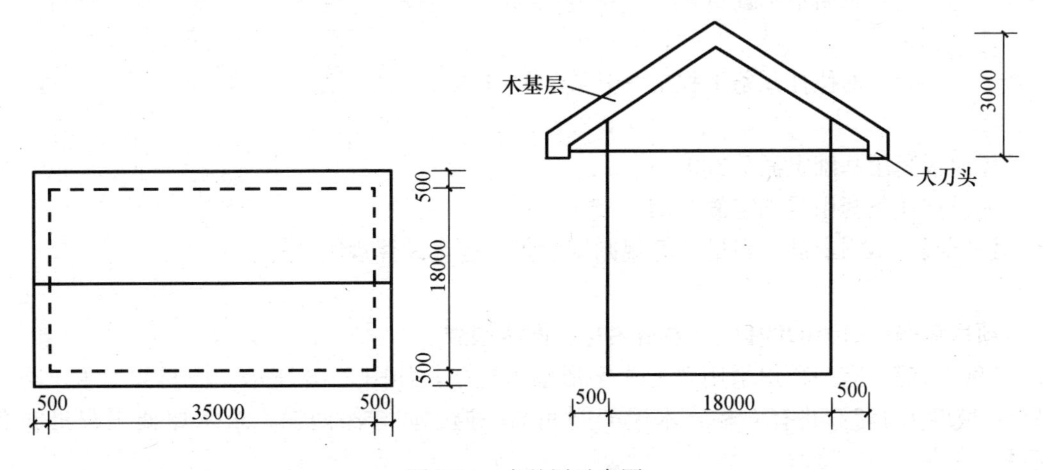

图 2-14　木基层示意图

【解】 (1)清单工程量

$$工程量=(35+0.5\times2)\times(18+0.5\times2)\times1.11=759.24m^2$$

【注释】 (35+0.5×2)(木基层的长度)×(18+0.5×2)(木基层的宽度)为木基层的水平投影面积，1.11 为查表系数值。工程量按设计图示尺寸以面积计算。

(2)定额工程量

$$工程量=(35+0.5\times2)\times(18+0.5\times2)\times1.11=759.24m^2$$

套用基础定额 7-338。

【注释】 本例定额工程量计算规则同清单工程量计算规则一样。

【例 2-15】 如图 2-15 所示，求坡屋面屋面板与油毡挂瓦条工程量。

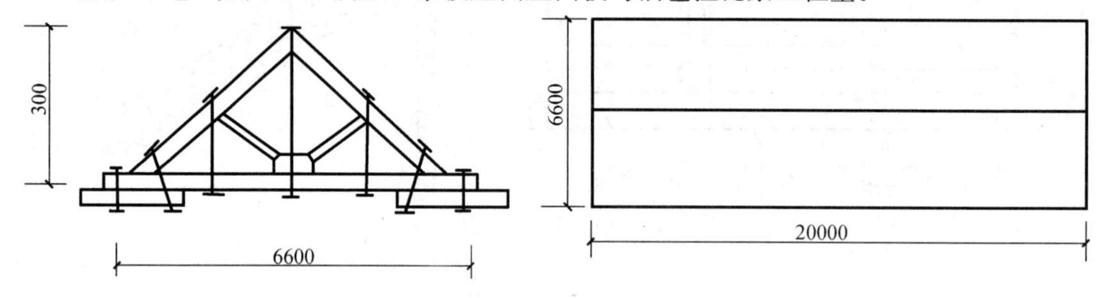

图 2-15 坡屋面示意图

【解】 (1)清单工程量

$$屋面板工程量=6.6\times20\times1.351=178.33m^2$$

$$油毡挂瓦条工程量=6.6\times20\times1.351=178.33m^2$$

【注释】 6.6(屋面的宽度)×20(屋面的长度)×1.351 为屋面的长度乘以宽度乘以查表得出的系数。工程量按设计图示尺寸以面积计算。

(2)定额工程量

$$屋面板工程量=6.6\times20\times1.351=178.33m^2$$

$$油毡挂瓦条工程量=6.6\times20\times1.351=178.33m^2$$

屋面板套用基础定额 7-339。

油毡挂瓦条套用基础定额 7-345。

【注释】 本例定额工程量计算规则同清单工程量计算规则一样。

项目编码：010502001　　项目名称：圆木屋架

【例 2-16】 有一厂房采用普通人字形圆木屋架，如图 2-16 所示，原料为杉木，跨度 12m，坡度为 1/2，共有 6 榀，木屋架刷底油一遍、调合漆两遍，求木屋架工程量并套定额。

【解】 (1)清单工程量

工程内容包括圆木制作安装及刷油漆。

工程量为 6 榀。

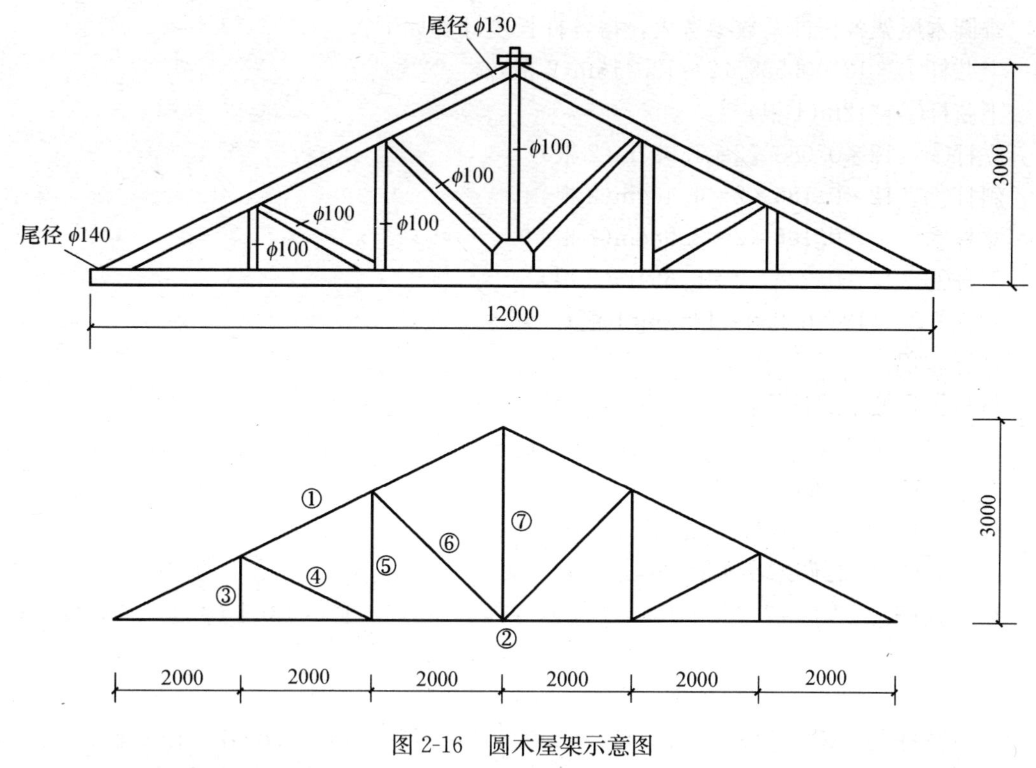

图 2-16　圆木屋架示意图

清单工程量计算见下表：

清单工程量计算表

项目编码	项目名称	项目特征描述	计量单位	工程量
010502001001	圆木屋架	跨度 12m，杉木，上弦杆 φ130mm，腹杆 φ100mm，刷底油一遍、调合漆两遍	榀	6

因杉圆木制作安装对应建筑工程定额子目计量单位为“m^3”，刷油漆对应装饰装修工程综合定额子目为“$100m^2$”，因此在进行综合单价计算时，先按定额计算规则计算工程量，再按清单计价单位折合成每榀的综合计价。

1)圆木屋架制作、安装工程量计算：

$$V_{总} = (V_1 + \cdots + V_7) \times 6$$

$$= 6.32m^3$$（计算方法与定额计算方法相同）

2)圆木屋架刷油漆工程量计算：

每榀工程量$=\frac{1}{2}\times12\times3\times1.79=32.22m^2$

总工程量$=32.22\times6=193.32m^2$

【注释】 圆木屋架制作、安装工程量以屋架的截面积乘以长度按体积计算。$\frac{1}{2}\times12$(屋架底部的长度)$\times3$(屋架的高度)$\times1.79$(系数值)为三角屋架的面积乘以查表系数，圆木屋架刷油漆工程量按设计图示尺寸以面积计算。

(2)定额工程量

该屋架坡度为 1/2，即高跨比为 1/4，跨度为 12m。

查圆木屋架各杆件系数参考表，得各杆长度计算如下：

上弦杆① 12×0.559×2=13.416m(2 根)

下弦杆② 12m(1 根)

立杆③ 12×0.083×2=1.992m(2 根)

斜杆④ 12×0.186×2=4.464m(2 根)

立杆⑤ 12×0.166×2=3.984m(2 根)

斜杆⑥ 12×0.236×2=5.664m(2 根)

中立杆⑦ 12×0.250×1=3m(1 根)

计算体积：

材料体积按下式计算：

$$V=7.854\times10^{-5}\times[(0.026L+1)D^2+(0.37L+1)D+10(L-3)]\times L$$

式中 V——杉圆木材积(m^3)；

L——杉圆木材长(m)；

D——杉圆木小头直径(cm)。

1)上弦杆① $V_1=7.854\times10^{-5}\times[(0.026\times13.416+1)\times13^2+(0.37\times13.416+1)\times13+10\times(13.416-3)]\times13.416$
$=0.432m^3$

2)下弦杆② $V_2=7.854\times10^{-5}\times[(0.026\times12+1)\times14^2+(0.37\times12+1)\times14+10\times(12-3)]\times12$
$=0.399m^3$

3)立杆③ $V_3=7.854\times10^{-5}\times[(0.026\times1.992+1)\times10^2+(0.37\times1.992+1)\times10+10\times(1.992-3)]\times1.992$
$=0.0168m^3$

4)斜杆④ $V_4=7.854\times10^{-5}\times[(0.026\times4.464+1)\times10^2+(0.37\times4.464+1)\times10+10\times(4.464-3)]\times4.464$
$=0.054m^3$

5)立杆⑤ $V_5=7.854\times10^{-5}\times[(0.026\times3.984+1)\times10^2+(0.37\times3.984+1)\times10+10\times(3.984-3)]\times3.984$
$=0.045m^3$

6)斜杆⑥ $V_6=7.854\times10^{-5}\times[(0.026\times5.664+1)\times10^2+(0.37\times5.664+1)\times10+10\times(5.664-3)]\times5.664$
$=0.076m^3$

7)中立杆⑦ $V_7=7.854\times10^{-5}\times[(0.026\times3+1)\times10^2+(0.37\times3+1)\times10+10\times(3-3)]\times3$
$=0.03m^3$

屋架的工程量为上述杆件的材积之和，即

$V_{总}=(V_1+V_2+V_3+\cdots+V_7)\times6$
$=(0.432+0.399+0.0168+0.054+0.045+0.076+0.03)\times6$
$=6.32m^3$

圆木屋架套用基础定额 7-328。

【注释】 按公式 $7.854\times10^{-5}\times[(0.026L+1)D^2+(0.37L+1)D+10(L-3)]\times L$ 计算屋架的上述杆件的材积工程量。其工程量按设计图示尺寸以体积计算。

说明：1. 刷油漆工程量按其他木材面油漆工程量系数表规定乘以系数 1.79 计算。

2. 定额工程量按设计断面竣工木材以"m^3"计算；清单工程量计量单位为"榀"，按设计图示数量计算。

圆木屋架各杆件系数参考表

杆件 \ 屋面坡度 H/L	1/5	1/4	1/3	1/2
	21.80°	26.57°	33.69°	45°
上弦杆①	0.539	0.559	0.600	0.707
下弦杆②	1	1	1	1
立杆③	0.067	0.083	0.111	0.167
斜杆④	0.180	0.186	0.200	0.333
立杆⑤	0.134	0.166	0.222	0.334
斜杆⑥	0.213	0.236	0.401	0.373
中立杆⑦	0.200	0.250	0.333	0.500

项目编码：010503001　　项目名称：木柱

【例 2-17】 某仓库采用木结构，如图 2-17 所示，柱子采用圆杉木柱，直径为 300mm，共 12 根柱，刷调合漆两遍，试求圆木柱工程量并套定额。

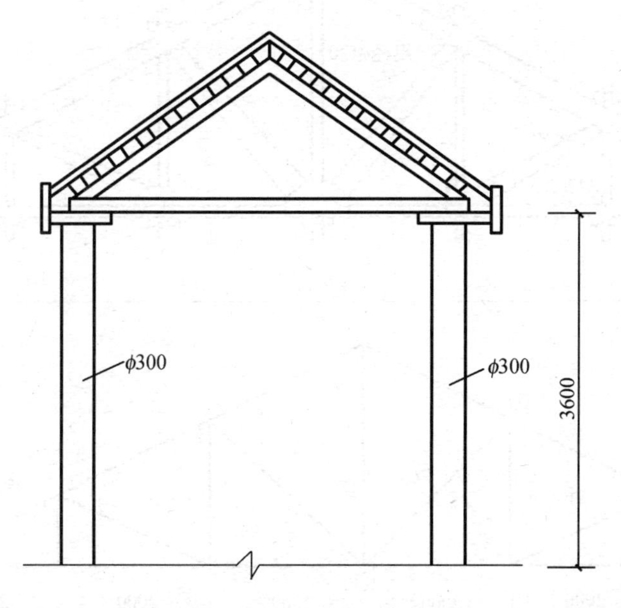

图 2-17　圆木柱示意图

【解】 (1)清单工程量

$$木柱工程量=\frac{\pi}{4}\times0.3^2\times3.6\times12=3.05m^3$$

【注释】 $\frac{\pi}{4}$×0.3(圆木柱的直径)^2×3.6(圆木柱的高度)为柱截面积乘以柱的高度，12 为柱的根数。工程量按设计图示尺寸以体积计算。

清单工程量计算见下表：

清单工程量计算表

项目编码	项目名称	项目特征描述	计量单位	工程量
010503001001	木柱	高 3.6m，圆形截面，直径 300mm，杉木，刷调合漆两遍	m^3	3.05

(2)定额工程量

$$木柱工程量=\frac{\pi}{4}\times0.3^2\times3.6\times12=3.05m^3$$

套用基础定额 7-351。

【注释】 本例中定额工程量同清单工程量一样。

项目编码：010502002　　项目名称：钢木屋架

【例 2-18】 某工程采用如图 2-18 所示圆钢木屋架，上弦、斜撑为杉木原料，下弦、立杆采用钢管制，屋架跨度为 12m，坡度 1/2，共 8 榀，钢木屋架刷底油一遍、调合漆两遍，求圆钢木屋架工程量并套定额。

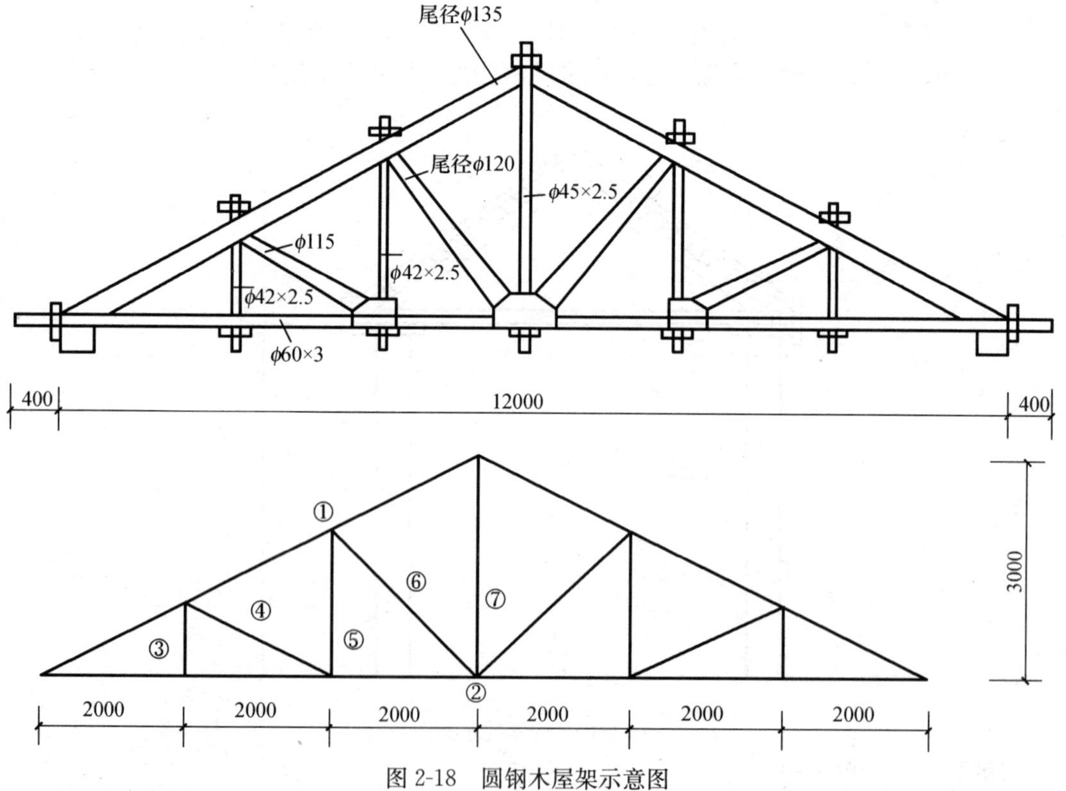

图 2-18　圆钢木屋架示意图

【解】 (1)清单工程量

工程内容包括圆木制作安装及刷油漆。

工程量为8榀。

清单工程量计算见下表：

清单工程量计算表

项目编码	项目名称	项目特征描述	计量单位	工程量
010502002001	钢木屋架	跨度12m，上弦、斜撑为杉木，下弦、立杆为钢管，刷底油一遍、调合漆两遍	榀	8

因杉圆木制作、安装对应建筑工程定额子目计量单位为“m^3”，刷油漆对应装饰装修工程综合定额子目为“$100m^2$”，因此在进行综合单价计算时，先按定额计算规则计算工程量，再按清单计价单位折合成每榀的综合单价。

1)圆木钢屋架制作、安装工程量：

$$\begin{aligned}\text{工程量} &= 8\times(V_1+V_4+V_6)\\ &= 8\times(0.454+0.068+0.094)\\ &= 4.93m^3\end{aligned}$$

2)圆木屋架刷油漆工程量：

每榀工程量$=\frac{1}{2}\times12\times3\times1.79=32.22m^2$

总工程量$V=8\times32.22=257.76m^2$

【注释】 圆木屋架制作、安装工程量以屋架的截面积乘以长度按体积计算。$\frac{1}{2}\times12$(屋架底部的长度)$\times3$(屋架的高度)$\times1.79$(系数值)为三角屋架的面积乘以查表系数，工程量按设计图示以数量计算。

(2)定额工程量

该屋架跨度12m，高3m，即坡度为1/2，高跨比为1/4。

查圆木屋架各杆件系数参考表得，各杆长度计算如下：

下弦杆②　12m(1根)

上弦杆①　$12\times0.559\times2=13.416$m(2根)

立杆③　$12\times0.083\times2=1.992$m(2根)

斜杆④　$12\times0.186\times2=4.464$m(2根)

立杆⑤　$12\times0.166\times2=3.984$m(2根)

斜杆⑥　$12\times0.236\times2=5.664$m(2根)

中立杆⑦　$12\times0.250\times1=3$m(1根)

1)上弦和斜撑采用杉木，竣工体积按下式计算：

$$V=7.854\times10^{-5}\times[(0.026L+1)D^2+(0.37L+1)D+10(L-3)]\times L$$

式中　V——杉圆木材积(m^3)；

L——杉圆木材长(m)；

D——杉圆木小头直径(cm)。

上弦杆①

$$\begin{aligned}V_1 &= 7.854\times10^{-5}\times[(0.026\times13.416+1)\times13.5^2+(0.37\times13.416+1)\\ &\quad\times13.5+10\times(13.416-3)]\times13.416\\ &= 0.454m^3\end{aligned}$$

斜杆④ $V_4=7.854\times10^{-5}\times[(0.026\times4.464+1)\times11.5^2+(0.37\times4.464+1)\times11.5+10\times(4.464-3)]\times4.464$
$=0.068\text{m}^3$

斜杆⑥ $V_6=7.854\times10^{-5}\times[(0.026\times5.664+1)\times12^2+(0.37\times5.664+1)\times12+10\times(5.664-3)]\times5.664$
$=0.094\text{m}^3$

2)下弦和立杆为钢制，钢材用量以“t”计算：

下弦杆② 工程量=(12+0.4×2)×4.22=54.016kg

立杆③ 工程量=1.992×2.44=4.86kg

立杆⑤ 工程量=3.984×2.44=9.721kg

中立杆⑦ 工程量=3×2.62=7.86kg

8 榀尾架总共圆木体积$=8\times(V_1+V_4+V_6)$
$=8\times(0.454+0.068+0.094)$
$=4.93\text{m}^3$

8 榀尾架总共用钢材=8×(54.016+4.86+9.721+7.86)
=611.66kg
≈0.612t

圆木钢屋架套用基础定额 7-331。

【注释】 12×0.559×2 为上弦杆的长度，按公式 $7.854\times10^{-5}\times[(0.026L+1)D^2+(0.37L+1)D+10(L-3)]\times L$ 计算竣工体积，其工程量按设计图示尺寸以体积计算。(12+0.4×2)(下弦杆的长度)×4.22(钢材的理论质量)为下弦杆的长度乘以每米钢材的质量，钢材工程量按设计图示尺寸以质量计算。

说明：1. 刷油漆工程量按其他木材面油漆工程量系数表规定乘以系数 1.79 计算。

2. 定额工程量按设计断面竣工木材以“m³”计算；清单工程量计算单位为“榀”，按设计图示数量计算。

项目编码：010501001　　项目名称：木板大门

【例 2-19】 如图 2-19 所示，某仓库大门为推拉式带采光窗全木板大门，一扇门，洞口尺寸为 2.8m×3m，刷底油、调合漆各一遍，求工程量并套定额。

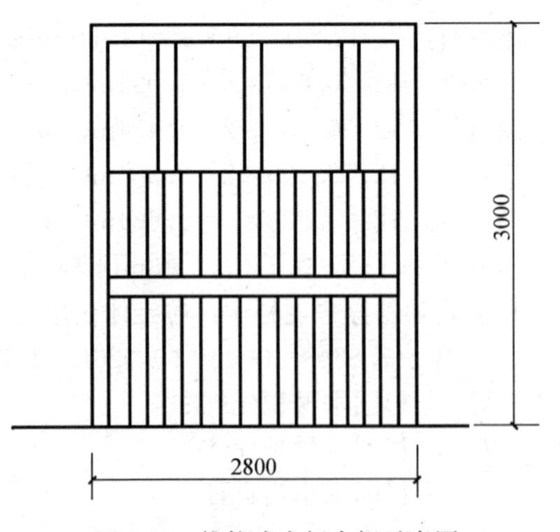

图 2-19 推拉式木板大门示意图

【解】 (1)清单工程量

工程量$=2.8\times3=8.4\text{m}^2$

【注释】 工程量按设计图示数量或设计图示洞口尺寸以面积计算。

清单工程量计算见下表：

清单工程量计算表

项目编码	项目名称	项目特征描述	计量单位	工程量
010501001001	木板大门	推拉式，有框，单扇门，杨木，刷底油、调合漆各一遍	m^2	8.4

(2)定额工程量

$$工程量=2.8\times3=8.4m^2$$

门扇制作套用基础定额 7-133。

门扇安装套用基础定额 7-134。

【注释】 本例定额计算规则同清单计算规则一样。

项目编码：010503004　　项目名称：其他木构件

【例 2-20】 如图 2-20 所示，简支方木檩条，共计 50 根，尺寸如图所示，材料为杉木，刷底油一遍、调合漆两遍，求方木檩条工程量并套定额。

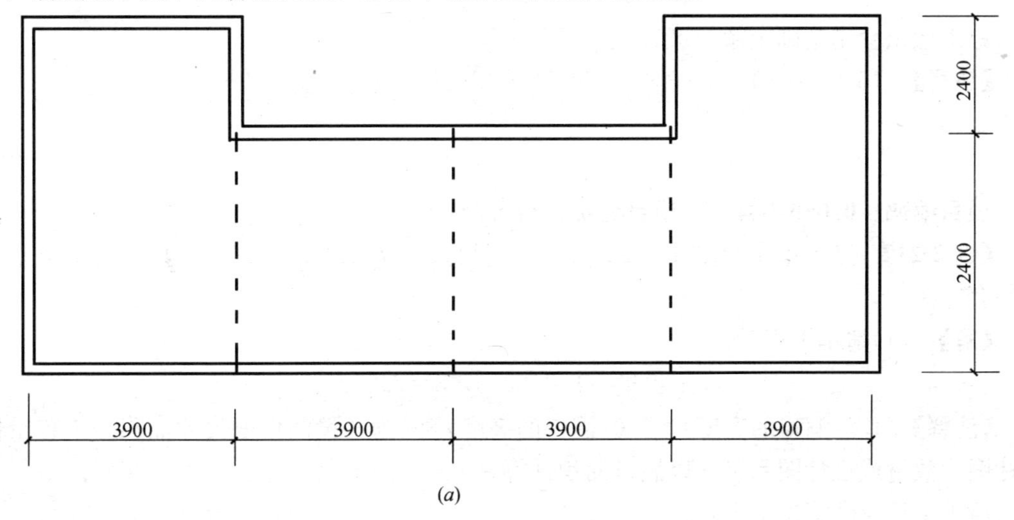

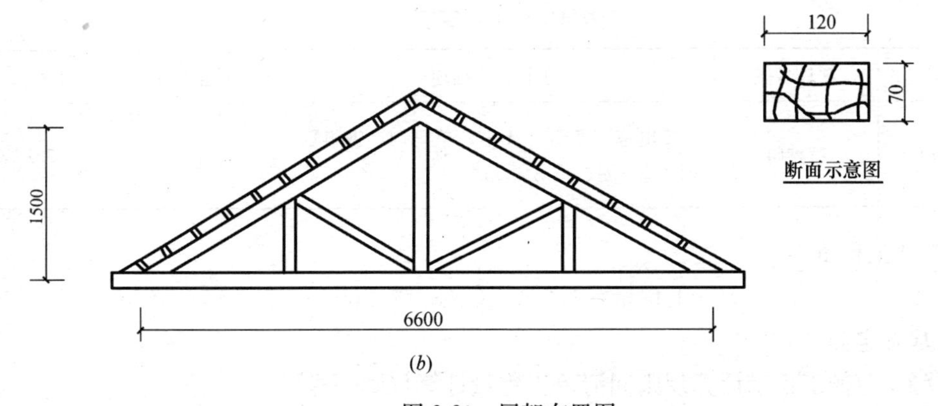

图 2-20　屋架布置图

(a)木屋架布置图；(b)方木檩条布置图

【解】 (1)清单工程量

$$工程量=(3.9+0.2)\times0.12\times0.07\times50=1.72m^3$$

【注释】 (3.9+0.2)(方形木檩条的长度)×0.12(木檩条的截面长度)×0.07(木檩条的截面宽度)为方木檩条的长度乘以截面积，50 为根数。工程量按设计图示尺寸以体积或长度计算。

清单工程量计算见下表：

清单工程量计算表

项目编码	项目名称	项目特征描述	计量单位	工程量
010503004001	其他木构件	方木檩条，截面 120mm×70mm，杉木，刷底油一遍、调合漆两遍	m^3	1.72

(2)定额工程量

$$工程量=(3.9+0.2)\times0.12\times0.07\times50\times1.10$$
$$=1.89m^3$$

方木檩条套用基础定额 7-337。

【注释】 (3.9+0.2)×0.12×0.07×50×1.10(系数值)为木檩条体积乘以系数，1.1 为查表得出。

项目编码：010501004　　项目名称：特种门

【例 2-21】 某变电室门如图 2-21 所示，洞口尺寸为 1.2m×2.0m，共 3 樘，求工程量并套定额。

【解】 (1)清单工程量

$$工程量=1.2\times2.0\times3=7.2m^2$$

【注释】 1.2(洞口的宽度)×2.0(洞口的高度)×3 为 3 樘洞口的尺寸面积。工程量按设计图示数量或设计图示尺寸以洞口面积计算。

清单工程量计算见下表：

清单工程量计算表

项目编码	项目名称	项目特征描述	计量单位	工程量
010501004001	特种门	变电室门平开，无框，单扇门，钢板门，刷底漆一遍、防锈漆二遍	m^2	7.2

(2)定额工程量

$$工程量=1.2\times2.0\times3=7.2m^2$$

套用基础定额 7-163。

【注释】 定额工程量计算规则同清单工程量计算规则一样。

项目编码：010501001　　项目名称：木板大门

【例 2-22】 如图 2-22 所示，一全木板大门，为平开带采光窗式，二扇门，洞口尺寸为 3m×3m，木门刷底油一遍、调合漆两遍，求木板门工程量并套定额

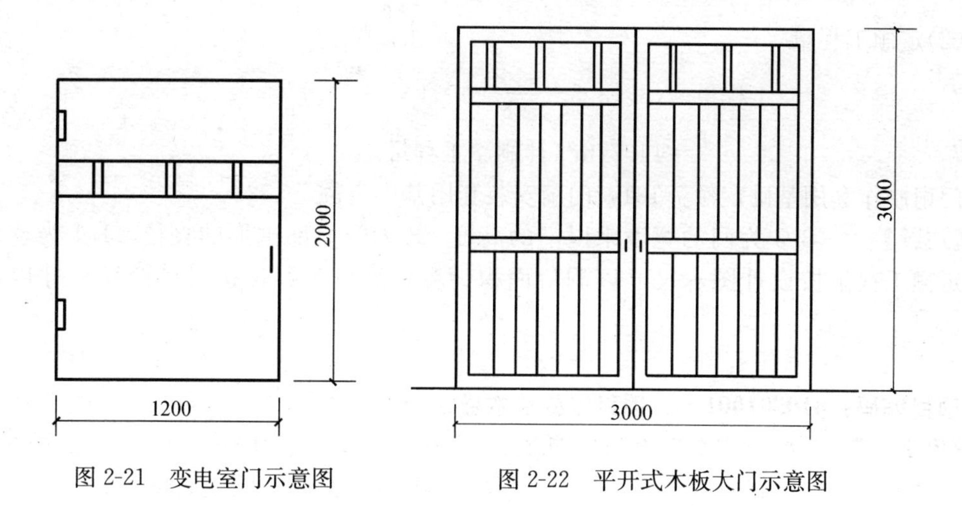

图 2-21 变电室门示意图　　图 2-22 平开式木板大门示意图

【解】 (1)清单工程量

工程量为 1 樘。

清单工程量计算见下表：

清单工程量计算表

项目编码	项目名称	项目特征描述	计量单位	工程量
010501001001	木板大门	平开带采光盘，有框，两扇门，杉木，刷底油一遍、调合漆两遍	樘	1

(2)定额工程量

$$
\begin{aligned}
\text{工程量} &= 3 \times 3 \times 1.1 \\
&= 9 \times 1.1 \\
&= 9.9\text{m}^2\text{(计刷底油、调合漆)}
\end{aligned}
$$

门扇制作套用基础定额 7-129，门扇安装套用基础定额 7-130。

【注释】 3(门的宽度)×3(门的高度)×1.1(系数值)为门的面积乘以查表得出系数。定额工程量按设计图示尺寸以洞口面积计算。

说明：门的定额工程量按洞口面积计算。

门的清单工程量计量单位为樘，按设计图示数量计算。

项目编码：010501001　　项目名称：木板大门

【例 2-23】 如图 2-23 所示，一平开木板大门，不带采光窗，二扇木板门，洞口尺寸如图5-23所示，木板刷调合漆一遍，求木板大门工程量并套定额。

【解】 (1)清单工程量

工程量为 1 樘。

清单工程量计算见下表：

清单工程量计算表

项目编码	项目名称	项目特征描述	计量单位	工程量
010501001001	木板大门	平开，有框，两扇门，柳木，刷调合漆一遍	樘	1

(2)定额工程量

$$工程量=(3\times3.3+\frac{\pi\times3^2}{8})\times1.1$$
$$=14.77m^2(计刷漆工程量)$$

门扇制作套用基础定额 7-131，门扇安装套用基础定额 7-132。

【注释】 3×3.3 为门的宽度乘以门的高度，3 为门上部拱形的直径，1.1 为查表得出。定额工程量按设计图示尺寸以洞口面积计算。清单工程量按设计图示尺寸以数量计算。

项目编码：010501001　　项目名称：木板大门

【例 2-24】 某推拉式木板大门如图 2-24 所示，洞口尺寸为 3m×3.6m，二面板、二扇门，共有 6 樘，刷底油一遍、调合漆两遍，试求木板大门工程量并套定额。

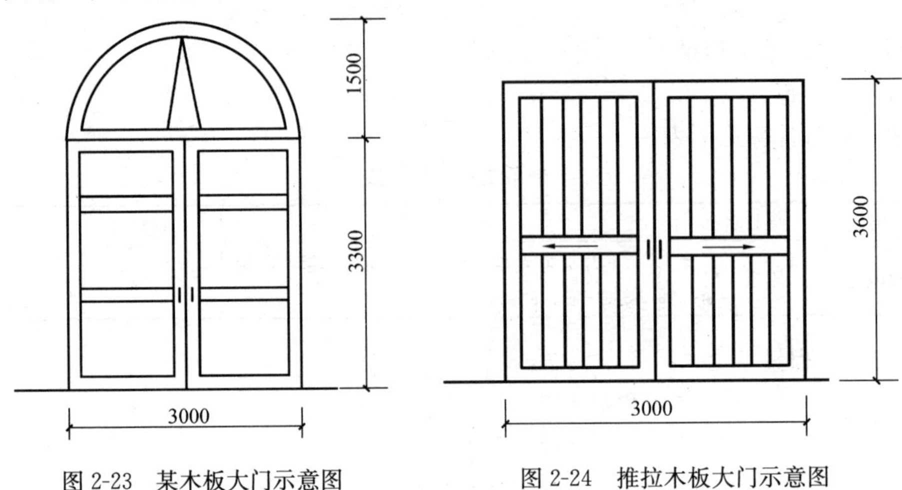

图 2-23　某木板大门示意图　　图 2-24　推拉木板大门示意图

【解】 (1)清单工程量

工程量为 6 樘。

清单工程量计算见下表：

清单工程量计算表

项目编码	项目名称	项目特征描述	计量单位	工程量
010501001001	木板大门	推拉式，有框，两扇门，刷底油一遍、调合漆两遍	樘	6

(2)定额工程量

$$工程量=3\times3.6\times6\times1.1$$
$$=64.8\times1.1$$
$$=71.28m^2(计刷底油、调合漆)$$

门扇制作套用基础定额 7-135，门扇安装套用基础定额 7-136。

【注释】 1.1 为查表得出。工程量按设计图示尺寸以洞口面积计算。

说明：门的定额工程量按洞口面积计算。

门的清单工程量计量单位为樘，按设计图示数量计算。

项目编码：010501002　　项目名称：钢木大门

【例 2-25】 某仓库有平开式钢木大门，共 2 樘，均为一面板、两扇门，如图 2-25 所示，洞口尺寸为 3m×3.3m，刷底油一遍、调合漆两遍、试计算钢木大门工程量并套定额。

【解】 (1)清单工程量

工程量为 2 樘。

【注释】 清单工程量按设计图示以数量计算。

清单工程量计算见下表：

清单工程量计算表

项目编码	项目名称	项目特征描述	计量单位	工程量
010501002001	钢木大门	平开式，有框，两扇门，刷底油一遍、调合漆两遍	樘	2

(2)定额工程量

工程量＝3×3.3×2×1.7

　　　＝19.8×1.7

　　　＝33.66m²(计刷底油、调合漆)

门扇制作套用基础定额 7-137，门扇安装套用基础定额 7-138。

【注释】 3(门的宽度)×3.3(门的高度)×2(门的数量)×1.7 为 2 樘门洞口的面积乘以 1.7(刷底油、调合漆时固定的系数)。工程量按设计图示尺寸以面积计算。

说明：门定额工程量按洞口面积计算。

门清单工程量计量单位为樘，按设计图示数量计算。

项目编码：010501002　　项目名称：钢木大门

【例 2-26】 某工程大门均采用平开式钢木大门，二面板(防风型)、二扇门，如图 2-26 所示，洞口尺寸 3m×3.3m，共有 4 樘，刷底油一遍、调合漆两遍，求钢木大门工程量并套定额。

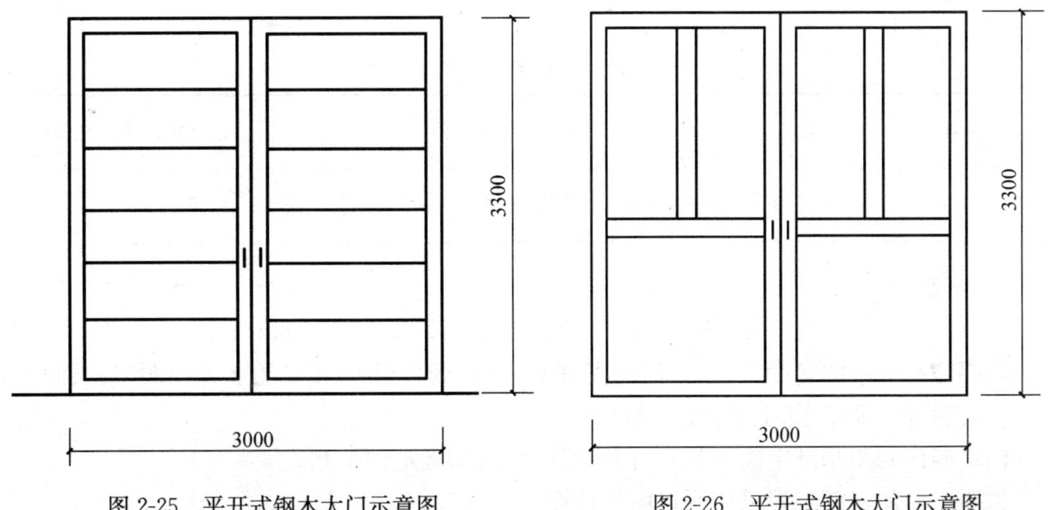

图 2-25　平开式钢木大门示意图　　　　图 2-26　平开式钢木大门示意图

【解】 (1)清单工程量

工程量为 4 樘。

【注释】 清单工程量按设计图示以数量计算。

清单工程量计算见下表：

清单工程量计算表

项目编码	项目名称	项目特征描述	计量单位	工程量
010501002001	钢木大门	平开式，有框，二扇门，刷底油一遍、调合漆二遍	樘	4

(2)定额工程量

$$
\begin{aligned}
\text{工程量} &= 3\times3.3\times4\times1.7\\
&= 39.6\times1.7\\
&= 67.32\text{m}^2\text{（计刷底油、调合漆）}
\end{aligned}
$$

【注释】 3(门的宽度)×3.3(门的高度)×4(门的数量)×1.7 为 4 樘门洞口的面积乘以 1.7(刷底油、调合漆时固定的系数)。

门扇制作套用基础定额 7-139，门扇安装套用基础定额 7-140。

说明：门的定额工程量按洞口面积计算。

门的清单工程量计量单位为樘/m^2，按设计图示数量或洞口尺寸以面积计算。

项目编码：010501002　　项目名称：钢木大门

【例 2-27】 某仓库大门为 2 樘，二面板(防严寒型)的钢木大门，如图 2-27 所示，洞口尺寸为 3m×3.3m，刷底油一遍、调合漆二遍，求钢木大门工程量并套定额。

【解】 (1)清单工程量

工程量为 2 樘。

【注释】 清单工程量按设计图示以数量计算。

清单工程量计算见下表：

清单工程量计算表

项目编码	项目名称	项目特征描述	计量单位	工程量
010501002001	钢木大门	平开式，有框，二扇门，刷底油一遍、调合漆二遍	樘	2

(2)定额工程量

$$\text{工程量}=3\times3.3\times2\times1.7=19.6\times1.7=33.66\text{m}^2$$

【注释】 3(门的宽度)×3.3(门的高度)×2(门的数量)×1.7 为 2 樘门洞口的面积乘以 1.7(刷底油、调合漆时固定的系数)。

门扇制作套用基础定额 7-141，门扇安装套用基础定额 7-142。

说明：门的定额工程量按洞口面积计算。

门的清单工程量计量单位为樘/m^2，按图示数量或洞口尺寸以面积计算。

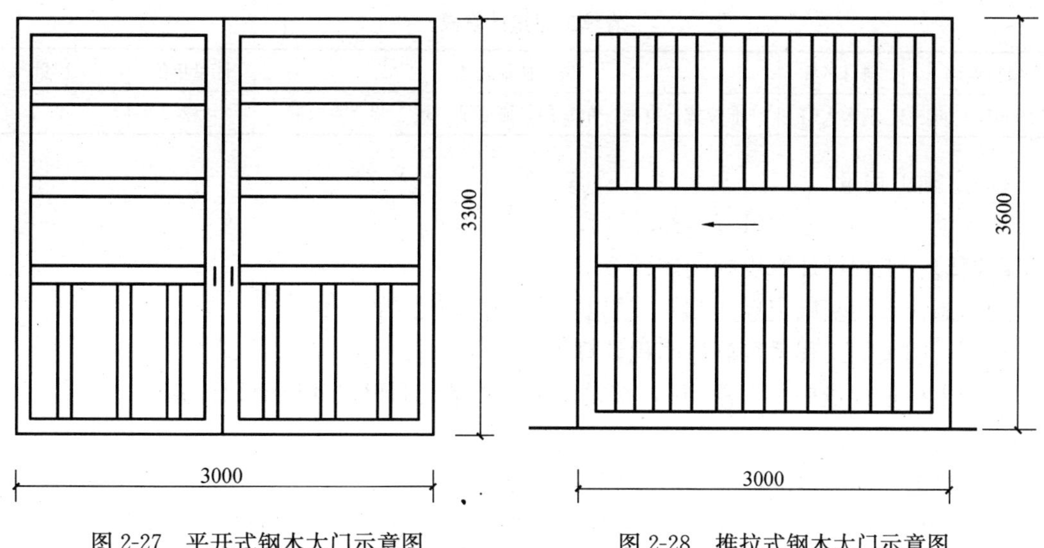

图 2-27　平开式钢木大门示意图　　　图 2-28　推拉式钢木大门示意图

项目编码：010501002　　项目名称：钢木大门

【例 2-28】 某厂房采用如图 2-28 所示推拉式钢木大门，一面板，洞口尺寸为 3m×3.6m，刷底油一遍、调合漆二遍，求钢木大门工程量并套定额。

【解】 (1)清单工程量

工程量为 1 樘。

【注释】 清单工程量按设计图示以数量计算。

清单工程量计算见下表：

清单工程量计算表

项目编码	项目名称	项目特征描述	计量单位	工程量
010501002001	钢木大门	推拉式，有框，刷底油一遍、调合漆二遍	樘	1

(2)定额工程量

工程量＝3×3.6×1.7＝10.8×1.7＝18.36m²(计刷底油、调合漆)

【注释】 3(门的宽度)×3.6(门的高度)×1.7 为门洞口的尺寸面积乘以 1.7(刷底油、调合漆是固定的系数)。

门扇制作套用基础定额 7-143，门扇安装套用基础定额 7-144。

说明：钢木大门定额工程量按洞口面积计算。

钢木大门清单工程量计量单位为樘/m²，按设计图示数量或洞口尺寸以面积计算。

项目编码：010501002　　项目名称：钢木大门

【例 2-29】 某工程采用推拉式钢木大门 4 樘，二面板(防寒型)，洞口尺寸为 3m×3.3m，如图 2-29 所示，刷底油一遍、调合漆二遍，求工程量并套定额。

【解】 (1)清单工程量

工程量为 4 樘。

清单工程量计算见下表：

清单工程量计算表

项目编码	项目名称	项目特征描述	计量单位	工程量
010501002001	钢木大门	推拉式，有框，单扇门，刷底油一遍、调合漆二遍	樘	4

(2)定额工程量

工程量＝3×3.3×4×1.7＝39.6×1.7＝67.32m²

【注释】 工程量计算规则同例题 2-28 。

门扇制作套用基础定额 7-147，门扇安装套用基础定额 7-148。

说明：门定额工程量按洞口面积计算。

清单工程量计量单位为樘/m²，按设计图示数量或洞口尺寸以面积计算。

项目编码：010501004　　项目名称：特种门

【例 2-30】 某冷藏库门如图 2-30 所示，保温层厚 100mm，洞口尺寸为 1m×2.1m，共有 6 樘，刷底油一遍、调合漆两遍，求工程量并套定额。

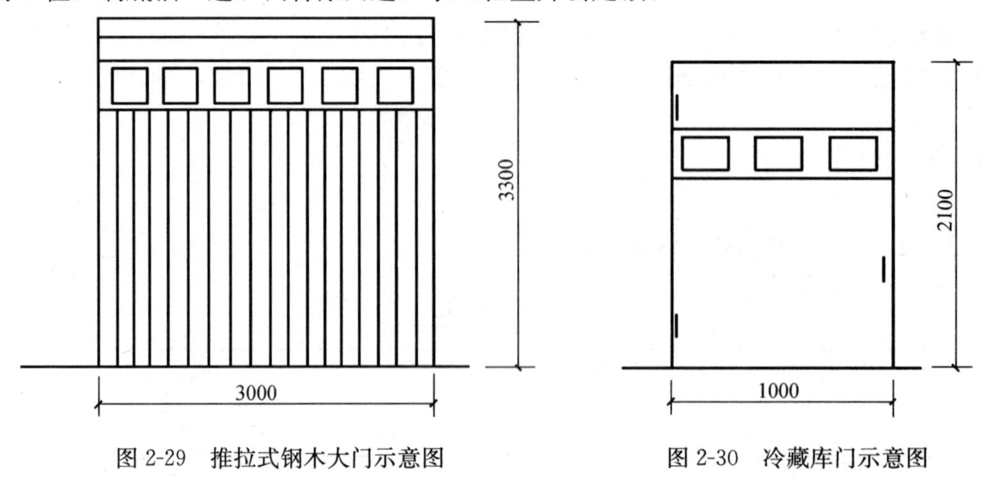

图 2-29　推拉式钢木大门示意图　　　图 2-30　冷藏库门示意图

【解】 (1)清单工程量

工程量为 4 樘。

清单工程量计算见下表：

清单工程量计算表

项目编码	项目名称	项目特征描述	计量单位	工程量
010501004001	特种门	推拉式，单扇门，保温层厚 100mm	樘	4

(2)定额工程量

工程量＝1×2.1×6×1.7＝21.42m²

【注释】 工程量计算规则同例题 2-28。

门扇制作安装套用基础定额 7-150，门樘制作安装套用基础定额 7-149。

说明：门定额工程量按洞口面积计算。

门清单工程量计量单位为樘/m²，按设计图示数量或洞口尺寸以面积计算。

项目编码：010501004　　项目名称：特种门

【例 2-31】 某仓库共有 8 樘冷藏冻结间门，保温层厚度均为 100mm，洞口尺寸 1m×2.4m，如图 2-31 所示，求工程量并套定额。

【解】 (1)清单工程量

工程量为 8 樘。

【注释】 清单工程量按设计图示以数量计算。

清单工程量计算见下表：

清单工程量计算表

项目编码	项目名称	项目特征描述	计量单位	工程量
010501004001	特种门	冷藏门，推拉式，单扇门，保温层厚 100mm	樘	8

(2)定额工程量

$$工程量=1\times2.4\times8=19.2m^2$$

【注释】 1(门的宽度)×2.4(门的高度)×8 为门的宽度乘以高度乘以 8 樘。

门樘制作安装套用基础定额 7-153，门扇制作安装套用基础定额 7-154。

说明：门的定额工程量按洞口面积计算。

门的清单工程量计量单位为樘/m²，按设计图示数量或洞口尺寸以面积计算。

项目编码：010501004　　项目名称：特种门

【例 2-32】 如图 2-32 所示冷藏冻结间门共 6 樘，保温层厚 150mm，洞口尺寸为 1.2m×2.1m，求工程量并套定额。

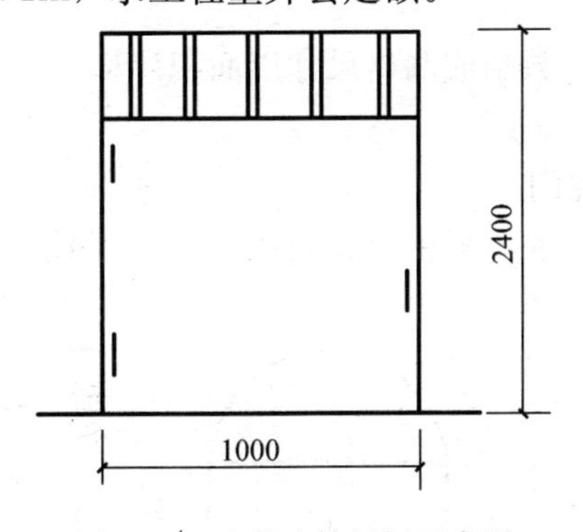

图 2-31　冷藏冻结间门示意图

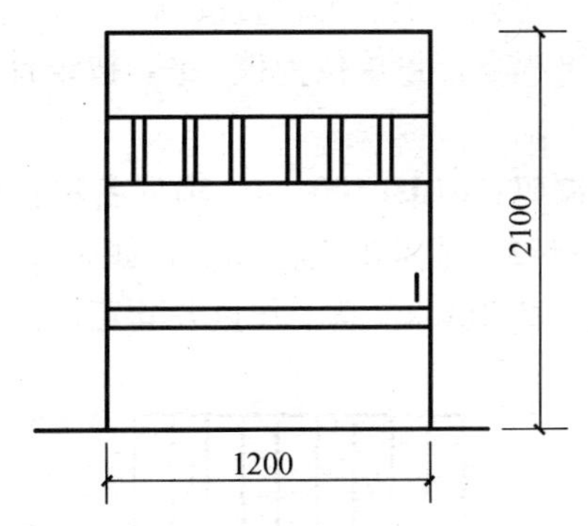

图 2-32　冷藏冻结间门示意图

【解】 (1)清单工程量

工程量为 6 樘。

清单工程量计算见下表：

清单工程量计算表

项目编码	项目名称	项目特征描述	计量单位	工程量
010501004001	特种门	冷藏门，推拉式，单扇门，保温层厚 150mm	樘	6

(2)定额工程量

$$工程量 = 1.2 \times 2.1 \times 6 = 15.12m^2$$

门樘制作安装套用基础定额 7-155，门扇制作安装套用基础定额 7-156。

说明：门的定额工程量按洞口面积计算。

清单工程量计量单位为樘/m²，按设计图示数量或洞口尺寸以面积计算。

项目编码：010501004　　项目名称：特种门

【例 2-33】 某仓库采用实拼式防火门，双面石棉板，共 8 樘，洞口尺寸为 1.2m×2.1m，如图 2-33 所示，试计算其工程量并套定额。

【解】 (1)清单工程量

工程量为 8 樘。

清单工程量计算见下表：

清单工程量计算表

项目编码	项目名称	项目特征描述	计量单位	工程量
010501004001	特种门	防火门，平开式，单扇门，双面石棉板	樘	8

(2)定额工程量

$$工程量 = 1.2 \times 2.1 \times 8 = 20.16m^2$$

门扇制作安装套用基础定额 7-157。

说明：防火门定额工程量按洞口面积计算。

清单工程量计量单位为樘/m²，按设计图示数量或洞口尺寸以面积计算。

项目编码：010501004　　项目名称：特种门

【例 2-34】 某实拼式防火门，如图 2-34 所示，采用单面石棉板，共 4 樘，洞口尺寸均为1.2m×2.4m，求其工程量并套定额。

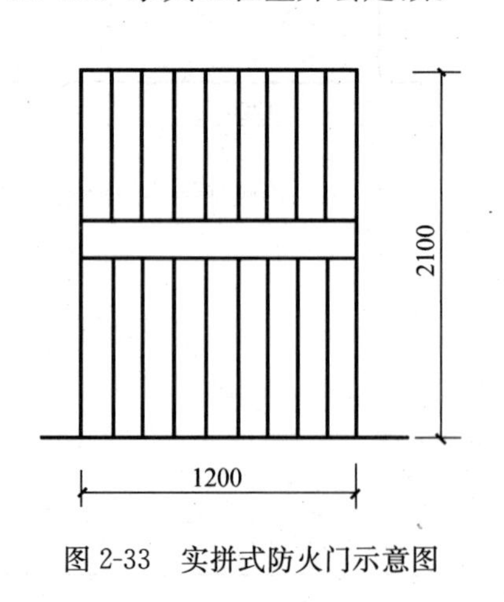

图 2-33　实拼式防火门示意图

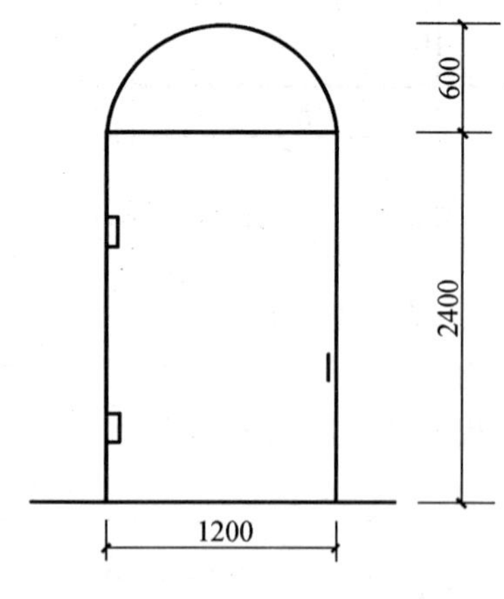

图 2-34　防火门示意图

【解】 (1)清单工程量

工程量为4樘。

【注释】 清单工程量按设计图示以数量计算。

清单工程量计算见下表：

清单工程量计算表

项目编码	项目名称	项目特征描述	计量单位	工程量
010501004001	特种门	防火门，平开式，单扇门，单面石棉板	樘	4

(2)定额工程量

$$工程量=(2.4\times1.2+\frac{\pi\times0.6^2}{2})\times4=13.78m^2$$

【注释】 2.4（门的高度）×1.2（门的宽度）为门洞口的面积，$\frac{\pi\times0.6(门上部拱形的半径)^2}{2}$为门上部拱形的半圆面积，4为门的数量。

门扇制作安装套用基础定额7-158。

说明：防火门定额工程量按洞口面积计算。清单工程量计量单位为樘/m^2，按设计图示数量或洞口尺寸以面积计算。

项目编码：010501004　　项目名称：特种门

【例2-35】 某框架式防火门，如图2-35所示，洞口尺寸为1.2m×2.1m，共有3樘，试计算其工程量并套定额。

【解】 (1)清单工程量

工程量为3樘。

清单工程量计算见下表：

清单工程量计算表

项目编码	项目名称	项目特征描述	计量单位	工程量
010501004001	特种门	防火门，推拉式，单扇门	樘	3

(2)定额工程量

$$工程量=1.2\times2.1\times3=7.56m^2$$

门扇制作安装套用基础定额7-160。

说明：防火门的定额工程量按洞口面积计算。清单工程量计量单位为樘/m^2，按设计图示数量或洞口尺寸以面积计算。

项目编码：010501004　　项目名称：特种门

【例2-36】 某保温门示意图，如图2-36所示，洞口尺寸为1.2m×2.4m，保温层厚150mm，共有8樘，求保温门工程量并套定额。

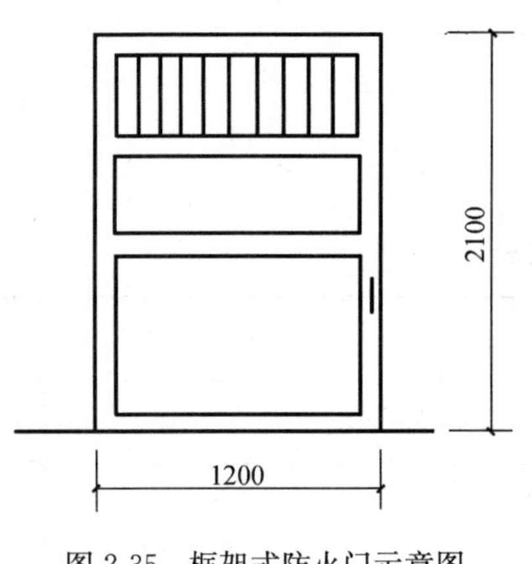

图 2-35　框架式防火门示意图

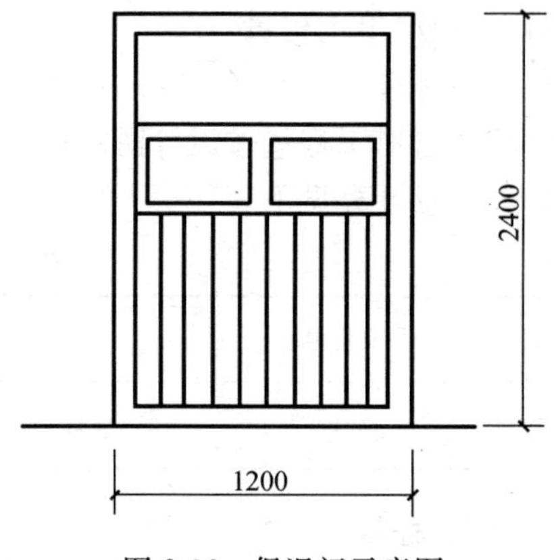

图 2-36　保温门示意图

【解】 (1)清单工程量

工程量为 8 樘。

清单工程量计算见下表：

清单工程量计算表

项目编码	项目名称	项目特征描述	计量单位	工程量
010501004001	特种门	保温门，平开式，单扇门，保温层厚 150mm	樘	8

(2)定额工程量

$$工程量=1.2\times2.4\times8$$
$$=23.04\text{m}^2$$

门框制作安装套用基础定额 7-161，门扇制作安装套用基础定额 7-162。

说明：保温门定额工程量按洞口面积计算。清单工程量计量单位为樘/m²，按设计图示数量或洞口尺寸以面积计算。

项目编码：010501004　　项目名称：特种门

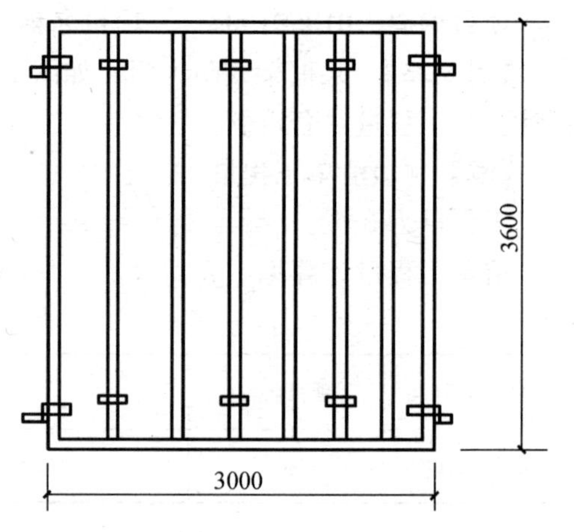

图 2-37　钢板折叠大门示意图

【例 2-37】 某工程钢板折叠大门如图 2-37 所示，洞口尺寸为 3m×3.6m，试计算其工程量并套定额。

【解】 (1)清单工程量

工程量为 1 樘。

清单工程量计算见下表：

清单工程量计算表

项目编码	项目名称	项目特征描述	计量单位	工程量
010501004001	特种门	折叠门，钢板	樘	1

(2)定额工程量

$$工程量 = 3 \times 3.6 = 10.8\text{m}^2$$

门扇制作套用基础定额 7-164，门扇安装套用基础定额 7-165。

说明：折叠门定额工程量按洞口面积计算。清单工程量计量单位为樘/m²，按设计图示数量或洞口尺寸以面积计算。

项目编码：010503004　　项目名称：其他木构件

【例 2-38】 如图 2-38 所示木基层，桐木，刷底漆一遍、调合漆二遍，求屋面板工程量并套定额。

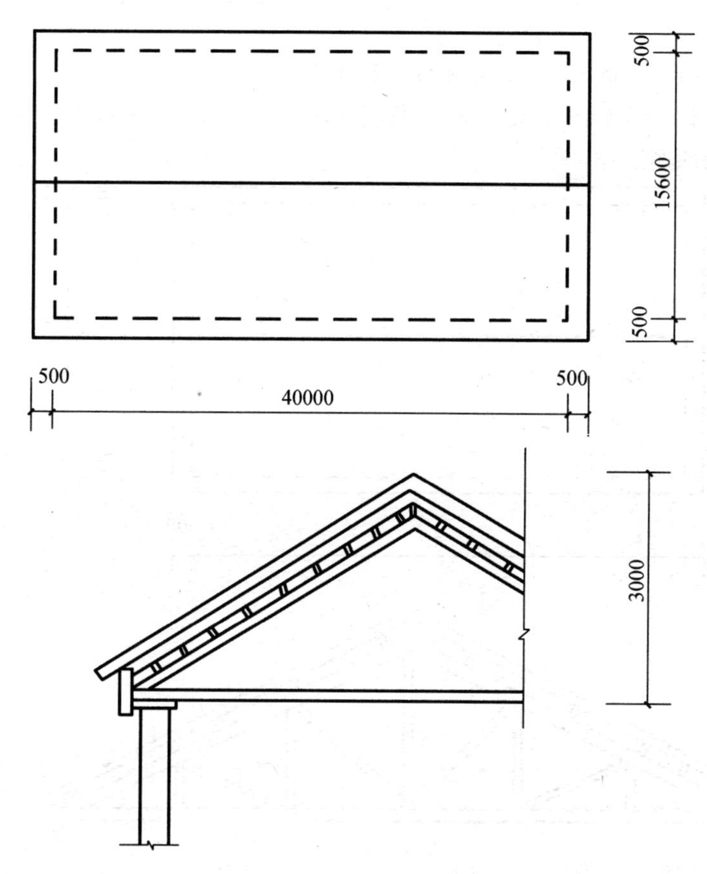

图 2-38　屋面示意图

【解】 (1)清单工程量

$$工程量 = (40 + 0.5 \times 2) \times (15.6 + 0.5 \times 2) \times 1.07 = 728.24\text{m}^2$$

【注释】 (40+0.5×2)(木基层的长度)×(15.6+0.5×2)(木基层的宽度)为木基层的水平投影面积，1.07 为查表得出。

清单工程量计算见下表：

清单工程量计算表

项目编码	项目名称	项目特征描述	计量单位	工程量
010503004001	其他木构件	桐木，底漆一遍、调合漆二遍	m^2	728.24

(2)定额工程量

$$工程量=(40+0.5\times2)\times(15.6+0.5\times2)\times1.07$$
$$=728.242m^2$$

【注释】 同清单工程量计算规则。

1.5mm 厚平口屋面板制作套用基础定额 7-339，或檩木上钉屋面板套用基础定额 7-346。

项目编码：010503004　　项目名称：其他木构件

【例 2-39】 试计算如图 2-39 所示木基层的椽子、挂瓦条工程量并套定额(柳木，刷底漆一遍、调合漆两遍)。

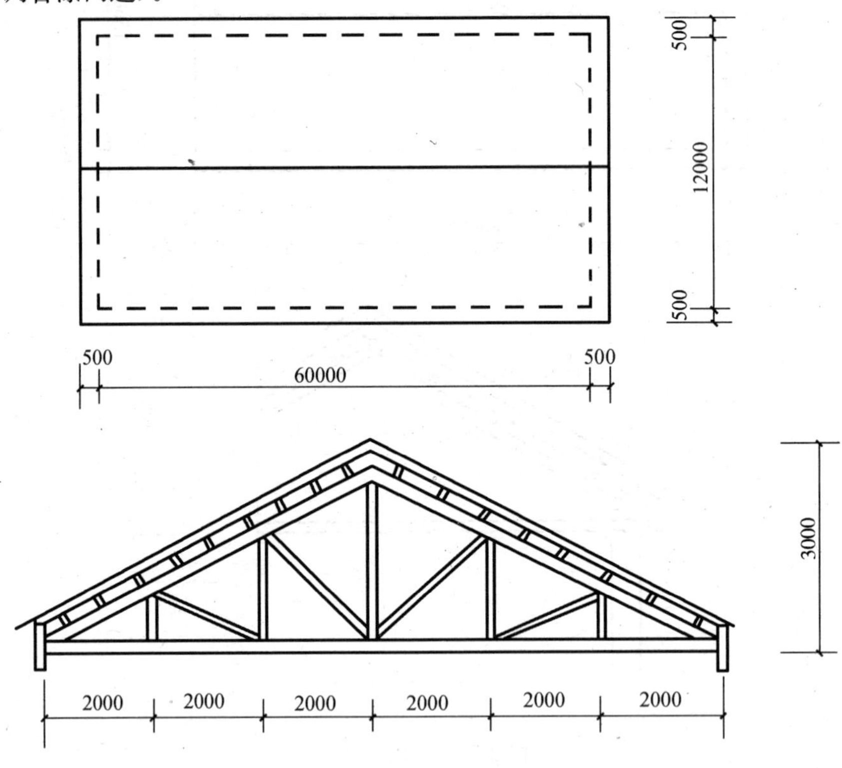

图 2-39　屋顶示意图

【解】 (1)清单工程量

$$椽子、挂瓦条工程量=(60+0.5\times2)\times(12+0.5\times2)\times1.12$$
$$=888.16m^2$$

【注释】 (60+0.5×2)(椽子、挂瓦条的长度)×(12+0.5×2)(椽子、挂瓦条的宽度)×1.12(系数值)为椽子、挂瓦条的面积乘以损耗系数。工程量按设计图示尺寸以面积计算。

清单工程量计算见下表：

清单工程量计算表

项目编码	项目名称	项目特征描述	计量单位	工程量
010503004001	其他木构件	椽子、挂瓦条，柳木，刷底漆一遍、调合漆两遍	m^2	888.16

(2)定额工程量

$$工程量=(60+0.5\times2)\times(12+0.5\times2)\times1.12=888.16m^2$$

檩木上钉椽子、挂瓦条套用基础定额7-344。

项目编码：010503004　　项目名称：其他木构件

【例 2-40】 按照图2-40所示，杨木，刷底漆一遍、防腐漆二遍，试计算封檐板和博风板并套用定额。

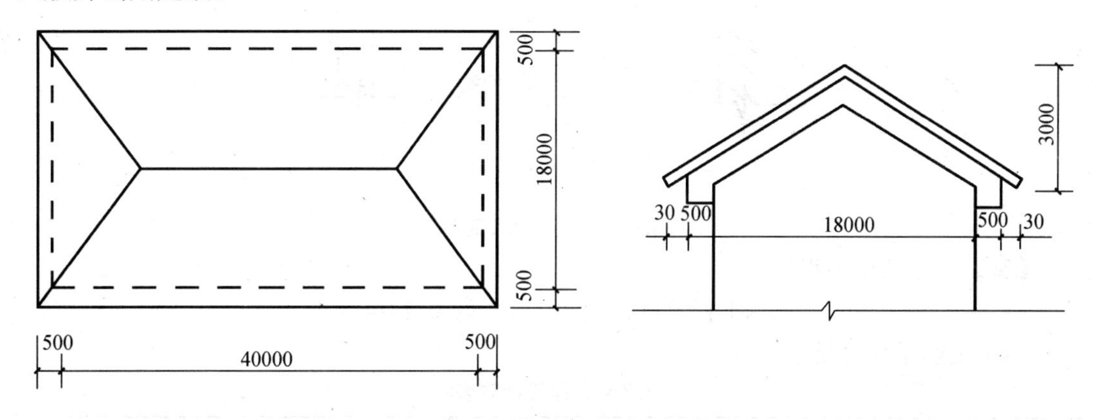

图2-40　屋顶示意图

【解】 (1)清单工程量

封檐板工程量=(40+0.5×2)×2=82m

博风板工程量=[18+(0.5+0.03)×2]×1.05×2+0.5×4

=42.03m

【注释】 1.05为损耗系数。工程量按设计图示尺寸以长度计算。

清单工程量计算见下表：

清单工程量计算表

序号	项目编码	项目名称	项目特征描述	计量单位	工程量
1	010503004001	封檐板	杨木，刷底漆一遍、防腐漆二遍	m	82
2	010503004002	博风板	杨木，刷底漆一遍、防腐漆二遍	m	42.03

(2)定额工程量

封檐板工程量=(40+0.5×2)×2=82m

博风板工程量=[18+(0.5+0.03)×2]×1.05×2+0.5×4

=42.03m

【注释】 同清单工程量计算规则。

封檐板、博风板套用基础定额 7-348。

项目编码：010503002　　项目名称：木梁

【例 2-41】 某工程采用方木梁，尺寸如图 2-41 所示，杉木，刷底油一遍、调合漆二遍，试求方木梁工程量并套定额。

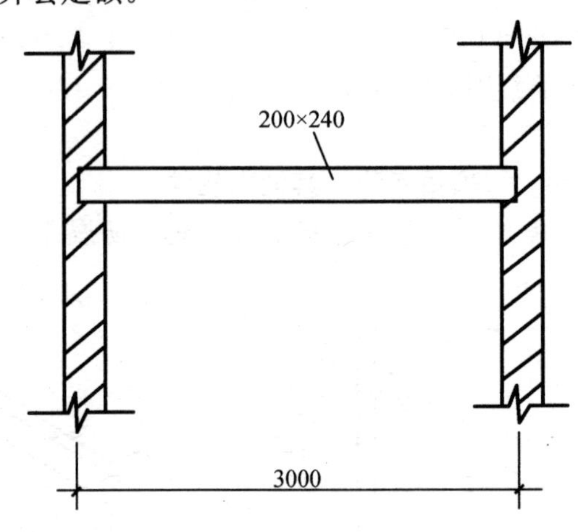

图 2-41　木梁示意图

【解】 (1)清单工程量

$$工程量=0.24\times0.2\times3=0.14m^3$$

清单工程量计算见下表：

清单工程量计算表

项目编码	项目名称	项目特征描述	计量单位	工程量
010503002001	木梁	长 3m，截面 200mm×240mm，杉木，刷底油一遍、调合漆二遍	m^3	0.14

(2)定额工程量

$$工程量=0.24\times0.2\times3=0.14m^3$$

【注释】 0.24(梁的截面长度)×0.2(梁的截面宽度)×3(梁的长度)为木梁的截面积乘以梁的长度。工程量按设计图示尺寸以体积计算。

方木梁套用基础定额 7-355。

第三章　金属结构制作与安装工程(A.6)

一、钢板的制作

【例 3-1】 热轧等边角钢，规格为 L45×5，如图 3-1 所示，其长度为 10.21m，则其施工图预算工程量为多少？

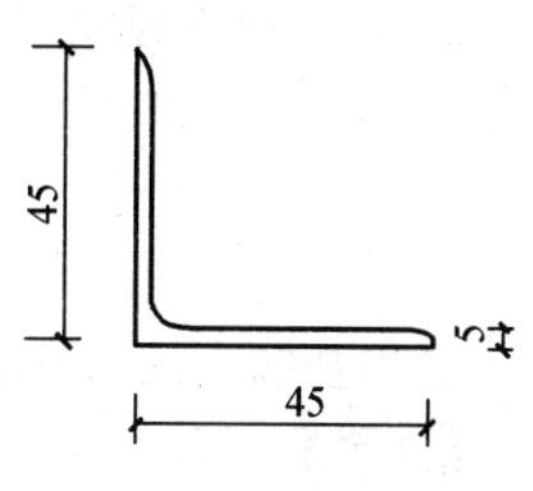

图 3-1　某角钢示意图

【解】 (1)清单工程量

查表得，L45×5 钢板的理论质量为 3.369kg/m。

由公式：钢板质量＝理论质量×长度

L45×5 钢板的工程量为：

3.369×10.21＝34.397kg≈0.034t

【注释】 3.369×10.21 为每米钢筋的质量乘以热轧等边角钢的长度。工程量按设计图示尺寸以质量计算。

(2)定额工程量

定额工程量同清单工程量，即：

L45×5 钢板工程量＝0.034t

套用基础定额 12-28。

项目编码：010606012　　项目名称：零星钢构件

【例 3-2】 H 型钢规格为 200mm×125mm×6mm×8mm，如图 3-2 所示，其长度为 8.75m，则其施工图预算工程量为多少？

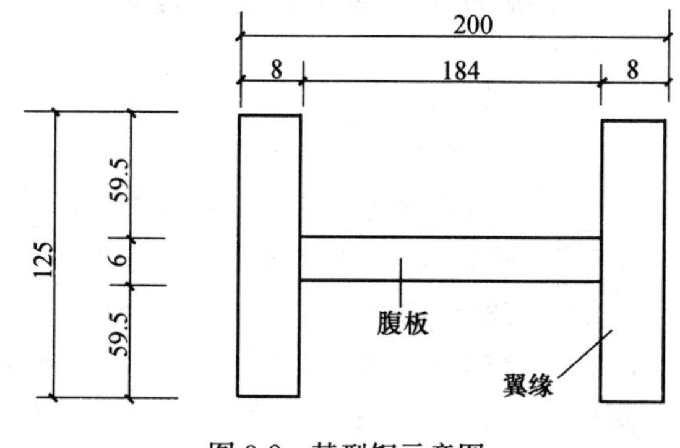

图 3-2　某型钢示意图

【解】 (1)清单工程量

查表得，6mm 厚钢板的理论质量为 47.1kg/m²，8mm 厚钢板的理论质量为 62.8kg/m²

由公式：钢板质量＝理论质量×矩形面积

1)6mm 厚钢板的工程量：

47.1×0.184×8.75＝75.831kg≈0.0758t

2)8mm 厚钢板的工程量：

62.8×0.125×8.75×2＝137.38kg≈0.137t

3)总的工程量：

0.0758＋0.137＝0.213t

【注释】 47.1×0.184×8.75 为 6mm 钢板每平方米的钢板的质量乘以 H 型钢腹板的宽度乘以 H 型钢的长度；62.8×0.125×8.75×2 为 8mm 钢板每平方米的钢板的质量乘

以 H 型钢翼缘的高度乘以 H 型钢的长度。

清单工程量计算见下表：

清单工程量计算表

项目编码	项目名称	项目特征描述	计量单位	工程量
010606012001	零星钢构件	H 型钢，规格为 200mm×125mm×6mm×8mm	t	0.213

(2)定额工程量

1)6mm 厚钢板的工程量：

47.1×(0.184+0.025×2)×8.75=96.44kg≈0.096t

2)8mm 厚钢板的工程量：

62.8×(0.125+0.025×2)×8.75×2=192.32kg≈0.192t

3)总的工程量：

0.096+0.192=0.288t

套用基础定额 12-45。

【注释】 47.1×(0.184+0.025×2)×8.75 为 6mm 钢板每平方米的钢板的质量乘以 H 型钢增加后腹板的宽度乘以 H 型钢的长度；0.125+0.025×2 为翼缘增加后的高度。

说明：实腹柱、吊车梁、H 型钢在清单计算中按图示尺寸计算；在定额计算中，按图示尺寸计算，其中腹板及翼板宽度按每边增加 25mm 计算。

项目编码：010606012　　项目名称：零星钢构件

【例 3-3】 厚度为 8mm、边长不等的不规则五边形钢板，如图 3-3 所示，则其施工图预算工程量为多少？

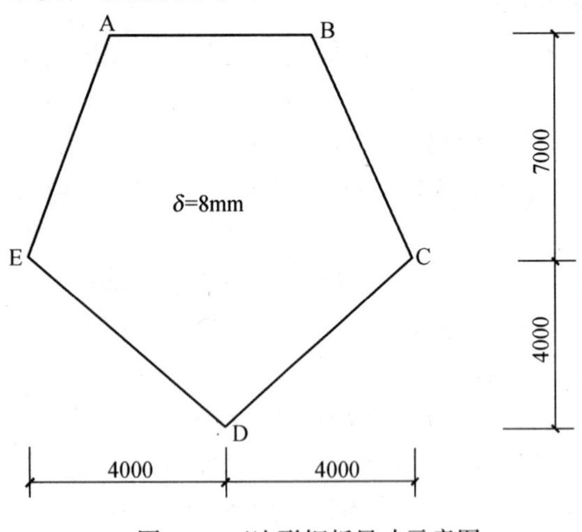

图 3-3　五边形钢板尺寸示意图

【解】 (1)清单工程量

8mm 厚钢板的理论质量为 62.8kg/m²。

钢板的计算面积按其外接矩形面积计算。

$$S=(4+4)\times(4+7)=88\text{m}^2$$

清单工程量：

62.8×88=5526.4kg≈5.530t

【注释】 4+4 为外接矩形的长度，4+7 为外接矩形的宽度，62.8×88 为每平方米五边形钢板的质量乘以五边形钢板外接矩形的面积。工程量按设计图示尺寸以质量计算。

清单工程量计算见下表：

清单工程量计算表

项目编码	项目名称	项目特征描述	计量单位	工程量
010606012001	零星钢构件	钢板厚度 8mm	t	5.530

(2)定额工程量

钢板的计算面积为最大对角线乘以最大宽度的矩形面积。

最大对角线为 $BD=\sqrt{2.5^2+11^2}=11.28m$

计算面积　　　　　　　　$S=11.28\times8=90.24m^2$

定额工程量：

$$62.8\times90.24=5667.33kg\approx5.67t$$

说明：当钢板为多边形或不规则图形时，清单工程量以其外接矩形面积乘以单位理论质量计算；定额工程量以其最大对角线乘以最大宽度的矩形面积再乘以单位理论质量计算。

二、钢柱制作

项目编码：010603001　　项目名称：实腹柱

【例 3-4】 如图 3-4 所示，Ⅰ20a 号工字形钢柱，求钢柱制作工程量。

【解】 (1)清单工程量

由表查得Ⅰ20a 号工字钢，理论质量为 27.91kg/m，20mm 厚钢板的理论质量为 157kg/m^2，12mm 厚钢板的理论质量为 94.2kg/m^2，10mm 厚钢板的理论质量为 78.5kg/m^2。

1)工字形钢板的工程量：

$$27.91\times(3-0.012-0.01)=83.12kg$$

2)压顶板的工程量：

$$78.5\times0.2\times0.2=3.14kg$$

3)底板的工程量：

$$94.2\times0.35\times0.35=11.54kg$$

4)不规则钢板的工程量：

$$157\times(0.146\times0.2\times4+0.3\times0.2\times2)=37.18kg$$

5)清单工程量：

$$83.12+3.14+11.54+37.18=134.98kg\approx0.135t$$

【注释】 27.91×(3－0.012－0.01)为每米Ⅰ20a 号工字钢质量乘以工字钢的理论长度，0.012、0.01 为顶部、底部两个板的厚度；78.5×0.2×0.2 为 10mm 厚钢板每平方米的质量乘以压顶板的截面尺寸；0.35×0.35 为底板的截面尺寸；0.146×0.2(板 1 的截面尺寸)×4＋0.3×0.2(板 2 的截面尺寸)×2 为 20mm 厚的不规则钢板的总截面面积。

清单工程量计算见下表：

清单工程量计算表

项目编码	项目名称	项目特征描述	计量单位	工程量
010603001001	实腹柱	Ⅰ20a 号工字钢，每米质量为 27.91kg	t	0.135

(2)定额工程量

1)不规则钢板工程量：

$$157\times(\sqrt{0.15^2+0.3^2}\times0.2\times2+\sqrt{0.146^2+0.2^2}\times0.146\times4)$$
$$=157\times(0.134+0.145)=43.8kg$$

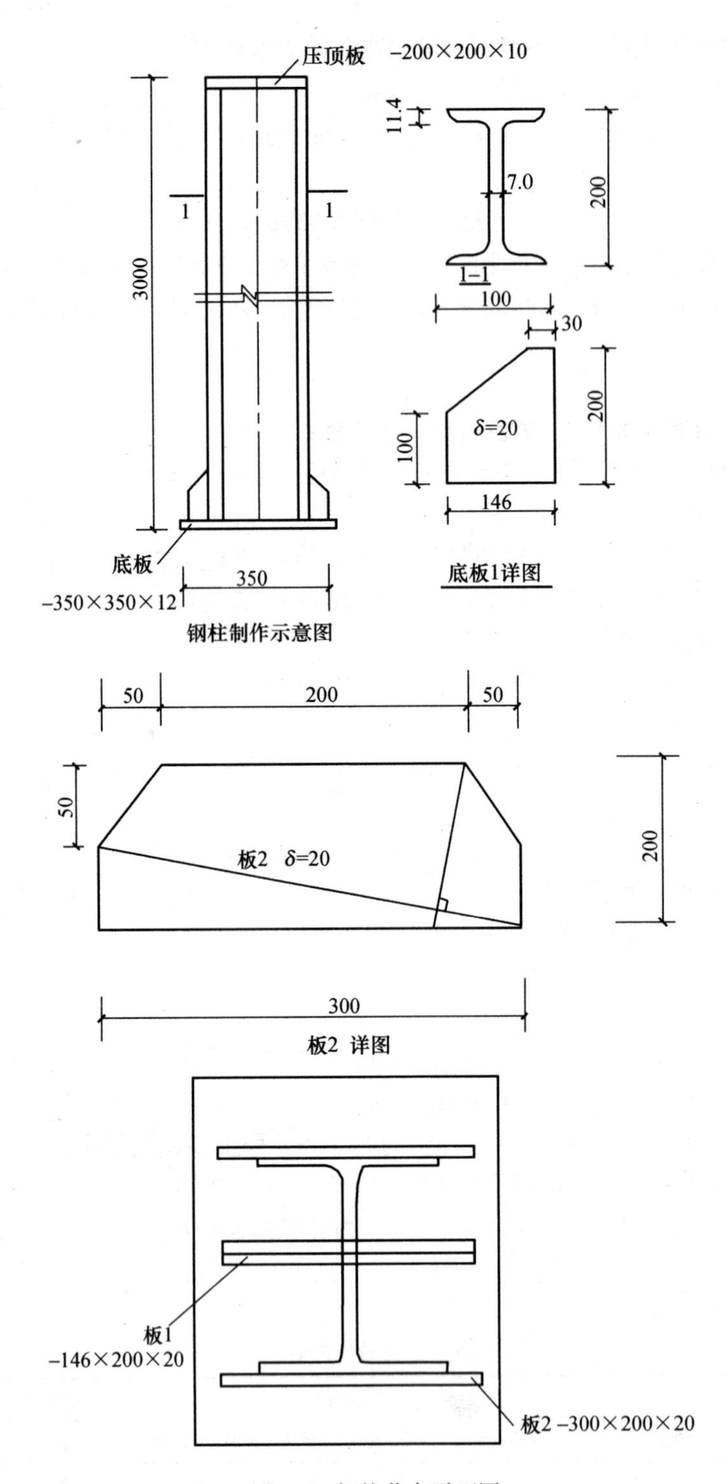

图 3-4　钢柱节点平面图

2)其他构件工程量同清单工程量。

3)定额工程量：

$$83.12+3.14+11.54+43.8=141.6\text{kg}\approx 0.142\text{t}$$

套用基础定额12-1。

说明：实腹钢柱的清单工程量计算按设计图示尺寸以质量计算，不扣除孔眼、切边、切肢的质量，焊条、铆钉、螺栓等不另增加质量，不规则或多边形钢板，以其外接矩形面积乘以单位理论质量计算，依附在钢柱上的牛腿及悬臂梁等并入钢柱工程量内。而在定额工程量计算中，均以其最大对角线乘最大宽度的矩形面积计算。

项目编码：010603001　　项目名称：实腹柱

【例3-5】 H形实腹柱，如图3-5所示，其长度为3m，则其施工图清单及定额工程量为多少？

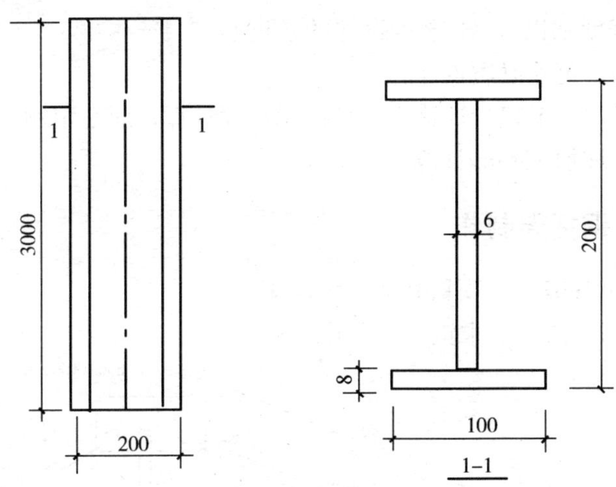

图3-5　H形实腹柱示意图

【解】 (1)清单工程量

查表得，6mm厚钢板的理论质量为47.1kg/m²，8mm厚钢板的理论质量为62.8kg/m²。

1)翼缘板工程量：

$$62.8\times0.1\times3\times2=37.6\text{kg}\approx0.038\text{t}$$

2)腹翼板工程量：

$$47.1\times3\times(0.2-0.008\times2)=26\text{kg}=0.026\text{t}$$

3)总的工程量：

$$0.038+0.026=0.064\text{t}$$

【注释】 62.8×0.1×3×2为两个翼缘板8mm厚钢板每平方米的理论质量乘以翼缘的宽度(0.1)乘以H形实腹柱的长度(3)；0.2(H形的宽度)－0.008×2(两个翼缘的厚度)为腹翼板的高度。

清单工程量计算见下表：

清单工程量计算表

项目编码	项目名称	项目特征描述	计量单位	工程量
010603001001	实腹柱	6mm厚钢板，8mm厚钢板	t	0.064

(2)定额工程量

1)翼缘板工程量：

$$62.8\times(0.1+0.025\times2)\times3\times2=56.52\text{kg}\approx0.057\text{t}$$

2)腹板工程量：

$$47.1\times(0.2-0.008\times2+0.025\times2)\times3=33.06\text{kg}\approx0.033\text{t}$$

3)总的工程量：

$$0.057+0.033=0.09\text{t}$$

套用基础定额 12-1。

【注释】 47.1×(0.2−0.008×2+0.025×2)×3 为腹板 6mm 厚钢板每平方米的质量乘以增加后腹板的宽度乘以 3(H 形实腹柱的长度)，0.1+0.025×2 为翼缘增加后的宽度。工程量按设计图示尺寸以质量计算。

说明：实腹柱在清单工程量计算中，按图示尺寸计算；而在定额工程量计算中，腹板及翼缘板宽度按每边增加 25mm 计算。

三、钢屋架、钢托架制作

项目编码：010601001　　项目名称：钢屋架

【例 3-6】 如图 3-6 所示，求钢屋架制作工程量。

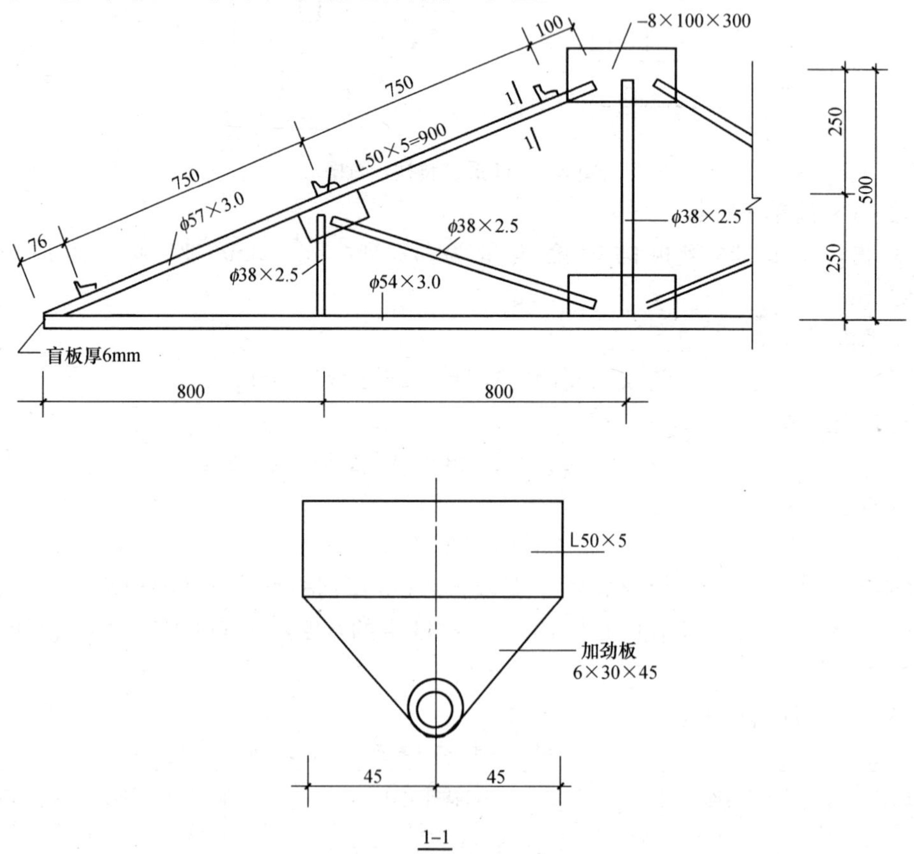

图 3-6　钢屋架示意图

【解】 (1)清单工程量

1)上弦杆(ϕ57×3.0 钢管)工程量：

$$(0.076+0.75\times2+0.1)\times2\times4=13.41\text{kg}$$

2)下弦杆工程量(ϕ54×3.0 钢管)：

$$(0.8+0.8)\times2\times3.77=12.06\text{kg}$$

3)腹杆(ϕ38×2.5 钢管)工程量：

$$(0.25\times2+\sqrt{0.25^2+0.8^2}\times2+0.5)\times2.19=5.86\text{kg}$$

4)连接板(厚 8mm)工程量：

$$(0.1\times0.3\times4)\times62.8=7.54\text{kg}$$

5)盲板(厚 6mm)工程量：

$$\frac{\pi\times0.054^2}{4}\times2\times47.1=0.22\text{kg}$$

6)角钢(L50×5)工程量：

$$0.9\times6\times3.7=19.98\text{kg}$$

7)加劲板(厚 6mm)工程量：

$$0.03\times0.045\times\frac{1}{2}\times2\times6\times47.1=0.38\text{kg}$$

8)总的工程量：

$$13.41+12.06+5.86+7.54+0.22+19.98+0.38=59.45\text{kg}=0.059\text{t}$$

【注释】 (0.076+0.75×2+0.1)×2×4 为两侧上弦杆的质量；(0.8+0.8)×2 为下弦杆的总长度，3.77 为 ϕ54×3.0 钢管每米的质量；0.5 为中间腹板的长度，0.25×2 为两边腹板的长度，$\sqrt{0.25^2+0.8^2}\times2$ 为两个斜腹板的长度，2.19 为 ϕ38×2.5 钢管每米的重量；0.1×0.3×4×62.8 为四个连接板的截面面积乘以 8mm 厚钢板每平方米的质量；$\frac{\pi\times0.054^2}{4}$为盲板的截面积，其中 0.054 为下弦板的厚度是其盲板的直径；0.9×6 为六个角钢的长度；0.03×0.045(加劲板的截面尺寸)×$\frac{1}{2}$×2×6 为六个加劲板的面积。

清单工程量计算见下表：

清单工程量计算表

项目编码	项目名称	项目特征描述	计量单位	工程量
010601001001	钢屋架	ϕ57×3.0 钢管，ϕ54×3.0 钢管，ϕ38×2.5 钢管，8mm 和 6mm 厚钢板，L50×5 角钢	t	0.059

(2)定额工程量

定额工程量同清单工程量。

套用基础定额 12-7。

项目编码：010601001　　项目名称：钢屋架

【例 3-7】 如图 3-7 所示，计算钢屋架工程量。

【解】 (1)清单工程量

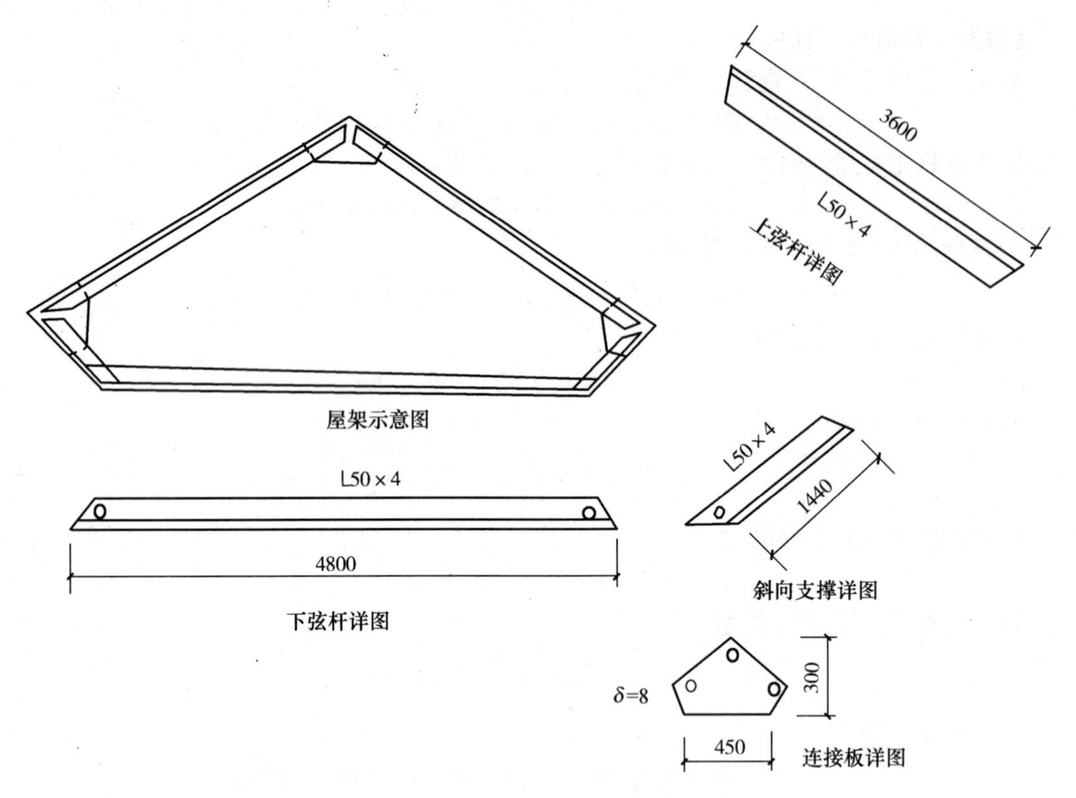

图 3-7　钢屋架示意图

查表知，L50×4 角钢理论质量为 3.059kg/m，

8mm 厚钢板的理论质量为 62.8kg/m^2。

1)屋架上弦工程量：

$$3.6\times3.059\times2=22.02\text{kg}\approx0.022\text{t}$$

2)屋架斜杆工程量：

$$1.44\times3.059\times2=8.81\text{kg}\approx0.009\text{t}$$

3)屋架下弦工程量：

$$4.8\times3.059=14.68\text{kg}\approx0.015\text{t}$$

4)连接板工程量：

$$62.8\times0.45\times0.3\times3=25.43\text{kg}\approx0.025\text{t}$$

5)总的工程量：

$$0.022+0.009+0.015+0.025=0.071\text{t}$$

【注释】 3.6×3.059×2 为两侧屋架上弦的长度乘以每米的质量；1.44×2 为两侧屋架斜杆的长度；62.8×0.45(连接板的截面长度)×0.3(连接板的截面宽度)×3 为 8mm 厚钢板每平方米的质量乘以三个连接板的面积。工程量按设计图示尺寸以质量计算。

清单工程量计算见下表：

清单工程量计算表

项目编码	项目名称	项目特征描述	计量单位	工程量
010601001001	钢屋架	L50×4 角钢，8mm 厚钢板	t	0.071

(2)定额工程量

定额工程量同清单工程量。

套用基础定额 12-7。

说明：在清单工程量计算和定额工程量计算中，金属结构的小构件按图示尺寸进行计算，孔眼、切边的质量，焊条、铆钉、螺栓等质量，不再另行计算，已包括在定额内。

四、钢吊车梁、吊车轨道、钢制动梁制作

项目编码：010604002　　项目名称：钢吊车架

【例 3-8】 如图 3-8 所示，求钢吊车梁制作工程量。

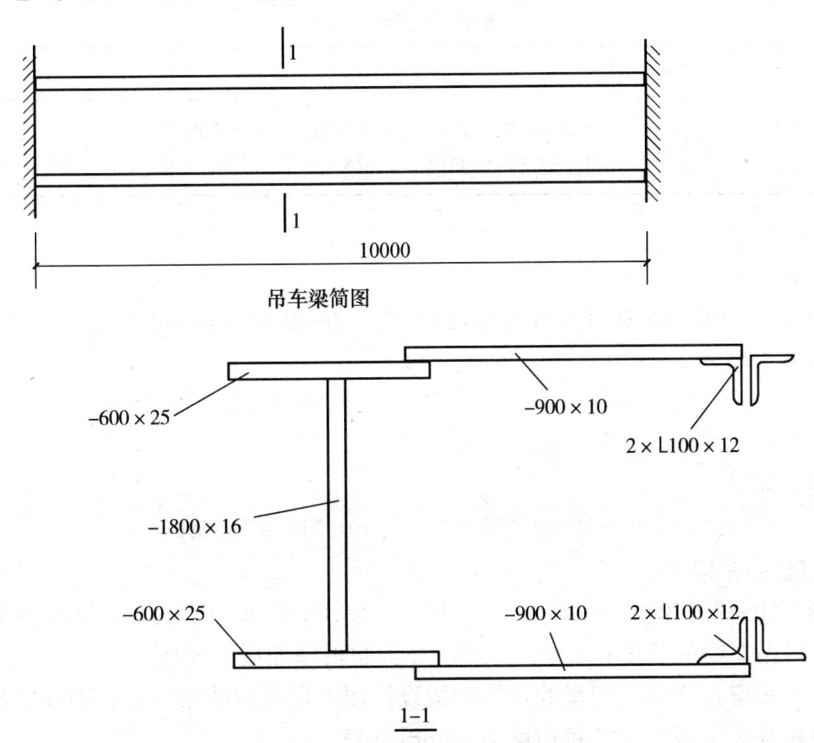

图 3-8　钢吊车梁示意图

【解】 (1)清单工程量

1)翼缘的工程量：

查表知，25mm 厚的钢板理论质量为 196.2kg/m²。

$$196.2\times0.6\times10\times2=2354.4\text{kg}\approx2.354\text{t}$$

2)腹板的工程量：

查表知，16mm 厚钢板理论质量为 125.6kg/m²。

$$125.6\times1.8\times10=2260.8\text{kg}\approx2.261\text{t}$$

3)连接板的工程量：

查表知，10mm 厚钢板理论质量为 78.5kg/m²。

$$78.5\times0.9\times10\times2=1413\text{kg}=1.413\text{t}$$

4)角钢的工程量：

查表知，L100×12 角钢的理论质量为 17.898kg/m。

$$17.898\times10\times4=715.92\text{kg}\approx0.716\text{t}$$

5)总的工程量：

$$2.354+2.261+1.413+0.716=6.744\text{t}$$

【注释】0.6×10×2 为两个翼缘的宽度（0.6）乘以吊车梁的长度（10）；1.8×10 为腹板的长度（1.8）乘以吊车梁的长度，是其表面积；0.9×10×2 为两个连接板的宽度（0.9）乘以吊车梁的长度；10×4 为四个角钢的总长度。工程量按设计图示尺寸以质量计算。

清单工程量计算见下表：

清单工程量计算表

项目编码	项目名称	项目特征描述	计量单位	工程量
010604002001	钢吊车梁	25mm 厚钢板，16mm 厚钢板，10mm 厚钢板，L100×12 角钢	t	6.744

(2)定额工程量

1)翼缘的工程量：

$$196.2\times(0.6+0.025\times2)\times10\times2=2550.6\text{kg}\approx2.551\text{t}$$

2)腹板的工程量：

$$125.6\times(1.8+0.025\times2)\times10=2323.6\text{kg}\approx2.324\text{t}$$

3)其他构件工程量同清单工程量。

4)总的工程量：

$$2.551+2.324+1.413+0.716=7.004\text{t}$$

套用基础定额 12-16。

【注释】 196.2×(0.6+0.025×2)×10×2 为每平方米钢筋的质量乘以两侧翼缘增加后的宽度乘以吊车梁的长度；1.8+0.025×2 为腹板增加后的宽度。

说明：吊车梁在清单工程量的计算中按设计图示尺寸以质量计算；而在定额工程量的计算中，腹板及翼缘板宽度按每边增加 25mm 计算。

轨道制作工程量在定额工程量的计算中只计算轨道本身质量，不包括轨道垫板、压板、斜垫、夹板及连接角钢等的质量。

五、钢支撑、钢檩条、钢墙架制作

项目编码：010606001　　项目名称：钢支撑

【例 3-9】 某平面组合屋架钢支撑如图 3-9 所示，求该支撑的工程量。

【解】 (1)清单工程量

1)钢板①(δ12)工程量：

查表知，12mm 厚钢板的理论质量为 94.2kg/m^2。

$$94.2\times0.9\times0.5=42.39\text{kg}\approx0.042\text{t}$$

2)槽钢([18a)工程量：

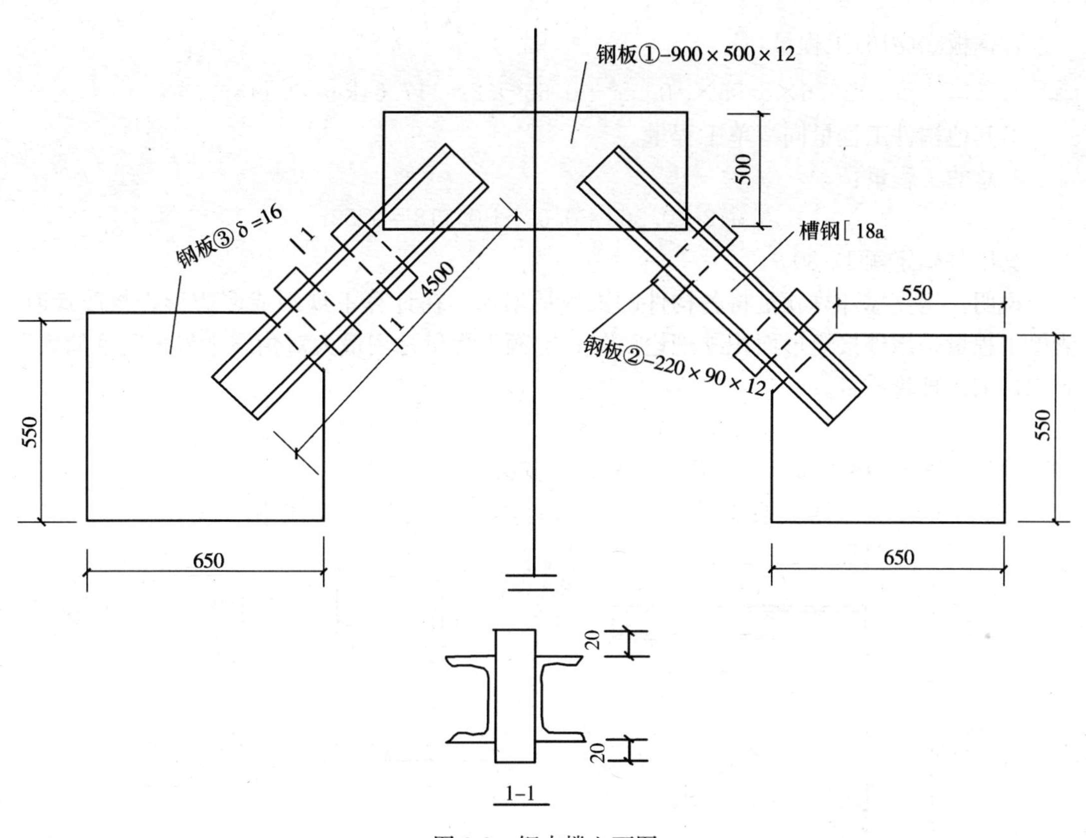

图 3-9 钢支撑立面图

查表知，[18a 槽钢的理论质量为 20.17kg/m。

$$20.17\times4.5\times4=363.06\text{kg}\approx0.363\text{t}$$

3)钢板②(δ12)工程量：

$$94.2\times0.22\times0.09\times4=7.461\text{kg}\approx0.007\text{t}$$

4)钢板③(δ16)工程量：

查表知，16mm 厚钢板的理论质量为 125.6kg/m^2。

$$125.6\times0.65\times0.55\times2=89.80\text{kg}\approx0.09\text{t}$$

5)总的工程量：

$$0.042+0.363+0.007+0.09=0.502\text{t}$$

【注释】 0.9(钢板①的截面的长度)×0.5(钢板①的截面的宽度)为钢板①的截面面积；0.22(钢板②的截面的长度)×0.09(钢板②的截面的宽度)×4 为四个钢板②的截面面积；0.65(钢板③的截面的长度)×0.55(钢板③的截面的宽度)×2 为两个钢板③的截面面积；4.5×4 为四个槽钢的长度。工程量按设计图示尺寸以质量计算。

清单工程量计算见下表：

清单工程量计算表

项目编码	项目名称	项目特征描述	计量单位	工程量
010606001001	钢支撑	12 厚 mm 钢板，[18a 槽钢，16 厚 mm 钢板	t	0.502

(2)定额工程量

1)钢板③(δ16)工程量：

$$125.6\times0.55\times\sqrt{0.55^2+0.65^2}\times2=117.64\text{kg}\approx0.118\text{t}$$

2)其他构件工程量同清单工程量。

3)总的工程量：

$$0.042+0.363+0.007+0.118=0.53\text{t}$$

套用基础定额 12-30。

说明：钢支撑计算就是将各构件的工程量累加。在计算不规则或多边形钢板质量时，清单工程量是用外接矩形面积乘理论质量；定额工程量是用最大对角线乘最大宽度的矩形面积再乘以理论质量。

项目编码：010606011　　项目名称：钢支架

【例 3-10】 某金属支架如图 3-10 所示，计算该金属支架的制作工程量。

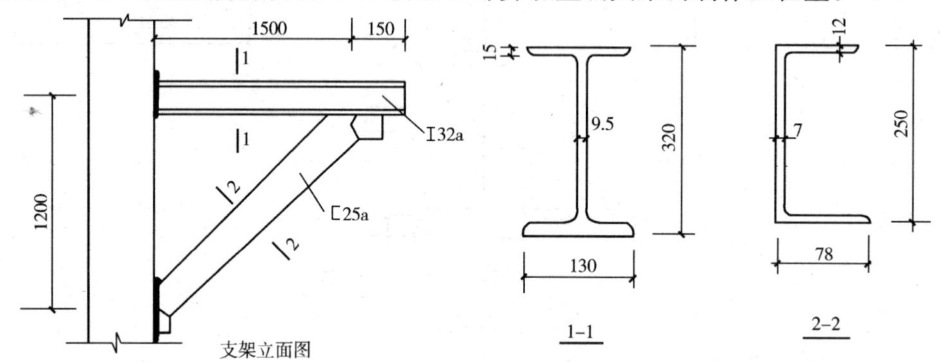

图 3-10　金属支架示意图

【解】 (1)清单工程量

1)Ⅰ型钢工程量：

查表知，Ⅰ32a 的理论质量为 52.69kg/m。

$$52.69\times(1.5+0.15)=86.94\text{kg}\approx0.087\text{t}$$

2)槽形钢工程量：

查表知，[25a 的理论质量为 27.4kg/m。

$$27.4\times\sqrt{1.2^2+1.5^2}=52.63\text{kg}\approx0.053\text{t}$$

3)总的工程量：

$$0.087+0.053=0.140\text{t}$$

【注释】 52.69×(1.5+0.15)为每米Ⅰ32a 钢的质量乘以Ⅰ型钢的长度；$\sqrt{1.2^2+1.5^2}$为斜架槽形钢的长度。

清单工程量计算见下表：

清单工程量计算表

项目编码	项目名称	项目特征描述	计量单位	工程量
010606011001	钢支架	I32a 型钢，[25a 槽钢	t	0.140

(2)定额工程量

定额工程量同清单工程量。

套用基础定额 12-19。

项目编码：010606001　　项目名称：钢支撑

【例 3-11】 计算如图 3-11 所示的柱间支撑的制作工程量。

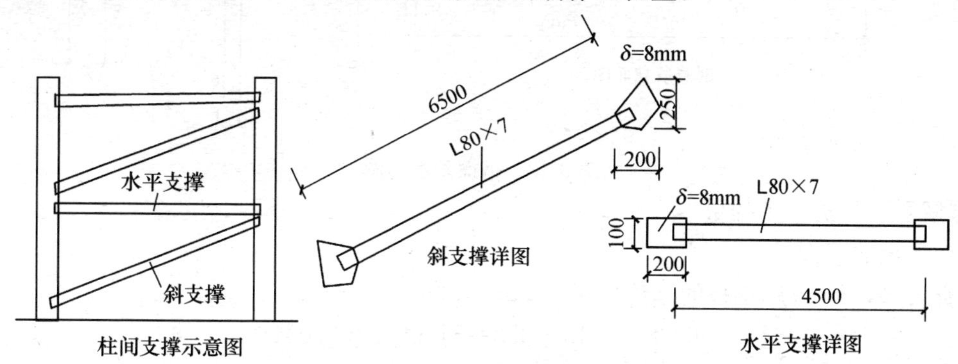

图 3-11　钢支撑示意图

【解】 (1)清单工程量

1)斜支撑的工程量：

查表知，L80×7 的理论质量为 8.525kg/m。

$$8.525\times6.5\times2=110.83\text{kg}\approx0.111\text{t}$$

2)水平支撑的工程量：

$$8.525\times4.5\times2=76.72\text{kg}\approx0.077\text{t}$$

3)连接板的工程量：

查表知，8mm 厚钢板的理论质量为 62.8kg/m^2。

$$62.8\times(0.1\times0.2\times4+0.2\times0.25\times4)=17.58\text{kg}\approx0.018\text{t}$$

4)总的工程量：

$$0.111+0.077+0.018=0.206\text{t}$$

【注释】 8.525×6.5×2 为每米角钢的质量乘以斜支撑的总长度；4.5×2 为两个水平支撑的长度；0.1×0.2(连接板的截面尺寸)×4＋0.2×0.25(连接板的截面尺寸)×4 为连接板总的截面面积。工程量按设计图示尺寸以质量计算。

清单工程量计算见下表：

清单工程量计算表

项目编码	项目名称	项目特征描述	计量单位	工程量
010606001001	钢支撑	L80×7 角钢，8mm 厚钢板	t	0.206

(2)定额工程量

定额工程量同清单工程量。

套用基础定额 12-28。

说明：柱间支撑计算时，清单工程量与定额工程量相同，是柱间支撑杆与连接板的工程量的累加，连接板为构件的配件，故计算时取设计图示尺寸。

项目编码：010606002　　项目名称：钢檩条

【例 3-12】 计算如图 3-12 所示钢檩条的制作工程量。

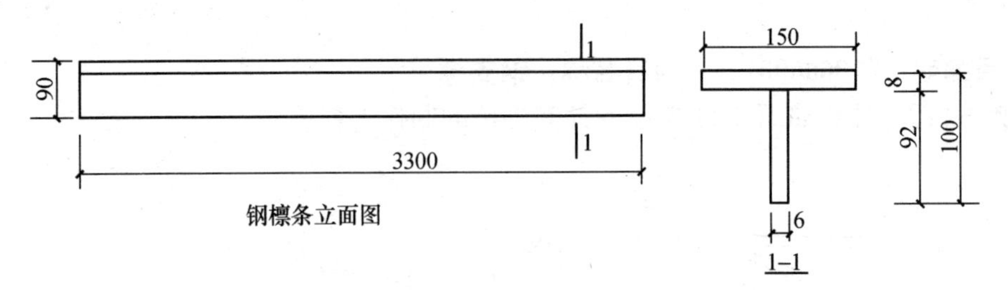

图 3-12　钢檩条示意图

【解】 (1)清单工程量

1)翼缘的工程量：

查表知，8mm 厚钢板的理论质量为 62.8kg/m²。

$$62.8\times0.15\times3.3=31.09\text{kg}\approx0.031\text{t}$$

2)腹板的工程量：

查表知，6mm 厚钢板的理论质量为 47.1kg/m²。

$$47.1\times0.092\times3.3=14.3\text{kg}\approx0.014\text{t}$$

3)总的工程量：

$$0.031+0.014=0.045\text{t}$$

【注释】 62.8×0.15×3.3 为 8mm 厚钢板每平方米的质量乘以翼缘的宽度(0.15)乘以钢檩条的长度(3.3)；0.092×3.3 为腹板的宽度(0.092)乘以钢檩条的长度。

清单工程量计算见下表：

清单工程量计算表

项目编码	项目名称	项目特征描述	计量单位	工程量
010606002001	钢檩条	8mm 厚钢板，6mm 厚钢板	t	0.045

(2)定额工程量

定额工程量同清单工程量

套用基础定额 12-31。

六、钢平台、钢梯子、钢栏杆制作

项目编码：010606008　　项目名称：钢梯

【例 3-13】 如图 3-13 所示，求制作钢直梯的工程量。

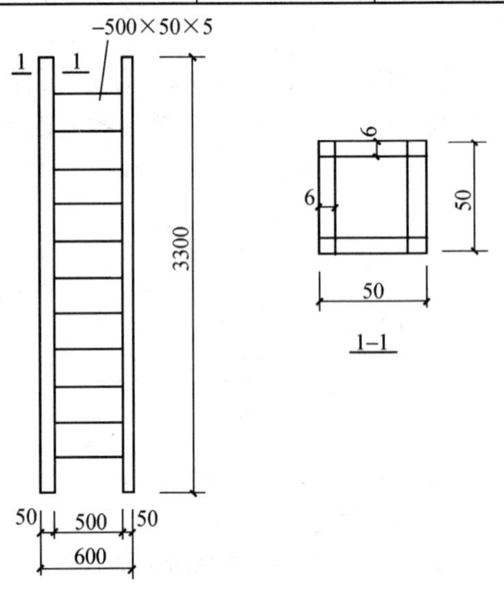

图 3-13　钢梯示意图

【解】 (1)清单工程量

1)扶手工程量：

查表知，6mm 厚钢板的理论质量为 47.1kg/m²。

$$47.1\times(0.05\times2+0.038\times2)\times3.3\times2$$

=54. 71kg≈0. 055t

2)梯板工程量：

查表知，5mm 厚钢板的理论质量为 39. 2kg/m²。

$$39.2\times0.5\times0.05\times11=10.78\text{kg}\approx0.011\text{t}$$

3)总的工程量：

$$0.055+0.011=0.066\text{t}$$

【注释】 (0. 05×2+0. 038×2)×3. 3×2 为两边扶手的宽度乘以钢直梯的长度；0. 5×0. 05×11 为 11 级阶梯的截面积。工程量按设计图示尺寸以质量计算。

清单工程量计算见下表：

清单工程量计算表

项目编码	项目名称	项目特征描述	计量单位	工程量
010606008001	钢梯	5mm 厚钢板，6mm 厚钢板，钢直梯	t	0. 066

(2)定额工程量

定额工程量同清单工程量。

套用基础定额 12-38。

说明：钢梯在清单和定额的工程量计算中，只计算扶手和梯板的工程量，不计算焊条及焊缝的工程量。

项目编码：010606009　　项目名称：钢栏杆

【例 3-14】 计算如图 3-14 所示的金属楼梯栏杆的工程量，只计算一层的工程量，该层层高为 3. 3m，踏步高为 150mm，宽为 300mm。

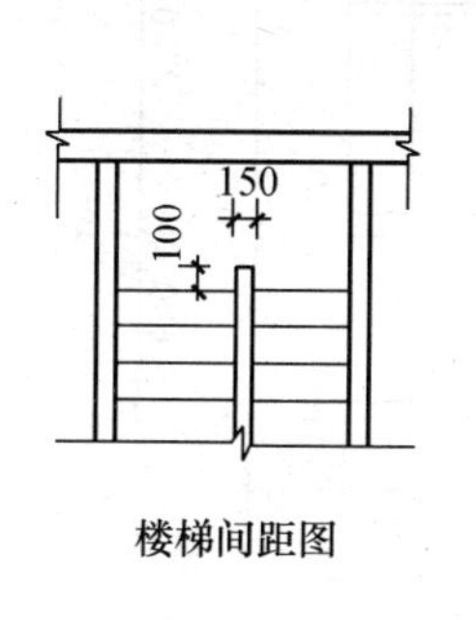

楼梯间距图

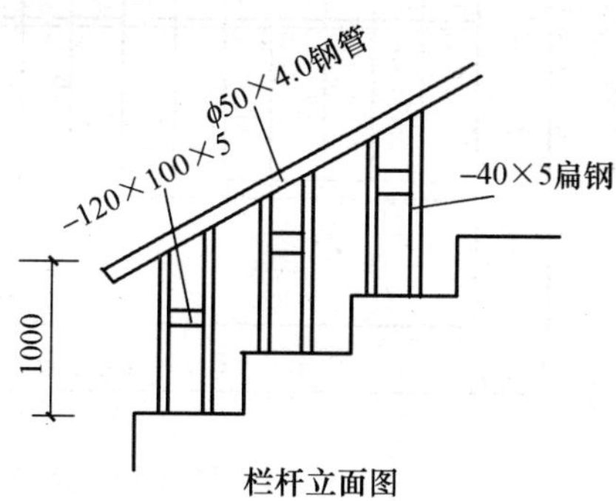

栏杆立面图

图 3-14　楼梯栏杆示意图

【解】 (1)清单工程量

1)ϕ50 钢管的工程量：

查表知，ϕ50×4. 0 钢管的理论质量为 4. 54kg/m。

$$4.54\times\left(\sqrt{3^2+\left(\frac{3.3}{2}\right)^2}+0.15+0.1\right)\times2=34.32\text{kg}\approx0.034\text{t}$$

2)5mm 厚钢板的工程量：

查表知，5mm 厚钢板的理论质量为 39. 2kg/m²。

$$39.2\times0.12\times0.1\times21=9.88\text{kg}\approx0.01\text{t}$$

3)5mm 厚扁钢的工程量：

$$39.2\times0.04\times1\times42=65.86\text{kg}\approx0.066\text{t}$$

4)总的工程量：

$$0.034+0.01+0.066\approx0.110\text{t}$$

【注释】 $\sqrt{3^2+\left(\frac{3.3}{2}\right)^2}$（斜扶手的长度）+0.15+0.1 为钢管的长度；0.12×0.1（钢板的截面尺寸）×21 为 21 个 5mm 厚钢板的截面积；0.04m（扁钢的截面宽度）×1（扁钢的截面长度）×42 为 42 个 5mm 厚扁钢的截面积。

清单工程量计算见下表：

清单工程量计算表

项目编码	项目名称	项目特征描述	计量单位	工程量
010606009001	钢栏杆	ϕ50 钢管，5mm 厚钢板，5mm 厚扁钢	t	0.110

(2)定额工程量

定额工程量同清单工程量。

套用基础定额 12-41。

项目编码：010606009　　项目名称：钢栏杆

【例 3-15】 求如图 3-15 所示的一榀围墙钢栏杆制作的工程量。

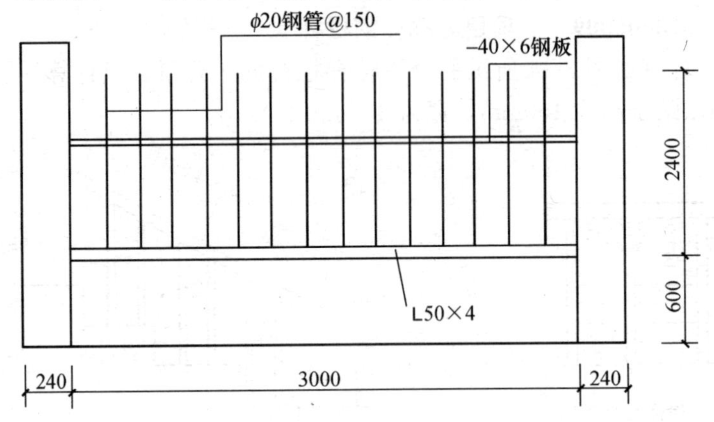

图 3-15　钢栏杆示意图

【解】 (1)清单工程量

1)ϕ20 钢管工程量：

查表知，ϕ20 钢管的理论质量为 2.47kg/m。

$$2.47\times2.4\times14=82.99\text{kg}\approx0.083\text{t}$$

2)6mm 厚钢板工程量：

查表知，6mm 厚钢板的理论质量为 47.1kg/m^2。

$$47.1\times0.04\times3=5.652\text{kg}\approx0.006\text{t}$$

3)L50×4 角钢工程量

查表知，L50×4 角钢的理论质量为 3.059kg/m。

$$3.059\times3=9.18kg\approx0.009t$$

4)总的工程量：

$$0.083+0.006+0.009=0.098t$$

【注释】 2.47×2.4(ϕ20 钢管的长度)×14 为每米钢管的质量乘以 14 根 ϕ20 钢管的长度；47.1×0.04×3(钢板的长度)为 6mm 厚钢板每平方米的理论质量乘以钢板的截面尺寸乘以钢板的长度。

清单工程量计算见下表：

清单工程量计算表

项目编码	项目名称	项目特征描述	计量单位	工程量
010606009001	钢栏杆	ϕ20 钢管，6mm 厚钢板，L50×4 角钢	t	0.098

(2)定额工程量

定额工程量同清单工程量。

套用基础定额 12-42。

说明：这种钢栏杆制作的工程量计算方法，仅适用于工业厂房中平台、操作台的钢栏杆，民用建筑中钢栏杆等不适用于此方法。

项目编码：010606009　　项目名称：钢栏杆

【例 3-16】 计算如图 3-16 所示的窗钢栏杆工程量。

【解】 (1)清单工程量

1)L50×4 角钢工程量：

查表知，L50×4 角钢的理论质量为 3.059kg/m。

$$3.059\times(1.2\times2+2.1\times2)=20.19kg\approx0.02t$$

2)−40×5 扁钢工程量：

查表知，5mm 厚钢板的理论质量为 39.2kg/m^2。

$$39.2\times0.04\times(1.2\times6+2.1\times7)=34.34kg\approx0.034t$$

3)总的工程量：

$$0.02+0.034=0.054t$$

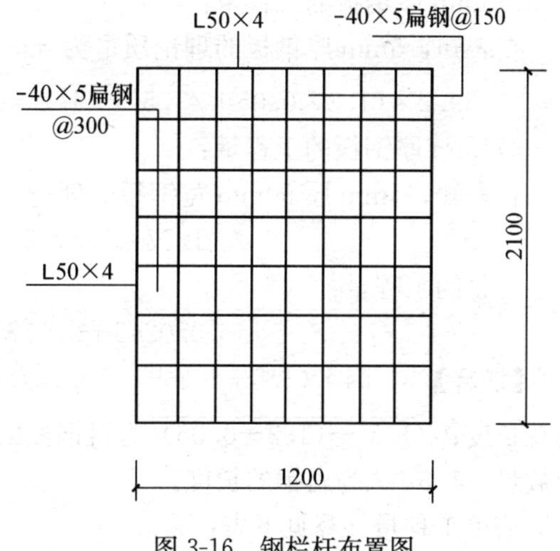

图 3-16　钢栏杆布置图

【注释】 3.059×(1.2×2+2.1×2)(钢栏杆的周长)为每米角钢 L50×4 的质量乘以角钢的总长度；0.04 为钢板的截面尺寸，1.2×6+2.1×7 为钢板的总长度。工程量按设计图示尺寸以质量计算。

清单工程量计算见下表：

清单工程量计算表

项目编码	项目名称	项目特征描述	计量单位	工程量
010606009001	钢栏杆	L50×4 角钢，−40×5 扁钢	t	0.054

(2)定额工程量

定额工程量同清单工程量。

套用基础定额 12-40。

项目编码：010606009　　项目名称：钢栏杆

【例 3-17】 计算如图 3-17 所示的钢护栏的制作工程量。

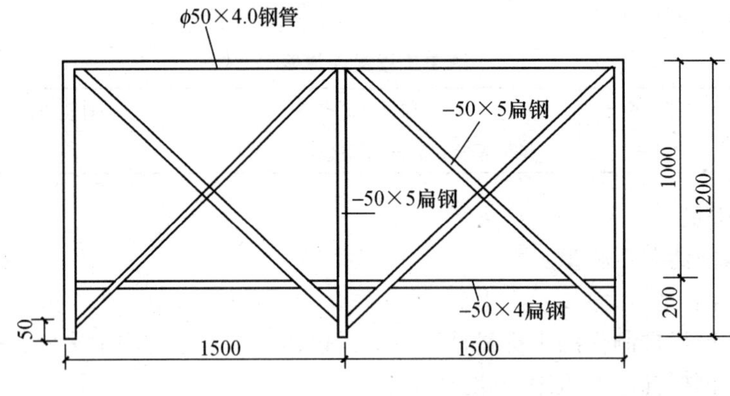

图 3-17　钢护栏立面图

【解】 (1)清单工程量

1)ϕ50×4.0 钢管的工程量：

查表知，ϕ50×4.0 钢管的理论质量为 4.54kg/m。

$$4.54\times(1.5+1.5+1.2\times2)=24.516\text{kg}\approx0.0245\text{t}$$

2)5mm 厚钢板的工程量：

查表知，5mm 厚钢板的理论质量为 39.2kg/m^2。

$$39.2\times(1.2\times0.05+\sqrt{1.5^2+(1.2-0.05)^2}\times0.05\times4)=17.17\text{kg}\approx0.017\text{t}$$

3)4mm 厚钢板的工程量：

查表知，4mm 厚 50mm 宽钢板的理论质量为 1.57kg/m。

$$1.57\times1.5\times2=4.71\text{kg}\approx0.005\text{t}$$

4)总的工程量：

$$0.0245+0.017+0.005=0.047\text{t}$$

【注释】 4.54×(1.5+1.5+1.2×2)为 ϕ50×4.0 钢管每米的质量乘以 ϕ50×4.0 钢管的总长度；$\sqrt{1.5^2+(1.2-0.05)^2}$为斜钢板的长度，0.05 为钢板的截面尺寸，4 为斜钢板的数量；1.5×2 为扁钢的长度。

清单工程量计算见下表：

清单工程量计算表

项目编码	项目名称	项目特征描述	计量单位	工程量
010606009001	钢栏杆	ϕ50×4.0 钢管，5mm 和 4mm 厚钢板	t	0.047

(2)定额工程量

定额工程量同清单工程量。

套用基础定额 12-40。

说明：钢栏杆的计算只是各个构件工程量的累加，不扣除孔眼、切边、切肢的质量，焊条、铆钉、螺栓等不另增加质量，且该方法只适用于工业厂房中平台、操作台的钢栏杆。

项目编码：010606008　　项目名称：钢梯

【例 3-18】 计算如图 3-18 所示的踏步式钢梯工程量(共 4 层)。

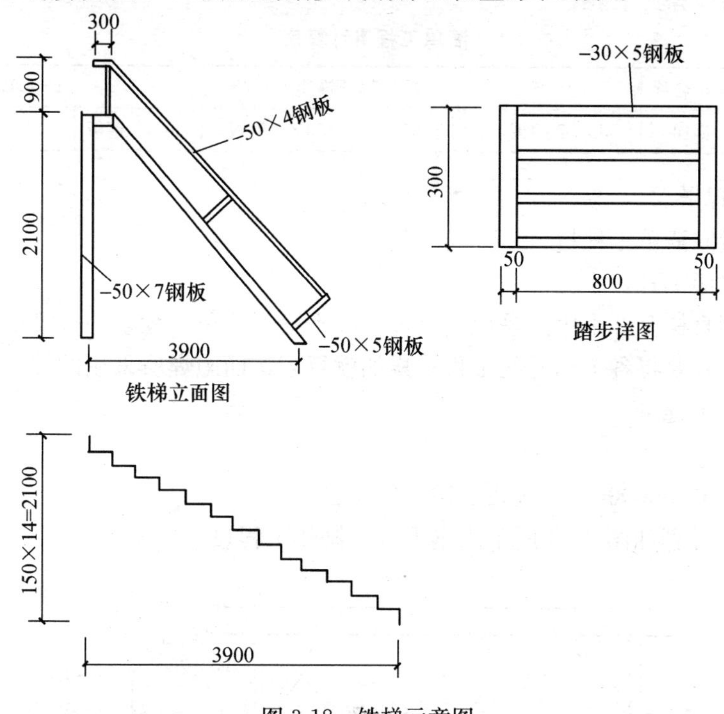

图 3-18　铁梯示意图

【解】 (1)清单工程量

1)−50×7 钢板的工程量：

查表知，−50×7 钢板的理论质量为 55kg/m^2。

$$55\times0.05\times4\times2.1\times2=46.2\text{kg}\approx0.046\text{t}$$

2)−50×4 钢板的工程量：

查表知，−50×4 钢板的理论质量为 1.57kg/m。

$$1.57\times(\sqrt{3.0^2+3.9^2}+0.3)\times4\times2=65.57\text{kg}\approx0.066\text{t}$$

3)−50×5 钢板的工程量：

查表知，−50×5 钢板的理论质量为 1.96kg/m。

$$1.96\times0.9\times4\times3\times2=42.336\text{kg}\approx0.042\text{t}$$

4)−30×5 钢板的工程量：

查表知，−30×5 钢板的理论质量为 1.18kg/m。

$$1.18\times0.8\times4\times4\times13=196.35\text{kg}\approx0.196\text{t}$$

5)总的工程量：

$$0.046+0.066+0.042+0.196=0.350\text{t}$$

【注释】 0.05×4(四层楼)×2.1×2(一层钢梯的−50×7 钢板的长度)为−50×7 钢板

的截面尺寸乘以钢板的总长度；$(\sqrt{3.0^2+3.9^2}+0.3)\times4\times2$ 为－50×4 钢板的四层的总长度；0.9×4×3×2 为－50×5 钢板的总长度，其中 0.9 为钢板的长度，4 为楼层数量，3 为一个钢梯上三个此钢板，2 为双跑钢梯楼层；0.8(每根钢板的长度)×4×4×13(踏步的数量)为－30×5 钢板的总长度。工程量按设计图示尺寸以质量计算。

清单工程量计算见下表：

清单工程量计算表

项目编码	项目名称	项目特征描述	计量单位	工程量
010606008001	钢梯	－50×7 钢板，－50×4 钢板，－50×5 钢板，－30×5 钢板	t	0.350

(2)定额工程量

定额工程量同清单工程量。

套用基础定额 12-37。

说明：该钢直梯全部采用的是规则钢板，故不论在清单工程量的计算中，还是定额工程量的计算中，只要将各个构件的工程量累加就行了，而施焊所采用的焊条、铆钉、螺栓等不再计入额外工程量。

项目编码：010606006　　项目名称：钢平台

【例 3-19】 计算如图 3-19 所示的钢平台的制作工程量。

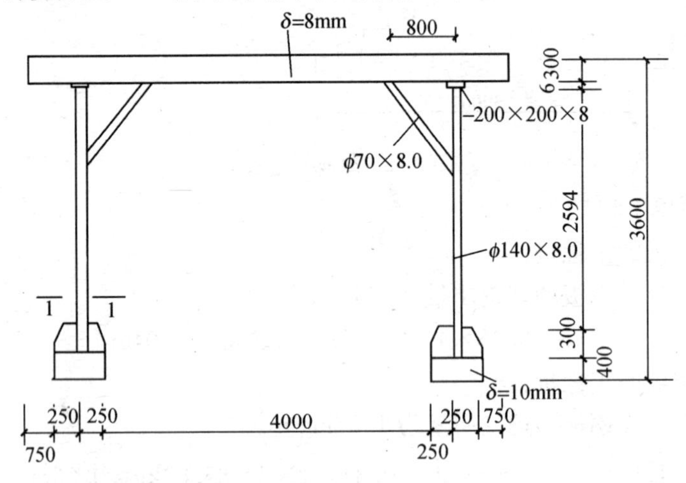

正立面、侧立面图

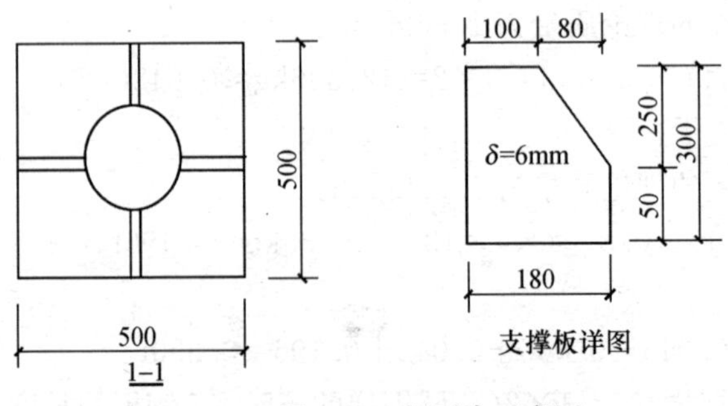

支撑板详图

图 3-19　钢平台示意图

【解】 (1)清单工程量

1)8mm厚钢板的工程量：

查表知，8mm厚钢板的理论质量为62.8kg/m²

$$62.8\times(4+0.25\times2+1\times2)\times(4+0.25\times2+1\times2)$$
$$=62.8\times6.5\times6.5$$
$$=2653.3\text{kg}$$
$$\approx2.653\text{t}$$

2)−200×200×8钢板的工程量：

查表知，8mm钢板的理论质量为62.8kg/m²。

$$62.8\times0.2\times0.2\times4=10.05\text{kg}\approx0.01\text{t}$$

3)ϕ140×8.0钢管的工程量：

查表知，ϕ140×8.0钢管的理论质量为26.04kg/m。

$$26.04\times(2.594+0.3)\times4=301.44\text{kg}\approx0.301\text{t}$$

4)ϕ70×8.0钢管的工程量：

查表知，ϕ70×8.0钢管的理论质量为9.47kg/m。

$$9.47\times\sqrt{0.8^2+0.8^2}\times2\times4=85.71\text{kg}\approx0.086\text{t}$$

5)底座钢板的工程量：

查表知，10mm钢板的理论质量为78.5kg/m²。

$$78.5\times0.5\times0.5\times4$$
$$=78.5\text{kg}$$
$$\approx0.079\text{t}$$

6)支撑板的工程量：

查表知，6mm厚钢板的理论质量为47.1kg/m²。

$$47.1\times0.18\times0.3\times4\times4=40.69\text{kg}\approx0.041\text{t}$$

7)总的工程量：

$$2.653+0.01+0.301+0.086+0.079+0.041=3.17\text{t}$$

【注释】 (4+0.25×2+1×2)(钢板的宽度)×(4+0.25×2+1×2)(钢板的长度)为8mm钢板的截面积；0.2×0.2×4为−200×200×8钢板的截面积乘以钢板的个数；(2.594+0.3)×4为ϕ140×8.0钢管的总长度，其中4为钢管的个数，2.594+0.3为一根ϕ140×8.0钢管的长度；$\sqrt{0.8^2+0.8^2}$为ϕ70×8.0钢管的长度；0.5×0.5(支座的截面尺寸)×4为底板支座的截面积乘以个数；0.18(支撑板的截面宽度)×0.3(支撑板的截面长度)×4为支撑板的截面积乘以支撑板的长度。

清单工程量计算见下表：

清单工程量计算表

项目编码	项目名称	项目特征描述	计量单位	工程量
010606006001	钢平台	8mm厚钢板，−200×200×8钢板，ϕ140×8.0钢管，ϕ70×8.0钢管，10mm和6mm厚钢板	t	3.170

(2)定额工程量

1)支撑板的工程量：

$$47.1\times0.18\times\sqrt{0.18^2+0.3^2}\times4\times4$$
$$=47.46kg$$
$$\approx0.047t$$

2)其余构件工程量同清单工程量。

3)总的工程量：

$$2.653+0.01+0.301+0.086+0.079+0.047=3.176t$$

套用基础定额 12-35。

【注释】 0.18 为支撑板的最大宽度，$\sqrt{0.18^2+0.3^2}$为支撑板的最大对角线。

说明：钢平台的工程量就是各构件的工程量的累加，在清单工程量的计算中，不规则或多边形钢板以其外接矩形面积乘以单位理论质量计算，而在定额工程量的计算中，不规则或多边形钢板以其最大对角线乘以最大宽度，然后乘以单位理论质量计算。

七、钢漏斗制作

项目编码：010606010　　项目名称：钢漏斗

【例 3-20】 如图 3-20 所示，漏斗为圆形漏斗，上半部分为一缺口扇形围成，下口为一圆柱形，试计算该漏斗的工程量。

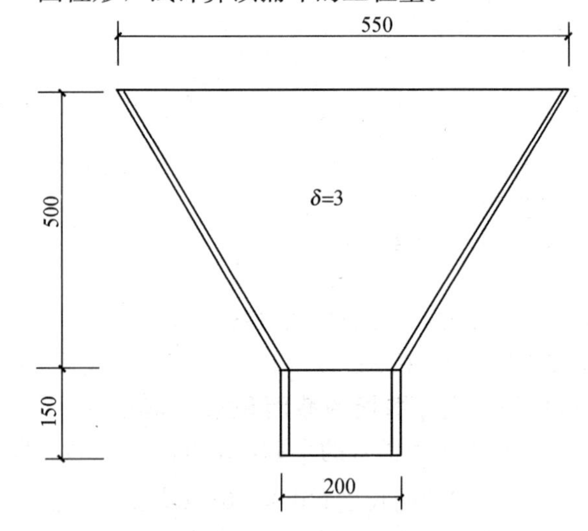

图 3-20　漏斗立面图

【解】 (1)清单工程量

1)上半部分工程量：

上口板长$=0.55\times\pi=1.727m$

查表知，3mm 厚钢板的理论质量为 $2.36kg/m^2$。

$$2.36\times1.727\times0.5=2.04kg$$

2)下半部分工程量：

$$2.36\times0.2\times\pi\times0.15=0.22kg$$

3)总的工程量：

$$2.04+0.22=2.26kg\approx0.002t$$

【注释】 $0.55\times\pi$ 为上口板圆的周长，1.727×0.5 为缺口扇形的底面周长乘以高度(0.5)是其缺口扇形的侧面积；$0.2\times\pi\times0.15$ 为下口一圆柱形的底面周长乘以圆柱的高度(0.15)。工程量按设计图示尺寸以钢漏斗的侧面积乘以钢板的理论质量计算。

清单工程量计算见下表：

清单工程量计算表

项目编码	项目名称	项目特征描述	计量单位	工程量
010606010001	钢漏斗	3mm 厚钢板，圆形	t	0.002

(2)定额工程量

1)上半部分工程量：

$$2.36\times0.55\times\pi\times0.5=2.04\text{kg}$$

2)下半部分工程量：

$$2.36\times0.2\times\pi\times0.15=0.22\text{kg}$$

3)总的工程量：

$$2.04+0.22=2.26\text{kg}$$

套用基础定额 12-44。

说明：在清单工程量计算中，按设计图示尺寸以质量计算，不扣除孔眼、切边、切肢的质量，焊条、铆钉、螺栓等不另加质量，不规则或多边形钢板以其外接矩形面积乘以单位理论质量计算，依附漏斗的型钢并入漏斗工程量内。在定额工程量计算中，钢漏斗制作工程量，矩形按图示分片，圆形按图示展开尺寸，并依钢板宽度分段计算，每段均以其上口长度(圆形以分段展开上口长度)与钢板宽度，按矩形计算，依附漏斗的型钢并入漏斗质量内计算。

项目编码：010607001　　项目名称：金属网

【例 3-21】 如图 3-21 所示的金属网，试计算该金属网的工程量。

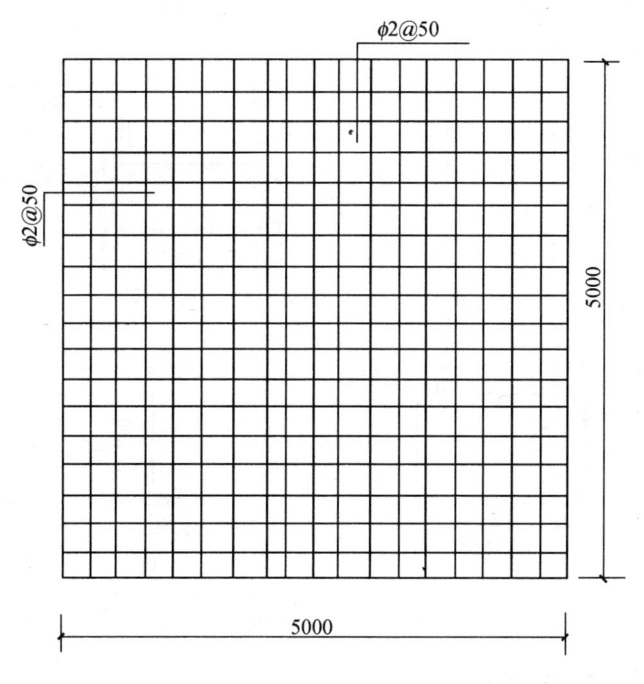

图 3-21　金属网布置图

【解】 (1)清单工程量

$$\text{工程量}=5\times5=25\text{m}^2$$

【注释】 5×5 为金属网的长度乘以宽度。工程量按设计图示尺寸以面积计算。

清单工程量计算见下表：

清单工程量计算表

项目编码	项目名称	项目特征描述	计量单位	工程量
010607001001	金属网	ϕ2 钢丝	m^2	25

(2)定额工程量

定额工程量同清单工程量。

钢丝的理论质量计算公式：$G=0.00617\times$直径^2

则直径 2mm 钢丝的理论质量为 $G=0.00617\times 2^2=0.02468$kg/mm

$$(5000\div 50+1)\times 2\times 0.02468=4.985\text{kg}\approx 0.005\text{t}$$

套用基础定额 12-46。

【注释】 (5000÷50+1)(钢筋的根数，50 为钢筋的间距)×2×0.02468 为金属网的钢丝长度乘以每米钢丝的质量。工程量按设计图示尺寸以质量计算。

说明：金属网的制作，定额工程量与清单工程量都是图示构件尺寸计算所得的工程量的累加。

项目编码：010603002　　项目名称：空腹柱

【例 3-22】 如图 3-22 所示的空腹柱，求该柱的工程量。

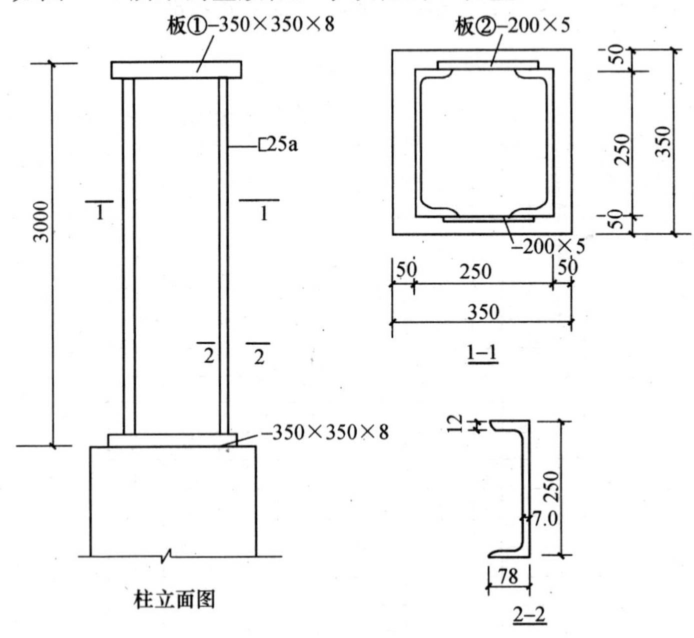

图 3-22 空腹柱示意图

【解】 (1)清单工程量

1)板①－350×350×8 的工程量：

查表知，8mm 厚钢板的理论质量是 62.8kg/m^2。

$$62.8\times 0.35\times 0.35\times 2=15.386\text{kg}\approx 0.015\text{t}$$

2)板②－200×5 的工程量：

查表知，5mm 厚钢板的理论质量是 39.2kg/m^2。

$$39.2\times0.2\times(3-0.008\times2)\times2=46.789\text{kg}\approx0.047\text{t}$$

3)[25a 的工程量：

查表知，[25a 的理论质量是 27.4kg/m。

$$27.4\times(3-0.008\times2)\times2=163.52\text{kg}\approx0.164\text{t}$$

4)总的工程量：

$$0.015+0.047+0.164=0.226\text{t}$$

【注释】 0.35×0.35×2 为两个板①－350×350×8 的截面积；0.2×(3－0.008×2)(板的长度)×2 为两个板②－200×5 的截面尺寸乘以板的长度，其中 0.008×2 为两个板①的厚度；27.4×(3－0.008×2)×2 为[25a 槽钢每米的质量乘以[25a 槽钢的总长度。

清单工程量计算见下表：

清单工程量计算表

项目编码	项目名称	项目特征描述	计量单位	工程量
010603002001	空腹柱	5mm、8mm 厚钢板，[25a 槽钢	t	0.226

(2)定额工程量

定额工程量同清单工程量。

套用基础定额 12-4。

项目编码：010603003　　项目名称：钢管柱

【例 3-23】 如图 3-23 所示的钢管柱，求该柱的工程量。

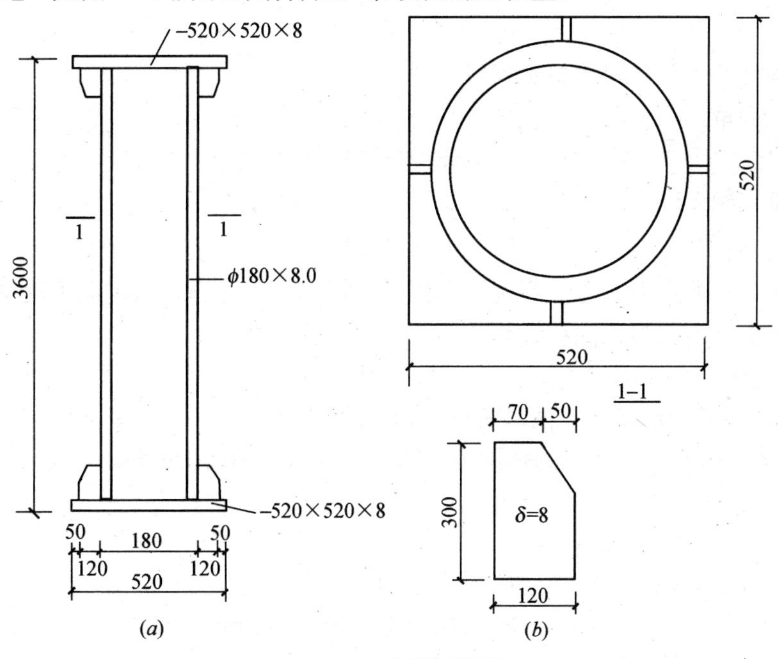

图 3-23　支撑板详图

(a)柱立面图；(b)支撑板详图

【解】 (1)清单工程量

1)上、下底板工程量：

查表知，8mm 厚钢板的理论质量为 62.8kg/m²。

$$62.8\times0.52\times0.52\times2=33.96\text{kg}\approx0.034\text{t}$$

2)ϕ180×8.0 圆柱的工程量：

查表知，ϕ180×8.0 圆柱的理论质量为 33.93kg/m。

$$33.93\times(3.6-0.008\times2)=121.61\text{kg}\approx0.122\text{t}$$

3)支撑板的工程量：

$$62.8\times0.12\times0.3\times4\times2$$
$$=18.09\text{kg}\approx0.018\text{t}$$

4)总的工程量：

$$0.034+0.122+0.018=0.174\text{t}$$

【注释】 0.52×0.52(底板的截面尺寸)×2 为上、下底板的截面积；3.6－0.008×2 为圆柱的高度，其中 0.008×2 为上、下底板的厚度；0.12(支撑板的截面宽度)×0.3(支撑板的截面长度)×4×2 为支撑板的截面积乘以支撑板的个数。

清单工程量计算见下表：

清单工程量计算表

项目编码	项目名称	项目特征描述	计量单位	工程量
010603003001	钢管柱	8mm 厚钢板，ϕ180×8.0 圆钢	t	0.174

(2)定额工程量

1)支撑板的工程量：

$$62.8\times\sqrt{0.3^2+0.12^2}\times0.12\times8=19.48\text{kg}\approx0.019\text{t}$$

2)其他构件的工程量同清单工程量。

3)总的工程量：

$$0.034+0.122+0.019=0.175\text{t}$$

套用基础定额 12-4。

【注释】 $\sqrt{0.3^2+0.12^2}$为支撑板的最大对角线，0.12 为支撑板的最大宽度。

说明：清单工程量多边形或不规则形按外接矩形面积计算；而定额工程量，是按最大对角线乘最大宽度所求得的面积计算。

项目编码：010601002　　项目名称：钢网架

【例 3-24】 如图 3-24 所示的钢网架结构，计算该结构的工程量。

【解】 (1)清单工程量

1)横向上下弦杆件工程量：

查表知，6mm 厚钢板的理论质量为 47.1kg/m²。

$$47.1\times0.05\times30\times2\times11=1554.3\text{kg}\approx1.554\text{t}$$

2)横向腹杆工程量：

查表知，4mm 厚钢板的理论质量为 3.14kg/m²。

$$3.14\times0.05\times[(\sqrt{5^2+3^2}+2.5+\sqrt{2.5^2+1.5^2})\times10+5\times11]\times10$$
$$=262.92\text{kg}\approx0.263\text{t}$$

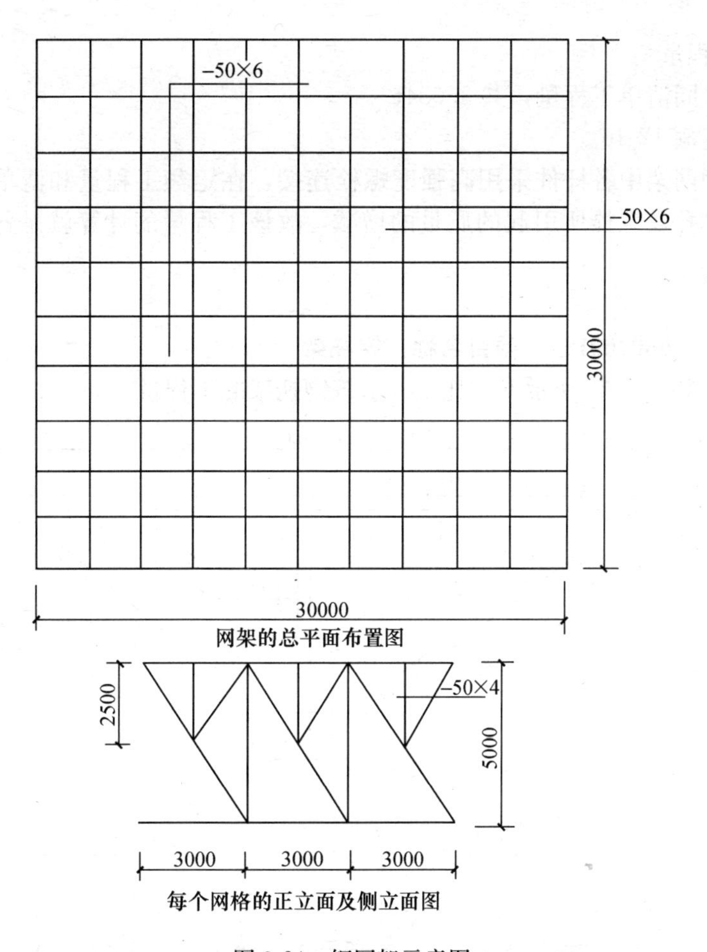

图 3-24 钢网架示意图

3)纵向上下弦杆件工程量：

$$47.1\times0.05\times30\times2\times11=1554.3\text{kg}\approx1.554\text{t}$$

4)纵向腹杆工程量：

$$3.14\times0.05\times[(\sqrt{5^2+3^2}+2.5+\sqrt{2.5^2+1.5^2})\times10+5\times11]\times10$$
$$=262.92\text{kg}\approx0.263\text{t}$$

5)总的工程量：

$$1.554+0.263+1.554+0.263=3.634\text{t}$$

【注释】 0.05×30×2×11 为横向上下弦杆件的截面尺寸乘以杆的长度乘以杆的个数；0.05 为腹杆的截面尺寸，$\sqrt{5^2+3^2}$为腹杆最长斜边的长度，2.5 为腹杆中间短杆的长度，$\sqrt{2.5^2+1.5^2}$为腹杆短斜边的长度，5 为腹杆中间长杆的长度，10 为网架中间腹杆的个数，11 为网架边部腹杆的个数。工程量按设计图示尺寸以质量计算。

清单工程量计算见下表：

清单工程量计算表

项目编码	项目名称	项目特征描述	计量单位	工程量
010601002001	钢网架	6mm、4mm 厚钢板	t	3.634

(2)定额工程量

定额工程量同清单工程量，共 3.634t。

套用基础定额 12-46。

说明：该钢网架中各杆件采用高强度螺栓连接，在定额工程量和清单工程量的计算中，并不计入栓孔及螺栓所引起的质量的增减，故该工程量的计算就是各杆件工程量的累加。

项目编码：010602001　　项目名称：钢托架

【例 3-25】 如图 3-25 所示的钢托架，求该钢托架的工程量。

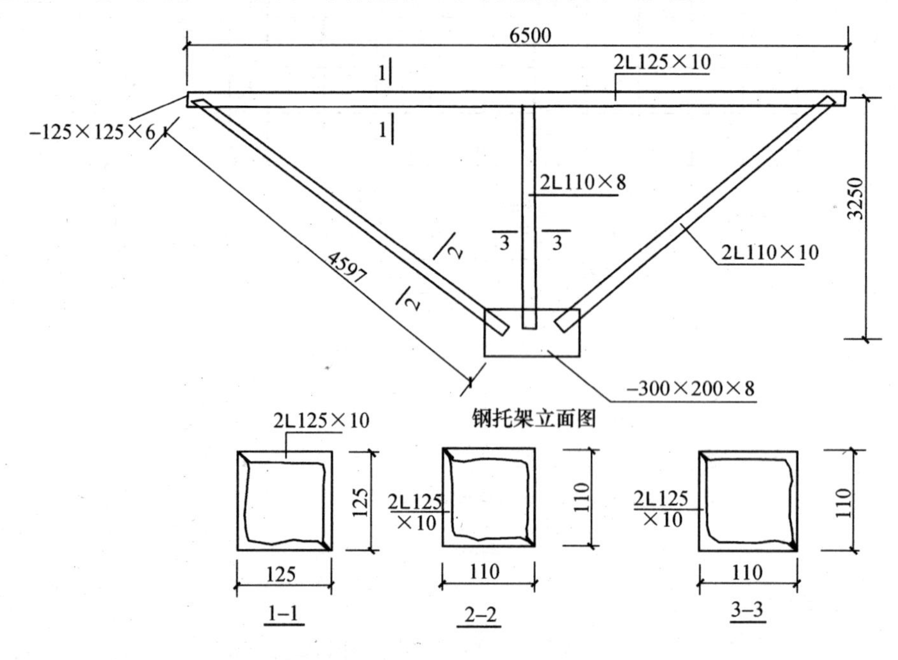

图 3-25　钢托架示意图

【解】 (1)清单工程量

1)上弦杆的工程量：

查表知，L125×10 的理论质量是 19.133kg/m。

$$19.133\times6.5\times2=248.73\text{kg}\approx0.249\text{t}$$

2)斜向支撑杆的工程量：

查表知，L110×10 的理论质量是 16.69kg/m。

$$16.69\times4.597\times4=306.9\text{kg}\approx0.307\text{t}$$

3)竖向支撑杆的工程量：

查表知，L110×8 的理论质量是 13.532kg/m。

$$13.532\times3.25\times2=87.96\text{kg}\approx0.088\text{t}$$

4)连接板的工程量：

查表知，8mm 厚钢板的理论质量为 62.8kg/m²。

$$62.8\times0.2\times0.3=3.768\text{kg}\approx0.004\text{t}$$

5)塞板的工程量：

查表知，6mm 厚钢板的理论质量为 47.1kg/m²。

$$47.1\times0.125\times0.125\times2=1.472\text{kg}\approx0.001\text{t}$$

6)总的工程量：

$$0.249+0.307+0.088+0.004+0.001=0.649\text{t}$$

【注释】 19.133×6.5×2 为 L125×10 上弦杆钢每米的质量乘以上弦杆的总长度；4.597×4 为斜向支撑杆的长度乘以数量；3.25×2 为竖向支撑杆的长度乘以数量；0.2(连接板的截面宽度)×0.3(连接板的截面长度)为连接板的截面积；0.125×0.125(塞板的截面尺寸)×2 为两个塞板的截面积。

清单工程量计算见下表：

清单工程量计算表

项目编码	项目名称	项目特征描述	计量单位	工程量
010602001001	钢托架	L125×10、L110×10、L110×8 角钢，8mm、6mm 厚钢板	t	0.649

(2)定额工程量

定额工程量同清单工程量。

套用基础定额 12-11。

项目编码：010602002　　项目名称：钢桁架

【例 3-26】 如图 3-26 所示的钢桁架，求该钢桁架的工程量。

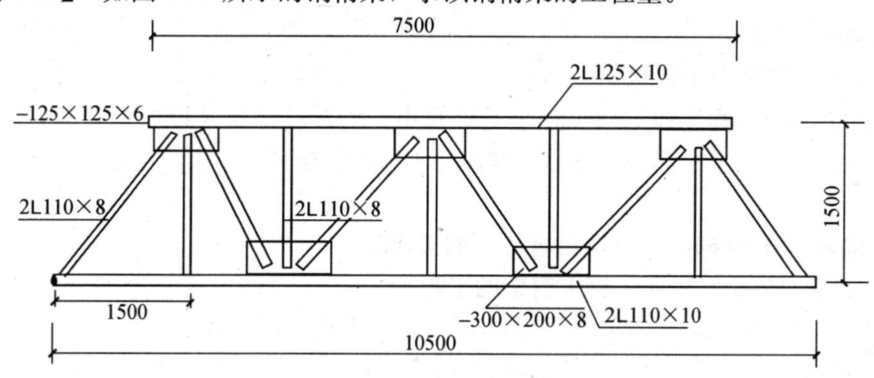

图 3-26　钢桁架布置图

【解】 (1)清单工程量

1)上弦杆工程量：

查表知，L125×10 的理论质量是 19.133kg/m。

$$19.133\times7.5\times2=287\text{kg}=0.287\text{t}$$

2)下弦杆工程量：

查表知，L110×10 的理论质量是 16.69kg/m。

$$16.69\times10.5\times2=350.49\text{kg}\approx0.35\text{t}$$

3)斜向支撑杆的工程量：

查表知，L110×8 的理论质量是 13.532kg/m。

$$13.532\times\sqrt{1.5^2+1.5^2}\times2\times6=344.47\text{kg}\approx0.344\text{t}$$

4)竖向支撑杆的工程量：

$$13.532\times1.5\times2\times5=202.98\text{kg}\approx0.203\text{t}$$

5)连接板的工程量：

查表知，8mm 厚钢板的理论质量为 62.8kg/m^2。

$$62.8\times0.2\times0.3\times5=18.84\text{kg}\approx0.019\text{t}$$

6)塞板的工程量：

查表知，6mm 厚钢板的理论质量为 47.1kg/m^2。

$$47.1\times0.125\times0.125\times4=2.94\text{kg}\approx0.003\text{t}$$

7)总的工程量：

$$0.287+0.35+0.344+0.203+0.019+0.003=1.206\text{t}$$

【注释】 19.133×7.5×2 为 L125×10 上弦杆钢每米的质量乘以上弦杆的总长度；10.5×2 为下弦杆的总长度；$\sqrt{1.5^2+1.5^2}\times2\times6$ 为斜向支撑杆的长度乘以数量；1.5×2×5 为竖向支撑杆的长度(1.5)乘以数量；0.2×0.3(连接板的截面尺寸)×5 为五个连接板的截面积；0.125×0.125×4 为四个塞板的截面面积。

清单工程量计算见下表：

清单工程量计算表

项目编码	项目名称	项目特征描述	计量单位	工程量
010602002001	钢桁架	L125×10、L110×10、L110×8 角钢，8mm、6mm 厚钢板	t	1.206

(2)定额工程量

定额工程量同清单工程量。

说明：在清单工程量和定额工程量的计算中，均按设计尺寸以质量计算，不扣除孔眼、切边、切肢的质量，焊条、铆钉、螺栓等不另增加质量。

项目编码：010606003　　项目名称：钢天窗架

【例 3-27】 求图 3-27 所示钢天窗架的工程量。

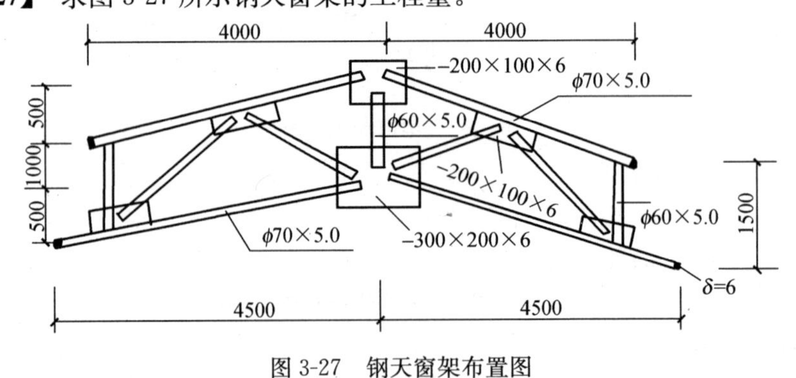

图 3-27　钢天窗架布置图

【解】 (1)清单工程量

1)上、下弦杆工程量：

查表知，ϕ70×5.0 的理论质量为 8.01kg/m。

下弦杆　$8.01\times\sqrt{4.5^2+0.5^2}\times2=72.54\text{kg}\approx0.073\text{t}$

上弦杆　$8.01\times\sqrt{4^2+0.5^2}\times2=64.58\text{kg}\approx0.065\text{t}$

上、下弦杆工程量＝0.073＋0.065＝0.138t

2)斜向支撑杆的工程量：

查表知，ϕ60×5.0 的理论质量为 6.78kg/m。

$$6.78\times\sqrt{1.5^2+2^2}\times4=67.8\text{kg}\approx0.068\text{t}$$

3)竖向支撑杆的工程量：

$$6.78\times1.5\times3=30.51\text{kg}\approx0.031\text{t}$$

4)塞板的工程量：

查表知，6mm 厚钢板的理论质量是 47.1kg/m^2。

$$47.1\times\frac{\pi}{4}\times0.07^2\times2\times2=0.725\text{kg}$$

5)连接板的工程量：

$$47.1\times(0.2\times0.1\times5+0.3\times0.2)=7.536\text{kg}$$

6)总的工程量：

$$0.138+0.068+0.031+(0.725+7.536)\times10^{-3}=0.245\text{t}$$

【注释】 $\sqrt{4.5^2+0.5^2}\times2$ 为两个下弦杆的长度；$\sqrt{4^2+0.5^2}\times2$ 为两个上弦杆的长度；$\sqrt{1.5^2+2^2}\times4$ 为四个斜向支撑杆的长度乘以数量；1.5×3 为三个竖向支撑杆的长度；$\frac{\pi}{4}\times0.07^2\times2\times2$ 为两个塞板的截面积；0.2×0.1(小连接板的截面尺寸)×5＋0.3×0.2(大连接板的截面尺寸)为连接板的总截面积。工程量按设计图示尺寸以质量计算。

清单工程量计算见下表：

清单工程量计算表

项目编码	项目名称	项目特征描述	计量单位	工程量
010606003001	钢天窗架	ϕ70×5.0、ϕ60×5.0 钢管，6mm 厚钢板	t	0.245

(2)定额工程量

定额工程量同清单工程量。

套用基础定额 12-32。

项目编码：010606004　　项目名称：钢挡风架

【例 3-28】 如图 3-28 所示钢挡风架，求该挡风架的工程量。

【解】 (1)清单工程量

1)上弦杆的工程量：

查表知，L110×8.0 的理论质量为 13.532kg/m。

$$13.532\times(10.8+0.05\times2)\times2=147.5\times2\approx0.296\text{t}$$

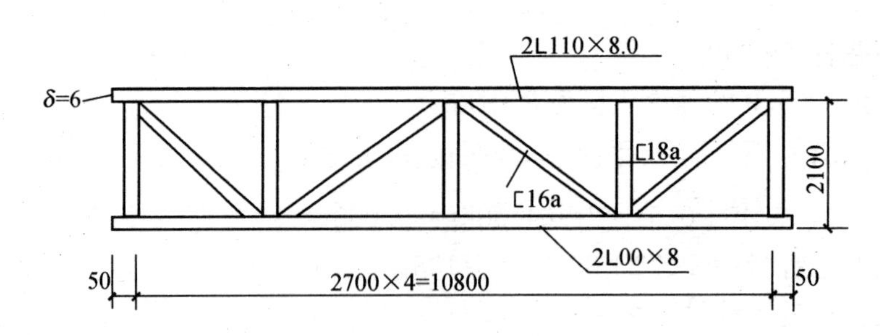

图 3-28 钢挡风架布置图

2)下弦杆的工程量：

查表知，L100×8.0 的理论质量为 12.276kg/m。

$$12.276\times(10.8+0.05\times2)\times2=133.81\times2\approx0.268\text{t}$$

3)斜向支撑杆的工程量：

查表知，[16a 的理论质量为 17.23kg/m。

$$17.23\times\sqrt{2.1^2+2.7^2}\times4=235.74\text{kg}\approx0.236\text{t}$$

4)竖向支撑杆的工程量：

查表知，[18a 的理论质量为 20.17kg/m。

$$20.17\times2.1\times5=211.79\text{kg}\approx0.212\text{t}$$

5)塞板的工程量：

6mm 厚钢板的理论质量为 47.1kg/m^2。

$$47.1\times(0.11\times0.11+0.1\times0.1)\times2=2.08\text{kg}\approx0.002\text{t}$$

6)总的工程量：

$$0.296+0.268+0.236+0.212+0.002=1.014\text{t}$$

【注释】 $(10.8+0.05\times2)\times2$ 为两个上弦杆的长度；$\sqrt{2.1^2+2.7^2}\times4$ 为四个斜向支撑杆的长度；2.1×5 为五个竖向支撑杆的长度；$(0.11\times0.11+0.1\times0.1)\times2$ 为塞板的总截面积。

清单工程量计算见下表：

清单工程量计算表

项目编码	项目名称	项目特征描述	计量单位	工程量
010606004001	钢挡风架	L110×8.0、L100×8.0 角钢，[16a、[18a 槽钢，6mm 厚钢板	t	1.014

(2)定额工程量

定额工程量同清单工程量。

套用基础定额 12-33。

说明：该工程采用高强度螺栓连接方式的搭接，而在清单和定额工程量的计算中，均不扣除孔眼、切边、切肢的质量，焊条、铆钉、螺栓等不另增加质量。

项目编码：010606005　　项目名称：钢墙架

【例 3-29】 如图 3-29 所示的钢墙架，试计算其工程量。

【解】 (1)清单工程量：

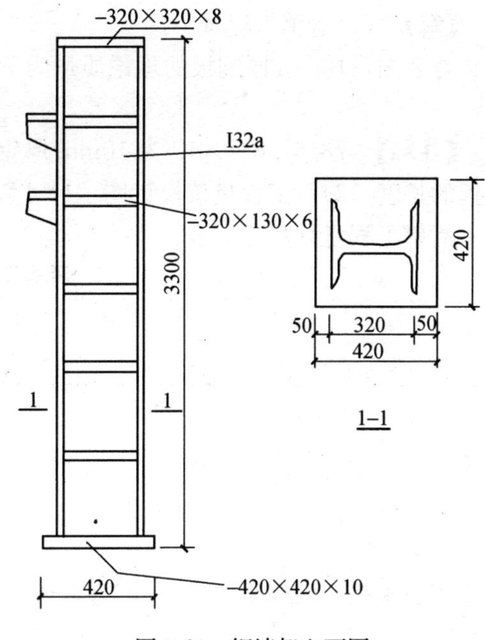

图 3-29　钢墙架立面图

1)墙身的工程量：

查表知，I32a 的理论质量为 52.69kg/m。

52.69×(3.3−0.008−0.01)

=172.93kg≈0.173t

2)上顶板的工程量：

查表知，8mm 厚钢板的理论质量为 62.8kg/m²。

62.8×0.32×0.32=6.43kg≈0.006t

3)加强板的工程量：

查表知，6mm 厚钢板的理论质量为 47.1kg/m²。

47.1×0.32×0.13×5=9.7968kg≈0.0098t

4)下底板的工程量：

查表知，10mm 厚钢板的理论质量为 78.5kg/m²。

78.5×0.42×0.42=13.85kg≈0.014t

5)总的工程量：

0.173+0.006+0.0098+0.014=0.2028t≈0.203t

【注释】 52.69×[3.3−0.008(上顶板的厚度)−0.01(下底板的厚度)]为 I 32a 钢每米的质量乘以墙身的高度；0.32×0.32 为上顶板的截面积；0.32(加强板的截面长度)×0.13(加强板的截面宽度)×5 为五个加强板的截面面积；0.42×0.42 为下底板的截面积。

清单工程量计算见下表：

清单工程量计算表

项目编码	项目名称	项目特征描述	计量单位	工程量
010606005001	钢墙架	[32a 型钢，6mm、8mm、10mm 厚钢板	t	0.203

(2)定额工程量

定额工程量同清单工程量。

套用基础定额 12-34。

项目编码：010606007　　项目名称：钢走道

【例 3-30】 如图 3-30 所示的钢走道，计算其工程量。

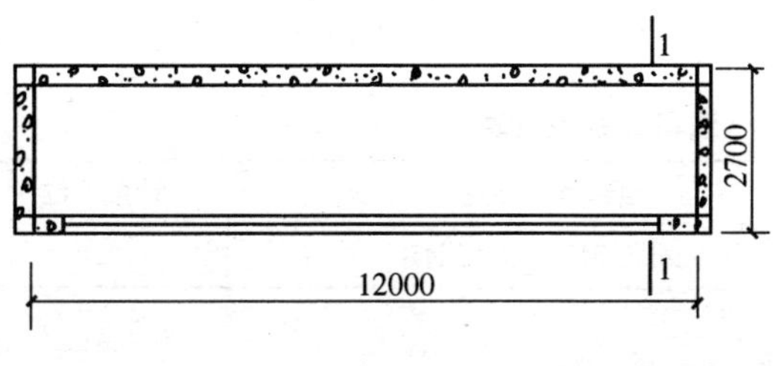

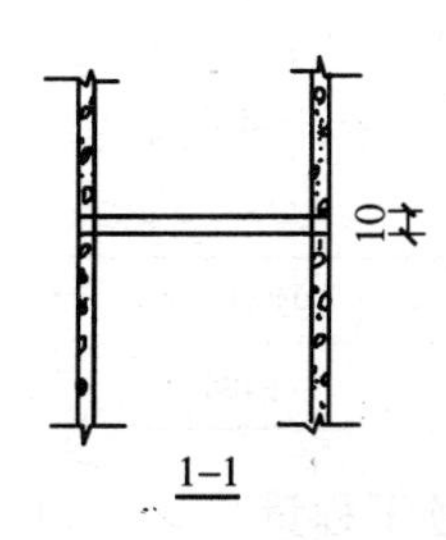

图 3-30　钢走道示意图

【解】 (1)清单工程量

查表知，10mm 厚钢板的理论质量为 78.5kg/m^2。

$$78.5\times2.7\times12=2543.4\text{kg}\approx2.543\text{t}$$

【注释】 78.5×2.7×12 为 10mm 厚钢板每平方米的质量乘以钢板的宽度(2.7)乘以钢板的长度(12)。工程量按设计图示尺寸以质量计算。

清单工程量计算见下表：

清单工程量计算表

项目编码	项目名称	项目特征描述	计量单位	工程量
010606007001	钢走道	10mm 厚钢板	t	2.543

(2)定额工程量

定额工程量同清单工程量。

套用基础定额 12-36。

项目编码：010606010　　项目名称：钢漏斗

【例 3-31】 如图 3-31 所示的方形漏斗，计算其工程量。

【解】 (1)清单工程量

查表知，3mm 厚钢板的理论质量为 2.36kg/m。

$2.36\times[1.8\times1.8+1.8\times1.8+2\times(0.6+1.8)\times1.8\times\frac{1}{2}+1.8\times0.6+\sqrt{1.8^2+1.2^2}\times1.8]$

$=2.36\times(3.24+3.24+4.32+1.08+3.89)$

$=37.22\text{kg}$

$\approx10.04\text{t}$

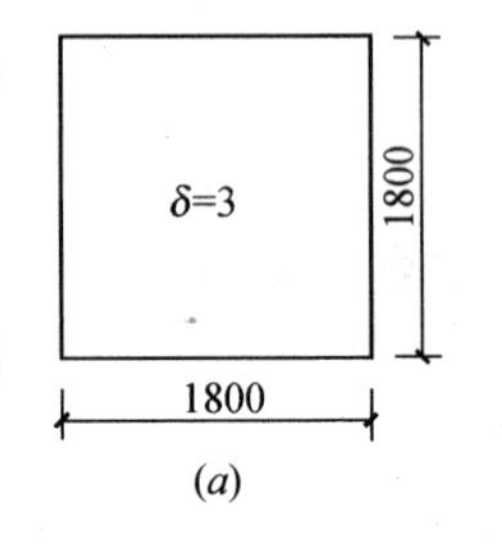

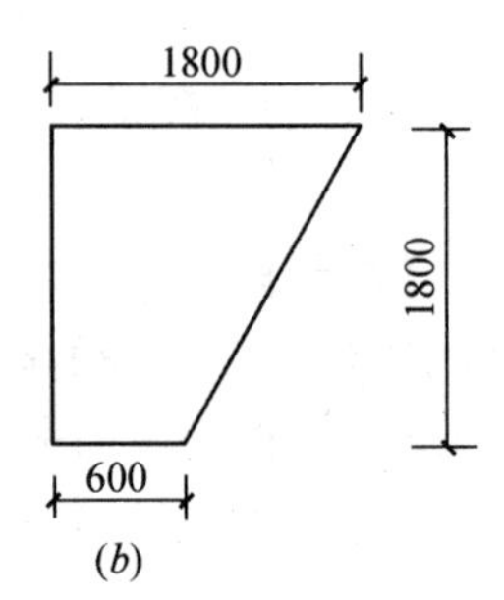

图 3-31　漏斗示意图

(a)漏斗平面图；(b)漏斗立面图

【注释】 1.8×1.8 为底面矩形面的截面积；2×(0.6+1.8)(梯形侧面的上底加下底的长度)×1.8(梯形侧面的高度)×$\frac{1}{2}$为两个梯形侧面的截面积；1.8(顶部矩形的截面长度)×0.6(顶部矩形的截面宽度)为顶部矩形的截面积；[$\sqrt{1.8^2+1.2^2}$(斜边的长度)×1.8]为斜长边矩形的侧面积；2.36×(3.24+3.24+4.32+1.08+3.89)为 3mm 厚钢板的理论质量乘以钢漏斗的表面积。

清单工程量计算见下表：

清单工程量计算表

项目编码	项目名称	项目特征描述	计量单位	工程量
010606010001	钢漏斗	3mm 厚钢板，方形漏斗	t	0.04

(2)定额工程量

定额工程量同清单工程量。

套用基础定额 12-43。

说明：在漏斗的工程量计算中，清单工程量计算按图示尺寸以质量计算，在定额工程量的计算中，矩形按图示分片计算。

项目编码：010604002　　项目名称：钢吊车梁

【例 3-32】 如图 3-32 所示的钢制动梁，求该制动梁的工程量。

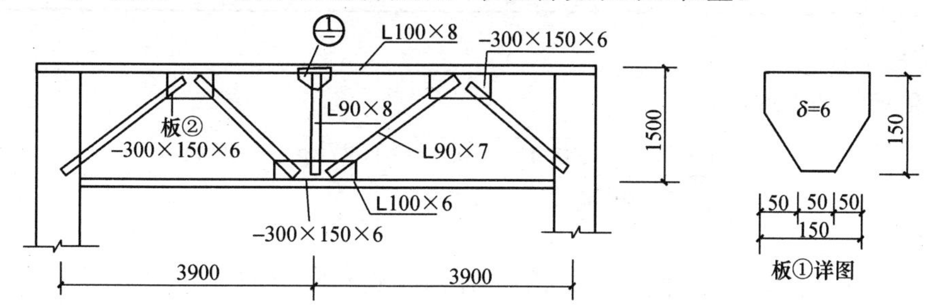

图 3-32　钢制动梁布置图

【解】 (1)清单工程量

1)上弦杆的工程量：

查表知，L100×8 的理论质量为 12.276kg/m。

$$12.276\times3.9\times2=95.75\text{kg}\approx0.096\text{t}$$

2)下弦杆的工程量：

查表知，L100×6 的理论质量为 9.367kg/m。

$$9.367\times3.9\times2=73.06\text{kg}\approx0.073\text{t}$$

3)斜向支撑杆的工程量：

查表知，L90×7 的理论质量为 9.656kg/m。

$$9.656\times\sqrt{\left(\frac{3.9}{2}\right)^2+1.5^2}\times4=95.02\text{kg}\approx0.095\text{t}$$

4)竖向支撑杆的工程量：

查表知，L90×8 的理论质量为 10.946kg/m。

$$10.946\times1.5=16.42\text{kg}\approx0.016\text{t}$$

5)连接板②的工程量：

查表知，6mm 厚钢板的理论质量为 47.1kg/m^2。

$$47.1\times0.3\times0.15\times3=6.36\text{kg}\approx0.006\text{t}$$

6)连接板①的工程量：

$$47.1\times0.15\times0.15=1.06\text{kg}\approx0.001\text{t}$$

7)总的工程量：

$$0.096+0.073+0.095+0.016+0.006+0.001=0.287\text{t}$$

【注释】 3.9×2 为上弦杆的长度；9.367×3.9×2 为下弦杆钢的理论质量乘以下弦杆的长度；$\sqrt{\left(\frac{3.9}{2}\right)^2+1.5^2}\times4$ 为斜向支撑杆的长度乘以数量；1.5 为竖向支撑杆的长度；0.3(连接板②的截面长度)×0.15(连接板②的截面宽度)×3 为三个连接板②的截面积；

0.15×0.15 为连接板①的截面积；总工程量为各个工程量累加。

清单工程量计算见下表：

清单工程量计算表

项目编码	项目名称	项目特征描述	计量单位	工程量
010604002001	钢吊车梁	L100×8、L100×6、L90×7、L90×8 角钢，6mm 厚钢板	t	0.287

(2)定额工程量

1)连接板①的工程量：

$$47.1\times0.15\times\sqrt{0.15^2+0.1^2}=1.27\text{kg}\approx0.001\text{t}$$

2)其他构件的计算同清单工程量。

3)总的工程量：

$$0.096+0.073+0.095+0.016+0.006+0.001=0.287\text{t}$$

套用基础定额 12-17。

【注释】 0.15 为多边形钢板最大宽度，$\sqrt{0.15^2+0.1^2}$为多边形钢板最大对角线长度。

说明：在清单工程量计算中，制动梁、制动板、制动桁架、车挡并入钢吊车梁工程量内，不规则或多边形钢板，以其外接矩形面积乘以单位理论质量计算；而在定额工程量计算中，不规则或多边形钢板均以其最大对角线乘最大宽度的矩形面积计算。

项目编码：010604001　　项目名称：钢梁

【例 3-33】 如图 3-33 所示的槽形钢梁，试计算其工程量。

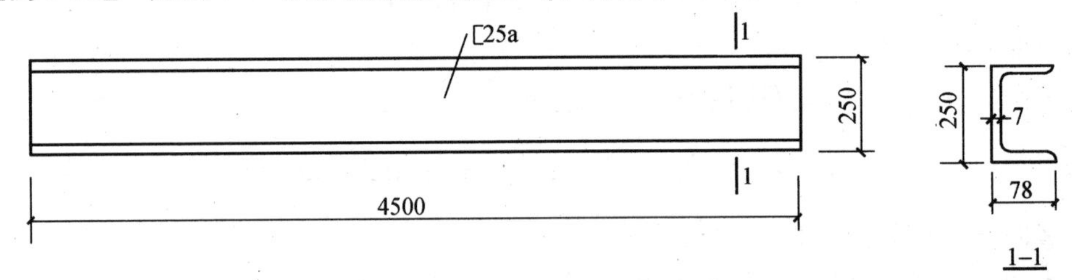

图 3-33　钢梁立面图

【解】 (1)清单工程量

查表知，[25a 的理论质量是 27.4kg/m。

$$27.4\times4.5=123.3\text{kg}\approx0.123\text{t}$$

【注释】 27.4×4.5 为[25a 槽钢每米的质量乘以槽形钢梁的长度。

清单工程量计算见下表：

清单工程量计算表

项目编码	项目名称	项目特征描述	计量单位	工程量
010604001001	钢梁	[25a 槽钢	t	0.123

(2)定额工程量

定额工程量同清单工程量。

套用基础定额 12-18。

项目编码：010604002　　项目名称：钢吊车梁

【例 3-34】 如图 3-34 所示的钢吊车轨道，计算其工程量。

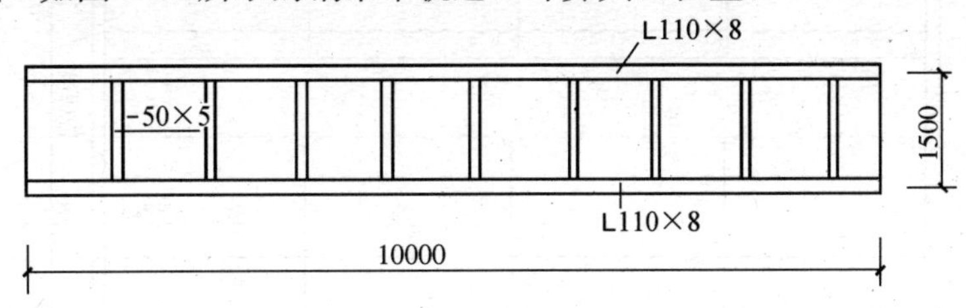

图 3-34　钢吊车轨道平面图

【解】 (1)清单工程量

1)轨道的工程量：

查表知，L110×8 的理论质量为 13.532kg/m。

$$13.532\times10\times2=270.64\text{kg}\approx0.271\text{t}$$

2)加强板的工程量：

查表知，5mm 厚钢板的理论质量为 39.2kg/m^2。

$$39.2\times0.05\times1.5\times9=26.46\text{kg}\approx0.026\text{t}$$

3)总的工程量：

$$0.271+0.026=0.297\text{t}$$

【注释】 13.532×10×2 为 L110×8 的理论质量乘以钢吊车轨道的长度；0.05(加强板的截面宽度)×1.5(加强板的长度)×9(加强板的数量)为加强板的总截面积。工程量按设计图示尺寸以质量计算。

清单工程量计算见下表：

清单工程量计算表

项目编码	项目名称	项目特征描述	计量单位	工程量
010604002001	钢吊车梁	L110×8 角钢，5mm 厚钢板	t	0.297

(2)定额工程量

定额工程量同清单工程量。

套用基础定额 12-20。

说明：该工程中构件的连接采用螺栓连接，不论在清单工程量的计算中还是在定额工程量的计算中，均不扣除孔眼、切边、切肢的质量，焊条、铆钉、螺栓等不另加质量。

项目编码：010605001　　项目名称：压型钢板楼板

【例 3-35】 如图 3-35 所示的压型钢板楼板，求其工程量。

【解】 (1)清单工程量

$$24\times12=288\text{m}^2$$

【注释】 24 为楼板的长度，12 为楼板的宽度。工程量按设计图示尺寸以面积计算。

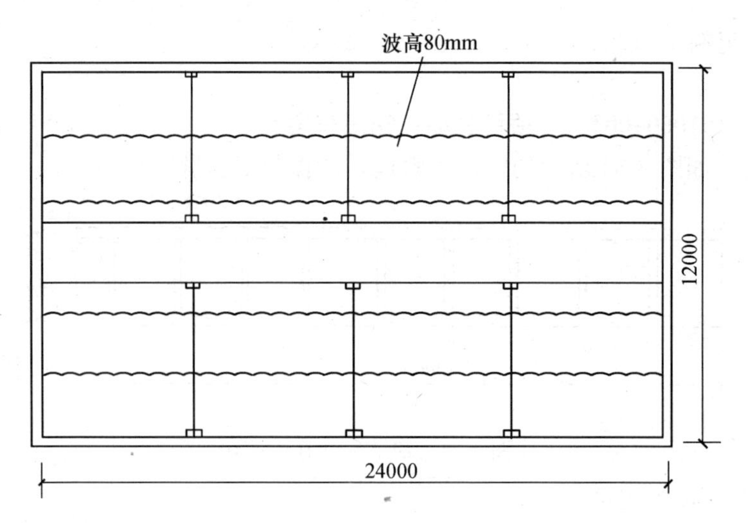

图 3-35 楼板平面布置图

清单工程量计算见下表：

清单工程量计算表

项目编码	项目名称	项目特征描述	计量单位	工程量
010605001001	压型钢板楼板	波高 80mm 的压型钢板	m^2	288.00

(2)定额工程量

定额工程量同清单工程量。

说明：在计算中，不论是定额还是清单工程量，均按设计图示尺寸以铺设水平投影面积计算。不扣除柱、垛及单个 0.3m^2 以内的孔洞所占面积。

项目编码：010605002　　项目名称：压型钢板墙板

【例 3-36】 如图 3-36 所示的压型钢板墙板，计算其工程量。

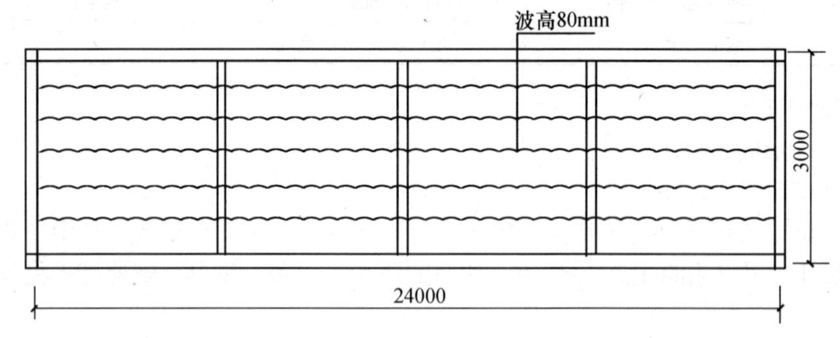

图 3-36 墙板布置图

【解】 (1)清单工程量

$$24\times3=72m^2$$

【注释】 24 为压型钢板墙板的长度，3 为压型钢板墙板的高度。

清单工程量计算见下表：

清单工程量计算表

项目编码	项目名称	项目特征描述	计量单位	工程量
010605002001	压型钢板墙板	波高80mm的压型钢板	m^2	72.00

(2)定额工程量

定额工程量同清单工程量。

说明：在压型钢板墙板的计算中，清单工程量和定额工程量均按设计图示尺寸以铺挂面积计算。不扣除单个0.3m^2以内的孔洞所占面积，包角、包边、窗台泛水等不另增加面积。

第四章　屋面及防水工程(A.7)

项目编码：010701001　　项目名称：瓦屋面

【例 4-1】 一屋面板上铺设水泥瓦屋面，如图 4-1 所示，计算其工程量。

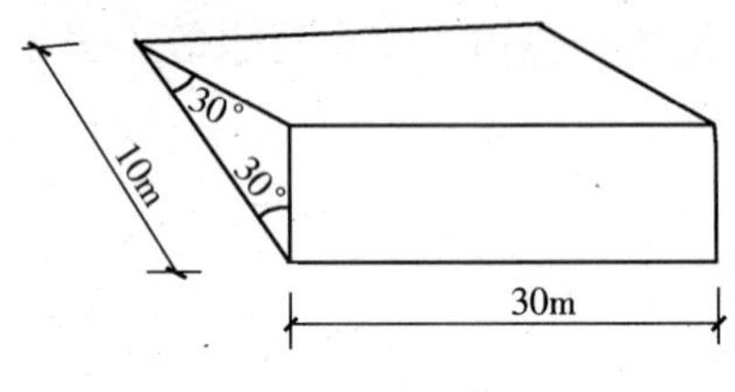

图 4-1　双坡屋面示意图

【解】 (1)清单工程量

$S_1=30\times\sqrt{5^2+(\tan30°\times5)^2}\times2=346.42\text{m}^2$

【注释】 30（双坡屋面的长度）×$\sqrt{5^2+(\tan30°\times5)^2}$(双坡屋面的宽度)×2 为双坡屋面的面积。工程量按设计图示尺寸以面积计算。

清单工程量计算见下表：

清单工程量计算表

项目编码	项目名称	项目特征描述	计量单位	工程量
010701001001	瓦屋面	水泥瓦	m^2	346.42

(2)定额工程量

$$S_2=30\times10\times1.1547=346.41\text{m}^2$$

【注释】 30(双坡屋面的水平投影长度)×10(双坡屋面的水平投影宽度)×1.1547 为双坡屋面的水平投影面积乘以系数，其中 1.1547 为系数。

套用基础定额 9-2。

项目编码：010701001　　项目名称：瓦屋面

【例 4-2】 一屋面，采用大檩上放大波石棉瓦，如图 4-2 所示，计算其工程量。

【解】 (1)清单工程量

$S_1=40\times\sqrt{5^2+(\tan20°\times5)^2}\times2$

$=425.67\text{m}^2$

【注释】 40(双坡屋面的长度)×$\sqrt{5^2+(\tan20°\times5)^2}$(坡屋面的宽度)×2 为双坡屋面的面积。工程量按设计图示尺寸以面积计算。

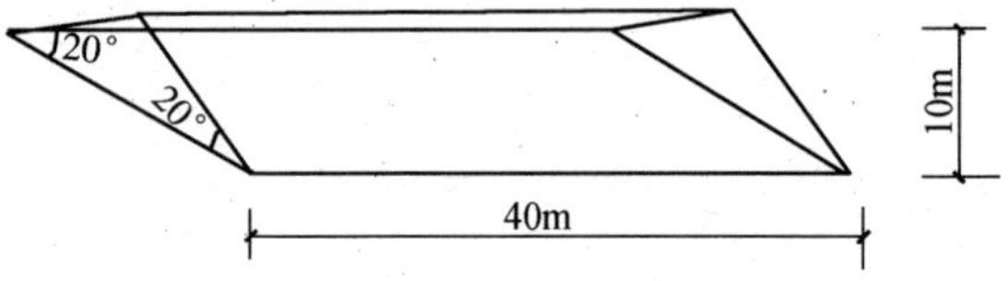

图 4-2　双坡屋面示意图

清单工程量计算见下表：

清单工程量计算表

项目编码	项目名称	项目特征描述	计量单位	工程量
010701001001	瓦屋面	大波石棉瓦	m^2	425.67

(2)定额工程量：　　$S_2=40\times10\times1.059=423.6\text{m}^2$

【注释】 40(双坡屋面的水平投影长度)×10(双坡屋面的水平投影宽度)×1.059 为双

坡屋面的水平投影面积乘以系数，其中 1.059 为系数。

套用基础定额 9-7。

项目编码：010701002　　项目名称：型材屋面

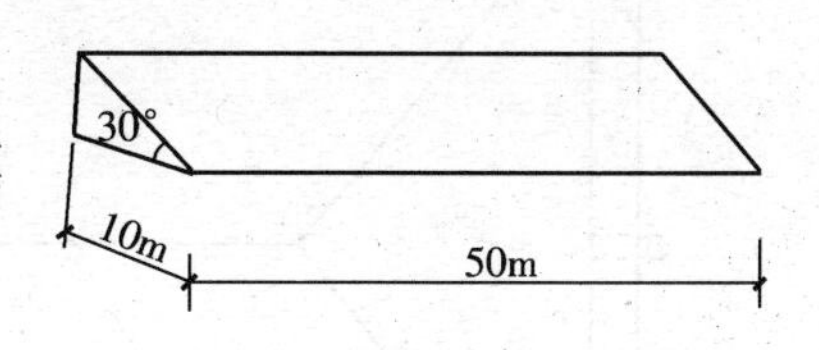

图 4-3　单坡屋面示意图

【例 4-3】 如图 4-3 所示，一金属压型板屋面，檩距为 5m，计算其工程量。

【解】 (1)清单工程量

$$S_1 = 50\times\sqrt{10^2+(10\times\tan30°)^2}$$
$$=577.35m^2$$

清单工程量计算见下表：

清单工程量计算表

项目编码	项目名称	项目特征描述	计量单位	工程量
010701002001	型材屋面	金属压型板，檩距 5m	m^2	577.35

(2)定额工程量

$$S_2 = 50\times10\times1.1547$$
$$=577.35m^2$$

套用基础定额 9-11。

【注释】 50(单坡屋面的长度)$\times\sqrt{10^2+(10\times\tan30°)^2}$为单坡屋面的长度乘以屋面的宽度；50(金属压型板屋面的水平投影的长度)×10(金属压型板屋面的水平投影的宽度)×1.1547 为金属压型板屋面的水平投影面积乘以系数，其中 1.1547 为系数。

项目编码：010702001　　项目名称：屋面卷材防水

【例 4-4】 一屋面防水层为再生橡胶卷材，其详图及尺寸如图 4-4 所示，试计算其工程量。

【解】 (1)清单工程量

工程量＝屋顶平面面积＋女儿墙处弯起面积

＝(15－0.24)×(8.4－0.24)＋(8.4－0.24＋15－0.24)×2×0.3

＝120.44＋13.75

＝134.19m^2

【注释】 15－0.24 为屋顶的水平长度，其中 0.24 为墙的厚度，8.4－0.24 为屋顶水平宽度，(8.4－0.24＋15－0.24)×2 为屋顶水平面的周长，0.3 为女儿墙处弯起的高度。工程量按设计图示尺寸以面积计算。

清单工程量计算见下表：

清单工程量计算表

项目编码	项目名称	项目特征描述	计量单位	工程量
010702001001	屋面卷材防水	再生橡胶卷材	m^2	134.19

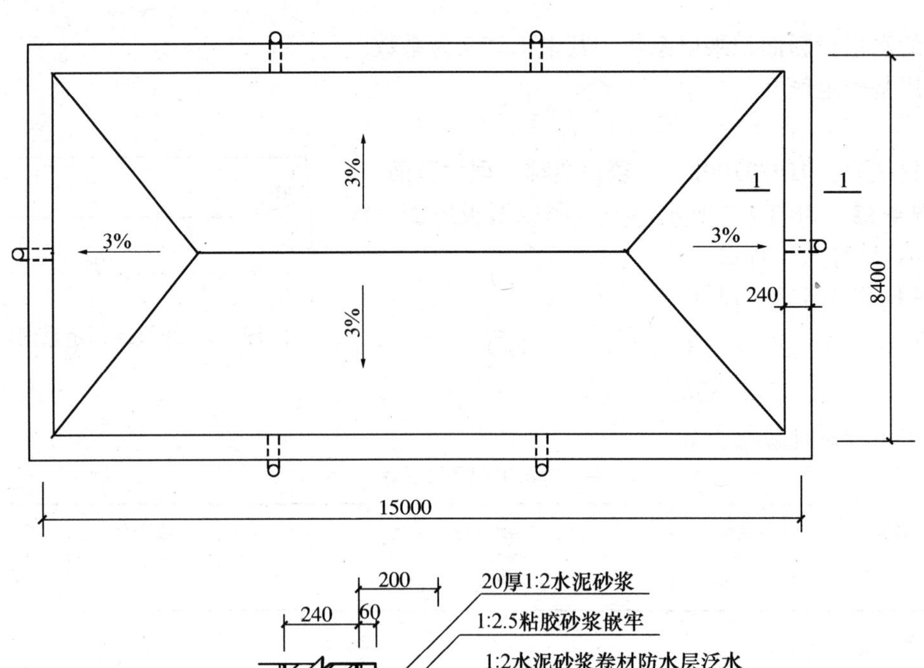

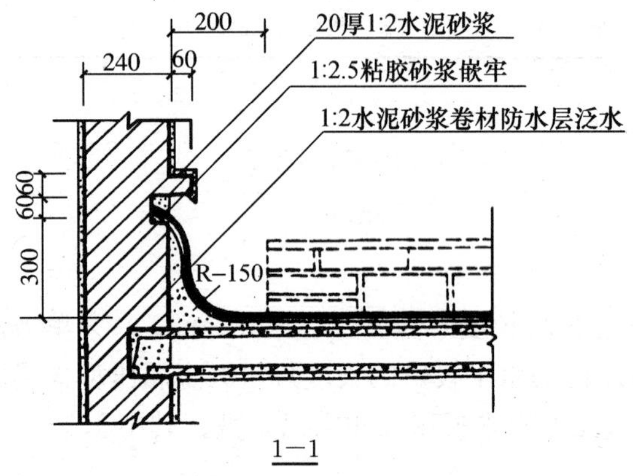

1—1

图 4-4 屋面平面图

(2)定额工程量

工程量＝屋面平面面积＋女儿墙处弯起面积

＝(15－0.24)×(8.4－0.24)＋(8.4－0.24＋15－0.24)×2×0.3

＝120.44＋13.75

＝134.19m²

套用基础定额 9-91。

项目编码：010702002　　项目名称：屋面涂膜防水

【例 4-5】 如图 4-5 所示，一屋面防水层为二布三涂水乳型再生胶沥青聚酯布，试计算其工程量。

【解】 (1)清单工程量

工程量＝屋顶平面面积＋女儿墙处弯起面积

＝(13.5－0.24)×(9.3－0.24)＋(13.5－0.24＋9.3－0.24)×2×0.35

＝120.14＋15.62

＝135.76m²

【注释】 13.5－0.24 为屋顶的水平长度，其中 0.24 为墙的厚度，9.3－0.24 为屋顶

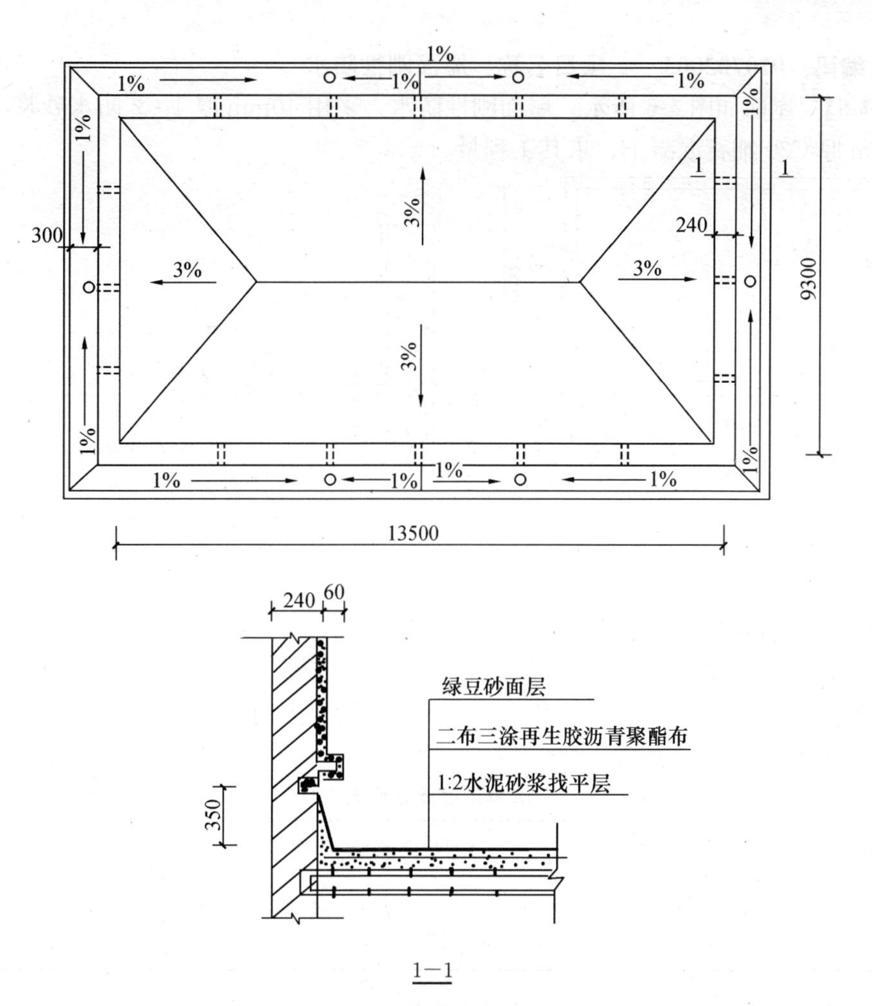

1—1

图 4-5　涂膜防水屋面

水平的宽度，(13.5－0.24＋9.3－0.24)×2 为屋顶水平面的周长，0.35 为女儿墙处弯起的高度。工程量按设计图示尺寸以面积计算。

清单工程量计算见下表：

清单工程量计算表

项目编码	项目名称	项目特征描述	计量单位	工程量
010702002002	屋面涂膜防水	二布三涂水乳型再生胶沥青聚酯布，1∶2水泥砂浆找平层，绿豆砂面层	m^2	135.76

(2)定额工程量

工程量＝屋顶平面面积＋女儿墙处弯起面积

＝(13.5－0.24)×(9.3－0.24)＋(13.5－0.24＋9.3－0.24)×2×0.35

＝120.14＋15.62

＝135.76m^2

套用基础定额 9-121。

项目编码：010702003　　项目名称：屋面刚性防水

【例 4-6】 屋面如图 4-6 所示，屋面刚性防水，采用 40mm 厚 1∶2 防水砂浆，油膏嵌缝，50mm 厚 C30 细石混凝土，求其工程量。

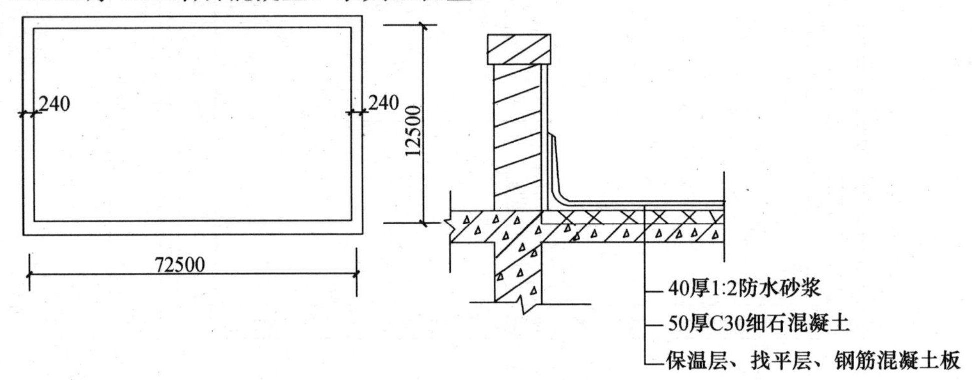

图 4-6　刚性防水屋面

【解】 (1)清单工程量

$$72.5 \times 12.5 = 906.25\text{m}^2$$

【注释】 72.5 为屋面的长度，12.5 为屋面的宽度，长度按中心线计算。

清单工程量计算见下表：

清单工程量计算表

项目编码	项目名称	项目特征描述	计量单位	工程量
010702003001	屋面刚性防水	40mm 厚 1∶2 防水砂浆，油膏嵌缝，50mm 厚 C30 细石混凝土	m^2	906.25

(2)定额工程量

$$(72.5-0.24) \times (12.5-0.24) = 885.91\text{m}^2$$

【注释】 72.5－0.24 为屋面的长度，12.5－0.24 为屋面的宽度，长度按净长线计算。套用基础定额 9-112。

项目编码：010702003　　项目名称：屋面刚性防水

【例 4-7】 一屋面采用屋面刚性防水，如图 4-7 所示，求其工程量。

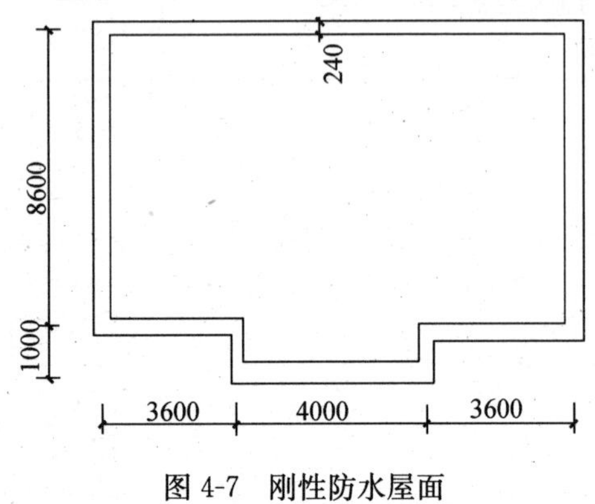

图 4-7　刚性防水屋面

【解】 (1)清单工程量

$$(3.6+4.0+3.6) \times 8.6 + 1.0 \times 4.0$$
$$= 100.32\text{m}^2$$

【注释】 3.6＋4.0＋3.6 为屋面刚性防水层的大矩形的长度，8.6 为屋面刚性防水层的大矩形的宽度，1.0 为凸出部分的宽度，4.0 为凸出部分的长度，长度按中心线计算。工程量按设计图示尺寸以面积计算。

清单工程量计算见下表：

清单工程量计算表

项目编码	项目名称	项目特征描述	计量单位	工程量
010702003001	屋面刚性防水	40厚1∶2防水砂浆防水	m^2	95.39

(2)定额工程量

$(8.6-0.24)\times(3.6+4.0+3.6-0.24)+1.0\times(4.0-0.24)=95.39m^2$

套用基础定额 9-112。

【注释】 8.6－0.24为屋面刚性防水层的大矩形的宽度，3.6＋4.0＋3.6－0.24)为屋面刚性防水层的大矩形的长度，1.0×(4.0－0.24)为凸出部分的长度乘以宽度(1.0)，长度按净长线计算。

项目编码：010702004　项目名称：屋面排水管

【例 4-8】 求如图 4-8 所示 PVC 排水管材的工程量(共有 12 处)。

【解】 (1)清单工程量

根据清单中关于屋面排水管的工程量计算规则，按设计图示尺寸以长度计算，则 PVC 排水管材工程量为：

$$L=(9.6+0.45)\times12=120.60m$$

【注释】 (9.6＋0.45)×12(排水管的数量)为 12 处 PVC 排水管材的长度。工程量按设计图示尺寸以长度计算。

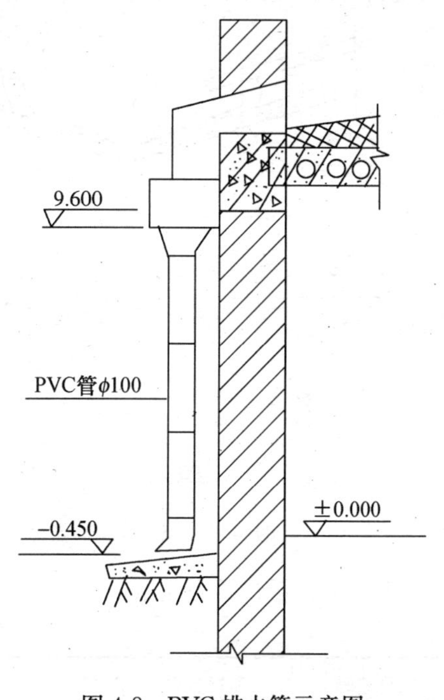

图 4-8　PVC 排水管示意图

清单工程量计算见下表：

清单工程量计算表

项目编码	项目名称	项目特征描述	计量单位	工程量
010702004001	屋面排水管	PVC 管，ϕ100	m	120.60

(2)定额工程量

1)PVC 落水管工程量(按展开面积计算)：

$$S_1=3.14\times0.1\times(9.6+0.45)\times12=37.868m^2$$

2)下水口工程量：

$$S_2=0.45\times12=5.4m^2$$

3)水斗工程量：

$$S_3=0.4\times12=4.8m^2$$

4)工程总量：

$$S=S_1+S_2+S_3=37.868+5.4+4.8=48.068m^2$$

套用基础定额 9-59。

【注释】 3.14×0.1(排水管口径的周长，其中 0.1 为排水管的直径)×(9.6+0.45)(排水管的长度)×12 为 12 处 PVC 排水管材的周长乘以管的长度。

说明：清单工程内容包括排水管及配件安装、固定，雨水斗、雨水箅子安装，而定额中需分别计算再求和。

项目编码：010702005　　项目名称：屋面天沟、檐沟

【例 4-9】 如图 4-9 所示，为一白铁天沟示意图，天沟长度 26m，试计算其工程量。

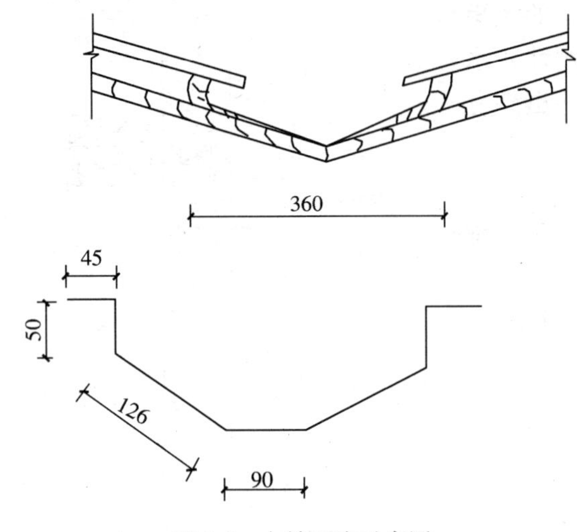

图 4-9　白铁天沟示意图

【解】 (1)清单工程量

根据清单中关于天沟的工程量计算规则，按设计图示尺寸以面积计算，铁皮天沟按展开面积计算。

则白铁天沟工程量：

$$S=[(0.045+0.05+0.126)\times2+0.09]\times26=13.83m^2$$

【注释】 [(0.045+0.05+0.126)×2+0.09](天沟展开的截面长度)×26 为白铁天沟展开的截面尺寸乘以天沟的长度。工程量按设计图示尺寸以面积计算。

清单工程量计算见下表：

清单工程量计算表

项目编码	项目名称	项目特征描述	计量单位	工程量
010702005001	屋面天沟、檐沟	白铁天沟，宽度 360mm，天沟长 26m	m^2	13.83

(2)定额工程量

定额工程量计算规则与清单的相同，即白铁天沟定额工程量：

$$S=[(0.045+0.05+0.126)\times2+0.09]\times26=13.83m^2$$

套用基础定额 9-58。

项目编码：010702005　　项目名称：屋面天沟、檐沟

【例 4-10】 如图 4-10 所示，混凝土檐沟，试计算檐沟工程量。

【解】 (1)清单工程量

根据清单中关于檐沟的工程量计算规则，按设计图示尺寸以面积计算。

则图示檐沟工程量：

$$S=(0.08+0.21+0.04)\times(24+15)\times2=25.74m^2$$

【注释】 0.08+0.21+0.04 为混凝土檐沟的展开截面长度，[24(檐沟的长度)+15(檐沟的宽度)]×2 为混凝土檐沟的总长度。

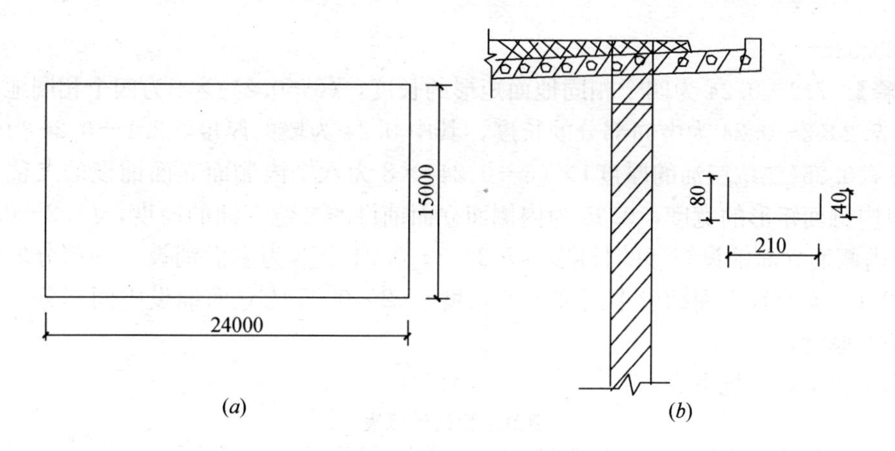

图 4-10　混凝土檐沟示意图

(a)檐沟中心线示意图；(b)檐沟示意图

清单工程量计算见下表：

清单工程量计算表

项目编码	项目名称	项目特征描述	计量单位	工程量
010702005001	屋面天沟、檐沟	混凝土檐沟，宽度 210mm	m^2	25.74

(2)定额工程量

定额工程量计算规则与清单的相同，即图示檐沟工程量。

$$S=25.74m^2$$

套用基础定额 9-57。

项目编码：010703001　　项目名称：卷材防水

【例 4-11】 求如图 4-11 所示的二毡三油卷材防水地面的工程量。

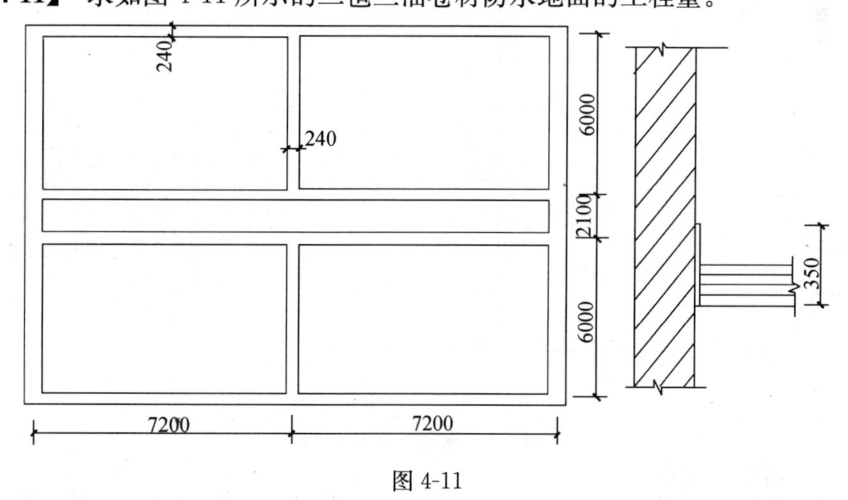

图 4-11

【解】 (1)清单工程量

(7.2−0.24)×(6−0.24)×4+(7.2×2−0.24)×(2.1−0.24)+0.35×(6−0.24)×8+0.35×(7.2−0.24)×8+(7.2×2−0.24)×2×0.35+(2.1−0.24)×2×0.35

$=233.53m^2$

【注释】 7.2－0.24 为四个相同地面矩形的长度，(6－0.24)×4 为四个相同地面矩形的宽度，7.2×2－0.24 为中间部分的长度，其中 0.24 为墙的厚度，2.1－0.24 为中间部分的宽度，0.35(二毡三油的厚度)×(6－0.24)×8 为八个内侧面立面铺设的二毡三油的厚度乘以内侧面矩形的宽度，0.35 为内侧面立面铺设的二毡三油的厚度，(7.2－0.24)×8 为八个内侧面立面铺设矩形的长度，(7.2×2－0.24)×2 为立面铺设中间部分的两侧面长度，(2.1－0.24)(立面铺设中间部分的长度)×2×0.35 为立面铺设中间部分的两侧面二毡三油的厚度。

清单工程量计算见下表：

清单工程量计算表

项目编码	项目名称	项目特征描述	计量单位	工程量
010703001001	卷材防水	二毡三油卷材防水地面	m^2	233.53

(2)定额工程量

定额工程量同清单工程量。

套用基础定额 9-74、9-75。

说明：防水工程量按主墙间净空面积计算，扣除凸出地面的构筑、设备基础等所占的面积，不扣除柱、垛、间壁墙、烟囱及 $0.3m^2$ 以内孔洞所占面积；与墙面连接处高度在 500mm 以内者按展开面积计算，并入平面工程量内，超过 500mm 时，按立面防水层计算。

【例 4-12】 如图 4-12 所示的玛琋脂玻璃纤维布二布三油地面防水，求其防水层工程量。

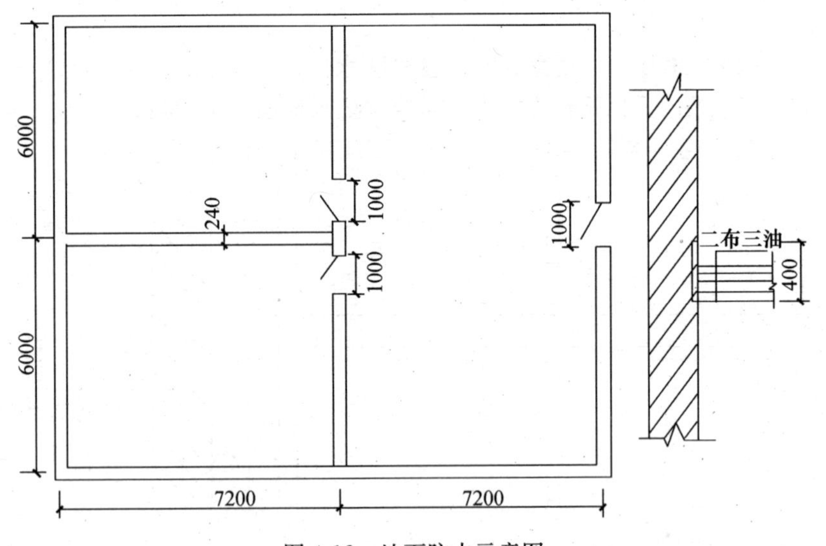

图 4-12 地面防水示意图

【解】 (1)清单工程量

1)平面铺设面积：

$$(7.2-0.24)\times(6-0.24)\times2+(7.2-0.24)\times(6\times2-0.24)$$

$$=162.029m^2$$

2)立面铺设面积：

$0.4\times(6-0.24)\times4+0.4\times(7.2-0.24)\times6+(6\times2-0.24)\times0.4\times2$

$=(9.216+16.704+9.408)$

$=35.328\text{m}^2$

3)总的工程量：

$$162.029+35.328=197.36\text{m}^2$$

【注释】 7.2－0.24为平面图左侧的两个房间的长度，其中0.24为墙的厚度，(6－0.24)×2为平面图左侧的两个房间的宽度，0.24为墙的厚度，7.2－0.24为平面图右侧房间的长度，6×2－0.24为平面图右侧房间的宽度；0.4为立面铺设的二布三油的厚度，(6－0.24)×4为平面图左侧的两个房间的宽度，0.4×(7.2－0.24)×6为立面铺设的二布三油的厚度(0.4)乘以长度(6.96)的六个立面的截面积；6×2－0.24为右侧房间的长度，0.4为二布三油的厚度。工程量按设计图示尺寸以面积计算。

清单工程量计算见下表：

清单工程量计算表

项目编码	项目名称	项目特征描述	计量单位	工程量
010703001001	卷材防水	玛𤨣脂玻璃纤维布二布三油地面防水	m^2	197.36

(2)定额工程量

定额工程量同清单工程量。

套用基础定额9-78、9-79。

【例4-13】 如图4-13所示的沥青玻璃布卷材楼面防水，试计算其工程量。

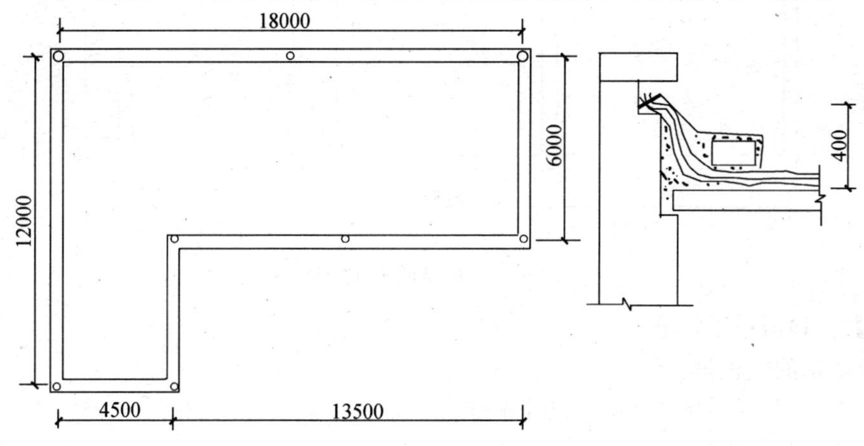

图4-13　楼面防水示意图

【解】 (1)清单工程量

$(12-0.24)\times(4.5-0.24)+13.5\times(6-0.24)$

$+[(12-0.24)\times2+(18-0.24)\times2]\times0.4$

$=127.858+23.616=151.47\text{m}^2$

【注释】 12－0.24为楼面防水示意图左侧矩形部分的平面铺设的长度，4.5－0.24为楼面防水示意图左侧矩形部分的平面铺设的宽度，其中0.24为墙的厚度，13.5为楼面防水示意图右侧矩形部分的平面铺设的长度，6－0.24 为楼面防水示意图右侧矩形部分的平面铺设的宽度，[(12－0.24)×2＋(18－0.24)×2](楼面外侧的周长)×0.4(防水层的厚度)为立面铺设的总长度乘以沥青玻璃布卷材的厚度。工程量按设计图示尺寸以面积计算。

清单工程量计算见下表：

清单工程量计算表

项目编码	项目名称	项目特征描述	计量单位	工程量
010703001001	卷材防水	沥青玻璃布卷材楼面防水	m^2	151.47

(2)定额工程量

定额工程量同清单工程量。

套用基础定额 9-82。

项目编码：010703002　　项目名称：涂膜防水

【例 4-14】 如图 4-14 所示的墙基，采用苯乙烯涂料二遍，试计算该涂膜防水的工程量。

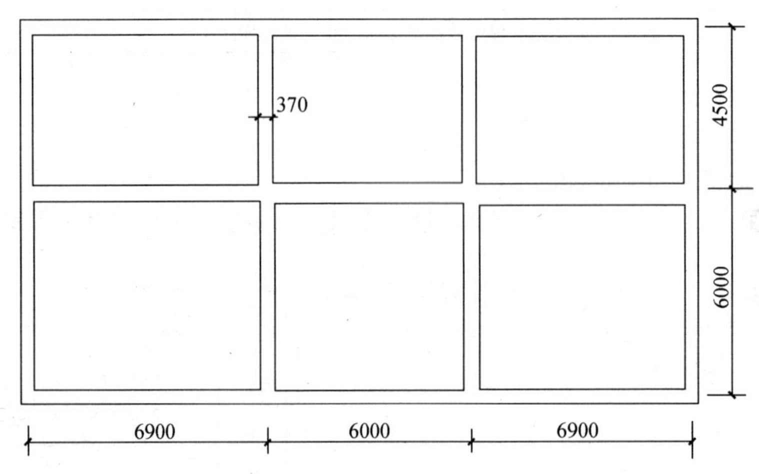

图 4-14　墙基防水示意图

【解】 (1)清单工程量

1)外墙基的工程量：

$$(6.9+6+6.9+6+4.5)\times2\times0.37=22.422\text{m}^2$$

2)内墙基的工程量：

$$[(6.9\times2+6-0.37)+(4.5-0.37)\times2+(6-0.37)\times2]\times0.37=14.41\text{m}^2$$

3)总的工程量：

$$22.422+14.41=36.83\text{m}^2$$

【注释】 (6.9＋6＋6.9＋6＋4.5)×2(外墙的总长度)×0.37 为外墙的总长度乘以墙的厚度，是其墙的截面积，0.37 为墙的厚度；(6.9×2＋6－0.37)＋(4.5－0.37)×2＋(6－0.37)×2 为内墙的总长度。长度计算规则：外墙按中心线，内墙按净长线。工程量按设计图示尺寸以面积计算。

清单工程量计算见下表：

清单工程量计算表

项目编码	项目名称	项目特征描述	计量单位	工程量
010703002001	涂膜防水	墙基防水，苯乙烯涂料二遍	m^2	36.83

(2)定额工程量

定额工程量同清单工程量。

套用基础定额 9-92。

说明：在清单和定额工程量的计算中，建筑物墙基防水、防潮层，外墙按中心线、内墙按净长线乘以宽度以“m^2”计算。

项目编码：010703003　　项目名称：砂浆防水(潮)

【例 4-15】 如图 4-15 所示，墙身防水采用 20mm 厚 1∶2 防水砂浆，试求其工程量并套定额。

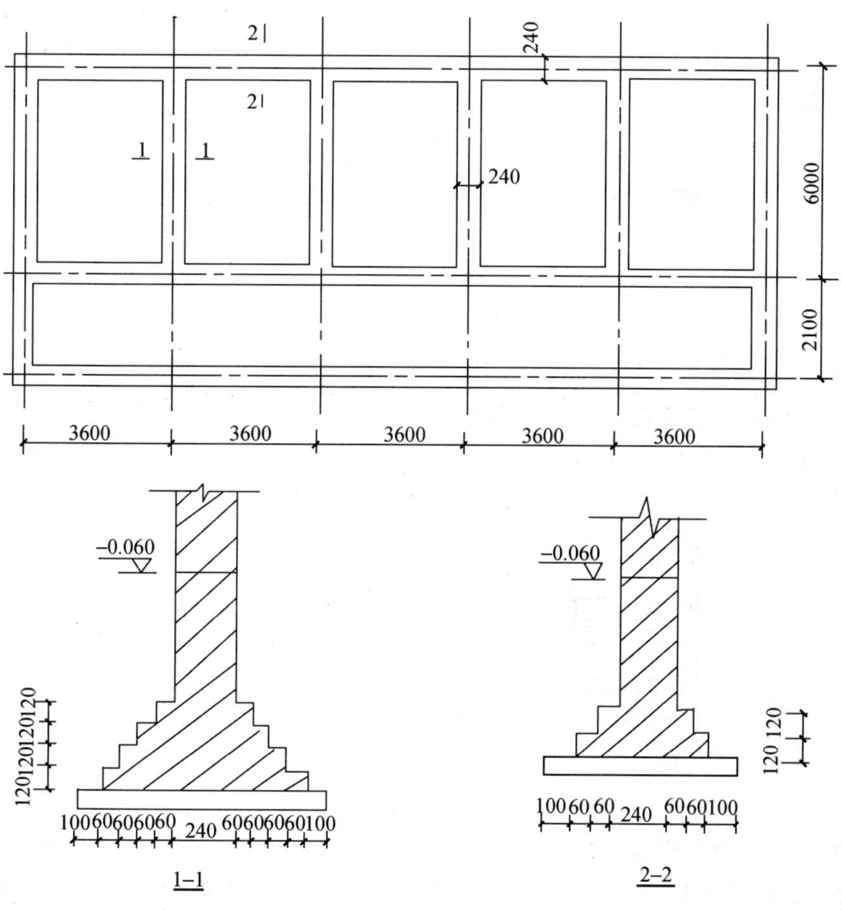

图 4-15　墙身防水示意图

【解】 (1)清单工程量

工程量＝[(18＋8.1)×2＋17.76＋5.76×4]×0.24

　　＝22.32m^2

【注释】 [18(外墙的长度)+8.1(外墙的宽度)]×2 为外墙的总长度，17.76=18−0.24 为内墙的长度，5.76×4 为四个隔断内墙的长度，其中 5.76=6−0.24，0.24 为墙的厚度。工程量按设计图示尺寸以面积计算。

清单工程量计算见下表：

清单工程量计算表

项目编码	项目名称	项目特征描述	计量单位	工程量
010703003001	砂浆防水(潮)	20mm 厚 1：2防水砂浆墙基防水	m^2	22.32

(2)定额工程量

$$工程量=[(18+8.1)\times2+17.76+5.76\times4]\times0.24=22.32m^2$$

套用基础定额 9-112。

【例 4-16】 某工程地面采用抹灰砂浆 5 层防水，计算数据如图 4-16 所示，试求其工程量。

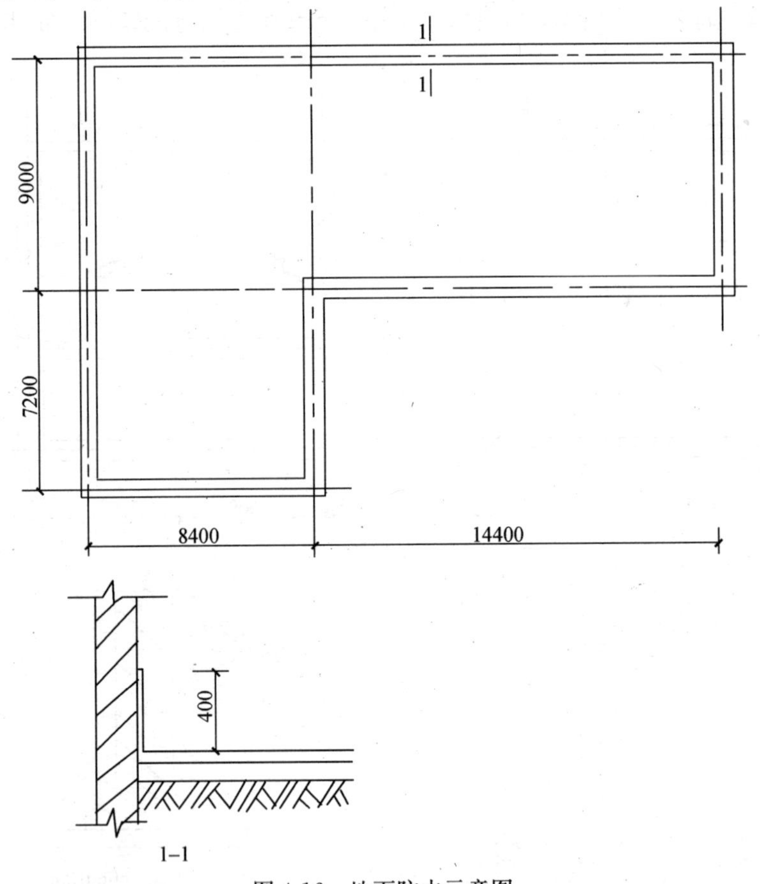

图 4-16 地面防水示意图

【解】 (1)清单工程量

工程量=(7.2+9−0.24)×(8.4−0.24)+14.4×(9−0.24)+0.4×[(22.8−0.24)×2+(16.2−0.24)+(9−0.24)+7.2]

=256.38+30.816

=287.19m^2

清单工程量计算见下表：

清单工程量计算表

项目编码	项目名称	项目特征描述	计量单位	工程量
010703003001	砂浆防水(潮)	地面防水，抹灰砂浆5层防水	m^2	287.19

(2)定额工程量

工程量=(8.4−0.24)×(16.2−0.24)+14.4×(9−0.24)+[(22.8−0.24)×2+(16.2−0.24)+(9−0.24)+7.2]×0.4

=287.19m^2

套用基础定额 9-112。

【注释】 平面铺设：7.2+9−0.24为地面防水示意图左侧矩形部分的长度，其中0.24为墙的厚度，8.4−0.24为地面防水示意图左侧矩形部分的宽度，14.4为地面防水示意图右侧矩形部分的长度，9−0.24为地面防水示意图右侧矩形部分的宽度；立面铺设：(22.8−0.24)×2+(16.2−0.24)+(9−0.24)+7.2为立面铺设的总长度，其中22.8=8.4+14.4，16.2=7.2+9，0.4为防水层的厚度。定额工程量计算规则同清单工程量计算规则。

项目编码：010703004　　项目名称：变形缝

【例 4-17】 某工程在如图4-17所示位置处设置一地面伸缩缝，用油浸麻丝填缝，墙厚240mm，试求伸缩缝工程量并套定额。

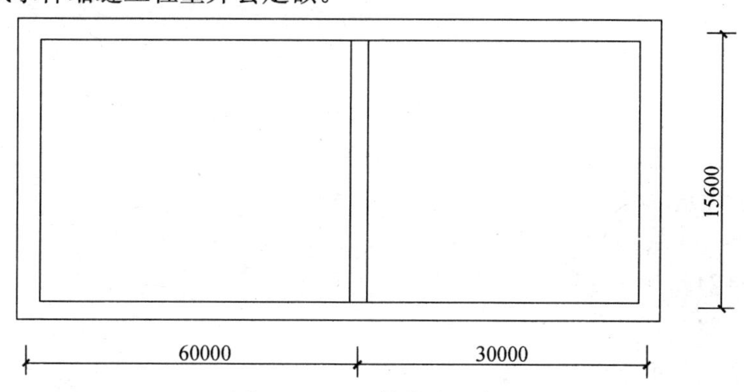

图 4-17　地面伸缩缝示意图

【解】 (1)清单工程量

地面伸缩缝油浸麻丝工程量=15.6−0.24=15.36m

清单工程量计算见下表：

清单工程量计算表

项目编码	项目名称	项目特征描述	计量单位	工程量
010703004001	变形缝	油浸麻丝填缝	m	15.36

(2)定额工程量

地面伸缩缝油浸麻丝工程量=15.6−0.24=15.36m

套用基础定额 9-136

【注释】 15.6−0.24为地面伸缩缝的长度(15.6)减去墙的厚度(0.24)。工程量按设计图示尺寸以长度计算。

第五章　防腐、保温、隔热工程(A.8)

项目编码：010801002　　项目名称：防腐砂浆面层

【例 5-1】 如图 5-1 所示，计算不发火沥青砂浆的地面以及踢脚线的工程量，不发火沥青砂浆的厚度为 30mm，踢脚线的高度为 150mm。

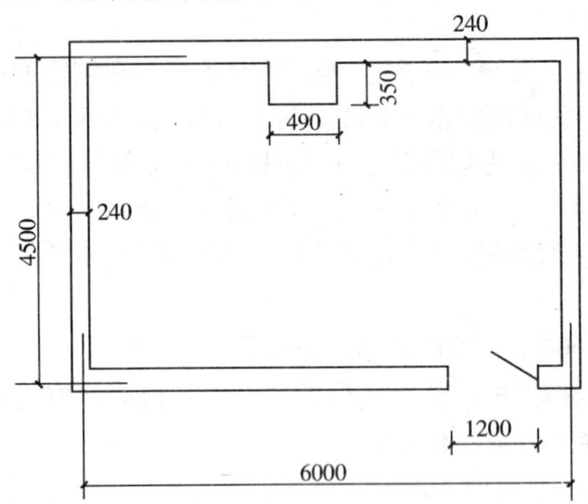

图 5-1　某房屋地面示意图

【解】 防腐工程按设计实铺面积以“m^2”计算。

(1) 清单工程量

地面面积=(6−0.24)×(4.5−0.24)−0.35×0.49+1.2×0.12

=24.538−0.172+0.144

=24.51m^2

踢脚线按实铺长度乘以高度以“m^2”计算。

踢脚线面积=[(6−0.24)+(4.5−0.24)]×2×0.15+0.35×2×0.15−1.2×0.15+0.12×2×0.15

=3.006+0.105−0.18+0.036

=2.97m^2

【注释】 6−0.24 为室内地面的长度，4.5−0.24 为室内地面的宽度，0.24 为墙的厚度，0.35 为地面示意图墙垛的截面宽度，0.49 为地面示意图墙垛的小矩形的截面长度；[(6−0.24)+(4.5−0.24)]×2 为外侧踢脚线的周长，0.15 为踢脚线的高度，0.35×2×0.15 为墙垛两侧踢脚线的长度(0.7)乘以踢脚线的高度，1.2×0.15 为门的宽度(1.2)乘以踢脚线的高度，0.12×2×0.15 为两个墙厚度(0.24)的一半乘以踢脚线的高度(踢脚线外墙门只增加墙厚度的一半)。

清单工程量计算见下表：

清单工程量计算表

序号	项目编码	项目名称	项目特征描述	计量单位	工程量
1	010801002001	防腐砂浆面层	不发火沥青砂浆地面，厚度 30mm	m^2	24.51
2	010801002002	防腐砂浆面层	不发火沥青砂浆踢脚线，高度 150mm	m^2	2.97

(2) 定额工程量

定额工程量同清单工程量，即：

地面面积＝24.51m^2

踢脚线面积＝2.97m^2

套用基础定额 10-23。

项目编码：010801001　　项目名称：防腐混凝土面层

【例 5-2】 如图 5-2 所示，为水玻璃耐酸混凝土抹面，其中水玻璃耐酸混凝土的厚度为 60mm，踢脚线高度为 150mm，计算其工程量。

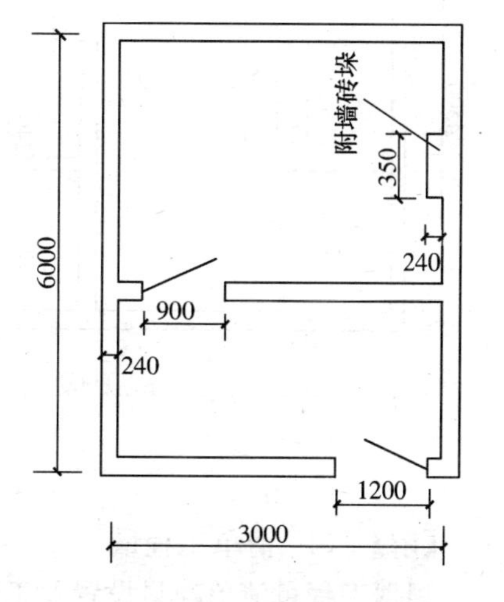

图 5-2 某房屋地面示意图

【解】 (1) 清单工程量

防腐工程项目应区分不同防腐材料种类及其厚度，按设计实铺面积以“m^2”计算。其中，应扣除凸出地面的构筑物、设备基础等所占的面积，砖垛等凸出墙面部分按展开面积并入墙的防腐工程之内。

地面面积＝(3－0.24)×(6－0.24×2)－0.35×0.24＋0.9×0.24＋1.2×0.12
＝15.51m^2

踢脚线面积＝[(3－0.24)×2＋(6－0.24×2)×2＋(3－0.24)×2＋0.24×2－1.2－0.9×2]×0.15＋0.24×2×0.15＋0.12×2×0.15
＝(11.04＋11.04＋0.48－1.2－1.8)×0.15＋0.108
＝2.934＋0.108
＝3.04m^2

【注释】 3－0.24 为室内地面的宽度，6－0.24×2 为室内地面的长度，0.24 为墙的厚度，0.35 为地面示意图墙垛的截面长度，0.24 为地面示意图墙垛的截面宽度；0.9×2 为内墙门宽度(0.9)的 2 倍，(3－0.24)×2＋(6－0.24×2)×2＋(3－0.24)×2＋0.24×2－1.2－0.9×2 为踢脚线的总长度，0.15 为踢脚线的高度，0.24×2×0.15 为两个墙的厚度(0.48)乘以踢脚线的高度。

清单工程量计算见下表：

清单工程量计算表

序号	项目编码	项目名称	项目特征描述	计量单位	工程量
1	010801001001	防腐混凝土面层	水玻璃耐酸混凝土面层，厚度 60mm	m^2	15.51
2	010801001002	防腐混凝土面层	水玻璃耐酸混凝土踢脚线，厚度 60mm，高度 150mm	m^2	3.04

(2) 定额工程量

定额工程量同清单工程量，即：

地面面积＝15.51m²

踢脚线面积＝3.04m²

套用基础定额 10-1。

项目编码：010801001　　项目名称：防腐混凝土面层

【例 5-3】 如图 5-3 所示，计算耐酸沥青混凝土地面及踢脚线的工程量，踢脚线高度 150mm。

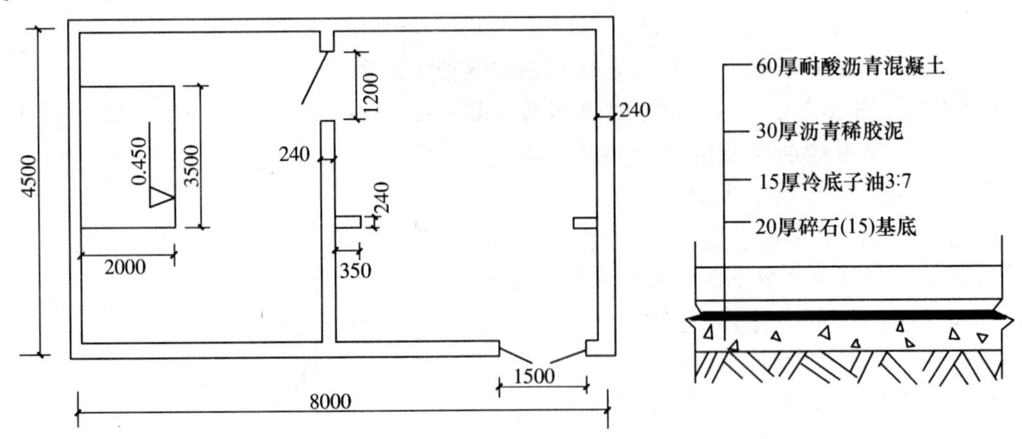

图 5-3　地面及踢脚线示意图

【解】 (1) 清单工程量

根据工程量清单项目设置及工程量计算规则 A.8.1 的规定，防腐工程项目应区分不同防腐材料种类及其厚度，按设计实铺面积以"m²"计算，应扣除凸出地面的构筑物、设备基础等所占的面积，砖垛等凸出墙面部分按展开面积计算，并入墙面防腐工程之内。

地面面积＝(8－0.24)×(4.5－0.24)－0.24×0.35×2－3.5×2－0.24×(4.5－0.24)
　　　　＋1.2×0.24＋0.12×1.5
　　　＝33.058－0.168－7－1.022＋0.288＋0.18
　　　＝25.34m²

踢脚线按实铺长度乘以高度以"m²"计算，应扣除门洞所占面积并相应增加侧壁展开面积。

踢脚线面积＝[(8－0.24×2)＋(4.5－0.24)]×2×0.15＋(4.5－0.24)×2×0.15－
　　　　1.2×0.15－(1.5＋1.2)×0.15＋0.35×4×0.15＋2×2×0.15＋0.24
　　　　×2×0.15＋0.12×2×0.15
　　　＝3.534＋1.278－0.18－0.405＋0.21＋0.6＋0.072＋0.036
　　　＝5.15m²

【注释】 8－0.24 为室内地面的长度(含内墙宽度)，4.5－0.24 为室内地面的宽度，0.24 为墙的厚度，3.5 为地面示意图墙垛的截面长度，0.24 为地面示意图墙垛的截面宽度，0.24(墙垛的截面宽度)×0.35(墙垛的截面长度)为混凝土地面及踢脚线示意图中墙垛的截面面积，0.24×(4.5－0.24)为不扣除门的内墙长度(4.26)乘以墙厚度，1.2×0.24为门的宽度(1.2)乘以墙厚度；[(8－0.24×2)＋(4.5－0.24)]×2为踢脚线的外侧周长，0.15为踢脚线的高度，(1.5＋1.2)×0.15为两个门的长度(2.7)乘以踢脚线的高度，0.35×4×0.15为4个墙垛侧面的截面长度(0.35×4)乘以踢脚线高度，2为设备基础的宽度，0.12为半墙厚度。工程量按设计图示尺寸以面积计算。

清单工程量计算见下表：

清单工程量计算表

序号	项目编码	项目名称	项目特征描述	计量单位	工程量
1	010801001001	防腐混凝土面层	地面，60mm厚耐酸沥青混凝土，30mm厚沥青稀胶泥	m^2	25.34
2	010801001002	防腐混凝土面层	60mm厚耐酸沥青混凝土，踢脚线高150mm，30mm厚沥青稀胶泥	m^2	5.15

(2) 定额工程量

定额工程量同清单工程量一样，即：

地面面积＝25.34m^2

踢脚线面积＝5.15m^2

套用基础定额10-5。

项目编码：010802001　　项目名称：隔离层

【例5-4】 如图5-4、图5-5所示，楼面为耐酸沥青胶泥卷材隔离层，踢脚线高150mm，计算工程量。

【解】 (1) 清单工程量

根据工程量清单项目设置及工程量计算规则A.8.2可知，隔离层的工程量按设计图示尺寸以面积计算，应扣除凸出地面的构筑物、设备基础等所占的面积，砖垛等凸出部分按展开面积并入墙面积内。

隔离层面积＝(3.6－0.12－0.06)×(2.7－0.12－0.06)＋(3.6－0.12－0.06)×(2.7－0.12)＋(3.6－0.12－0.06)×(2.4－0.12－0.06)＋(2.8－0.12－0.06)×(3.6－0.12－0.06)＋(2.8－0.12)×(3.6－0.12－0.06)＋(6.9－0.12－0.06)×(4.2－0.12－0.06)＋(3.6－0.06)×(1.3－0.12)－0.24×0.12×4－0.24×0.35＋5×0.24×1＋0.12×1.5

＝75.533m^2

踢脚线按实铺长度乘以高度以“m^2”计算，应扣除门洞所占面积并相应增加侧壁展开面积。

踢脚线面积＝{[(3.6－0.18)＋(2.7－0.18)]×2＋[(3.6－0.18)＋(2.7－0.12)]×2＋[(3.6－0.18)＋(2.4－0.18)]×2＋[(2.8－0.18)＋(3.6－0.18)]×2＋[(2.8－0.12)＋(3.6－0.18)]×2＋[(6.9－0.18)＋(4.2－0.18)]×2＋[(3.6－0.06)]×2}×0.15－(1.5＋1×5×2)×0.15＋2×0.24×0.15＋0.12×0.15×10＋0.12×8×0.15＋0.12×2×0.15

＝13.2－1.725＋0.072＋0.18＋0.144＋0.036

＝11.907m^2

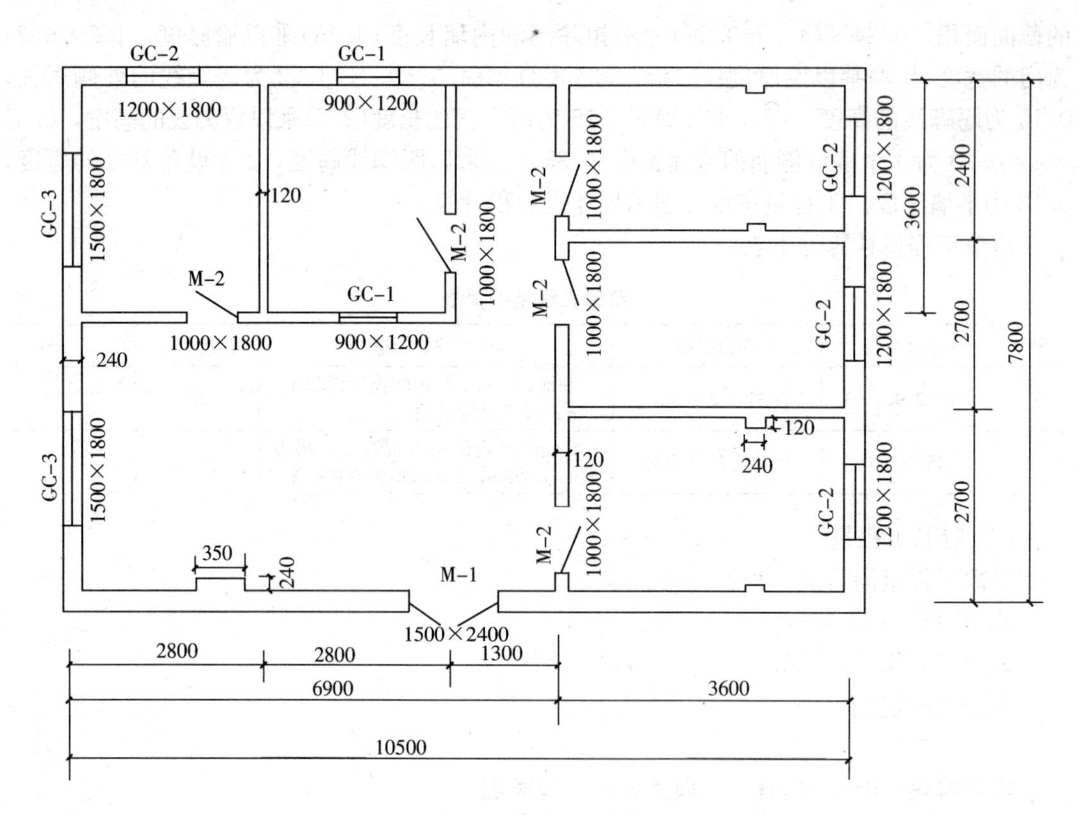

图 5-4 某楼面示意图

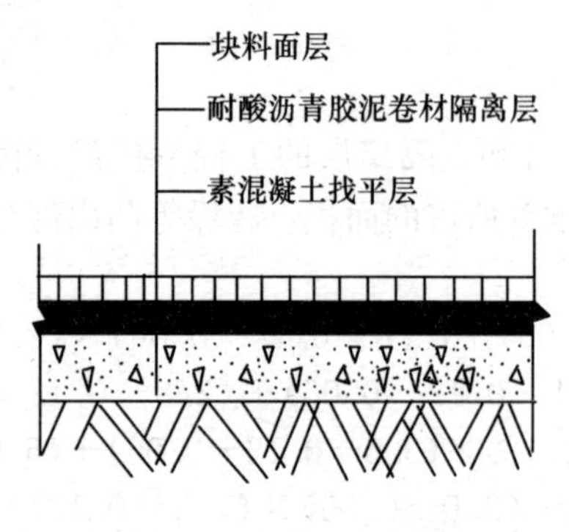

图 5-5 楼面隔离层详图

【注释】 3.6－0.12－0.06 为楼面示意图中右下角房间的隔离层长度，2.7－0.12－0.06 为楼面示意图中右下角房间的隔离层宽度，其中 0.12 为内墙的厚度，0.06 为半内墙厚度；3.6－0.12－0.06 为示意图中右下角第二个房间的隔离层长度，2.7－0.12 为示意图中右下角第二个房间的隔离层宽度；3.6－0.12－0.06 为右上角房间的长度，2.4－0.12－0.06 为右上角房间的宽度；其他房间的隔离层面积依此类推；2×0.24×0.15 为左侧房间墙垛两个侧面的宽度乘以踢脚线的高度；0.35 为砖垛的长度；0.18＝0.12＋0.06；踢脚线面积为踢脚线的总长度乘以踢脚线的高度；0.15 为踢脚线的高度；0.12×8×0.15 为楼面示意图中右侧房间的砖垛的 8 个侧面的长度乘以踢脚线的长度。

清单工程量计算见下表：

清单工程量计算表

序号	项目编码	项目名称	项目特征描述	计量单位	工程量
1	010802001001	隔离层	耐酸沥青胶泥卷材隔离层地面	m^2	75.53
2	010802001002	隔离层	耐酸沥青胶泥卷材隔离踢脚线，高 150mm	m^2	11.91

(2) 定额工程量

定额工程量同清单工程量，即：

地面面积＝75.533m²

踢脚线面积＝11.907m²

套用基础定额 10-45。

项目编码：010801006　　项目名称：块料防腐面层

【例 5-5】 如图 5-4、图 5-6 所示，门窗尺寸见下表，室内墙面所用材料为水玻璃胶泥陶板，尺寸为 150mm×150mm×30mm，计算其工程量。

门　窗　表

序号	名称	编号	洞口尺寸（宽×高）(mm×mm)	单位	数量	面积(m²)		所在砖墙部位面积(m²/数量)	
						单位面积	合计	外墙	内墙
1	铝合金门	M-1	1500×2400	樘	1	3.6	3.6	3.6/1	
2	木门	M-2	1000×1800	樘	5	1.8	9.0		9.0/5
3	钢窗	GC-1	900×1200	樘	2	1.08	2.16	1.08/1	1.08/1
4	钢窗	GC-2	1200×1800	樘	4	2.16	8.64		8.64/4
5	钢窗	GC-3	1500×1800	樘	2	2.7	5.4		5.4/2
	合计						28.8	4.68	24.12

【解】 (1)清单工程量

根据工程量清单项目设备及工程量计算规则 A.8.1 可知，块料防腐面层按设计图示尺寸以“m²”计算，扣除凸出地面的构筑物、设备基础等所占面积，砖垛等凸出部分按展开面积并入墙面积内。

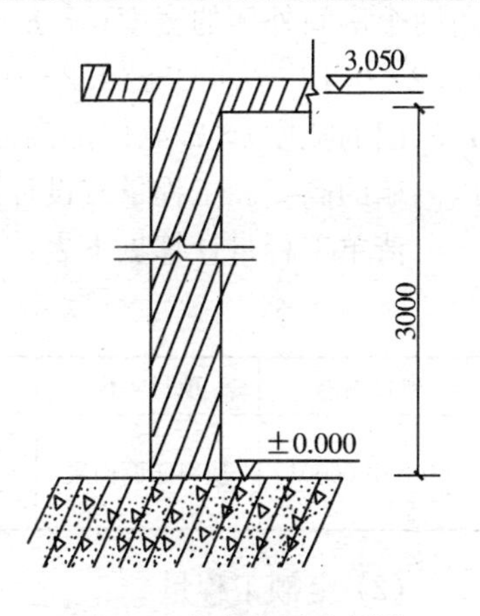

图 5-6　室内墙面示意图

由图 5-6 可知，建筑物的墙高为 3.0m。

墙面长度＝(3.6－0.12－0.06)×6＋(2.7－0.12－0.06)×2＋(2.7－0.12)×2＋(2.4－0.12－0.06)×2＋(3.6－0.12－0.06)×4＋(3.6－0.12＋0.06)＋(2.8×2－0.12＋0.06)＋(7.8－0.24)＋(6.9－0.12－0.06)＋(4.2－0.12－0.06)＋0.24×2＋0.12×8

＝20.52＋5.04＋5.16＋4.44＋13.68＋3.54＋5.54＋7.56＋6.72＋4.02＋1.44

＝77.66m

门窗洞口面积＝1.5×2.4＋1.8×5×2＋0.9×1.2×3＋1.2×1.8×4＋1.5×1.8×2

＝4.68＋24.12

＝38.88m²

则建筑物墙面的水玻璃胶泥陶板的工程量是：

$$S = 77.66\times 3 - 38.88 = 194.10\text{m}^2$$

块料防腐面层踢脚线按设计图示尺寸以“m²”计算，扣除门洞所占面积并相应增加门洞侧壁面积。

踢脚线长度同上，墙面长度 77.66m。

扣除面积：门洞口面积＝(1.5＋1×10)×0.15

＝1.725m²

增加面积：门洞侧壁面积＝0.12×0.15×2＋0.12×0.15×10

＝0.036＋0.18

＝0.216m²

则踢脚线面积 S ＝77.66×0.15－1.725＋0.216

＝10.14m²

【注释】 (3.6－0.12－0.06)×6 为楼面示意图中右侧三个房间的六个内侧面的长度，0.12 为内墙的厚度，0.24 为外墙的厚度；(2.7－0.12－0.06)×2 为楼面示意图中右下角房间的两个内侧面的宽度；(2.7－0.12)×2 为楼面示意图中右侧中间房间的两个内侧面宽度；(2.4－0.12－0.06)×2 为楼面示意图中右上角房间的两个内侧面的宽度；(3.6－0.12－0.06)×4 为楼面示意图中左上角两个房间内四个内侧面的长度；3.6－0.12＋0.06 为楼面示意图中左上角两个房间外侧的长度，2.8×2－0.12＋0.06 为楼面示意图中左上角两个房间外侧的宽度；7.8－0.24 为楼面示意图中右侧三个房间的外走廊侧面的长度；(6.9－0.12－0.06)＋(4.2－0.12－0.06)为楼面示意图中大厅外墙的内侧面长度加宽度。1.5(门的宽度)×2.4(门的高度)为 M-1 的截面积；77.66×3(内墙的高度)为墙面长度乘以内墙的高度。工程量按设计图示尺寸以面积计算。

清单工程量计算见下表：

清单工程量计算表

项目编码	项目名称	项目特征描述	计量单位	工程量
010801006001	块料防腐面层	室内墙面，水玻璃胶泥陶板，150mm×150mm×30mm	m²	194.10

(2) 定额工程量

墙面面积工程量同清单工程量，即：

墙面面积＝194.10m²

踢脚线按实铺长度乘以高度以“m²”计算，应扣除门洞所占面积并相应增加侧壁展开面积。

踢脚线面积＝10.14m²

套用基础定额 10-70。

项目编码：010801006　　项目名称：块料防腐面层

【例 5-6】 如图 5-7 所示，地面采用双层耐酸沥青胶泥粘青石板(180mm×110mm×30mm)，踢脚线高为 150mm，厚度为 20mm，计算其工程量。

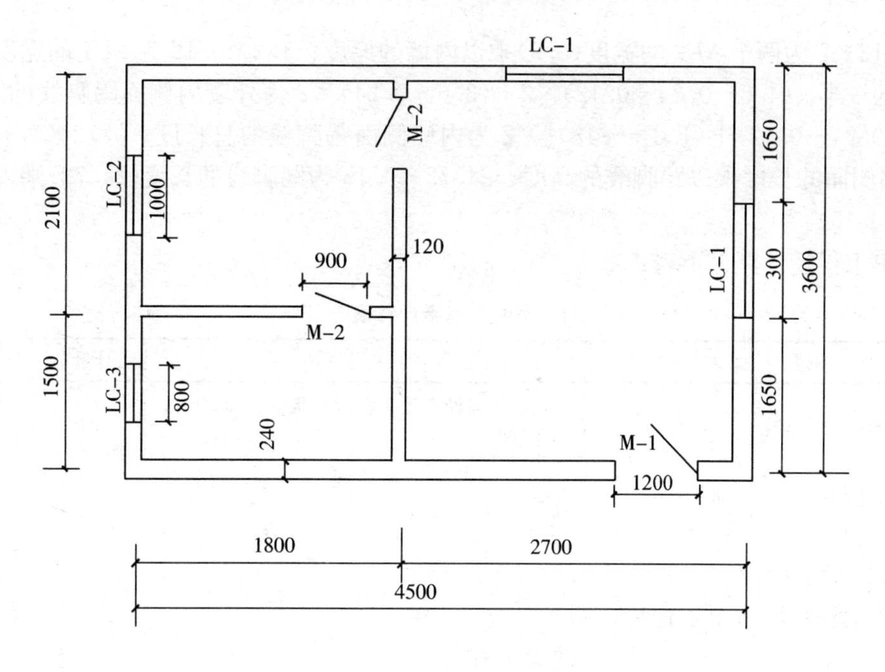

图 5-7 某地面示意图

【解】 (1)清单工程量

根据工程量清单项目设置及工程量的计算规则可知，块料防腐面层按设计图示尺寸以“m²”计算，在平面防腐中扣除凸出地面的构筑物、设备基础等所占面积。

地面面积＝(1.8－0.18)×(1.5－0.18)＋(1.8－0.18)×(2.1－0.18)＋(2.7－0.18)×(3.6－0.24)＋0.9×0.12×2＋1.2×0.12

＝2.138＋3.11＋8.467＋0.216＋0.144

＝14.075m²

踢脚线防腐按设计图示尺寸以“m²”计算，应扣除门洞所占的面积并相应增加侧壁展开面积。

踢脚线长度 L＝(4.5－0.24－0.12)×2＋(3.6－0.24)×2＋[(3.6－0.24－0.12)＋(1.8－0.18)]×2

＝8.28＋6.72＋9.72

＝24.72m

应扣除的面积：门洞口所占面积＝(1.2＋0.9×4)×0.15＝0.72m²

应增加的面积：侧壁展开面积＝0.12×0.15×2＋0.12×0.15×4

＝0.108m²

则踢脚线的工程量＝24.72×0.15＋0.108－0.72

＝3.096m²

【注释】 1.8－0.18为地面示意图中左下角房间的长度，1.5－0.18为地面示意图中左下角房间的宽度，0.18＝0.12＋0.06，0.12为内墙的厚度，0.24为外墙的厚度；(1.8－0.18)(左上角房间的宽度)×(2.1－0.18)(左上角房间的长度)为示意图中左上角房间的面积；2.7－0.18为示意图中右侧房间的宽度，3.6－0.24为示意图中右侧房间的长度；

0.9×0.12×2 为两个 M-2 的宽度(0.9)乘以内墙的厚度；1.2×0.12 为 M-1 的宽度乘以外墙厚度的一半。(4.5－0.24－0.12)×2＋(3.6－0.24)×2 为外墙内侧面踢脚线的总长度；[(3.6－0.24－0.12)＋(1.8－0.18)]×2 为内墙侧面踢脚线的总长度；0.12×0.15×4 为 4 个内墙侧面的长度乘以踢脚线的高度；24.72×0.15 为踢脚线的长度(24.72)乘以踢脚线的高度(0.15)。

清单工程量计算见下表：

清单工程量计算表

序号	项目编码	项目名称	项目特征描述	计量单位	工程量
1	010801006001	块料防腐面层	双层耐酸沥青胶泥粘青石板，地面，厚度为 20mm	m^2	14.08
2	010801006002	块料防腐面层	双层耐酸沥青胶泥粘青石板，踢脚线高 150mm	m^2	3.10

(2) 定额工程量

定额工程量同清单工程量，即：

地面工程量＝14.08m^2

踢脚线工程量＝3.10m^2

套用基础定额 10-90。

项目编码：010801006　　项目名称：块料防腐面层

【例 5-7】 如图 5-8 所示，耐酸水池贴耐酸沥青胶泥瓷板(150mm×150mm×30mm)，计算耐酸瓷板的工程量(设瓷板、找平层、结合层的厚度近 50mm，π＝3.14)。

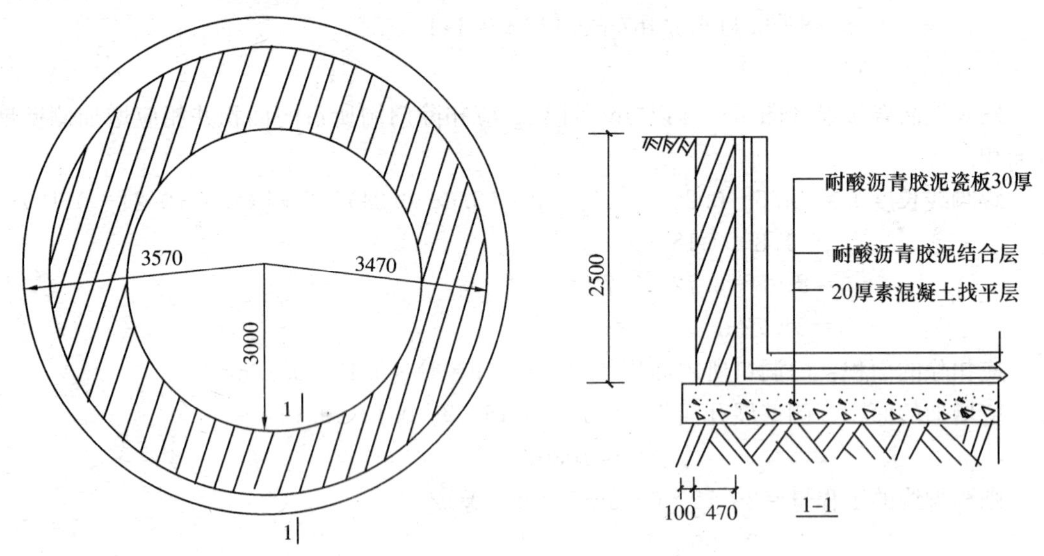

图 5-8　耐酸水池示意图

【解】 (1) 清单工程量

根据工程量清单项目设置及工程量计算规则 A.8.1 可知，块料防腐面层按设计图示尺寸以“m^2”计算，平面防腐扣除凸出地面的构筑物、设备基础等所占面积；立面防腐砖垛等凸出部分按展开面积并入墙面积内。

池底板耐酸瓷板的工程量：

$$S_1=\pi r^2=3.14\times 3^2=28.26\text{m}^2$$

池壁耐酸瓷板的工程量：

$$S_2=3.14\times(6-2\times 0.05)\times(2.5-0.05)=45.389\text{m}^2$$

【注释】 3.14×3^2 为池底板的截面积，3 为池底板的半径；3.14×[6(池壁耐酸瓷板内侧的直径)－2×0.05)]为池壁耐酸瓷板的周长；其中 0.05 为瓷板、找平层、结合层的厚度，2.5 为池壁耐酸瓷板的高度。

清单工程量计算见下表：

清单工程量计算表

序号	项目编码	项目名称	项目特征描述	计量单位	工程量
1	010801006001	块料防腐面层	池底耐酸瓷板(150mm×150mm×30mm)	m^2	28.26
2	010801006002	块料防腐面层	池壁耐酸瓷板(150mm×150mm×30mm)	m^2	45.39

(2) 定额工程量

定额工程量同清单工程量，即：

$$池底工程量=28.26\text{m}^2$$

$$池壁工程量=45.389\text{m}^2$$

套用基础定额 10-86。

项目编码：010802003　　项目名称：防腐涂料

【例 5-8】 如图 5-9 所示，墙面为过氯乙烯漆耐酸防腐涂料抹灰面 25mm 厚，其中底漆一遍，计算其工程量。

【解】 (1) 清单工程量

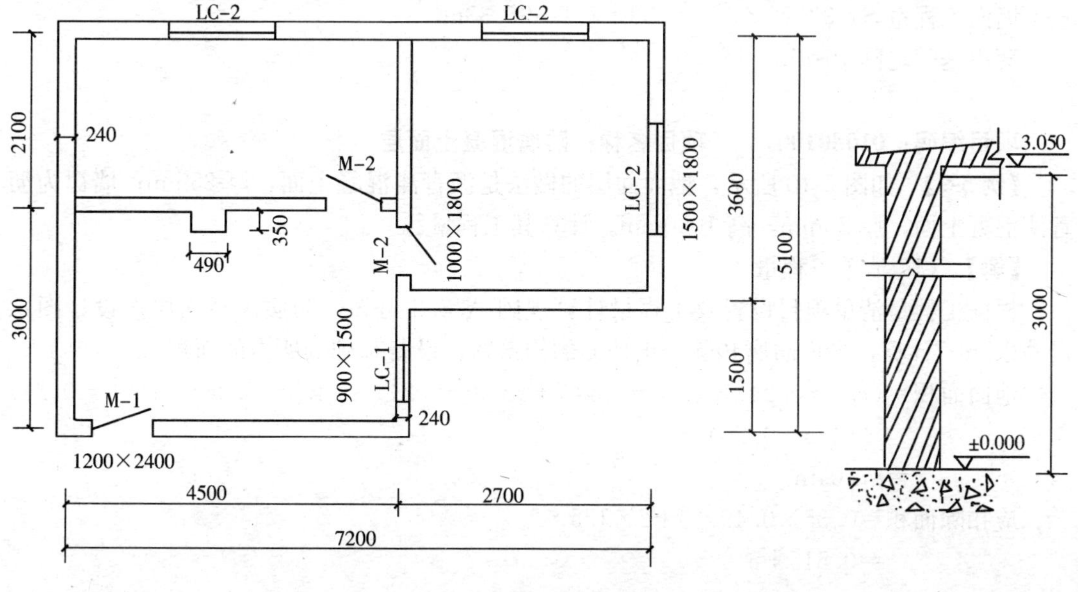

图 5-9　某墙面示意图

根据工程量清单项目设置及工程量计算规则 A.8.2 可知，防腐涂料按设计图示尺寸以“m^2”计算，平面防腐扣除凸出地面的构筑物、设备基础等所占面积，立面防腐砖垛等凸出部分按展开面积并入墙面积内。由图可知，墙高为 3m。

墙面长度＝(4.5－0.24)×4＋(2.7－0.24)×2＋(2.1－0.24)×2＋(3－0.24)×2＋(3.6－0.24)×2

＝17.04＋4.92＋3.72＋5.52＋6.72

＝37.92m

应扣除面积：门窗洞口面积＝1.2×2.4＋0.9×1.5×1＋1.8×4＋1.5×1.8×3

＝2.88＋1.35＋7.2＋8.1

＝19.53m^2

应增加的面积：砖垛展开面积＝0.35×2×3＝2.1m^2

工程量＝37.92×3－19.53＋2.1＝96.33m^2

【注释】 (4.5－0.24)×4 为墙面示意图中左侧四个内侧面的长度，其中 0.24 为墙的厚度；(2.7－0.24)×2 为墙面示意图中右侧两个内侧面的长度；(2.1－0.24)×2 为墙面示意图中左上角两个内侧面的宽度；(3－0.24)×2 为墙面示意图中左下角的两个内侧面的宽度；(3.6－0.24)×2 为示意图中右侧两个内侧面的宽度。1.2×2.4 为 M-1 的截面积；0.9(窗户的宽度)×1.5(窗户的高度)为 LC-1 的截面积；37.92×3 为墙面的长度(37.92)乘以墙的高度(3)。工程量按设计图示尺寸以面积计算。

清单工程量计算见下表：

清单工程量计算表

项目编码	项目名称	项目特征描述	计量单位	工程量
010802003001	防腐涂料	墙面，过氯乙烯漆耐酸防腐涂料抹灰 25mm 厚	m^2	96.33

(2) 定额工程量

定额工程量同清单工程量，即：

墙面工程量 S＝37.92×3－19.53＋2.1＝96.33m^2

套用基础定额 10-148。

项目编码：010801001　　项目名称：防腐混凝土面层

【例 5-9】 如图 5-10 所示，地面面层的做法是沥青漆混凝土面，厚 25mm；墙裙为沥青漆混凝土面，厚 20mm，高 1000mm。计算其工程量。

【解】 (1) 清单工程量

根据工程量清单项目设置及工程量计算规则 A.8.2 可知，防腐涂料面层按设计图示尺寸以“m^2”计算，平面防腐扣除凸出地面的构筑物、设备基础等所占的面积。

地面面积＝(7.2－0.24)×(9.0－0.24)＋(3.3－0.24)×(4.5－0.24)＋(3.3－0.24)×(4.5－0.24)

＝87.04m^2

应扣除面积＝0.35×0.49×3＋2×1.5×2

＝0.515＋6

＝6.515m^2

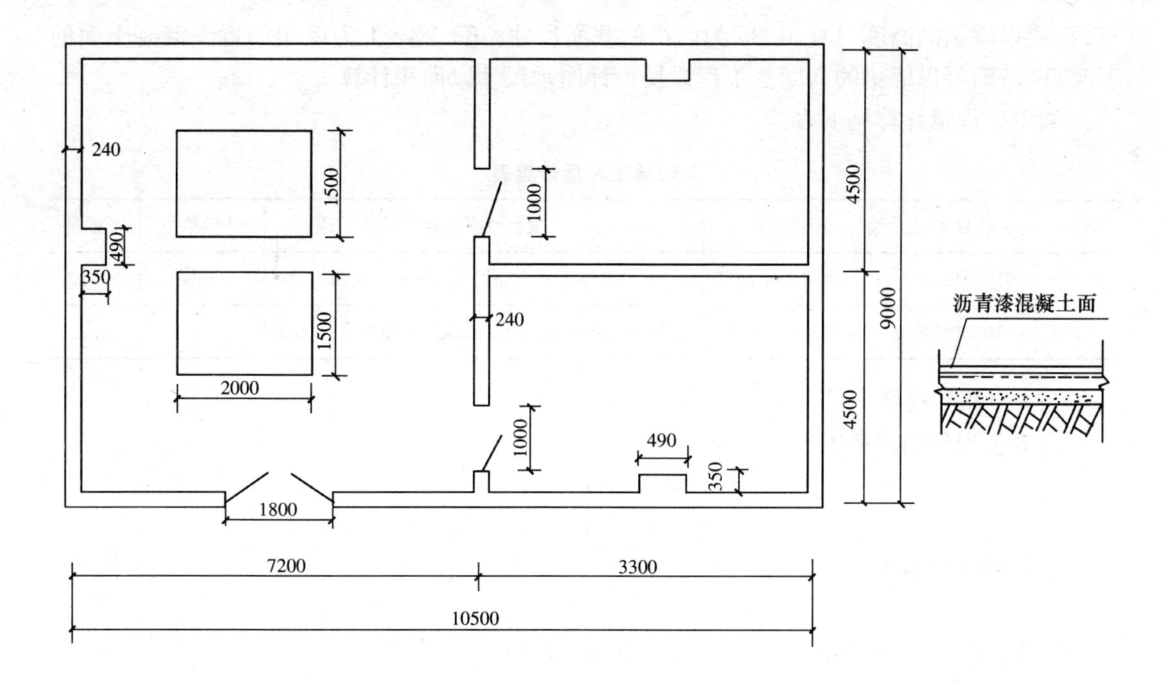

图 5-10　某地面示意图

应增加面积＝1×0.24×2＋1.8×0.12

＝0.696m^2

则地面的总工程量＝87.04－6.515＋0.696

＝81.221m^2

墙裙沥青漆混凝土面的长度：

L＝[(10.5－0.24×2)＋(9.0－0.24×2)]×2＋(3.3－0.24)×2＋(9－0.24)×2

＝37.08＋6.12＋17.52

＝60.72m

应扣除面积＝ (1.8＋1×2×2)×1＝5.8m^2

墙垛面积＝0.35×6×1＝2.1m^2

应增加面积＝(1.5＋2)×2×2×1＋0.24×1×4＋0.12×1×2

＝15.2m^2

则墙裙沥青漆混凝土面的工程量为：

60.72×1－5.8＋2.1＋15.2＝72.22m^2

【注释】 7.2－0.24 为地面示意图中左侧房间的宽度，9.0－0.24 为地面示意图中左侧房间的长度，其中 0.24 为墙的厚度；(3.3－0.24)(地面示意图中右侧房间的宽度)×(4.5－0.24)(地面示意图中右侧房间的长度)＋(3.3－0.24)×(4.5－0.24)为地面示意图中右侧两个房间的面积；0.35(墙垛的截面宽度)×0.49(墙垛的截面长度)×3 为三个墙垛的截面面积；2(设备基础的长度)×1.5(设备基础的宽度)×2 为地面示意图中两个设备基础的截面积；10.5－0.24×2 为外墙的内侧面的长度，9.0－0.24×2 为外墙内侧面的宽度；(3.3－0.24)×2 为地面示意图中右侧两个房间中间墙的两个侧面的长度；(9－0.24)×2 为示意图中间墙的两个侧面的长度；(1.8＋1×2×2)×1 为三个门的内侧面的总宽度

(5.8)乘以墙裙的高度(1)；0.35 为墙垛的截面尺寸；60.72×1 为墙裙沥青漆混凝土面的长度(60.72)乘以墙裙的高度。工程量按设计图示尺寸以面积计算。

清单工程量计算见下表：

清单工程量计算表

序号	项目编码	项目名称	项目特征描述	计量单位	工程量
1	010801001001	防腐混凝土面层	沥青漆混凝土面层厚 25mm，地面	m^2	81.22
2	010801001002	防腐混凝土面层	墙裙高 1000mm，沥青漆混凝土面层厚 20mm	m^2	72.22

(2) 定额工程量

定额工程量同清单工程量，即：

$$地面工程量=81.22m^2$$

$$墙裙工程量=72.22m^2$$

套用基础定额 10-151。

项目编码：010803001　　项目名称：保温隔热屋面

【例 5-10】 如图 5-11 所示，屋面是水泥珍珠岩保温层，计算屋面保温层的工程量。

【解】 (1) 清单工程量

根据工程量清单项目设置及工程量计算规则 A.8.3 可知，保温隔热屋面按设计图示尺寸以“m^2”计算，不扣除柱、垛所占面积。

保温隔热屋面的面积=(72−0.37)×(36−0.37)=2552.177m^2

【注释】 72−0.37 为屋面水平投影的长度，36−0.37 为屋面水平投影的宽度。

清单工程量计算见下表：

清单工程量计算表

项目编码	项目名称	项目特征描述	计量单位	工程量
010803001001	保温隔热屋面	水泥珍珠岩保温屋面，外保温	m^2	2552.18

(2) 定额工程量

根据建筑工程预算工程量计算规则第 3.10.2 条可知，保温隔热层应区别不同的保温隔热材料，除另有规定者外，均按设计实铺厚度以“m^3”计算。其中，四坡保温层屋面的体积由一个长方体和一个楔形体组成，其楔形体的体积计算公式为：

$$V=\frac{b}{6}(C+a+a)\cdot H$$

其图形如图 5-12 所示。

则 $C=a-\frac{b}{2}\times2=a-b$

其中：$a=72m$，$b=36m$

则　$C=72-36=36m$

$$H=\frac{b}{2}\times3\%=\frac{36}{2}\times3\%=0.54m$$

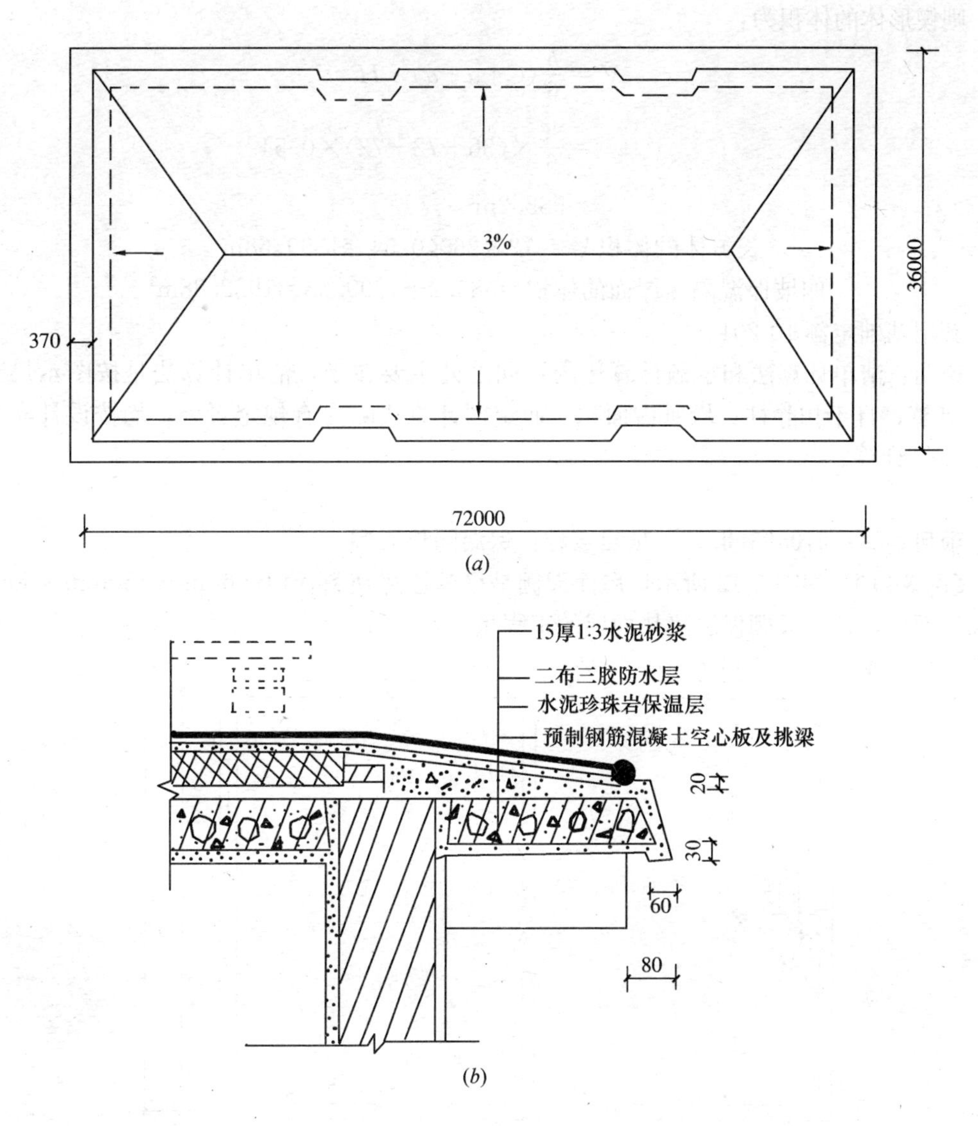

图 5-11　某屋面示意图

(a)平面图；(b)剖面详图

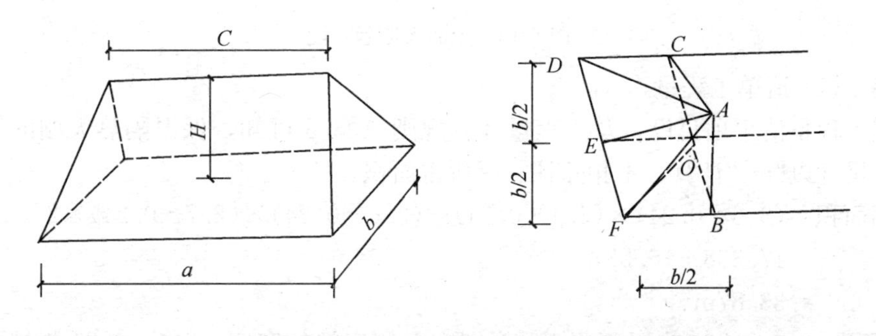

图 5-12　屋面立体图

则楔形体的体积为：

$$V=\frac{b}{6}(C+a+a)\cdot H$$
$$=\frac{36}{6}\times(36+72+72)\times0.54$$
$$=583.2\text{m}^3$$

长方体的体积 $V'=72\times36\times0.54=1399.68\text{m}^3$

四坡保温隔热屋面的体积＝583.2＋1399.68＝1982.88m³

套用基础定额 10-201。

说明：清单计算法和定额计算法的不同之处主要在于，清单计算法是按图示尺寸以"m²"计算，且不扣除柱、垛所占面积；而定额计算法除另有规定者外，均按设计实铺厚度以"m³"计算。

项目编码：010803002　　项目名称：保温隔热天棚

【例 5-11】 如图 5-13 所示，屋面天棚是聚苯乙烯塑料板（1000mm×150mm×50mm）的保温面层，计算天棚保温隔热面层的工程量。

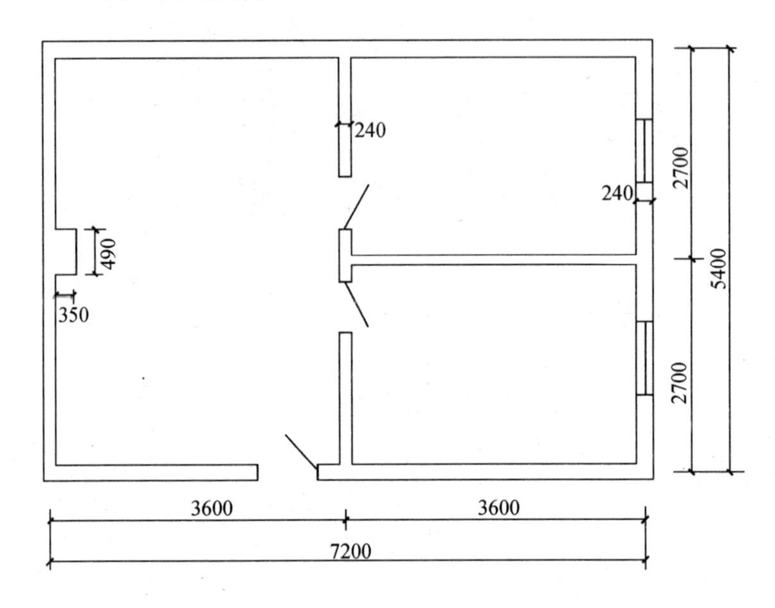

图 5-13　屋面天棚示意图

【解】 (1) 清单工程量

根据工程量清单项目设备及工程量计算规则 A.8.3 可知，保温隔热天棚的工程量按设计图示尺寸以"m²"计算，不扣除柱、垛所占面积。

天棚面积＝(3.6－0.24)×(5.4－0.24)＋(3.6－0.24)×(2.7－0.24)×2
＝17.338＋16.53
＝33.87m²

【注释】 3.6－0.24 为屋面顶棚示意图中左侧房间的宽度，5.4－0.24 为屋面顶棚示意图中左侧房间的长度；3.6－0.24 为屋面顶棚示意图中右侧房间的长度；(2.7－0.24)

为屋面顶棚示意图中右侧房间的宽度，其中 0.24 为墙的厚度。

清单工程量计算见下表：

清单工程量计算表

项目编码	项目名称	项目特征描述	计量单位	工程量
010803002001	保温隔热天棚	聚苯乙烯塑料板天棚，内保温，规格 1000mm×150mm×50mm	m^2	33.87

(2) 定额工程量

根据建筑工程预算工程量计算规则可知，保温隔热层应区别不同保温隔热材料，除另有规定者外，均按设计实铺厚度以“m^3”计算，保温隔热层的厚度以隔热材料(不包括胶结材料)的净厚度进行计算。

已知天棚的厚度为 0.05m，则：

天棚工程量=[(3.6−0.24)×(5.4−0.24)+(3.6−0.24)×(2.7−0.24)×2]×0.05

=33.87×0.05m^3

=1.69m^3

套用基础定额 10-206。

【注释】 33.918×0.05 为天棚的面积乘以天棚的厚度。

说明：天棚保温隔热层的清单计算与定额计算的不同之处主要是，清单计算按设计图示尺寸以“m^2”计算，且不扣除柱、垛所占的面积；而定额计算中，保温隔热层应区别不同保温隔热材料，除另有规定者外，均按设计实铺厚度以“m^3”计算。

项目编码：010803003　　项目名称：保温隔热墙

【例 5-12】 如图 5-14、图 5-15 所示，计算沥青矿渣保温层的工程量。其中，门侧面的保温层同墙面做法，且 M-1：1500mm×2400mm，M-2：1000mm×1800mm，LC-1：900mm×1200mm，LC-2：1500mm×1800mm，LC-3：1800mm×2400mm。

【解】 (1) 清单工程量

根据工程量清单项目的设置及工程量计算规则可知，保温隔热墙按设计图示尺寸以“m^2”计算，扣除门窗洞口所占面积，门窗洞口侧壁需做保温时，并入保温墙体工程量内。

则墙长度=[(4.5−0.24)+(5−0.24)]×2+[(3.6−0.24)+(1.8−0.24)]×2+[(3.6−0.24)+(2.7−0.24)]×4

=18.04+9.84+23.28

=51.16m

应扣除的面积=1.5×2.4+1×1.8×6+0.9×1.2×2+1.5×1.8×2+1.8×2.4

=3.6+10.8+2.16+5.4+4.32

=26.28m^2

门窗两侧增加面积 S=0.12×2×2.4+0.24×6×1.8+0.12×4×1.2+0.12×2×2.4+0.12×4×1.8+0.12×1.5+0.24×3×1+0.12×4×0.9+0.12×2×1.8+0.12×4×1.5

=7.668m^2

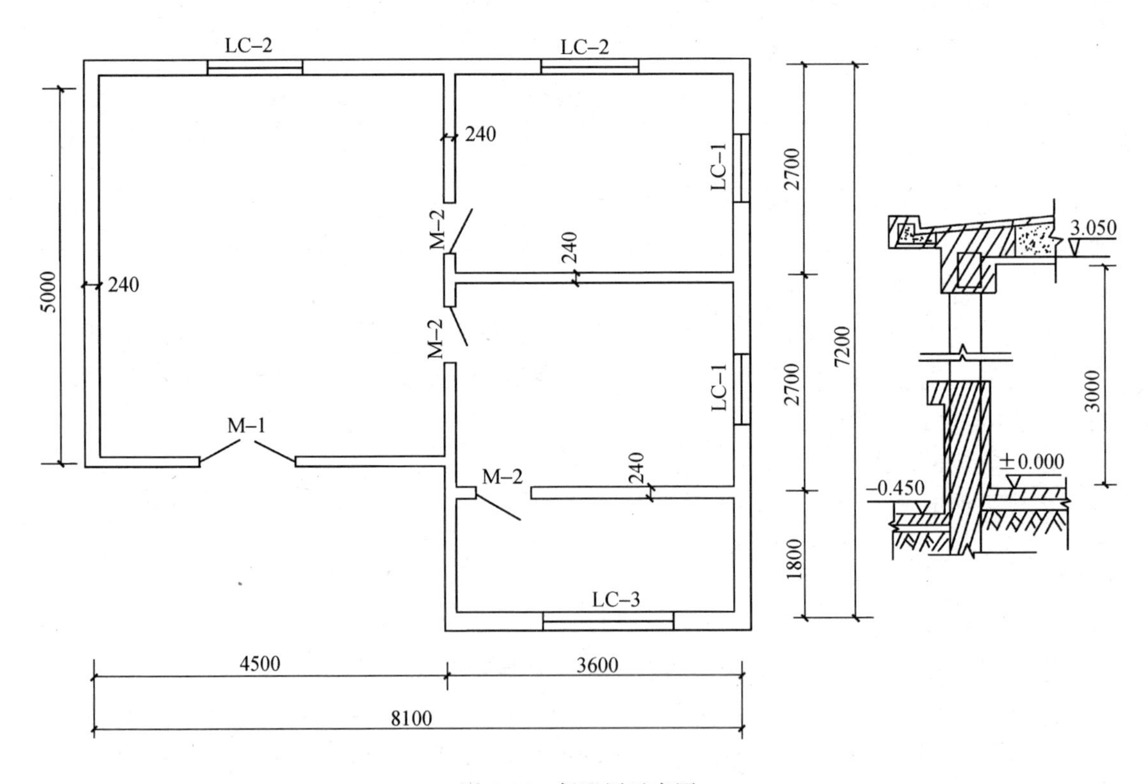

图 5-14 保温层示意图

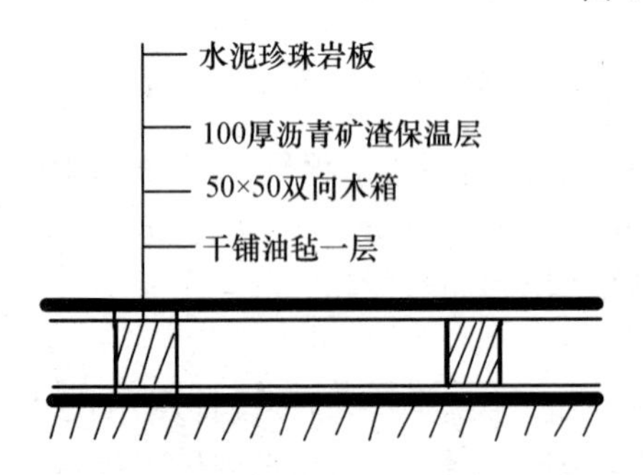

图 5-15 水泥珍珠板墙

沥青矿渣保温层墙面的工程量为：

51.16×3+7.668−26.28=134.868m²

【注释】 [(4.5−0.24)(示意图中左侧房间的宽度)+(5−0.24)(示意图中左侧房间的长度)]×2 为保温层示意图中左侧房间的内侧周长，0.24 为墙的厚度；[(3.6−0.24)(示意图中右下角房间的内侧面的长度)+(1.8−0.24)(示意图中右下角房间的内侧面的宽度)]×2 为保温层示意图中右下角房间的内侧面的周长；[(3.6−0.24)(示意图中右上角房间的长度)+(2.7−0.24)(示意图中右上角房间的宽度)]×4 为示意图中右上角两个房间的周长；1.5×2.4+1×1.8×6+0.9×1.2×2+1.5×1.8×2+1.8×2.4 为门、窗洞口 墙内侧面的侧面积；0.12×2×2.4 为 M-1 的两侧高度(2.4)乘以半墙厚度；0.24×6×1.8 为 M-2 三个门垛的截面积(门的高度 1.8 乘以墙厚度)；51.16×3 为内侧墙的长度(51.16)乘以墙高度(3)。

清单工程量计算见下表：

清单工程量计算表

项目编码	项目名称	项目特征描述	计量单位	工程量
010803003001	保温隔热墙	沥青矿渣保温层，夹心保温，水泥珍珠岩板	m²	134.87

(2) 定额工程量

根据建筑工程预算工程量计算规则可知，墙体的保温隔热层，外墙保温隔热层按中心线、内墙按保温隔热层净长乘以图示高度及厚度以"m^3"计算，应扣除洞口和管道穿墙洞口所占的体积。

外墙边线长 $L_{外}$ =4.5+3.6+7.2+8.1+5.0+2.2

=30.6m

内墙边线长 $L_{内}$ =(3.6−0.24)×4+(5−0.24)×2−(0.24+0.05)×4

=13.44+9.52−1.16

=21.8m

则墙体保温隔热层的总长度 $L=L_{外}+L_{内}$ =30.6+21.8

=52.4m

应扣除的体积=(1.5×2.4+1×1.8×6+0.9×1.2×2+1.5×1.8×2+1.8×2.4)×0.1

=26.28×0.1(沥青矿渣保温层的厚度)

=2.628m^3

则墙体保温隔热层的工程量为:

52.4×3×0.1−2.628 =15.72−2.628

=13.092m^3

套用基础定额 10-217。

说明：墙体保温隔热层清单计算法与定额计算法的不同之处在于，清单工程量中保温隔热墙是按设计图示尺寸以面积计算的，扣除门窗洞口所占面积，如果门窗洞口侧壁需做保温时，并入保温墙体工程量内；定额计算法中，保温隔热墙是外墙按保温隔热层中心线、内墙按保温隔热层净长乘以图示尺寸的高度及厚度以"m^3"计算，应扣除洞口和管道墙洞口所占的体积。

项目编码：010803004　　项目名称：保温柱

【例 5-13】 根据图 5-16 所示尺寸，计算 3.6m 聚苯乙烯泡沫塑料板保温方柱的工程量。

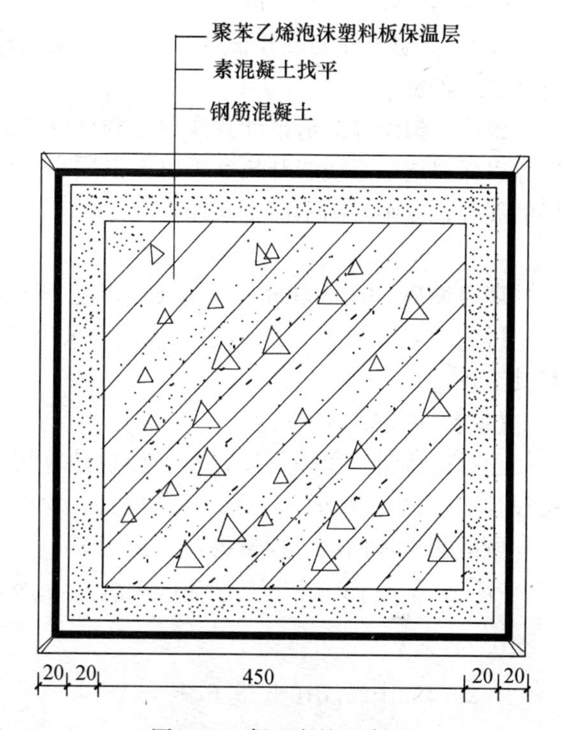

图 5-16　保温方柱示意图

【解】 (1) 清单工程量

根据工程量清单项目设置及工程量计算规则 A.8.3 可知，保温柱按图示尺寸以保温层中心线展开长度乘以保温层高度以“m^2”计算。则保温方柱中心线展开长度为：

$$L=(0.45+0.02\times2+0.01\times2)\times4$$
$$=2.04m$$

保温方柱的工程量：

$$2.04\times3.6=7.344m^2$$

【注释】 (0.45＋0.02×2＋0.01×2)×4 为保温柱子四边展开的周长；2.04×3.6 为保温方柱的周长乘以保温方柱的高度(3.6)。

清单工程量计算见下表：

清单工程量计算表

项目编码	项目名称	项目特征描述	计量单位	工程量
010803004001	保温柱	聚苯乙烯泡沫塑料板保温方柱，外保温	m^2	7.34

(2) 定额工程量

根据建筑工程预算工程量计算规则可知，柱保温隔热层，按图示的柱的保温隔热层中心线的展开长度乘以图示高度及厚度以“m^3”计算，则：

保温方柱的长度＝(0.45＋0.02×2＋0.01×2)×4

＝2.04m

保温方柱的工程量＝2.04×3.6×0.02＝0.147m^3

【注释】 套用基础定额 10-224。

2.04(保温方柱的展开长度)×3.6(保温方柱的高度)×0.02(保温方柱的厚度)为保温方柱的工程量。

说明：保温柱的清单计算法与定额计算法的不同之处在于，清单计算法是按设计图示尺寸以保温层中心线展开长度乘以保温层高度计算的；定额计算法是按图示柱的保温隔热层的展开长度乘以图示高度及厚度以“m^3”计算。

项目编码：010803005　　项目名称：隔热楼地面

【例 5-14】 如图 5-17 所示，楼地面采用 65mm 厚的沥青铺加气混凝土块隔热层，计算其工程量。

【解】 (1) 清单工程量

根据工程量清单项目设置及工程量计算规则 A.8.3 可知，隔热楼地面的清单工程量按设计图示尺寸以“m^2”计算，不扣除柱、垛所占的面积。

则隔热楼地面的工程量为：

(6.3－0.24)×(5.1－0.24)＋(6.3－0.24)×(4.5－0.24)＋(4.5－0.24)×(3.6－0.24)×2

＝29.452＋25.816＋28.627

＝83.895m^2

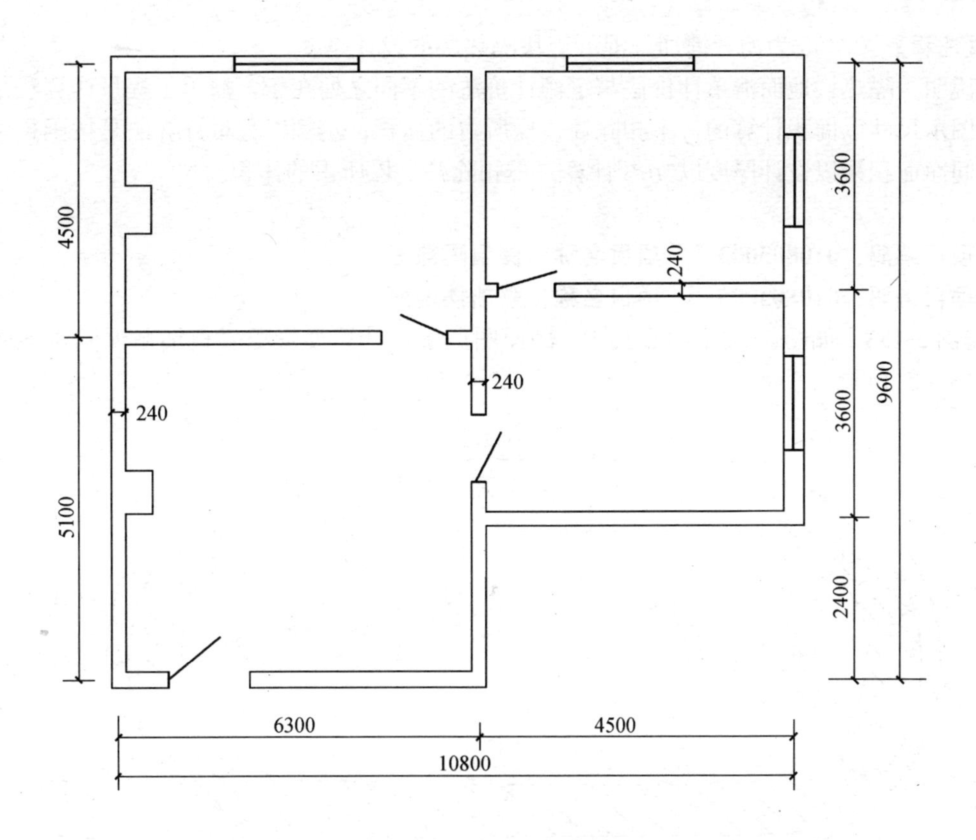

图 5-17　楼地面示意图

【注释】 6.3－0.24 为楼地面示意图中左下角房间的长度，5.1－0.24 为楼地面示意图中左下角房间的宽度；6.3－0.24 为楼地面示意图中左上角房间的长度，4.5－0.24 为楼地面示意图中左上角房间的宽度；4.5－0.24 为楼地面示意图中右侧两个房间的长度，3.6－0.24 为楼地面示意图中右侧两个房间的宽度，其中 0.24 为墙厚度。

清单工程量计算见下表：

清单工程量计算表

项目编码	项目名称	项目特征描述	计量单位	工程量
010803005001	隔热楼地面	65mm 厚沥青铺加气混凝土块隔热层，楼地面	m^2	83.90

(2) 定额工程量

根据建筑工程预算工程量计算规则可知，地面的隔热层按围护结构墙体间净面积乘以厚度以“m^3”计算，不扣除柱、垛所占的体积。

楼地面面积＝(6.3－0.24)×(5.1－0.24)＋(6.3－0.24)×(4.5－0.24)＋(4.5－0.24)×(3.6－0.24)×2

＝29.452＋25.816＋28.627

＝83.895m^2

隔热楼地面的工程量＝83.895×0.065＝5.453m^3

套用基础定额 10-221。

【注释】 0.065 为沥青铺加气混凝土块隔热层的设计厚度

说明：隔热楼地面清单计价法与定额计价法的不同之处在于，清单工程量计算法是按设计图示尺寸以面积计算的，不扣除柱、垛所占的面积；定额工程量计算法是按围护结构墙体间净面积乘以设计厚度以“m^3”计算，不扣除柱、垛所占的体积。

项目编码：010803003　　项目名称：保温隔热墙

项目编码：010803005　　项目名称：隔热楼地面

【例 5-15】 如图 5-18 平面及其 1-1 剖面图所示，计算沥青稻壳板铺贴保温水池的工程量（π＝3.14）。

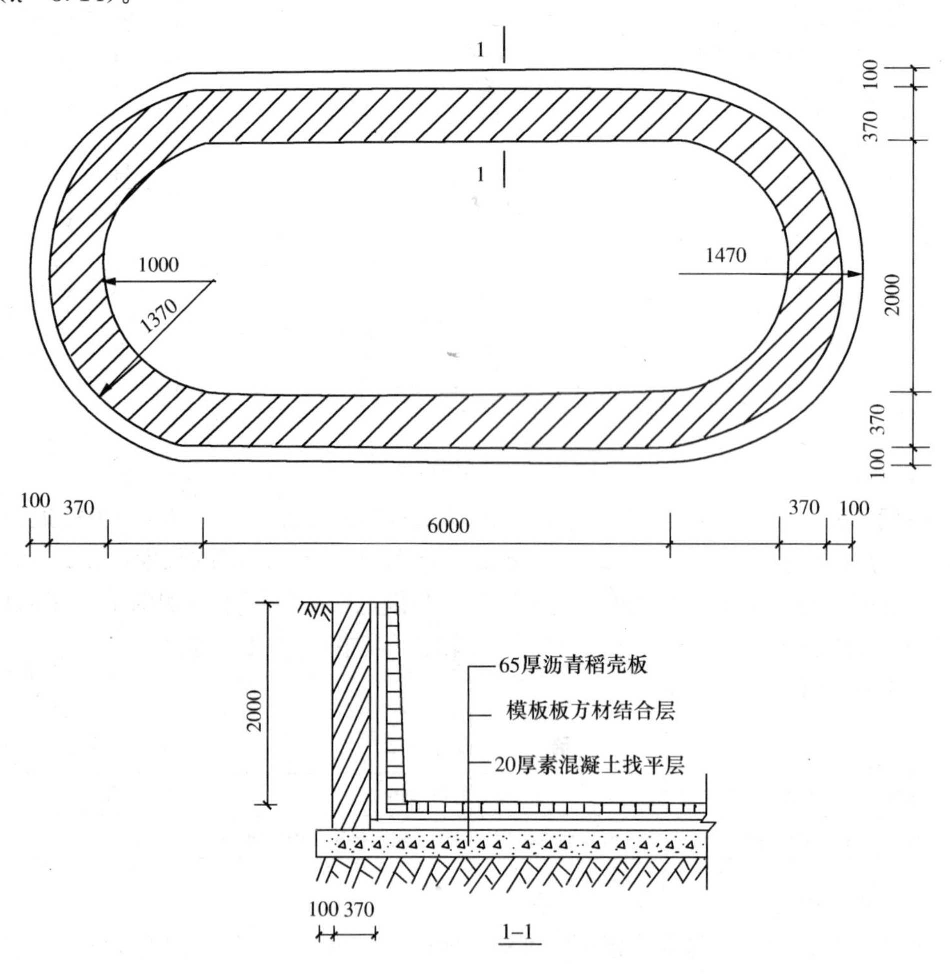

图 5-18　沥青稻壳板铺贴水池示意图

【解】 (1)清单工程量

在进行池槽保温隔热层工程量计算时，池壁池底分别编码列项，池壁应并入墙面保温隔热工程量内，池底应并入地面保温隔热工程量内。

其中，墙面的保温隔热层按设计图示尺寸以“m^2”计算，保温隔热地面按设计图示尺寸以“m^2”计算，不扣除柱、垛所占的面积。

水池底的工程量是由一个长方形和两个半圆形组成的。

$$水池底的工程量=6\times2+3.14\times1^2\times2\times\frac{1}{2}$$
$$=15.14m^2$$
$$水池壁的工程量=(6\times2+3.14\times1\times2)\times2$$
$$=36.56m^2$$

【注释】 6(长方形的长度)×2(长方形的宽度)为中间长方形的面积，$3.14\times1^2\times2\times\frac{1}{2}$为两个半圆的面积，其中1为半圆的半径；(6×2+3.14×1×2)×2为水池底的周长乘以水池壁的高度(2)。

清单工程量计算见下表：

清单工程量计算表

序号	项目编码	项目名称	项目特征描述	计量单位	工程量
1	010803005001	隔热楼地面	沥青稻壳板铺贴，65mm厚	m^2	15.14
2	010803003001	保温隔热墙	沥青稻壳板铺贴，65mm厚	m^2	36.56

(2) 定额工程量

池槽隔热层按图示池槽保温隔热层的长宽及其厚度以“m^3”计算，其中池壁按墙面计算，池底按地面计算。

墙体的隔热层，外墙按隔热层中心线、内墙按隔热层净长乘以图示高度及厚度以“m^3”计算。地面隔热层按围护结构墙体间净面积乘以设计厚度以“m^3”计算，则

$$水池底的工程量=(6\times2+3.14\times1^2\times\frac{1}{2}\times2)\times0.065$$
$$=15.14\times0.065$$
$$=0.984m^3$$
$$水池壁的工程量=(6\times2+3.14)\times2\times0.065$$
$$=36.56\times0.065$$
$$=2.376m^3$$

池壁套用基础定额10-222。

池底套用基础定额10-219。

【注释】 15.14×0.065为水池底面积(15.14)乘以保温隔热层的厚度(0.065)；36.56×0.065为水池壁的侧面积(36.56)乘以保温隔热层的厚度。

说明：隔热保温水池的清单工程量计算法与定额工程量计算法不同之处在于，清单计算法无论是按墙面还是按地面都是以“m^2”计算的；而定额计算法是按图示池槽保温隔热层的长、宽及其厚度以“m^3”计算。

项目编码：010801002　　项目名称：防腐砂浆面层

【例5-16】 如图5-19所示的楼梯平面示意图，计算5个楼层楼梯面层的工程量，其中楼梯面层是35mm厚的重晶石砂浆面层。

【解】 (1) 定额工程量

根据建筑工程预算工程量的计算规则可知，防腐工程项目的整体面层应区分不同防腐

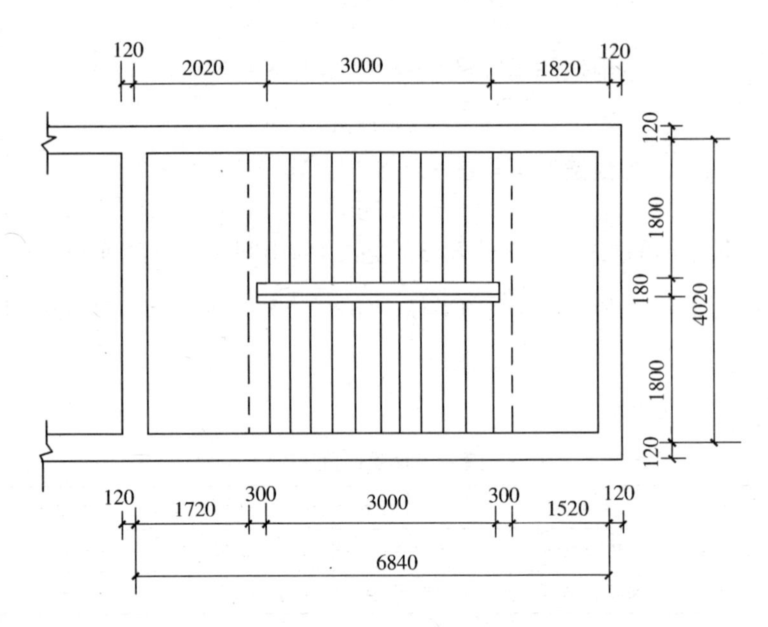

图 5-19 楼梯平面示意图

材料种类及其厚度，按设计实铺面积以"m²"计算，则整体楼梯面层水平投影面积为：

$$(4.02-0.24)\times(1.52-0.12+0.3+3+0.3)\times5=3.78\times5\times5$$
$$=94.5\text{m}^2$$

套用基础定额 10-25、10-26。

【注释】 4.02－0.24 为整体楼梯面层水平投影的长度，1.52－0.12＋0.3＋3＋0.3 为整体楼梯面层水平投影的宽度，5 为 5 层整体面层，0.24 为墙厚度。

(2) 清单工程量

清单工程量同定额工程量，即：

5 个楼层楼梯面层的工程量为 94.5m²。

清单工程量计算见下表：

清单工程量计算表

项目编码	项目名称	项目特征描述	计量单位	工程量
010801002001	防腐砂浆面层	楼梯间	m²	94.5

项目编码：010801001　　项目名称：防腐混凝土面层

【例 5-17】 如图 5-20 所示，为台阶整体面层的平面示意图，计算其工程量。

【解】 (1) 定额工程量

根据建筑工程预算工程量计算规则可知，防腐工程项目的整体面层应区分不同防腐材料的种类及其厚度，按设计实铺面积以"m²"计算，则整体台阶面层的工程量为：

$$4.2\times2.1=8.82\text{m}^2$$

【注释】 4.2 为台阶整体面层的长度，2.1 为台阶整体面层的宽度。

套用基础定额 10-1。

(2) 清单工程量

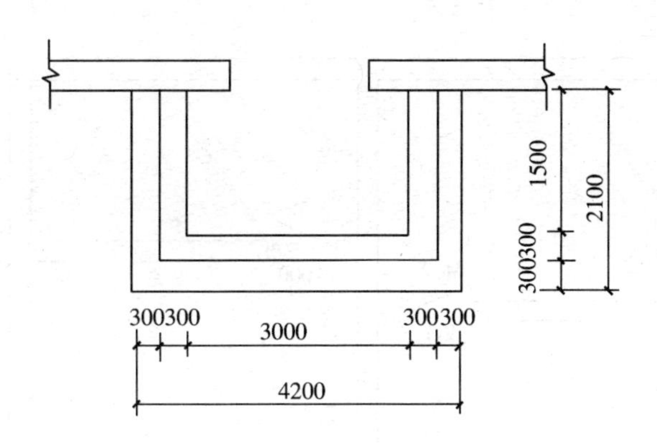

图 5-20　水玻璃耐酸混凝土台阶平面示意图

清单工程量同定额工程量，即：

台阶整体面层的工程量为 8.82m^2。

清单工程量计算见下表：

清单工程量计算表

项目编码	项目名称	项目特征描述	计量单位	工程量
010801001001	防腐混凝土面层	台阶，水玻璃耐酸混凝土面层	m^2	8.82

项目编码：010801006　　项目名称：块料防腐面层

【例 5-18】 如图 5-21 所示，水玻璃耐酸砂浆花岗石瓷砖(600mm×400mm×120mm)的墙裙高 1500mm，楼地面采用同墙裙的材料，踢脚线高 150mm，计算其工程量。

【解】 (1) 清单工程量

根据工程量清单项目设置及工程量计算规则 A.8.1 可知，块料防腐面层的工程量按设计图示以"m^2"计算。平面防腐扣除凸出地面的构筑物、设备基础等所占的面积；立面防腐砖垛等凸出部分按展开面积并入墙面积内；踢脚线防腐扣除门洞所占面积并相应增加门洞侧壁面积。

地面防腐面层的工程量＝(3.6－0.24)×(2.7－0.24)×2＋(3.6－0.24)×(3.6－0.24)＋(1.8－0.24)×(3.6－0.24)

＝8.266×2＋11.29＋5.242

＝33.064m^2

应增加的面积＝1.5×0.12＋1×0.24×3

＝0.90m^2

则地面块料防腐面层的工程量＝33.064＋0.90＝33.964m^2

踢脚线长度＝[(3.6－0.24)＋(2.7－0.24)]×4＋[(3.6－0.24)＋(3.6－0.24)]×2＋[(3.6－0.24)＋(1.8－0.24)]×2

＝23.28＋13.44＋9.84

＝46.56m

应扣除的面积＝(1.5＋1×6)×0.15＝1.125m^2

应增加门侧面的面积＝0.12×0.15×2＋0.24×0.15×6＝0.252m^2

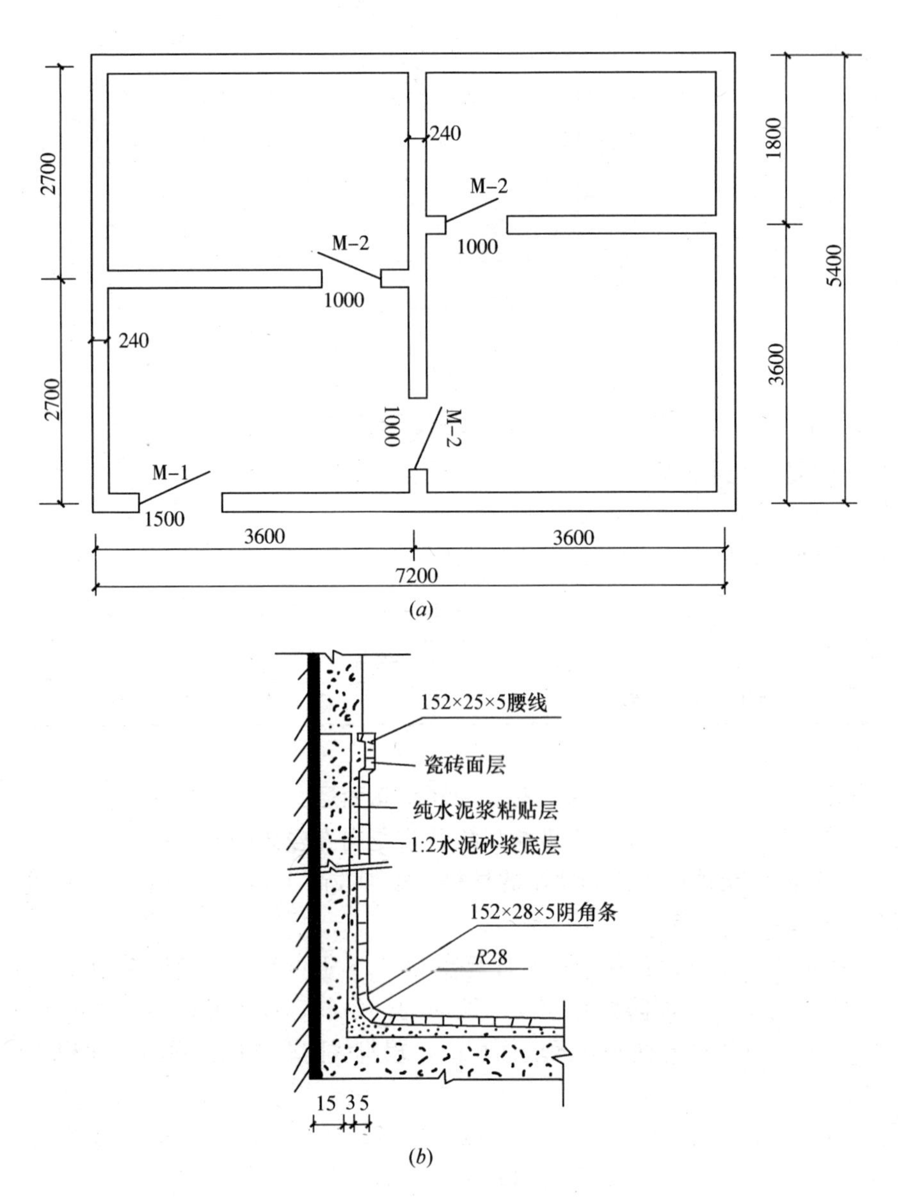

图 5-21 某楼地面示意图

(a)楼地面平面图；(b)瓷砖墙裙

踢脚线块料防腐面层的工程量＝46.56×0.15－1.125＋0.252＝6.111m²

墙裙的长度＝[(3.6－0.24)＋2.7－0.24]×4＋[(3.6－0.24)＋(3.6－0.24)]×2＋[(3.6－0.24)＋(1.8－0.24)]×2

＝46.56m

应扣除的面积＝(1.5＋1×6)×1.5

＝11.25m²

应增加门侧面的面积＝0.12×1.5×2＋0.24×1.5×6

＝2.52m²

墙裙块料防腐面层的工程量＝46.56×1.5－11.25＋2.52＝61.11m²

【注释】 (3.6－0.24)(楼地面示意图中左侧两个房间的长度)×(2.7－0.24)(楼地面示意图中左侧两个房间的宽度)×2 为楼地面示意图中左侧两个房间的面积；3.6－0.24 为楼地面示意图中右下角的房间的长度，3.6－0.24 为楼地面示意图中右下角的房间的宽度；1.8－0.24 为楼地面示意图中右上角房间的宽度，3.6－0.24 为楼地面示意图中右上角房间的长度；其中 0.24 为墙厚度 ；1.5×0.12 为 M-1 的宽度(1.5)乘以墙厚度的一半；1.0×0.24×3 为三个 M-2 的宽度(1.0)乘以墙厚度。[(3.6－0.24)＋(2.7－0.24)]×4 为楼地面示意图中左侧两个房间的内侧面的周长；[(3.6－0.24)＋(3.6－0.24)]×2 为楼地面示意图中右下角的房间的内侧面长度；[(3.6－0.24)＋(1.8－0.24)]×2 为楼地面示意图中右上角房间的内侧面的周长；(1.5＋1×6)×0.15 为门所占内侧面的长度(7.5)乘以踢脚线的高度(0.15)；46.56×0.15 为踢脚线的总长度(46.56)乘以踢脚线的高度；46.56×1.5 为墙内侧面的长度乘以墙裙的高度。

清单工程量计算见下表：

清单工程量计算表

序号	项目编码	项目名称	项目特征描述	计量单位	工程量
1	010801006001	块料防腐面层	地面，水玻璃耐酸砂浆花岗石瓷砖(600mm×400mm×120mm)	m^2	33.96
2	010801006002	块料防腐面层	踢脚线，水玻璃耐酸砂浆花岗石瓷砖(600mm×400mm×120mm)，踢脚线高 150mm	m^2	6.11
3	010801006003	块料防腐面层	墙裙，水玻璃耐酸砂浆花岗石瓷砖(600mm×400mm×120mm)，墙裙高 1500mm	m^2	61.11

(2) 定额工程量

定额工程量同清单工程量，即：

$$地面工程量=33.96m^2$$

$$踢脚线工程量=6.11m^2$$

$$墙裙工程量=61.11m^2$$

套用基础定额 10-96。

项目编码：010802001　　项目名称：隔离层

【例 5-19】 如图 5-22 所示，地面采用的是耐酸沥青胶泥沥青浸渍砖(240mm×115mm×53mm)，踢脚线的做法同地面做法，踢脚线高 180mm，计算其工程量。

【解】 (1) 清单工程量

根据工程量清单项目设置及工程量计算规则 A.8.2 可知，砌筑沥青浸渍砖的清单工程量按图示尺寸以体积"m^3"计算。

则地面沥青浸渍砖的工程量为：

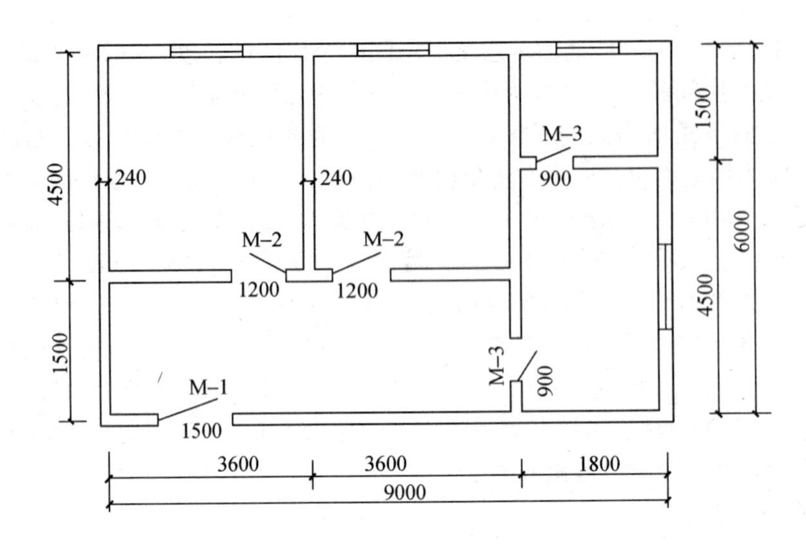

图 5-22 某地面示意图

[(7.2－0.24)×(1.5－0.24)＋(3.6－0.24)×(4.5－0.24)×2＋(1.8－0.24)×(4.5－0.24)＋(1.8－0.24)×(1.5－0.24)]×0.053＋[0.24×1.2×2＋0.9×0.24×2＋1.5×0.12]×0.053

＝(8.7696＋14.3136×2＋6.6456＋1.9656)×0.053＋0.063

＝2.501m^3

踢脚线的长度＝[(7.2－0.24)＋(1.5－0.24)]×2＋[(3.6－0.24)＋(4.5－0.24)]×4＋[(1.8－0.24)＋(4.5－0.24)]×2＋[(1.8－0.24)＋(1.5－0.24)]×2

＝16.44＋30.48＋11.64＋5.64

＝64.2m

应扣除门洞口的面积＝(1.5＋1.2×4＋0.9×4)×0.18

＝1.782m^2

应增加墙侧面的面积＝(0.24×8＋0.12×2)×0.18

＝0.3888m^2

踢脚线沥青浸渍砖的工程量为：

(64.2×0.18－1.782＋0.3888)×0.053＝0.539m^3

【注释】 7.2－0.24 为地面示意图中左下角房间的长度，1.5－0.24 为地面示意图中左下角房间的宽度，0.24 为墙厚度；3.6－0.24 为地面示意图中左上角两个房间的宽度，4.5－0.24 为地面示意图中左上角两个房间的长度；1.8－0.24 为地面示意图中右下角房间的宽度，4.5－0.24 为地面示意图中右下角房间的长度；1.8－0.24 为示意图中右上角房间的长度，1.5－0.24 为示意图中右上角房间的宽度；0.053 为耐酸沥青胶泥沥青浸渍砖的厚度；0.24×1.2(M-2 的宽度)×2 为两个 M-2 所占地面面积；0.9(M-3 的宽度)×0.24×2 为两侧面 M-3 的宽度乘以墙厚度；1.5(M-1 的宽度)×0.12 为 M-1 的宽度乘以半墙厚度。[(7.2－0.24)＋(1.5－0.24)]×2 为地面示意图中左下角房间的内侧面周长；[(3.6－0.24)＋(4.5－0.24)]×4 为地面示意图中左上角两个房间的内侧面的周长；

[(1.8－0.24)＋(4.5－0.24)]×2 为地面示意图中右下角房间的内侧面的总长度；[(1.8－0.24)＋(1.5－0.24)]×2 为示意图中右上角房间的内侧面的周长。(64.2×0.18－1.782＋0.3888)×0.053 为踢脚线的总长度乘以踢脚线的高度减去应扣除门洞口的面积加应增加墙侧面的面积再乘以踢脚线的厚度(0.053)。

清单工程量计算见下表：

清单工程量计算表

序号	项目编码	项目名称	项目特征描述	计量单位	工程量
1	010802001001	隔离层	地面，规格 240mm×115mm×53mm，平砌	m^3	2.50
2	010802001002	隔离层	踢脚线，规格 240mm×115mm×53mm，立砌	m^3	0.54

(2) 定额工程量

根据建筑工程预算工程量计算规则可知，平面砌筑块料面层按设计实铺面积以“m^2”计算，应扣除凸出地面的构筑物、设备基础等所占的面积，砖垛等凸出墙面部分按展开面积计算，并入墙面防腐工程量之内。

踢脚线的工程量，按实铺长度乘以高度以“m^2”计算，应扣除门洞所占面积并相应增加侧壁展开面积。

地面沥青浸渍砖工程量＝(7.2－0.24)×(1.5－0.24)＋(3.6－0.24)×(4.5－0.24)×2＋(1.8－0.24)×(4.5－0.24)＋(1.8－0.24)×(1.5－0.24)

＝8.7696＋14.3136×2＋6.6456＋1.9656

＝46.008m^2

踢脚线的工程量为：

{[(7.2－0.24)＋(1.5－0.24)]×2＋[(3.6－0.24)＋(4.5－0.24)]×4＋[(1.8－0.24)＋(4.5－0.24)]×2＋[(1.8－0.24)＋(1.5－0.24)]×2}×0.18－(1.5＋1.2×4＋0.9×4)×0.18＋0.24×0.18×10

＝64.2×0.18－1.782＋0.432

＝10.206m^2

套用基础定额 10-92。

说明：计算沥青浸渍砖(240mm×115mm×53mm)防腐面层工程量时，其清单计算法与定额计算法的不同之处在于，清单计算法是按设计图示尺寸以“m^3”计算的；定额计算法是在计算块料防腐面层时，区分不同防腐材料种类及其厚度，按设计实铺面积以“m^2”计算，应扣除凸出地面的构筑物、设备基础等所占的面积，砖垛等凸出墙面部分按展开面积计算，并入墙面防腐工程量之内。

踢脚线按实铺长度乘以高以“m^2”计算，应扣除门洞所占面积并相应增加侧壁展开面积。

项目编码：010803002　　项目名称：保温隔热天棚

项目编码：010803003　　项目名称：保温隔热墙

项目编码：010803005　　项目名称：隔热楼地面

【例 5-20】 如图 5-23 所示，计算冷库内聚苯乙烯泡沫板保温层的工程量，其中墙体保温是附墙贴，聚苯乙烯泡沫板的厚度为 130mm。

【解】（1）清单工程量

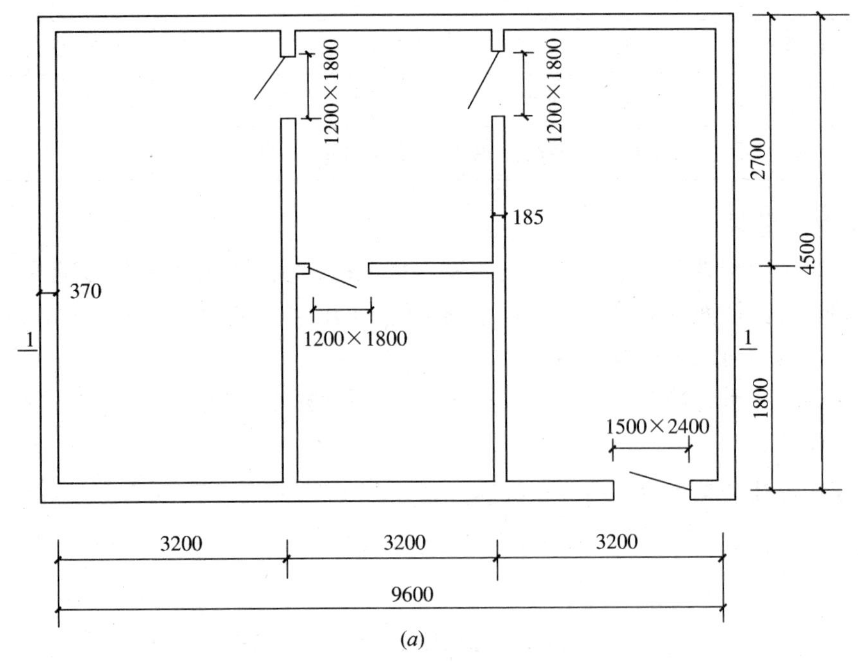

(*a*)

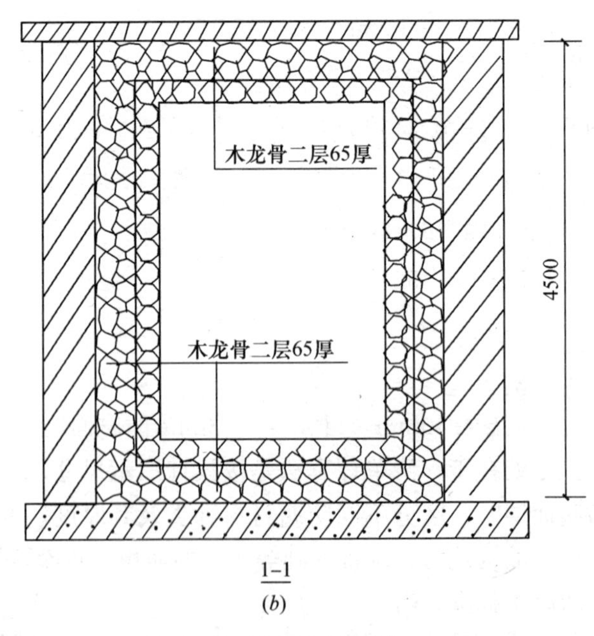

1-1

(*b*)

图 5-23　某墙体示意图

(*a*) 墙体平面图；(*b*)墙体剖面图

根据工程量清单项目设置及工程量计算规则 A.8.3 可知，保温隔热楼地面按设计图示尺寸以面积计算，不扣除柱、垛所占面积；保温隔热墙按设计图示尺寸以面积计算，扣除门窗所占面积，门窗洞口侧壁做保温时，并入保温墙体工程量内。

地面聚苯乙烯泡沫板保温层工程量为：

$(9.6-0.37-0.185\times2)\times(4.5-0.37)-0.185\times(3.2-0.185)+1.5\times0.37+1.2\times0.185\times3$

$=36.034+1.221$

$=37.255m^2$

天棚聚苯乙烯泡沫板保温层工程量为：

$(9.6-0.37-0.185\times2)\times(4.5-0.37)-(3.2-0.185)\times0.185=36.034m^2$

墙面聚苯乙烯泡沫板保温层长度为：

$[(3.2-0.185-0.093)+(4.5-0.37)]\times2+[(3.2-0.185)+(1.8-0.185-0.093)]\times2+[(3.2-0.185)+(2.7-0.185-0.093)]\times2+[(3.2-0.185-0.093)+(4.5-0.37)]\times2$

$=14.104+9.074+10.874+14.104$

$=48.156m$

应扣除的面积 $=1.5\times2.4+1.2\times1.8\times6=16.56m^2$

增加保温门框侧壁聚苯乙烯泡沫板工程量为：

$(0.37\times2.4\times2+1.8\times0.185\times6)+0.37\times1.5+0.185\times1.2\times3$

$=1.776+1.998+1.221$

$=4.995m^2$

则墙面聚苯乙烯泡沫板保温层的工程量为：

$$48.156\times4.5-16.56+4.995=205.137m^2$$

【注释】 9.6－0.37－0.185×2 为楼地面的长度，4.5－0.37 为楼地面的宽度，其中 0.37 为外墙的厚度，0.185 为内墙的厚度；0.185×(3.2－0.185)为墙体平面图中间中墙的厚度(0.185)乘以墙的长度；1.5×0.37 为外墙处门的宽度(1.5)乘以外墙厚度；1.2×0.185×3 为内墙中三个门的宽度(1.2)乘以内墙厚度。[(3.2－0.185－0.093)＋(4.5－0.37)]×2 为墙体示意图中左右两侧房间的内侧面的周长，其中 0.093 为内墙厚度的一半；[(3.2－0.185)＋(1.8－0.185－0.093)]×2 为墙体示意图中间下部房间的内侧面周长；[(3.2－0.185)＋(2.7－0.185－0.093)]×2 为墙体示意图中间上部房间的内侧面周长；1.5×2.4(门的截面尺寸)＋1.2×1.8×6 为门内侧面的面积之和；48.156×4.5 为墙面聚苯乙烯泡沫板保温层长度乘以墙体的高度(4.5)。

清单工程量计算见下表：

清单工程量计算表

序号	项目编码	项目名称	项目特征描述	计量单位	工程量
1	010803002001	保温隔热天棚	天棚，内保温，聚苯乙烯泡沫板，厚度 130mm	m^2	36.03
2	010803003001	保温隔热墙	墙，内保温，聚苯乙烯泡沫板，厚度 130mm	m^2	205.14
3	010803005001	隔热楼地面	地面，内保温，聚苯乙烯泡沫板，厚度 130mm	m^2	37.26

(2) 定额工程量

地面隔热层，按围护结构墙体间净面积乘以设计厚度以"m^3"计算，不扣除柱、垛所占的体积；天棚保温隔热层按设计实铺厚度以"m^3"计算；墙体保温隔热层，外墙按隔热层中心线、内墙按隔热层净长乘以图示高度及厚度以"m^3"计算，应扣除门洞口和管道穿墙洞口所占体积，门洞口侧壁周围的隔热部分，按图示隔热层尺寸以"m^3"计算，并入墙面的保温隔热工程量内。

地面聚苯乙烯泡沫板保温层的工程量为：

[(9.6−0.37−0.185×2)×(4.5−0.37)+1.5×0.185+1.2×0.185×3−(3.2−0.185)×0.185]×0.13

=36.98×0.13

=4.807m^3

套用基础定额 10-220。

天棚聚苯乙烯泡沫板保温层的工程量为：

[(9.6−0.37−0.185×2)×(4.5−0.37)−(3.2−0.185)×0.185]×0.13

=36.034×0.13

=4.684m^3

套用基础定额 10-206。

外墙长：$L_{外}$=(9.6+4.5)×2−(0.37+0.13)×4=28.2−(0.37+0.13)×4=26.2m

内墙长：$L_{内}$=(4.5−0.37)×2+(4.5−0.37−0.185)×2+(3.2−0.185)×2

=22.18m

则聚苯乙烯泡沫板墙的总长度 $L=L_{外}+L_{内}$=26.2+22.18=48.38m

应扣除的体积=1.5×2.4×0.13+1.2×1.8×0.13×6

=0.468+1.68

=2.148m^3

门侧壁聚苯乙烯泡沫板的工程量为：

(0.37×2.4×0.13×2+0.185×1.8×0.13×6)+(0.37×1.5+0.185×1.2×3)×0.13

=(0.231+0.26)+0.159

=0.491+0.159=0.65m^3

则墙体聚苯乙烯泡沫板的总工程量为：

48.38×(4.5−0.13×2)×0.13−2.148+0.65=25.169m^3

套用基础定额 10-211。

【注释】 36.98×0.13 为地面聚苯乙烯泡沫板保温层的面积乘以保温层板的厚度(0.13)；36.034×0.13 为天棚聚苯乙烯泡沫板保温层的面积乘以保温层板的厚度；1.5×2.4×0.13 为外墙处门的宽度(1.5)乘以高度(2.4)乘以保温层板的厚度；1.2×1.8×0.13×6 为内侧门的六个侧面面积乘以聚苯乙烯泡沫板保温层的厚度；48.38×(4.5−0.13×2)×0.13 为聚苯乙烯泡沫板墙的总长度(48.38)乘以板墙的实际高度(4.5−0.13×2)乘以聚苯乙烯泡沫板保温层的厚度。

说明：清单计算法与定额计算法的不同之处主要是，地面、天棚、墙面等在清单工程量中主要是按面积以"m^2"计算；而在定额工程量中主要是按设计实铺厚度以"m^3"计算。

但是区别主要在墙体的保温隔热，在清单工程量中是按设计图示尺寸以面积计算，扣除门窗洞口所占的面积；而在定额工程量中墙体的外墙按隔热层中心线、内墙按保温隔热层净长乘以图示高度及厚度以"m^3"计算，应扣除门窗洞口和管道穿墙洞口所占的体积。

项目编码：010801004　　项目名称：玻璃钢防腐面层

【例 5-21】 如图 5-24 所示，地面采用环氧酚醛玻璃钢防腐面层，计算其工程量。

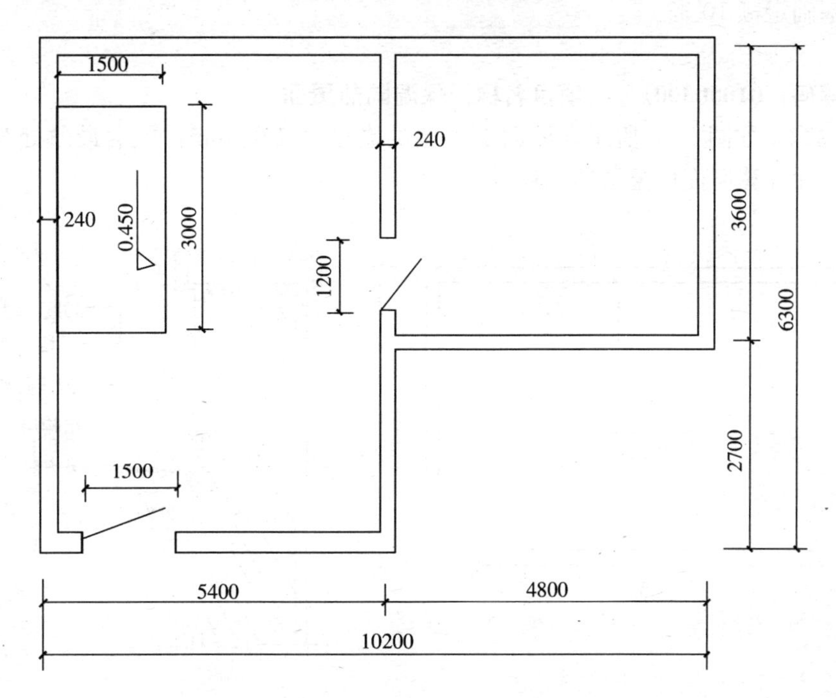

图 5-24　某地面平面示意图

【解】 (1) 清单工程量

根据工程量清单项目的设置及工程量的计算规则可知，玻璃钢防腐面层按图示尺寸以面积计算。扣除凸出地面的构筑物及设备基础所占的面积。

环氧酚醛玻璃钢防腐面层的工程量为：

$[(5.4-0.24)\times(6.3-0.24)+(4.8-0.24)\times(3.6-0.24)-3\times1.5]+1.2\times0.24+1.5\times0.12$

$=(31.2696+15.3216-4.5)+1.2\times0.24+1.5\times0.12$

$=42.0912+1.2\times0.24+1.5\times0.12$

$=42.56m^2$

【注释】 5.4－0.24 为地面平面示意图中左侧房间的宽度，其中 0.24 为墙的厚度，6.3－0.24 为地面平面示意图中左侧房间的长度；4.8－0.24 为地面平面示意图中右侧房间的长度，3.6－0.24 为地面平面示意图中右侧房间的宽度；3 为设备基础的长度，1.5 为设备基础的宽度；1.2×0.24 为内墙处门的宽度(1.2)乘以墙体厚度。长度均按净长线计算。

清单工程量计算见下表：

清单工程量计算表

项目编码	项目名称	项目特征描述	计量单位	工程量
010801004001	玻璃钢防腐面层	地面，环氧酚醛玻璃钢	m^2	42.56

(2) 定额工程量

定额工程量同清单工程量，即：

环氧酚醛玻璃钢防腐面层的工程量为 42.56m^2。

套用基础定额 10-33。

项目编码：010803001　　项目名称：保温隔热屋面

【例 5-22】 如图 5-25 所示，屋面女儿墙的高度为 1500mm，屋面最薄处为 100mm，根据图示尺寸计算屋面保温层的工程量。

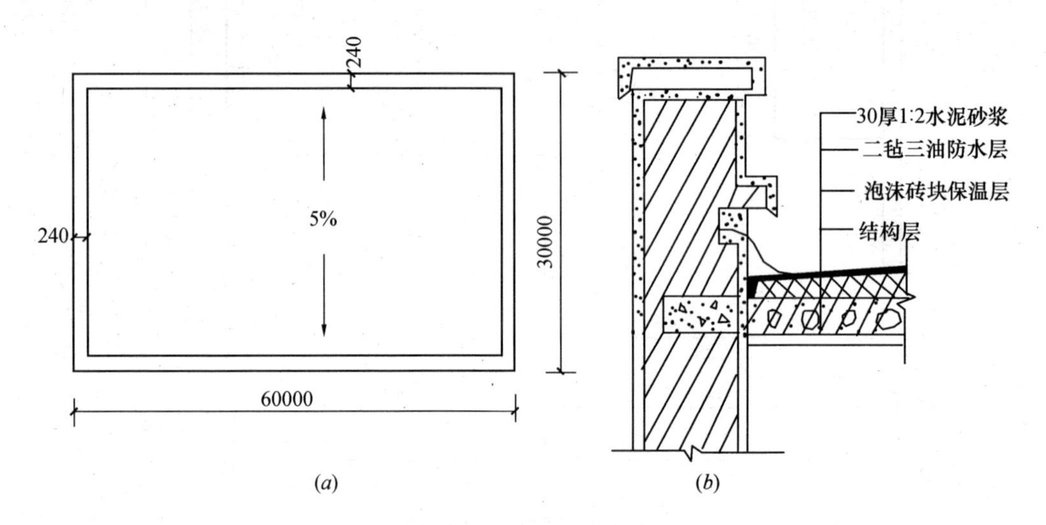

图 5-25　某屋面保温层示意图

(a)屋面示意图；(b)剖面图详图

【解】 (1) 清单工程量

根据工程量清单项目的设置及工程量计算规则可知，保温隔热屋面是按设计图示尺寸以面积计算，不扣除柱、垛所占面积。

则保温隔热屋面的工程量为：

$$(60-0.48)\times(30-0.48)=1757.03m^2$$

【注释】 60－0.48 为保温隔热屋面的水平投影面的长度，30－0.48 为保温隔热屋面的水平投影面的宽度，0.48 为两侧墙体的厚度。

清单工程量计算见下表：

清单工程量计算表

项目编码	项目名称	项目特征描述	计量单位	工程量
010803001001	保温隔热屋面	屋面，外保温，泡沫砖块保温层，30mm 厚 1：2 水泥砂浆	m^2	1757.03

(2) 定额工程量

保温隔热层应区别不同保温隔热材料，除另有规定者外，均按设计实铺厚度以“m^3”计算。

因为屋面是带有女儿墙的，所以其工程量计算公式为：

$$V=[屋面层建筑面积-(女儿墙中心线长度\times女儿墙厚度)]\times\delta$$

$$女儿墙中心线长度\ L=(60+30)\times2=180\text{m}$$

$$\delta=\delta_1+\frac{L}{2}i=0.1+\frac{30-0.24\times2}{2}\times5\%=0.838\text{m}$$

$$保温层的平均厚度=\frac{0.1+0.838}{2}=0.47\text{m}$$

屋面图示保温层面积为：

$$(60-0.24\times2)\times(30-0.24\times2)=1757.03\text{m}^2$$

泡沫混凝土块保温层工程量为：

$$V=1757.03\times0.47=825.80\text{m}^3$$

套用基础定额 10-196。

说明：保温隔热层清单工程量和定额工程量的不同之处在于，清单工程量是按设计图示尺寸以“m^2”计算的；定额工程量是除另有规定者外，均按设计实铺厚度以“m^3”计算。

项目编码：010801001　　项目名称：防腐混凝土面层

【例 5-23】 如图 5-26 所示，地面采用 80mm 厚的硫磺混凝土防腐面层，根据图示尺寸求防腐面层的工程量。

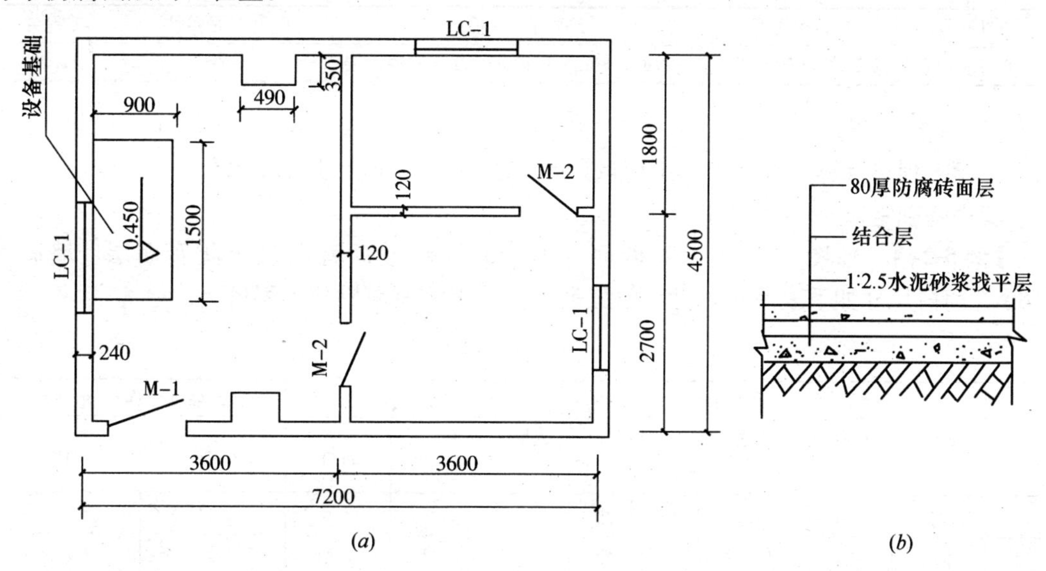

图 5-26　某地面示意图

(a)地面平面图；(b)剖面详图

【解】 (1) 清单工程量

根据工程量清单项目的设置及工程量的计算规则 A.8.1 可知，防腐混凝土面层按设计图示尺寸以面积计算，平面防腐扣除凸出地面的构筑物、设备基础等所占的面积。

防腐地面的面积：

(3.6－0.12－0.06)×(4.5－0.24)＋(3.6－0.12－0.06)×(2.7－0.12－0.06)＋(3.6－0.12－0.06)×(1.8－0.12－0.06)

＝14.569＋8.618＋5.54

＝28.727m²

应扣除的面积：

0.35×0.49×2＋1.5×0.9＝1.693m²

硫磺混凝土防腐面层的清单工程量：

2×0.12×0.9＝0.216m²

28.727－(1.693－0.216)＝27.25m²

【注释】 3.6－0.12－0.06 为地面示意图中左侧房间的宽度，4.5－0.24 为地面示意图中左侧房间的长度，其中 0.24 为外墙厚度，0.12 为内墙厚度，0.06 为半内墙的厚度；3.6－0.12－0.06 为地面示意图中右下角房间的长度，2.7－0.12－0.06 为地面示意图中右下角房间的宽度；3.6－0.12－0.06 为地面示意图中右上角房间的长度，1.8－0.12－0.06 为地面示意图中右上角房间的宽度；0.35(墙垛的截面宽度)×0.49(墙垛的截面长度)×2 为两个墙垛的面积；1.5(设备基础的长度)×0.9(设备基础的宽度)为设备基础的面积；0.12×0.9 为内墙的厚度乘以 M-2 的宽度(0.9)。

清单工程量计算见下表：

清单工程量计算表

项目编码	项目名称	项目特征描述	计量单位	工程量
010801001001	防腐混凝土面层	地面，80mm 厚硫磺混凝土防腐面层	m²	27.25

(2) 定额工程量

定额工程量计算方法同清单工程量计算方法，则工程量为 27.25m²。

套用基础定额 10-8、10-9。

【例 5-24】 如图 5-26 所示，墙面为 60mm 厚耐酸沥青混凝土防腐面层，墙高为 3.6m，门窗尺寸如下表所示，计算耐酸沥青混凝土防腐面层的工程量。

门 窗 表

序号	名称	编号	洞口尺寸(宽×高)(mm×mm)	单位	数量	面积(m²)		所在砖墙部位面积(m²/数量)	
						单位面积	合计	外墙	内墙
1	铝合金门	M-1	1500×2400	樘	1	3.6	3.6	3.6/1	
2	木门	M-2	900×1800	樘	2	1.62	3.24		3.24/2
3	铝合金窗	LC-1	1200×1800	樘	3	2.16	6.48	6.48/3	
	合计						13.32	10.08	3.24

【解】 (1) 清单工程量

根据工程量清单项目的设置及工程量的计算规则 A.8.1 可知，防腐混凝土面层按设计图示尺寸以面积计算。其中立面防腐砖垛等凸出部分按展开面积并入墙面积内。

防腐墙面的长度：

$L=[(3.6-0.12-0.06)+(4.5-0.24)]\times2+[(3.6-0.12-0.06)+(2.7-0.12-0.06)]\times2+[(3.6-0.12-0.06)+(1.8-0.12-0.06)]\times2$

$=15.36+11.88+10.08$

$=37.32\text{m}$

应增加的面积：

$$0.35\times3.6\times4+0.9\times2\times0.45=5.04+0.81=5.85\text{m}^2$$

应扣除的面积：

$$1.5\times2.4+0.9\times1.8\times4+1.2\times1.8\times3=3.6+6.48+6.48=16.56\text{m}^2$$

耐酸沥青混凝土防腐面层的工程量：

$$37.32\times3.6-16.56+5.85=123.642\text{m}^2$$

【注释】 $[(3.6-0.12-0.06)+(4.5-0.24)]\times2$ 为地面示意图中左侧房间的内侧面的周长，0.24 为外墙厚度，0.12 为内墙厚度，0.06 为半内墙的厚度；$[(3.6-0.12-0.06)+(2.7-0.12-0.06)]\times2$ 为地面示意图中右下角房间的内侧面的周长；$[(3.6-0.12-0.06)+(1.8-0.12-0.06)]\times2$ 为地面示意图中右上角房间的内侧面的周长；$0.35\times3.6\times4$ 为两个墙垛截面尺寸乘以墙的高度；$0.9\times2\times0.45$ 为设备基础的两侧宽度(0.9)乘以高度(0.45)；1.5×2.4(门的截面尺寸)$+0.9\times1.8\times4+1.2\times1.8\times3$ 为门、窗内侧面的面积之和；37.32 为防腐墙面的长度，3.6 为防腐墙面的墙的高度。

清单工程量计算见下表：

清单工程量计算表

项目编码	项目名称	项目特征描述	计量单位	工程量
010801001001	防腐混凝土面层	墙面，60mm 厚耐酸沥青混凝土防腐面层	m^2	123.64

(2) 定额工程量

定额工程量同清单工程量，即：

耐酸沥青混凝土防腐面层的工程量为 123.642m^2。

套用基础定额 10-5。

【例 5-25】 如图 5-27 所示，地面采用 50mm 厚水玻璃耐酸混凝土防腐面层，墙面及踢脚线的做法同地面做法，其中墙高 3m，踢脚线的高度为 150mm，根据图示尺寸计算水玻璃耐酸混凝土防腐面层的工程量。

【解】 (1) 清单工程量

根据工程量清单项目的设置及工程量计算规则可知，防腐混凝土面层按设计图示尺寸以面积计算，平面防腐扣除凸出地面的构筑物、设备基础等所占面积；立面防腐砖垛等凸出部分按展开面积并入墙面积内。

水玻璃耐酸混凝土地面防腐面层的工程量：

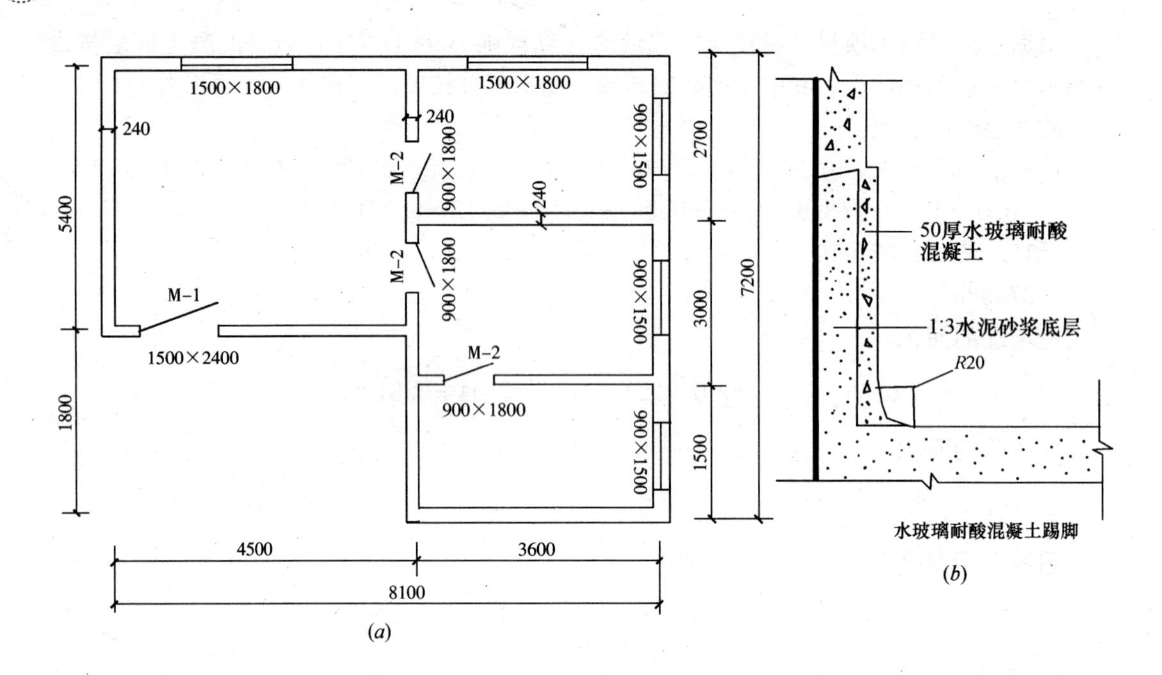

图 5-27　某墙面示意图

(a)墙面平面图；(b)剖面详图

(4.5－0.24)×(5.4－0.24)＋(3.6－0.24)×(7.2－0.24×3)＋3×0.9×0.24＋1.5×0.12

＝21.982＋21.773＋0.828

＝44.58m^2

水玻璃耐酸混凝土防腐墙面的长度＝

[(4.5－0.24)＋(5.4－0.24)]×2＋[(3.6－0.24)＋(1.5－0.24)]×2＋[(3.6－0.24)＋(3－0.24)]×2＋[(3.6－0.24)＋(2.7－0.24)]×2

＝18.84＋9.24＋12.24＋11.64

＝51.96m

应扣除的面积＝1.5×2.4＋0.9×1.8×6＋1.5×1.8×2＋0.9×1.5×3

＝3.6＋9.72＋5.4＋4.05

＝22.77m^2

水玻璃耐酸混凝土防腐墙面的工程量＝51.96×3－22.77＝133.11m^2

水玻璃耐酸混凝土踢脚线的长度＝

[(4.5－0.24)＋(5.4－0.24)]×2＋[(3.6－0.24)＋(1.5－0.24)]×2＋[(3.6－0.24)＋(3－0.24)]×2＋[(3.6－0.24)＋(2.7－0.24)]×2

＝18.84＋9.24＋12.24＋11.64

＝51.96m

应扣除的面积＝(1.5＋0.9×6)×0.15＝1.035m^2

应增加侧面的面积＝0.24×0.15×7＝0.252m^2

则水玻璃耐酸混凝土踢脚线的工程量为：

$$51.96\times0.15-1.035+0.252=7.011\text{m}^2$$

【注释】 4.5－0.24 为墙面示意图中左侧房间的宽度，5.4－0.24 为墙面示意图中左侧房间的长度，0.24 为墙的厚度；3.6－0.24 为墙面示意图中右侧三个房间的长度，7.2－0.24×3 为墙面示意图中右侧三个房间的宽度；[(4.5－0.24)＋(5.4－0.24)]×2 为墙面示意图中左侧房间的内侧面的周长；[(3.6－0.24)＋(1.5－0.24)]×2 为墙面示意图中右下角房间的内侧面的周长；[(3.6－0.24)＋(3－0.24)]×2 为墙面示意图中右侧中间房间的内侧面的周长；[(3.6－0.24)＋(2.7－0.24)]×2 为墙面示意图中右上角房间的内侧面的周长；1.5(门的宽度)×2.4(门的高度)为 M-1 内侧面的面积；0.9(门的宽度)×1.8(门的高度)×6 为 M-2 六个内侧面的洞口面积；1.5×1.8×2＋0.9×1.5×3 为窗户内侧面洞口的面积；51.96×3 为水玻璃耐酸混凝土防腐墙面的长度乘以防腐墙的高度；(1.5＋0.9×6)×0.15 为门洞口的总宽度(6.9)乘以踢脚线的高度(0.15)；51.96×0.15 为踢脚线的长度乘以踢脚线的高度。

清单工程量计算见下表：

清单工程量计算表

序号	项目编码	项目名称	项目特征描述	计量单位	工程量
1	010801001001	防腐混凝土面层	地面，50mm 厚水玻璃耐酸混凝土	m^2	44.58
2	010801001002	防腐混凝土面层	墙面，50mm 厚水玻璃耐酸混凝土，墙高 3m	m^2	133.11
3	010801001003	防腐混凝土面层	踢脚线，50mm 厚水玻璃耐酸混凝土，踢脚线高 150mm	m^2	7.01

(2) 定额工程量

定额工程量同清单工程量，即：

水玻璃耐酸混凝土地面面层工程量为 43.755m^2。

水玻璃耐酸混凝土墙面面层工程量为 133.11m^2。

水玻璃耐酸混凝土踢脚线工程量为 7.011m^2。

套用基础定额 10-1、10-2。

【例 5-26】 如图 5-28 所示，根据图示尺寸计算重晶石混凝土台阶的工程量。

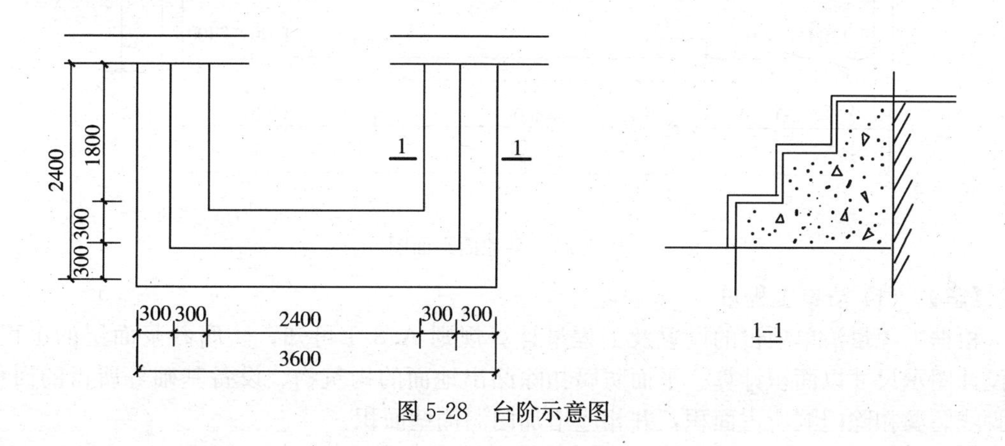

图 5-28　台阶示意图

【解】 (1) 清单工程量

根据工程量清单项目的设置及工程量计算规则 A. 8. 1 可知，防腐混凝土面层的工程量按设计图示尺寸以面积计算。

则重晶石混凝土台阶面层的工程量为：

$$3.6\times2.4=8.64\text{m}^2$$

【注释】 3.6×2.4 为台阶的外边线长度乘以宽度。

清单工程量计算见下表：

清单工程量计算表

项目编码	项目名称	项目特征描述	计量单位	工程量
010801001001	防腐混凝土面层	台阶，重晶石防腐混凝土	m^2	8.64

(2) 定额工程量

定额工程量同清单工程量。

则重晶石混凝土台阶面层的工程量是 8.64m^2。

套用基础定额 10-24。

项目编码：010801002　　项目名称：防腐砂浆面层

【例 5-27】 如图 5-29 所示，计算耐酸沥青砂浆面层的工程量。其中耐酸沥青砂浆厚 35mm，踢脚线的高度为 150mm。

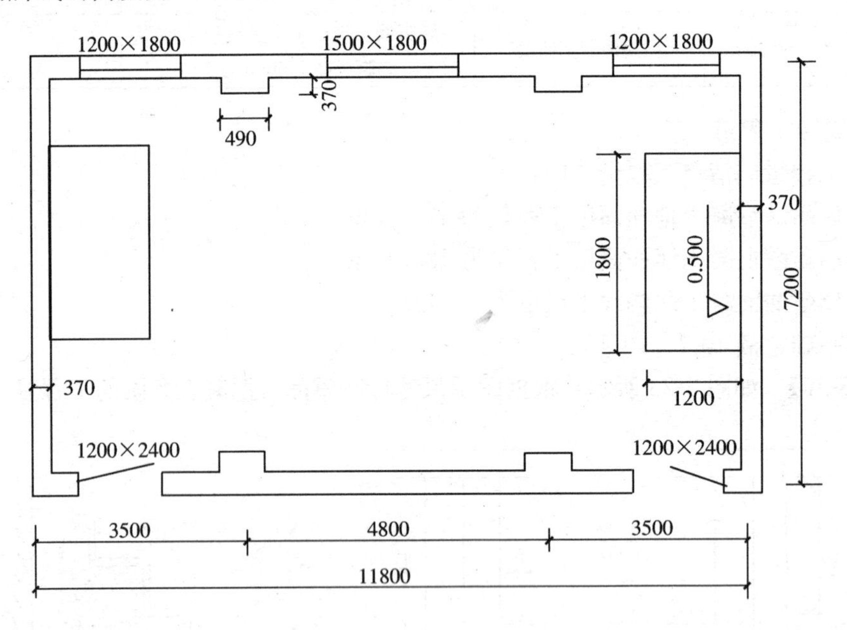

图 5-29 某地面平面图

【解】 (1) 清单工程量

根据工程量清单项目的设置及工程量计算规则 A. 8. 1 可知，防腐砂浆面层的工程量按设计图示尺寸以面积计算。平面防腐扣除凸出地面的构筑物、设备基础等所占的面积；踢脚线防腐扣除门洞所占面积，并相应增加门洞侧壁面积。

耐酸沥青砂浆地面面积为：

$$(11.8-0.37)\times(7.2-0.37)=78.067\text{m}^2$$

应扣除的面积=1.2×1.8×2+0.37×0.49×4=5.045m²

则耐酸沥青砂浆地面面层的工程量为：

$$78.067-5.045=73.022\text{m}^2$$

耐酸沥青砂浆踢脚线的长度为：

$$[(11.8-0.37)+(7.2-0.37)]\times 2=36.52\text{m}$$

应扣除的面积=1.2×2×0.15=0.36m²

应增加洞口处墙侧面的面积=0.37×0.15×10+1.2×0.15×4=1.275m²

则耐酸沥青砂浆踢脚线的工程量为：

$$36.52\times 0.15-0.36+1.275=6.393\text{m}^2$$

【注释】 11.8－0.37为耐酸沥青砂浆地面的长度，7.2－0.37为耐酸沥青砂浆地面的宽度，其中0.37为墙的厚度；长度按净长线计算；1.2(设备基础的宽度)×1.8(设备基础的长度)×2为两个设备基础的截面积；0.37(墙垛的截面宽度)×0.49(墙垛的截面长度)×4为四个墙垛的截面积；[(11.8－0.37)＋(7.2－0.37)]×2为地面尺寸内侧面的周长；1.2×2×0.15为两个门洞的宽度乘以踢脚线的高度；0.37×0.15×10为墙垛和门垛处的十个侧面宽度(0.37)乘以踢脚线的高度；1.2×0.15×4为设备基础的宽度乘以踢脚线的高度(0.15)；36.52×0.15为耐酸沥青砂浆踢脚线的长度(36.52)乘以踢脚线的高度，是其踢脚线的面积。

清单工程量计算见下表：

清单工程量计算表

序号	项目编码	项目名称	项目特征描述	计量单位	工程量
1	010801002001	防腐砂浆面层	地面，耐酸沥青砂浆厚35mm	m²	73.02
2	010801002002	防腐砂浆面层	踢脚线，耐酸沥青砂浆厚35mm，踢脚线高150mm	m²	6.39

(2) 定额工程量

定额工程量同清单工程量，即：

耐酸沥青砂浆地面面层工程量为73.022m²。

耐酸沥青砂浆踢脚线工程量为6.393m²。

套用基础定额10-3、10-4。

【例5-28】 如图5-30所示，某办公楼采用邻苯型不饱和聚酯砂浆防腐面层，其中办公楼的墙高3.6m，踢脚线高度为200mm，防腐面层的厚度是8mm，根据图示尺寸计算防腐面层的工程量。

【解】 (1) 清单工程量

根据工程量清单项目设置及工程量计算规则A.8.1可知，防腐砂浆面层的工程量按设计图示尺寸以面积计算。平面防腐扣除凸出地面的构筑物、设备基础等所占面积；立面防腐砖垛等凸出部分按展开面积并入墙面积内；踢脚线防腐扣除门洞所占面积，并相应增加门洞侧壁面积。

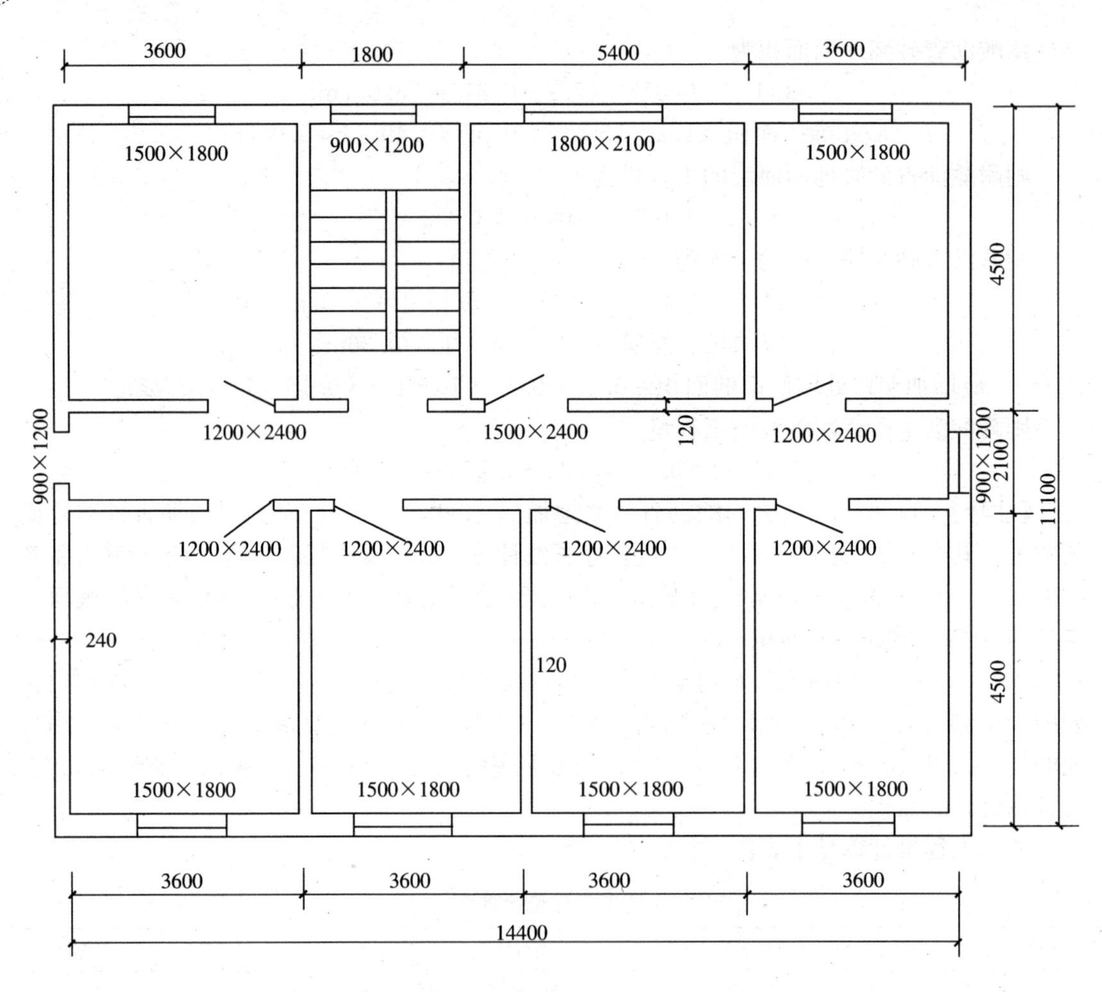

图 5-30 某办公楼平面图

邻苯型不饱和聚酯砂浆防腐地面的工程量：

(3.6−0.12−0.06)×(4.5−0.12−0.06)×4+(3.6−0.12)×(4.5−0.12−0.06)×2+(5.4−0.12)×(4.5−0.12−0.06)+(14.4−0.24)×(2.1−0.12)

=14.774×4+15.034×2+22.81+28.037

=140.011m²

邻苯型不饱和聚酯砂浆踢脚线的长度：

[(3.6−0.12−0.06)+(4.5−0.12−0.06)]×2×4+[(3.6−0.12)+(4.5−0.12−0.06)]×2×2+[(5.4−0.12)+(4.5−0.12−0.06)]×2+[(14.4−0.24)+(2.1−0.12)]×2

=61.92+31.2+19.2+32.28

=144.6m

应扣除的面积：

$$(1.2\times12+1.5\times2+0.9)\times0.2=3.66\text{m}^2$$

应增加的面积：

$$0.12\times0.2\times14+0.12\times0.2\times2=0.384\text{m}^2$$

则邻苯型不饱和聚酯砂浆踢脚线的工程量为：

$$144.6\times0.2-3.66+0.384=25.644\text{m}^2$$

邻苯型不饱和聚酯砂浆墙面的长度

[(3.6－0.12－0.06)＋(4.5－0.12－0.06)]×2×4＋[(3.6－0.12)＋(4.5－0.12－0.06)]×2×2＋[(5.4－0.12)＋(4.5－0.12－0.06)]×2＋[(14.4－0.24)＋(2.1－0.12)]×2

＝61.92＋31.2＋19.2＋32.28

＝144.6m

应扣除的面积：

1.5×1.8×6＋1.2×2.4×12＋1.5×2.4×2＋1.8×2.1＋0.9×1.2×2

＝16.2＋34.56＋7.2＋3.78＋2.16

＝63.9m^2

则邻苯型不饱和聚酯砂浆防腐墙面的工程量为：

$$144.6×3.6－63.9＝456.66m^2$$

防腐楼梯的工程量是按水平投影以“m^2”计算的，则整体防腐楼梯的工程量为：

$$(1.8－0.12)×(4.5－0.12－0.06)＝7.258m^2$$

【注释】 (3.6－0.12－0.06)(办公楼平面图中下面四个房间的宽度)×(4.5－0.12－0.06)(办公楼平面图中下面四个房间的长度)×4 为办公楼平面图中下面四个房间的面积；0.12 为内墙的厚度，0.06 为半内墙的厚度，0.24 为外墙的厚度；3.6－0.12 为办公楼平面图中上面两边房间的宽度，(4.5－0.12－0.06)×2 为办公楼平面图中上面两边房间的长度；5.4－0.12 为办公楼平面图中上面中间房间的长度，4.5－0.12－0.06 为办公楼平面图中上面中间房间的宽度；14.4－0.24 为走廊的长度，2.1－0.12 为走廊的宽度。[(3.6－0.12－0.06)＋(4.5－0.12－0.06)]×2×4 为办公楼平面图中下面四个房间的内侧面的周长；[(3.6－0.12)＋(4.5－0.12－0.06)]×2×2 为办公楼平面图中上面两边房间的内侧面的周长；[(5.4－0.12)＋(4.5－0.12－0.06)]×2 为办公楼平面图中上面中间房间的内侧面的周长；[(14.4－0.24)＋(2.1－0.12)]×2 为走廊的内侧面的周长；(1.2×12＋1.5×2＋0.9)×0.2 为门洞内侧面的总宽度乘以踢脚线的高度(0.2)；0.12×0.2×14＋0.12×0.2×2 为门垛洞口处墙侧面的墙厚度(0.12)乘以踢脚线的高度；144.6×0.2 为踢脚线的长度(144.6)乘以踢脚线的高度；144.6×3.6 为邻苯型不饱和聚酯砂浆防腐墙面的长度乘以防腐墙的高度(3.6)。1.8－0.12 为防腐楼梯的水平投影宽度，4.5－0.12－0.06 为防腐楼梯的水平投影长度。

清单工程量计算见下表：

清单工程量计算表

序号	项目编码	项目名称	项目特征描述	计量单位	工程量
1	010801002001	防腐砂浆面层	地面，8mm 厚邻苯型不饱和聚酯砂浆	m^2	140.01
2	010801002002	防腐砂浆面层	踢脚线，8mm 厚邻苯型不饱和聚酯砂浆，踢脚线高度 200mm	m^2	25.64
3	010801002003	防腐砂浆面层	墙面，8mm 厚邻苯型不饱和聚酯砂浆，墙高 3.6m	m^2	456.66
4	010801002004	防腐砂浆面层	楼梯，8mm 厚邻苯型不饱和聚酯砂浆	m^2	7.26

(2) 定额工程量

定额工程量同清单工程量，即：

邻苯型不饱和聚酯砂浆防腐地面工程量为 140.011m^2。

邻苯型不饱和聚酯砂浆防腐踢脚线的工程量为 25.64m^2。

邻苯型不饱和聚酯砂浆防腐墙面的工程量为 456.66m^2。

邻苯型不饱和聚酯砂浆防腐楼梯的工程量为 7.258m^2。

套用基础定额 10-17、10-18

【例 5-29】 如图 5-31 所示，环氧煤焦油砂浆防腐面层厚 5mm，其中墙高 2.8m，踢脚线高度为 180mm，根据图示尺寸计算其工程量。

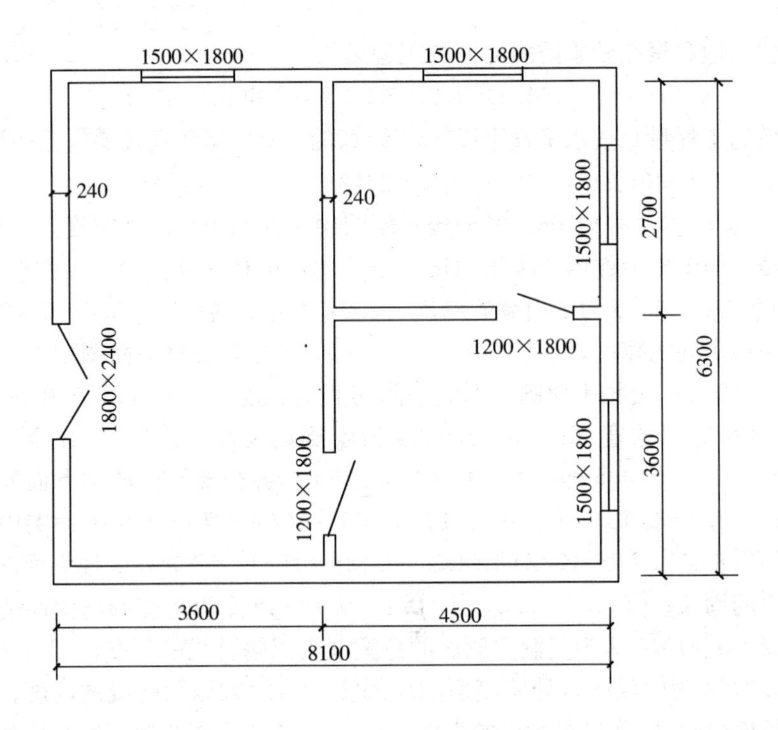

图 5-31 某房屋平面图

【解】 (1) 清单工程量

根据工程量清单项目的设置及工程量的计算规则可知，防腐砂浆面层是按设计图示尺寸以"m^2"计算的。其中，平面防腐扣除凸出地面的构筑物、设备基础等所占面积；立面防腐砖垛等凸出部分按展开面积并入墙面积内。

环氧煤焦油防腐砂浆地面面层的工程量：

(3.6－0.24)×(6.3－0.24)＋(4.5－0.24)×(3.6－0.24)＋(4.5－0.24)×(2.7－0.24)

＝20.362＋14.314＋10.48

＝45.156m^2

环氧煤焦油防腐砂浆踢脚线的长度：

[(3.6－0.24)＋(6.3－0.24)]×2＋[(4.5－0.24)＋(3.6－0.24)]×2＋[(4.5－0.24)＋(2.7－0.24)]×2
＝18.84＋15.24＋13.44
＝47.52m

应扣除的面积：

$$(1.8+1.2\times4)\times0.18=1.188\text{m}^2$$

应增加的面积：

$$0.24\times0.18\times5=0.216\text{m}^2$$

则环氧煤焦油防腐砂浆踢脚线的工程量为：

$$47.52\times0.18-1.188+0.216=7.582\text{m}^2$$

环氧煤焦油防腐砂浆墙面的长度：

[(3.6－0.24)＋(6.3－0.24)]×2＋[(4.5－0.24)＋(3.6－0.24)]×2＋[(4.5－0.24)＋(2.7－0.24)]×2
＝18.84＋15.24＋13.44
＝47.52m

应扣除的面积：

1.8×2.4＋1.2×1.8×4＋1.5×1.8×4 ＝4.32＋8.64＋10.8
＝23.76m²

则环氧煤焦油防腐砂浆墙面的工程量为：

$$47.52\times2.8-23.76=109.296\text{m}^2$$

【注释】 3.6－0.24 为房屋地面平面图中左侧房间的宽度，6.3－0.24 为房屋地面平面图中左侧房间的长度；4.5－0.24 为房屋地面平面图中右下角房间的长度，3.6－0.24 为房屋地面平面图中右下角房间的宽度；4.5－0.24 为房屋地面平面图中右上角房间的长度，2.7－0.24 为房屋地面平面图中右上角房间的宽度；0.24 为墙厚度；[(3.6－0.24)＋(6.3－0.24)]×2 为房屋地面平面图中左侧房间的内侧面的周长；[(4.5－0.24)＋(3.6－0.24)]×2 为房屋地面平面图中右下角房间的内侧面的总长度；[(4.5－0.24)＋(2.7－0.24)]×2 为房屋地面平面图中右上角房间的内侧面的周长；(1.8＋1.2×4)×0.18 为内侧面门洞的总宽度(6.6)乘以踢脚线的高度(0.18)；0.24(墙的厚度)×0.18(踢脚线高度)×5 为门洞侧壁的宽度乘以踢脚线的高度；47.52×0.18 为踢脚线的长度(47.52)乘以踢脚线的高度；47.52×2.8 为环氧煤焦油防腐砂浆墙面的长度乘以防腐砂浆墙面的高度(2.8)。

清单工程量计算见下表：

清单工程量计算表

序号	项目编码	项目名称	项目特征描述	计量单位	工程量
1	010801002001	防腐砂浆面层	地面，环氧煤焦油防腐砂浆，厚 5mm	m²	45.16
2	010801002002	防腐砂浆面层	踢脚线，高 180mm，环氧煤焦油防腐砂浆，厚 5mm	m²	7.58
3	010801002003	防腐砂浆面层	墙面，高 2.8m，环氧煤焦油防腐砂浆	m²	109.30

(2) 定额工程量

定额工程量同清单工程量，即：

环氧煤焦油防腐砂浆地面的工程量为 45.156m²。

环氧煤焦油防腐砂浆踢脚线的工程量为 7.582m²。

环氧煤焦油防腐砂浆墙面的工程量为 109.296m²。

套用基础定额 10-13。

【例 5-30】 如图 5-32 所示，6mm 厚双酚 A 型不饱和聚酯砂浆防腐面层，其墙高为 3m，踢脚线高度为 150mm，按照图示尺寸计算其工程量。

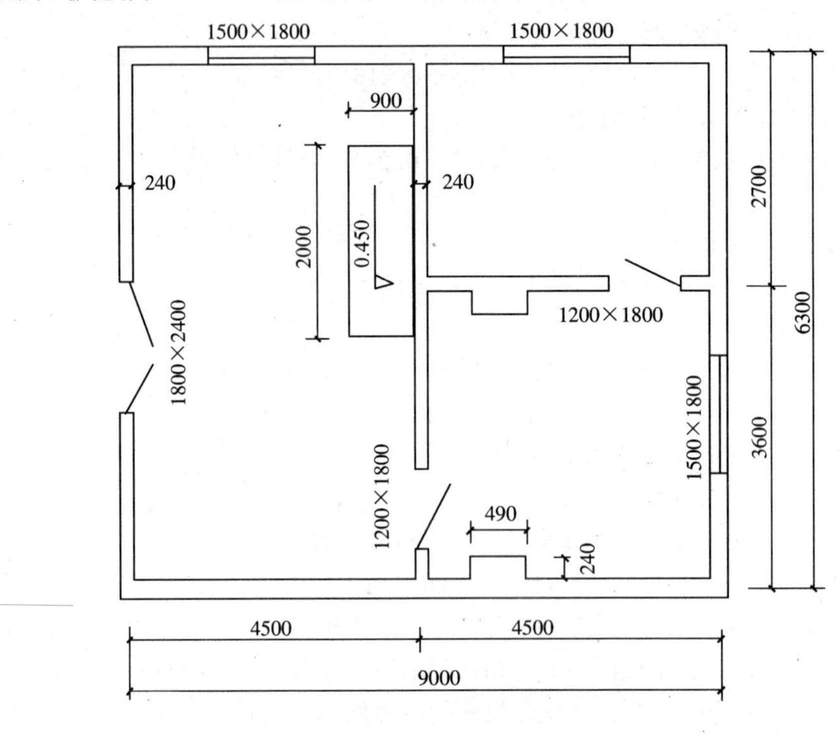

图 5-32 某房屋平面图

【解】 (1) 清单工程量

根据工程量清单项目设置及工程量计算规则 A.8.1 可知，防腐砂浆面层的工程量是按设计图示尺寸以面积计算的。其中，平面防腐扣除凸出地面的构筑物、设备基础等所占的面积；立面防腐砖垛等凸出部分按展开面积并入墙面积内。

双酚 A 型不饱和聚酯砂浆防腐地面面层的总面积：

(4.5－0.24)×(6.3－0.24)＋(4.5－0.24)×(3.6－0.24)＋(4.5－0.24)×(2.7－0.24)

＝25.816＋14.314＋10.48

＝50.61m²

应扣除的面积：

$$0.24\times0.49\times2+0.9\times2=0.235+1.8=2.035\text{m}^2$$

应增加的面积：

$$0.24\times(1.2+1.2)+0.12\times1.8=0.792\text{m}^2$$

则双酚A型不饱和聚酯砂浆防腐地面面层的工程量为：

$$50.61-2.035+0.792=48.575+0.792=49.37\text{m}^2$$

双酚A型不饱和聚酯砂浆防腐踢脚线的长度：

$[(4.5-0.24)+(6.3-0.24)]\times2+[(4.5-0.24)+(3.6-0.24)]\times2+[(4.5-0.24)+(2.7-0.24)]\times2$

$=20.64+15.24+13.44$

$=49.32\text{m}$

应扣除的面积：

$$(1.8+1.2\times4)\times0.15=0.99\text{m}^2$$

应增加的面积：

$$(0.24\times4+0.12\times2+0.24\times4+0.9\times2)\times0.15=0.594\text{m}^2$$

则双酚A型不饱和聚酯砂浆防腐踢脚线的工程量为：

$$49.32\times0.15-0.99+0.594=7.002\text{m}^2$$

双酚A型不饱和聚酯砂浆防腐墙面面层的长度：

$[(4.5-0.24)+(6.3-0.24)]\times2+[(4.5-0.24)+(3.6-0.24)]\times2+[(4.5-0.24)+(2.7-0.24)]\times2$

$=20.64+15.24+13.44$

$=49.32\text{m}$

应扣除的面积：

$$1.8\times2.4+1.2\times1.8\times4+1.5\times1.8\times3=4.32+8.64+8.1=21.06\text{m}^2$$

应增加的面积：

$$0.24\times3\times4+0.9\times2\times0.45=2.88+0.9\times2\times0.45=3.69\text{m}^2$$

则双酚A型不饱和聚酯砂浆防腐墙面面层的工程量为：

$$49.32\times3-21.06+3.69=130.59\text{m}^2$$

【注释】 4.5−0.24为房屋示意图中左侧房间的宽度，其中0.24为墙厚度，6.3−0.24为房屋示意图中左侧房间的长度；4.5−0.24为房屋平面图中右下角房间的长度，3.6−0.24为房屋平面图中右下角房间的宽度；4.5−0.24为房屋平面图中右上角房间的长度，2.7−0.24为房屋平面图中右上角房间的宽度；0.24(墙垛的截面宽度)×0.49(墙垛的截面长度)×2+0.9(设备基础的宽度)×2(设备基础的长度)为两个墙垛的面积加设备基础的面积；0.24×(1.2+1.2)为两个内侧门的宽度乘以墙厚度，0.12×1.8为外侧门的宽度乘以半墙厚。[(4.5−0.24)+(6.3−0.24)]×2为房屋平面图中左侧房间的内侧面的周长；[(4.5−0.24)+(3.6−0.24)]×2为房屋平面图中右下角房间的内侧面的总长度；[(4.5−0.24)+(2.7−0.24)]×2为房屋平面图中右上角房间的内侧面的周长；(1.8+1.2×4)×0.15为内侧面门洞的总宽度乘以踢脚线的高度(0.15)；0.24×4+0.12×2+0.24×4为门洞墙侧壁的总宽度，0.9×2为两侧设备基础的宽度；49.32×0.15为踢脚线的长度(49.32)乘以踢脚线的高度；49.32×3为双酚A型不饱和聚酯砂浆防腐墙面面层的长度乘以该防腐墙的高度(3)。

清单工程量计算见下表：

清单工程量计算表

序号	项目编码	项目名称	项目特征描述	计量单位	工程量
1	010801002001	防腐砂浆面层	地面，双酚 A 型不饱和聚酯砂浆	m^2	49.37
2	010801002002	防腐砂浆面层	踢脚线，高 150mm，双酚 A 型不饱和聚酯砂浆	m^2	7.00
3	010801002003	防腐砂浆面层	墙面，高 3m，双酚 A 型不饱和聚酯砂浆	m^2	130.59

(2) 定额工程量

定额工程量同清单工程量，即：

双酚 A 型不饱和聚酯砂浆防腐地面面层的工程量为 49.37m^2。

双酚 A 型不饱和聚酯砂浆防腐踢脚线的工程量为 7.002m^2。

双酚 A 型不饱和聚酯砂浆防腐墙面面层的工程量为 130.59m^2。

套用基础定额 10-19、10-20。

【例 5-31】 如图 5-32 所示，如果防腐面层采用 20mm 厚的钢屑砂浆，计算其工程量。

【解】 (1) 清单工程量

根据工程量清单项目的设置及工程量计算规则 A.8.1 可知，防腐砂浆面层的工程量是按设计图示尺寸以面积计算的。其中，平面防腐扣除凸出地面的构筑物、设备基础等所占的面积；立面防腐砖垛等凸出部分按展开面积并入墙面积内；踢脚线防腐扣除门洞所占面积并相应增加门侧壁的面积。

钢屑砂浆地面面层的总面积：

(4.5－0.24)×(6.3－0.24)＋(4.5－0.24)×(3.6－0.24)＋(4.5－0.24)×(2.7－0.24)

＝25.816＋14.314＋10.48

＝50.61m^2

应扣除的面积：

$$0.24\times0.49\times2+0.9\times2=2.035m^2$$

应增加的面积：

$$0.24\times(1.2+1.2)+0.12\times1.8=0.792m^2$$

则钢屑砂浆防腐地面面层的工程量为：

$$50.61-2.035+0.792=49.37m^2$$

钢屑砂浆防腐踢脚线的长度为：

[(4.5－0.24)＋(6.3－0.24)]×2＋[(4.5－0.24)＋(3.6－0.24)]×2＋[(4.5－0.24)＋(2.7－0.24)]×2

＝20.64＋15.24＋13.44＝49.32m

应扣除的面积：

$$(1.8+1.2\times4)\times0.15=0.99m^2$$

应增加的面积：

$$(0.24\times4+0.12\times2+0.24\times4+0.9\times2)\times0.15=0.594m^2$$

则钢屑砂浆防腐踢脚线的工程量为：

$$49.32\times0.15-0.99+0.594=7.002m^2$$

钢屑砂浆防腐墙面面层的长度：

[(4.5－0.24)＋(6.3－0.24)]×2＋[(4.5－0.24)＋(3.6－0.24)]×2＋[(4.5－0.24)＋(2.7－0.24)]×2＝20.64＋15.24＋13.44＝49.32m

应扣除的面积：

$$1.8\times2.4+1.2\times1.8\times4+1.5\times1.8\times3$$
$$=4.32+8.64+8.1=21.06m^2$$

应增加的面积：

$$0.24\times3\times4+0.9\times2\times0.45=3.69m^2$$

则钢屑砂浆防腐墙面面层的工程量为：

$$49.32\times3-21.06+3.69=130.59m^2$$

【注释】 工程量与【例 5-30】计算步骤、计算结果一样。

清单工程量计算见下表：

清单工程量计算表

序号	项目编码	项目名称	项目特征描述	计量单位	工程量
1	010801002001	防腐砂浆面层	地面，20mm 厚钢屑砂浆	m^2	49.37
2	010801002002	防腐砂浆面层	踢脚线，20mm 厚钢屑砂浆，踢脚线高 150mm	m^2	7.00
3	010801002003	防腐砂浆面层	墙面，高 3m，20mm 厚钢屑砂浆	m^2	130.59

(2) 定额工程量

定额工程量同清单工程量，即：

钢屑砂浆防腐地面面层的工程量为 49.37m^2。

钢屑砂浆防腐踢脚线的工程量为 7.002m^2。

钢屑砂浆防腐墙面面层的工程量为 130.59m^2。

套用基础定额 10-22。

项目编码：010801003　　项目名称：防腐胶泥面层

【例 5-32】 如图 5-33 所示，楼梯的面层是 2mm 厚的环氧烯胶泥防腐面层，根据图示尺寸计算整体楼梯防腐面层的工程量(房屋为 5 层楼层)。

【解】 (1) 清单工程量

根据工程量清单项目的设置及工程量计算规则 A.8.1 可知，防腐胶泥面层是按设计图示尺寸以面积计算的。

则环氧烯胶泥整体楼梯防腐面层的工程量为：

$$(2.45-0.24)\times(1.225-0.12+0.2\times2+2.08)\times4$$
$$=2.21\times3.585\times4$$
$$=31.6914m^2$$

【注释】 2.45－0.24 为环氧烯胶泥整体楼梯防腐面层的宽度，1.225－0.12＋0.2×2＋2.08 为环氧烯胶泥整体楼梯防腐面层的长度；4＝5－1，为楼梯的防腐面层的层数。

清单工程量计算见下表：

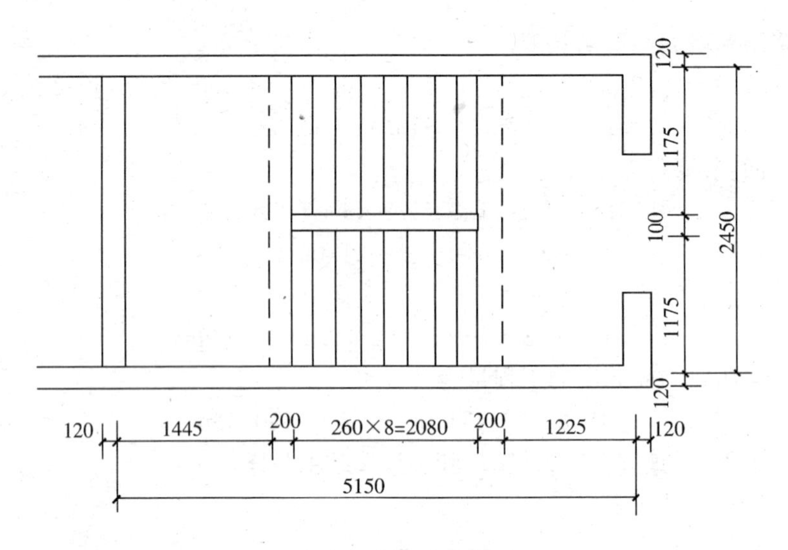

图 5-33 某楼梯平面图

清单工程量计算表

项目编码	项目名称	项目特征描述	计量单位	工程量
010801003001	防腐胶泥面层	楼梯，2mm厚环氧烯胶泥	m^2	31.69

(2) 定额工程量

定额工程量同清单工程量。

则环氧烯胶泥整体楼梯防腐面层工程量为 31.6914m^2。

套用基础定额 10-12。

【例 5-33】 如图 5-34 所示，地面采用 2mm 厚的邻苯型聚酯烯胶泥防腐面层，根据图示尺寸计算地面的工程量。

【解】 (1) 清单工程量

根据工程量清单项目的设置及工程量计算规则 A.8.1 可知，防腐胶泥面层的工程量按图示尺寸以面积计算。平面防腐扣除凸出地面的构筑物、设备基础等所占的面积；立面防腐砖垛等凸出部分按展开面积并入墙面积内。

邻苯型聚酯烯胶泥防腐地面面层的面积为：

$(6-0.12-0.06)\times(5-0.12-0.06)\times4+(6-0.12)\times(5-0.12-0.06)\times2+(18-0.24)\times(2-0.12)+(6-0.12)\times0.12$

$=28.052\times4+28.342\times2+33.389+0.706$

$=202.281+0.706$

$=202.987m^2$

应增加的门洞面积：$0.12\times0.12\times5+0.12\times2.1=0.972m^2$

则邻苯型聚酯烯胶泥防腐地面面层的工程量为：$202.987+0.972=203.96m^2$

【注释】 6－0.12－0.06 为地面示意图中四个角边房间的长度，5－0.12－0.06 为地面示意图中四个角边房间的宽度；其中 0.12 为半外墙的厚度，0.06 为半内墙的厚度；(6－0.12)(中间门厅的长度)×(5－0.12－0.06)(中间门厅的宽度)×2 为地面示意图中间门厅和中间房间的面积；18－0.24 为示意图中走廊的长度，2－0.12 为示意图中走廊的

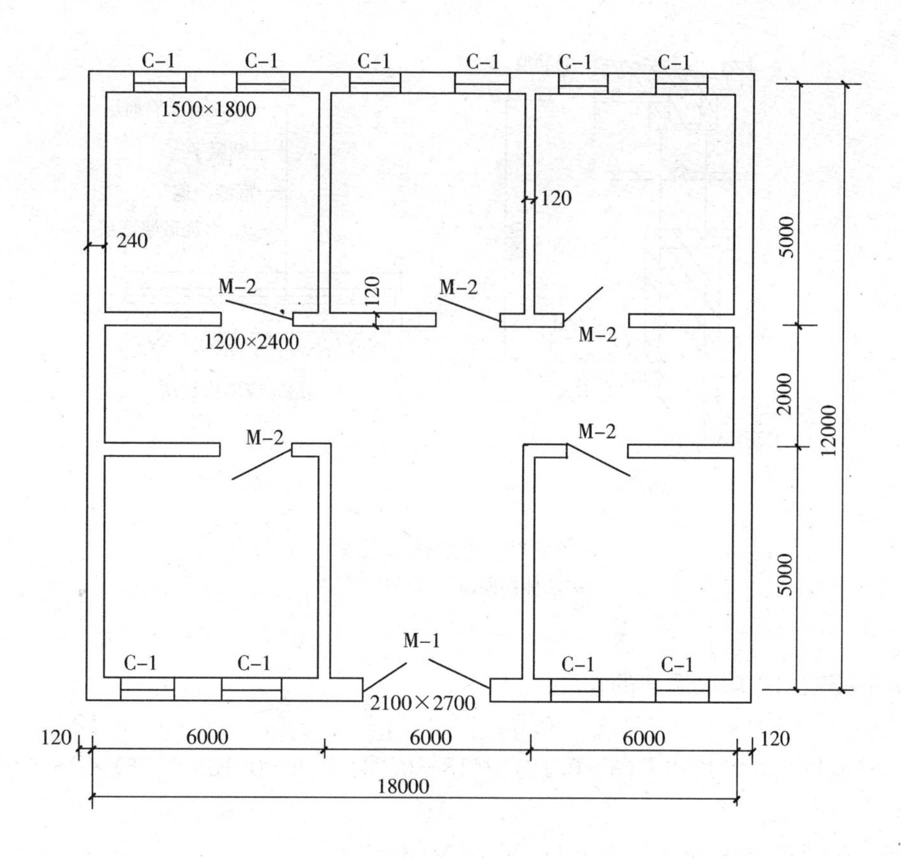

图 5-34 某地面示意图

宽度。

清单工程量计算见下表：

清单工程量计算表

项目编码	项目名称	项目特征描述	计量单位	工程量
010801003001	防腐胶泥面层	地面，2mm 厚邻苯型聚酯烯胶泥	m^2	203.96m^2

(2) 定额工程量

定额工程量同清单工程量，即：

邻苯型聚酯烯胶泥防腐地面面层的工程量为 202.987m^2。

套用基础定额 10-21。

项目编码：010801004　　项目名称：玻璃钢防腐面层

【例 5-34】 如图 5-35、图 5-34 所示，墙面采用环氧酚醛玻璃钢防腐面层，墙体门窗位置尺寸如图 5-34 所示，M-1：2100mm×2700mm，M-2：900mm×1800mm，C-1：1500mm×1800mm，根据图示尺寸计算环氧酚醛玻璃钢防腐墙面的工程量。

【解】 (1) 清单工程量

根据工程量清单项目的设置及工程量计算规则 A. 8. 1 可知，玻璃钢防腐面层的工程量按设计图示尺寸以面积计算。其中，立面防腐砖垛等凸出部分按展开面积并入墙面

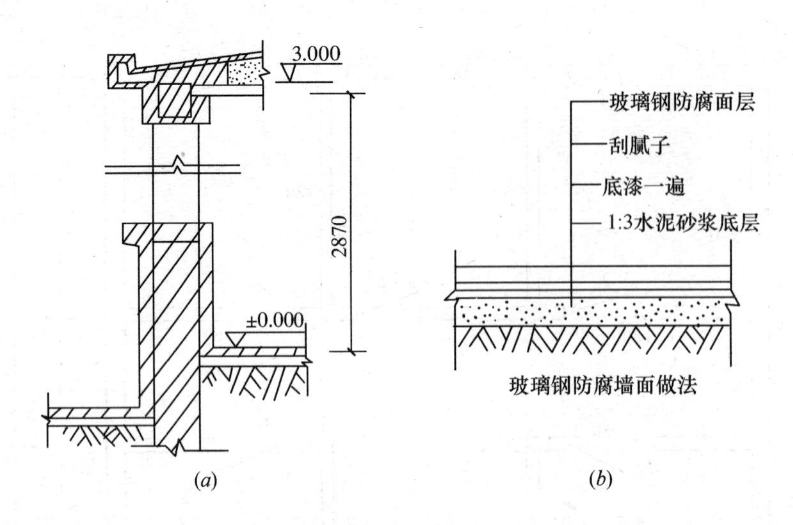

图 5-35　某墙体示意图

(a)墙体剖面图；(b)剖面详图

积内。

环氧酚醛玻璃钢防腐墙面的长度：

[(6－0.12－0.06)＋(5－0.12－0.06)]×2×4＋[(6－0.12)＋(5－0.12－0.06)]×2＋(5－0.12＋0.06)×2＋(6－0.12)＋(18－0.24)＋(6－0.12＋0.06)×2＋(2－0.12)×2

＝85.12＋21.4＋9.88＋5.88＋17.76＋11.88＋3.76

＝155.68m

应扣除的面积：

2.1×2.7＋0.9×1.8×10＋1.5×1.8×10

＝5.67＋16.2＋27

＝48.87m²

则环氧酚醛玻璃钢防腐墙面的工程量为：

155.68×2.87－48.87＝397.932m²

【注释】 [(6－0.12－0.06)＋(5－0.12－0.06)]×2×4 为地面示意图中四个角边房间的内侧面的周长，其中 0.12 为半外墙的厚度，0.06 为半内墙的厚度；[(6－0.12)＋(5－0.12－0.06)]×2 为地面示意图中间房间内侧面的周长；(6－0.12)＋(5－0.12＋0.06)×2 为地面示意图中门厅三个内侧面的总长度；(18－0.24)(走廊侧面的长度)＋(6－0.12＋0.06)(走廊侧面的宽度)×2 为地面示意图中走廊内侧面的总长度；(2－0.12)×2 为走廊两头的内侧面的宽度。2.1×2.7＋0.9×1.8×10＋1.5×1.8×10 为门、窗户洞口的总面积；155.68×2.87 为环氧酚醛玻璃钢防腐墙面的长度乘以防腐墙面的高度(2.87)。

清单工程量计算见下表：

清单工程量计算表

项目编码	项目名称	项目特征描述	计量单位	工程量
010801004001	玻璃钢防腐面层	墙面，环氧酚醛玻璃钢	m²	397.93

(2) 定额工程量

定额工程量同清单工程量，即：

环氧酚醛玻璃钢防腐墙面的工程量为397.932m^2。

套用基础定额10-33。

底漆的工程量同墙面工程量为397.932m^2。

套用基础定额10-28。

刮腻子的工程量同底漆工程量为397.932m^2。

套用基础定额10-29。

【例5-35】 如图5-36所示，地面采用环氧呋喃玻璃钢，根据图示尺寸计算环氧呋喃玻璃钢地面的工程量(M-1为1200m×2100mm，M-2为900mm×2100mm)。

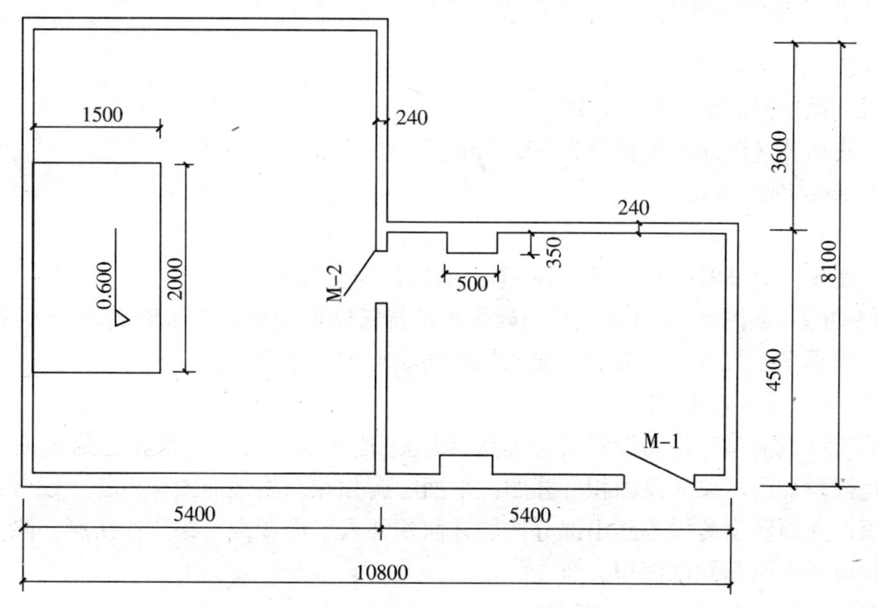

图5-36 某建筑平面示意图

【解】 (1) 清单工程量

根据工程量清单项目的设置及工程量的计算规则可知，玻璃钢防腐面层的工程量是按设计图示尺寸以面积计算的。平面防腐扣除凸出地面的构筑物、设备基础等所占的面积。

环氧呋喃玻璃钢地面的总面积：

$$(5.4-0.24)\times(8.1-0.24)+(5.4-0.24)\times(4.5-0.24)$$
$$=40.558+21.982$$
$$=62.54\text{m}^2$$

应扣除的面积：

$$0.35\times0.5\times2+2\times1.5=3.35\text{m}^2$$

应增加的面积：

$$0.24\times0.9+0.12\times1.2=0.36\text{m}^2$$

则环氧呋喃玻璃钢地面的工程量为：

$$62.54-3.35+0.36=59.55\text{m}^2$$

【注释】 5.4－0.24 为建筑平面示意图中左侧房间的宽度，8.1－0.24 为建筑平面示意图中左侧房间的长度；5.4－0.24 为建筑平面示意图中右侧房间的长度，4.5－0.24 为建筑平面示意图中右侧房间的宽度；0.24 为墙厚度；0.35(墙垛的截面宽度)×0.5(墙垛的截面长度)×2 为两个墙垛的截面面积；2(设备基础的长度)×1.5(设备基础的宽度)为设备基础的面积；0.24×0.9(门的宽度)＋0.12×1.2(门的宽度)为两个门洞口的面积之和。

清单工程量计算见下表：

清单工程量计算表

项目编码	项目名称	项目特征描述	计量单位	工程量
010801004001	玻璃钢防腐面层	地面，环氧呋喃玻璃钢	m^2	59.55

(2) 定额工程量

定额工程量同清单工程量，即：

环氧呋喃玻璃钢地面工程量为 59.55m^2。

套用基础定额 10-39。

项目编码：010801005　　项目名称：聚氯乙烯板面层

【例 5-36】 如图 5-37 所示，采用软聚氯乙烯板防腐面层，其中墙高 3.6m，踢脚线高 100mm，根据图示尺寸，计算软聚氯乙烯板防腐面层的工程量。

【解】 (1) 清单工程量

根据工程量清单项目的设置及工程量计算规则 A.8.1 可知，聚氯乙烯板面层的清单工程量是按设计图示尺寸以面积计算的。平面防腐扣除凸出地面的构筑物、设备基础等所占的面积；立面防腐砖垛等凸出部分按展开面积并入墙面积内；踢脚线防腐扣除门洞所占面积并相应增加门洞侧壁面积。

软聚氯乙烯板防腐地面的工程量：

(3.6－0.12－0.06)×(5.4－0.12－0.06)＋(3.6－0.12)×(5.4－0.12－0.06)＋(5.4－0.12－0.06)×(5.4－0.12－0.06)＋(12.6－0.24)×(2.1－0.12－0.06)＋0.12×0.9＋0.9＋1.5＋1.5

＝17.852＋18.166＋27.248＋23.731＋0.576

＝86.997＋0.576

＝87.573m^2

软聚氯乙烯板防腐踢脚线的长度：

[(3.6－0.12－0.06)＋(5.4－0.12－0.06)]×2＋[(3.6－0.12)＋(5.4－0.12－0.06)]×2＋[(5.4－0.12－0.06)＋(5.4－0.12－0.06)]×2＋[(12.6－0.24)＋(2.1－0.12－0.06)]×2

＝17.28＋17.4＋20.88＋28.56

＝84.12m

应扣除的面积：

$$(1.5\times3+0.9\times4)\times0.1=0.81m^2$$

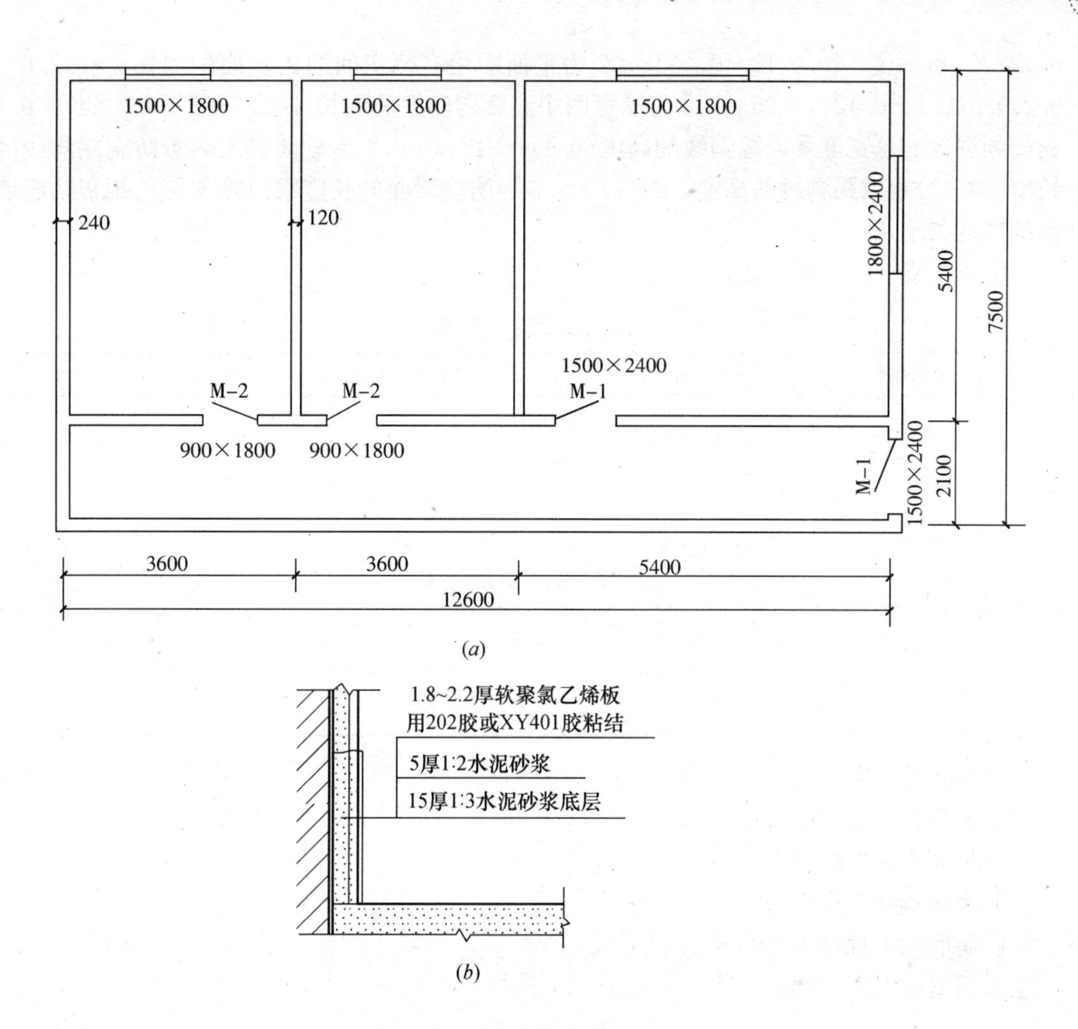

图 5-37　某墙面示意图

(a)平面图；(b)剖面详图

应增加的面积：

$$0.12\times0.1\times6+0.12\times0.1\times2=0.096\text{m}^2$$

踢脚线面积：

$$S=84.12\times0.1-0.81+0.096=7.698\text{m}^2$$

应扣除的门窗洞口面积：

$$1.5\times2.4\times4+0.9\times1.8\times4+1.5\times1.8\times3+1.8\times2.4=33.3\text{m}^2$$

则软聚氯乙烯板防腐墙面的工程量为：

$$84.12\times3.6-33.3=269.53\text{m}^2$$

【注释】 3.6－0.12－0.06 为平面图中最左侧房间的宽度，5.4－0.12－0.06 为平面图中左侧两个房间的长度；其中 0.12 为半外墙的厚度，0.06 为半内墙 的厚度；5.4－0.12－0.06 为平面图中右侧房间的长度，5.4－0.12－0.06 为平面图中右侧房间的宽度；12.6－0.24 为平面图中走廊的长度，2.1－0.12－0.06 为平面图中走廊的宽度。[(3.6－0.12－0.06)＋(5.4－0.12－0.06)]×2 为平面图中左侧房间的内侧面的周长；[(5.4－

0.12－0.06)＋(5.4－0.12－0.06)]×2 为平面图中右侧房间的内侧面的周长；[(12.6－0.24)＋(2.1－0.12－0.06)]×2 为示意图中走廊内侧面的周长。(1.5×3＋0.9×4)×0.1 为门的洞口的总宽度乘以踢脚线的高度(0.1)；84.12×0.1 为软聚氯乙烯板防腐踢脚线的长度(84.12)乘以踢脚线的高度。84.12×3.6 为防腐墙面的长度乘以软聚氯乙烯板防腐墙面的高度(3.6)。

清单工程量计算见下表：

清单工程量计算表

序号	项目编码	项目名称	项目特征描述	计量单位	工程量
1	010801005001	聚氯乙烯板面层	地面，1.8～2.2mm 厚软质聚氯乙烯板，用 202 胶或 XY401 胶粘结	m^2	87.57
2	010801005002	聚氯乙烯板面层	踢脚线，高 100mm，1.8～2.2mm 厚软质聚氯乙烯板，用 202 胶或 XY401 胶粘结	m^2	7.70
3	010801005003	聚氯乙烯板面层	墙面，高 3.6m，1.8～2.2mm 厚软质聚氯乙烯板，用 202 胶或 XY401 胶粘结	m^2	269.53

(2) 定额工程量

定额工程量同清单工程量，即：

软聚氯乙烯板防腐地面工程量为 87.573m^2。

防腐踢脚线工程量为 7.698m^2。

防腐墙面工程量为 273.852m^2。

套用基础定额 10-44。

项目编码：010801006　　项目名称：块料防腐面层

【例 5-37】 如图 5-38 所示，采用树脂类胶泥铸石板(300mm×200mm×30mm)的块料防腐面层，墙高 2.87m，踢脚线高 150mm，根据图示尺寸计算其工程量。

【解】 (1) 清单工程量

根据工程量清单项目设置及工程量计算规则 A.8.1 可知，块料防腐面层的工程量按设计图示尺寸以面积计算。平面防腐扣除凸出地面的构筑物、设备基础等所占的面积；立面防腐砖垛等凸出部分按展开面积并入墙面积内；踢脚线防腐扣除门洞所占面积并相应增加门洞侧壁面积。

树脂类胶泥铸石板防腐地面的工程量：

(3.6－0.24)×(4.5－0.24)×2＋(7.2－0.24)×(1.5－0.24)＋(1.8－0.24)×(4.5－0.24)＋(1.8－0.24)×(1.5－0.24)－0.35×0.49×2＋0.24×(1.2＋1.2＋0.9×2)＋0.12×1.5

＝28.627＋8.77＋6.646＋1.966－0.343＋0.24×(1.2＋1.2＋0.9×2)＋0.12×1.5

＝45.666＋1.188

＝46.854m^2

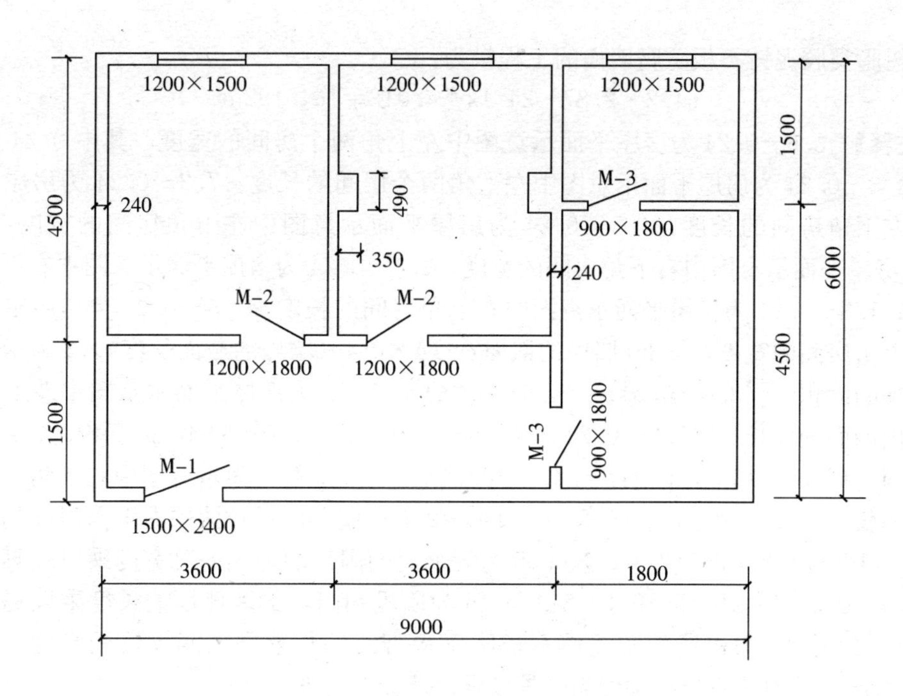

图 5-38 某房屋平面示意图

树脂类胶泥铸石板防腐踢脚线的长度：

[(3.6－0.24)＋(4.5－0.24)]×2×2＋[(7.2－0.24)＋(1.5－0.24)]×2＋[(1.8－0.24)＋(4.5－0.24)]×2＋[(1.8－0.24)＋(1.5－0.24)]×2

＝30.48＋16.44＋11.64＋5.64

＝64.2m

应扣除的面积：

$$(1.5+1.2\times4+0.9\times4)\times0.15=1.485\text{m}^2$$

应增加的面积：

$$0.35\times4\times0.15+9\times0.24\times0.15=0.534\text{m}^2$$

则树脂类胶泥铸石板防腐踢脚线的工程量为：

$$64.2\times0.15-1.485+0.534=8.679\text{m}^2$$

树脂类胶泥铸石板防腐墙面的长度：

[(3.1－0.24)＋(4.5－0.24)]×2×2＋[(7.2－0.24)＋(1.5－0.24)]×2＋[(1.8－0.24)＋(4.5－0.24)]×2＋[(1.8－0.24)＋(1.5－0.24)]×2

＝30.48＋16.44＋11.64＋5.64

＝64.2m

应扣除的面积：

$$1.5\times2.4+0.9\times1.8\times4+1.2\times1.8\times4+1.2\times1.5\times3=24.12\text{m}^2$$

应增加的面积：

$$0.35\times4\times2.87=4.018\text{m}^2$$

则树脂类胶泥铸石板防腐墙面的工程量为：

$$64.2\times2.87-24.12+4.018=164.152m^2$$

【注释】 3.6－0.24 为房屋平面示意图中左上角两个房间的宽度，其中 0.24 为墙的厚度，4.5－0.24 为房屋平面示意图中左上角两个房间的长度；7.2－0.24 为房屋平面示意图中左下角房间的长度，1.5－0.24 为房屋平面示意图中左下角房间的宽度；1.8－0.24 为房屋平面示意图中右下角房间的宽度，4.5－0.24 为房屋平面示意图中右下角房间的长度；1.8－0.24 为房屋平面示意图中右上角房间的长度，1.5－0.24 为房屋平面示意图中右上角房间的宽度；0.35(墙垛的截面宽度)×0.49(墙垛的截面长度)×2 为示意图中两个墙垛的面积。[(3.6－0.24)＋(4.5－0.24)]×2×2 为房屋平面示意图中左上角两个房间的内侧面的周长；[(7.2－0.24)＋(1.5－0.24)]×2 为房屋平面示意图中左下角房间的内侧面的周长；[(1.8－0.24)＋(4.5－0.24)]×2 为房屋平面示意图中右下角房间的内侧面的周长；[(1.8－0.24)＋(1.5－0.24)]×2 为房屋平面示意图中右上角房间的内侧面的周长。(1.5＋1.2×4＋0.9×4)×0.15 为五个门的洞口的内侧面总宽度乘以踢脚线的高度(0.15)；0.35×4×0.15＋9×0.24×0.15 为墙垛和门垛的墙侧面的长度乘以踢脚线的高度；64.2×0.15 为树脂类胶泥铸石板防腐踢脚线的长度乘以踢脚线的高度；64.2×2.87 为树脂类胶泥铸石板防腐墙面的长度乘以墙面的高度(2.87)。

清单工程量计算见下表：

清单工程量计算表

序号	项目编码	项目名称	项目特征描述	计量单位	工程量
1	010801006001	块料防腐面层	地面，树脂类胶泥铸石板（300mm×200mm×30mm）	m^2	46.85
2	010801006002	块料防腐面层	踢脚线，高 150mm，树脂类胶泥铸石板（300mm×200mm×30mm）	m^2	8.68
3	010801006003	块料防腐面层	墙面，树脂类胶泥铸石板（300mm×200mm×30mm）	m^2	164.15

(2) 定额工程量

定额工程量同清单工程量，即：

防腐地面工程量为 46.854m^2。

防腐踢脚线工程量为 8.679m^2。

防腐墙面工程量为 164.152m^2。

套用基础定额 10-128。

【例 5-38】 如图 5-39 所示，某储水池采用水玻璃胶泥瓷砖（230mm×113mm×65mm），根据图示尺寸计算其工程量(π＝3.14)。

【解】 (1) 清单工程量

根据工程量清单项目设置及工程量计算规则 A.8.1 可知，块料防腐面层按设计图示尺寸以面积计算。

圆形水池的底面积：

$$S_1=\pi r^2=3.14\times2.1^2=13.847m^2$$

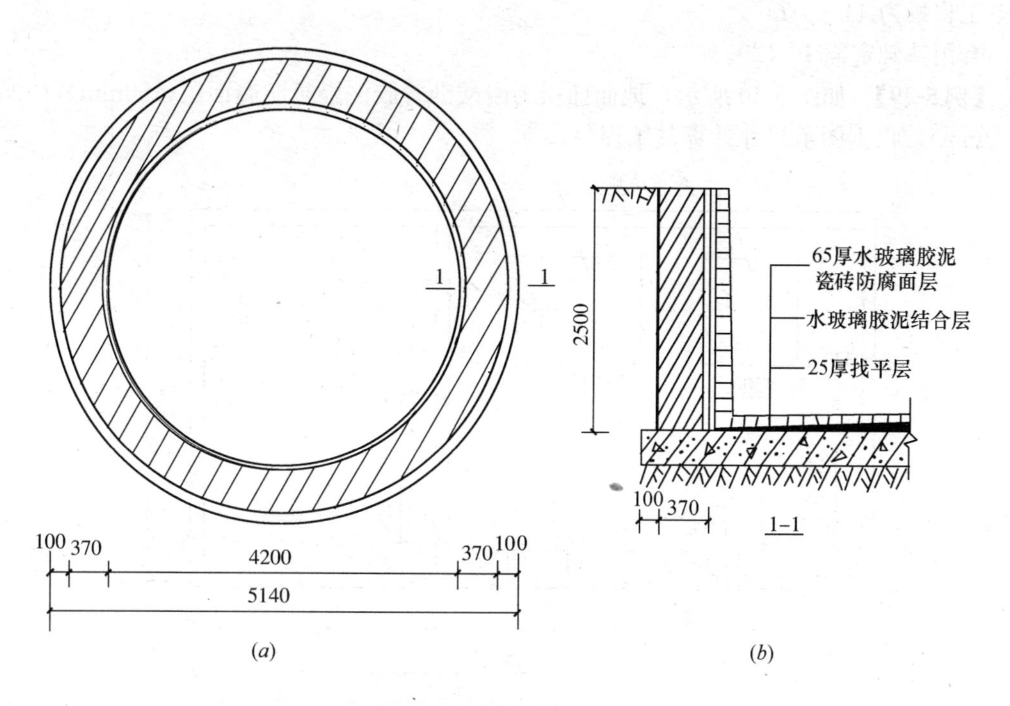

图 5-39 某储水池示意图

(a)水池平面图；(b)剖面图

圆形储水池池壁的面积：

$$S_2=2\pi rh=3.14\times(2.1-0.09/2)\times(2.5-0.09)\times2$$
$$=6.453\times2.41\times2$$
$$=15.552\times2$$
$$=31.104\text{m}^2$$

则水玻璃胶泥瓷砖防腐水池的工程量为：

$$S=S_1+S_2=13.847+31.104$$
$$=44.951\text{m}^2$$

【注释】 2.1为储水池内壁的半径，0.09为面层及找平层的厚度，2.1－0.09/2为水池的半径减去水玻璃胶泥瓷砖防腐面层和找平层的一半厚度。

清单工程量计算见下表：

清单工程量计算表

序号	项目编码	项目名称	项目特征描述	计量单位	工程量
1	010801006001	块料防腐面层	池底，水玻璃胶泥瓷砖(230×113×65)，水玻璃胶泥结合层	m²	13.85
2	010801006002	块料防腐面层	池壁，水玻璃胶泥瓷砖(230×113×65)，水玻璃胶泥结合层	m²	31.10

(2) 定额工程量

定额工程量同清单工程量，即：

工程量为 44.951m²。

套用基础定额 10-129。

【例 5-39】 如图 5-40 所示，地面面层为耐酸沥青胶泥瓷板防腐面层(150mm×150mm×30mm)，根据图示尺寸计算其工程量。

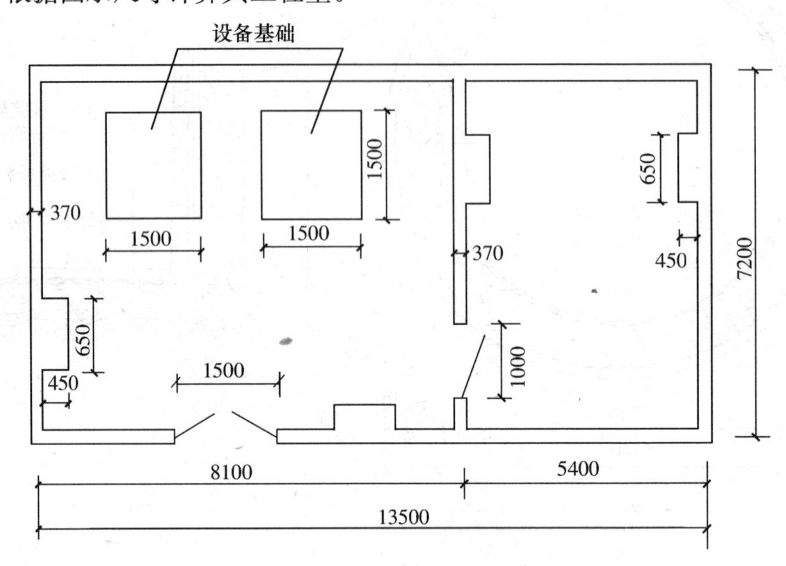

图 5-40 某房屋平面图

【解】 (1) 清单工程量

根据工程量清单项目设置及工程量计算规则 A.8.1 可知，块料防腐面层的工程量按设计图示尺寸以面积计算。平面防腐扣除凸出地面的构筑物、设备基础等所占面积。

地面总面积：

$$(8.1-0.37)\times(7.2-0.37)+(5.4-0.37)\times(7.2-0.37)+\left(1\times0.37+1.5\times\frac{0.37}{2}\right)$$

$$=52.796+34.355+1\times0.37+1.5\times\frac{0.37}{2}$$

$$=87.151+0.648$$

$$=87.799\text{m}^2$$

应扣除的面积：

$$0.45\times0.65\times4+1.5\times1.5\times2=1.17+4.5=5.67\text{m}^2$$

耐酸沥青胶泥瓷板防腐面层的工程量为：

$$87.799-5.67=82.129\text{m}^2$$

【注释】 8.1－0.37 为屋面示意图中左侧房间的长度，7.2－0.37 为屋面示意图中左侧房间的宽度，0.37 为墙的厚度；5.4－0.37 为屋面示意图中右侧房间的宽度，7.2－0.37 为屋面示意图中右侧房间的长度；0.45(墙垛的截面宽度)×0.65(墙垛的截面长度)×4 为屋面示意图中四个墙垛的截面面积；1.5×1.5(设备基础的截面尺寸)×2 为屋面示意图中两个设备基础的长度乘以宽度。

清单工程量计算见下表：

清单工程量计算表

项目编码	项目名称	项目特征描述	计量单位	工程量
010801006001	块料防腐面层	地面，耐酸沥青胶泥瓷板(150mm×150mm×30mm)	m^2	82.13

(2) 定额工程量

定额工程量同清单工程量，即：

耐酸沥青胶泥瓷板防腐面层的工程量为 $82.129m^2$。

套用基础定额 10-86。

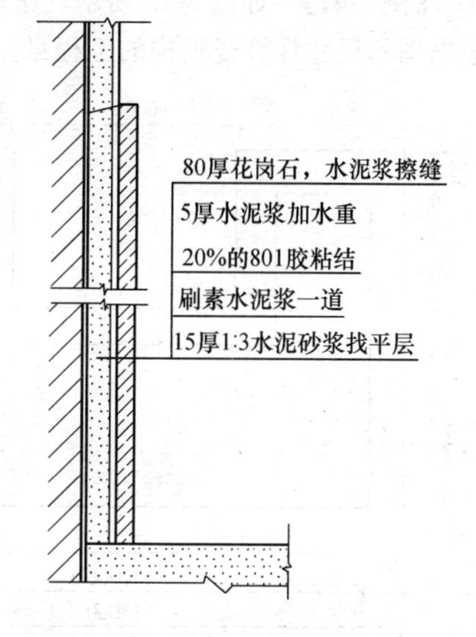

图 5-41　墙裙详图

【例 5-40】 如图 5-40、图 5-41 所示，墙裙高为 1500mm，贴花岗石(300mm×400mm×80mm)，水玻璃耐酸砂浆砌筑，计算其工程量。

【解】 (1) 清单工程量

根据工程量清单项目设置及工程量计算规则 A.8.1 可知，块料防腐面层的工程量按设计图示尺寸以面积计算。

贴花岗石墙裙的总长度：

[(8.1－0.37)＋(7.2－0.37)]×2＋[(5.4－0.37)＋(7.2－0.37)]×2

＝29.12＋23.72

＝52.84m

应增加的面积：

$$0.45\times1.5\times8+0.37\times2\times1.5+0.185\times2\times1.5=7.07m^2$$

应扣除的面积：

$$(1.5+2)\times1.5=5.25m^2$$

则水玻璃耐酸砂浆砌筑花岗石墙裙的工程量为：

$$52.84\times1.5+7.07-5.25=81.08m^2$$

【注释】 [(8.1－0.37)(屋面平面图中左侧房间的内侧面长度)＋(7.2－0.37)(屋面平面图中左侧房间的内侧面宽度)]×2 为屋面平面图中左侧房间的内侧面的周长，0.37 为墙的厚度；[(5.4－0.37)＋(7.2－0.37)]×2 为屋面平面图中右侧房间的内侧面的周长；0.45(墙垛的两侧的长度)×1.5×8 为四个墙垛两侧多出的总长度乘以墙裙的高度；0.37×2×1.5＋0.185×2×1.5 为门垛处墙的厚度乘以墙裙的高度(1.5)，0.185 为半墙的厚度；52.84×1.5 为贴花岗石墙裙的总长度(52.84)乘以墙裙的高度。

清单工程量计算见下表：

清单工程量计算表

项目编码	项目名称	项目特征描述	计量单位	工程量
010801006001	块料防腐面层	墙裙，高 1500mm，贴花岗石(300mm×400mm×80mm)，水玻璃耐酸砂浆	m^2	81.08

(2) 定额工程量

定额工程量同清单工程量，即：

花岗石墙裙的工程量为 81.08m^2。

套用基础定额 10-94。

【例 5-41】 如图 5-42 所示，某一槽采用树脂类胶泥瓷板(180mm×110mm×20mm)，根据图示尺寸计算瓷板槽的工程量。

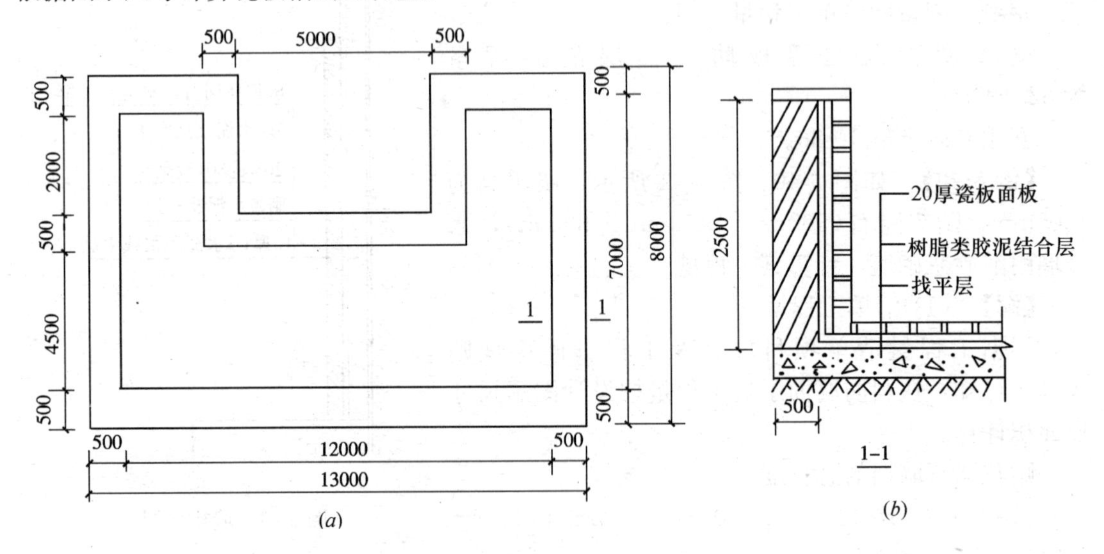

图 5-42 瓷板槽示意图

(a)平面图；(b)剖面图

【解】 (1) 清单工程量

根据工程量清单项目设置及工程量计算规则 A.8.1 可知，块料防腐面层的工程量按设计图示尺寸以面积计算。

树脂类胶泥瓷板槽的长度：

$$(12.5+7.5)\times 2+2.5\times 2=45\text{m}$$

树脂类胶泥瓷板防腐槽底的工程量：

$$S=12\times 4.5+(2+0.5)\times 3\times 2=69\text{m}^2$$

树脂类胶泥瓷板防腐槽侧壁的工程量：

$$(7\times 2+12\times 2+2.5\times 2)\times(2.5-0.02)=106.64\text{m}^2$$

则树脂类胶泥瓷板防腐槽的工程量为：

$$69+106.64=175.64\text{m}^2$$

【注释】 (12.5+7.5)×2 为瓷板槽的长度加宽度乘以 2；2.5×2 为瓷板槽凹处的两侧的宽度；树脂类胶泥瓷板槽的长度按中心线计算。12×4.5 为瓷板槽示意图中瓷板槽凹处以下的长度乘以宽度；(2+0.5)×3(小方形的宽度)×2 为瓷板槽示意图中瓷板槽凹处两侧方形的长度乘以宽度；其工程量计算的长度按净长线计算。7×2(两侧边的宽度)+12×2(瓷板槽示意图中上下的长度)+2.5×2 为瓷板槽的内侧壁的周长；2.5−0.02 为树脂类胶泥瓷板防腐槽侧壁的高度，其中 0.02 为瓷板的面层厚。

清单工程量计算见下表：

清单工程量计算表

序号	项目编码	项目名称	项目特征描述	计量单位	工程量
1	010801006001	块料防腐面层	槽底，树脂类胶泥瓷板（180mm×110mm×20mm）	m^2	69
2	010801006002	块料防腐面层	槽侧壁，树脂类胶泥瓷板（180mm×110mm×20mm）	m^2	106.64

(2) 定额工程量

定额工程量同清单工程量，即：

防腐槽的工程量为 175.64m^2。

套用基础定额 10-125。

项目编码：010802001　　项目名称：隔离层

【例 5-42】 如图 5-43 所示，地面采用三毡四油耐酸沥青胶泥卷材隔离层，其中踢脚线高为 180mm，计算其工程量。

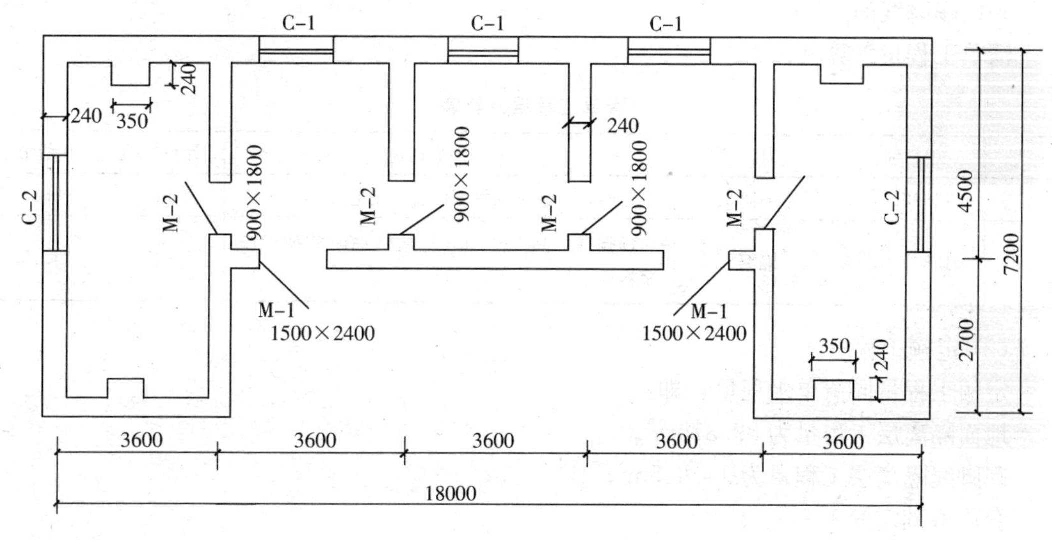

图 5-43 某房屋平面图

【解】 (1) 清单工程量

根据工程量清单项目设置及工程量计算规则 A.8.2 可知，隔离层的工程量按设计图示尺寸以面积计算。平面防腐扣除凸出地面的构筑物、设备基础等所占的面积。

三毡四油耐酸沥青胶泥卷材地面隔离层的工程量：

$(3.6-0.24)\times(7.2-0.24)\times2+(3.6-0.24)\times(4.5-0.24)\times3-0.35\times0.24\times4+0.9\times0.24\times4+0.15\times0.12\times2$

$=46.771+42.941-0.336+0.9$

$=90.276m^2$

三毡四油耐酸沥青胶泥卷材踢脚线长：

$[(3.6-0.24)+(7.2-0.24)]\times2\times2+[(3.6-0.24)+(4.5-0.24)]\times2\times3$

$=41.28+45.72$

$=87m$

应扣除的面积：

$$(1.5\times2+0.9\times8)\times0.18=1.836\text{m}^2$$

应增加的面积：

$$0.24\times0.18\times19=0.821\text{m}^2$$

则三毡四油耐酸沥青胶泥卷材踢脚线隔离层的工程量为：

$$87\times0.18-1.836+0.821=14.645\text{m}^2$$

【注释】 3.6－0.24 为房屋示意图中两边房间的宽度，7.2－0.24 为房屋示意图中两边房间的长度，其中 0.24 为墙的厚度；(3.6－0.24)(中间房间的宽度)×(4.5－0.24)(中间房间的长度)×3 为房屋示意图中中间三个房间的长度乘以宽度；0.35×0.24×4 为房屋示意图中四个墙垛的截面面积。[(3.6－0.24)＋(7.2－0.24)]×2×2 为房屋示意图中两边房间的内侧面的周长，[(3.6－0.24)＋(4.5－0.24)]×2×3 为房屋示意图中中间三个房间的内侧面的周长；长度按净长线计算。1.5×2 为两个 M-1 洞口的宽度；0.9×8 为八个 M-2 洞口的宽度；0.18 为踢脚线的高度；87×0.18 为三毡四油耐酸沥青胶泥卷材踢脚线长乘以踢脚线的高度。

清单工程量计算见下表：

清单工程量计算表

序号	项目编码	项目名称	项目特征描述	计量单位	工程量
1	010802001001	隔离层	地面，三毡四油耐酸沥青胶泥卷材	m^2	90.28
2	010802001002	隔离层	踢脚线，高 180mm，三毡四油耐酸沥青胶泥卷材	m^2	14.65

(2) 定额工程量

定额工程量同清单工程量，即：

地面隔离层工程量为 89.376m^2。

踢脚线隔离层工程量为 14.645m^2。

套用基础定额 10-45、10-46。

【例 5-43】 如图 5-43 所示，墙高为 3m，一布一油耐酸沥青胶泥玻璃布隔离层，门窗尺寸如下表所示，计算工程量。

门　窗　表

序号	名称	编号	洞口尺寸(宽×高)(mm×mm)	单位	数量	面积(m^2)		所在砖墙部位面积(m^2/数量)	
						单位面积	合计	外墙	内墙
1	铝合金门	M-1	1500×2400	樘	2	3.6	7.2	7.2/2	
2	木门	M-2	900×1800	樘	4	1.62	6.48		6.48/4
3	钢窗	C-1	900×1200	樘	3	1.08	3.24	3.24/3	
4	钢窗	C-2	1500×1800	樘	2	2.7	5.4	5.4/2	
	合计							15.84	6.48

【解】 (1) 清单工程量

根据工程量清单项目设置及工程量计算规则 A.8.2 可知，隔离层的工程量按设计图示尺寸以面积计算。立面防腐砖垛等凸出部分按展开面积并入墙面积内。

一布一油耐酸沥青胶泥玻璃布墙长：

[(3.6－0.24)＋(7.2－0.24)]×2×2＋[(3.6－0.24)＋(4.5－0.24)]×2×3

＝41.28＋45.72

＝87m

应扣除的面积：

1.5×2.4×2＋0.9×1.8×8＋0.9×1.2×3＋1.5×1.8×2

＝28.8m^2

应增加的面积：

0.24×3×8＝5.76m^2

则一布一油耐酸沥青胶泥玻璃布墙面隔离层的工程量为：

87×3－28.8＋5.76＝237.96m^2

【注释】 [(3.6－0.24)＋(7.2－0.24)]×2×2 为房屋示意图中两边房间的内侧面的周长，[(3.6－0.24)＋(4.5－0.24)]×2×3 为房屋示意图中中间三个房间的内侧面的周长，其中 0.24 为墙的厚度；1.5×2.4×2＋0.9×1.8×8＋0.9×1.2×3＋1.5×1.8×2 为门、窗户的洞口的总面积；0.24×3(耐酸沥青胶泥玻璃布墙的高度)×8 为四个墙垛的八个侧面的长度乘以耐酸沥青胶泥玻璃布墙的高度；87×3 为一布一油耐酸沥青胶泥玻璃布墙长乘以其墙面隔离层的高度。

清单工程量计算见下表：

清单工程量计算表

项目编码	项目名称	项目特征描述	计量单位	工程量
010802001001	隔离层	墙面，一布一油耐酸沥青胶泥玻璃布	m^2	237.96

(2) 定额工程量

定额工程量同清单工程量，即：

墙面隔离层的工程量为 237.96m^2。

套用基础定额 10-47。

【例 5-44】 如图 5-44、图 5-45 所示，地面采用 8mm 厚沥青胶泥隔离层，根据图示尺寸计算隔离层的工程量。

【解】 (1) 清单工程量

根据工程量清单项目设置及工程量计算规则 A.8.2 可知，隔离层的工程量按设计图示尺寸以面积计算。平面防腐扣除凸出地面的构筑物、设备基础等所占的面积。

地面沥青胶泥隔离层的工程量为：

(3.6－0.24)×(5.4－0.24)＋(3.6－0.24)×(2.7－0.24)＋(3.6－0.24)×(5.4－0.24)＋(3.6－0.24)×(3.6－0.24)＋(3.6－0.24)×(4.5－0.24)－0.24×(2.4＋2.4)

＝17.338＋8.266＋17.338＋11.29＋14.314－1.152

＝68.546－1.152

＝67.394m^2

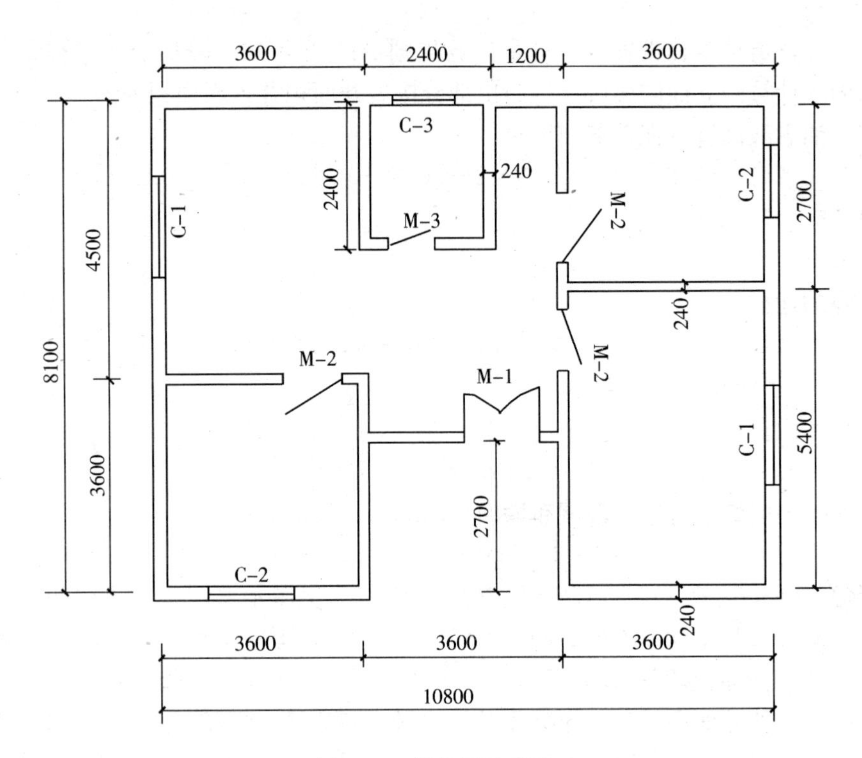

图 5-44 某房屋平面图

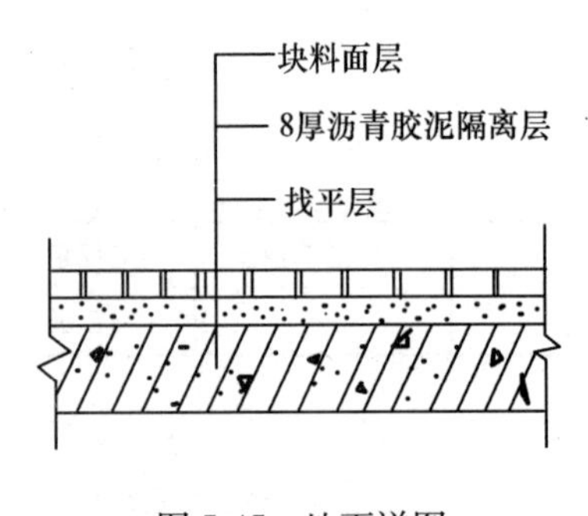

图 5-45 地面详图

【注释】 3.6－0.24 为房屋示意图中右下角房间的宽度，5.4－0.24 为房屋示意图中右下角房间的长度，其中 0.24 为墙的厚度；3.6－0.24 为房屋示意图中右上角房间的长度，2.7－0.24 为房屋示意图中右上角房间的宽度；(3.6－0.24)×(5.4－0.24)为房屋示意图中中间部分的长度乘以宽度；(3.6－0.24)×(3.6－0.24)为房屋示意图中左下角房间的长度乘以宽度；(3.6－0.24)×(4.5－0.24)为房屋示意图中左上角房间的长度乘以宽度；0.24×(2.4＋2.4)(两侧墙的长度)为示意图中中间房间墙两侧墙所占的面积。

清单工程量计算见下表：

清单工程量计算表

项目编码	项目名称	项目特征描述	计量单位	工程量
010802001001	隔离层	地面，8mm 厚沥青胶泥	m^2	67.39

(2) 定额工程量

定额工程量同清单工程量，即：

地面沥青胶泥隔离层的工程量为 67.394m^2。

套用基础定额 10-49。

【例 5-45】 如图 5-44 所示，墙面采用一道冷底子油二道热沥青隔离层，门窗尺寸如下表所示，计算墙面隔离层的工程量(其中墙高 2.87m)。

门　窗　表

序号	名称	编号	洞口尺寸（宽×高）(mm×mm)	单位	数量	面积(m^2)		所在砖墙部位面积(m^2/数量)	
						单位面积	合计	外墙	内墙
1	铝合金门	M-1	1800×2400	樘	1	4.32	4.32	4.32/1	
2	木门	M-2	1200×2400	樘	3	2.88	8.64		8.64/3
3	木门	M-3	900×1800	樘	1	1.62	1.62		1.62/1
4	钢窗	C-1	1800×2000	樘	2	3.6	7.2	7.2/2	
5	钢窗	C-2	1500×1800	樘	2	2.7	5.4	5.4/2	
6	钢窗	C-3	900×1200	樘	1	1.08	1.08	1.08/1	
	合计						28.26	18	10.26

【解】 (1) 清单工程量

根据工程量清单项目设置及工程量计算规则可知，隔离层的工程量按设计图示尺寸以面积计算。立面防腐砖垛等凸出部分按展开面积并入墙面积内。

一道冷底子油二道热沥青墙面隔离层的长度：

(3.6－0.24＋3.6－0.24)×2＋(3.6－0.24＋5.4－0.24)×2＋(3.6－0.24＋2.7－0.24)×2＋(2.4－0.24＋2.4－0.24)×2＋4.5－0.24＋3.6＋0.9＋3.6－0.24＋5.4－0.24＋1.2－0.24＋2.4×2＋2.4－0.24＋(3.6－0.24)

＝79.32m

应扣除的面积：

1.8×2.4＋1.2×2.4×6＋0.9×1.8×2＋1.8×2×2＋1.5×1.8×2＋0.9×1.2

＝4.32＋17.28＋3.24＋7.2＋5.4＋1.08

＝38.52m^2

则一道冷底子油二道热沥青墙面隔离层的工程量为：

$$79.32\times2.87-38.52=189.128\text{m}^2$$

【注释】 (3.6－0.24＋5.4－0.24)×2 为房屋示意图中右下角房间的内侧面的周长，其中 0.24 为墙的厚度；(3.6－0.24＋2.7－0.24)×2 为房屋示意图中右上角房间的内侧面的周长；(2.4－0.24＋2.4－0.24)×2 为房屋示意图中中间上部房间内侧面的周长；(3.6－0.24＋3.6－0.24)×2 为房屋示意图中左下角房间的内侧面的周长；4.5－0.24＋3.6＋0.9＋3.6－0.24＋5.4－0.24＋1.2－0.24＋2.4×2＋2.4－0.24＋(3.6－0.24)为示意图中除四个房间外其他部分的内侧面的总长度；1.8×2.4＋1.2×2.4×6＋0.9×1.8×2＋1.8×2×2＋1.5×1.8×2＋0.9×1.2 为门、窗户的洞口的内侧面面积之和；79.32×2.87 为一道冷底子油二道热沥青墙面隔离层的长度乘以其隔离层的高度。

清单工程量计算见下表：

清单工程量计算表

项目编码	项目名称	项目特征描述	计量单位	工程量
010802001001	隔离层	墙面，一道冷底子油二道热沥青	m^2	189.13

(2) 定额工程量

定额工程量同清单工程量，即：

墙面隔离层的工程量为 189.128m^2。

套用基础定额 10-50。

项目编码：010802002　　项目名称：砌筑沥青浸渍砖

【例 5-46】 如图 5-46 所示，采用耐酸沥青胶泥砌筑沥青浸渍砖(240mm×115mm×53mm)，其中墙高为 3m，踢脚线高 150mm，根据图示尺寸计算沥青浸渍砖的工程量。

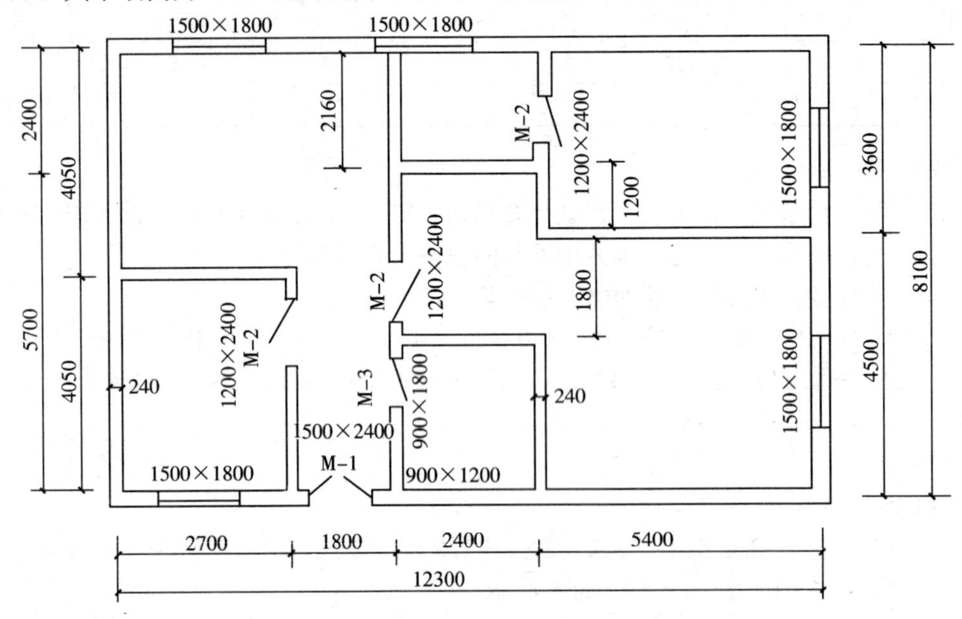

图 5-46　某房屋平面图

【解】 (1) 清单工程量

根据工程量清单项目的设置及工程量计算规则 A.8.2 可知，砌筑沥青浸渍砖的工程量按设计图示尺寸以体积计算。

沥青浸渍砖地面的面积：

(2.7－0.24)×(4.05－0.24)＋(4.05－0.24)×(4.5－0.24)＋(1.8－0.24)×4.05＋(2.4－0.24)×(8.1－0.24)＋(5.4－0.24)×(4.5－0.24)＋(5.4－0.24)×(3.6－0.24)－(2.4－0.24)×0.24×2＋1.8×0.24

＝9.373＋16.231＋6.318＋16.978＋21.982＋17.338－1.0368＋0.432

＝87.615m^2

应增加的面积：

$$(1.2\times3+0.9)\times0.24+1.5\times0.12=1.26\text{m}^2$$

则耐酸沥青胶泥砌筑沥青浸渍砖的清单工程量为：

$$(87.615+1.26)\times0.053=4.71\text{m}^3$$

沥青浸渍砖踢脚线长度：

[(2.7－0.24)＋(4.05－0.24)]×2＋[(2.4－0.24)＋(2.7－0.24)]×2＋(2.4－0.24)×3＋(1.2－0.24)＋(3－0.24)＋[(5.4－0.24)＋(4.5－0.24)]×2＋[(5.4－0.24)＋(3.6－0.24)]×2＋(4.05－0.24)×2＋(6.9－0.24)＋(2.7－0.24)
＝12.54＋9.24＋6.48＋0.96＋2.76＋18.84＋17.04＋7.62＋6.66＋2.46
＝84.6m

应扣除的面积：

$$(1.5+1.2\times6+0.9\times2)\times0.15=1.575\text{m}^2$$

应增加墙侧面的面积：

$$0.24\times0.15\times9=0.324\text{m}^2$$

则耐酸沥青胶泥砌筑沥青浸渍砖踢脚线的工程量为：

$$(84.6\times0.15-1.575+0.324)\times0.053=0.606\text{m}^3$$

沥青浸渍砖墙面的长度：

[(2.7－0.24)＋(4.05－0.24)]×2＋[(2.4－0.24)＋(2.7－0.24)]×2＋(2.4－0.24)×3＋(1.2－0.24)＋(3－0.24)＋[(5.4－0.24)＋(4.5－0.24)]×2＋[(5.4－0.24)＋(3.6－0.24)]×2＋(4.05－0.24)×2＋(6.9－0.24)＋(2.7－0.24)
＝12.54＋9.24＋6.48＋0.96＋2.76＋18.84＋17.04＋7.62＋6.66＋2.46
＝84.6m

应扣除的面积：

$$1.5\times2.4+1.2\times2.4\times6+0.9\times1.8\times2+1.5\times1.8\times5+0.9\times1.2=38.7\text{m}^2$$

则耐酸沥青胶泥砌筑沥青浸渍砖墙面的工程量为：

$$(84.6\times3-38.7)\times0.053=11.4\text{m}^3$$

【注释】 2.7－0.24 为房屋示意图中左下角房间的宽度，4.05－0.24 为房屋示意图中左下角房间的长度，其中 0.24 为墙的厚度；4.05－0.24 为房屋示意图中左上角房间的宽度，4.5－0.24 为房屋示意图中左上角房间的长度；(1.8－0.24)×4.05 为房屋示意图中走廊处的长度乘以宽度；(2.4－0.24)(房屋示意图中中间部分的宽度)×(8.1－0.24)(房屋示意图中中间部分的长度)为房屋示意图中中间部分的面积；5.4－0.24 为房屋示意图中右下角房间的长度，4.5－0.24 为房屋示意图中右下角房间的宽度；(5.4－0.24)×(3.6－0.24)为房屋示意图中右上角房间的长度乘以宽度；(2.4－0.24)×0.24×2 为示意图中中间部分两横隔墙的面积；1.8×0.24 为示意图中中间部分墙的长度乘以墙的厚度。(1.2×3＋0.9)×0.24＋1.5×0.12 为房间内部门洞口墙处的水平面积；0.12 为半墙的厚度；0.053 为耐酸沥青胶泥砌筑沥青浸渍砖的厚度；[(2.7－0.24)＋(4.05－0.24)]×2 为房屋示意图中左下角房间的内侧面周长；[(2.4－0.24)＋(2.7－0.24)]×2 为房屋示意图中间下部房间的 内侧面的周长；[(5.4－0.24)＋(4.5－0.24)]×2 为房屋示意图中右下角房间的内侧面的周长；[(5.4－0.24)＋(3.6－0.24)]×2 为房屋示意图中右上角房间的内侧面的总长度；1.5×2.4＋1.2×2.4×6＋0.9×1.8×2＋1.5×1.8×5＋0.9×1.2 为门、窗户的洞口的总面积；84.6×3 为沥青浸渍砖墙面的长度乘以其高度。其工程量按设计图示尺寸以体积计算。

清单工程量计算见下表：

清单工程量计算表

序号	项目编码	项目名称	项目特征描述	计量单位	工程量
1	010802002001	砌筑沥青浸渍砖	地面，沥青浸渍砖(240mm×115mm×53mm)	m^3	4.71
2	010802002002	砌筑沥青浸渍砖	踢脚线，沥青浸渍砖(240mm×115mm×53mm)，踢脚线高 150mm	m^3	0.61
3	010802002003	砌筑沥青浸渍砖	墙面，高 3m，沥青浸渍砖(240mm×115mm×53mm)	m^3	11.40

(2) 定额工程量

沥青浸渍砖在定额中属于块料面层，块料防腐面层是按设计实铺面积以“m^2”计算。

沥青浸渍砖地面的面积：

(2.7−0.24)×(4.05−0.24)+(4.05−0.24)×(4.5−0.24)+(1.8−0.24)×4.05+(2.4−0.24)×(8.1−0.24)+(5.4−0.24)×(4.5−0.24)+(5.4−0.24)×(3.6−0.24)−(2.4−0.24)×0.24×2+1.8×0.24

=9.373+16.231+6.318+16.978+21.982+17.338−1.0368+0.432

=87.615m^2

应增加的面积：

$$(1.2\times3+0.9)\times0.24+1.5\times0.12=1.26m^2$$

则耐酸沥青胶泥砌筑沥青浸渍砖的定额工程量为：

$$87.615+1.26=88.875m^2$$

沥青浸渍砖踢脚线长度：

[(2.7−0.24)+(4.05−0.24)]×2+[(2.4−0.24)+(2.7−0.24)]×2+(2.4−0.24)×3+(1.2−0.24)+(3−0.24)+[(5.4−0.24)+(4.5−0.24)]×2+[(5.4−0.24)+(3.6−0.24)]×2+(4.05−0.24)×2+(6.9−0.24)+(2.7−0.24)

=12.54+9.24+6.48+0.96+2.76+18.84+17.04+7.62+6.66+2.46

=84.6m

应扣除的面积：

$$(1.5+1.2\times6+0.9\times2)\times0.15=1.575m^2$$

应增加的面积：

$$0.24\times0.15\times9=0.324m^2$$

则耐酸沥青胶泥砌筑沥青浸渍砖踢脚线的工程量为：

$$84.6\times0.15+0.324-1.575=11.439m^2$$

沥青浸渍砖墙面的长度同踢脚线长度，为 84.6m。

应扣除的面积：

$$1.5\times2.4+1.2\times2.4\times6+0.9\times1.8\times2+1.5\times1.8\times5+0.9\times1.2=38.7m^2$$

则耐酸沥青胶泥砌筑沥青浸渍砖墙面的工程量为：

$$84.6\times3-38.7=215.1m^2$$

套用基础定额 10-92。

项目编码：010802003　　项目名称：防腐涂料

【例 5-47】 如图 5-47 所示，地面是聚氨酯混凝土面防腐涂料面漆一遍，踢脚线的高为 100mm，根据图示尺寸计算防腐涂料的工程量。

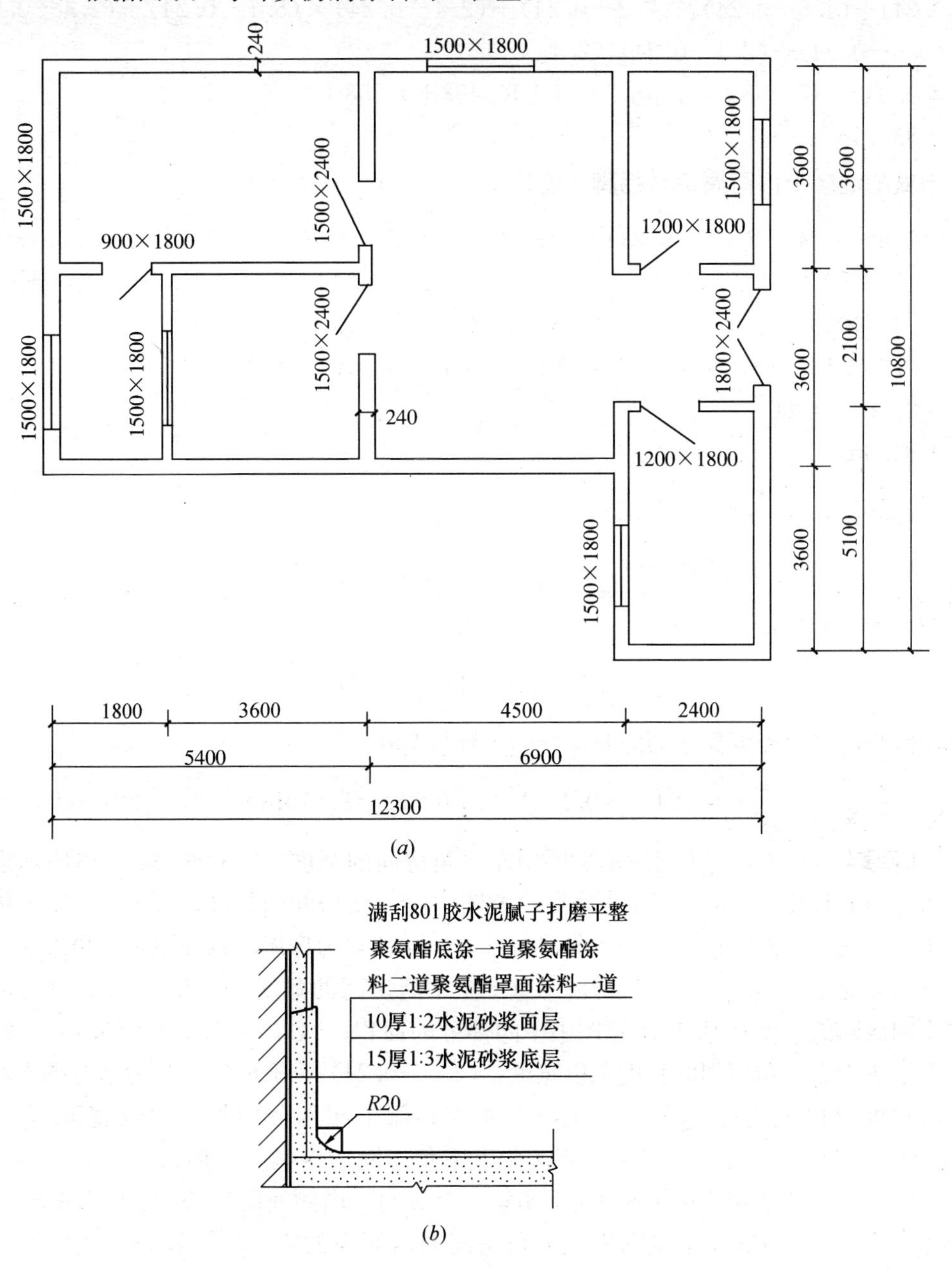

图 5-47　某房屋示意图
(a)平面图；(b)剖面详图

【解】 (1) 清单工程量

根据工程量清单项目的设置及工程量计算规则 A. 8. 2 可知，防腐涂料的工程量按设计图示尺寸以面积计算。平面防腐扣除凸出地面的构筑物、设备基础等所占的面积。

地面聚氨酯混凝土面防腐涂料的工程量：

(1.8－0.24)×(3.6－0.24)＋(5.4－0.24)×(3.6－0.24)＋(3.6－0.24)×(3.6－0.24)＋(4.5－0.24)×(7.2－0.24)＋(2.4－0.24)×(5.1－0.24)＋(2.4－0.24)×(3.6－0.24)＋(2.1－0.24)×2.4

＝5.242＋17.338＋11.29＋29.65＋10.498＋7.258＋4.464

＝85.74m^2

聚氨酯混凝土面防腐涂料踢脚线的长度：

[(1.8－0.24)＋(3.6－0.24)]×2＋[(3.6－0.24)＋(3.6－0.24)]×2＋[(5.4－0.24)＋(3.6－0.24)]×2＋[(4.5－0.24)＋(7.2－0.24)]×2＋[(2.4－0.24)＋(5.1－0.24)]×2＋[(2.4－0.24)＋(3.6－0.24)]×2＋2.4×2＋(2.1－0.24)

＝9.84＋13.44＋17.04＋22.44＋11.04＋14.04＋4.8＋1.86

＝92.64＋1.86

＝94.5m

应扣除门、窗户洞口的面积：

(0.9×2＋1.5×4＋1.2×4＋1.8)×0.1＝1.44m^2

应增加的面积：

0.24×0.1×11＝0.264m^2

则踢脚线聚氨酯混凝土面防腐涂料的工程量为：

94.5×0.1－1.44＋0.264＝8.274m^2

【注释】 1.8－0.24为房屋示意图中左下角房间的宽度，3.6－0.24为房屋示意图中左下角房间的长度；5.4－0.24为房屋示意图中左上角房间的长度，3.6－0.24为房屋示意图中左上角房间的宽度；(3.6－0.24)×(3.6－0.24)为房屋示意图中左下角第二个房间的长度乘以宽度；(4.5－0.24)(房屋示意图中中间房间的宽度)×(7.2－0.24)(房屋示意图中中间房间的长度)为房屋示意图中中间部分的面积；[(2.4－0.24)×(5.1－0.24)]为房屋示意图中右下角房间的长度乘以宽度；(2.4－0.24)×(3.6－0.24)为示意图中右上角房间的长度乘以宽度；(2.1－0.24)×2.4为右侧中间部分的长度乘以宽度。[(1.8－0.24)＋(3.6－0.24)]×2为房屋示意图中左下角房间的内侧面的周长；[(3.6－0.24)＋(3.6－0.24)]×2为房屋示意图中左下角第二个房间的内侧面的总长度；[(5.4－0.24)＋(3.6－0.24)]×2为房屋示意图中左上角房间的内侧面的周长；[(4.5－0.24)＋(7.2－0.24)]×2为房屋示意图中中间房间的内侧面的长度；[(2.4－0.24)＋(5.1－0.24)]×2为房屋示意图中右下角房间的内侧面的周长；[(2.4－0.24)＋(3.6－0.24)]×2为示意图中右上角房间的内侧面的总长度；2.4×2＋(2.1－0.24)为示意图中右侧中间部分的三个侧面长度。0.24(墙的厚度)×0.1(踢脚线的高度)×11(综合侧面数量)为门洞口墙间部分的侧壁面积；94.5×0.1为聚氨酯混凝土面防腐涂料踢脚线的长度乘以踢脚线的高度。

清单工程量计算见下表：

清单工程量计算表

序号	项目编码	项目名称	项目特征描述	计量单位	工程量
1	010802003001	防腐涂料	地面，聚氨酯混凝土面防腐涂料(底涂一道，中间层两道，面涂一道)，15mm厚1：3水泥砂浆底层	m^2	85.74
2	010802003002	防腐涂料	踢脚线，聚氨酯混凝土面防腐涂料(底涂一道，中间层两道，面涂一道)，15mm厚1：3水泥砂浆底层	m^2	8.27

(2) 定额工程量

定额工程量同清单工程量，即：

地面防腐涂料的工程量为85.74m^2。

踢脚线防腐涂料的工程量为8.274m^2。

套用基础定额10-189。

【例5-48】 如图5-47所示，墙面采用沥青漆抹灰面面漆两遍，其中墙高如图5-48所示，根据图示尺寸计算墙面防腐涂料的工程量。

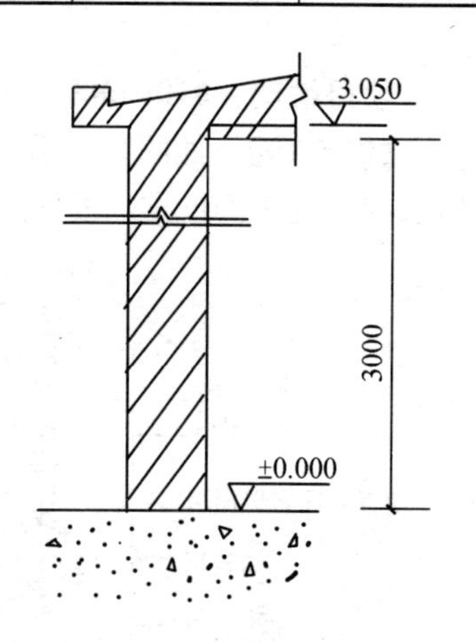

图5-48 墙面示意图

【解】 (1) 清单工程量

根据工程量清单项目设置及工程量计算规则A.8.2可知，防腐涂料按设计图示尺寸以面积计算。立面防腐砖垛等凸出部分按展开面积并入墙面积内。沥青漆抹灰面漆墙的长度：

[(1.8−0.24)+(3.6−0.24)]×2+[(3.6−0.24)+(3.6−0.24)]×2+[(5.4−0.24)+(3.6−0.24)]×2+[(4.5−0.24)+(7.2−0.24)]×2+[(2.4−0.24)+(5.1−0.24)]×2+[(2.4−0.24)+(3.6−0.24)]×2+2.4×2+(2.1−0.24)

=9.84+13.44+17.04+22.44+11.04+14.04+4.8+1.86

=94.5m

应扣除的面积：

1.5×1.8×6+1.8×2.4+1.2×1.8×4+1.5×2.4×4+0.9×1.8×2

=46.8m^2

则墙面沥青漆抹灰面面漆的工程量为：

$$(94.5\times3-46.8)m^2=236.70m^2$$

【注释】 [(1.8−0.24)+(3.6−0.24)]×2为房屋示意图中左下角房间的内侧面的周长；[(3.6−0.24)+(3.6−0.24)]×2为房屋示意图中左下角第二个房间的内侧面的总长度；[(5.4−0.24)+(3.6−0.24)]×2为房屋示意图中左上角房间的内侧面的周长；[(4.5−0.24)+(7.2−0.24)]×2为房屋示意图中中间房间的内侧面的长度；[(2.4−0.24)+(5.1−0.24)]×2为房屋示意图中右下角房间的内侧面的周长；[(2.4−0.24)+(3.6−0.24)]×2为示意图中右上角房间的内侧面的总长度；2.4×2+(2.1−0.24)为示意图中右侧中间部分的三个侧面长度。94.5×3为抹灰墙面长度乘以抹灰墙面的高度。

清单工程量计算见下表：

清单工程量计算表

项目编码	项目名称	项目特征描述	计量单位	工程量
010802003001	防腐涂料	墙面，沥青漆，两遍	m^2	236.70

（2）定额工程量

定额工程量同清单工程量，即：

墙面防腐涂料的工程量为 236.70m^2。

套用基础定额 10-151、10-152。

项目编码：010803001　　项目名称：保温隔热屋面

【例 5-49】 如图 5-49 所示，沥青珍珠岩带女儿墙屋面保温，屋面坡度系数为 3%，保温层的厚度为 80mm，根据图示尺寸计算屋面保温层的工程量。

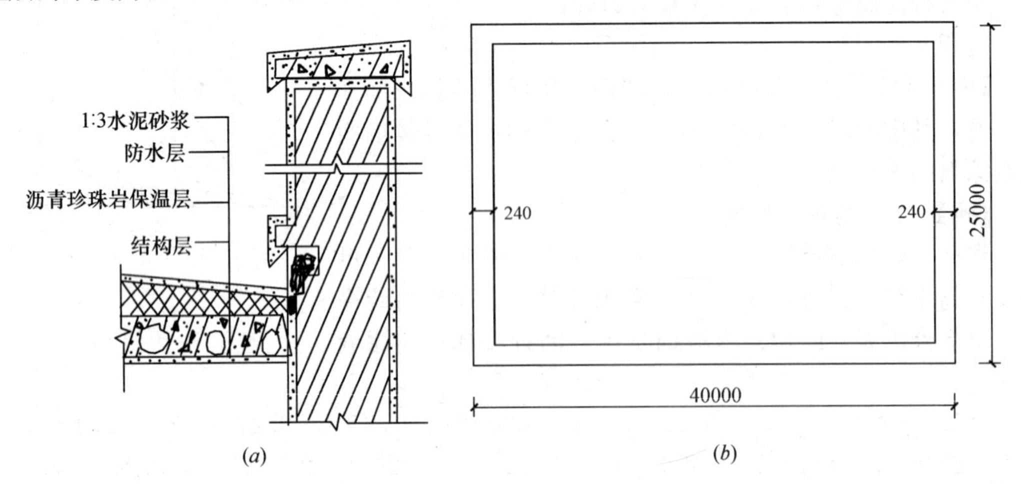

图 5-49　某屋面示意图

(a)屋面保温详图；(b)平面图

【解】（1）定额工程量

保温隔热层应区别不同保温隔热材料，除另有规定者外，均按设计实铺厚度以“m^3”计算，保温隔热层的厚度按隔热材料以净厚度计算。

屋面图示保温层的面积：

$$40 \times 25 = 1000m^2$$

女儿墙中心线长度：

$$[(40-0.24)+(25-0.24)] \times 2 = 129.04m$$

保温层的平均厚度：

$$0.08 + \frac{(25-0.24 \times 2)}{2} \times 3\% \div 2 = 0.26m$$

则沥青珍珠岩屋面保温层的工程量为：

$$V = (\text{屋面层建筑面积} - \text{女儿墙中心线长度} \times \text{女儿墙厚度}) \times \delta$$

$$= (1000 - 129.04 \times 0.24) \times 0.26$$

$$= 251.948m^3$$

套用基础定额 10-199。

【注释】 40 为屋面的长度，25 为屋面的宽度；[(40－0.24)＋(25－0.24)]×2 为屋面的周长；3%为屋面坡度系数。工程量按设计图示尺寸以体积计算。

(2) 清单工程量

根据工程量清单项目设置及工程量计算规则 A.8.3 可知，保温隔热屋面的工程量按设计图示尺寸以面积计算。不扣除柱、垛所占的面积。

沥青珍珠岩屋面保温层的工程量为：

$$(40-2\times0.24)\times(25-2\times0.24)=969.03\text{m}^2$$

清单工程量计算见下表：

清单工程量计算表

项目编码	项目名称	项目特征描述	计量单位	工程量
010803001001	保温隔热屋面	屋面，外保温，沥青珍珠岩(80mm厚)，1∶3水泥砂浆	m^2	969.03

说明：保温隔热屋面清单工程量计算和定额工程量计算的主要区别在于，清单工程量是按设计图示尺寸以面积计算的；定额工程量是区别不同保温隔热材料，按设计实铺厚度以"m^3"计算。

【例 5-50】 如图 5-50 所示，为现浇水泥蛭石保温层，厚 100mm，坡度系数为 5%，根据图示尺寸计算屋面保温层的工程量。

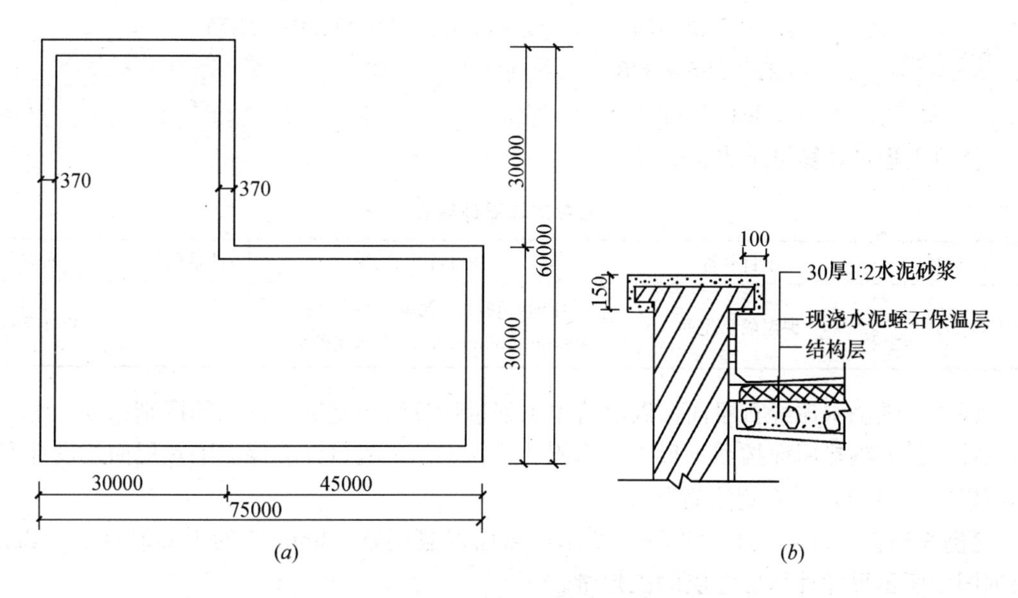

图 5-50 某房屋示意图

(a)平面图；(b)详图

【解】 (1) 定额工程量

保温隔热层应区别不同保温隔热材料，除另有规定者外，均按设计实铺厚度以"m^3"计算，保温隔热层的厚度按隔热材料净厚度计算。

无女儿墙的屋面保温层工程量计算公式为：

$$V=\text{屋面建筑面积}\times\delta$$

屋面保温层图示面积为：

$$(75-2\times0.37)\times(30-2\times0.37)+30\times(30-0.37)$$
$$=2172.85+888.9$$
$$=3061.75\text{m}^2$$

保温层平均厚度为：

$$\delta=0.1+\frac{(60-0.37\times2)}{2}\times5\%\div2=0.84\text{m}$$

则现浇水泥蛭石屋面保温层的工程量为：

$$3061.75\times0.84=2571.87\text{m}^3$$

套用基础定额 10-202。

【注释】 75－2×0.37 为房屋示意图中下部方形的长度，30－2×0.37 为房屋示意图中下部方形的宽度，其中 0.37 为墙的厚度；30×(30－0.37)为房屋示意图中上部方形的长度乘以宽度；5%为屋面的坡度系数。工程量按设计图示尺寸以体积计算。

(2) 清单工程量

根据工程量清单项目的设置及工程量计算规则 A.8.3 可知，保温隔热屋面的清单工程量按设计图示尺寸以面积计算。不扣除柱、垛所占面积。

现浇水泥蛭石屋面保温层的工程量为：

$$(75-2\times0.37)\times(30-2\times0.37)+30\times(30-0.37)$$
$$=2172.85+888.9$$
$$=3061.75\text{m}^2$$

清单工程量计算见下表：

清单工程量计算表

项目编码	项目名称	项目特征描述	计量单位	工程量
010803001001	保温隔热屋面	屋面，现浇水泥蛭石保温层，厚 100mm，30mm 厚 1∶2 水泥砂浆	m^2	3061.75

说明：现浇水泥蛭石屋面保温层清单工程量计算法与定额计算法的区别在于，清单工程量计算保温隔热屋面按图示尺寸以面积计算；定额工程量计算保温隔热层面按设计实铺厚度以“m^3”计算，另有规定者除外。

【例 5-51】 如图 5-51、图 5-52 所示，屋面保温层是 60mm 厚的干铺珍珠岩保温层，根据图中所示尺寸计算保温层的工程量。

【解】 (1) 定额工程量

保温隔热层应区别不同保温隔热材料，除另有规定者外，均按设计实铺厚度以“m^3”计算，保温隔热层的厚度按隔热材料的净厚度计算。

其中四坡水屋面保温层的体积由一个长方体和一个楔形体组成，楔形体的体积计算公式为：

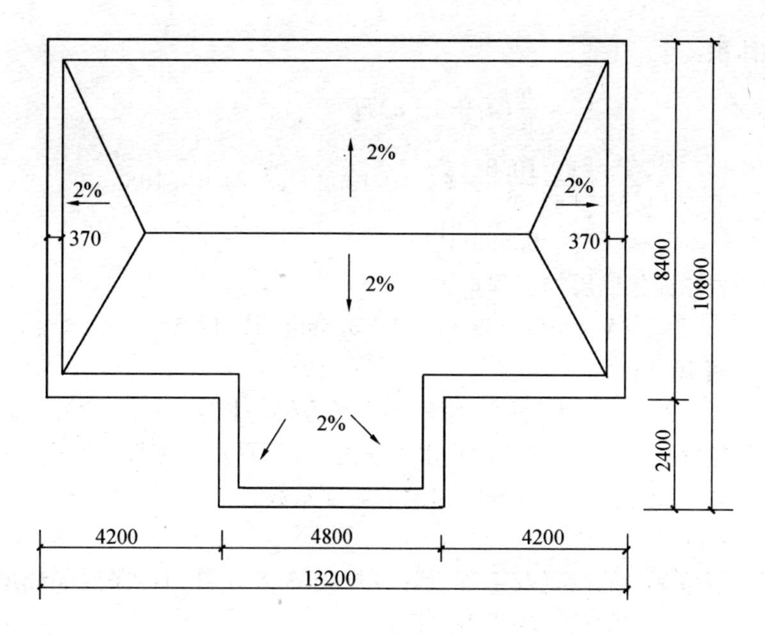

图 5-51　屋面示意图

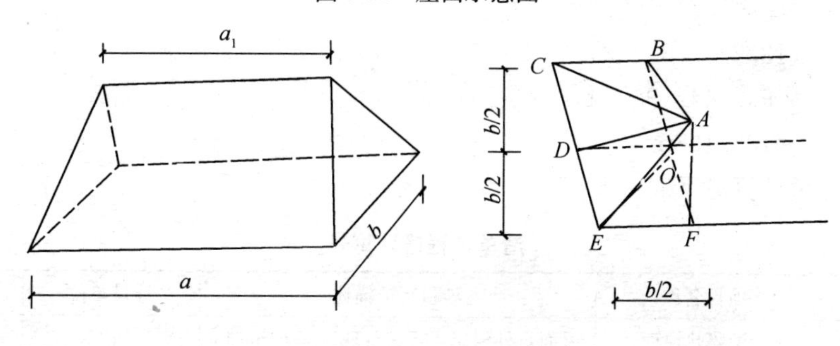

图 5-52　屋面立体图

$$V=\frac{b}{6}(a_1+a+a)H$$

图示保温层面积：

$$(13.2-2\times0.37)\times(8.4-2\times0.37)+(4.8-0.37\times2)\times2.4=105.188\text{m}^2$$

保温层的平均厚度：

$$\delta=0.06+\frac{10.8-2\times0.37}{2}\times2\%\div2=0.11\text{m}$$

$$a_1=a-\frac{b}{2}\times2=a-b$$

其中，$a=13.2$，$b=10.8$

$$a_1=13.2-10.8=2.4\text{m}$$

$$H=\frac{b}{2}\times2\%=\frac{10.8}{2}\times2\%=0.108\text{m}$$

楔形体的体积：

$$V=\frac{b}{6}(a_1+a+a)H$$

$$=\frac{10.8}{6}\times(2.4+13.2+13.2)\times0.108$$

$$=5.599\text{m}^3$$

则干铺珍珠岩屋面保温层的工程量为：

$$V=105.188\times0.11+5.599=17.17\text{m}^3$$

套用基础定额 10-204。

【注释】 13.2－2×0.37 为房屋示意图中上部方形的长度，8.4－2×0.37 为房屋示意图中上部方形的宽度；(4.8－0.37×2)(水平长度)×2.4(水平宽度)为房屋示意图中下部的面积；其中 0.37 为墙的厚度；2%为屋面的坡度系数。

(2) 清单工程量

根据工程量清单项目的设置及工程量计算规则 A.8.3 可知，保温隔热屋面按设计图示尺寸以面积计算。不扣除柱、垛所占面积。

干铺珍珠岩屋面保温层的工程量为：

(13.2－0.37×2)×(8.4－2×0.37)+(4.8－0.37×2)×2.4

=95.444+9.744

=105.188m²

清单工程量计算见下表：

清单工程量计算表

项目编码	项目名称	项目特征描述	计量单位	工程量
010803001001	保温隔热屋面	屋面，外保温，干铺珍珠岩(60mm 厚)	m²	105.19

说明：保温隔热屋面清单计算法与定额计算法的区别在于，清单工程量计算法是按设计图示尺寸以面积计算的；定额工程量计算法是按设计实铺厚度以“m³”计算。

项目编码：010803002　　项目名称：保温隔热天棚

【例 5-52】 如图 5-53 所示，天棚采用聚苯乙烯塑料板保温层，厚 80mm，根据图示尺寸计算保温层的工程量。

【解】 (1) 定额工程量

保温隔热层应区别不同保温隔热材料，除另有规定者外，均按设计实铺厚度以“m³”计算，保温隔热层的厚度是按隔热材料的净厚度计算的。

聚苯乙烯塑料板保温层的工程量为：

$$(9.6-0.24\times2)\times(7.2-0.24\times2)\times0.08=4.903\text{m}^3$$

套用基础定额 10-206。

【注释】 9.6－0.24×2 为聚苯乙烯塑料板保温层的长度，7.2－0.24×2 为聚苯乙烯塑料板保温层的宽度，0.08 为聚苯乙烯塑料板保温层的厚度，其中 0.24 为墙的厚度。

(2) 清单工程量

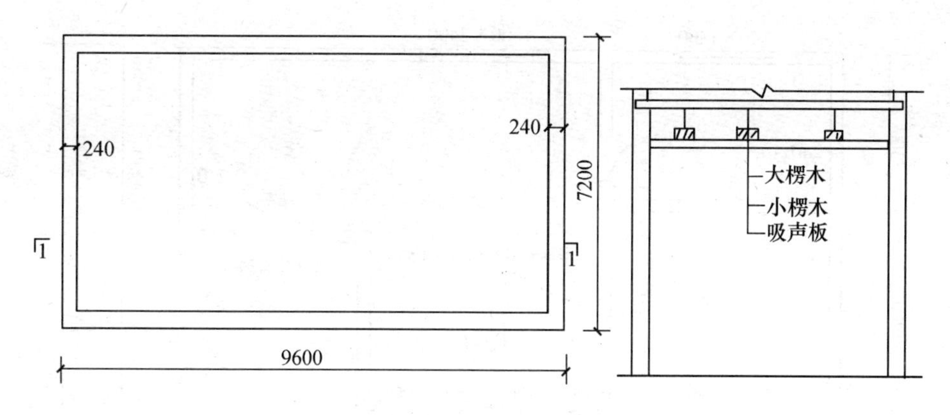

图 5-53　天棚示意图

根据工程量清单项目设置及工程量计算规则 A.8.3 可知，保温隔热天棚按设计图示尺寸以面积计算。不扣除柱、垛所占面积。

聚苯乙烯塑料板保温层的工程量为：

$$(9.6-0.24\times2)\times(7.2-0.24\times2)=61.286\text{m}^2$$

清单工程量计算见下表：

清单工程量计算表

项目编码	项目名称	项目特征描述	计量单位	工程量
010803002001	保温隔热天棚	天棚，聚苯乙烯塑料板保温层(80mm 厚)	m^2	61.29

说明：保温隔热天棚清单工程量计算法和定额工程量计算法的区别在于，清单工程量计算法是按设计图示尺寸以面积计算的；定额工程量计算法是按设计实铺厚度以"m^3"计算。

项目编码：010803005　　项目名称：隔热楼地面

项目编码：010803003　　项目名称：保温隔热墙

【例 5-53】 如图 5-54 所示，墙面和地面均采用聚苯乙烯泡沫板保温隔热层，厚 100mm，墙高 3m，根据图示尺寸计算保温隔热层的工程量。

【解】 (1) 定额工程量

地面隔热层按围护结构墙体间净面积乘以设计厚度以"m^3"计算。不扣除柱、垛所占的体积。

墙面隔热层，外墙按隔热层中心线、内墙按隔热层净长乘以图示高度及厚度以"m^3"计算。应扣除门窗洞口和管道穿墙洞口所占的体积。

保温隔热地面的面积：

$(4.5-0.24)\times(3.9-0.24)+(4.5-0.24)\times(3.3-0.24)+(2.1-0.24)\times(3.3-0.24)+(3-0.24)\times(3.3-0.24)+(8.7-0.24)\times(3.6-0.24)+(5.1-0.24)\times0.3$

$=15.592+13.036+5.692+8.446+28.426+1.458$

$=72.65\text{m}^2$

则聚苯乙烯泡沫板楼地面保温隔热层的工程量为：

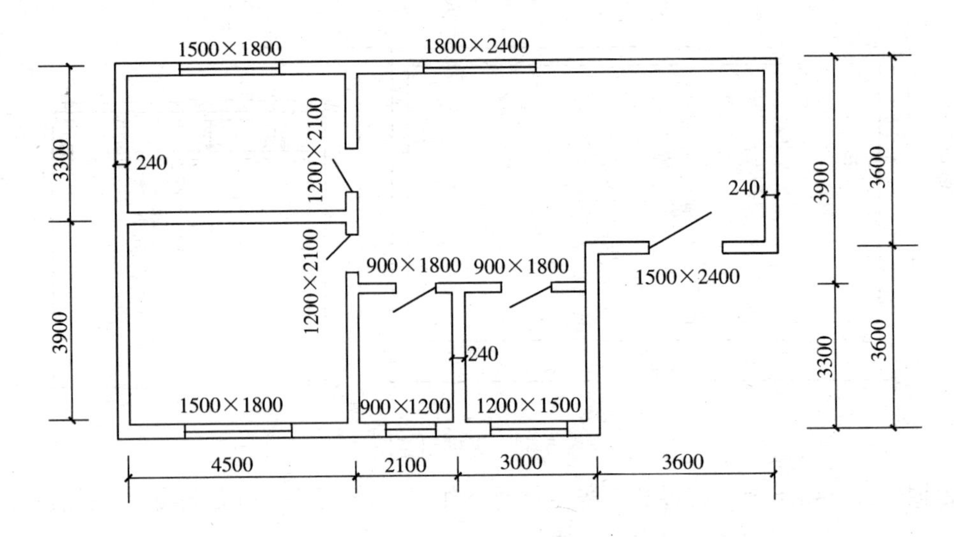

图 5-54　某房屋平面图

$$72.65\times0.1=7.265\text{m}^3$$

保温隔热墙面的外墙长：

$$(13.2+7.2)\times2-(0.24+0.1)\times4=39.44\text{m}$$

保温隔热墙面的内墙长：

$(4.5-0.24)\times2+(3.9-0.24)\times2+(3.3-0.24)\times4+(2.1-0.24)+(3-0.24)+(5.1-0.24)$

$=4.26\times2+3.66\times2+3.06\times4+1.86+2.76+4.86$

$=37.56\text{m}$

则保温隔热墙面的总长度：

$$39.44+37.56=77\text{m}$$

应扣除门、窗户的洞口的面积：

$1.5\times1.8\times2+1.8\times2.4+0.9\times1.2+1.2\times1.5+1.5\times2.4+1.2\times2.1\times4+0.9\times1.8\times4$

$=32.76\text{m}^2$

则聚苯乙烯泡沫板保温隔热墙面的工程量为：

$$(77\times3-32.76)\times0.1=19.824\text{m}^3$$

套用基础定额 10-211。

【注释】 4.5－0.24 为房屋示意图中左下角房间的长度，3.9－0.24 为房屋示意图中左下角房间的宽度，其中 0.24 为墙的厚度；(4.5－0.24)×(3.3－0.24)为房屋示意图中左上角房间的长度乘以宽度；(2.1－0.24)×(3.3－0.24)为房屋示意图中下部中间房间的长度乘以宽度；(3－0.24)×(3.3－0.24)为示意图中右下角房间的长度乘以宽度；(8.7－0.24)×(3.6－0.24)为房屋示意图中右上角房间的长度乘以宽度；(5.1－0.24)×0.3 为右下角两个房间上部宽度为 0.3 部分的面积；72.65×0.1 为保温隔热地面的面积乘以保温层的厚度；(13.2+7.2)×2 为外墙中心线的周长，(0.24+0.1)×4 为四边的墙厚度和保温隔热层的厚度；内墙长度按净长线计算；77×3 为保温隔热墙面的总长度乘以墙的高度。

(2) 清单工程量

根据工程量清单项目设置及工程量计算规则 A.8.3 可知，保温隔热墙工程量按设计图示尺寸以面积计算，扣除门窗洞口所占面积，门窗洞口侧壁需做保温时，并入保温墙体工程量内。隔热楼地面按设计图示尺寸以面积计算，不扣除柱、垛所占面积。

聚苯乙烯泡沫板楼地面保温隔热层的工程量：

(4.5－0.24)×(3.9－0.24)＋(4.5－0.24)×(3.3－0.24)＋(2.1－0.24)×(3.3－0.24)＋(3－0.24)×(3.3－0.24)＋(8.7－0.24)×(3.6－0.24)＋(5.1－0.24)×0.3

＝15.592＋13.036＋5.692＋8.446＋28.426＋1.458

＝72.65m^2

保温隔热墙面的长度：

[(4.5－0.24)＋(3.9－0.24)]×2＋[(4.5－0.24)＋(3.3－0.24)]×2＋[(2.1－0.24)＋(3.3－0.24)]×2＋[(3－0.24)＋(3.3－0.24)]×2＋[(8.7－0.24)＋(3.9－0.24)]×2

＝15.84＋14.64＋9.84＋11.64＋24.24

＝76.2m

应扣除门、窗户的洞口的面积：

1.5×1.8×2＋1.8×2.4＋0.9×1.2＋1.2×1.5＋1.5×2.4＋1.2×2.1×4＋0.9×1.8×4

＝32.76m^2

则聚苯乙烯泡沫板墙面保温隔热层的工程量为：

$$76.2\times3-32.76=195.84m^2$$

清单工程量计算见下表：

清单工程量计算表

序号	项目编码	项目名称	项目特征描述	计量单位	工程量
1	010803003001	保温隔热墙	墙面，聚苯乙烯泡沫板保温隔热层(100mm)，墙高 3m	m^2	195.84
2	010803005001	隔热楼地面	地面，聚苯乙烯泡沫板保温隔热层(100mm)	m^2	72.65

说明：保温隔热层楼地面与墙面的清单计算法与定额计算法的区别在于，清单计算法是按设计图示尺寸以面积计算，墙面扣除门窗洞口所占的面积，门窗洞口侧壁需做保温时，并入保温墙体工程量；定额工程量计算法，楼地面是按围护结构墙体间净面积乘以设计厚度以“m^3”计算。

【例 5-54】 如图 5-55 所示，墙面采用 100mm 厚的沥青玻璃棉保温隔热层，墙高 2.87m，根据图示尺寸计算保温隔热层的工程量。

【解】 (1) 定额工程量

墙体的保温隔热层，外墙按隔热层中心线、内墙按隔热层的净长乘以图示高度及厚度以“m^3”计算。应扣除门窗洞口和管道穿墙洞口所占的体积。

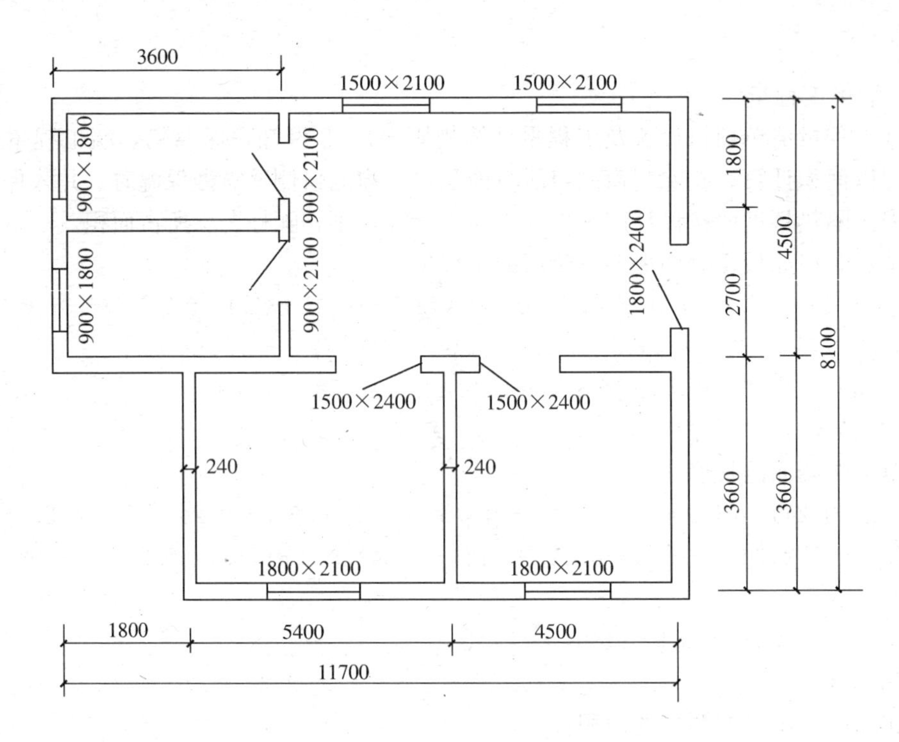

图 5-55　某房屋平面图

墙体的外墙长度：

$$(11.7+8.1)\times2-(0.24+0.1)\times4=38.24\text{m}$$

隔热墙体内墙的长度：

$$(3.6-0.24)\times4+(9.9-0.24)\times2+(2.7+1.8-0.24)\times2=41.28\text{m}$$

则保温隔热墙体的总长度：

$$38.24+41.28=79.52\text{m}$$

应扣除的面积：

$1.8\times2.4+1.8\times2.1\times2+1.5\times2.4\times4+1.5\times2.1\times2+0.9\times2.1\times4+0.9\times1.8\times2$
$=4.32+7.56+14.4+6.3+7.56+3.24$
$=43.38\text{m}^2$

沥青玻璃棉保温隔热墙体工程量为：

$$(79.52\times2.87-43.38)\times0.1=18.484\text{m}^3$$

套用基础定额 10-216。

【注释】 $(11.7+8.1)\times2$ 为外墙中心线的长度；$(0.24+0.1)\times4$ 为四边的墙厚度和保温隔热层的厚度，其中 0.24 为墙的厚度，0.1 为保温隔热层的厚度；内墙长度按净长线计算；$1.8\times2.1\times2+1.5\times2.4\times4+1.5\times2.1\times2+0.9\times1.8\times2$ 为窗洞口处的总面积，$0.9\times2.1\times4+1.8\times2.4$ 为门的洞口的总面积；$79.52\times2.87\times0.1$ 为保温隔热墙体的总长度乘以墙的高度乘以保温层的厚度。

(2) 清单工程量

根据工程量清单项目的设置及工程量计算规则 A.8.3 可知，保温隔热墙按设计图示尺寸以面积计算。扣除门窗洞口所占面积，门窗洞口侧壁需做保温时，并入墙体工程量内。

保温墙体的长度：

[(5.4－0.24)＋(3.6－0.24)]×2＋[(3.6－0.24)＋(2.7－0.24)]×2＋[(3.6－0.24)＋(1.8－0.24)]×2＋[(4.5－0.24)＋(3.6－0.24)]×2＋[(8.1－0.24)＋(4.5－0.24)]×2

＝17.04＋11.64＋9.84＋15.24＋24.24

＝78m

应扣除门、窗洞口的面积：

1.8×2.4＋1.8×2.1×2＋1.5×2.4×4＋1.5×2.1×2＋0.9×2.1×4＋0.9×1.8×2

＝4.32＋7.56＋14.4＋6.3＋7.56＋3.24

＝43.38m^2

则沥青玻璃棉保温隔热墙体的工程量为：

$$78\times2.87-43.38=180.48m^2$$

【注释】 [(5.4－0.24)(左下角房间的内侧面的长度)＋(3.6－0.24)(左下角房间的内侧面的宽度)]×2 为房屋示意图中左下角房间的内侧面周长；[(3.6－0.24)＋(2.7－0.24)]×2 为房屋示意图中左上角中间房间的内侧面的周长；[(3.6－0.24)＋(1.8－0.24)]×2 为房屋示意图中左上角房间的内侧面的周长；[(4.5－0.24)＋(3.6－0.24)]×2 为房屋示意图中右下角的房间的内侧面的周长；[(8.1－0.24)＋(4.5－0.24)]×2 为房屋示意图中右上角房间的内侧面的周长，其中 0.24 为墙的厚度；78×2.87 为保温墙体的长度乘以墙的高度。

清单工程量计算见下表：

清单工程量计算表

项目编码	项目名称	项目特征描述	计量单位	工程量
010803003001	保温隔热墙	墙面，内保温，100mm 厚沥青玻璃棉保温隔热层，墙高 2.87m	m^2	180.48

说明：保温隔热墙的清单工程量计算法与定额工程量计算法的区别在于，清单工程量计算法是按设计图示尺寸以面积计算的，扣除门窗洞口所占面积，门窗洞口侧壁需做保温时，并入保温墙体工程量内；定额工程量计算法，墙体隔热层外墙按中心线、内墙按净长线乘以图示高度及厚度以“m^3”计算。

项目编码：010803004　　项目名称：保温柱

【例 5-55】 如图 5-56 所示，柱子是 65mm 厚沥青稻壳板铺贴保温层，柱高 3m，计算其工程量(π＝3.14)。

【解】 (1) 定额工程量

柱包隔热层，按图示柱的隔热层中心线的展开长度乘以图示高度及厚度以“m^3”计算。

柱隔热层中心线长为：

$$L=\pi d=3.14\times(0.6+0.065/2\times2)=2.088m$$

则沥青稻壳板铺贴柱保温层的工程量为：

$$2.088\times3\times0.065=0.407m^3$$

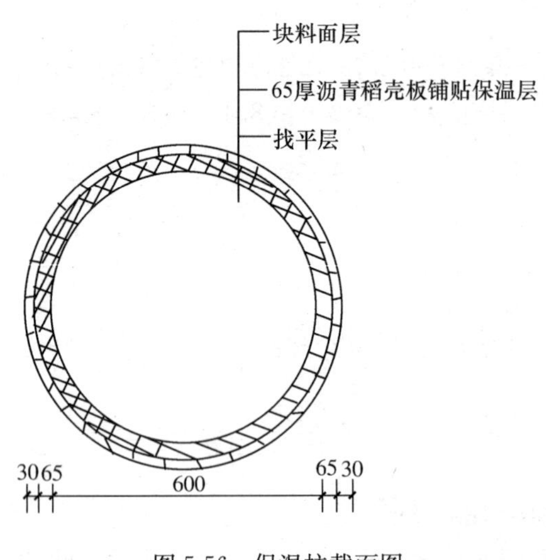

图 5-56 保温柱截面图

套用基础定额 10-222。

【注释】 3.14×(0.6+0.065/2×2)为柱隔热层的周长，其中 0.065 为沥青稻壳板铺贴保温层的厚度；2.088×3×0.065 为柱隔热层中心线长乘以柱的高度乘以沥青稻壳板铺贴保温层的厚度。

(2) 清单工程量

根据工程量清单项目设置及工程量计算规则 A.8.3 可知，保温隔热柱按设计图示尺寸以保温层中心线展开长度乘以保温层高度计算。

则沥青稻壳板铺贴柱保温层的工程量为：

$$3.14\times(0.6+0.065/2\times2)\times3=6.264\text{m}^2$$

【注释】 3.14×(0.6+0.065/2×2)×3 为柱隔热层中心线长乘以柱的高度。

清单工程量计算见下表：

清单工程量计算表

项目编码	项目名称	项目特征描述	计量单位	工程量
010803004001	保温柱	柱，65mm 厚沥青稻壳板保温层，柱高 3m	m^2	6.26

说明：保温柱的清单计算方法与定额计算方法的区别在于，清单计算法是按图示以保温层中心线展开长度乘以保温层高度计算的；定额计算法是按柱的隔热层中心线的展开长度乘以图示柱的高度及厚度以“m^3”计算。